UTB **1081**

Eine Arbeitsgemeinschaft der Verlage

Beltz Verlag Weinheim · Basel
Böhlau Verlag Köln · Weimar · Wien
Wilhelm Fink Verlag München
A. Francke Verlag Tübingen und Basel
Haupt Verlag Bern · Stuttgart · Wien
Lucius & Lucius Verlagsgesellschaft Stuttgart
Mohr Siebeck Tübingen
C. F. Müller Verlag Heidelberg
Ernst Reinhardt Verlag München und Basel
Ferdinand Schöningh Verlag Paderborn · München · Wien · Zürich
Eugen Ulmer Verlag Stuttgart
UVK Verlagsgesellschaft Konstanz
Vandenhoeck & Ruprecht Göttingen
Verlag Recht und Wirtschaft Heidelberg
VS Verlag für Sozialwissenschaften Wiesbaden
WUV Facultas Wien

Grundwissen der Ökonomik

Betriebswirtschaftslehre

Herausgegeben von

F. X. Bea, Tübingen
B. Friedl, Kiel
M. Schweitzer, Tübingen

Allgemeine Betriebswirtschaftslehre

Band 1: Grundfragen
Band 2: Führung
Band 3: Leistungsprozess

Allgemeine Betriebswirtschaftslehre

Herausgegeben von
F. X. Bea, B. Friedl und M. Schweitzer

Band 1: Grundfragen

Mit Beiträgen von

Prof. Dr. Marcell Schweitzer, Eberhard-Karls-Universität Tübingen
Prof. Dr. Günther Schanz, Georg-August-Universität Göttingen
Prof. Dr. Franz Xaver Bea, Eberhard-Karls-Universität Tübingen
Prof. Dr. Peter Kupsch, Otto-Friedrich-Universität Bamberg
Prof. Dr. Elmar Gerum, Philipps-Universität Marburg
Prof. Dr. Dr. h.c. Peter Koslowski, Vrije Universität Amsterdam

9., überarbeitete Auflage

82 Abbildungen und 11 Tabellen

Lucius & Lucius Stuttgart

Anschriften der Herausgeber:

Professor Dr. Franz Xaver Bea
Lehrstuhl für Betriebswirtschaftslehre, insbesondere Planung und Organisation
Eberhard-Karls-Universität Tübingen
Sigwartstraße 18, 72076 Tübingen

Prof. Dr. Birgit Friedl
Lehrstuhl für Controlling
Christian-Albrechts-Universität zu Kiel
Olshausenstraße 40, 24098 Kiel

Prof. Dr. Marcell Schweitzer
Lehrstuhl für Betriebswirtschaftslehre, insbesondere Industriebetriebslehre
Eberhard-Karls-Universität Tübingen
Nauklerstraße 47, 72074 Tübingen

1. Auflage 1983
2. Auflage 1984
3. Auflage 1985
4. Auflage 1988
5. Auflage 1990
6. Auflage 1992
7. Auflage 1997
8. Auflage 2000

Bibliografische Information der Deutschen Bibliothek

Die Deutsche Bibliothek verzeichnet diese Publikation in der Deutschen
Nationalbibliografie; detaillierte bibliografische Daten sind im Internet über
http://dnb.ddb.de abrufbar

ISBN 3-8282-0296-9 (Lucius & Lucius)
ISBN 3-8252-1081-2 (UTB)

© Lucius & Lucius Verlagsgesellschaft mbH · Stuttgart · 2004
Gerokstr. 51 · D-70184 Stuttgart

Gesamtherstellung: Graph. Großbetrieb Friedrich Pustet, Regensburg
Umschlaggestaltung: Atelier Reichert, Stuttgart
Printed in Germany
ISBN 3-8252-1081-2 (UTB-Bestellnummer)

Vorwort der Herausgeber

Das Wissen zur Allgemeinen Betriebswirtschaftslehre ist in den letzten Jahren so stark angewachsen, dass es nur wenige Wissenschaftler gibt, die das gesamte Fach beherrschen. Ein Lehrbuch zur Allgemeinen Betriebswirtschaftslehre, das den Ansprüchen auf Kompetenz, Systematik, Vollständigkeit und Gründlichkeit genügen will, lässt sich daher in der Regel nur durch ein Team von Experten verfassen. Diese Erkenntnis hat uns veranlasst, Wissenschaftler mit der Bearbeitung einzelner Kapitel bzw. Abschnitte zu betrauen, die auf dem entsprechenden Gebiet als Autoren und Dozenten reiche Erfahrung gesammelt haben. Als Herausgeber haben wir uns von dem Ziel leiten lassen, einen systematischen und umfassenden Überblick über den gegenwärtigen Wissensstand der Allgemeinen Betriebswirtschaftslehre zu vermitteln. Dass diesem Vorhaben vom Umfang her, selbst eines dreibändigen Werkes, Grenzen gesetzt sind, ist nahe liegend. Auf einige Randgebiete der Allgemeinen Betriebswirtschaftslehre wird deshalb verzichtet.

Band 1 führt in die **Grundfragen** der Allgemeinen Betriebswirtschaftslehre ein. Er beginnt mit einer Darstellung des Gegenstands, der Methoden und der Wissenschaftsprogramme der Betriebswirtschaftslehre. Da sich die Betriebswirtschaftslehre hauptsächlich mit Entscheidungen in Unternehmen befasst, werden anschließend die Rahmenbedingungen (Wirtschaftsordnung, Steuersystem, Unternehmensordnung) und die theoretischen Grundlagen der Entscheidungen sowie die konstitutiven Entscheidungen erörtert. Fragen der Wirtschafts- und Unternehmensethik binden die behandelten Grundfragen in die sittliche Wertdiskussion ein.

Band 2 ist den Instrumenten der **Unternehmensführung** gewidmet. Von diesen werden zunächst die Planung und Steuerung, die Organisation und das Controlling behandelt. Danach wird die Information zum Gegenstand gewählt, d. h., es werden die Grundlagen der Informationsbeschaffung, der Informationstechnologie und des Informationsmanagements, des Rechnungswesens (Bilanzrechnung und Kostenrechnung) sowie der Prognosen und Prognoseverfahren dargestellt.

Band 3 behandelt Probleme des **Leistungsprozesses**. Ausgangspunkt ist das Innovationsmanagement, an welches die Erörterung der Beschaffung anschließt. Auf diese folgen Fertigung, Marketing, Investition, Finanzierung und Personalwirtschaft.

Für jeden am Wissen der Betriebswirtschaftslehre Interessierten ist es eine große Hilfe, wenn ihm die Materie in einer überschaubaren, systematischen und prägnanten Weise dargeboten wird. Diesem Ziel fühlen sich Autoren und Herausgeber in besonderem Maße verpflichtet. Erfreulicherweise ist es gelungen, für unser Vorhaben Hochschullehrer zu gewinnen, die dank ihrer Verschiedenheit von Alter, Herkunft und Wissenschaftsauffassung die Gewähr dafür bieten, dass keine bestimmte Schulrichtung den Charakter der drei Bände dominiert, sondern bei allem

Streben nach Einheitlichkeit in der Darstellung ein möglichst getreues Abbild der Wissenschaftsvielfalt vermittelt und damit der pluralistische Charakter der Ideen und Ansätze dokumentiert wird.

Zur 9. Auflage dieses Bandes wurden alle Kapitel gründlich überarbeitet und inhaltlich auf den neuesten Stand gebracht. Besonderes Gewicht wurde dabei auf die gute Lesbarkeit dieser Einführung gelegt. Unterschiedliche Hervorhebungen sollen die visuelle Aufnahme erleichtern. Zentrale Begriffe bzw. Aussagen sind im fortlaufenden Text durch Umrahmungen markiert. Weitere Hervorhebungen werden durch Fett- oder Kursivdruck in einer Weise vorgenommen, dass der Lesefluss gefördert und die Effizienz der Wissensaufnahme erhöht wird. Außerdem erleichtert diese Textgestaltung das Suchen und Finden von Begriffen und Sachfragen, wodurch wirkungsvolles Lernen deutlich unterstützt wird. Demselben Zweck dient das umfangreiche Stichwortverzeichnis am Ende des Bandes, das für alle drei Bände angelegt ist.

Unsere dreibändige Allgemeine Betriebswirtschaftslehre ist in den letzten Jahren auch international auf Interesse gestoßen. So freuen wir uns über die Übersetzungen ins Chinesische durch *Prof. Dr. Sanduo Zhou*, Nanjing, ins Russische durch *Prof. Dr. Anatolij Pavlov*, Moskau, mit *Prof. Dr. Knut Richter*, Frankfurt/Oder, als Evaluator, ins Japanische durch ein Kollegenteam, koordiniert von *Prof. Dr. Akio Mori* und *Prof. Dr. Tetsuo Kobayashi*, beide Kobe, sowie *Prof. Dr. Susumu Tabuchi*, Osaka.

Ab dieser 9. Auflage tritt *Birgit Friedl* in der Gruppe der Herausgeber an die Stelle von *Erwin Dichtl*. Als Autorin ist sie in dieser Lehrbuchreihe bereits mit dem Beitrag «Controlling» in Band 2 der Allgemeinen Betriebswirtschaftslehre und mit dem gleich lautenden UTB-Band vertreten.

Zahlreiche Hochschullehrer und Studierende, die mit der Allgemeinen Betriebswirtschaftslehre arbeiten, haben uns wertvolle Ratschläge für Verbesserungen gegeben. Wir konnten sie weitgehend berücksichtigen. Ihnen allen sei an dieser Stelle herzlich gedankt.

Kiel und Tübingen, August 2004

F. X. Bea
B. Friedl
M. Schweitzer

Inhaltsverzeichnis

2. Kapitel
Wissenschaftsprogramme der Betriebswirtschaftslehre
(Günther Schanz)

3. Kapitel
Rahmenbedingungen des Wirtschaftens

4. Kapitel
Entscheidungen des Unternehmens
(Franz Xaver Bea)

5. Kapitel
Wirtschafts- und Unternehmensethik
(Peter Koslowski)

Allgemeine Betriebswirtschaftslehre

Kurzübersicht über das Gesamtwerk

Band 1: Grundfragen

Band 2: Führung

Band 3: Leistungsprozess

Einleitung: Grundfragen

Marcell Schweitzer

1 Ursprung und Entwicklung der Betriebswirtschaftslehre

(1) Erste Wurzeln der Betriebswirtschaftslehre

Die **Wurzeln** der Betriebswirtschaftslehre reichen bis weit in die Alte Geschichte zurück. Dennoch ist die Betriebswirtschaftslehre eine relativ **junge Wissenschaft.** Mit der hier angesprochenen «Jugend» des Faches lässt sich die zurückliegende Zeitspanne vom Beginn des 20. Jahrhunderts an bezeichnen, in welcher Forschung und Lehre zunehmend methodisch abgesichert betrieben und als prinzipiell intersubjektiv überprüfbare Erkenntnisarbeit verstanden werden. Vergleichbares gilt für die Bemühungen zur Konstituierung als Einzelwissenschaft im Gebäude der Wissenschaften. «Alt» sind dagegen alle Wurzeln der Betriebswirtschaftslehre in der Form kaufmännischer Techniken und als einfache Handelskunde. Letztere befasst sich mit den Aufgaben der Sammlung, Beschreibung, Berechnung, Dokumentierung und Klassifizierung wirtschaftlicher Sachverhalte.

Erste Ansätze kaufmännischen Denkens zeigen sich in Aufzeichnungen der Hochkulturen des alten Orients. Aus der Zeit um 3000–2800 v. Chr. stammt der älteste Buchhaltungsbeleg in der Gestalt einer kleinen Tontafel mit kaufmännischen Daten. Auch die Ausleihe von Gütern mit Zahlungsfunktion gegen Zins wird schon aus dieser Zeit überliefert. Die «Planwirtschaften» der orientalischen Obrigkeitsstaaten verlangten bereits ein funktionsfähiges Rechnungswesen mit Inventarverzeichnissen und weiteren Aufzeichnungen. Großprojekte, die damals durchgeführt wurden (Straßenbau, Bewässerungssysteme, Hafenanlagen, Wehranlagen), führten zu Vorläufern technischer und wirtschaftlicher Planung sowie zur Arbeitsorganisation und zum zahlenmäßigen Festhalten realisierter sowie geplanter wirtschaftlicher Größen. Unter anderem besitzen wir Kenntnis davon, dass die älteste Fabrikbuchhaltung mit monatlicher Gewinn- und Verlustrechnung und einem kontinuierlich geführten Inventar aus der Zeit um 2900 v. Chr. stammt und im Tempel Dublal-mach in Ur (Mesopotamien; heute: Irak) geführt wurde. Eine Buchführungspflicht für Kaufleute gab es in dieser Region (Babylonien) bereits im Jahre 1728 v. Chr.

Erste Aufzeichnungen mit dem Charakter einer wirtschaftlichen Lehre kennen wir von *Xenophon* (430–354 v. Chr.) und *Aristoteles* (384–322 v. Chr.). *Xenophon* hat seine landwirtschaftliche Betriebslehre «OIKONOMIKOS» in den Jahren zwischen 385 und 370 v. Chr. geschrieben. *Aristoteles* verfasste um das Jahr 350 v. Chr. seine Lehre vom Wirtschaftsbetrieb. Methodische Grundlagen, die für spätere Betriebslehren Bedeutung hatten, finden wir ebenfalls v. Chr. bei *Sokrates* (470–399), *Platon* (427–347) und *Epikur* (341–271).

(2) Entwicklung des Rechnungswesens

Vom 12. Jahrhundert an beobachten wir eine beschleunigte Ausdehnung des Schriftverkehrs und einen Ausbau des Rechnungswesens. Schriftverkehr, Beschreibungen und Rechnungskonzepte dienten primär dem Festhalten bzw. Ermitteln realisierter Größen. Diese wurden zunehmend Grundlage für vorausschauende Überlegungen, d. h., sie wurden Elemente eines aufkommenden Planungsdenkens. So finden wir bereits im 12. Jahrhundert in der Schrift von *Ali ad Dimišqi* Ansätze einer Warenkalkulation mit zugehörigen Überlegungen einer vorausschauenden Preispolitik. Damit ist die frühe Behandlung eines absatzpolitischen Instruments schriftlich fixiert. 1202 veröffentlichte *Leonardo Fibonacci Pisano* (etwa 1180 bis um 1250) seine Schrift «Il Liber Abbaci», in welcher er das Rechnen mit indischen Zahlenzeichen vorführt und Techniken des kaufmännischen Rechnens präsentiert. Aus dem 14. Jahrhundert sei die Schrift von *Francesco di Balduccio Pegolotti* mit dem Titel «Pratica Della Mercatura» (entstanden zwischen 1310–1340) erwähnt.

Die **wichtigste Schrift zum betrieblichen Rechnungswesen** jener Zeit stammt von *Luca Pacioli* (gen. *Fra Luca di Borgo*; um 1445–1514). Im Jahre 1494 veröffentlichte er seine «Summa de Arithmetica, Geometria, Proportioni et Proportionalità».

Obwohl die Techniken der doppelten Buchführung neben anderen Finanzierungs- und Kalkulationstechniken im oberitalienischen Raum bereits viele Jahre vorher angewendet wurden, kann die Schrift von *Pacioli* als die **älteste systematische Darstellung** der doppelten Buchführung angesehen werden. 1638 erschien die Schrift «Il Negotiante» von *Giovanni Domenico Peri*. Diese Schrift und diejenige von *Jacques Savary* (1622–1690), die unter dem Titel «Le parfait négociant» 1675 erschien, gelten als wichtige Grundlagen für die handlungswissenschaftliche Literatur der nächsten Jahrzehnte.

(3) Ansätze zu einer Handlungswissenschaft

Im **18. Jahrhundert** werden für die Entwicklung einer **Handlungswissenschaft** sehr wichtige Beiträge von

Paul Jacob Marperger (1656–1730),
Johann Heinrich Jung-Stilling (1740–1817),
Carl Günther Ludovici (1707–1778) und
Johann Michael Leuchs (1763–1836)

Eröffnete

Akademie der Kaufleute:

oder vollständiges

Kaufmanns=

Lexicon,

woraus sämmtliche

Handlungen und Gewerbe,

mit allen ihren Vortheilen, und der Art, sie zu treiben,
erlernet werden können;
Und worinnen alle Seehäfen, die vornehmsten Städte
und Handelsplätze; alle Arten der rohen und verarbeiteten Waa-
ren; die Künstler, Fabrikanten und Handwerksleute; Commerciencollegia,
Handelsgerichte, Banken, Börsen, Leihhäuser, Manufacturen, Fabriken und
Werkstätte; die Rechte und Privilegien der Kaufmannschaft, u. s. w.
beschrieben und erkläret werden.
Mit vielem Fleiße
aus den besten Schriftstellern zusammengetragen
von

Carl Günther Ludovici,

ordentlichem Professorn der Weltweisheit auf der Universität Leipzig, und der
Königl. Preuß. Akademie der Wissenschaften Mitgliede.

Erster Theil.

Mit Königl. Pohln. und Churfürstl. Sächs. allergnädigster Freyheit.

Leipzig, 1752.

bey Bernhard Christoph Breitkopf.

Abbildung E.1: Titelblatt des von Ludovici herausgegebenen «Kaufmanns-Lexicons» (entnommen aus Ludovici [Grundriss] X) erbracht. In den Jahren 1741–1743 erscheint mit dem fünfbändigen Werk «Allgemeine Schatzkammer der Kauffmannschaft Oder Vollständiges Lexicon Aller Handlungen und Gewerbe» das erste deutschsprachige Kaufmannslexikon. Die zahlreichen Mängel dieses Werkes veranlassen *Ludovici*, selbst ein Lexikon herauszugeben.

> *Ludovici*, der 1733 in Leipzig zum «ordentlichen Professor der Weltweisheit» und 1761 zum «ordentlichen Professor der Vernunftlehre» ernannt wurde, veröffentlichte 1752–1756 die **«Eröffnete Akademie der Kaufleute: oder vollständiges Kaufmanns-Lexicon»**.

Abb. E.1 gibt den Titel originalgetreu wieder. Dieses fünfbändige Lexikon stellt neben dem «Grundriss eines vollständigen Kaufmanns-Systems» (1756) das Hauptwerk *Ludovicis* dar. Während *Ludovici* versucht, den damaligen Wissensbestand der Handlungswissenschaft zu **systematisieren**, legt *Leuchs* besonderen Wert darauf, ein klares handlungswissenschaftliches **Begriffssystem** zu schaffen.

(4) Gründung von Handelshochschulen

Im **19. Jahrhundert** ist zu beobachten, dass der Kameralismus seinem Ende zuging, während das betriebswirtschaftliche Wissensgut durch Vertreter der Volkswirtschaftslehre betreut wurde. Der Nationalökonom *Karl Heinrich Rau* (1792–1870) hat 1823 in seiner Schrift «Über die Kameralwissenschaft, Entwicklung ihres Wesens und ihrer Teile» eine **Abtrennung einzelwissenschaftlicher Erkenntnisse von der Volkswirtschaftslehre** verlangt. Ansonsten vollzog sich betriebswirtschaftliche Forschung in Einzelprojekten und in einem ansatzweisen Ausbau von Wirtschaftszweiglehren. Zu nennen sind hier auch die Autoren *Johann Heinrich von Thünen* (1783–1850) und *Augustin Antoine Cournot* (1801–1877), welcher als der Begründer der **mathematischen Richtung** in der Wirtschaftswissenschaft gilt. Zudem kam es im deutschsprachigen Bereich um 1900 zu Gründungen von **Handelshochschulen** (1898 Aachen, Leipzig und Wien, 1901 Köln und Frankfurt, 1906 Berlin, 1908 Mannheim, 1910 München, 1915 Königsberg, 1919 Nürnberg). Diese Gründungen gingen zurück auf Vorschläge von *Marperger* und *Ludovici* und stießen z. T. auf heftigen Widerstand der Universitäten, welche die Wissenschaftlichkeit der neuen Einrichtungen anzweifelten.

> In den Gründungen der Handelshochschulen kann die **Geburtsstunde der Betriebswirtschaftslehre** gesehen werden. Auf jeden Fall handelt es sich bei diesen Gründungen um einen Markstein in der Entwicklung der jungen Betriebswirtschaftslehre.

(5) Nestoren der Betriebswirtschaftslehre

Erst der Beginn des **20. Jahrhunderts** brachte der Betriebswirtschaftslehre diejenige methodische und fachliche Fundierung, die sie zu einer wissenschaftlichen Disziplin reifen ließ.

Der **wichtigste Nestor** des Faches ist in dieser Zeit *Eugen Schmalenbach* (1873–1955).

Wie kaum ein anderer seiner Zeit hat er die Betriebswirtschaftslehre sowohl in ihrer Methodik als auch in ihren Fragestellungen befruchtet und fundiert. Er war es, der dem jungen Fach den Namen «Betriebswirtschaftslehre» gab. Die erste «Allgemeine Betriebswirtschaftslehre» wird jedoch *Heinrich Nicklisch* (1876 bis 1946) zugeschrieben. Seine «Wirtschaftliche Betriebslehre» erschien in der 7. Auflage 1932 unter dem Titel «Die Betriebswirtschaft». Wird noch *Wilhelm Rieger* (1878–1971) mit seinem Werk «Einführung in die Privatwirtschaftslehre» angeführt, so sind die Namen der drei wichtigsten Wegbereiter der deutschsprachigen Betriebswirtschaftslehre genannt (vgl. 2. Kapitel).

(6) Gegenwärtiger Stand der Betriebswirtschaftslehre

In groben Zügen lässt sich der **gegenwärtige Stand** der modernen Betriebswirtschaftslehre einmal durch verschiedene Wissenschaftsprogramme und zum anderen durch die Anwendung spezieller Methoden kennzeichnen. Werden zunächst die verschiedenen **Wissenschaftsprogramme** des Faches betrachtet, so lässt sich folgende Differenzierung treffen (vgl. auch das 2. Kapitel):

Gegenwärtige Wissenschaftsprogramme:
1. das entscheidungsorientierte Programm,
2. das systemorientierte Programm,
3. das ökologieorientierte Programm,
4. das verhaltensorientierte Programm,
5. das institutionenorientierte Programm.

Das **Nebeneinander verschiedener Wissenschaftsprogramme** bzw. das schwerpunktmäßige Hervorheben einzelner Methoden, Perspektiven oder Sachfragen darf nicht darüber hinwegtäuschen, dass letztlich eine Lehre des Wirtschaftens in Betrieben ein geschlossenes Aussagensystem darstellt und dem Hauptpostulat nach empirischer Geltung sowie hoher Bewährung ihrer theoretischen Aussagen genügen muss. Bisher kann keines der genannten Wissenschaftsprogramme den Anspruch erheben, allein die wichtigsten Erkenntnisbeiträge zur Realwissenschaft «Betriebswirtschaftslehre» erbracht zu haben. Diejenigen Aussagensysteme, welche sich bisher am besten bewährt haben, sind nicht nur einem einzigen Wissenschaftsprogramm zuzuordnen.

Eine **Realtheorie des Wirtschaftens** in Betrieben muss letztlich über alle Wissenschaftsprogramme hinweg diejenigen Elemente und Beziehungen in ihre Aussagen integrieren, die einen hohen Bewährungsgrad erreicht haben. In diesem Sinne kann ein Aussagensystem als Realtheorie dann akzeptiert werden, wenn es widerspruchsfrei, allgemeingültig, empirisch gehaltvoll, faktisch überprüfbar, gut bewährt, hoch im Geltungsbereich und möglichst axiomatisiert ist. Außerdem sollten die Begriffsdefinitionen operational und die Sätze möglichst präzise sowie einfach formuliert sein. Solange ein allgemein verbindliches realwissenschaftliches Aussagensystem der Betriebswirtschaftslehre noch nicht vollständig formuliert ist, haben unterschiedliche Wissenschaftsprogramme, tragen sie auch noch so bescheiden zum Erkenntnisfortschritt bei, in einer **aktiven Ideenkonkurrenz** eine Daseinsberechtigung. Allein der Erkenntnisbeitrag entscheidet am Ende darüber, ob ein Wissenschaftsprogramm eher eine Episode ist (war) oder zur tragenden Säule einer realwissenschaftlichen Betriebswirtschaftslehre geworden ist.

Eine Sonderstellung unter den Programmen nimmt bisher das **entscheidungsorientierte Wissenschaftsprogramm** ein. Dieses umfasst sowohl deskriptive (beschreibende) als auch theoretische (erklärende) sowie instrumentale (gestaltende) Aussagensysteme und orientiert sich damit an den drei fundamentalen Wissenschaftszielen einer Disziplin. Da die Betriebswirtschaftslehre im Kern engste Bezüge zu **realen Entscheidungen** und damit zu realen Problembewältigungen besitzt (vgl. 4. Kapitel), ist die Entwicklung wirklichkeitsnaher, instrumentaler Aussagensysteme (Entscheidungsmodelle, Gestaltungsmodelle, Optimierungsmodelle, Problemlösungstechniken) ein zentrales Anliegen des Faches. Soweit die instrumentalen Aussagensysteme auf gut bestätigten realwissenschaftlichen Theorien aufbauen, berücksichtigen sie notwendigerweise alle relevanten Erkenntnisbeiträge aus den übrigen Wissenschaftsprogrammen. Dies ist ein Grund dafür, warum von der «entscheidungsorientierten Betriebswirtschaftslehre» beim Ausbau der Betriebswirtschaftslehre zu einer leistungsfähigen **Wissenschaft der Betriebspolitik** besonders fruchtbare Erkenntnisbeiträge geleistet wurden und nach einer weiteren interdisziplinären Öffnung noch zu erwarten sind. Alle bisher erarbeiteten Erkenntnisbeiträge stützen diese Erwartung in überzeugender Weise. Die oben genannten Wissenschaftsprogramme werden im 2. Kapitel auf ihren Erkenntnisbeitrag näher überprüft.

Unter **methodischen und sachlichen Gesichtspunkten** lässt sich der gegenwärtige Stand der Betriebswirtschaftslehre wie folgt kennzeichnen:

1. **Methodologische Fundierung als Wissenschaft:**
   Behandlung von Fragen nach dem Erfahrungsgegenstand, Erkenntnisgegenstand und Disziplincharakter; Ausbau der Begriffslehre, Analyse theoretischer und instrumentaler (politischer) Aussagensysteme; Diskussion des Werturteilsproblems und der Wahrheitswertprüfung von Aussagen.

2. **Betonung empirischer Forschung:**
Fundierung der Betriebswirtschaftslehre als Realwissenschaft durch Überprüfung behaupteter Hypothesen an der betrieblichen Realität. Dazu ist praktische Feldarbeit zu leisten, die mit Operationalisierungsfragen, Skalierungsfragen bis zu Erhebungs- und Auswertungsfragen verbunden ist.

3. **Mathematisierung des Faches:**
Verwendung mathematischer Kalküle (u. a. Infinitesimal-, Vektoren-, Matrizen-, Skalierungs- und Graphenkalküle) zur Modellierung realer betriebswirtschaftlicher Probleme; Formulierung insbesondere problembezogener Ermittlungs-, Erklärungs- und Prognose-, Simulations- sowie Entscheidungsmodelle einschließlich der erforderlichen Algorithmen.

4. **Integration von Einzelaussagen:**
Ansätze zur Integration von Einzelaussagen zu umfassenderen Aussagen(systemen) bzw. zu komplexen, instrumentalen Satzsystemen. Beispielhaft sind zu nennen: Aggregation von Transformationsfunktionen zu komplexen Produktionsfunktionen; Verknüpfung von Investitions-, Finanzierungs- und Produktionsmodellen; Einbeziehung verhaltenswissenschaftlicher Erkenntnisse in die Führungs- und Organisationstheorie; Wiederbelebung der Ablauforganisation in Konzepten der Restrukturierung und Prozessoptimierung; Analyse der Beziehungen zwischen strategischen, taktischen und operativen Planungs- und Rechnungssystemen; Verknüpfung betriebs- und volkswirtschaftlicher Theorieansätze; Ausbau der Finanzierungstheorie, Weiterentwicklung der Bilanz- und Kostenrechnung u. a.

5. **Annahme von Herausforderungen:**
Erforschung neuer Fragen, welche durch Ethik, Ökologie, Informationstechnologien, Hochtechnologie und Wirtschaftspolitik (z. B. Beschäftigungspolitik, Politik der Blockbildungen [EU = Europäische Union, ASEAN = Association of Southeast Asian Nations, ANZCERTA = Australia–New Zealand Closer Economic Relations Trade Agreement, NAFTA = North American Free Trade Agreement, APEC = Asia–Pacific Economic Cooperation, AFTA = Asian Free Trade Agreement, EAEC = East Asian Economic Caucus, MERCOSUR = Mercado Comun del Sur], Globalisierung sowie Wachstum der Wirtschaft, politische und wirtschaftliche Umwälzung im ehemaligen Ostblock) aufgeworfen werden.

Literaturhinweise zur Entwicklung der Betriebswirtschaftslehre

Albach, Horst: Business Administration: History in German-Speaking Countries. In: Handbook of German Business Management (GBM). Hrsg. von Hans E. Büschgen, Klaus Chmielewicz, Adolf G. Coenenberg, Werner Kern, Richard Köhler, Heribert Meffert, Marcell Schweitzer, Norbert Szyperski, Waldemar Wittmann und Klaus v. Wysocki. Stuttgart u. a. 1989, Sp. 246–270.

Bellinger, Bernhard: Geschichte der Betriebswirtschaftslehre. Stuttgart 1967.

Brentano, Lujo: Das Wirtschaftsleben der antiken Welt. Jena 1929.

Cournot, Augustin Antoine: Recherches sur les principes mathématiques de la théorie des richesses. Paris 1838.

Emminghaus, Karl Bernhard Arwed: Allgemeine Gewerkslehre. Berlin 1868.

Kosiol, Erich: Wegbereiter der Betriebswirtschaftslehre. In: Der Praktische Betriebswirt (26) 1950, S. 231–241.

Leitherer, Eugen: Geschichte der handels- und absatzwirtschaftlichen Literatur. Köln und Opladen 1961.

Leuchs, Johann Michael: Allgemeine Darstellung der Handlungswissenschaft. Nürnberg 1791.

Löffelholz, Josef: Geschichte der Betriebswirtschaft und der Betriebswirtschaftslehre. Stuttgart 1935.

Ludovici, Carl Günther: Grundriß eines vollständigen Kaufmanns-Systems. Wiederabdruck der 2. Aufl. von 1768. Stuttgart 1932.

Nicklisch, Heinrich: Die Betriebswirtschaft. 7. Aufl., Stuttgart 1932.

Pacioli, Luca: Summa de Arithmetica, Geometria, Proportioni et Proportionalità. Venedig 1494.

Rau, Karl Heinrich: Über die Kameralwissenschaft. Entwicklung ihres Wesens und ihrer Teile. Heidelberg 1823.

Rieger, Wilhelm: Einführung in die Privatwirtschaftslehre. Nürnberg 1928.

Schmalenbach, Eugen: Die Privatwirtschaftslehre als Kunstlehre. In: Zeitschrift für handelswissenschaftliche Forschung (6) 1911/12, S. 304–316.

Schmalenbach, Eugen: Über den Weiterbau der Wirtschaftslehre der Fabriken. In: Zeitschrift für handelswissenschaftliche Forschung (8) 1913/14, S. 317–323.

Schweitzer, Marcell: Eugen Schmalenbach as the Founder of Cost Accounting in the German Speaking World. In: Studies in Accounting History: Tradition and Innovation for the Twenty-first Century. Hrsg. von Atsuo Tsuji and Paul Garner. Westport, Conn. (USA) 1995, S. 29–43.

Seÿffert, Rudolf: Über Begriff, Aufgaben und Entwicklung der Betriebswirtschaftslehre. 5. Aufl., Stuttgart 1963.

Sundhoff, Edmund: Dreihundert Jahre Handelswissenschaft. Göttingen 1979.

Thünen, Johann Heinrich v.: Der isolierte Staat in Beziehung auf Landwirtschaft und Nationalökonomie. Erstmals 1826 erschienen, Neudruck in: Sammlung sozialwissenschaftlicher Meister. Band XIII. Hrsg. von Heinrich Waentig, Jena 1910.

Wittmann, Waldemar: Mensch, Produktion und Unternehmung. Eine historische Nachlese. Tübingen 1982.

Wöhe, Günter: Betriebswirtschaftslehre, Entwicklungstendenzen der Gegenwart. In: Handwörterbuch der Betriebswirtschaftslehre. Band I/1. Hrsg. von Erwin Grochla und Waldemar Wittmann. 4. Aufl., Stuttgart 1974, Sp. 710–747.

2 Allgemeine Betriebswirtschaftslehre im System der sozialen Marktwirtschaft

(1) Wirtschaftsordnung als Rahmenbedingung für unternehmerische Entscheidungen

Wirtschaften ist das Entscheiden über knappe Güter in privaten und öffentlichen Betrieben. Sollen diese Entscheidungen den Kriterien der Rationalität genügen, dürfen sie nicht dem Zufall oder den Emotionen überlassen werden, sondern müssen systematisch durchdrungen und optimal gestaltet werden. Die hierfür erforderlichen Grundlagen hat die Betriebswirtschaftslehre bereitzustellen. Dabei beschreibt sie Inhalt und Struktur von Entscheidungen (deskriptives Wissenschaftsziel), formuliert durch Beobachtung und Analyse der Wirklichkeit Regel- und Gesetzmäßigkeiten für das Zustandekommen von Entscheidungen und den Ablauf von Entscheidungsprozessen in Betrieben (theoretisches Wissenschaftsziel) und erarbeitet Vorschläge für die optimale Gestaltung betrieblicher Entscheidungen (pragmatisches Wissenschaftsziel).

Jede betriebliche Entscheidung umfasst drei Elemente:

- Umweltzustände (Daten),
- Alternativen (Wahlmöglichkeiten) und
- Ziele (Zielsysteme).

Umweltzustände sind intern bzw. extern gesetzte Daten (Begrenzungen), die sich vom Entscheidungsträger innerhalb des Planungshorizonts nicht verändern lassen. Sie schränken den Handlungsspielraum (Alternativen) des Entscheidungsträgers ein und beeinflussen die Zielbeiträge der Alternativen.

Die **Alternativen** stellen unabhängige Vorgehensweisen (Wahlmöglichkeiten für die Problemlösung) dar, zwischen denen der Entscheidungsträger zur Verwirklichung seiner Ziele wählen kann.

Die **Ziele** drücken erwünschte Zustände, Ergebnisse bzw. Wirkungen aus, die mit Hilfe von Entscheidungen erreicht werden sollen.

In einer **Marktwirtschaft** hat der Unternehmer weitgehend die Freiheit, unabhängig zu entscheiden, d.h. die Alternativen zu wählen und seine Ziele selbst zu bestimmen. Er ist allerdings in seinem Handeln nicht schrankenlos frei, sondern einer Fülle von Restriktionen (Begrenzungen, Rahmenbedingungen) unterworfen. Diese Rahmenbedingungen für Entscheidungen werden u.a. von der Wirtschaftsordnung gesetzt. Sie legt fest, in welchem Umfang einzelne Wirtschaftssubjekte über Entscheidungskompetenz verfügen und in welchem Rahmen sich die Beziehungen zwischen Wirtschaftssubjekten bewegen dürfen.

(2) Arten der Wirtschaftsordnungen

Entwürfe (Konzepte, Systeme) von Wirtschaftsordnungen sind von jeher beliebte, aber auch heiß umstrittene Themen in der wirtschaftswissenschaftlichen Diskussion. Es handelt sich bei einer Wirtschaftsordnung um die Formulierung eines Organisationsmodells für wirtschaftliche, soziale, technische, ethische, ökologische u. a. Werte einer Gesellschaft (bzw. Volkswirtschaft), speziell eines Modells der Strukturierung ihrer Potenziale, Programme und Prozesse. Zwei politische Strömungen (Weltanschauungen) haben bisher die Diskussion um die **optimale Wirtschaftsordnung** stark geprägt:

- der Liberalismus und
- der Sozialismus.

Die Vertreter des **Liberalismus** gehen von der Vorstellung aus, dass die freie Entfaltung des Einzelnen zur Steigerung der Wohlfahrt des Gesamten beiträgt. Nach *Adam Smith* (1723–1790; Moralphilosoph und Volkswirt) transformiert die **unsichtbare Hand** des freien Wettbewerbs den Eigennutz in Gemeinwohl. Deshalb fordern die Liberalen eine Verstärkung des Wettbewerbs durch Vertragsfreiheit, Gewerbefreiheit und Niederlassungsfreiheit. Dem Staat wird die Rolle des Ordnungsgebers zugewiesen; im Übrigen soll er sich von Eingriffen in die Wirtschaft fernhalten. *Ferdinand Lassalle* (1825–1864) spricht in diesem Zusammenhang vom **Nachtwächterstaat**.

Demgegenüber wollen die Vertreter des **Sozialismus** die Freiheit des Individuums mit Hilfe des Staates einschränken, denn diese Freiheit führe zu einer Ausbeutung des Menschen durch den Menschen und zu gesamtwirtschaftlichen Krisen.

Die Geschichte hat eine **Vielzahl von Spielarten** sowohl des Liberalismus als auch des Sozialismus hervorgebracht. Sie reichen von den extremen Ausprägungen des Manchester-Liberalismus und des Kommunismus bis zu Annäherungen bzw. Vermischungen (Konvergenz) beider Strömungen etwa in Form eines **liberalen Sozialismus,** einer **sozialen Marktwirtschaft** (z. B. Deutschland) oder einer **sozialistischen Marktwirtschaft** (z. B. China). Dementsprechend vielfältig sind auch die Entwürfe der Wirtschaftsordnungen als Idealvorstellungen konzipiert und mit unterschiedlichem Erfolg als praktische Systeme realisiert worden.

Im Folgenden sollen die **zentral gelenkte Wirtschaft** (Zentralverwaltungswirtschaft) als wirtschaftsordnungspolitischer Ausfluss des Sozialismus sowie die **Marktwirtschaft** als entsprechende Ausprägung des Liberalismus erörtert werden. Ihre wesentlichen Merkmale sind in Abb. E.2 schlagwortartig skizziert.

In einer **zentral gelenkten Wirtschaft** werden die wirtschaftlichen Aktivitäten nach einem genau festgelegten Abstimmungsverfahren zwischen verschiedenen Institutionen (etwa Ministerien) letztlich von einer zentralen Behörde geplant. Das bedeutet, dass für die gesamte Volkswirtschaft jährlich ein **zentraler Wirtschaftsplan** aufgestellt und dieser in Einzelpläne für die verschiedenen wirtschaftenden Sektoren

Kennzeichen / Wirtschaftsordnungen	dezentral gelenkte Wirtschaft (Marktwirtschaft)	zentral gelenkte Wirtschaft (Zentralverwaltungswirtschaft)
Politische Grundlage	Liberalismus	Sozialismus
Organisatorische Merkmale		
1. Planung	dezentral	zentral
2. Koordinationsinstrument	Markt	Wirtschaftsplan
3. Motivation	Gewinn	Prämien
4. Eigentum	Privateigentum	Staatseigentum

Abbildung E.2: Dezentral und zentral gelenkte Wirtschaft

bzw. Einheiten zerlegt wird. Der jährliche Wirtschaftsplan wiederum ist Bestandteil eines übergeordneten Planes, etwa eines **Fünfjahresplanes.** Die Einzelpläne für Betriebe enthalten u. a. Sollvorschriften bezüglich Art und Menge der zu produzierenden Güter sowie Art und Umfang der Investitionen. Eine Erfüllung bzw. Übererfüllung des Planes wird mit Prämien belohnt. Die Produktionsmittel sind weitestgehend in staatlicher Hand.

Das **Hauptproblem** einer zentral gelenkten Wirtschaft ist in der Konzeption und der Verwirklichung eines komplexen funktionsfähigen Planungs- und Kontrollsystems zu sehen. Die Abstimmung von Angebot und Bedarf, d. h. die Vermeidung von Überangebot bzw. Produktionsengpässen, lässt sich aufgrund der Schwerfälligkeit des Planungsapparates nicht zufriedenstellend lösen. In denjenigen Staaten, die zur Vermeidung dieses Nachteiles ihr Planungssystem dezentralisieren, entsteht zusätzlich das Problem der reibungslosen Integration von Freiräumen in das Gesamtplanungssystem. Auch hier ist die Frage nach einem funktionierenden **Leistungsanreizsystem** bisher noch nicht befriedigend beantwortet. Ein großes Problem ist auch die dramatische Vernachlässigung des Umweltschutzes.

Im Gegensatz zur zentral gelenkten Wirtschaft werden die wirtschaftlichen Aktivitäten einer **Marktwirtschaft** nicht im Rahmen einer Zentralplanung gelenkt, sondern sie beruhen auf **dezentralen (individuellen) Wirtschaftsplänen** von Haushalten und Unternehmen.

Die Abstimmung der dezentral aufgestellten Wirtschaftspläne erfolgt über die **Märkte** (z. B. Märkte für Rohstoffe, Arbeitsmärkte, Wertpapierbörse). Frei aushandelbare Preise lenken Angebot und Nachfrage. Der **Preismechanismus** bewirkt, dass über das Verhalten der Nachfrager Art und Umfang von Produktion sowie Investition beeinflusst werden. Da sich die Produktionsmittel im Eigentum der Unternehmen befinden, üben die mit dem Einsatz von Produktionsfaktoren zu realisierenden Gewinne einen starken Einfluss auf unternehmerische Entscheidungen aus. Die aus Fehlentscheidungen resultierenden Verlustrisiken stellen das Pendant zu den Gewinnchancen dar.

Probleme eines marktwirtschaftlichen Systems sind u. a. in der Gefahr zu sehen, dass Wirtschaftssubjekte durch **Konzentrationsvorgänge** zu mächtig werden und damit den Marktmechanismus teilweise außer Kraft setzen. Außerdem kann eine Marktwirtschaft – wie im Übrigen auch die Zentralverwaltungswirtschaft – **gesamtwirtschaftliche Ungleichgewichte** nicht verhindern; zu nennen sind die derzeit relativ hohe Arbeitslosigkeit, aber auch inflationäre Entwicklungen, die für die nahe Zukunft prognostiziert werden. Schließlich ist ein **Versagen des Preismechanismus** bei den sog. externen Effekten festzustellen. Hier ist insbesondere die Umweltschutzproblematik zu nennen. Aber auch in den Bereichen Bildung, Kunst und Soziales greift der Preismechanismus nur bedingt. Hier muss der Staat lenkend eingreifen.

Eine Marktwirtschaft in reiner Form stellt ein **Denkmodell** dar. Die existierenden marktwirtschaftlichen Systeme sind dadurch gekennzeichnet, dass die skizzierten marktwirtschaftlichen Grundsätze durch Elemente einer zentral gelenkten Wirtschaft mehr oder weniger stark korrigiert werden. Wir haben es also in der Realität mit Mischsystemen aus Planwirtschaft und Marktwirtschaft zu tun. Ein derartiges Mischsystem stellt die **soziale Marktwirtschaft** der Bundesrepublik Deutschland dar. Auch die sich entwickelnden Marktwirtschaften Chinas und Russlands sind Mischsysteme in diesem Sinne.

(3) Soziale Marktwirtschaft

Im Jahre 1945 bestand in Westdeutschland Einigkeit darüber, eine Wirtschaftsordnung einzurichten, die den Vorstellungen von **Freiheit und Demokratie** am nächsten kommt. Allerdings sollte das Prinzip der Freiheit auf dem Markt mit dem Prinzip des **sozialen Ausgleichs** verbunden werden. Dieser Gedanke des **dritten Weges** wurde insbesondere von *Müller-Armack* und *Walter Eucken*, den geistigen Vätern der sozialen Marktwirtschaft, entwickelt und von *Ludwig Erhard*, dem ersten Wirtschaftsminister Westdeutschlands, in die Tat umgesetzt. Diese Männer vertraten die Ansicht, dass der Staat über die **Ordnungspolitik** einen Rahmen bereitstellen sollte, der es den am Wirtschaftsprozess Beteiligten erlaubt, sich frei zu entfalten (= **marktwirtschaftliche Komponente**). Andererseits sollte gewährleistet sein, dass der Wettbewerb durch institutionelle Absicherung erhalten bleibt und über die Korrektur der Marktergebnisse (etwa durch Steuern, Subventionen und Unterstützungen) eine gerechte Einkommensumverteilung stattfindet (= **soziale Komponente**).

Die **Wirtschaftsordnung der sozialen Marktwirtschaft** beruht auf den Grundlagen einer Marktwirtschaft, deren Funktionsfähigkeit durch einen staatlichen Ordnungsrahmen und deren soziale Komponente durch eine Reihe sozialer Gesetze gewährleistet wird. Die praktische Ausgestaltung der sozialen Marktwirtschaft findet ihren Niederschlag in der **Rechtsordnung** und im Rahmen der Rechtsordnung u. a. in der Eigentumsordnung sowie im Recht des Einzelnen, seine Interessen über die verfassungsmäßig garantierte Meinungs-, Versammlungs- und Koalitionsfreiheit zu wahren.

Politische Maßnahmen, die erforderlich sind, um die Funktionsfähigkeit der sozialen Marktwirtschaft sicherzustellen, lassen sich unterteilen in solche der Ordnungspolitik und der Prozesspolitik.

Kern der **Ordnungspolitik** ist die Wettbewerbspolitik. Ihre Aufgabe besteht darin, den freien Wettbewerb zu garantieren. Nach dem deutschen Gesetz gegen Wettbewerbsbeschränkungen sind Kartelle verboten, unterliegen marktbeherrschende Unternehmen einer Missbrauchsaufsicht und sind Unternehmenszusammenschlüsse untersagt, die zu einer marktbeherrschenden Stellung führen.

Die **Prozesspolitik** greift steuernd in den Ablauf der Wirtschaftsprozesse ein, um Fehlentwicklungen, die aus dem freien Spiel der Kräfte resultieren, zu verhindern. Zu den **Aufgaben der Prozesspolitik** zählen die Stabilisierung des Preisniveaus (Verhinderung einer Inflation) sowie der konjunkturellen Entwicklung, ferner die Sicherstellung des Wachstums, des außenwirtschaftlichen Gleichgewichts und der Gerechtigkeit in der Verteilung von Einkommen und Vermögen. Instrumente zur Verwirklichung dieser Aufgaben stellen das Steuersystem sowie das Geld- und Währungssystem zur Verfügung: Über Steueränderungen und zinspolitische Maßnahmen kann das Verhalten der Wirtschaftssubjekte wirksam im Sinne der ordnungspolitischen Ziele beeinflusst werden.

Bisherige **Leistungen der sozialen Marktwirtschaft** in der Bundesrepublik Deutschland können anschaulich durch die im Zeitablauf getätigten Sozialausgaben ausgedrückt werden (vgl. Abb. E.3)

Die soziale Marktwirtschaft geht davon aus, dass sich ein **schlanker Staat** auf seine wesentlichen Aufgaben besinnt. Dies bedeutet für den Einzelnen, Leistungsbereitschaft und Eigenverantwortung zu entwickeln, um seinen persönlichen Wohlstand zu sichern. Die soziale Marktwirtschaft bietet jedem Bürger nur eine grundsätzliche soziale Absicherung. In ihrem Zielsystem steht an der Spitze die freie Entfaltung des Menschen. Deshalb ist auch die wichtigste Grundlage dieses Wirtschaftssystems das **Privateigentum**. Durch dieses Institut soll der Einzelne sowohl in wirtschaftlicher als auch in gesellschaftlicher Eigenverantwortung am Wirtschaftssystem teilnehmen können. **Kapital** soll auf diese Weise in diejenige Verwendung fließen, in welcher es den größten Ertrag bringt. Jeder produziert das, was er am besten produzieren kann. Jeder produziert dort, wo er die besten Produktionsbedingungen vorfindet. Die **unsichtbare Hand des freien Wettbewerbs** sorgt für die Wohlstandsmehrung aller und für eine gerechte Preisentwicklung der Güter. Die Wirtschaftsordnung der sozialen Marktwirtschaft ist kein statisches, sondern ein **dynamisches Gebilde**, das stets in einer Weiterentwicklung begriffen ist. Sie muss sich laufend neuen wirtschaftlichen und gesellschaftlichen Herausforderungen stellen. Ihre größten Herausforderungen sind derzeit die **hohe Arbeitslosigkeit** und die Hungersnot in vielen Ländern der Welt.

Das Soziale an der Marktwirtschaft
Sozialausgaben[1] in Milliarden Euro

	1960	1970	1980	1990	2000	2001	2002
Sozialausgaben insgesamt (Sozialbudget)	32,6	86,3	228,5	342,6	644,9	662,6	685,1
Darunter z. B.							
Rentenversicherung	10,0	26,5	72,4	109,4	217,4	224,4	232,9
Krankenversicherung	4,8	12,9	45,4	71,6	132,0	137,1	141,2
Pflegeversicherung	–	–	–	–	16,7	16,8	17,3
Unfallversicherung	0,9	2,0	4,8	6,6	10,8	10,9	11,3
Arbeitsförderung	0,6	1,8	11,7	25,0	64,8	65,4	71,0
Beamtenpensionen	3,5	8,1	16,8	22,6	33,1	34,2	35,4
Entgeltfortzahlung	1,5	6,5	14,7	20,3	26,8	28,7	28,2
Sozialhilfe	0,6	1,7	6,8	14,8	25,9	26,0	26,7
Jugendhilfe	0,3	1,0	4,3	6,8	17,2	17,4	17,6
Sozialausgaben je Einwohner in Euro	588	1.423	3.711	5.520	7.846	8.047	8.306
Sozialquote[2]	21,1	25,0	30,4	27,6	31,8	32,0	32,5
Finanzierung des Sozialbudgets nach Quellen in Prozent							
Unternehmen	34,3	32,5	32,9	33,5	28,5	28,2	27,4
Bund	25,6	24,4	23,5	19,2	22,1	22,3	23,3
Länder	13,8	14,0	11,8	10,3	11,5	11,7	11,8
Gemeinden	5,1	7,0	7,8	8,6	9,5	9,5	9,5
Sozialversicherung	0,2	0,3	0,3	0,3	0,4	0,4	0,3
Private Organisationen	1,0	0,9	1,1	1,4	1,5	1,5	1,5
Private Haushalte	20,0	21,0	22,5	26,7	26,4	26,3	26,1
Übrige Welt	–	–	–	–	0,1	0,1	0,1

Quelle: Tabellenband 2002 zum Sozialbudget
      Bundesministerium für Gesundheit und Soziale Sicherung (Verfügbarkeitsdatum: 21. 05. 2004)
1) Ab 1991 einschließlich neue Bundesländer, 2001 und 2002 vorläufige Ergebnisse
2) Sozialleistungen im Verhältnis zum Bruttoinlandsprodukt in %

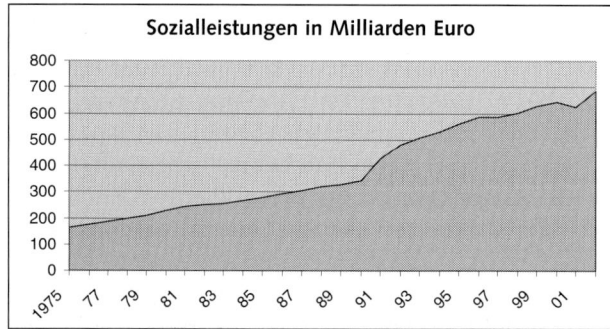

Sozialleistungen in Milliarden Euro

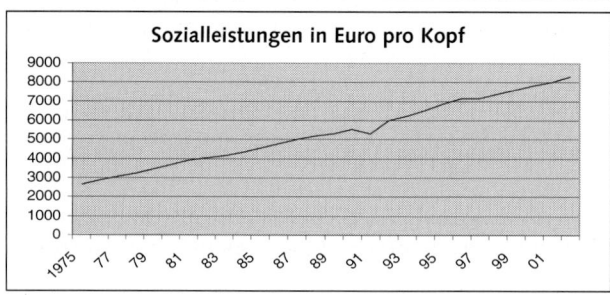

Sozialleistungen in Euro pro Kopf

Abbildung E.3:
Sozialausgaben der Bundes-
republik Deutschland
Quelle: siehe oben.

In einer sozialen Marktwirtschaft lassen sich die **Ziele der Wirtschaftspolitik** wie folgt formulieren:

- Optimale Verteilung der knappen Ressourcen,
- hohe Wachstumsraten der Wirtschaft,
- Erreichen eines hohen volkswirtschaftlichen Beschäftigungsgrads,
- Erreichen stabiler wirtschaftlicher Verhältnisse,
- Verfolgen einer optimalen Verteilungs- und sozialen Gerechtigkeit,
- Sicherung der Lebensgrundlagen durch Umweltschutz.

Es ist davon auszugehen, dass in einer sozialen Marktwirtschaft die gesetzten **Ziele keineswegs konfliktfrei** sind. In der Regel müssen zur Lösung dieses Konflikts bei einzelnen Zielen Abstriche gemacht werden, um andere Ziele entsprechend gut zu erreichen. Gewährt der Staat beispielsweise zu hohe Sozialleistungen und eine übertriebene Fürsorge, wird die Leistungsfähigkeit der Marktwirtschaft sehr schnell gefährdet. Grundsätzlich gilt, dass zu viele staatliche Regulierungen und zu hohe Sozialleistungen die Funktionsfähigkeit der Märkte gefährden. Tritt dieses ein, können über die Märkte nicht mehr diejenigen Einkommen erwirtschaftet werden, die über Steuern und Abgaben zur Finanzierung der sozialen Aufgaben des Staates beitragen. In einer sozialen Marktwirtschaft will ein Unternehmer kostengünstig produzieren und gut verdienen. Auch die Arbeitnehmer folgen der Vorstellung, hohe Einkommen zu erzielen. Den Konflikt zwischen diesen beiden Zielen lösen die **Tarifpartner** durch Kompromisse im Rahmen der Tarifautonomie. Für den Spielraum dieser Konfliktlösung formuliert der Staat gesetzliche Regelungen, die von beiden Seiten einzuhalten sind. Damit der Staat seine Ordnungsaufgabe wahrnehmen kann, greift er in zweifacher Weise in das Wirtschaftsgeschehen ein: einmal als **Gesetzgeber** und zum anderen als **Unternehmer** (vgl. Abb. 1.7).

Verträge und Gesetze haben in der sozialen Marktwirtschaft eine Ausgleichs- und Schutzfunktion. Soweit Löhne und Arbeitsbedingungen durch **Tarifverträge** ausgehandelt werden, dienen sie dem sozialen Ausgleich. Einzelne **Gesetze** dienen:

- dem **Arbeitsschutz** (Mutterschutzgesetz, Jugendarbeitsschutzgesetz, Arbeitssicherheitsgesetz, Arbeitszeitordnung, Gewerbeordnung, Arbeitnehmerüberlassungsgesetz)

- **dem Schutz von Einkommen und Bestand** (Kündigungsschutzgesetz, Lohnfortzahlungsgesetz, Arbeitsplatzschutzgesetz, Arbeitsförderungsgesetz, Heimarbeitsgesetz, Schwerbehindertengesetz)

- dem **Schutz der Wirtschaftsdemokratie** (Mitbestimmungsgesetz, Montanmitbestimmungsgesetz, Betriebsverfassungsgesetz, Sprecherausschussgesetz, Personalvertretungsgesetz).

Die **Eingriffe des Staates** in das Wirtschaftsgeschehen sollten nur insoweit erfolgen, als sie allgemeine Sicherungsfunktionen haben. Zu diesen rechnen die **Sicherung** von:

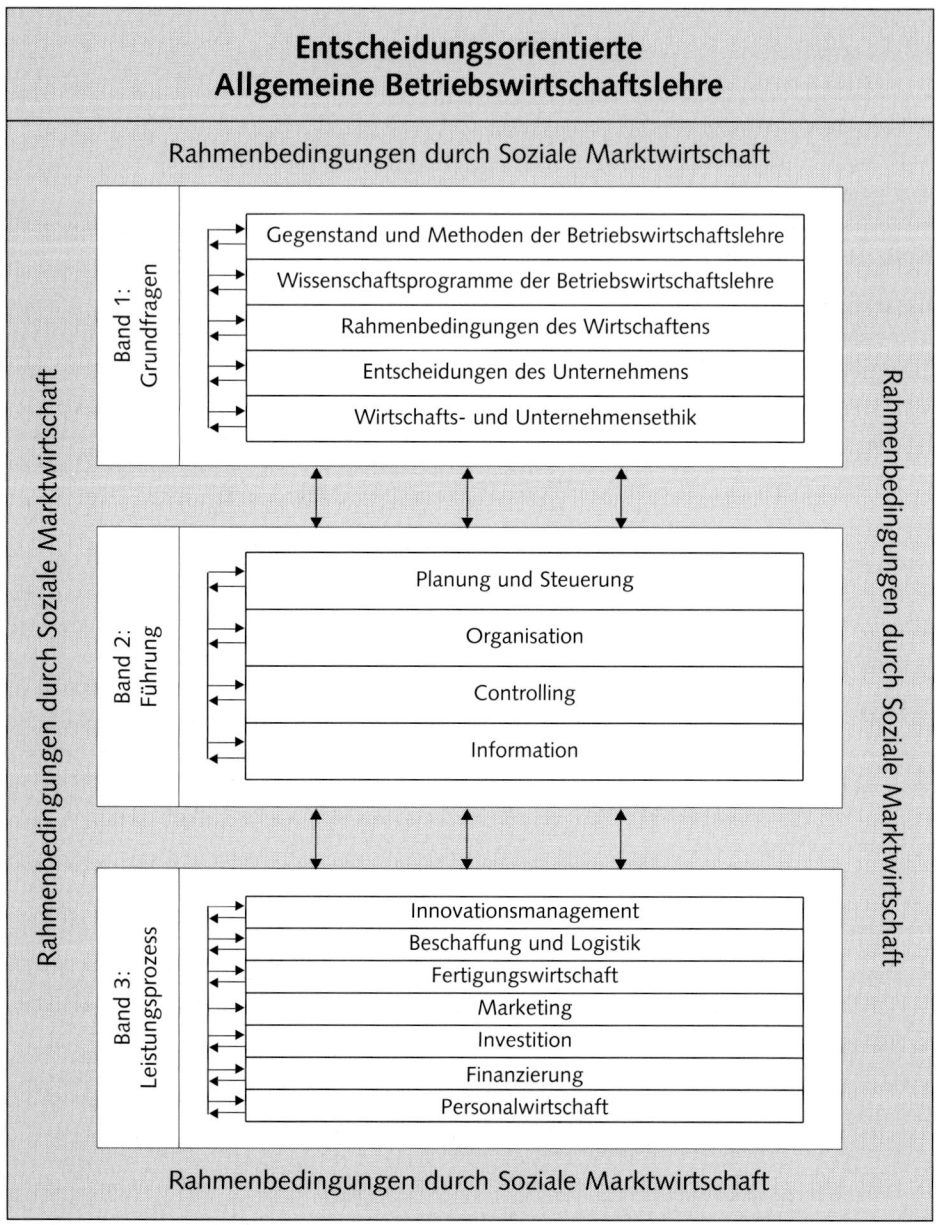

Abbildung E.4: Konzept der entscheidungsorientierten Allgemeinen Betriebswirtschaftslehre

- Menschenrechten,
- Kultur, Gesellschaft und Familie,
- Chancengleichheit,
- Wettbewerb und kontrollierter Marktmacht,
- einheitlichen Lebensverhältnissen für alle,
- Staatseinnahmen und Staatsausgaben.

(4) Aufgaben der Allgemeinen Betriebswirtschaftslehre in einer sozialen Marktwirtschaft

Die in der Wirtschaftsordnung der sozialen Marktwirtschaft gesetzten **Rahmenbedingungen** begrenzen den Spielraum, der den Unternehmen für ihre ökonomischen, technischen, sozialen und ökologischen Entscheidungen bleibt. Diese Entscheidungsperspektive stellt die **Grundorientierung** für alle Sachfragen dar, die in diesem dreibändigen Lehrbuch der Allgemeinen Betriebswirtschaftslehre behandelt werden. Das hier vorgestellte Wissenschaftsprogramm wird daher **Entscheidungsorientierte Betriebswirtschaftslehre** genannt; es hat sich im Rahmen der sozialen Marktwirtschaft Deutschlands als besonders wirksam erwiesen, wirtschaftliche und soziale Probleme der Gegenwart und der Zukunft zu lösen. Sein Beitrag zur Sicherung und Steigerung der Wohlfahrt der Nation wird als positiv eingeschätzt.

Die Aufgaben, die von den einzelnen Entscheidungsbereichen im Rahmen einer sozialen Marktwirtschaft zu erfüllen sind, und deren wissenschaftliche Durchdringung durch die Betriebswirtschaftslehre werden im Rahmen der einzelnen Kapitel behandelt, die sich mit den in Abb. E.4 genannten Bereichen befassen.

3 Überblick über die Grundlagen der Allgemeinen Betriebswirtschaftslehre in Band 1

Die hier in drei Bänden vorgelegte Allgemeine Betriebswirtschaftslehre ist dem **entscheidungsorientierten Programmansatz** zuzurechnen. In ihr wird derjenige Wissensstand dargestellt, welcher erforderlich ist, um die wirtschaftlichen Existenzprobleme des Sozialgebildes «Betrieb» zu erfassen und zu lösen. Dieses Wissen, das durch Forschung, Lehre und Literatur gewonnen und überliefert wird, ist das Ergebnis eines Prozesses, der sich als Forschungs- und Erkenntnisarbeit nach verschiedenen Methoden vollzieht.

Der **erste Band** der Allgemeinen Betriebswirtschaftslehre, der sich mit Grundfragen des Faches befasst, ist in fünf Kapitel gegliedert:

Das **erste Kapitel** erörtert **Gegenstand und Methoden der Betriebswirtschaftslehre**. Nach einer Kennzeichnung der Betriebswirtschaftslehre als wirtschaftswissenschaftliche Einzeldisziplin werden der Erfahrungs- und der Erkenntnisgegenstand sowie die wichtigsten Forschungsmethoden dieser Wissenschaft und Grundlagen der Lehre dargestellt.

Das **zweite Kapitel** behandelt die **Wissenschaftsprogramme der Betriebswirtschaftslehre**, auf die bereits Bezug genommen wurde. Zunächst werden methodologische Grundlagen erarbeitet, um danach auf die Wissenschaftsvorstellungen der Nestoren *Eugen Schmalenbach, Wilhelm Rieger* und *Heinrich Nicklisch* einzugehen. Von den neueren Konzeptionen werden u. a. das entscheidungsorientierte, das systemorientierte, das ökologieorientierte, das verhaltensorientierte sowie das institutionenorientierte Wissenschaftsprogramm der Betriebswirtschaftslehre erläutert und gewürdigt.

Das **dritte Kapitel** untersucht die **Rahmenbedingungen des Wirtschaftens**, in die jedes Unternehmen eingebettet ist. Dargestellt werden im Einzelnen Grundsachverhalte der Wirtschaftsordnung, des Steuersystems sowie der Unternehmensordnung.

Das **vierte Kapitel** nimmt Bezug auf reale **Entscheidungen**, die in Unternehmen zu treffen sind. Nach der Darstellung entscheidungstheoretischer Grundlagen werden reale konstitutive Entscheidungen in das Blickfeld gerückt, wobei schwerpunktmäßig die Standortentscheidung, die Rechtsformentscheidung und die Entscheidung über Unternehmenszusammenschlüsse analysiert werden.

Das **fünfte Kapitel** führt in die **Grundfragen der Wirtschafts- und Unternehmensethik** ein. Hier wird das Wirtschaften in volks- und betriebswirtschaftlicher Sicht unter die sittliche Wertfrage gestellt.

Abbildung E.5 gibt einen Überblick über die Inhalte der fünf Kapitel, welche in die beiden Problemblöcke «Methodische, programmatische und ethische Grundlagen» sowie «Pragmatische Grundlagen des Wirtschaftens» eingeordnet werden. Dieser Überblick soll zum Ausdruck bringen, dass die in Problemblöcke und Kapitel untergliederten Grundfragen der Betriebswirtschaftslehre in einem **engen Beziehungszusammenhang** stehen und nur aus diesem heraus ein umfassendes sowie strukturiertes Verständnis des Faches möglich ist.

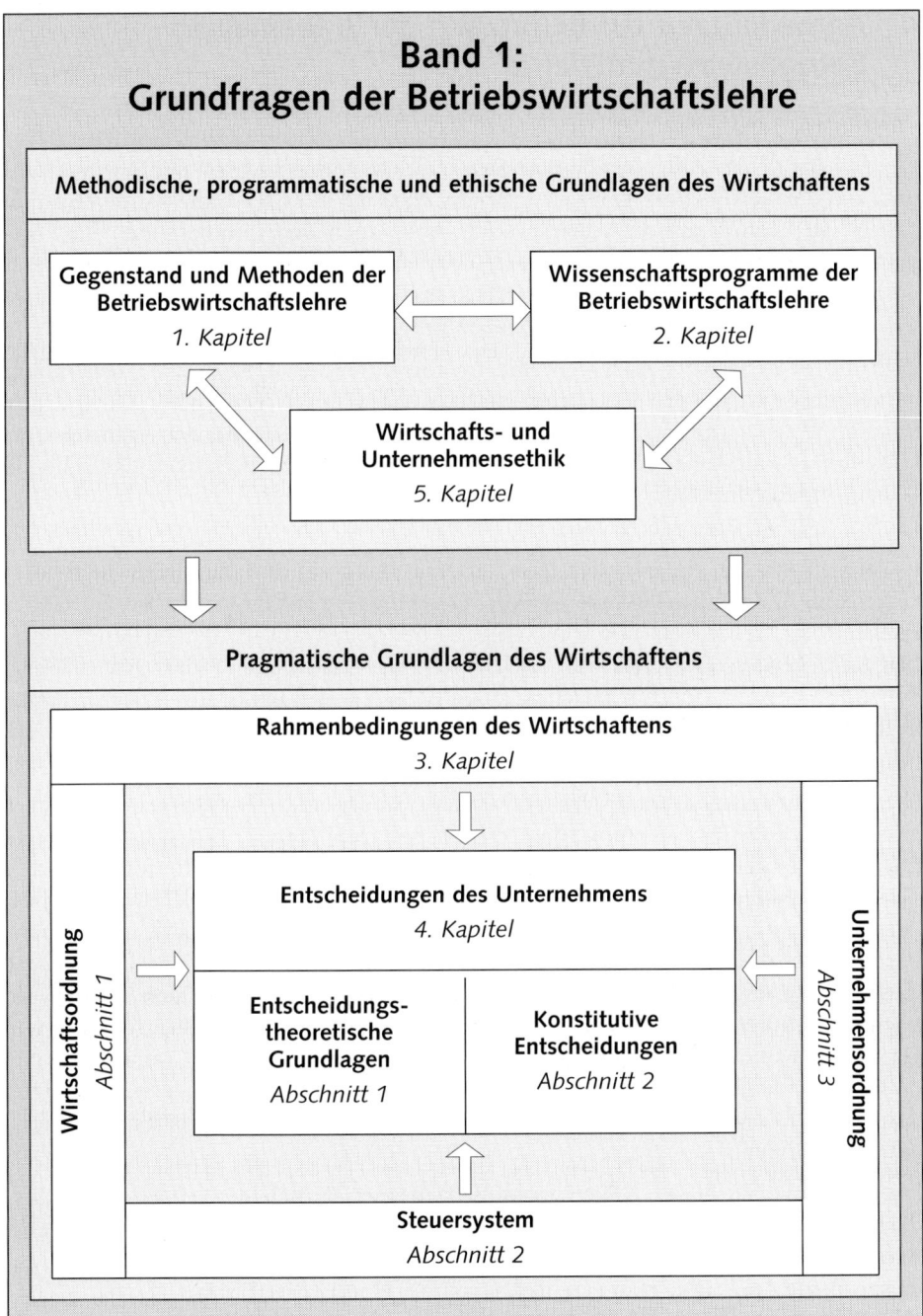

Abbildung E.5: Grundfragen der Betriebswirtschaftslehre im Überblick

4   Anmerkungen zur Benutzung der Allgemeinen Betriebswirtschaftslehre

Die drei Bände der Allgemeinen Betriebswirtschaftslehre sind von der Stoffauswahl und von der Lerntechnik her so konzipiert, dass sie in erster Linie für den Studierenden im **Grundstudium** geeignet sind. Aber auch dem Studierenden im **Fortgeschrittenenstudium** bieten sie eine Fülle an Fachwissen sowie Anregungen zum effizienten Erarbeiten des Stoffs durch knappe Literaturhinweise am Ende eines jeden Kapitels und durch gezielte Quellenhinweise im Text.

Zentrale Begriffe bzw. Aussagen sind im fortlaufenden Text durch **Umrahmung** hervorgehoben. Weitere Hervorhebungen werden durch **Fett**- oder *Kursiv*druck in einer Weise vorgenommen, dass der Lesefluss gefördert und der Aufmerksamkeitswert erhöht wird. Außerdem erleichtern diese Hervorhebungen das schnelle Wiederfinden einzelner Begriffe und Sachfragen, wodurch ein wirkungsvolles Lernen deutlich unterstützt wird.

Es sei auch darauf hingewiesen, dass der erste Band ein **umfangreiches Stichwortverzeichnis** für alle drei Bände enthält. Der Hinweis auf ein Stichwort im ersten Band erfolgt dabei stets durch die Angabe der Seitenzahl in diesem Band selbst. Dagegen werden Hinweise auf Stichwörter, die im zweiten oder dritten Band behandelt werden, durch römische Zahlen (II → zweiter Band; III → dritter Band) gegeben, so dass ihr Nachschlagen auf eine sehr einfache und rationale Weise ermöglicht wird.

Um den Lehrbuchcharakter deutlich hervorzuheben, ist die **Fachsprache** möglichst einfach gewählt. Dazu kommt, dass zahlreiche Graphiken, Tabellen und Beispiele mit Lösungen die Wissensaufnahme und das **Einüben erleichtern**. Im fortlaufenden Text eingefügte **Querverweise** zwischen den einzelnen Bänden, Kapiteln und Abschnitten dienen demselben Zweck. So bekommt der Studierende ein brauchbares Mittel des **Selbststudiums** und der **Selbstkontrolle** an die Hand. Daher ist dieses dreibändige Lehrbuch sowohl für Studierende an **Universitäten** als auch an **Fachhochschulen** und **Akademien** geeignet. Aber auch Nachbarwissenschaftler wie Juristen, Ingenieure, Soziologen, Mathematiker, Politologen u. a. können sich mit dieser Allgemeinen Betriebswirtschaftslehre das Grundwissen aneignen, das sie für das bessere Verständnis und Ausüben ihrer Tagesarbeit bzw. ihrer Führungsaufgaben benötigen.

Die Herausgeber dieser Allgemeinen Betriebswirtschaftslehre gehen davon aus, dass es kaum möglich ist, in einem dreibändigen Werk alle Einzelfragen und Aspekte dieses Faches umfassend darzustellen. Der Leser wird daher am Schluss dieser Benutzungsanmerkungen auf wichtige **Handwörterbücher, Lexika, Zeitschriften**, Bücher über **Techniken wissenschaftlichen Arbeitens** sowie **Wörterbücher** für englische und französische Fachtermini verwiesen, die zur Standardliteratur zu zählen sind und ergänzend zu dem hier vorgelegten Werk für die Beantwortung von Sonderfragen sowie Übersetzungen herangezogen werden können.

Handwörterbücher

1. Handwörterbuch der Wirtschaftswissenschaft (HdWW). Band 1 bis 9. Hrsg. v. Willi Albers u. a., Verlage Gustav Fischer, Stuttgart/New York, J. C. B. Mohr (Paul Siebeck), Tübingen und Vandenhoeck & Ruprecht, Göttingen/Zürich.
2. Enzyklopädie der Betriebswirtschaftslehre (EdBWL). Band 1 bis 12. Hrsg. v. Waldemar Wittmann u. a., C. E. Poeschel Verlag, Stuttgart.
3. Handbook of German Business Management (GBM). Hrsg. v. Erwin Grochla, Eduard Gaugler, Hans E. Büschgen, Klaus Chmielewicz, Adolf G. Coenenberg, Werner Kern, Richard Köhler, Heribert Meffert, Marcell Schweitzer, Norbert Szyperski, Waldemar Wittmann und Klaus v. Wysocki, C. E. Poeschel Verlag, Stuttgart und Springer-Verlag, Berlin u. a. 1989.
4. Encyclopédie de la gestion. Joffre, Patrik; Yves, Simon (dir.), 2nd edition. Economica, Paris 1997.
5. Economia Aziendale. Airoldi, G.; Brunetti, G.; Coda, V. (Ed.), Il Mulino, Bologna 1994.
6. Enciclopedia práctica del management. Rodríguez, José Luis et al. (Ed.). Expansión, Madrid 1998.

Lexika

1. Vahlens Großes Wirtschaftslexikon. Hrsg. v. Erwin Dichtl und Otmar Issing. 3. Aufl., Vahlen Verlag, München 1999.
2. Gabler Wirtschaftslexikon. 15. Aufl., Gabler Verlag, Wiesbaden 2000.
3. Lexikon der Betriebswirtschaftslehre. Hrsg. v. Hans Corsten. 4. Aufl., R. Oldenbourg Verlag, München und Wien 2000.
4. Lexikon der Betriebswirtschaft. Hrsg. v. Ottmar Schneck. 5. Aufl., Deutscher Taschenbuch Verlag, München 2003.

Wissenschaftliche Zeitschriften

1. Die Betriebswirtschaft (DBW). C. E. Poeschel Verlag, Stuttgart.
2. Betriebswirtschaftliche Forschung und Praxis (BFuP). Verlag Neue Wirtschafts-Briefe, Herne und Berlin.
3. Zeitschrift für Betriebswirtschaft (ZfB). Gabler Verlag, Wiesbaden.
4. Zeitschrift für betriebswirtschaftliche Forschung (ZfbF). Verlagsgruppe Handelsblatt, Düsseldorf und Frankfurt.
5. Management Science. Institute of Management Science, Providence/RI.
6. Harvard Business Review (HBR). Harvard University, Boston.
7. Revue française de gestion: hommes et techniques. Fondation Nationale pour l'Enseignement de la Gestion des Entreprises (FNEGE), Paris.

8. Boletín de estudios económicos. Universidad de Deusto, Bilbao.
9. Revista dei Dottori Commercialisti. Giuffré Editore, Milano.

Zeitschriften für Studierende

1. Das Wirtschaftsstudium (Wisu). Deubner und Lange Verlag, Köln und Werner Verlag, Düsseldorf.
2. Wirtschaftswissenschaftliches Studium (WiSt). Verlag Franz Vahlen, München und Verlag C. H. Beck, München.

Techniken des wissenschaftlichen Arbeitens

1. *Standop, Ewald* und *Matthias L. G. Meyer:* Die Form der wissenschaftlichen Arbeit. 16. Aufl., München 2002.
2. *Theisen, Manuel René:* Wissenschaftliches Arbeiten. 11. Aufl., München 2002.

Wörterbücher

1. *Koslowski, Frank* und *Ulrich Kohlmeier:* Wirtschafts-Wörterbuch der Praxis (Deutsch/Englisch, Englisch/Deutsch). Verlag Lucius & Lucius, Stuttgart 2002.
2. *Boelcke, Jürgen, Bernhard Straub* und *Paul Thiel:* Wirtschaftswörterbuch, Bd. 1: Deutsch–Französisch. Bd. 2: Französisch–Deutsch. 2. Aufl., Gabler Verlag, Wiesbaden 1990.
3. *Coello Arias, Manuel:* Español para economistas. Spanisch für Wirtschaftswissenschaftler (Deutsch/Spanisch, Spanisch/Deutsch). Verlag Lucius & Lucius, Stuttgart 2002 (mit zwei Audio-CD).

Gegenstand und Methoden der Betriebswirtschaftslehre

Kapitel 1

Marcell Schweitzer

1 Betriebswirtschaftslehre als wirtschaftswissenschaftliche Einzeldisziplin

1.1 Betriebswirtschaftslehre in der sozialen Marktwirtschaft

Im System der **sozialen Marktwirtschaft** werden alle wirtschaftlichen Aktivitäten durch dezentrale, individuelle Entscheidungen in den Betrieben (Haushalten und Unternehmen) gelenkt. Durch diese Entscheidungen sollen die knappen Güter denjenigen Verwendungsformen zugeführt werden, die bei einem gewählten Zielsystem mit wirtschaftlichen, technischen, sozialen und ökologischen Teilzielen und gegebenen Daten optimal sind. Diese Entscheidungen über knappe Güter in Betrieben bilden den Inhalt des Wirtschaftens in sozialen Marktwirtschaften. Das Wirtschaften in Betrieben tritt in der Marktwirtschaft in mehreren Entscheidungsformen auf. Ihre wissenschaftliche Durchdringung bildet den Kern der Betriebswirtschaftslehre. Als wissenschaftliche Disziplin formuliert die Betriebswirtschaftslehre deskriptive, theoretische und pragmatische Aussagen über das Wirtschaften in Betrieben.

Die Betriebe sind komplexe Sozialgebilde des **Kulturbereichs** einer Nation. Dieser umfasst alle realen und wandelbaren Sachverhalte wirtschaftlicher, technischer, sozialer, ökologischer, medizinischer, soziologischer u. a. Art. In diesen Kulturbereich sind alle wirtschaftlichen Handlungen integriert. Sollen in ihm wirtschaftliche Aktivitäten untersucht werden, d. h., sollen Erkenntnisse über reales Wirtschaften gesammelt werden, muss in dieses komplexe System des Kulturbereichs kognitiv eingedrungen werden, und die erwünschten Erkenntnisse müssen gleichsam aus ihm herausgefiltert werden. Um den Kulturbereich in seiner Totalität zu erfassen, zu analysieren und zu gestalten, müssen sich mehrere **Einzelwissenschaften** (z. B. Medizin, Soziologie, Technik) mit diesem System befassen. Die jeweilige Einzelwissenschaft kann nur eine abgegrenzte Grundfragestellung herausarbeiten, für welche sie ihre Einzelerkenntnisse aufbereitet. Dies tut sie unter Berücksichtigung aller Schnittstellen zu den Nachbarwissenschaften, welche auf die gleiche Weise vorgehen. Je intensiver eine Einzelwissenschaft diese Wechselbeziehungen berücksichtigt, umso mehr nimmt sie den Charakter einer **Interdisziplin** an. Mit diesem interdisziplinären Charakter wendet sich die Betriebswirtschaftslehre der Grundfrage des **Wirtschaftens** in sozialen Einheiten zu.

1.2   Allgemeine und Spezielle Betriebswirtschaftslehren

Die wissenschaftliche Disziplin, welche sich mit deskriptiven, theoretischen, pragmatischen sowie normativen Fragen des Wirtschaftens befasst, trägt den Namen **Wirtschaftswissenschaft**. Diese Wissenschaft umfasst die beiden wirtschaftlichen Einzeldisziplinen der Volkswirtschaftslehre und der Betriebswirtschaftslehre. Die **Volkswirtschaftslehre** setzt sich in Theorie und Politik mit wirtschaftlichen Problemen unterschiedlich aggregierter Bereiche auseinander (z. B. Fragen des Einkommens, der Beschäftigung, des Wachstums, der Inflation sowie der Konjunktur in einzelnen Ländern, Ländergemeinschaften [beispielsweise der Europäischen Union], Machtblöcken, Kontinenten oder der gesamten Erde). Dagegen wendet sich die **Betriebswirtschaftslehre** in Theorie und Politik den Betrieben als den Elementen dieser aggregierten Wirtschaftsbereiche zu und befasst sich mit wirtschaftlichen Fragen dieser Elemente (z. B. wirtschaftlichen Fragen der Beschaffung und Logistik, der Fertigung, des Marketing, der Investition, der Finanzierung, des Personals, der Planung und der Verwaltung in einzelnen Betrieben, jedoch auch mit wirtschaftlichen Fragen des Wachstums und der Schrumpfung, der Kooperation sowie der Liquidation von Betrieben, der Marktstrukturen, der Globalisierung bzw. Internationalisierung, der europäischen Harmonisierung u. a.).

Letztlich vollzieht sich jedes Wirtschaften in real vorhandenen und handelnden Betrieben, sodass beide Einzeldisziplinen der Wirtschaftswissenschaft die Betriebe zur wissenschaftlichen Orientierungsbasis wählen. Jedoch liegt bei beiden Einzeldisziplinen ein grundlegender Unterschied in der Betrachtungsweise wirtschaftlicher Phänomene vor:

Die Betriebswirtschaftslehre befasst sich mit dem Wirtschaften in Betrieben unter Berücksichtigung der Wechselbeziehungen zu anderen Betrieben und zu den sie umgebenden Wirtschaftsbereichen.

Dagegen behandelt die **Volkswirtschaftslehre** das Wirtschaften in unterschiedlich aggregierten Wirtschaftsbereichen unter Berücksichtigung aller Interdependenzen bis hin zu den Beziehungen zwischen einzelnen Betrieben. In diesem Zusammenhang spricht *Kosiol* ([Erkenntnisgegenstand] 134) von einer mikroskopischen Betrachtungsweise der Betriebswirtschaftslehre und von einer makroskopischen der Volkswirtschaftslehre. Diese unterschiedlichen Betrachtungsweisen kommen tendenziell in der volkswirtschaftlichen Bezeichnung «**Mikroökonomik**» für Teile der Betriebswirtschaftslehre und «**Makroökonomik**» für aggregierte Fragen der Volkswirtschaftslehre zum Ausdruck.

Die **Betriebswirtschaftslehre** als Lehre des Wirtschaftens im Sozialgebilde Betrieb (Kosiol [Einführung] 13 und 23 ff.) wird herkömmlich in die Teilgebiete «Allgemeine Betriebswirtschaftslehre» und «Spezielle Betriebswirtschaftslehren» gegliedert. Während der **Allgemeinen Betriebswirtschaftslehre** Fragestellungen bzw.

Funktionslehren								
	Organisations-wirtschaft	Personal-wirtschaft	Anlagen-wirtschaft	Material-wirtschaft	Leistungserstel-lungswirtschaft (Fertigungs- bzw. Produktions-wirtschaft)	Absatzwirtschaft	Controlling	Datenverarbei-tungswirtschaft
Wirtschaftsbereiche								
(4) Versicherungen					(54) Versicherungs-leistungs-erstellung			
(3) Banken					(53) Banken-leistungs-erstellung			
(2) Handel					(52) Handels-leistungs-erstellung			
(1) Industrie	(11) Industrielle Organisation	(21) Industrielle Personalwirtschaft	(31) Industrielle Anlagenwirtschaft	(41) Industrielle Materialwirtschaft	(51) Industrielle Leistungserstellung (Fertigung, Produktion)	(61) Industrieller Absatz	(71) Industrielles Controlling	(81) Industrielle Datenverarbeitung
	(1) Organisation	(2) Personal	(3) Anlagen	(4) Material	(5) Leistungs-erstellung	(6) Absatz	(7) Controlling	(8) Daten-verarbeitung

Institutionenlehren (Wirtschaftsbereichslehren)

Versicherungs-betriebslehre

Bank-betriebslehre

Handels-betriebslehre

Industrie-betriebslehre

Funktionsbereiche

Abbildung 1.1: Bildung Spezieller Betriebswirtschaftslehren

Problembereiche zugeordnet werden, die in allen Betrieben in gleicher Art auftreten (z. B. produktions-, kosten-, finanz-, investitions- und organisationstheoretische bzw. -politische Fragen), behandeln die **Speziellen Betriebswirtschaftslehren** die gleichen Fragen, dies jedoch unter wirtschaftsbereichs- bzw. sektorenspezifischen Besonderheiten und Zusatzproblemen. Als Spezielle Betriebswirtschaftslehren sind auf diese Weise entstanden: die Industriebetriebslehre, die Handelsbetriebslehre, die Verkehrsbetriebslehre, die Bankbetriebslehre u. a. Diese Speziellen Betriebs-wirtschaftslehren werden **Institutionenlehren** genannt.

Zunehmend werden Spezielle Betriebswirtschaftslehren auch als **Funktionenlehren** konzipiert (z. B. als Organisationswirtschaft, Personalwirtschaft, Anlagenwirt-schaft, Materialwirtschaft, Leistungserstellungswirtschaft [Fertigungswirtschaft bzw. Produktionswirtschaft], Absatzwirtschaft, Controlling, Datenverarbeitungs-wirtschaft). Die Abgrenzung zwischen Institutionen- und Funktionenlehren zeigt Abb. 1.1. Ebenso wie die Industriebetriebslehre [Spalte (1)] zur Leistungserstel-lungswirtschaft (Fertigungs- bzw. Produktionswirtschaft [Zeile (5)] beispielhaft abgegrenzt wird, sind die übrigen Speziellen Betriebswirtschaftslehren institutional bzw. funktional zu bilden bzw. zu differenzieren.

Gelegentlich wird die Betriebswirtschaftslehre in Betriebswirtschaftstheorie (ins-bes. Unternehmenstheorie) und Betriebswirtschaftspolitik (insbes. Unternehmens-politik) gegliedert. Diese Zweiteilung beruht auf einer Orientierung an zwei ver-schiedenen Wissenschaftszielen. Die **Betriebswirtschaftstheorie** befasst sich dann mit Aussagen(systemen), die der Erklärung und Prognose wirtschaftlicher Sachver-halte dienen und verfolgt damit ein theoretisches (kognitives) Wissenschaftsziel. Dagegen behandelt die **Betriebswirtschaftspolitik** Aussagen(systeme), die Entschei-dungen und Gestaltungen zu wirtschaftlichen Sachverhalten unterstützen, und orientiert sich auf diese Weise am pragmatischen (praktischen) Wissenschaftsziel.

2 Erfahrungsgegenstand der Betriebswirtschaftslehre

2.1 Kulturbereich als Erfahrungsgegenstand

Die Betriebswirtschaftslehre zählt zu den **Realwissenschaften** (empirische Wis-senschaften, Erfahrungswissenschaften), d. h. zu denjenigen Wissenschaften, die sich mit in der Wirklichkeit vorhandenen, individuellen, raum-zeitlich fest-stellbaren Tatsachen und Problemen befassen (wie es z. B. auch die Geologie, Biologie und Medizin tun).

Von realwissenschaftlichen Aussagen muss verlangt werden, «dass sie über tat-sächliche oder mögliche Eigenschaften von realen Objekten bzw. Sachverhalten informieren. Zu ihrer Überprüfung ist eine Faktenanalyse erforderlich» (Schanz [Methodologie] 26). Die wirtschaftlichen Realitäten, um welche sich die Betriebswirtschaftslehre bemüht, sind keine natürlichen, d. h. vom Menschen unabhängigen Sachverhalte, sondern es sind Sachverhalte, die durch den Menschen und für den Menschen erdacht, eingeführt, verändert, aufgegeben und mit Modifikationen erneut eingeführt werden. Diese Sachverhalte sind stark vom Willen, von den Zielen, von den Fähigkeiten und von den Verhaltensweisen der denkenden und handelnden Menschen abhängig und damit ihrer Art nach **wandelbar**.

Alle realen und wandelbaren wirtschaftlichen Sachverhalte sind in der Wirklichkeit mit einer Fülle weiterer Sachverhalte eng verknüpft (z. B. religiöser, künstlerischer, rechtlicher, technischer, medizinischer, sozialer, ökologischer Art). Sie machen mit diesen im **Problemverbund** die empirische Grundlage der Betriebswirtschaftslehre aus. Man bezeichnet diese empirische Grundlage als den **Kulturbereich** des Menschen. Es kann daher gesagt werden, dass der Kulturbereich der Erfahrungsbereich bzw. der **Erfahrungsgegenstand** der Betriebswirtschaftslehre ist (Kosiol [Erkenntnisgegenstand] 130). Im Kulturbereich stellt der Betriebswirt Beobachtungen an, hier führt er Messungen durch, über einen Ausschnitt formuliert er Behauptungen, ihn benutzt er als Schiedsinstanz für die Bewahrheitung seiner Theorien, und in ihn greift er gestaltend ein, dies allerdings betont unter wirtschaftlichem Aspekt.

Da wirtschaftliche Probleme und wirtschaftliches Handeln in den Kulturbereich voll integriert sind, ist die betriebswirtschaftliche Basis der Erfahrung so breit, wie sich im Kulturbereich Betriebe mit wirtschaftlichen Fragestellungen nachweisen lassen. Ob es sich dabei um Unternehmen der Industrie, des Handwerks, des Handels, der Banken und Versicherungen oder um Haushalte, Behörden, Theater, Hochschulen, Museen oder Kirchen handelt, ist ohne Belang. Sie sind alle **Elemente des betriebswirtschaftlichen Erfahrungsbereichs** und können auf betriebswirtschaftliche Fragestellungen hin untersucht sowie nach betriebswirtschaftlichen Erkenntnissen gestaltet und geführt werden.

2.2 Kennzeichnung der Betriebsarten

2.2.1 Begriff des Betriebes

Die Elemente eines Wirtschaftsbereichs bzw. -systems werden **Betriebe** genannt. Wie die Beobachtung der Wirtschaftswirklichkeit zeigt, existieren sehr verschiedene Ausprägungen dieser Betriebe. Das Verständnis für Struktur, Funktion, Verhaltensweise und Erscheinungsform dieser Betriebsvielfalt wird erleichtert, wenn zunächst die Klasse der Betriebe betrachtet wird, die Sachgüter produziert. In Marktwirtschaften können diese Betriebe als interaktive, flexible und lernfähige Handlungs- und Wirkungszentren beschrieben werden, die in der Regel auf Dauer, zielstrebig und unter Risiken Güter erstellen. Diese Güter werden als Angebot zur Deckung der auftretenden Nachfrage bereitgestellt. In diesem Spannungsverhältnis zwischen Nachfrage und Angebot, die auf Märkten aufeinanderstoßen, liegt ein sehr wichtiger Antrieb für die Errichtung von Betrieben und deren nachhaltige Güterproduktion.

Je besser das Angebot die Nachfrage mengenmäßig, qualitativ, räumlich und zeitlich zu befriedigen vermag, desto wirkungsvoller erfüllt die Gesamtheit der produzierenden Betriebe ihr **Sachziel**. Zur Erfüllung dieses Sachziels setzen die Betriebe adäquate Techniken sowie geeignete Güter ein. Außerdem wählen sie Zielvorstellungen, welche die angestrebte Ergiebigkeit bzw. Vorteilhaftigkeit der betrieblichen Produktion als **Formalziele** zum Ausdruck bringen. Als zentrale Formalziele werden in erwerbswirtschaftlichen Unternehmen **ökonomische Ziele** gewählt. Beispielsweise kann es sich dabei um Gewinn-, Deckungsbeitrags- oder Umsatzziele handeln. Zur Sicherung eines bestimmten Standards der Produkte, des Produktionsprogramms sowie des technischen Produktionspotenzials werden zusätzlich **technische Ziele** verfolgt. Zu ihnen zählen u. a. die funktionsgerechte Gestaltung der Produkte, die Steigerung der Produktivität, die Einhaltung eines bestimmten Qualitätsstandards und die Sicherung der qualitativen sowie der quantitativen Kapazitäten. Für die beschäftigten Mitarbeiter, ihre Familien und die Gesellschaft werden außerdem spezifische Ziele formuliert, die als **soziale Ziele** im Zielsystem der Betriebe berücksichtigt werden. Zum Schutz der natürlichen Umwelt und zur Sicherung eines gesunden Daseins sowie einer lebenswerten Zukunft werden schließlich **ökologische Ziele** verfolgt (vgl. Abb. 1.8).

Um den Verbund der skizzierten, verschiedenartigen Aufgabenstellungen und Ziele terminologisch zu erfassen, werden Betriebe in der Betriebswirtschaftslehre auch als **Sozialgebilde** bezeichnet, d. h. als ökonomische, technische, soziale und umweltbezogene Einheiten. Daraus folgt, dass Betriebe unter ökonomischen, technischen, sozialen oder ökologischen Aspekten erforscht und gestaltet werden können.

Unter dem Blickwinkel einer effektiven Führung ist im Sozialgebilde Betrieb das selbständige **Entscheiden** eine zentrale Aufgabe. Wird für einen Betrieb ein System von Zielen als Norm der betrieblichen Entscheidungen unterstellt, lässt sich der Begriff des Betriebes wie folgt definieren:

Ein **Betrieb** ist eine ökonomische, technische, soziale und umweltbezogene Einheit mit der Aufgabe der Bedarfsdeckung, mit selbständigen Entscheidungen und eigenen Risiken.

Dabei ist zu berücksichtigen, dass der Grad der Selbständigkeit der Entscheidungen für unterschiedliche Betriebsarten verschieden ausgeprägt sein kann. Es sei hinzugefügt, dass hier der Betriebsbegriff zwar am Beispiel der produzierenden Betriebe analysiert wird, dass er dennoch allgemeingültig für alle Betriebsarten definiert ist, die in der Realität auftreten können.

2.2.2   Unternehmen und Haushalte als Betriebsarten

2.2.2.1   Unternehmen als Betrieb der Fremdbedarfsdeckung

Ein wichtiges Merkmal für die Unterteilung der Klasse von Betrieben in Unterklassen ist die **Art ihrer Bedarfsdeckung**, wobei Fremdbedarfsdeckung und Eigenbedarfsdeckung unterschieden werden können. Betriebe, die in erster Linie den Güterbedarf fremder Betriebe decken, werden Unternehmen genannt, während Betriebe mit überwiegender Eigenbedarfsdeckung als Haushalte bezeichnet werden (Kosiol [Einführung] 24 ff.).

> Ein **Unternehmen** ist eine ökonomische, technische, soziale und umweltbezogene Einheit mit der Aufgabe der Fremdbedarfsdeckung, mit selbständigen Entscheidungen und eigenen Risiken.

In der Wissenschaft und in der Wirtschaftspraxis wird statt des Ausdrucks «Unternehmen» häufig die Bezeichnung «Unternehmung» verwendet, die ein Synonym darstellt. Verkürzt kann ein Unternehmen als Betrieb der Fremdbedarfsdeckung bezeichnet werden (vgl. Abb. 1.2). Zur Verwendung der Begriffe «Betrieb» und «Unternehmung» mit anderen Begriffsinhalten vgl. *Wöhe* ([Betriebswirtschaftslehre] 12 ff. und Abschnitt 2.3).

(1) Das erste Merkmal des Unternehmensbegriffs ist die **Fremdbedarfsdeckung**. Die Unterscheidung von Fremd- und Eigenbedarfsdeckung ist auf die Teilung von Arbeitsprozessen zurückzuführen, die in frühen Stadien menschlichen Handelns eine Einheit bildeten. Wer Bedürfnisse (Bedarfe) nach bestimmten Gütern verspürte, «produzierte» diese Güter ursprünglich selbst, um damit seine Bedürfnisse zu befriedigen, d. h., er betrieb Eigenbedarfsdeckung. Seine Betriebsform war der **autarke Haushalt**. Sobald jedoch Güter, die über den eigenen Bedarf hinaus produziert wurden, an Dritte getauscht oder veräußert wurden, trat erstmals das Phänomen der Deckung fremden Bedarfs auf. Wird die beschriebene Arbeitsteilung so weit vorangetrieben, dass ein Produzent Güter herstellt, die nur noch von Dritten nachgefragt oder von diesen in Auftrag gegeben und von ihm selbst überhaupt nicht mehr begehrt werden, ist der Zustand der reinen Fremdbedarfsdeckung erreicht.

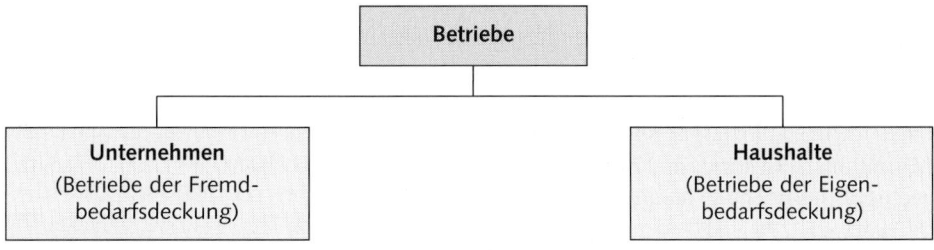

Abbildung 1.2: Gliederung der Betriebe

In der Wirklichkeit des Wirtschaftens ist der Übergang zwischen den beiden Extremfällen der Bedarfsdeckung gleitend und führt zu einer Fülle von Mischformen. So kann z. B. eine Maschinenfabrik neben den individuellen Kundenaufträgen auch interne Aufträge abwickeln, d. h., sie kann ihren eigenen Bedarf an speziellen Maschinen sowie an anderen Gütern durch **Eigenleistungen** decken; ein Reisebüro kann auch Reisen für die eigenen Mitarbeiter vermitteln; eine Erdölraffinerie kann zum Antreiben eigener Aggregate selbst erzeugten Dieselkraftstoff einsetzen. Trotz dieser teilweisen Eigenbedarfsdeckung dienen Unternehmen in erster Linie der individuellen Fremdbedarfsdeckung.

Die **Produktionsaufgabe** eines Unternehmens kann weit abgegrenzt werden. Zur Produktion in diesem Sinne ist nicht nur die technische **Herstellung** von Gütern zu rechnen, sondern es gehören auch die **Beschaffung** (Bereitstellung) von Einsatzgütern und die **Lagerung** halbfertiger sowie fertiger Produkte dazu. Des Weiteren ist der Begriff der Produktion nicht nur auf materielle Güter zu beziehen, sondern in gleicher Weise auf **immaterielle** Güter, d. h. insbes. auf **Dienstleistungen**. Dies bedeutet, dass auch die Dienstleistungen der Banken, Versicherungen, Spediteure, Unternehmensberater und Marktforschungsinstitute in übertragenem Sinne durch «Produktion» erstellt werden. Sogar die nur mittelbaren Forschungs-, Konstruktions- und Entwicklungsaufgaben können in einem industriellen Unternehmen letztlich zu dessen Produktionsaufgabe gezählt werden, da sie indirekt dazu beitragen, dass marktreife Güter für die Bedarfsdeckung zur Verfügung gestellt werden.

(2) Das zweite Merkmal des Unternehmensbegriffs ist die **selbständige Entscheidung**. Dieses Merkmal bringt zum Ausdruck, dass ein Unternehmen im Rahmen der geltenden Gesetze seine **ökonomischen, technischen, sozialen und ökologischen Ziele** weitgehend ohne Weisung anderer wählen kann. Das gleiche gilt für seine Maßnahmen, Vorgehensweisen, Strategien bzw. Alternativen, die ihm als Instrumente der Zielerreichung zur Verfügung stehen. In diesem **Freiheitsraum des Entscheidens** liegt die Motivation für die Entscheidungsträger des Unternehmens, im Rahmen ihrer Aufgaben initiativ zu werden und im Umfang der übertragenen Kompetenz wirtschaftliche und gesellschaftliche Verantwortung zu übernehmen; dieser Freiheitsraum ist Ausdruck der wirtschaftlichen Selbständigkeit, welche Entscheidungsträgern insbesondere in einer sozialen Marktwirtschaft eingeräumt wird. Freiheit des Entscheidens bedeutet jedoch nicht gleichzeitig **wirtschaftliche Unabhängigkeit**. Vielmehr stehen alle Unternehmen mit anderen Unternehmen und Haushalten über die Märkte in einem Verbund, der sie wechselseitig abhängig macht. Die Freiheit des einzelnen Unternehmens hört dort auf, wo die Freiheit eines anderen Sozialgebildes beginnt. Unternehmen, denen zunehmend die Kompetenz zur selbständigen Entscheidung genommen wird, können dabei durchaus rechtlich selbständig bleiben.

(3) Das dritte Merkmal des Unternehmensbegriffs ist das eigene **Risiko**. Gemeint ist damit die Gefahr, dass durch eigene Entscheidungen, durch Entscheidungen

Dritter sowie durch Einwirkungen der Umwelt negative Konsequenzen für das Unternehmen herbeigeführt werden können. Ihren Ausdruck finden Risiken im Auftreten von Verlusten, im Ausbleiben von Kundenaufträgen, in einer Fluktuation der Mitarbeiter, in Auswirkungen höherer Gewalt u. a. Formal kann das Risiko beispielsweise durch den **Erwartungswert** möglicher Verluste gemessen werden.

Da alle Unternehmensentscheidungen in die Zukunft reichen und über die Zukunft nur unvollkommene Informationen vorliegen, ist jedes Wirtschaften untrennbar mit Risiken verbunden. Die größten Risiken für das Unternehmen sind das Absatz- oder **Marktrisiko** und das **Kapitalrisiko**. Während es sich gegen die Folgen bestimmter Risiken versichern kann (z. B. Feuer- und Diebstahlrisiken), muss das Unternehmen das Marktrisiko sowie das Kapitalrisiko in jedem Falle selbst tragen. Darin liegt sein besonderes Wagnis. Wer jedoch Wagnisse auf sich nimmt, hat andererseits die **Chance**, als Entschädigung überdurchschnittliche Gewinne zu erwirtschaften. Eine Wirtschaftseinheit, die das Marktrisiko ablehnt oder der das Marktrisiko genommen wird, verliert den Charakter eines eigenständigen Unternehmens. Das schließt nicht aus, dass in Ausnahme- oder Notsituationen der Staat aufgetretene Risikoverluste des Unternehmens durch **Subventionen, Kredite oder Bürgschaften** abdecken kann.

2.2.2.2   Haushalt als Betrieb der Eigenbedarfsdeckung

Die Gliederung der Betriebe nach der Art ihrer Bedarfsdeckung führt zur Unterscheidung zwischen Fremdbedarfs- sowie Eigenbedarfsdeckung und entsprechend zur Trennung von Unternehmen sowie Haushalten.

> Ein **Haushalt** ist eine soziale, ökonomische, technische und umweltbezogene Einheit mit der Aufgabe der Eigenbedarfsdeckung, mit selbständigen Entscheidungen und eigenen Risiken.

Statt des Ausdrucks «Haushalt» wird in der Wirtschaftswissenschaft auch der synonyme Ausdruck «Haushaltung» verwendet. In Kurzform kann der Haushalt als Betrieb der Eigenbedarfsdeckung bezeichnet werden (vgl. Abb. 1.2).

Der **private Haushalt** ist in der Entwicklungsgeschichte des Sozialgebildes Betrieb dessen älteste und damit ursprüngliche Form. In einem Haushalt vollziehen sich persönliche, familiäre sowie kulturelle Prozesse des menschlichen Lebens mit sozialen, ökonomischen, technischen und umweltbezogenen Komponenten, welche diese Wirkungseinheit als originäres Sozialgebilde einer Gesellschaft auszeichnen. Die Ausprägungen dieser Komponenten sind variabel. Dies führt dazu, dass eine große Zahl von Erscheinungsformen des Haushalts beobachtet werden kann. Am Beispiel der in einem Haushalt eingesetzten technischen Hilfsmittel sei dies erläutert: Für die Fleischzubereitung wurde vor Tausenden von Jahren als Werkzeug lediglich ein scharfer Knochen oder ein Stein benötigt, um ein handliches Stück Fleisch aus einem größeren herauszutrennen und dieses roh zu verzehren. Die Technik der Zubereitung veränderte sich dann im Laufe der Jahrtausende und Jahrhunderte über ein längeres Abhängen, Klopfen, Braten, Kochen, Schmoren usw. bis zu einem Zubereiten des (tief)gekühlten Fleisches in Heißluft- oder Mikrowellenherden. Jede dieser Zubereitungstechniken determiniert eine spezifische Erscheinungsform des Haushalts. Vergleichbares gilt auch für die sozialen, ökonomischen und ökologischen Komponenten.

(1) Von den Begriffsmerkmalen des Haushalts werde als erstes die **Eigenbedarfsdeckung** betrachtet: Im Gegensatz zum Unternehmen ist der Haushalt ein **konsumorientierter Betrieb**. Die Bedürfnisse seiner Mitglieder sind der Ursprung für das Sachziel des Haushalts, d. h., er verfolgt die Deckung seines eigenen Bedarfs. Zu den Haushalten dieser Art zählen zunächst alle Einpersonen-, Kleinfamilien- und Großfamilienhaushalte. Betriebswirtschaftlich umfasst deren Sachziel alle Vorbereitungs-, Bereitstellungs-, Bearbeitungs-, Veredelungs- und Nachbereitungsaufgaben sowie den letztlichen Güterverzehr, welcher Bedürfnisbefriedigung im Sinne körperlicher und geistiger Nutzenstiftung bedeutet. Diese Aufgabe der Eigenbedarfsdeckung bezieht sich auf Güter des kurzfristigen Verbrauchs. Werden in einem Haushalt dagegen Güter des langfristigen Gebrauchs angeschafft (z. B. Möbel, Küchengeräte, Personenkraftfahrzeuge), handelt es sich betriebswirtschaftlich um Investitionen.

Je mehr ein Haushalt Teilaufgaben, die vor oder nach dem letztlichen Güterverzehr liegen, arbeitsteilig abgibt, umso mehr übernehmen Unternehmen oder andere Haushalte diese Aufgaben und bieten ihre produzierten Güter den Haushalten an. So ist die Bedarfsdeckung der Haushalte sowohl das ursprüngliche **Sachziel der Haushalte** selbst als auch das daraus abgeleitete **Sachziel der Unternehmen**. In der Wirklichkeit kommt es natürlich vor, dass Haushalte neben der Eigenbedarfs- auch Fremdbedarfsdeckung betreiben. So kann eine Familie alte Nachbarn mit beköstigen, für notleidende fremde Kinder Winterkleidung spenden oder in einem Altenheim Pflegedienste übernehmen. Obwohl in allen diesen Fällen durch einen Haushalt fremde Bedarfe gedeckt werden, bleibt der Haushalt seiner Art nach ein Betrieb der Eigenbedarfsdeckung. Diese Natur bewahrt er auch trotz der Übernahme beschaffungswirtschaftlicher, produktionswirtschaftlicher, reproduktionswirtschaftlicher, personalwirtschaftlicher, kapitalwirtschaftlicher, informationswirtschaftlicher und materialwirtschaftlicher Aufgaben (Tschammer-Osten [Haushaltswissenschaft] 31 ff. und 59 ff.).

Die ursprünglichen Bedarfe der Haushalte können sowohl auf materielle als auch auf immaterielle Güter gerichtet sein, wobei die Art ihrer Deckung als individuell gekennzeichnet werden kann. Außerdem wird jeder Haushalt bemüht sein, das Sachziel der Eigenbedarfsdeckung möglichst ergiebig zu erfüllen, d. h., er wird **Formalziele** wählen, welche die angestrebte Vorteilhaftigkeit seiner Handlungen ausdrücken. Neben den ökonomischen können die Mitglieder des Haushalts noch technische, soziale und ökologische Ziele verfolgen. Alle diese Ziele müssen letztlich im System der Haushaltsziele gebührend berücksichtigt werden.

(2) Die **selbständige Entscheidung** ist das zweite Merkmal des Haushaltsbegriffs.
Das bedeutet für den Haushalt, dass er die Entscheidungen über das Setzen und
Erreichen seiner Ziele weitgehend ohne Weisung anderer treffen kann. Er ist also
befugt, zu wählen, welche Zielvorstellungen und welche Maßnahmen, Vorgehensweisen bzw. Alternativen zu deren Erreichung er im Einzelnen verfolgen will.
Dieser Freiheitsraum der Entscheidung ist jedoch u. a. durch Marktmechanismen,
Lebensgewohnheiten und durch eine Reihe gesetzlicher Vorschriften eingeengt.
Dennoch übernehmen die Entscheidungsträger in Haushalten durch diese Entscheidungskompetenz eine hohe gesellschaftliche und wirtschaftliche Verantwortung, die Ausdruck gesellschaftlicher Selbständigkeit und persönlicher Reife ist. Je
enger der Freiheitsraum des selbständigen Entscheidens eines Haushalts ist, desto
größer ist der Grad seiner gesellschaftlichen und wirtschaftlichen Abhängigkeit
und umgekehrt.

(3) Als drittes Merkmal des Haushaltsbegriffs sei das eigene **Risiko** ins Blickfeld
gerückt. Jeder Haushalt läuft Gefahr, durch eigene oder fremde Entscheidungen
bzw. durch Einwirkungen der Umwelt negativen Konsequenzen zu unterliegen.
Derartige Risiken drücken sich darin aus, dass Krankheiten auftreten können, Ausbildungsziele verfehlt werden können, die Familie sich auflösen oder das Einkommen sinken, entwertet werden oder verloren gehen kann. Diese Risiken sind zu
einem Teil individuell absicherbar (Ausbildungs-, Lebens-, Haftpflichtversicherung
u. a.), oder sie werden von der Gesellschaft kollektiv durch das so genannte **soziale
Netz** abgedeckt (z. B. Arbeitslosen-, Renten-, Krankenversicherung). Unter wirtschaftlichem Aspekt dürfte bei geringem oder fehlendem familiärem Vermögen
das **Einkommensrisiko**, das nicht identisch mit dem **Arbeitsplatzrisiko** ist, für
den Haushalt die größte Gefahr darstellen. Trotz der Engmaschigkeit des sozialen
Netzes können im Falle der Arbeitslosigkeit Senkungen des Lebensstandards und
Minderungen des persönlichen Ansehens nicht verhindert werden. Diese Risiken
sind in der Regel zwar nicht existenzgefährdend, sie können in Einzelfällen dennoch zu hohen wirtschaftlichen, psychischen und gesellschaftlichen Belastungen
führen. Andererseits bieten eine gesunde Wirtschaftslage, eine solide Berufsausbildung, eine hohe Leistungsbereitschaft und Lernfähigkeit gute **Chancen**, zu Zufriedenheit, Glück und Wohlstand zu gelangen.

2.2.3   Tiefere Betriebsklassifikationen

Sowohl die Klasse der Unternehmen als auch die der Haushalte lassen sich tiefer in
Unterklassen, Ordnungen, Gattungen usw. gliedern. Die jeweilige Gliederungstiefe
richtet sich ganz nach dem verfolgten wissenschaftlichen Zweck. An dieser Stelle
soll noch auf zwei unterscheidende Merkmale eingegangen werden, die es erlauben, in der Betriebswirtschaftslehre sehr häufig analysierte Betriebsarten zu klassi

fizieren, wobei die **Unternehmen** wegen ihrer relativ größeren Bedeutung für die Entwicklung des Faches in den Mittelpunkt dieser Überlegungen rücken. Unternehmen können nach der Art der Anteilseigner in private Unternehmen und in öffentliche Unternehmen gruppiert werden (vgl. Abb. 1.3):

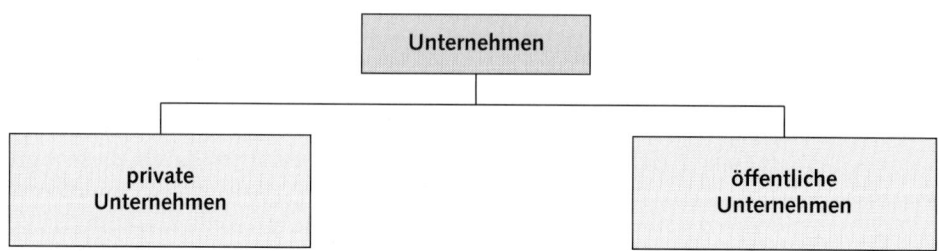

Abbildung 1.3: Gliederung der Unternehmen

Sind die Anteilseigner eines Unternehmens Privatpersonen bzw. private Gesellschaften, spricht man von einem **privaten Unternehmen.** In allen anderen Fällen, in welchen der Anteilseigner ganz oder überwiegend die öffentliche Hand ist, spricht man von **öffentlichen Unternehmen.** Diese Differenzierung von Unternehmen nach der Art der Anteilseigner führt noch zu einem weiteren Unterschied, der im Zielsystem seinen Niederschlag findet. Während private Unternehmen betont **privatwirtschaftliche Zielvorstellungen,** wie Gewinnsteigerung, Umsatzsteigerung, Mindestrentabilität oder Erhöhung des Marktanteils, verfolgen können, orientieren sich öffentliche Unternehmen i. d. R. an **gemeinwirtschaftlichen Zielvorstellungen,** wie Kostendeckung, Verlustreduktion bzw. Verlustminimierung (Subventionsminimierung), optimale Bedarfsdeckung oder Verbesserung der Lebensqualität.

Die Unternehmen können außerdem nach der Körperlichkeit der erzeugten Güter (Leistungen) weiter in **Sachleistungsunternehmen** und **Dienstleistungsunternehmen** gegliedert werden. Als **Sachleistungen** (materielle Realgüter) bezeichnet man körperliche, bewegliche (mobile) und unbewegliche (immobile) Güter, als **Dienstleistungen** dagegen unkörperliche Güter (immaterielle Realgüter) in der Form von Arbeitstätigkeiten, Diensten, Informationen u. a. Wird schließlich auf der nächsten Gliederungsebene nach der Güterart unterschieden, die erzeugt wird, ergeben sich die Klassifikationen der Abb. 1.4 und Abb. 1.5.

Vergleichbare Klassifikationen lassen sich auch für die Haushalte entwickeln. Die **privaten Haushalte** (vgl. Abb. 1.6), die überwiegend eine individuelle Deckung des Eigenbedarfs treffen, setzen sich aus ursprünglichen (Familienhaushalten) und aus abgeleiteten Haushalten (Verbandshaushalten) zusammen (Kosiol [Einführung] 24 f.).

Für die **öffentlichen Haushalte** gilt, dass ihre Ziele und Aufgabenstellungen aus den privaten Haushalten abgeleitet sind und ihre hergestellten Güter (wie Bildung,

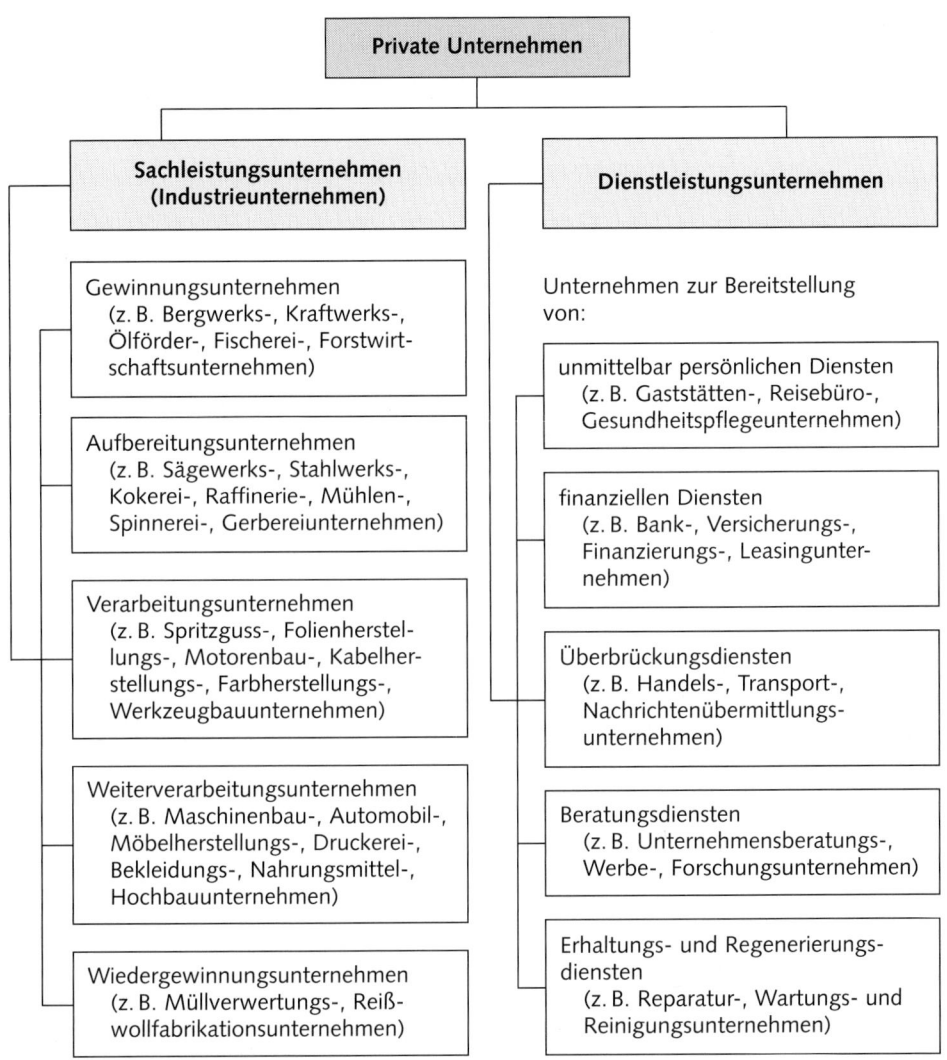

Abbildung 1.4: Gliederung privater Unternehmen

Gesundheitsdienst, Recht, Ordnung, Altersvorsorge, Sicherheit u. a.) den Mitgliedern der Gesellschaft zur kollektiven Deckung ihres Bedarfs angeboten werden. Soweit dafür keine Gebühren erhoben werden, können diese Güter als «Staatsleistungen» unentgeltlich genutzt bzw. beansprucht werden. Die in Abb. 1.6 dargestellte Gliederung öffentlicher Haushalte in Körperschaften, Anstalten und öffentlich-rechtliche Stiftungen wird im Zusammenhang mit der Behandlung der Rechtsformen näher beschrieben (vgl. 4. Kapitel, Abschnitt 2.4).

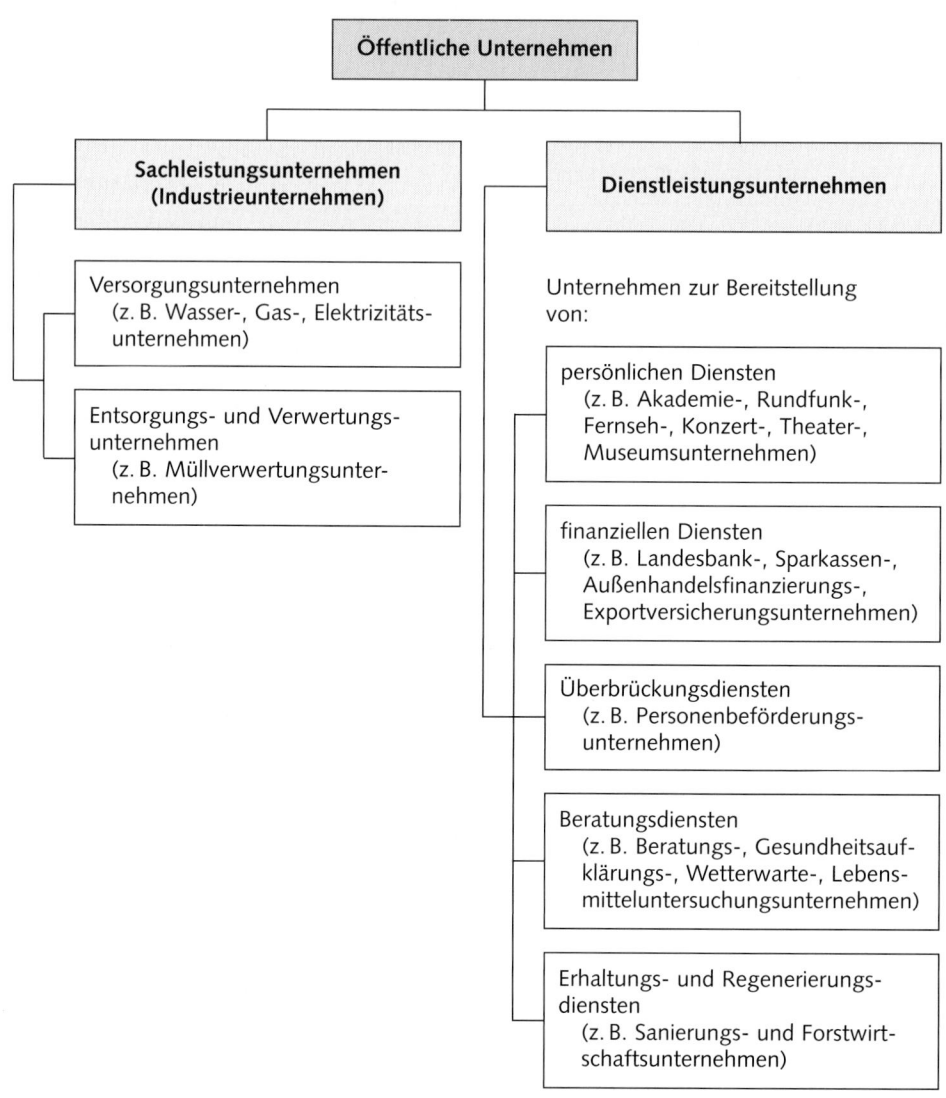

Abbildung 1.5: Gliederung öffentlicher Unternehmen

Öffentliche Haushalte sind in Deutschland in erster Linie Gegenstand der **Finanzwissenschaft** und zunehmend der **Verwaltungswissenschaft**. Sie werfen jedoch auch eine Reihe betriebswirtschaftlicher Fragen auf. So hat die italienische Betriebswirtschaftslehre eine «Haushaltswirtschaftslehre» entwickelt, die alle Arten von Haushalten zu ihren Gegenständen rechnet (Tschammer-Osten [Haushaltswissenschaft] 12).

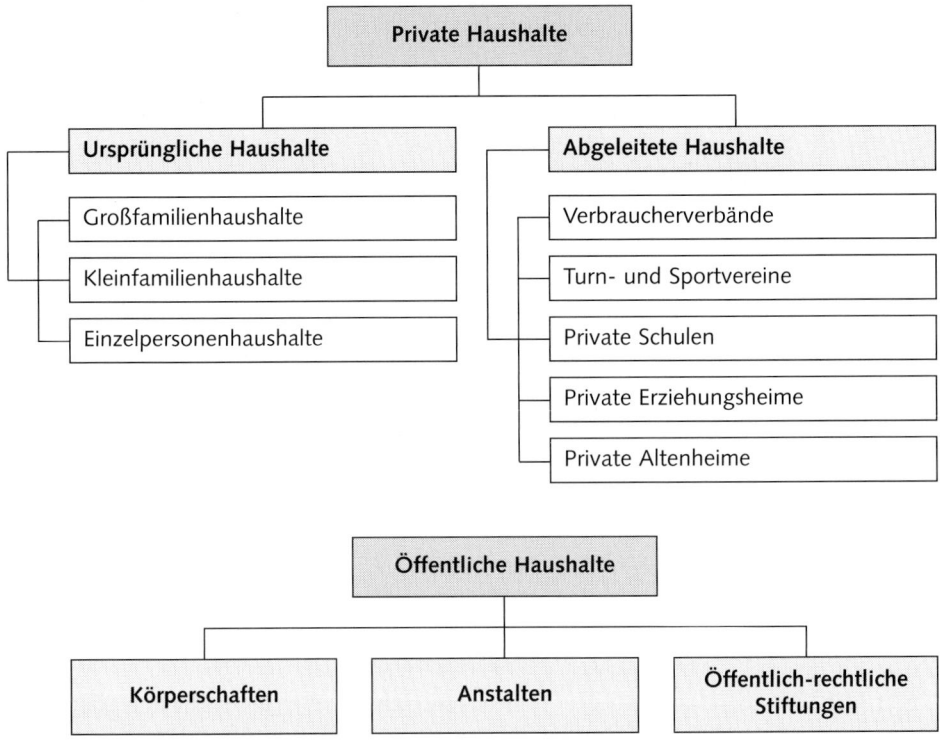

Abbildung 1.6: Gliederung privater und öffentlicher Haushalte

Die beschriebenen **Betriebsarten** lassen sich im Überblick wie folgt zusammen-
stellen (Kosiol [Einführung] 27):

Betriebsarten
1. Unternehmen (Betriebe der Fremdbedarfsdeckung)
    1.1 Private Unternehmen
        1.1.1 Private Sachleistungsunternehmen
        1.1.2 Private Dienstleistungsunternehmen
    1.2 Öffentliche Unternehmen
        1.2.1 Öffentliche Sachleistungsunternehmen
        1.2.2 Öffentliche Dienstleistungsunternehmen
2. Haushalte (Betriebe der Eigenbedarfsdeckung)
    2.1 Private Haushalte
        2.1.1 Ursprüngliche Haushalte
        2.1.2 Abgeleitete Haushalte
    2.2 Öffentliche Haushalte

Alle genannten Betriebsarten sind im Kulturbereich, dem Erfahrungsgegenstand der Betriebswirtschaftslehre, beobachtbare Elemente. Sie sind die **realen Objekte**, auf die sich betriebswirtschaftliche Beschreibungen, Erklärungen, Prognosen und Gestaltungen letztlich beziehen. Zugleich sind sie die Träger der gesamten wirtschaftlichen Leistungen eines Wirtschaftssystems und stellen die Quellen des wirtschaftlichen Wohlstands, des gesellschaftlichen Ansehens und der politischen Kraft einer Nation dar.

Die in diesem Abschnitt formulierten Definitionen für Betrieb, Unternehmen und Haushalt sind hinreichend präzise und zweckmäßig. Sie lassen eine adäquate **Beschreibung** der realen Vielfalt der Betriebe, Betriebsklassen sowie -unterklassen durch entsprechende Oberbegriffe sowie Unterbegriffe zu und stellen zudem geeignete sprachliche Bausteine für eine betriebswirtschaftliche **Theoriebildung** dar.

Abbildung 1.7 zeigt die Einbindung der Unternehmen und Haushalte sowie des Staates in das System der Marktwirtschaft. Dabei zeigt sich, dass der Staat sowohl die Rolle eines öffentlichen Haushalts als auch die Rolle eines öffentlichen Unternehmens wahrnehmen kann.

2.3   Betriebs- und Unternehmensbegriffe in der Betriebswirtschaftlehre

Unter den Wissenschaftlern der Betriebswirtschaftslehre herrscht nur begrenzt Einigkeit über den Umfang des Erfahrungsgegenstands und über die Bezeichnung seiner Elemente. Dieser Zustand der begrenzten **begrifflichen Konventionen** ist nicht nur ein Ausdruck des geringen Alters dieser Wissenschaft, sondern er spricht auch für wissenschaftliche Individualität, Toleranz und Auffassungs- bzw. Meinungspluralität. An den Beispielen unterschiedlicher Definitionen der Begriffe «Betrieb» und «Unternehmen» soll dieser Zustand skizziert werden, um sachliche und sprachliche Unterschiede über die Elemente des Erfahrungsgegenstandes sichtbar zu machen und zugleich das Verständnis für diese Abweichungen zu verbessern.

2.3.1   Betriebsbegriffe

Unter einem **Betrieb** verstehen nicht alle Betriebswirte eine ökonomische, technische, soziale und umweltbezogene Einheit mit der Aufgabe der Bedarfsdeckung, selbständigen Entscheidungen und eigenen Risiken. Die Definitionsversuche sind vielmehr nicht nur zahlreich, sondern zu großen Teilen auch in ihren Merkmalen verschieden. Dies liegt u. a. daran, dass der reale Betrieb eine komplexe kulturelle Erscheinung ist, die Gegenstand einer ganzen Reihe von Wissenschaften sein kann. Je nachdem unter welchem wissenschaftlichen Aspekt man sich diesem Realgebilde nähert, kann die Definition durchaus verschieden ausfallen. Dabei wäre zu erwarten, dass zumindest die Betriebswirte unter sehr verwandten Blickwinkeln zu

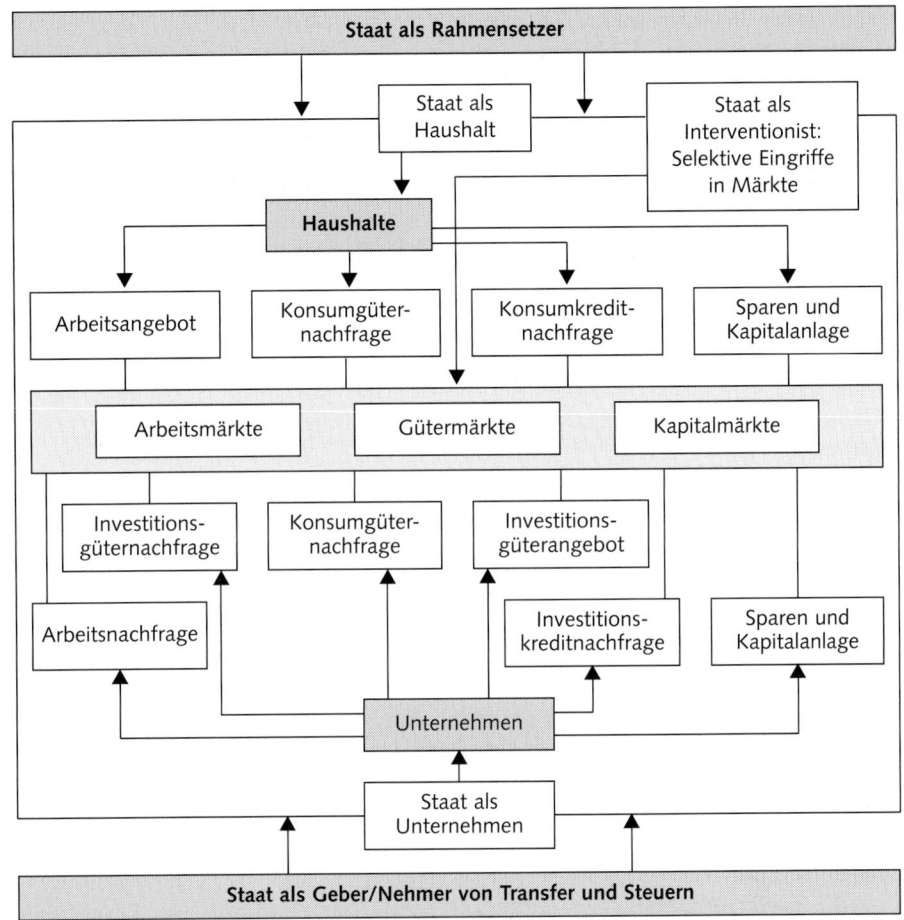

Abbildung 1.7: Unternehmen, Haushalte und Staat in einer Marktwirtschaft (entnommen aus: Informationsdienst des Instituts der deutschen Wirtschaft v. 25. 6. 1998)

ähnlichen Betriebsbegriffen kommen müssten. Dies trifft jedoch nur in einem begrenzten Umfange zu. Im Wesentlichen lassen sich folgende **Betriebsauffassungen** unterscheiden (vgl. Grochla [Betrieb] 377 ff.):

(a) eine soziologische Betriebsauffassung,

(b) eine technische Betriebsauffassung,

(c) eine rechtliche Betriebsauffassung,

(d) eine wirtschaftliche Betriebsauffassung.

(a) Bei der **soziologischen Betriebsauffassung** wird der Vorstellung gefolgt, dass im Betrieb Menschen in einer kooperativen Leistungsgemeinschaft zielgerichtete Handlungen vollziehen. Werden die zwischenmenschlichen Beziehungen sowie das

Verhalten von Gruppen in den Mittelpunkt der Betrachtung gerückt, liegt es nahe, den Betrieb als soziale Einheit zu begreifen, wie dies in der Betriebssoziologie geschieht. Auch Betriebswirte, die eine verhaltenswissenschaftlich orientierte Organisationsauffassung vertreten, verwenden diesen Betriebsbegriff.

(b) Die **technische Betriebsauffassung** wählt als Ansatz die maschinelle Ausstattung der Wirtschaftseinheit, die für jede moderne Güterproduktion unerlässlich ist. Diese Betriebsauffassung kommt den Problemstellungen der Techniker entgegen und findet Anwendung in der technischen Betriebswissenschaft. Auch unter Betriebswirten findet dieser Betriebsbegriff einige Anhänger.

(c) Die **rechtliche Betriebsauffassung**, wie sie z. B. im BetrVG von 1972 zu finden ist, klammert Haushalte sowie Dienststellen der öffentlichen Verwaltung aus und versteht unter einem Betrieb eine organisatorische Verknüpfung von persönlichen, sachlichen und immateriellen Mitteln zur nachhaltigen Verfolgung eines arbeitstechnischen Zweckes, welcher über die Eigenbedarfsdeckung hinausreicht. Betriebsteile, die vom Hauptbetrieb hinreichend weit entfernt oder wegen der Aufgabenstellung sowie der Organisation eigenständig sind, gelten als selbständige Betriebe. Dies bedeutet, dass ein bestimmtes Unternehmen mehrere Betriebe umfassen kann (vgl. 3. Kapitel, Abschnitt 3.5.2.2.1.1).

(d) Am weitesten verbreitet ist in der Betriebswirtschaftslehre die **wirtschaftliche Betriebsauffassung**. Zu ihr sind auch die Auffassungen des Betriebes als ökonomisch-technische oder als ökonomisch-technisch-sozial-umweltbezogene Einheit zu rechnen. Ihre Vertreter betrachten zwar den real existierenden Betrieb mit seinen ökonomischen, technischen, sozialen, ökologischen, medizinischen, religiösen, ethischen u. a. Fragen, wollen jedoch mit ihrer Merkmalswahl zum Ausdruck bringen, dass ihr wissenschaftlicher Zugang zu diesem Realgebilde unter spezifisch wirtschaftlichem Aspekt erfolgt. Werden neben dem Adjektiv «ökonomisch» auch Adjektive wie «sozial» bzw. «technisch-sozial-ökologisch» zur Kennzeichnung des Betriebs verwendet, soll die enge Wechselwirkung der ökonomischen Fragestellungen zu eben diesen Kategorien bzw. Aspekten zum Ausdruck gebracht werden, wobei weitere Verbunde durchaus denkbar sind.

Der in diesem Kapitel vorgetragene Betriebsbegriff gehört zur **wirtschaftlichen Betriebsauffassung**. Dennoch verwenden mehrere Autoren bei ihren Definitionen eben dieses Begriffes andere Merkmale, weil sie diesen höheres Gewicht beimessen. Ob dieses Vorgehen letztlich zweckmäßig ist, kann nur vom jeweiligen Forschungsziel her beurteilt werden.

2.3.2   Unternehmensbegriffe

Ähnlich wie beim Betriebsbegriff liegen die definitorischen Probleme beim Begriff des **Unternehmens**. Während die unterschiedlichen Betriebsauffassungen in erster Linie auf die differenziert wählbaren Betrachtungsaspekte der realen Elemente des Erfahrungsgegenstandes zurückgeführt werden können, liegen bei den unterschiedlichen Unternehmensauffassungen umfangmäßige Differenzen vor. Diese sollen im Einzelnen an fünf **Unternehmensauffassungen** erläutert werden:

(a) unternehmerorientierte Unternehmensauffassung,

(b) am anonymen Markt orientierte Unternehmensauffassung,

(c) am selbständigen Produktionsbetrieb orientierte Unternehmensauffassung,

(c_1) an einem Kooperationsnetz orientierte Unternehmensauffassung,

(c_2) an der globalisierten Wertschöpfung orientierte Unternehmensauffassung.

(a) Die **unternehmerorientierte Auffassung des Unternehmens** dürfte die älteste im Fache sein. Nach ihr ist das Unternehmen eine Wirtschaftseinheit, die von einem **Unternehmer** selbst geleitet wird. Neben der obersten Leitungsspitze ist der Unternehmer auch (alleiniger) Anteilseigner und damit der Träger des Marktrisikos und des Kapitalrisikos; er sucht nach Neuerungen und sorgt für deren Durchsetzung. Diese Unternehmensauffassung ist zwar historisch berechtigt, sie ist jedoch mit dem Blick auf die Gegenwart zu eng, da sie nicht nur die an Zahl zunehmenden Unternehmen mit «Angestellten-Unternehmern», sondern auch sämtliche öffentlichen Unternehmen als Gegenstände der Betriebswirtschaftslehre ausschließt. Nach dieser Unternehmensauffassung ist der Umfang des betriebswirtschaftlichen Erfahrungsgegenstandes zu eng.

(b) Das Gleiche gilt für die Auffassung, welche das Unternehmen als **produzierenden Betrieb für den anonymen Markt** ansieht. Nach dieser Auffassung werden alle Produktionsbetriebe, die nach Kundenaufträgen arbeiten, nicht als Unternehmen betrachtet, da sie nicht für den anonymen Markt produzieren. Hinter dieser Grundeinstellung dürfte die Absicht stehen, nur «größere» Wirtschaftseinheiten als Unternehmen zu klassifizieren. Insbesondere soll das Unternehmen auf diese Weise vom **Handwerksbetrieb** abgegrenzt werden. Dies ist jedoch weder sachlich berechtigt, da größere Handwerksbetriebe durchaus auch für den anonymen Markt arbeiten können, noch ist es unter methodischen Gesichtspunkten zweckmäßig, da theoretische Aussagen über «große» Unternehmen teilweise auch für «kleine» Handwerksbetriebe Geltung haben können. So kann festgestellt werden, dass auch nach dieser Auffassung vom Unternehmen der Umfang des betriebswirtschaftlichen Erfahrungsgegenstandes zu eng ist.

(c) Im Gegensatz zu den zwei ersten Unternehmensauffassungen ist die dritte, welche das Unternehmen als **selbständigen Produktionsbetrieb** versteht, wissenschaftlich fruchtbar. Nach dieser Vorstellung ist das Unternehmen ein selbständiger Betrieb der Leistungserstellung, welcher Fremdbedarfsdeckung mit eigenem Marktrisiko betreibt. Diese Unternehmensauffassung erweist sich als zweckmäßig. Bei der zugehörigen Definition wird die ökonomisch-technisch-sozial-ökologische Komponente explizit erwähnt, und das Merkmal der Selbständigkeit wird in die selbständigen Entscheidungen eingebunden, die letztlich die wirtschaftliche Selbständigkeit ausmachen, sodass sich als zweckmäßige Begriffsdefinition für das Unternehmen ergibt: «Ein **Unternehmen** ist eine ökonomische, technische, soziale und umweltbezogene Einheit mit der Aufgabe der Fremdbedarfsdeckung, mit selbständigen Entscheidungen und mit eigenen Risiken.» Bei dieser Definition werden folgende Merkmale als **unwesentlich** angesehen: das Zielsystem, die Art der Beteiligungsfinanzierung, der Risikoträger, die Anonymität des Marktes, die Erfolgsverteilung, die Rechtsform, die kooperative Vernetzung, die Unternehmensgröße und die Art der erzeugten Güter. Für die Bildung von Unterbegriffen und damit für die Bildung von Unterklassen der Unternehmen können diese Merkmale jedoch verwendet werden.

(c_1) Ein erster Sonderfall des selbständigen Produktionsbetriebs ist die an einem **virtuellen Kooperationsnetz** orientierte Unternehmensauffassung. Herkömmlich stellt das Unternehmen als selbständiger Produktionsbetrieb eine lokal, rechtlich, technisch und personell auf längere Frist eingerichtete Einheit dar, deren Produktion auf eine möglichst häufige Wiederholung der Güterherstellung zugeschnitten ist. Diese Struktur wird durch den Einsatz neuer **Informationstechnologien** und durch die fortschreitende Flexibilisierung der unternehmerischen Aktivitäten verändert. Insbesondere wird es zunehmend möglich, die bisherige Produktionskette eines Unternehmens funktional (nach Aufgabenbereichen) oder kapazitiv (nach Teilpotenzialen) aufzuspalten und in einem zeitlich begrenzten **Kooperationsnetz** aus wirtschaftlich und rechtlich selbständigen Unternehmen mit einer neuen Arbeitsteilung (möglichst ergiebiger als bisher) zu realisieren. Die **Koordination** der neu strukturierten Güter- und Wertflüsse kann durch einen Koordinationsexperten, einen Netzführer oder durch den jeweiligen Auftraggeber selbst erfolgen.

Ein «**virtuelles Unternehmen**» ist ein zeitlich begrenztes Kooperationsnetz selbständiger Produktionsbetriebe. Im Grenzfall findet diese Kooperation nur ein einziges Mal (für einen einzigen Auftrag) statt.

Mittels der neuen **Informationstechnologien** können die interne und die externe Arbeitsteilung der Unternehmen völlig neu gestaltet werden. Für die Abwicklung eines Auftrags können prinzipiell international gestreute Kapazitäten, Ressourcen und Kompetenzen genutzt werden. Der Erfolg eines einzelnen Unternehmens wird bei dieser Entwicklung nicht nur durch die eigenen Ressourcen, sondern auch durch das Wissen, welches Produzentennetz aufgebaut werden und welchen Erfolgsbeitrag es liefern kann, bestimmt.

Eine vergleichbare Entwicklung zeichnet sich beim Einsatz des **Internets** ab, da durch dieses Medium physische Prozesse virtualisiert werden. Die Folge sind neue **elektronische Märkte** und das **E-Commerce**. Ganze vertikale Güter- und Wertflüsse (Lieferketten, Supply Chains) vom kleinsten Vorlieferanten über den Produzenten (das Produzentennetz) bis zum Nachfrager (Kunden) werden neu strukturiert, und die gesamte Wertschöpfungskette wird «optimiert». Ihren Niederschlag finden diese Entwicklungen in den Konzepten der «Internet-Ökonomie», der «New Economy» und der «Network-Economy». Allerdings werfen diese neuen Marktformen auch Qualitäts-, Sicherheits- und Kostenprobleme (Anlaufkosten) auf. Formen, Effizienz und Effektivität dieser Entwicklungen bedürfen nach dem Überwinden der Anlaufeuphorie gründlicher betriebswirtschaftlicher Analysen.

Die Grundstrukturen virtueller Unternehmen sind keineswegs neu, sondern bei **Konsortialgeschäften** und Einrichtungen der Fortbildung seit langem bekannt. In ihrer Form als **Verlagssysteme** sind sie sogar ein Vorläufer der industriellen Güterproduktion in Manufakturen und Fabriken. Neu ist allerdings, dass die Arbeitsteilung in Kooperationsnetzen wegen der verfügbaren, leistungsfähigen Informationstechnologien national und international schneller und weiter vorangetrieben wird als bisher. Die **Grenzen** der virtuellen Unternehmen und der neuen Marktstrukturen liegen dort, wo Wirtschaftlichkeit, Produktqualität und Terminsicherheit nicht mehr gewährleistet sind. Virtuelle Unternehmen verlangen zudem nach optimierter Fertigungstiefe, hoher Flexibilität, hoher Fachkompetenz, ständiger Lernbereitschaft, hoher Risikobereitschaft und weitsichtigem unternehmerischem Denken. Ihr Koordinationsbedarf ist sehr hoch, und logistische Aufgaben gewinnen im Kooperationsnetz erheblich an Bedeutung.

Da die einzelnen Unternehmen, die an einem Kooperationsnetz beteiligt sind, wirtschaftlich und rechtlich selbständig bleiben, stellt das **virtuelle Unternehmen** einen Sonderfall der am selbständigen Produktionsbetrieb orientierten Unternehmensauffassung dar.

(c_2) Ein zweiter Sonderfall der Unternehmensauffassung, die an den selbständigen Produktionsbetrieb anknüpft, ist die an der **globalisierten Wertschöpfung orientierte** Auffassung.

> Unter **Globalisierung** sind die nationale Grenzen überschreitenden Aktivitäten zu verstehen, die langfristig zur Sicherung der Existenz und der Wirtschaftlichkeit eines Unternehmens durchgeführt werden.

Durch die Langfristigkeit der Aktivitäten und durch die Globalisierungsstrategie der Wertschöpfung unterscheidet sich das globalisierte vom virtuellen Unternehmen (und durch dieselben Merkmale die Auffassung von beiden).

Weltweit suchen Güterströme zunehmend die Nutzung von Standort- und Absatzvorteilen. Akteure sind nicht nur große Unternehmen bzw. Konzerne, sondern auch mittelgroße Unternehmen. Bei einer globalen Ausdehnung bzw. Verlagerung der Produktionen mit dem Ziel, Gewinn, Wachstum und Beschäftigung zu steigern, wachsen neben den Chancen auch die Risiken wirtschaftlichen Handelns. Die Globalisierung hat auch erhebliche Auswirkungen auf die Strukturen eines Unternehmens. Strategische, taktische und operative Strukturen werden in ihrer Zielsetzung, kulturellen Einbindung, Wechselbezüglichkeit, ökologischen Relevanz und Machtverteilung von der grenzüberschreitenden Öffnung nachhaltig durchdrungen.

Die Globalisierung wirtschaftlicher Aktivitäten wird meist durch sinkende Wettbe-werbsfähigkeit und schwaches Wachstum im Inland vorangetrieben. Einige Gründe für eine schwächer werdende Wettbewerbsfähigkeit sind:

- zu hohe Lohnnebenkosten im internationalen Vergleich,
- Einschränkung der Flexibilität durch Bürokratie und arbeitsrechtliche Normen,
- hohe Gesamtsteuerlast im internationalen Vergleich,
- zu niedriges Risikokapital,
- Unterentwicklung des privaten tertiären Wirtschaftssektors,
- Abwanderung von Eliteforschern und Fachkräften ins Ausland,
- Sättigung des inländischen Marktes,
- Streben nach schneller Deckung (Amortisation) hoher Forschungs- und Ent-wicklungskosten.

Eine Globalisierung wirtschaftlicher Aktivitäten wirft im Vergleich zum rein natio-nalen Wirtschaften in realen oder in virtuellen Unternehmen eine Fülle neuer Fragen auf. Dazu gehören die Restrukturierung der Wertschöpfungsketten, die internationale Ausrichtung zahlreicher Unternehmensaktivitäten, die Bestimmung der zweckmäßigen Globalisierungsform, die Auswahl der globalen Zielregionen sowie die betriebliche Koordination und Integration der globalen Aktivitäten. Von Bedeutung ist, dass die Globalisierung nicht nur als Anhängsel zu den nationalen Aktivitäten betrachtet wird, sondern als innovativer, integrierender und gestalten-der Faktor der gesamten Unternehmensaktivitäten.

Die Erschließung neuer globaler Märkte kann häufig nicht durch die einfache Steigerung des Exports erreicht werden. Vielmehr müssen in einem ersten Schritt durch Verkaufsniederlassungen im Zielland und in weiteren Schritten durch Kooperationen mit dortigen Partnern, durch strategische Allianzen, durch Betei-ligungen, durch Akquisition von Unternehmen oder Gründung eigener Unter-nehmen im Ausland neue Märkte erschlossen werden. Der Trend zu Direktinvesti-tionen im Ausland ist bei deutschen Unternehmen ungebrochen. Damit werden z. B. in der Investitionsgüterindustrie in nennenswertem Umfang Produktion, Vertrieb und Kundendienst ins Ausland verlagert und im Inland Arbeitsplätze abgebaut (vgl. Eden [Globalisierung] 42 ff.). Der Globalisierungsvorsprung der USA und Japans zwingt deutsche Unternehmen geradezu zum gleichen Vorgehen. Unter strategischen Aspekten bedeutet dies, dass an die Stelle einer reinen Export-strategie eine Globalisierungsstrategie mit absatzorientierten Auslandsinvestitionen tritt.

Globalisierung kann mehrere **Formen** annehmen. Diese reichen vom reinen Export über Kooperationen mit Auslandspartnern bis zu Auslandsinvestitionen (vgl. Dülfer [Management] 127 ff.). Allein die Kooperationsformen umfassen als Unter-typen Lizenzverträge, Contractual Joint Venture, Equity Joint Venture u. a. Die Auslandsinvestition rangiert in Deutschland vor der Kooperation mit auslän-dischen Partnern und diese wiederum vor dem reinen Export. Im Gesamtdurch-schnitt dominieren die Auslandsinvestitionen mit 53%, es folgen die Kooperationen mit 34% und der reine Export mit 10% (vgl. Eden [Globalisierung] 46). Mit diesen Zahlen wird die Dimension der globalen Wirtschaftsaktivitäten deutscher Unternehmen anschaulich umrissen.

Globalisierung ist ein dynamischer Prozess, der sich in mehreren **Etappen** vollzieht (vgl. Eden [Globalisierung] 46):

- Marktnahe Herstellung des Produkts im Inland,
- Ausdehnung des Exports in weitere Industrieländer (Zielländer),
- Investition und Aufbau von Kapazitäten im Ausland,
- Einstellung der inländischen Produktion und Belieferung des Inlands durch die (neuen) ausländischen Tochterunternehmen,
- Verlagerung der gesamten Produktion in Entwicklungsländer und Belieferung aller Industrieländer (soweit sie noch zu diesen gezählt werden) von dort aus.

Ziel der Globalisierung sollte es sein, grenzüberschreitende Aktivitäten voranzutreiben und dabei den Standort Deutschland zu stabilisieren.

Da gegenseitiges Verständnis und **Vertrauen** Grundlagen wirtschaftlichen Zusammenarbeitens sind, stellt sich für alle global tätigen Unternehmen die Frage, welche **Ordnung sittlicher Werte** (Wertkodex) sie sich geben. Die meisten global tätigen Unternehmen mit ihrem wirtschaftlich unverzichtbaren Erfolgsstreben gehen eine ernsthafte **Selbstverpflichtung** (commitment) zum Einhalten ihres gewählten Wertsystems ein und bemühen sich, dieses auch bestmöglich zu befolgen.

In den letzten Jahren ist weltweit auch die Zahl der (freiwilligen) Kodizes gestiegen, die sich auf die **unternehmerische Leitungsproblematik** (Corporate Governance) beziehen (vgl. v. Werder/Talaulicar [Corporate Governance Kodex] 16), weil sich zunehmend die Einsicht durchsetzt, dass ein entsprechender Kodex und seine Einhaltung allgemeines Vertrauen und Wettbewerbsvorteile schaffen. Mit dem «**Deutschen Corporate Governance Kodex**» (2002) folgt auch Deutschland dieser Bewegung. Bereits in § 161 AktG werden Vorstand und Aufsichtsrat zu einer sinngemäßen Entsprechungserklärung verpflichtet. Diese vertrauensbildende Maßnahme gilt natürlich auch für den Fall, dass Deutschland selbst Zielland der Globalisierung wirtschaftlicher Aktivitäten ist. Es ist sehr wahrscheinlich, dass ethische Programme und Leitungskodizes entlang den Globalisierungspfaden Vertrauen aufbauen und damit Risiken senken, die aus dem Verhalten der Kooperationspartner resultieren.

Betriebswirtschaftlich wird unter **Wertschöpfung** die Differenz zwischen dem Periodenumsatz und dem Wert der von außen bezogenen Vorleistungen einer Periode verstanden. Die Wertschöpfung ist ein verlässliches Maß der von einem Unternehmen in einer Periode erbrachten Leistungen. In global operierenden Unternehmen wird die Gesamtwertschöpfung des Unternehmens zu einem Teil im Inland und zu einem anderen Teil im Ausland erzielt. Zur Beurteilung der Vorteilhaftigkeit dieser Globalisierung kann die Wertschöpfung als Maßausdruck herangezogen werden.

Jede Regionalisierung bzw. Lokalisierung unternehmerischer Tätigkeiten in einem Zielland erzeugt einen **Bedarf nach hoch qualifizierten Managern, Facharbeitern** sowie nach **Wissen** und **Wissensvermittlung.** Die Globalisierung von Bildungsträgern sowie die weltweite Verfügbarkeit von Führungs- und Fachpersonal sind damit Voraussetzungen für eine regional und lokal differenzierte Wertschöpfung im Globalisierungsprozess. Die einzelnen Wertschöpfungsbeiträge können regional und lokal sehr unterschiedlich sein. Dies gilt auch für die ökonomischen Risiken.

Die zahlreichen Probleme, Chancen und Risiken eines Unternehmens, das nach globaler Wertschöpfung strebt, rechtfertigen es, auch in seinem Fall von einer speziellen Unternehmensauffassung zu sprechen. Diese Auffassung stellt – wie die des virtuellen Unternehmens – einen Sonderfall der Auffassung vom selbständigen Produktionsbetrieb dar.

2.4   Menschenbilder in der Betriebswirtschaftslehre

Nachdem die Betriebe (Haushalte, Unternehmen) als Elemente des Erfahrungsgegenstands dargestellt wurden, ist es zweckmäßig, in diese Elemente näher hineinzuschauen, um einen Überblick über die darin auftretenden Komponenten und Probleme zu gewinnen. Wegen seiner größeren Bedeutung wird dabei das Unternehmen bevorzugt betrachtet. Ein Unternehmen umfasst Potenziale, Programme und Prozesse, von welchen wiederum die Potenziale für die weiteren Überlegungen ausgewählt werden. Das gesamte Leistungspotenzial eines Unternehmens baut sich aus mehreren **Teilpotenzialen** auf:

* Personalpotenzial,
* Anlagenpotenzial,
* Materialversorgungspotenzial,
* Informationspotenzial und
* Energiepotenzial.

Die integrative Verknüpfung dieser Teilpotenziale ergibt das leistungsfähige **Gesamtpotenzial** des Unternehmens. Bei allen Versuchen, das Unternehmen aus unterschiedlichen Perspektiven einzufangen (vgl. dazu die Wissenschaftsprogramme im 2. Kapitel), muss hervorgehoben werden, dass jedes Unternehmen eine **menschliche Veranstaltung** ist und daher der Mensch in ihm als Individuum bzw. als Gruppe die größte Bedeutung besitzt. Daher spielt die **Führung der Menschen** eine hervorragende Rolle. Im Zusammenhang mit der Kennzeichnung des Erfahrungsgegenstands der Allgemeinen Betriebswirtschaftslehre soll daher auf das reale Phänomen **Mensch** näher eingegangen werden. Obwohl die übrigen Teilpotenziale für die Erfassung des Erfahrungsgegenstands auch Gewicht haben, soll hier beispielhaft der Mensch als verantwortungsbewusster Träger des Personalpotenzials näher betrachtet werden.

Im Unternehmen tritt der Mensch in einer großen Erscheinungsvielfalt auf. Dominierend ist die Frage nach der **Führung der Menschen**. Um diese beantworten zu können, sind umfassende Beschreibungen, Theorien und Führungsmodelle zu entwickeln. Bei der genannten Erscheinungsvielfalt des Menschen zeigt sich, dass er in seiner realen Ganzheit nicht erfassbar ist.

Für wissenschaftliche Analysen ist es daher erforderlich, den Menschen unter bestimmten Abstraktionen und Annahmen zu betrachten. Das Ergebnis dieses Vorgehens ist eine vereinfachte Reproduktion (Modell) des Menschen, die **Menschenbild** genannt wird.

In einem Menschenbild wird versucht, die wesentlichen Merkmale, Eigenschaften, Denkformen, Verhaltensformen, Strebungen und Erlebensformen der Individuen bzw. Gruppen einzufangen. Das jeweilige Menschenbild ist eine tragende Säule der für Unternehmen zu entwickelnden Theoriestrukturen und Führungsinstrumente. Von der Ausprägung des jeweiligen Menschenbildes hängt es z. B. ab, welchen Inhalt einzelne **Führungshypothesen** und **Führungsmodelle** bekommen. Auch die Gestaltung der Führungsinstrumente (z. B. Organisation, Planung, Steuerung, Informationssystem, Rechnungswesen) hängt letztlich vom gewählten Menschenbild ab. (Zur Beurteilung des Menschenbildes in der Organisationslehre vgl. Bea/Göbel [Organisation] 47 f., 59 f., 68 f., 78 f., 92 f., 116 f., 139 f., 154 f., 167 f., 184 f.). Je realistischer daher das Menschenbild formuliert wird, umso präziser kann die Menschenführung deskriptiv, theoretisch und dispositiv wissenschaftlich unterstützt werden.

In der betriebswirtschaftlichen Führungslehre sind bisher mehrere Menschbild-Typologien erarbeitet worden. Ihre Merkmale sind überwiegend psychologischer Natur und beziehen sowohl Mitarbeiter als auch Führungskräfte ein. In Anlehnung an Schein [Psychology] lassen sich die vier **Menschenbildtypen** des rational-ökonomischen, des sozialen, des sich selbst verwirklichenden und des komplexen Menschen unterscheiden. Aus der Sicht eines betriebswirtschaftlichen Führungs-konzepts ist noch das Menschenbild des **Wirtschaftspartners** hinzuzufügen.

(1) Der **rational-ökonomische Mensch** wird durch die wirklichkeitsfremden Annahmen der klassischen Nationalökonomie als «homo oeconomicus» beschrieben. Es wird davon ausgegangen, dass insbesondere der Arbeiter nur durch ökonomische Determinanten zur Arbeit motiviert werden kann. Sein Verhalten im Arbeitsprozess ist in dem Sinne rational, als er bei geringem Arbeitsaufwand einen möglichst hohen Lohn erwartet. Nur über einen gerechten Lohn kann der Arbeiter zum Einsatz seiner Arbeitskraft und zum Gehorsam gebracht werden. Planung, Steuerung und Motivation liegen nur bei den Vorgesetzten. Außerdem ist der

Arbeiter bereit, seine eigenen Interessen und Ziele als Privatangelegenheit zu betrachten. In einer etwas anspruchsvolleren Version wird erwartet, dass durch eine wissenschaftliche Fundierung der Entlohnung, der Arbeitsverfahren und der Arbeitsteilung im Unternehmen ein harmonisches Arbeitsklima herbeigeführt werden kann. Die auftretenden Leitungsbeziehungen beruhen auf Befehl, Anweisung und Gehorsam.

(2) Als Gegenbewegung zum rein rational-ökonomischen Menschenbild, das im Taylorismus seinen Höhepunkt findet, haben amerikanische Soziologen den arbeitenden Menschen nicht nur in die formale, sondern auch in eine informale Organisation eingebettet. Mit diesem Schritt wird der arbeitende **Mensch als soziales Wesen** eingeführt, dessen Motivation und Leistung auch durch andere Individuen bzw. Gruppen beeinflusst wird. Rückblickend kann gesagt werden, dass bei der Kennzeichnung dieses Menschenbildes die Bedeutung der sozialen Beziehungen überbewertet wird, während die Arbeitsbedingungen und ihre technische Basis unterbewertet werden. Wesentlich ist jedoch, dass der arbeitende Mensch als soziales Wesen in seinem Arbeitsumfeld gesehen wird. Der Mensch selbst kann hier die Sinnhaftigkeit seiner Arbeit auch in den sozialen Beziehungen erkennen. Soziale Bedürfnisse können außerdem Motivatoren der Leistung sein und die Identität der Mitarbeiter fördern. Das Leistungsverhalten der Mitarbeiter orientiert sich nicht nur am Lohn und an den Kontrollen durch Vorgesetzte, sondern auch an **sozialen Einflüssen** von Individuen und Gruppen. Die Anerkennung der Leistung durch Vorgesetzte führt zusätzlich zu einem positiven Erleben der Arbeitswelt.

(3) Ein weiteres Menschenbild ist das des nach **Selbstentfaltung strebenden Menschen**. Der Ansatzpunkt für dieses Menschenbild ist die Vorstellung, dass nicht die objektive Realität, sondern die subjektive Wahrnehmung dieser Realität das menschliche Verhalten determiniert. In der **Human-Resource-Schule** werden nach diesem Ansatz innerpsychische Bedürfnisse als «Potenziale» charakterisiert. Zentral ist hier die These, dass eine Sinnleere der Arbeit auch dann entsteht, wenn Mitarbeiter ausgeprägte Interessen und Fähigkeiten besitzen, die im täglichen Arbeitsprozess nur zu kleinen Teilen gefordert werden. Eine Identifikation mit der Arbeit und dem Arbeitsplatz tritt dann nicht ein. Tatsächlich bringen aber Mitarbeiter die Vorstellung mit, sich auch im täglichen Arbeitsprozess persönlich zu entfalten. Vorhandene Entscheidungskompetenzen der Mitarbeiter müssen daher systematisch gefördert und in den Arbeitsprozess eingebracht werden. Außerdem sind Mitarbeiter zur Unabhängigkeit und zu längerfristigem Denken fähig. Mitarbeiter sind auch häufig sehr flexibel und in der Lage, sich selbst zu motivieren und zu kontrollieren. Schließlich sind sie bereit, ihre persönlichen Ziele mit den Zielen des Unternehmens abzustimmen. Gemäß diesem Menschenbild haben Mitarbeiter einen ausgeprägten Wunsch nach hoher Arbeitszufriedenheit.

(4) Da wirtschaftliches und gesellschaftliches Geschehen immer komplexer werden, stellt sich die Frage, ob ein **komplexes Menschenbild** in der Lage ist, die bis-

her besprochenen Menschenbilder (1) bis (3) zu integrieren, um der zunehmenden Intensität der Wechselbeziehungen zwischen Gesellschaft und Unternehmen besser zu entsprechen als die bisherigen Bilder. Für das komplexe Menschenbild wird davon ausgegangen, dass der Mitarbeiter prinzipiell wandlungsfähig ist. Seine Motive und ihre Struktur können sich fortlaufend ändern. Außerdem ist der Mitarbeiter lernfähig, d. h. er ist bereit, neues Wissen aufzunehmen und sein Verhalten nach seinen bisherigen Erfahrungen und dem neuen Wissen zu modifizieren. Eine zusätzliche Dimension des Verhaltens liegt darin, auch außerhalb des Unternehmens aufgestaute Bedürfnisse zu befriedigen. Wie der Mitarbeiter seine Arbeit und sein Tätigkeitsfeld erlebt, hängt davon ab, welchen sozialen Beziehungen er begegnet, wie sein bisheriges Schicksal war und mit welchen Technologien sowie sonstigen Realitäten im Arbeitsprozess er sonst noch konfrontiert wird. Kurzfristig ist der Mitarbeiter gewöhnungs- und anpassungsfähig.

(5) Die Menschenbilder (1) bis (4) sind psychologisch bzw. soziologisch bestimmt. Um zu einem Menschenbild zu gelangen, das für die praktische Unternehmensführung zweckmäßig ist, müssen zusätzlich ökonomische Komponenten berücksichtigt werden. Insbesondere aus europäischer Sicht und Erfahrung lässt sich in diesem Sinne das Menschenbild des «**Wirtschaftspartners**» entwickeln (vgl. dazu auch die Ausführungen im 3. Kapitel, Abschnitt 3.6.1.1). Neben seiner Wandlungsfähigkeit, Lernfähigkeit, externen Bedürfnisbefriedigung, dem komplexen Erleben des Arbeitsplatzes und des Arbeitsumfeldes, seiner Flexibilität sowie seiner Fähigkeit zur privaten Altersvorsorge ist der Mitarbeiter zunehmend fähig, **wirtschaftsdemokratisch** und **marktwirtschaftlich** zu denken sowie zu handeln. Ein System von Mitbestimmungsregelungen gewährt ihm Anhörungs-, Mitwirkungs- und Mitbestimmungsrechte (vgl. dazu 3. Kapitel, Abschnitt 3.5). Die Mitverantwortungspflichten werden ausgebaut. Eine Entwicklung vom weisungsabhängigen Mitarbeiter zum unabhängigen und selbstverantwortlichen Partner kann vorgezeichnet werden. Wer im Unternehmen mitbestimmt und mitverantwortet, muss jedoch auch am Erfolg partizipieren. Erfolgsbeteiligung, Investivlöhne und Vermögens- bzw. Kapitalbeteiligung werden zu wesentlichen Merkmalen der Mitarbeiter und ihres Menschenbildes. Die partnerschaftliche **Erfolgsbeteiligung** kann nicht nur in einer Gewinnbeteiligung bestehen, sondern sie muss letztlich auch eine Verlustbeteiligung umfassen. Ein Mitarbeiter, der sich als Wirtschaftspartner der Kapitalgeber und der Unternehmensführung versteht, muss sowohl an den Chancen als auch an den Risiken des Unternehmens partizipieren. Dieses umso mehr, als er selbst zum Kapitalgeber bzw. zum Anteilseigner wird. Der künftige Wirtschaftspartner muss jedoch keineswegs nur ein einkommenmaximierender Mitarbeiter in einem gewinnmaximierenden Unternehmen sein. Er wird auch in öffentlichen Haushalten (Verwaltungen), karitativen Einrichtungen, Parteien, Vereinen, u. a. tätig sein und Wert auf sozialen Status, Loyalität und Sicherung des Gemeinwohls legen. Seine Motivation zur Leistung wird hier eher durch Anerkennung, Selbständigkeit, Mitwirkungsrechte und Verantwortung erfolgen als durch monetäre

Anreize. Auch er wird fähig und willens sein, bei Orientierung an seinen nicht-monetären Zielen ergiebig zu planen und zu steuern, d. h. zu wirtschaften. Dies bedeutet, dass eine soziale Marktwirtschaft für verschiedene Ausprägungen dieses Menschenbildes Platz hat, ohne an Stabilität zu verlieren. Das Menschenbild des Wirtschaftspartners wird heute von den **Tarifpartnern** noch unterschiedlich gesehen. Dennoch ist zu erwarten, dass in einer weiterentwickelten sozialen Marktwirtschaft das Partnerschaftsbild das tragende sein wird, das als wesentliche Komponente der Betriebe den Erfahrungsgegenstand der Betriebswirtschaftslehre mit kennzeichnet.

Die Kennzeichnungen der Betriebe, der unterschiedlichen Auffassungen über Betriebe und der Menschenbilder lassen erkennen, dass der **Erfahrungsgegenstand** der Betriebswirtschaftslehre ein sich **wandelndes Gebilde** ist. Der technische Fortschritt, voranschreitende Globalisierung, neue Verhaltens- und Denkweisen der Menschen, neue Interessenlagen und Zielvorstellungen, wirtschaftliche und politische Umbrüche sind Determinanten dieses Wandels. Wirtschaften wird daher inhaltlich kontinuierlich vor **neue Probleme** gestellt. Der beschriebene Wandel ist zum einen durch die Veränderungen der Determinanten und zum anderen durch die sich ändernde Wahrnehmung sowie Gewichtung der Probleme im Zeitablauf bedingt. Wirtschaften wird dadurch zu einem **lebendigen Prozess**, der sich unablässig neuen Anforderungen stellen muss. Die Betriebswirtschaftslehre ist daher durch neue Herausforderungen und neue Problemstellungen zu einem Erkenntnisfortschritt verpflichtet, wobei die **Halbwertszeit des Wissens** beständig sinkt.

3   Erkenntnisgegenstand der Betriebswirtschaftslehre

3.1   Abgrenzung des Wirtschaftens als Erkenntnisgegenstand

3.1.1   Ableitungsproblematik des Erkenntnisgegenstands

In den vorangehenden Ausführungen wird gezeigt, dass der reale Betrieb ein sehr komplexes und sich wandelndes Element des Kulturbereichs ist, das im Verbund mit ökonomischen auch technische, soziale, ökologische, medizinische u. a. Problemstellungen aufwirft. Ohne bereits erläutert zu haben, was das **Essentielle des Wirtschaftlichen oder des Wirtschaftens** darstellt, wird bei dieser Aufzählung von Problemen unterstellt, dass es überhaupt disziplinspezifische ökonomische, technische, soziale und ökologische Problemstellungen gibt und dass der Problemverbund des Realobjekts Betrieb in Teilprobleme aufgespalten werden kann. Sollte nämlich der Problemverbund in der Realität so eng sein, dass ein Herausschälen einzelner disziplinspezifischer Teilprobleme bzw. Einzelfragen gar nicht möglich und opportun ist, müsste sich das forschende Fragen allein auf den einheitlichen und komplexen Gegenstand Betrieb beziehen, d. h., es müsste eine **Einheitswissen-**

schaft betrieben werden, für welche nicht mehr zwischen disziplinspezifischen Erkenntnisgegenständen bzw. zwischen Erfahrungsgegenstand und Erkenntnisgegenstand unterschieden werden dürfte.

In der Tat fehlt es nicht an Mahnungen von Wissenschaftstheoretikern und Systemanalytikern, die in diese Richtung zielen (vgl. Ackoff [System] 285). Das Problem, das sich für eine Einheitswissenschaft in Gegenwart und Zukunft ergibt, ist jedoch, wie diese Wissenschaftskonzeption mit der sich zunehmend öffnenden Schere zwischen rapidem Wissenszuwachs und begrenzter personeller Forscherkapazität fertig werden will bzw. kann. Die Mahner selbst verlangen nicht, als geniale Einheitswissenschaftler angesehen zu werden, sondern sie formulieren lediglich ein **Integrationspostulat**, welches bei aller Plausibilität alsbald zu einem generellen Wissenschaftsdilettantismus führen müsste (vgl. Chmielewicz [Forschungskonzeptionen] 21 f. und 26 f.). Unter realistischen Gesichtspunkten erweist sich daher die Einheitswissenschaft als eine akademische Illusion. Realisierbar ist dagegen eine disziplinspezifische Organisationsform von **Einzelwissenschaften** mit interdisziplinär weiterentwickelbaren Strukturen, für welche spricht, dass gerade sie zum vorhandenen Besitzstand unserer Wissenschaften geführt hat. Außer ihrem Integrationspostulat sind von den Einheitswissenschaftlern bedauerlicherweise bislang noch keine Beiträge zu registrieren, die den Wissenschaftsfortschritt wesentlich beschleunigt hätten.

Die weiteren Ausführungen zum Erkenntnisgegenstand der Betriebswirtschaftslehre basieren nach diesen Vorüberlegungen auf der **disziplinspezifischen Wissenschaftsstruktur** bei folgenden realitätsnahen Annahmen:

(1) Der Problemverbund des Realobjekts Betrieb ist **in Teilprobleme aufspaltbar**.

(2) Es gibt in Betrieben einen abstrahierbaren Problemkreis, der als **Wirtschaften** klassifiziert werden kann.

(1) Eine disziplinspezifische Wissenschaftsstruktur und damit die Konstituierung der Betriebswirtschaftslehre als **Einzelwissenschaft** ist möglich, wenn der komplexe Problemverbund des Realobjekts Betrieb arbeitsteilig in abgrenzbare Teilprobleme aufgelöst werden kann. Dass Wissenschaft schon bisher disziplinspezifisch betrieben wurde, kann nur als historisch bedingtes Argument für die Aufspaltung in Einzeldisziplinen akzeptiert werden. Überzeugender sind dagegen die Argumente, dass die in Betrieben und Betriebsnetzen wirksamen Größen, wie Potenziale (z. B. Menschen), Programme (z. B. Fertigungsprogramme) und Prozesse (z. B. Steuerungsprozesse), arteigene Grundfragen aufwerfen und verschiedenen Zielvorstellungen folgen. Diese verlangen wiederum nach dem Einsatz sehr verschiedener Mittel, Techniken, Methoden und Regelungen. Letztlich sprechen auch die mangelhafte Beherrschbarkeit des komplexen Problemverbunds und die begrenzte personelle Forschungskapazität für eine Aufteilung in Teilprobleme. Beim Philosophen *Karl R. Popper* ([Logik] 379)

findet sich die Feststellung, dass es dem Menschen kaum möglich ist, ein Ereignis in seiner Totalität zu erklären. Vielmehr muss dazu eine Beschränkung auf einen oder mehrere Aspekte durch Abstraktion vorgenommen werden. Insgesamt kann davon ausgegangen werden, dass der Problemverbund des realen Betriebes eine Dichte besitzt, die eine zweckmäßige Abstraktion sowie eine wissenschaftliche Arbeitsteilung zulässt.

(2) Die Frage, ob es einen spezifischen Problemkreis gibt, der durch Abstraktion aus dem komplexen Problemverbund des Betriebes abgeleitet und als **Wirtschaften** abgegrenzt werden kann, ist gleichzusetzen mit der Frage nach einem eigenständigen **Erkenntnisgegenstand** der Betriebswirtschaftslehre. Obwohl diese Frage von einigen Wissenschaftlern als Frage angesehen wird, die «nur Verwirrung stiftet und die Irrtümer einer veralteten Erkenntnistheorie zu bewahren hilft …» (Fischer-Winkelmann [Methodologie] 156) oder gar als «Witz» abgetan wird (Ulrich [Betriebswirtschaftslehre] 44), wird hier die begründete Auffassung vertreten, dass bei einer arbeitsteiligen Wissenschaftsstruktur die Kriterien für eine Problemabgrenzung und damit für die Bildung von Einzeldisziplinen bekannt sein müssen. Dieses Postulat behält auch dann seine Bedeutung, wenn mehrere Einzeldisziplinen zu einer neuen Disziplin integriert werden (vgl. Lakatos [Falsifikation] 29 ff.). Der abstrahierte Problemkreis verkörpert den **Erkenntnisgegenstand**, der den disziplinspezifischen Analysegegenstand des Betriebswirts darstellt. Mit dem Erkenntnisgegenstand wird aus dem Erfahrungsgegenstand ein Fragenkreis ausgewählt, der in seinen Erkenntnisinhalten identisch ist. Je präziser das zugehörige Auswahlprinzip (Identitätsprinzip) formuliert wird, umso klarer ist von Fall zu Fall entscheidbar, ob eine jeweils behandelte Frage bzw. theoretische Aussage zum Fragenkreis bzw. zur Theorie der Betriebswirtschaftslehre zu rechnen ist oder nicht, und umso deutlicher werden die Grenzen zu den übrigen Fachdisziplinen sichtbar (Chmielewicz [Forschungskonzeptionen] 22). Außerdem wird die Frage beantwortbar, welches Instrumentarium zu einer zügigen und effektiven Problemlösung eingesetzt werden kann. Dies bedeutet auf keinen Fall, dass problemabhängige Beziehungen zu anderen Fachdisziplinen unterdrückt, durch grenzüberschreitende Forschung eine Verschmelzung von Einzelfächern zu einer neuen Interdisziplin unmöglich gemacht und dadurch wissenschaftlicher Fortschritt gehemmt wird.

3.1.2   Vorschläge zum Erkenntnisgegenstand in der Literatur

Bei der Abgrenzung des Erkenntnisgegenstands tritt in der Betriebswirtschaftslehre eine vergleichbar große Meinungsvielfalt auf wie beim Erfahrungsgegenstand. So werden u. a. für die Betriebswirtschaftslehre die Erkenntnisgegenstände (bzw. Identitätsprinzipien) **Gewinnmaximierung, Betriebswirtschaft, Güterknappheit** und **Kombination der Produktionsfaktoren** vorgeschlagen. Von diesen sollen in einem ersten Schritt die zwei Vorschläge «Gewinnmaximierung» und «Kombination der Produktionsfaktoren» erörtert werden. In einem zweiten Schritt wird auf den Vorschlag der «Güterknappheit» eingegangen:

(1) Die **Gewinnmaximierung** ist eine individuell wählbare Zielvorstellung, die als eine extremale Ausprägung des allgemeinen Rationalprinzips interpretiert wird. Die zweite extremale Ausprägung dieses Prinzips führt mit umgekehrtem Vorzeichen zur **Kostenminimierung**. Beide Ausprägungen stellen selbst Interpretationen eines eng gefassten Ergiebigkeitsprinzips dar. Gewinnmaximierendes bzw. kostenminimierendes Verhalten kann einen kurz-, mittel- oder langfristigen Bezug haben.

Die Gewinnmaximierung galt über Jahrzehnte als das verbindliche Auswahlprinzip für den Erkenntnisgegenstand der Betriebswirtschaftslehre. Da sie als zentrales Leitmotiv eines kapitalistischen Unternehmers angesehen wurde und wird, unterzogen sie Analytiker einer **scharfen Kritik**. So wird argumentiert, dass sie gar nicht in allen Fällen die dominierende Zielvorstellung des Unternehmers sei, weil dieser seine Entscheidungen auf eine ganze Reihe von Zielen ausrichten müsse und nicht nur auf die Gewinnmaximierung. Außerdem würde der Unternehmer bei strikter Befolgung des Gewinnmaximierungsziels soziale und ethische Grundsätze missachten. Schließlich würde sich eine nach dieser Zielvorstellung konstituierte Betriebswirtschaftslehre allein unternehmerischem Gewinnstreben verpflichtet fühlen (vgl. Kosiol [Einführung] 264 ff. und Chmielewicz [Forschungskonzeptionen] 23 f.).

Ob nun im Zielsystem eines Unternehmens neben der Gewinnmaximierung noch andere Ziele stehen, ob diese Ziele unter Nebenbedingungen verfolgt werden, ob der Gewinnbegriff mehrdeutig ist, ob für eine Gewinnmaximierung die Grundannahme vollkommener Information erforderlich ist oder ob Gewinnmaximierung zur einseitigen Machtvergrößerung der Vorstände bzw. Geschäftsführer oder der Kapitaleigner führt, ist unerheblich, da die Zielvorstellung der Gewinnmaximierung für die Betriebsarten der öffentlichen Unternehmen, der öffentlichen Haushalte sowie der privaten Haushalte nicht als repräsentativ akzeptiert werden kann (Schmidt [Wirtschaftslehre] 11). Eine kommunale Kläranlage, ein Landeskrankenhaus, eine Universität oder ein Vierpersonenhaushalt verfolgen eben nicht das Ziel der Gewinnmaximierung. Sogar eine erhebliche Anzahl privater Unternehmen orientiert sich nicht an der Gewinnmaximierung als oberster Handlungs- und Entscheidungsmaxime. Wird daher der Betriebsbegriff so weit definiert wie hier, ist die **Gewinnmaximierung als Auswahlprinzip für den Erkenntnisgegenstand der Betriebswirtschaftslehre unbrauchbar**.

(2) Die **Kombination der Produktionsfaktoren** als Auswahlprinzip für den Erkenntnisgegenstand der Betriebswirtschaftslehre wirft ebenfalls mehrere Probleme auf. Ausdruck der Kombination von Produktionsfaktoren ist eine Menge von Transformationsfunktionen bzw. eine Produktionsfunktion, die eine mengenmäßige Beziehung zwischen Gütereinsatz und Güterausbringung eines Betriebes abbildet. Auch unter Einschluss von Verwaltungs-, Planungs-, Organisations- und Kontrolleinsatzmengen drückt diese Funktion ihrer Art nach eine **technische Input-Output-Beziehung** aus. Obwohl davon ausgegangen werden kann, dass sich für alle privaten und öffentlichen Betriebsarten derartige Funktionen formulieren lassen, beschreiben sie ein **technisches** Phänomen. Einen technischen Zusammen-

hang zum Auswahlprinzip für einen **wirtschaftlichen Problemkreis** zu erheben, ist jedoch aus methodischen Gründen nicht möglich. Vom Ansatz her würde bei einem derartigen Auswahlprinzip für alle Haushalte die rudimentäre Produktionsaufgabe sehr stark überbetont und damit ein zu enges Identitätsprinzip unter Vernachlässigung der originären **Konsumtionsaufgabe** formuliert. Diese Überlegungen führen dazu, auch die **Kombination der Produktionsfaktoren als Auswahlprinzip für den Erkenntnisgegenstand der Betriebswirtschaftslehre nicht zu übernehmen,** obwohl die technischen Kombinationsbeziehungen für den nachfolgend behandelten Erkenntnisgegenstand eine gewisse (untergeordnete) Rolle spielen werden.

3.1.3   Wirtschaften als Erkenntnisgegenstand

Ein dritter Vorschlag für das Auswahlprinzip des Erkenntnisgegenstandes der Betriebswirtschaftslehre ist die **Güterknappheit.** Der Argumentationsansatz hierfür ist der Folgende: Alle Wirtschaftsgüter, die für die Produktion anderer Güter bzw. für den Konsum benötigt werden, haben einen Preis, d. h., sie sind knappe Güter. Die Knappheit dieser Güter ist ein Merkmal, das dazu führt, bei deren Bereitstellung und Verwendung in allen Betriebsarten rational vorzugehen, wenn nicht Verschwendung geduldet und Kapital- bzw. Substanzauszehrung hingenommen werden sollen. Sobald Fragen der Güterknappheit zu beantworten sind, so wird argumentiert, handelt es sich um wirtschaftliche Probleme, für die in mikroskopischer Sicht die **Betriebswirtschaftslehre** und in makroskopischer Sicht die **Volkswirtschaftslehre** zu kompetenten Wissenschaften werden.

So plausibel diese Aussage erscheint, drückt sie doch nur **eine** Bedingung für die Abgrenzung des Erkenntnisgegenstandes aus. Die dazukommende **zweite** Bedingung fordert, dass die knappen Güter in eine **optimale Allokation** gebracht werden müssen. Danach ist bei einem gewählten Ziel(system) über die Zuordnung der knappen Güter auf zulässige alternative Verwendungsweisen so zu entscheiden, dass die gewählte Alternative als optimal akzeptiert werden kann. In diesem Sinne ist das **Entscheiden über knappe Güter** ein Problemkreis, der als spezifischer Erkenntnisgegenstand aus den realen Betrieben herausgehoben werden kann. Der auf diese Weise abgegrenzte Fragenkreis wird als betriebliches Wirtschaften wie folgt definiert:

Wirtschaften ist das Entscheiden über knappe Güter in Betrieben.

Unter dem Vorgang des **Entscheidens** ist das Auswählen einer Alternative zu verstehen, die in Ausrichtung auf ein Ziel(system) als optimal akzeptiert wird. Das **Wirtschaften** repräsentiert somit einen Problemkreis, der den Erkenntnisgegenstand der Betriebswirtschaftslehre darstellen kann. Das zweckmäßige Auswahlprinzip, das zur Abgrenzung dieses Erkenntnisgegenstandes führt, ist das **Ergiebigkeitsprinzip (Wirtschaftlichkeitsprinzip).** Bei allen Sachproblemen, für welche Entscheidungen über knappe Güter anstehen, fallen diese damit bei mikroskopischer Betrachtung in den Zuständigkeitsbereich der Betriebswirtschaftslehre.

Mit dem Problemkreis des Wirtschaftens wird ein **Erkenntnisgegenstand** für das Fach abgegrenzt, der weder von einer speziellen Betriebsart und Betriebsgröße noch von einer speziellen Technik oder einer betrieblichen Interessenlage abhängt. Auch die Orientierung an einer speziellen Zielvorstellung wird bei dieser Gegenstandswahl vermieden, weil Zielvorstellungen sowohl von Betriebsart zu Betriebsart als auch beim Übergang auf andere Wirtschaftsordnungen variieren können. Das Entscheiden über knappe Güter in Betrieben ist dagegen ein konsistenter, raum- und zeitunabhängiger sowie ideologieindifferenter Fragenkreis, der den betriebswirtschaftlichen Erkenntnisgegenstand operational bestimmt.

Wirtschaften ist stets ein **zielbezogener Prozess**. Bei diesem Zielbezug kommen als Bezugsgrößen nicht nur **ökonomische Ziele** (Gewinnmaximierung, Gewinnverbesserung, Umsatzsteigerung, Kostendeckung, Verlustabbau u. a.), sondern in gleicher Weise **technische Ziele** (Erhöhung der Produktivität, Verbesserung der Produktqualität, Erhöhung des technischen Standards der Anlagen, Maschinen, Verfahren u. a.), **soziale Ziele** (Verkürzung der Arbeitszeit, bessere Vorsorge für das Alter, mehr Sicherheit am Arbeitsplatz u. a.) und **ökologische Ziele** (Vermeidung bzw. Senkung von Wasserbelastung, Abfallaufkommen, Luftverschmutzung, Lärmbelästigung u. a.) in Frage (vgl. Abb. 1.8).

> Dieser Erkenntnisgegenstand stellt prinzipiell sicher, dass in allen Betriebsarten (in privaten und öffentlichen Unternehmen sowie Haushalten) das **Entscheiden über knappe Güter** einen Fragenkreis darstellt, dessen Erkenntnisinhalte identisch sind.

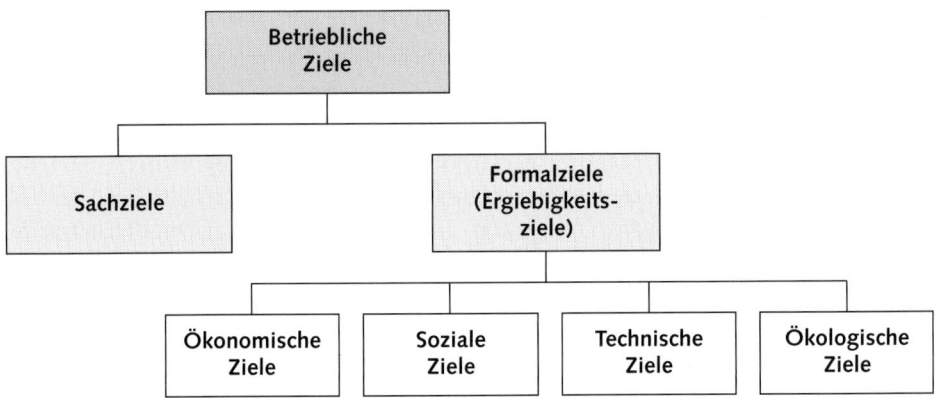

Abbildung 1.8: Gliederung betrieblicher Ziele

Durch dieses Merkmal wird die zentrale Anforderung an die Konstituierung eines selbständigen Erkenntnisgegenstands und damit an die Begründung der Betriebswirtschaftslehre als Wissenschaft erfüllt.

Das Wirtschaften ist in dem dargestellten Sinne ein **geistiger Prozess**, der von körperlichen, mechanischen, chemischen und biologischen Prozessen zu unterscheiden ist.

In einem Unternehmen der Personenkraftfahrzeugherstellung beispielsweise sind nicht die Bereitstellung, Lagerung, Herstellung (Montage) sowie der Absatz von Gütern einzelne Phasen des Wirtschaftens, sondern die planenden und steuernden **Entscheidungen** über die zielorientierte Realisation dieser Phasenprozesse machen den Inhalt des Wirtschaftens aus. Für einen Produzenten von Werkzeugmaschinen bedeutet dies, dass nicht das Absetzen der hergestellten Maschinen auf Märkten, sondern die Summe aller Entscheidungen über Absatzpreise, Absatzprogramme, Werbestrategien, Vertriebswege und Vertriebskonditionen dieser Maschinen den Inhalt des Wirtschaftens darstellt. Ebenso sind in einem privaten Haushalt nicht das Einkaufen, Bevorraten, Kochen, Konsumieren, Entsorgen und Reinigen, sondern die Summe aller **Entscheidungen** über die zielorientierte Realisation dieser Prozesse Inhalt des Wirtschaftens. Da sich Wirtschaften als **lernender Prozess** stets in zeitlich gestuften Entscheidungsketten vollzieht, die unter zahlreichen Störungen und auftretenden Fehlern vollzogen werden müssen, verlangt es nach hoher Flexibilität und Lernfähigkeit der Marktteilnehmer, um Strukturveränderungen und Turbulenzen in den Betrieben und Märkten erkennen und bewältigen zu können.

3.2   Ergiebigkeitsprinzip als Identitätsprinzip

3.2.1   Beziehungen zwischen dem Rationalprinzip und dem Ergiebigkeitsprinzip

Das Wirtschaften im Betrieb ist ein Aufgaben- oder Problembereich, der als Erkenntnisgegenstand einen spezifischen Aspekt realer Problemstellungen einfängt. Zur Herleitung dieses Erkenntnisgegenstands bedarf es eines Kriteriums bzw. Prinzips. Dieses Prinzip ist das **Ergiebigkeitsprinzip**. Als Auswahlprinzip soll es sicherstellen, dass diejenigen Fragen zum Erkenntnisgegenstand der Betriebswirtschaftslehre gewählt werden, deren Inhalte alle wirtschaftlicher Art und damit in diesem Merkmal identisch sind. Daher wird dieses Prinzip auch **Identitätsprinzip** genannt.

Es kann davon ausgegangen werden, dass das Ergiebigkeitsprinzip eine Ausprägung des allgemeinen **Rationalprinzips** darstellt (Küpper [Rationalprinzip] 95 ff.). Menschliches Handeln ist sowohl rational als auch irrational determiniert. Als

Ausfluss der **rationalen Determination** kann ein genereller Handlungsimperativ für menschliches Handeln folgendermaßen formuliert werden:

«**Handle** stets so, dass mit den vorhandenen knappen Mitteln (Gütern) optimale Ausprägungen der gesetzten Ziele erreicht werden!»

Für die Formulierung des Identitätsprinzips der Betriebswirtschaftslehre bietet das **Rationalprinzip** den geeigneten Anknüpfungspunkt: Das Wirtschaften als das Entscheiden über knappe Güter in Betrieben ist als eine spezifische Handlungsart zu begreifen, für die nicht nur eine allgemeine Zielorientierung, sondern ein besonderer Zielerreichungsgrad (Ergiebigkeitsgrad) zu fordern ist. Als Resultat soll nämlich für realisierte Wirtschaftsprozesse ermittelt werden können, ob gesetzte Ziele möglichst günstig (optimal) erreicht wurden. Entsprechend soll für geplante Wirtschaftsprozesse vorab festgestellt werden können, ob sie ein gewähltes bzw. vorgegebenes Zielsystem optimal erfüllen werden. Als Handlungsvorschrift lässt sich dieser Zusammenhang wie folgt ausdrücken:

«**Entscheide** in Betrieben stets so, dass mit den vorhandenen knappen Mitteln (Gütern) optimale Ausprägungen der gesetzten Ziele erreicht werden!»

Dieser Grundsatz wird als **Ergiebigkeitsprinzip** oder **Wirtschaftlichkeitsprinzip** bezeichnet. Es ist das zentrale Postulat für rationales Handeln in sowie zwischen Betrieben. Unbegrenzt gilt es für alle knappen Mittel und alle Ziele in Betrieben, d. h. ebenso für ökonomische, technische, soziale und ökologische wie für andere Ziele (Chmielewicz [Forschungskonzeptionen] 23 und Schmidt [Wirtschaftslehre] 12). In dieser umfassenden Form bezieht sich das Ergiebigkeitspostulat auf alle denkbaren Ziele eines Betriebes (vgl. Abb. 1.8) und auf alle zulässigen Ausprägungen der Optimalität der Zielerreichung. Werden, wie es für die Betriebswirtschaftslehre von Bedeutung ist, schwerpunktmäßig **ökonomische, soziale, technische und ökologische** Zielarten bzw. -klassen im Zielsystem des Betriebes differenziert, so lassen sich bei isolierter Betrachtung auch vier **Arten der Ergiebigkeit** (Rationalität) unterscheiden:

(1) eine **ökonomische** Ergiebigkeit (Rationalität),
(2) eine **soziale** Ergiebigkeit (Rationalität),
(3) eine **technische** Ergiebigkeit (Rationalität),
(4) eine **ökologische** Ergiebigkeit (Rationalität).

(1) Die **ökonomische Ergiebigkeit** bezieht sich auf **ökonomische Ziele** des Betriebes und führt zum Postulat: «Entscheide in Betrieben stets so, dass mit den vorhandenen knappen Mitteln (Gütern) optimale Ausprägungen der gesetzten **ökonomische Ziele** erreicht werden!» Diese Ausprägung des Ergiebigkeitsprinzips heißt **Prinzip der ökonomischen Ergiebigkeit**. Dieses Prinzip stellt sicher, dass aus dem komplexen realen Betriebsgeschehen ein Fragenkreis mit ökonomischer Rationalität ausgewählt werden kann.

Ökonomische Ergiebigkeitsziele können sowohl absolut als auch relativ gemessen werden.

Maßausdruck eines **absoluten ökonomischen Ergiebigkeitszieles** ist z. B. ein wohldefinierter Erfolg. Wird hingegen der Erfolg zu einer speziellen Bezugsgröße in Beziehung gebracht, ergibt sich ein **relatives ökonomisches Ergiebigkeitsziel**.

Die **absolute ökonomische Ergiebigkeit** einer Abrechnungsperiode (z. B. eines Jahres) kann mit verschiedenen Ausprägungen ermittelt (bzw. geplant) werden. Betrachtet man (1) die interne Leistungserstellung, wird deren absolute ökonomische Ergiebigkeit durch den **kalkulatorischen Erfolg** (Betriebsergebnis, kurzfristiges Ergebnis) ausgedrückt:

(1) Kalkulatorischer Erfolg $G_k = U - K$

Wird dagegen (2) der gesamte Unternehmensprozess ins Auge gefasst, lässt sich dessen absolute ökonomische Ergiebigkeit durch den **pagatorischen Erfolg** messen:

(2) Pagatorischer Erfolg $G_p = E - A$

Wichtigster Maßausdruck der **relativen ökonomischen Ergiebigkeit** einer Abrechnungsperiode für den gesamten Unternehmensprozess ist die **Rentabilität**. Ihre bekanntesten Ausprägungen sind die (1) Gesamtkapital-, die (2) Eigenkapital- und die (3) Umsatzrentabilität (Bea [Rentabilität] 1717 ff.):

(1) Gesamtkapitalrentabilität $= \dfrac{G_p + Z}{GK}$

(2) Eigenkapitalrentabilität $= \dfrac{G_p}{EK}$

(3) Umsatzrentabilität $= \dfrac{G_p}{U}$

Legende:
G_p = Pagatorischer Erfolg (Jahresüberschuss nach Handelsrecht)
G_k = Kalkulatorischer Erfolg (Betriebsergebnis, kurzfristiges Ergebnis)
E   = Erträge
A   = Aufwendungen
GK = Gesamtkapital (= Eigenkapital + Fremdkapital)
EK = Eigenkapital
U   = Umsatzerlöse
K   = Gesamtkosten
Z   = Zinsen für Fremdkapital

Für spezielle Fragestellungen können auch einzelne Komponenten des Erfolges als Maßausdrücke der ökonomischen Ergiebigkeit verwendet werden (z. B. Kosten oder Erlöse), so dass dann mit einer **Kostenergiebigkeit** oder mit einer **Erlösergiebigkeit** gearbeitet wird.

(2) Die **soziale Ergiebigkeit** bezieht sich auf **soziale Ziele** des Betriebes und mündet im Postulat: «Entscheide in Betrieben stets so, dass mit den vorhandenen knappen Mitteln (Gütern) eine optimale Ausprägung der gesetzten **sozialen Ziele** erreicht wird!» Die durch dieses Prinzip **der sozialen Ergiebigkeit** vorgegebene Rationalität hat keinen besonderen Namen, bezweckt aber eine optimale Zufriedenheit aller Betriebsangehörigen unter Berücksichtigung knapper Mittel. Dieser Grundsatz kann **Sozialprinzip** genannt werden.

(3) Die **technische Ergiebigkeit** bezieht sich auf **technische Ziele** des Betriebes und lässt sich wie folgt ausdrücken: «Entscheide in Betrieben stets so, dass mit den vorhandenen knappen Mitteln (Gütern) eine optimale Ausprägung der gesetzten **technischen Ziele** erreicht wird!» Werden die Erfüllungen quantitativer und qualitativer Anforderungen an die Produkte und das Produktionsprogramm sowie an das notwendige Produktionspotenzial (Anlagen, Maschinen, Verfahren) als technische Ziele begriffen, dann postuliert dieses **Prinzip der technischen Ergiebigkeit** eine optimale Erreichung dieser Anforderungen unter Berücksichtigung knapper Mittel. Dieser Grundsatz kann **Technikprinzip** genannt werden.

(4) Schließlich bezieht sich die **ökologische Ergiebigkeit** auf **ökologische Ziele** des Betriebes und führt zum Postulat: «Entscheide in Betrieben stets so, dass mit den vorhandenen knappen Mitteln (Gütern) eine optimale Ausprägung der gesetzten **ökologischen Ziele** erreicht wird! » Auch dieses Prinzip hat noch keinen allgemein akzeptierten Namen; es führt zur Verfolgung eines optimalen Schutzes der betrieblichen Umwelt unter Berücksichtigung knapper Mittel. Analog kann dieses **Prinzip der ökologischen Ergiebigkeit** als **Ökologieprinzip** bezeichnet werden (vgl. Abb. 1.9). Die ökologische Ergiebigkeit findet zunehmend Beachtung bei der ökonomisch-ökologischen Bewertung von Produkten und Verfahren in Chemieunternehmen. Bei BASF wird beispielsweise in diesem Zusammenhang von Öko-Effizienz-Analysen gesprochen (vgl. auch 3. Kapitel, Abschnitt 3.4.4.2).

In den Betrieben der Wirtschaftspraxis stehen ökonomische, technische, soziale und ökologische Ziele häufig in einer **Abhängigkeitsbeziehung** (zur Analyse und Integration wirtschaftlicher und sozialer Rationalität vgl. Hartfiel [Soziale Rationalität] 60 ff. und 146 ff.). Diese kann z. B. komplementär oder konkurrierend sein (vgl. 4. Kapitel, Abschnitt 1). Es ist daher häufig nicht möglich, ökonomische Ziele unabhängig von den anderen Zielarten zu verfolgen. Vielmehr können durch Entscheidungen, die auf die ökonomische Ergiebigkeit ausgerichtet sind, sowohl technische als auch soziale und ökologische Ziele tangiert werden und umgekehrt. Welche Ergiebigkeitsart die dominierende ist, hängt ganz vom jeweiligen Zielsystem ab. So wird in einem privaten Unternehmen i. d. R. die ökonomische Ergiebigkeit eine größere Priorität (einen höheren Rang) besitzen als die übrigen

Ergiebigkeits- ziele / Ergiebig- keitsarten	Ausgewählte absolute Ergiebigkeitsziele	Ausgewählte relative Ergiebigkeitsziele
Ökonomische Ergiebigkeit	– Umsatz, – Erfolg (Gewinn bzw. Verlust), – Gebundenes Kapital, – Deckungsbeitrag sowie – Kosten.	– Umsatzrentabilität, – Gesamt- bzw. Eigenkapital- rentabilität, – Relativer Deckungsbeitrag pro Engpasseinheit sowie – Anteil der Gemeinkosten an den Gesamtkosten.
Soziale Ergiebigkeit	– Mitarbeiterzufriedenheit, – Umfang der Sozialleistungen, – Anzahl der Krankheitstage, – Fluktuation sowie – Gesamtzahl der Mitarbeiter aus bestimmten sozialen Gruppen.	– Sozialleistungen pro Mitarbeiter, – Verhältnis von Krankheitstagen zu Arbeitstagen, – Fluktuationsrate sowie – Anteile bestimmter sozialer Gruppen an der Gesamt- mitarbeiterzahl (Behinderten- quote, Frauenquote).

Technische Ergiebigkeit	– Menge der produzierten Güter,
	 – Menge der eingesetzten (ver- brauchten) Güter,
	 – Qualität der Produkte,
	 – Verfahrensqualität und -flexibilität,
	 – Potenzialqualität- und -flexibilität,
	 – Ausschussmenge,
	 – Durchlaufzeiten sowie
	 – Kapazität.
		– Produktivität:
		   • Mitarbeiterproduktivität,
		   • Anlagenproduktivität,
		   • Materialproduktivität,
		 – Ausschussrate,
		 – Leistungsgrade,
		 – Verhältnis von Bearbeitungs- zu Gesamtdurchlaufzeit eines Auftrags sowie
		 – Beschäftigungsgrade.

Ökologische Ergiebigkeit	– Wasserverbrauch, – Energieverbrauch, – Flächenverbrauch, – Menge wiedereingesetzter Abfallstoffe (sekundäre Güter), – Schadstoffmenge, – Lautstärke, – Abgasmenge sowie – Abstrahlwärme.	– Energieverbrauch pro Produkteinheit, – Recyclingrate, – Schadstoffmenge pro Produkteinheit sowie – CO_2-Ausstoß pro m^3 Luft.

Abbildung 1.9: Zuordnung von Ergiebigkeitszielen auf Ergiebigkeitsarten (Beispiele)

Ergiebigkeiten. Dagegen kann eine staatliche Universität die technische Ergiebig-keit (im Sinne einer hohen Qualität von Forschen, Lehren und Studieren) am höchsten gewichten. Ein städtisches Altenheim schließlich wird die soziale vor den übrigen Ergiebigkeiten rangieren lassen. Letztlich wird eine Endlagerstätte für hochgiftige Stoffe der ökologischen Ergiebigkeit eine höhere Priorität beilegen als den übrigen Ergiebigkeiten. Alle Betriebe müssen jedoch im Prozess des Wirtschaf-tens, unabhängig von der jeweils dominierenden Ergiebigkeit, die nachrangigen Ergiebigkeiten in bestimmten Mindestausprägungen und in einer zweckmäßigen Rangfolge mitverfolgen.

Wirtschaften als das Entscheiden über knappe Güter tritt in allen Betriebsarten auf und ist am allgemeinen Ergiebigkeitsprinzip orientiert.

> Alle Probleme, die auf eine Ergiebigkeitsfrage hinauslaufen, machen daher den Inhalt des Wirtschaftens aus. **Damit ist das Ergiebigkeitsprinzip das Identi-tätsprinzip der Betriebswirtschaftslehre**.

Mittels des Ergiebigkeitsprinzips kann aus dem komplexen realen Betriebsgesche-hen das **Wirtschaften in Betrieben** als Erkenntnisgegenstand herausgehoben wer-den. Das Wirtschaften wird sowohl von einer ökonomischen als auch von einer technischen, sozialen und ökologischen Rationalität im Verbund geleitet. Eine Einengung des Wirtschaftens allein auf die ökonomische Ergiebigkeit erweist sich damit bei der hier gewählten Definition des Betriebes und einem modernen Ver-ständnis als Lehre des betrieblichen Wirtschaftens (Managementlehre) als zu eng. Dies schließt nicht aus, dass in privaten Unternehmen als einer Teilklasse von Betrieben die ökonomische Ergiebigkeit als dominierendes Ziel verfolgt wird. In dieser ökonomischen Rationalität finden dann aber auch die technische, soziale und ökologische Rationalität einen bestimmten (zweit- oder drittrangigen) Nieder-schlag. Ob dies praktisch in einem befriedigenden Umfang geschieht, ist eine Frage, die sicherlich noch auf verbesserungsfähige Antworten wartet.

Wird in einem Unternehmen das Entscheiden über knappe Güter ausschließlich an der ökonomischen Ergiebigkeit orientiert, z. B. am maximalen Gewinn, reduziert sich Wirtschaften auf eine **profitorientierte Güterallokation**. Das Ergiebigkeits-prinzip erlaubt dagegen modifizierte Interpretationen der Rationalität für unter-schiedliche Zielsysteme mit Prioritätenverschiebungen zwischen ökonomischen, technischen, sozialen und ökologischen Teilzielen und ist selbst bei einer **interdis-ziplinären Veränderung der Problemgrenzen** der Betriebswirtschaftslehre modifi-zierbar.

3.2.2   Wirtschaften bei Sicherheit und Ungewissheit

Wirtschaften ist in seinen Konsequenzen stets **zukunftsbezogen**. Entscheidungen, die in der Gegenwart getroffen werden, zeitigen ihre Wirkungen immer erst in einem oder mehreren späteren Zeitpunkten bzw. Perioden. Je weiter ihre Wirkungen in der Zukunft liegen, desto unvollkommener ist im Zeitpunkt der Entscheidung das Wissen über sie. Entscheidungen unter unvollkommener (unvollständiger, unsicherer, unbestimmter) Information sind daher in der Praxis des Wirtschaftens der Regelfall, wobei diese Unvollkommenheit sowohl den Gütereinsatz und die Güterausbringung als auch die Beziehungen zwischen ihnen betrifft.

Unter dem Gesichtspunkt der Sicherheit gewinnbarer Informationen lassen sich drei **Entscheidungsarten** unterscheiden (vgl. 4. Kapitel, Abschnitt 1.2.3 und 1.2.4):

(1) Entscheidungen bei Sicherheit,
(2) Entscheidungen bei Risiko,
(3) Entscheidungen bei Unsicherheit.

Das Ergiebigkeitsprinzip ist in seiner Funktion als Identitätsprinzip für alle Sicherheitsarten der Informationen interpretierbar. Es gewährleistet daher, dass **in jeder Entscheidungssituation** eine ziel-optimale Alternative gewählt werden kann. Das ist aber nur möglich, wenn in allen Situationen eindeutig festgestellt werden kann, welche Alternative einer anderen bei erwarteten Konsequenzen vorzuziehen ist.

(1) Die traditionelle Interpretation des Ergiebigkeitsprinzips mit dem Entscheidungskriterium der Extremierung unterstellt vollkommene Information des Entscheidungsträgers. Dabei handelt es sich um den Fall der Entscheidungen bei **Sicherheit**. Hier wird davon ausgegangen, dass der Entscheidungsträger über alle zukünftigen Gütereinsätze, Güterausbringungen und Beziehungen zwischen ihnen vollständig, sicher und bestimmt informiert ist.

(2) Von einer Entscheidung bei **Risiko** wird gesprochen, wenn für jede realisierbare Alternative die (meist subjektiven) Wahrscheinlichkeiten für das Eintreten der jeweils möglichen Ergebnisse bekannt sind. Soweit es sich um subjektive Wahrscheinlichkeiten handelt, werden diese als Grad der Zuverlässigkeit persönlicher Vermutungen, dass sich bestimmte Ergebnisse einstellen werden, interpretiert. Die möglichen Ergebnisse einer Alternative können mit ihren Wahrscheinlichkeiten gewichtet und zum arithmetischen Mittel verdichtet werden. Das Resultat für jede Alternative ist dann der **mathematische Erwartungswert** der Alternativenergebnisse. Als optimal kann bei Risiko diejenige Alternative gewählt werden, deren Erwartungswert der Ergebnisse bei Risikoneutralität des Entscheidungsträgers dem verfolgten Entscheidungskriterium (Extremierung, Satisfizierung/Approximation oder Fixierung) genügt.

(3) Für Entscheidungen bei **Unsicherheit** sind die Eintrittswahrscheinlichkeiten der möglichen Ergebnisse einer Alternative unbekannt. In dieser Situation kann z. B. diejenige Alternative als optimal akzeptiert werden, die bei Eintritt der ungünstigsten Datenkonstellation zum besten Ergebnis führt (Minimax-Regel). Bei einer

anderen Einstellung des Entscheidungsträgers zu Chance und Risiko kann eine optimale Alternative aber auch nach mehreren anderen Kriterien bestimmt werden. Allen Regeln zur Auswahl optimaler Alternativen bei Unsicherheit liegt ein unterschiedliches Vorsichtsstreben zugrunde (vgl. 4. Kapitel, Abschnitt 1.2.4). Der Unsicherheit der Entscheidungssituation wird bei einigen dieser Regeln dadurch Rechnung getragen, dass auf extrem vorteilhafte Alternativen verzichtet, dafür aber bei den ungünstigeren Ergebnissen mehr Sicherheit erwartet wird. Unsicherheit der Situation führt stets zu erhöhter **Vorsicht** bei den Entscheidungen, was als optimierendes Verhalten akzeptiert werden kann. Optimal ist bei unsicheren Entscheidungssituationen diejenige Alternative, für welche Ergiebigkeit und Sicherheit subjektiv ausgewogen erscheinen.

3.2.3   Interpretation des Ergiebigkeitsprinzips

Das Ergiebigkeitsprinzip verlangt eine Alternativenwahl und damit eine Allokation knapper Güter in einer Form, dass ein gesetztes Ziel(system) **optimal** erreicht wird. Diejenige Alternative (Vorgehensweise), welche diese Zielerreichung verspricht, ist die **optimale Alternative**. Für ein anstehendes betriebswirtschaftliches Entscheidungsproblem wird also nach einer optimalen Lösung gesucht, wobei in der Regel situationsbezogene Nebenbedingungen (Restriktionen) zu beachten sind, die sowohl quantitativer als auch qualitativer Art sein können.

Wird die verlangte Optimalität eng ausgelegt, so ist sie identisch mit Extremalität, was bedeutet, dass eine Güterallokation nur dann als optimal akzeptiert wird, wenn sie eine gegebene Zielfunktion extremiert (maximiert bzw. minimiert). Dieses Entscheidungskriterium der Extremierung ist in der Tat die am häufigsten gewählte **Interpretation der Optimalität**. Sie findet ihre Bestätigung in einer Zahl von Entscheidungsmodellen, deren Zielfunktionen unter Nebenbedingungen entweder maximiert oder minimiert werden sollen. Das Problem ist jedoch, dass extremale Lösungen in der Wirtschaftspraxis in den meisten Fällen nicht erreicht werden, obwohl sie als solche geplant werden können.

Die **herkömmliche Interpretation des Ergiebigkeitsprinzips** kennzeichnet eine Alternative als optimal, wenn sie dazu führt, dass

- mit einem gegebenen Aufwand an Produktionsfaktoren der maximale Güterertrag erreicht wird (**Maximumprinzip**) oder

- ein gegebener Güterertrag mit einem minimalen Einsatz an Produktionsfaktoren realisiert wird (**Minimumprinzip**).

Wird außerdem das Zielsystem auf den pagatorischen Erfolg eingeengt, schrumpft das Ergiebigkeitsprinzip auf die Zielvorstellungen der Gewinnmaximierung und der Kostenminimierung.

Eine **verallgemeinerte Interpretation des Wirtschaftlichkeitsprinzips** schlägt dagegen *Müller-Merbach* ([Einführung] 7 ff.) vor. Er fordert, dass

- der Mitteleinsatz und das Ergebnis so aufeinander abgestimmt werden müssen, «dass der durch sie definierte Prozess optimiert wird. Dabei ist das Optimalitätskriterium problemindividuell zu definieren» (**generelles Extremumprinzip**).

Als optimierend bzw. optimal müssen jedoch prinzipiell alle Entscheidungskriterien zugelassen werden, die von Entscheidungsträgern bewusst gewählt und als rational akzeptiert werden. In einer Maschinenfabrik kann z. B. das ökonomische Ziel der Erhöhung des Vorjahresumsatzes um mindestens 5 % dominierend sein. Diese **zufriedenstellende** Approximation des Umsatzes werde als optimal akzeptiert. Andererseits können die Mitglieder eines privaten Haushalts übereinkommen, ein **fixes** Gesamteinkommen von monatlich genau 4000,– € als optimal anzustreben. Das heißt, dass als **Entscheidungskriterien** unterschiedliche Ausmaße der Zielerreichung (Zielvorschriften) denkbar sind. Diese Entscheidungskriterien sind im Einzelnen (Kosiol [Einführung] 249 und Dinkelbach [Entscheidungsmodelle] 226 ff.)

- Extremierung (Maximierung bzw. Minimierung),
- Satisfizierung/Approximation und
- Fixierung.

Sobald eine gewählte Zielfunktion (z. B. eine Periodenerlösfunktion) mit einem dieser Entscheidungskriterien (z. B.: Maximiere!) verknüpft wird, heißt die sich ergebende **Zielvorstellung** «Maximiere die Periodenerlöse!». Auf diese Weise lassen sich alle denkbaren ökonomischen, technischen, sozialen und ökologischen Zielfunktionen mit einem der genannten Entscheidungskriterien zu einer Zeitvorstellung verbinden. Die hierarchisch geordnete Menge der in einem Betrieb gewählten Zielvorstellungen bildet die Zielkonzeption oder das **Zielsystem**. Während in privaten Haushalten und Unternehmen das Zielsystem weitgehend selbständig gewählt werden kann, wird es für öffentliche Haushalte und Unternehmen i. d. R. durch Rechtsnormen vorgegeben. In einem konkreten Zielsystem können für unterschiedliche Zielfunktionen sogar unterschiedliche Entscheidungskriterien gewählt werden (vgl. Band 3, 8. Aufl., S. 12 ff.).

Bei einer Bestimmung der Alternativen zur Zielerreichung haben die Entscheidungsträger immer eine Zahl von **Daten** und betrieblichen sowie außerbetrieblichen **Nebenbedingungen** bei verschiedenen Graden der **Ungewissheit** zu berücksichtigen. Alle Nebenbedingungen des jeweiligen Entscheidungsproblems grenzen eine Menge realisierbarer Alternativen ab, aus welchen für die gegebene(n) Zielvorstellung(en) die optimale Alternative zu wählen ist. Die zieloptimale Alternative bringt die knappen Güter eines Betriebes in eine Allokation, in der diese **ergiebig** verwendet werden. Dabei ist vorab weder bekannt, ob die vorhandenen Mittel voll zum Einsatz gelangen, noch ist vorab das optimale Ergebnis (der optimale Wert der Zielfunktion) bekannt. Erst durch die Wahl der optimierenden Alternative werden beide Größen determiniert. Nach seinem präskriptiven Gehalt erweist sich damit das Ergiebigkeitsprinzip als **generelles Optimierungsprinzip** (Schweitzer [Gegenstand] 38), das wie folgt formuliert wird:

«**Entscheide** in Betrieben stets so, dass durch die gewählte Alternative, d. h. durch die gewählte Zuordnung von Gütereinsatz und Güterausbringung, eine optimale Ausprägung der gesetzten Ziele erreicht wird!».

Selbstverständlich schließt das Wirtschaften neben **Gesamtalternativen** auch alle im Zeitablauf erforderlichen steuernden und angleichenden Folgeentscheidungen über **Teilalternativen** ein, die letztlich sicherstellen sollen, dass die gewählte optimale Gesamtalternative bzw. die zugehörige Allokation knapper Güter und der geplante Wert der Zielfunktion(en) auch beim Auftreten von **Entscheidungsketten** möglichst plangerecht realisiert werden.

Um eine optimale Alternative wählen zu können, muss sie vorab berechnet (geplant) werden, d. h., ein anstehendes Optimierungsproblem muss rechnerisch (planerisch) gelöst werden. Wird das Optimierungsproblem durch ein (strukturgleiches bzw. strukturähnliches) Optimierungsmodell (Entscheidungsmodell) abgebildet, muss zur Bestimmung der zieloptimalen Alternative (Lösung) ein Rechenverfahren (Algorithmus) herangezogen werden. Bei diesen Rechenverfahren lassen sich exakte Optimierungsverfahren und heuristische Verfahren (Heuristiken = Suchtechniken) unterscheiden. Ein **exaktes Optimierungsverfahren** besitzt die Eigenschaft, nach einer endlichen Zahl systematischer Rechenschritte (Iterationen) immer zur optimalen (extremalen) Lösung zu führen. Bei umfangreichen Problemen (Modellen) benötigen diese Rechenverfahren jedoch viele Rechenschritte und lange Rechenzeiten. Das bekannteste exakte Optimierungsverfahren ist das **Simplexverfahren** der linearen Programmierung. Wird der hohe Rechenaufwand gescheut und auch eine nicht-extremale Lösung akzeptiert, kann ein **heuristisches Verfahren** zur Bestimmung der Problemlösung herangezogen werden. Bei heuristischen Verfahren wird meist nicht eine extremale, sondern eine satisfizierende bzw. fixierte Lösung berechnet. Diese Verfahren lassen sich auch als Suchverfahren interpretieren, die entweder zu einer guten Ausgangslösung für anschließende iterative Verbesserungen oder direkt zu einer satisfizierenden Problemlösung führen. In jedem Fall ist hier ein in Regeln gekleidetes Auswahlkriterium für den Aufbau eines Lösungsweges zum Optimum erforderlich. Bekannte heuristische Verfahren sind die **Prioritätsregelverfahren** und die **Vorausschauregelverfahren**, die bei Prozesssimulationen angewendet werden.

Die **Interpretation des Ergiebigkeitsprinzips** kann in folgenden Punkten zusammengefasst werden:

1. Die **Ergiebigkeit** ist eine Relation zwischen Güterausbringung und Gütereinsatz bestimmter Leistungsprozesse. Für beide Prozesskomponenten können mengenmäßige oder wertmäßige Maßgrößen verwendet werden, so dass Ergiebigkeiten mengenmäßig oder wertmäßig (durch absolute oder relative Größen) gemessen werden können.

2. Das **Ergiebigkeitsprinzip** postuliert die Wahl derjenigen Alternative, d. h. derjenigen Allokation knapper Güter, welche ein gesetztes Ziel (-system) optimal erreicht.

3. Eine Alternative ist nicht nur dann als **optimal** zu klassifizieren, wenn sie eine Zielfunktion extremiert (minimiert oder maximiert), sondern in Abhängigkeit vom gewählten Entscheidungskriterium auch dann, wenn sie die Zielfunktion satisfiziert/approximiert oder fixiert. Das jeweils geplante Satisfizierungsniveau- bzw. Fixierungsniveau wird häufig durch **Kompromisse** zwischen den zuständigen Entscheidungsträgern (Personen oder Gremien) ausgehandelt. Kompromisse sind in vielen Fällen erforderlich, wenn Ziele konfliktär sind oder zu erwartende Störungen und Fehler eine exakte Extremierung illusorisch erscheinen lassen. Im realen Wirtschaften haben die meisten Entscheidungen den Charakter mehr oder weniger guter Kompromisse.

4. Mittels des Ergiebigkeitsprinzips können **spezielle Ergiebigkeiten** für ökonomische, technische, soziale und ökologische Zielvorstellungen formuliert werden.

5. Eine besondere Ausprägung der Ergiebigkeit ist die **ökonomische**, welche nach einer optimalen Alternativenwahl bei ökonomischen Zielvorstellungen verlangt.

6. In **privaten Unternehmen** ist im Regelfall eine frei wählbare ökonomische Zielvorstellung die Hauptbedingung (das Hauptziel), während weitere ökonomische, technische, soziale sowie ökologische Zielvorstellungen als Nebenbedingungen (Nebenziele) auftreten können. Denkbar ist auch eine (gewichtete) Überführung ökonomischer, technischer, sozialer und ökologischer Zielfunktionen in eine übergeordnete Nutzenfunktion als Zielvorstellung.

7. Die **Wahl der Zielfunktion** und des jeweiligen Entscheidungskriteriums liegt beim verantwortlichen Entscheidungsträger.

8. Der für einen Leistungsprozess tatsächlich erforderliche Gütereinsatz und die korrespondierende Güterausbringung werden **erst durch die gewählte Alternative bestimmt**.

9. **Praktisches Wirtschaften** bedeutet Alternativenwahl bei unterschiedlichen Informationsständen, wobei vollkommene Information die Ausnahme und unvollkommene Information (Risiko bzw. Unsicherheit) den Regelfall darstellt.

10. Praktisches Wirtschaften vollzieht sich in zeitlich gestuften **Entscheidungsketten**. Dabei können im Zeitablauf Zielfunktionen, Entscheidungskriterien, Nebenbedingungen und Alternativenmengen sowie sonstige Daten veränderlich sein.

Nach ihrem Identitätsprinzip «Ergiebigkeitsprinzip» und dem zugehörigen Erkenntnisgegenstand «Wirtschaften» ist die Betriebswirtschaftslehre eine «**angewandte Wissenschaft**», die Erkenntnisse über menschliches Handeln als nach außen orientierte Willenstätigkeit zur Verfügung stellen soll. Das Wissenschaftsziel, welches ihr damit auferlegt wird, ist in erster Linie ein **pragmatisches**, das sie zweckmäßig durch das Formulieren instrumentaler Aussagensysteme erfüllt. Um diesem pragmatischen Wissenschaftsziel genügen zu können, bedarf es als Unterbau der Bereitstellung **deskriptiver** und **theoretischer** Aussagen(systeme), die in die instrumentalen Aussagensysteme zu integrieren sind (Schweitzer [Wissenschaftsziele] 3 ff.). Wird außerdem für die **Wahrheitswertfeststellung** ihrer theoretischen Aussagen das Postulat nach empirischer Geltung gewählt, ist die Betriebswirtschaftslehre als eine **Realwissenschaft** fundiert. In dieser Wissenschaft sind die einzelnen Wissenschaftsziele durchweg gleichrangig. Soll jedoch das pragmatische Wissenschaftsziel in den Vordergrund gerückt werden, ist es zulässig, von einer **entscheidungsorientierten Betriebswirtschaftslehre** zu sprechen, wobei analoge Hervorhebungen auch für das deskriptive und das theoretische Wissenschaftsziel denkbar sind. Entsprechendes gilt für die Betonung eines normativen Wissenschaftsziels.

Die Zusammenhänge zwischen Erfahrungsgegenstand, Identitätsprinzip, Erkenntnisgegenstand, Wissenschaftszielen und Problembereichen der Allgemeinen Betriebswirtschaftslehre verdeutlicht Abb. 1.10. Darin wird zum Ausdruck gebracht, dass der **Erfahrungsgegenstand** nicht die faktisch existierende Realität ist, sondern dasjenige «Bild» dieser komplexen Realität, das durch menschliche Sinne wahrnehmbar sowie erfahrbar ist und stets ideale Komponenten enthält. Da es kaum möglich ist, ein Ereignis in seiner Totalität zu erklären (Popper [Logik] 379), müssen für verschiedene Einzelwissenschaften aus dem Erfahrungsgegenstand nach verschiedenen Identitätsprinzipien verschiedene **Erkenntnisgegenstände** abstrahiert werden. Nach dem Ergiebigkeitsprinzip (generelles Optimierungsprinzip) wird auf diese Weise das **Wirtschaften in Betrieben** als Erkenntnisgegenstand der Allgemeinen Betriebswirtschaftslehre hergeleitet, nach anderen Identitätsprinzipien die Erkenntnisgegenstände anderer Disziplinen. Die auf diese Weise abgegrenzte Einzelwissenschaft «Betriebswirtschaftslehre» kann verschiedene **Wissenschaftsziele** verfolgen (Beschreibung, Erklärung und Prognose, Gestaltung), die wiederum auf unterschiedliche **Problembereiche** (Beschaffung, Fertigung, Marketing, Investition, Finanzierung, Personal, Führung u. a.) gerichtet sein können. Die «erfahrbare» Realität ist schließlich der Gegenstand menschlicher Gestaltung und zugleich Schiedsinstanz für die Überprüfung behaupteter wissenschaftlicher Aussagen.

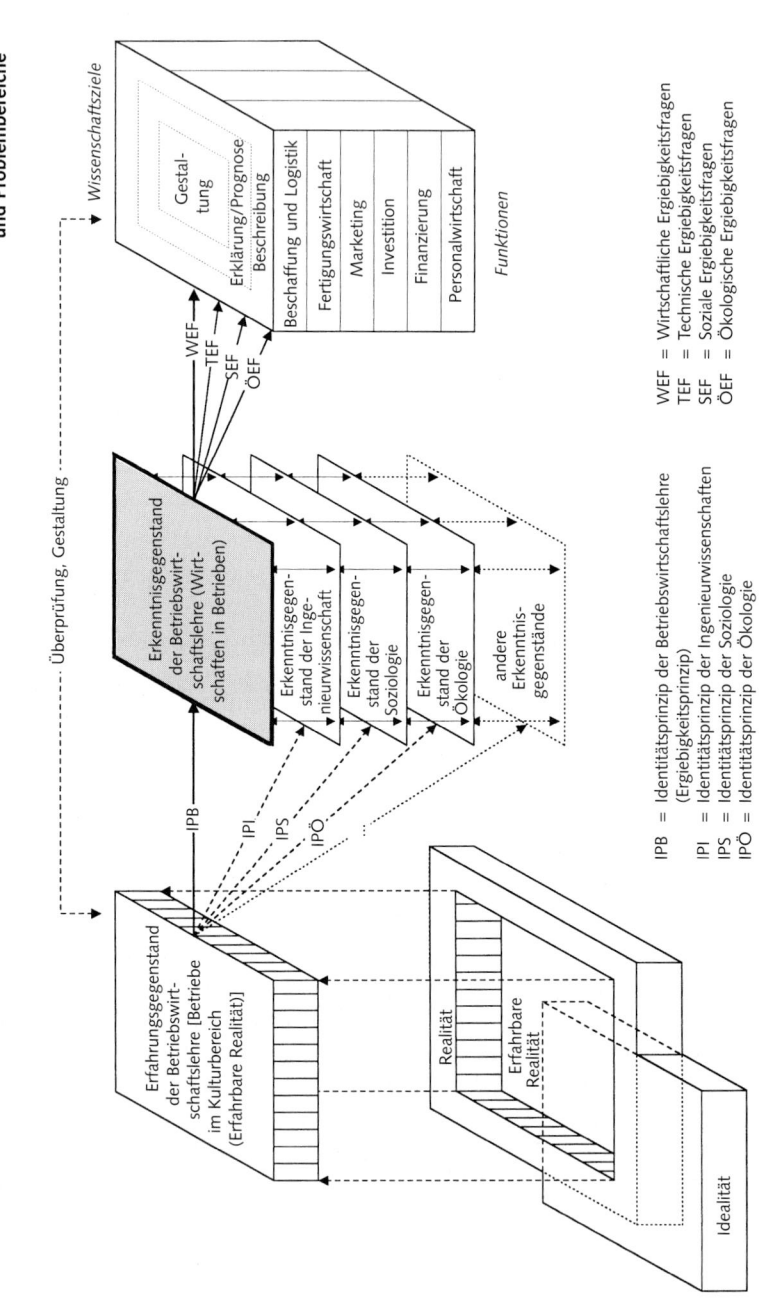

Abbildung 1.10: Zusammenhang zwischen Erfahrungsgegenstand, Erkenntnisgegenstand, Wissenschaftszielen und Problembereichen der Allgemeinen Betriebswirtschaftslehre

4 Aufgabenbereiche der Betriebswirtschaftslehre

4.1 Betriebswirtschaftliches Forschen

4.1.1 Kennzeichnung des Forschens

Als wissenschaftliche Disziplin umfasst die Betriebswirtschaftslehre die Aufgabenbereiche

- Forschen,
- Lehren und Studieren (Lernen).

Die Betriebswirtschaftslehre kann sich mit ihren veränderlichen Problemstellungen als Wissenschaft auf Dauer nur bewähren, wenn sie gut bestätigte Erkenntnisse bewahrt und dauernd Anstrengungen trifft, neue Erkenntnisse (Ergebnisse) zu finden, um den Erkenntnisfortschritt zu sichern. Die Suche nach neuen Erkenntnissen dient dem Lösen von Grundproblemen des Faches und wird als **Forschungsprozess** vollzogen.

Unter **Forschen** wird das nachprüfbare Suchen, Formulieren und Lösen von Grundproblemen nach wissenschaftlichen Methoden verstanden.

Nach dem Anwendungsbezug der Forschungstätigkeit lässt sich neben die Grundlagenforschung die angewandte Forschung stellen. **Grundlagenforschung** ist darauf ausgerichtet, das vorhandene Wissenspotenzial zu fundieren sowie durch neue Erkenntnisse zu erweitern, die sich auf Grundfragen beziehen und eine praktische Verwertbarkeit in den Betrieben noch nicht berücksichtigen. Dagegen ist **angewandte Forschung** immer auf das Ziel der praktischen Anwendbarkeit und Verwertung der Erkenntnisse aus der Grundlagenforschung in realen Betrieben (Wirtschaftsbereichen) zugeschnitten. Dadurch ist für sie ein präziser Bezug zu konkreten praktischen Problemstellungen gegeben.

In Aktivitäten bzw. Projekten mit Forschungscharakter kann sowohl das deskriptive, das theoretische, das pragmatische oder das normative Wissenschaftsziel verfolgt werden. Wesentlich ist jedoch, dass Forschung stets unter Verwendung **wissenschaftlicher Methoden** intersubjektiv nachprüfbar vollzogen wird. Die betriebswirtschaftliche Forschung ist grundsätzlich durch einen **Methodenpluralismus** gekennzeichnet, der es erlaubt, eine Vielzahl anerkannter Methoden zum Zweck der Erkenntnisgewinnung bzw. -bestätigung einzusetzen (vgl. Chmielewicz [Forschungskonzeptionen] 39 ff.) oder neue Methoden zu entwickeln.

4.1.2   Betriebswirtschaftliche Forschungsmethoden

4.1.2.1   Methoden und Aussagenzusammenhänge

Die Anwendung wissenschaftlicher Methoden stellt in allen Phasen des Forschungsprozesses ein nach Sache und Ziel planmäßiges Vorgehen sicher. Am Anfang jeder Forschungstätigkeit steht die **Methodenlehre** (Methodologie).

Unter einer **Methode** (griechisch methódos: = die Art und Weise, wie einer Sache nachgegangen wird) ist ein Verfahren (Technik) zu verstehen, welches intersubjektiv nachvollziehbar ist und der Beantwortung offener Fragen dient.

Eine **Forschungsmethode** verkörpert die Art und Weise der Beantwortung offener Fragen bzw. der Gewinnung neuer Erkenntnisse zu einem Fachgebiet. Methoden, die in der betriebswirtschaftlichen Forschung eingesetzt werden, führen zur Entdeckung (Gewinnung) und Begründung (Überprüfung) neuer Erkenntnisse über das Wirtschaften in Betrieben. Es lassen sich daher **Entdeckungsmethoden** und **Begründungsmethoden** unterscheiden (Chmielewicz [Forschungsmethoden] 1549 ff.).

Für die betriebswirtschaftliche Forschung haben folgende Methoden Bedeutung: Klassifizierung, Typisierung, Induktion, Deduktion, Hermeneutik, Modellierung und Algorithmik. Diese Methoden sollen kurz dargestellt und den Aussagenzusammenhängen zugeordnet werden, die sich an den Wissenschaftszielen orientieren. Auf diese Weise lassen sich folgende Aussagenzusammenhänge (Erkenntniszusammenhänge) unterscheiden (Popper [Logik] 6 f. und 64 f.; Chmielewicz [Forschungskonzeptionen] 36 ff. und 90 ff.; Schweitzer [Forschung] 1647 ff.):

• Beschreibungszusammenhang,
• Entdeckungszusammenhang,
• Begründungszusammenhang und
• Gestaltungszusammenhang.

Im **Beschreibungszusammenhang** werden die Objekte des Faches in allen Teilen, Eigenschaften und Relationen gekennzeichnet. Der **Entdeckungszusammenhang** umfasst die Gewinnung neuer Erkenntnisse über das Wirtschaften in Betrieben. Gegenstand des **Begründungszusammenhangs** ist die Rechtfertigung betriebswirtschaftlicher Aussagen. Die Anwendung betriebswirtschaftlicher Erkenntnisse und Verfahren zur Lösung betrieblicher Probleme bildet schließlich den **Gestaltungszusammenhang**.

4.1.2.2   Klassifizierung und Typisierung

Für jeden Forscher ist es unverzichtbar, seine Forschungsgegenstände bzw. seine Problemstellungen durch singuläre Aussagen (Sätze) präzise und umfassend zu beschreiben. Dabei spielen **Begriffe** und die **Fachsprache** eine besondere Rolle.

Wie Begriffe zu definieren sind, welche in diesen Aussagen verwendet werden, sagt die **Begriffslehre**. Sie gibt Auskunft darüber, welche Möglichkeiten es gibt, in der Fachsprache Begriffe zu definieren und wie z. B. Klassen von Gegenständen durch begriffliche Attribute abgegrenzt werden können.

> Die **wissenschaftliche Beschreibung** dient der Sprachregulierung zwischen den Forschern sowie Anwendern und gibt Anhaltspunkte dafür, auf welche einzelnen empirischen Tatbestände sich die zu formulierenden Aussagen beziehen.

Nach der Präzision der verwendeten Maße lassen sich klassifikatorische, komparative und quantitative Aussagen bzw. Beschreibungen (Beschreibungsmodelle) unterscheiden.

Beschreibende Aussagen zu einem Betrachtungsgegenstand bedürfen einer Ordnung bzw. Systematisierung, um einen **Beschreibungszusammenhang** zu ergeben. Eine derartige Systematisierung wird als Klassifizierung oder Typisierung vollzogen.

> Von einer **Klassifizierung** wird gesprochen, wenn Dinge oder Begriffe so eingeteilt bzw. gruppiert werden, dass alle Dinge oder Begriffe, die zu einer Klasse zusammengefasst werden, ein gleiches Merkmal besitzen und als gleichartiges Element der Klasse aufgefasst werden.

Für die Klassifizierung ist von Bedeutung, dass das jeweilige Klassifizierungsmerkmal nur eine Ja-Nein- bzw. 0-1-Abstufung zulässt. Wird also nur nach einem einzigen Merkmal klassifiziert und hat dieses eine zweiwertige Ausprägung, kann für jedes Ding bzw. den Begriff entschieden werden, ob es (er) zu der jeweiligen Klasse gehört oder nicht. So können z. B. die Studenten nach ihrem Geschlecht, ihrer Religionszugehörigkeit, ihrem bestandenem Vordiplom usw. klassifiziert werden.

> Werden zu einer Gliederung von Dingen bzw. Begriffen ein oder mehrere Merkmale verwendet, die nicht nur zweiwertig, sondern mehrwertig abstufbar sind, wird die Beschreibung **Typisierung** genannt.

Einzelne Dinge bzw. Begriffe, die abstufbar beschrieben bzw. definiert und gegliedert werden, führen zu Gruppen mit unscharfen Rändern bzw. fließenden Übergängen. Die Abgrenzung einer Gruppe nach **einem** mehrwertig abstufbaren Merkmal führt zu einem **eindimensionalen Typus**, dagegen diejenige nach **mehreren** abstufbaren Merkmalen zu einem **mehrdimensionalen Typus**. Als Beispiele für mehrdimensionale Typen können die Konstitutionstypen (Pykniker, Athletiker, Leptosome) und die Temperamenttypen (Choleriker, Melancholiker, Sanguiniker,

Phlegmatiker) genannt werden. Während die Klassifizierung durch starre Klassengrenzen gekennzeichnet ist, sind die Grenzen bei der Typisierung fließend.
Beschreibungen von Gegenständen durch Typen haben den Vorteil, dass die reale
Erscheinungsvielfalt der beobachteten Gegenstände zweckmäßiger erfasst werden
kann (vgl. Schweitzer [Dienstleistungskapazitäten] 61 ff.). Klassifizierung ist jedoch
dann unverzichtbar, wenn z. B. bei Anweisungen, Sanktionen oder Tariffragen aus
Gründen der Klarheit und Kontrolle eindeutige Klassengrenzen formuliert werden
müssen (vgl. Chmielewicz [Forschungskonzeptionen] 66 ff.).

4.1.2.3   Induktive Methode

Als **induktive Methode** wird ein Schlussfolgerungsverfahren bezeichnet, nach
welchem von einer endlichen Zahl beobachteter Einzelsachverhalte zu einer
Hypothese mit Allgemeingültigkeit fortgeschritten wird.

Darunter ist der Anspruch zu verstehen, die gesuchte Hypothese bzw. das theoretische Aussagensystem nicht nur auf die beobachtete endliche Anzahl von Tatbe-
ständen zu beziehen. Vielmehr sollen die formulierten Sätze **universellen Charakter**
erhalten und auch für alle nicht beobachteten, insbesondere zukünftigen Fälle und
Anwendungsbedingungen Gültigkeit besitzen. Die Induktion erweitert den Aus-
sagengehalt von Hypothesen durch die beschriebene Verallgemeinerung. In der
Betriebswirtschaftslehre kommt insbesondere die **empirisch-induktive Methode** zur
Anwendung, bei der aus empirischen Einzelbeobachtungen auf einen allgemeinen
Zusammenhang geschlossen wird. Dies kann z. B. bedeuten, dass aus einer be-
grenzten Zahl von Kosten-Beschäftigungs-Konstellationen eine allgemeingültige
Kostenfunktion abgeleitet wird. Wichtige Instrumente der empirisch-induktiven
Methode sind statistische Zusammenhangsanalysen (Korrelations- und Regres-
sionsanalysen).

Die **Leistungsfähigkeit der induktiven Methode** ist darin zu sehen, dass durch sie
dem Forscher auf dem Wege zur Entdeckung neuer Hypothesen Hinweise gegeben
werden, wie er zu einer Aussage mit Allgemeingültigkeit gelangen kann. Die Induktion ist daher dem **Entdeckungszusammenhang** zuzuordnen. Wird versucht, die
Induktion auch im **Begründungszusammenhang** dafür heranzuziehen, die empirische Geltung von Hypothesen zu begründen bzw. zu rechtfertigen, so zeigt
sich, dass diese Methode logisch nicht stringent und nicht begründbar ist (vgl.
Chmielewicz [Forschungskonzeptionen] 88). Auf diese Begründungsschwäche der
Induktion hat insbesondere Popper nachhaltig verwiesen (vgl. Popper [Erkenntnis]
204 ff.).

4.1.2.4   Deduktive Methode

Bei der **Deduktion** handelt es sich um die Herleitung von Aussagen (Konklusionen, Theoremen) aus Grundaussagen (Prämissen, Axiomen) unter Verwendung logisch-wahrer Ableitungen.

Deduktionen werden insbesondere in größeren Aussagensystemen durchgeführt und können zu langen Ableitungsketten nach rein formal-logischen, insbesondere mathematischen Regeln führen. Bei Aussagen, die durch Deduktionen hergeleitet werden, spielt der Inhalt der Aussagen innerhalb der Ableitungskette zunächst keine Rolle. Erst das letzte Ergebnis der Herleitung muss inhaltlich interpretiert werden können.

Grundaussagen, die am Beginn einer Deduktion stehen, werden **Axiome** genannt. Um nachfolgende Aussagen herleiten zu können, müssen die formulierten Axiome widerspruchsfrei, vollständig und unabhängig sein. Bei der Deduktion stellt sich die Frage, ob eine durch Herleitung gewonnene Endaussage überhaupt neue Erkenntnisse bringt. Wenn nämlich eine Deduktion lediglich in der logischen Transformation gegebener Grundaussagen besteht, dann kann die abgeleitete Endaussage nicht mehr an Information liefern, als die Grundaussagen bereits enthalten. Dennoch hat eine Deduktion die fruchtbare Eigenschaft, dass sie Implikationen, die in den Axiomen (versteckt) enthalten sind, durch einzelne Ableitungsschritte sichtbar macht. In dieser Einsicht kann oft psychologisch Neues liegen, weil durch die genannte Aufdeckung dem Forscher subjektive Information gegeben wird.

Nach dem **Geltungsanspruch** der Grundaussagen können

• die hypothetisch-deduktive Methode und
• die analytisch-deduktive Methode

unterschieden werden. Die **hypothetisch-deduktive Methode** wird insbesondere von Popper als «deduktive Methodik der Nachprüfung» für Erfahrungswissenschaften postuliert, um generelle Erkenntnisse zu gewinnen sowie Theorien aufzustellen und zu begründen bzw. empirisch zu prüfen (vgl. Popper [Logik 5 ff.]). Bei der **analytisch-deduktiven Methode** wird von Grundaussagen ausgegangen, die plausibel erscheinen, jedoch nicht als wahr behauptet werden. Durch logisch-wahre Ableitungen werden auch hier Erkenntnisse deduziert. Sie bringen zum Ausdruck, was gelten würde, wenn die Grundaussagen empirische Gültigkeit besäßen (vgl. Wild [Methodenprobleme] 2660 f.). Als Beispiel für die Anwendung der deduktiven Methode in der Betriebswirtschaftslehre kann die Ableitung einer Kostenfunktion aus einer Produktionsfunktion genannt werden.

Gelingt es einem Forscher, Axiome zu einem **Axiomensystem** zu verknüpfen, liefert er einen wesentlichen Beitrag zum **Beschreibungszusammenhang**, da ein axiomatisiertes Aussagensystem die stringenteste und anspruchsvollste Form der

Darstellung (Beschreibung) der Betrachtungsgegenstände ist. Zum **Entdeckungszusammenhang** bringt die Deduktion ebenfalls einen wichtigen Beitrag, weil Implikationen, die durch sie aufgedeckt werden, zu Erkenntnissen führen können, die neu sind. Der größte Beitrag der Deduktion wird jedoch für den **Begründungszusammenhang** erbracht. Hier eröffnet sie einen Weg zur Feststellung des Wahrheitswertes von Aussagen bzw. Aussagensystemen. Sie leistet schließlich auch einen Beitrag zum **Gestaltungszusammenhang**, wenn eine gegebene Theorie technologisch transformiert (vgl. Albert [Theoriebildung] 66 ff. und Zelewski [Grundlagen] 38) oder in ein Entscheidungsmodell integriert wird.

4.1.2.5   Hermeneutik

Hermeneutik (griechisch hermeneúo: = auslegen, erklären, übersetzen) ist eine Technik zur Auslegung von Aussagen und Aussagensystemen.

Die **Hermeneutik** wird auch als Kunstlehre des Verstehens oder, im Gegensatz zur erklärenden Methode der Naturwissenschaft, als **verstehende Methode** angesehen. Die Hermeneutik besteht darin, dass sich ein Forscher in formulierte Aussagen (Texte) vertieft und deren Sinn aus sich und in ihrem Zusammenhang zu verstehen versucht. Methodologisch liegt das Problem der Hermeneutik darin, dass der Forscher zu dem, was er eigentlich erst verstehen will, bereits aus eigener «innerer Erfahrung» ein **Vorwissen** besitzen muss. Im Grunde weiß er dann bereits, was er letztlich verstehen will. Rechtfertigend kann jedoch gesagt werden, dass die Hermeneutik im Forschungsprozess ein Verfahren der Sinngebung und Sinndeutung darstellt. In Theologie, Rechtswissenschaft und Erziehungswissenschaft hat die Hermeneutik als Verfahren des Verstehens einige Bedeutung.

Für die betriebswirtschaftliche Forschung liegt eine gewisse Bedeutung der Hermeneutik im **Beschreibungszusammenhang**, da ein sich versenkendes Verstehen in Aussagensysteme einmal eine umfassende Deskription der Gegenstände voraussetzt und zum anderen eine verbesserte Deskription nach sich zieht. Für den **Entdeckungszusammenhang** kann ihr durchaus eine heuristische Initialfunktion zugesprochen werden. Für den **Gestaltungszusammenhang** kann die Bedeutung der Hermeneutik darin gesehen werden, dass sie bei der Vorauswahl von Modellgrößen (Zielen, Alternativen und Daten) eine erste Hilfestellung geben kann.

4.1.2.6   Modellierung

Da in der betriebswirtschaftlichen Forschung Realexperimente nicht oder nur sehr begrenzt durchführbar sind, spielt die sprachliche Abbildung realer Gegenstände durch Aussagensysteme eine hervorragende Rolle.

Bei der **Modellierung** handelt es sich um die sprachliche Reproduktion eines realen wahrnehmbaren und erfahrbaren Sachverhalts oder Problems nach präzisen Abbildungsregeln.

Das Ergebnis einer Reproduktion ist stets ein Modell. Als **Modell** kann die strukturgleiche bzw. strukturähnliche Abbildung eines Realitätsausschnitts definiert werden. Zur Modellierung können die Fachsprache, die formale Logik, eine Programmiersprache, die Mathematik usw. herangezogen werden. Die präziseste und abstrakteste Abbildung eines Sachverhalts wird durch die Formulierung **mathematischer Modelle** erreicht. In der Regel gelingen aber auch hier nur strukturähnliche (homomorphe) Abbildungen mit zum Teil einschneidenden **Reduktionen,** die durch Abstraktionen und Vereinfachungen gekennzeichnet sind. Mathematische Modelle haben die Eigenschaft, dass sie lediglich **quantifizierbare** Elemente und Relationen erfassen können. Semiotisch bewegen sie sich auf der syntaktischen Ebene der verwendeten Sprache. Semantische und pragmatische Sprachebenen können durch sie nicht erfasst werden. Dennoch werden in der betriebswirtschaftlichen Forschung durch Modellierung aussagekräftige und experimentierfähige Abbildungen wichtiger Problemstrukturen erreicht.

Die Modellierung findet ihren Standort sowohl im Beschreibungs- als auch im Entdeckungs-, Begründungs- und Gestaltungszusammenhang. Je nach wissenschaftlicher Fragestellung lassen sich Beschreibungsmodelle, Erklärungs- und Prognosemodelle oder Entscheidungsmodelle formulieren. Als besonders fruchtbar erweisen sich im Gestaltungszusammenhang Entscheidungsmodelle in der Gestalt von **Optimierungsmodellen** und **Simulationsmodellen.**

4.1.2.7   Algorithmik

Die **Algorithmik** (Theorie der Algorithmen) ist eine mathematische Teildisziplin, die sich mit der Formulierung von Rechenvorschriften und mit der Untersuchung ihrer Eigenschaften befasst.

Der Ausdruck «Algorithmus» beruht auf einer Wortverschandelung, die auf den Namen des arabischen Mathematikers **Al Chwarismi** (9. Jahrhundert n. Chr.) zurückgeführt wird.

Unter einem **Algorithmus** wird eine systematische Rechenvorschrift verstanden, die in endlichem Text gefasst wird und auf determinierte sowie in sich abgeschlossene Weise eine Folge von Rechenoperationen definiert (festlegt), d. h. einen Rechenprozess erklärt.

Dieser Rechenprozess ist auf ein finites Objekt anzusetzen und muss nach endlich vielen Rechenschritten das gesuchte Ergebnis liefern oder den Rechenvorgang abbrechen. Die Eigenschaft der **Determiniertheit** besagt, dass die Folge der einzelnen Rechenschritte streng geregelt sein muss. Sobald diese Strenge aufgegeben und ein Eingreifen in die Rechenfolge ermöglicht wird, handelt es sich um ein **interaktives Rechenverfahren**. Das Merkmal der **Abgeschlossenheit** der Rechenvorschrift verlangt, dass im Rechenprozess kein Schritt dem Zufall oder der schöpferischen Phantasie des Menschen überlassen werden darf. Diese Definition eines Algorithmus schließt sowohl die Gauß'sche Elimination als Verfahren zur Lösung (Transformation) von Gleichungssystemen als auch genetische, optimierende und heuristische Verfahren ein. Aber auch rechnerische **Abkühlungsverfahren** (simulated annealing) und **hybride Verfahren** lassen sich nach der getroffenen Begriffsdefinition als Algorithmen klassifizieren.

Algorithmen der verschiedensten Art werden zur **Lösung mathematischer Modelle** angewendet. Sie haben in der Betriebswirtschaftslehre sowohl für den Beschreibungs- als auch für den Entdeckungs-, den Begründungs- und den Gestaltungszusammenhang Bedeutung. Ihr Anwendungsschwerpunkt liegt bei der Lösung von Entscheidungsproblemen mittels Entscheidungsmodellen und damit im Gestaltungszusammenhang. Hier kommen insbesondere schnell **konvergierende Optimierungsalgorithmen** zur Anwendung. Algorithmen können zu den Forschungsmethoden gerechnet werden, die in der Betriebswirtschaftslehre angewendet werden, weil gerade hier viele Modelle (insbesondere Entscheidungsmodelle) formuliert werden, zu deren Lösung schnelle und konvergierende Rechenverfahren (-vorschriften) benötigt werden.

Die Zuordnung der erläuterten Methoden zu den Aussagenzusammenhängen verdeutlicht Abb. 1.11 (ähnlich Zelewski [Grundlagen] 35).

4.2   Betriebswirtschaftliches Lehren und Studieren

Neben dem Forschen umfasst die Betriebswirtschaftslehre auch die Aufgaben des **Lehrens** und **Studierens** (Lernens). Von jedem Studierenden der Betriebswirtschaftslehre müssen deskriptive, theoretische, pragmatische und normative Problemstellungen des Wirtschaftens mit den zugehörigen Aussagensystemen und Lösungsmethoden sowie die wichtigsten Forschungsmethoden systematisch erlernt und erprobt werden. Die akademische Lehre versteht sich nicht nur als Vorgang reiner **Lernmotivation und Wissensvermittlung**, sondern auch als Mittel der **Erziehung** der Studierenden. Als **Gegenstände**, die den Studierenden zu vermitteln sind, lassen sich nennen:

- Fachkompetenz,
- Methodenkompetenz,
- Sozialkompetenz und
- Wertekompetenz.

Aussagen-zusammen-hang / Methode	Beschreibungs-zusammenhang	Entdeckungs-zusammenhang	Begründungs-zusammenhang	Gestaltungs-zusammenhang
Klassifizierung und Typisierung	++	+	+	+
Induktion	+	+	–	–
Deduktion	+	++	++	++
Hermeneutik	++	++	+	+
Modellierung	++	++	++	++
Algorithmik	+	+	+	++

++: intensive Unterstützung   +: Unterstützung   –: keine Unterstützung

Abbildung 1.11: Zuordnung von Methoden zu Aussagenzusammenhängen

Unter **Fachkompetenz** ist umfassendes und vernetztes disziplinspezifisches Wissen zu verstehen. **Methodenkompetenz** drückt sich im Beherrschen von Verfahren, Techniken und Modellen zum Lösen von Problemen aus. Als **Sozialkompetenz** wird die Fähigkeit zur Präsentation, Moderation, Kommunikation, Konfliktlösung u. a. bezeichnet. Zur **Wertekompetenz** sind Verantwortungsbewusstsein, Gerechtigkeitsempfinden, Toleranz, Offenheit, Sensibilität u. a zu rechnen. Die Vermittlung dieser vier Kompetenzen kann mit unterschiedlicher Gewichtung erfolgen. Will die Hochschule einen umfassend gebildeten **Generalisten** in das Berufsleben entlassen, wird sie besonderes Gewicht auf die systematische Vermittlung von Fachkompetenz legen. Soll dagegen der Absolvent in erster Linie ein flexibler **Problemlöser** sein, ist ein größeres Gewicht auf die Vermittlung von Methodenkompetenz zu legen, wobei eine solide Basis an Fachkompetenz unverzichtbar ist. **Erfolgreiche Manager** sind überwiegend in Fremdsprachen erfahrene branchenübergreifende Problemlöser, bei denen die Methodenkompetenz vor branchenspezifischem Fachwissen den Vorrang hat. In der Betriebswirtschaflehre scheint die **Entwicklung** vom gebildeten Generalisten zum flexiblen Problemlöser zu gehen.

Zu den genannten Kompetenzen tritt eine umfassende **Allgemeinbildung** und ein **Engagement für gesellschaftspolitische Fragen** hinzu, bis die Studierenden ein Bildungspotenzial erreicht haben, das sie zu einer Karriere in Wirtschaft und Verwaltung befähigt. Bildung und Wirtschaften haben das gemeinsame Merkmal, dass sie Prozesse sind, die niemals abgeschlossen sind, sodass Absolventen einer Hochschule den Lebensauftrag **dauernden Lernens** mit in ihren Beruf nehmen müssen, um erfolgreich zu sein.

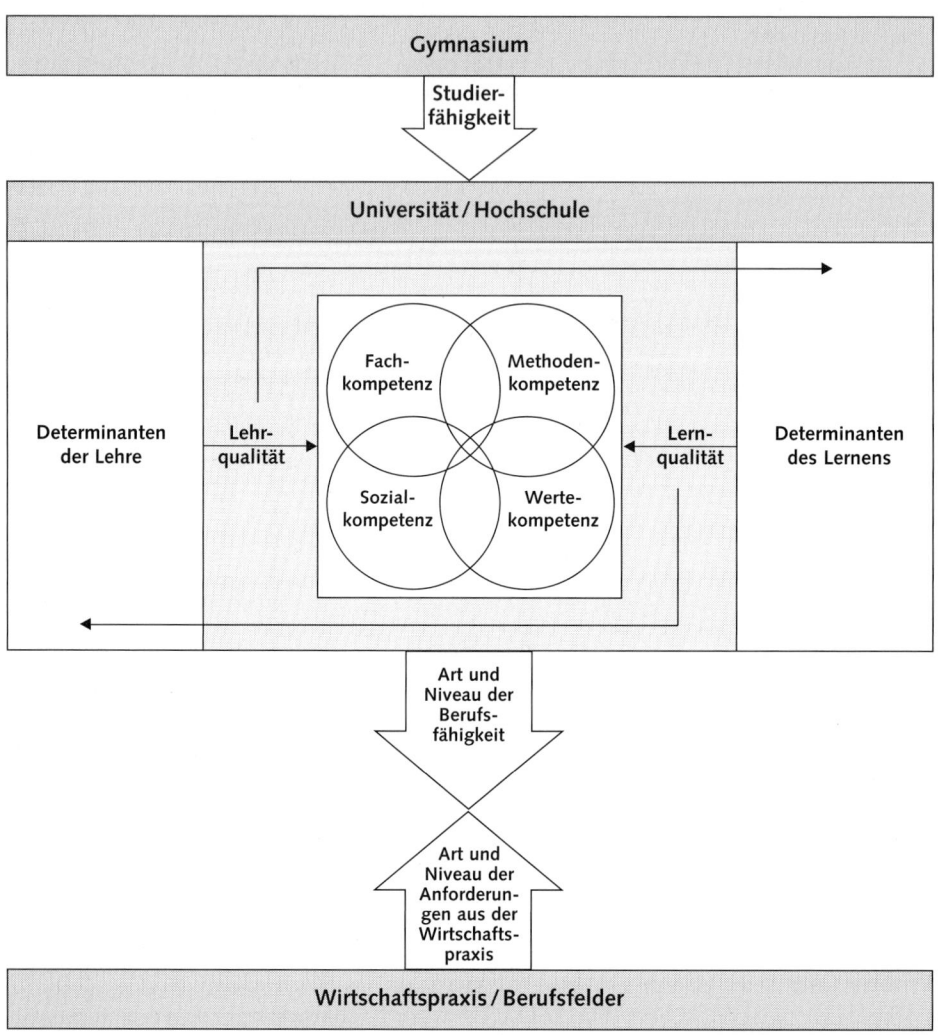

Abbildung 1.12: Zusammenhang zwischen Studierfähigkeit, Lehrqualität, Lernqualität und Berufsfähigkeit

Für Studierende der Betriebswirtschaftslehre wird heute als Studienziel das Erreichen einer generalistischen **Berufsfähigkeit** für verschiedene wirtschaftliche Tätigkeitsfelder im In- und Ausland postuliert. Diese Berufsfähigkeit ist im Spannungsfeld zwischen Studierfähigkeit (der Studienanfänger), Lernfähigkeit (der Studierenden) und Lehrfähigkeit (der Dozenten) durch systematisches Lehren und Lernen zu erreichen. Das wissenschaftliche **Niveau der Lehre** sollte möglichst hoch sein, damit Absolventen der Hochschulen den Anforderungen aus den verschiedensten Berufsfeldern optimal entsprechen und möglichst große Bildungsreserven für neue sowie andersartige Anforderungen im späteren Berufsleben legen (vgl. Abb. 1.12). Um eine hochwertige Lehre auf Dauer zu gewährleisten, wurden (insbesondere in den USA, Niederlanden, England und Deutschland) Evaluationsverfahren zur **Qualitätssicherung der Lehre** entwickelt und erprobt. Lehrende und Studierende stehen nicht nur in der Pflicht, hohe Qualität zu erbringen, sondern auch im Recht, hohe Qualität zu verlangen.

Voraussetzungen des Lernens (Studierens) sind eine erworbene Studierfähigkeit, der Studierwille und eine anspruchsvolle Bildungsvermittlung. Die Wissenschaft, die sich allgemein mit den Grundproblemen des Lehrens und des Lernens befasst, heißt **Didaktik** (griechisch didaktike techne: = Lehrkunst). Für den Hochschulbereich wird seit einer Reihe von Jahren eine spezielle **Hochschuldidaktik** entwickelt, welche sich als Theorie der Bildungsvermittlung versteht und als solche die Struktur des Bildungsvorganges sowie der Lehrgebiete erforscht. Außerdem entwickelt sie für die Lehre allgemeine didaktische Prinzipien. Nach einem weiten Verständnis erforscht die Hochschuldidaktik die Lehrgegenstände (was wird gelehrt?), die Lehrmethodik (wie werden die Lehrgegenstände vermittelt?) und die Studienmethodik (wie werden die Lehrgegenstände erlernt?)

Lehren und Studieren sind keine isoliert ablaufenden Vorgänge, sondern sie bedingen sich gegenseitig, d. h. betriebswirtschaftlich ausgedrückt, sie sind aktive, **wechselbezügliche Prozesse**, die nach simultaner Gestaltung (Planung und Steuerung) verlangen. Bei knappen Bildungsgütern, knappen Bildungsressourcen und knappen Bildungszeiten sollten Lehren und Studieren effizient (unter Vermeidung jeder Verschwendung knapper Güter) und effektiv (unter strikter Verfolgung vorgegebener Studienziele) bewältigt werden. Qualitäts- und Kostenbewusstsein sollten daher gerade in der Betriebswirtschaftslehre Grundkategorien der Lehre und des Studierens sein. Neben effizientem und effektivem Lehren sowie Studieren muss jedoch auch der **Allgemeinbildung** ein angemessener Stellenwert und Spielraum eingeräumt werden. Sie ist der «bildungspolitische Kitt» einer Verknüpfung der Phasen: Denken → Verstehen → Beherrschen → Gestalten → Führen.

In der Betriebswirtschaftslehre müssen Anstrengungen getroffen werden, um vom überwiegend **adaptiven** zum **kreativen** Lernen überzugehen. Für ein lebenslanges Lernen ist es von großer Bedeutung, früh zu erfahren, wie effizient und effektiv gelernt wird, d. h., wie nach energie- und zeitsparenden Methoden Wissen erworben und wie die individuellen Denkkategorien zielführend weiterentwickelt werden. Nach heutigem Erkenntnisstand ist **Lernen kreativ**, wenn es:

- nicht nur fremd-, sondern auch **selbstbestimmt,**
- nicht nur nachahmend, sondern auch **innovativ,**
- nicht nur fachspezifisch, sondern auch **fachübergreifend,**
- nicht nur stoffbezogen, sondern auch **methodenbezogen** und
- nicht nur individuell, sondern auch **kollektiv**

organisiert wird. Allerdings müssen für eine Umsetzung dieser neuen Organisationsform des Lernens die personellen, räumlichen und finanziellen Voraussetzungen gegeben sein.

In Zukunft wird Lernen in ein dynamisches Bildungskonzept eingebettet werden, in welchem die **Entwicklung der Lernkompetenz** ein wichtiges Bildungsziel sein wird. Der individuelle Lernprozess wird zunehmend vom Einzelnen selbst organisiert werden müssen. Auch die Verantwortung für die Berücksichtigung komplexer Wechselbeziehungen zwischen benachbarten Einzeldisziplinen wird mehr und mehr beim Einzelnen liegen. Lernen wird einerseits nicht nur komplexer, sondern auch anstrengender werden, was nach einer hohen Belastbarkeit des Lernenden verlangt. Lernen wird jedoch andererseits durch die sich rasant weiterentwickelnden Informationstechnologien erheblich erleichtert werden. **Lernen wird in Zukunft anders werden als bisher.** Es ist daher vernünftig, den Einsatz **neuer Technologien** in die Lernprozesse zu fördern. Lehren und Lernen gewinnen auf diese Weise neue Strukturen, die beide Prozesse aufwändiger und anspruchsvoller werden lassen. Wissen und Bildung werden dem Studierenden unter keinen Umständen mühelos in den Schoß fallen, sondern er wird, noch mehr als in der Vergangenheit,

- studierfähig sein (oder werden),
- den festen Willen zum Lernen haben,
- und die Bereitschaft zu ausdauernder Anstrengung und Belastung

mitbringen müssen.

Lebenslanges Lernen bedeutet eine nachhaltige Fortsetzung des Lernprozesses über den Hochschulabschluss hinaus. Die generalistische Bildung an der Hochschule geht dann nahtlos in die arbeitsmarktbezogene **berufliche Weiterbildung** über und führt zu völlig neuen Kooperationsformen zwischen Hochschule, Wirtschaft und Verwaltung. Individuell verantwortetes Lernen, berufliche Weiterbildung und lebenslanges Lernen sind die Eckpfeiler einer auf die Zukunft angelegten, effektiven Bildungsstrategie. Letztere stellt nicht nur Lehrende, Lernende und Berufstätige vor neue Aufgaben, sondern verlangt für die Betriebswirtschaftslehre nach einer **Verantwortungsgemeinschaft** von Bildungspolitik, Hochschule, Wirtschaft und Verwaltung.

Literaturhinweise

Ackoff, Russell L.: [System], Organisation und interdisziplinäre Forschung. In: Entscheidungstheorie. Hrsg. von Eberhard Witte und Alfred L. Thimm. Wiesbaden 1977, S. 274–289.

Albach, Horst und *Klaus Brockhoff* (Hrsg.): Die Zukunft der Betriebswirtschaftslehre in Deutschland. Ergänzungsheft der ZfB 3/1993.

Albert, Hans: Probleme der [Theoriebildung]. In: Theorie und Realität. Hrsg. von Hans Albert. Tübingen 1964, S. 3–70.

Amonn, Alfred: [Objekt] und Grundbegriffe der theoretischen Nationalökonomie. 2. Aufl., Leipzig, Wien 1927.

Bea, Franz Xaver: [Rentabilität]. In: Handwörterbuch des Rechnungswesens. Hrsg. von Klaus Chmielewicz und Marcell Schweitzer. 3. Aufl., Stuttgart 1993, Sp. 1717–1728.

Bea, Franz Xaver und *Elisabeth Göbel:* [Organisation]. Theorie und Gestaltung. 2. Aufl., Stuttgart 2002.

Braun, Wolfram: Forschungsmethoden der Betriebswirtschaftslehre. In: Handwörterbuch der Betriebswirtschaft. Hrsg. v. Waldemar Wittmann u. a. 5. Aufl., Stuttgart 1993, Sp. 1220–1236.

Chmielewicz, Klaus: [Forschungskonzeptionen] der Wirtschaftswissenschaft. 3. Aufl., Stuttgart 1994.

Chmielewicz, Klaus: [Forschungsmethoden] der Betriebswirtschaftslehre. In: Handwörterbuch der Betriebswirtschaft. Hrsg. von Erwin Grochla und Waldemar Wittmann. 4. Aufl., Stuttgart 1974, Sp. 1548–1558.

Corsten, Hans und *Michael Reiß* (Hrsg.): Betriebswirtschaftslehre. 3. Aufl., München, Wien 1999.

Dinkelbach, Werner: [Entscheidungsmodelle]. Berlin, New York 1982.

Dülfer, Eberhard: Internationales [Management] in unterschiedlichen Kulturbereichen. 6. Aufl., München, Wien 2001.

Eden, Haro: Kleine und mittlere Unternehmen im Prozess der [Globalisierung]. In: Handbuch Globalisierung. Hrsg. von Ulrich Krystek und Eberhard Zur. 2. Aufl., Bonn u. a. 2002, S. 35–80.

Fischer-Winkelmann, Wolf F.: [Methodologie] der Betriebswirtschaftslehre. München 1971.

Grochla, Erwin: [Betrieb], Betriebswirtschaft und Unternehmung. In: Handwörterbuch der Betriebswirtschaft. Band I/1. Hrsg. von Waldemar Wittmann u. a. 5. Aufl., Stuttgart 1993, Sp. 374–390.

Hartfiel, Günter: Wirtschaftliche und [soziale Rationalität]. Stuttgart 1968.

Informationsdienst des Instituts der deutschen Wirtschaft. Hrsg. v. Institut der deutschen Wirtschaft e.V. Köln, div. Nummern, 1998 und 1999.

Köhler, Richard: Theoretische [Systeme] der Betriebswirtschaftslehre im Lichte der neueren Wissenschaftslogik. Stuttgart 1966.

Kosiol, Erich: [Einführung] in die Betriebswirtschaftslehre. Wiesbaden 1968.

Kosiol, Erich: [Erkenntnisgegenstand] und methodologischer Standort der Betriebswirtschaftslehre. In: Zeitschrift für Betriebswirtschaft (31) 1961, S. 129–136.

Küpper, Hans-Ulrich: Das [Rationalprinzip]. In: WiSt-Wirtschaftswissenschaftliches Studium (4) 1975, S. 95–97.

Lakatos, Imre: [Falsifikation] und die Methodologie wissenschaftlicher Forschungsprogramme. In: Kritik und Erkenntnisfortschritt. Hrsg. von Imre Lakatos und Alan Musgrave. Braunschweig 1974, S. 89–190.

Müller-Merbach, Heiner: [Einführung] in die Betriebswirtschaftslehre für Erstsemester. 2. Aufl., München 1976.

Popper, Karl R.: Objektive [Erkenntnis]. 4. Aufl., Hamburg 1984.

Popper, Karl R.: [Logik] der Forschung. 10. Aufl., Tübingen 1994.

Schanz, Günther: [Methodologie] für Betriebswirte. 2. Aufl., Stuttgart 1988.

Schein, Edgar H.: Organizational [Psychology]. 2. Aufl., Englewood Cliffs (N.J.) 1970.

Schmidt, Ralf-Bodo: [Wirtschaftslehre] der Unternehmung. Band 1: Grundlagen und Zielsetzung. 2. Aufl., Stuttgart 1977.

Schweitzer, Marcell: Produktionswirtschaftliche [Forschung]. In: Handwörterbuch der Produktionswirtschaft. Hrsg. von Werner Kern. 2. Aufl., Stuttgart 1996, Sp. 1642–1656.

Schweitzer, Marcell: [Gegenstand] der Industriebetriebslehre. In: Industriebetriebslehre. Das Wirtschaften in Industrieunternehmungen. Hrsg. von Marcell Schweitzer. 2. Aufl., München 1994, S. 1–60.

Schweitzer, Marcell: [Wissenschaftsziele] und Auffassungen in der Betriebswirtschaftslehre. Eine Einführung. In: Auffassungen und Wissenschaftsziele der Betriebswirtschaftslehre. Wege der Forschung. Hrsg. von Marcell Schweitzer. Darmstadt 1978, S. 1–14.

Schweitzer, Marcus: Taktische Planung von [Dienstleistungskapazitäten]. Ein integrierter Ansatz. Berlin 2003.

Tschammer-Osten, Bernd: [Haushaltswissenschaft]. Stuttgart, New York 1979.

Ulrich, Hans: Der systemorientierte Ansatz in der [Betriebswirtschaftslehre]. In: Wissenschaftsprogramm und Ausbildungsziele der Betriebswirtschaftslehre. Hrsg. von Gert von Kortzfleisch. Berlin 1971, S. 43–60.

v. Werder, Axel und *Till Talaulicar:* Der Deutsche [Corporate Governance Kodex]: Konzeption und Konsequenzen. In: Marktwertorientierte Unternehmensfinanzierung – Anreiz- und Kommunikationsaspekte. Hrsg. von Egon Franck, Ludger Arnoldussen und Carola Jungwirth. Sonderheft 50/03 der ZfbF. Düsseldorf, Frankfurt/M. 2003, S. 15–36.

Wild, Jürgen: [Methodenprobleme] in der Betriebswirtschaftslehre. In: Handwörterbuch der Betriebswirtschaftslehre. Hrsg. von Erwin Grochla und Waldemar Wittmann. 4. Aufl., Stuttgart 1975, Sp. 2654–2678.

Wöhe, Günter: Einführung in die Allgemeine [Betriebswirtschaftslehre]. 21. Aufl., München 2002.

Zelewski, Stefan: [Grundlagen]. In: Betriebswirtschaftslehre. Hrsg. v. Hans Corsten und Michael Reiß, 3. Aufl., München, Wien 1999, S. 1–125.

Wissenschaftsprogramme der Betriebswirtschaftslehre

Kapitel **2**

Günther Schanz

1 Einleitung

Wer als Student der Betriebswirtschaftslehre das Glück hat, auf undogmatisch-liberale Weise in die Disziplin eingeführt zu werden, wird es schnell merken: Solange es um Propädeutik, Bilanzierung, Kostenrechnung oder Finanzierung, um mathematische Formeln oder Rechtsvorschriften geht, scheint es – Nuancen im Detail natürlich nicht ausgeschlossen – so etwas wie einen ‹festen Wissensfundus› zu geben. Bei anderen Fragen sind Auffassungsunterschiede nicht zu übersehen. Gravierend werden sie spätestens dann, wenn ‹Grundsätzliches› zur Debatte steht. Was etwa ist der Gegenstand der Disziplin und welches sind die geeigneten Methoden und Hilfsmittel, mit denen er einer wissenschaftlichen Analyse unterzogen wird? Bei derartigen und vielen weiteren Problemen wird spürbar: Von **der** Betriebswirtschaftslehre zu sprechen ist nur bedingt möglich.

Das vielleicht grundsätzlichste Problem betrifft die Frage, aus welcher Perspektive und mit welchen methodischen Hilfsmitteln dem betriebswirtschaftlichen Erkenntnisobjekt (bzw. den Erkenntnisobjekten) sinnvoll beizukommen ist. Sollten Betriebe bzw. Unternehmen etwa ausschließlich als Instrumente der Gewinn- bzw. Einkommenserzielung interpretiert werden, oder ist es vielleicht angebrachter, sie auch – aber natürlich nicht ausschließlich – als soziale Veranstaltungen oder gar als Stätten elementarer Bedürfnisbefriedigung der dort tätigen Menschen zu begreifen? Im ersten Fall legt man sich zugleich einen autonomen Wissenschaftsbereich zurecht, und für nicht wenige Fachvertreter ist dies eine attraktive Perspektive. Aber nicht alle teilen diese Meinung. Im Streben nach Autonomie sehen sie, ganz im Gegenteil, eine höchst unzweckmäßige Selbstbeschränkung des Fachs.

Gravierende Auffassungsunterschiede bezüglich grundsätzlicher Fragen, wie sie hier andeutungsweise sichtbar wurden, sind kein typisches Gegenwartsphänomen. Sie durchziehen vielmehr die (vergleichsweise kurze) Geschichte der Betriebswirtschaftslehre, die im Folgenden als **Geschichte betriebswirtschaftlicher Wissenschaftsprogramme** rekonstruiert werden soll.

Was es mit **Wissenschaftsprogrammen** auf sich hat und ob **Wissenschaftspluralismus** eine wünschenswerte Angelegenheit ist, wird im Anschluss an diesen Einblick in die betriebswirtschaftliche Problemsituation zu klären sein. Die hierfür vorgesehenen Erörterungen betreffen **wissenschaftstheoretische Grundlagen**. Sie beziehen sich übrigens keineswegs lediglich auf die Betriebswirtschaftslehre, sondern handeln von Wissenschaft schlechthin.

Auch ohne Detailkenntnis dürfte klar sein, dass Wissenschaftsprogramme vergleichsweise breit angelegte Entwürfe sind, die eine spezifische Einordnung von Einzelproblemen ermöglichen. Im Hinblick auf **frühe Fachvertreter** ist diese erste Charakterisierung noch am ehesten zugeschnitten auf

- *Eugen Schmalenbach*s Vorstellungen von der **Betriebswirtschaftlehre als Kunstlehre,**
- *Wilhelm Rieger*s Entwurf einer **Betriebswirtschaftslehre als ‹theoretische› Wissenschaft** und
- *Heinrich Nicklisch*s Drängen auf eine **Betriebswirtschaftslehre als ethischnormative Wissenschaft,**

auch wenn es vermutlich zweckmäßiger sein dürfte, lediglich von mehr oder weniger umfassenden **Ansätzen** zu sprechen.

Im Weiteren ist der **Wandel der Betriebswirtschaftslehre von disziplinärer Abgeschlossenheit zu einem sich interdisziplinär begreifenden Fach** zu beschreiben. Dieser Entwicklungspfad nimmt in den frühen 50er Jahren seinen Anfang. Verfolgt werden soll er bis etwa Mitte der 70er Jahre. Dabei lassen sich ebenfalls drei Ansätze identifizieren, nämlich

- *Erich Gutenberg*s Konzeption von der **Betriebswirtschaftslehre als Wissenschaft von der Produktivitätsbeziehung,**
- *Edmund Heinen*s Vorstellung von einer so genannten **entscheidungsorientierten Betriebswirtschaftslehre,** sowie schließlich
- *Hans Ulrich*s Ansatz einer **systemorientierten Betriebswirtschaftslehre.**

Im thematischen Zusammenhang ist hier ferner auf Ansätze zu einer

- **ökologisch verpflichteten Betriebswirtschaftslehre**

einzugehen.

Neueren Datums sind zwei Entwürfe, von denen der eine den Anspruch erhebt, die Begrenztheit der traditionellen neoklassischen Denktradition durch **Berücksichtigung der institutionellen Voraussetzungen und Folgen des Wirtschaftens** zu überwinden. Der andere sucht die disziplinäre Begrenztheit des Fachs durch dessen **systematische Integration in die Sozialwissenschaft** zu überwinden. Im Einzelnen handelt es sich um

- den **Neuen Institutionalismus** sowie
- die **verhaltenstheoretische Betriebswirtschaftslehre,**

und wenn diese beiden Ansätze in eine gliederungslogische Beziehung gebracht werden, so geschieht dies zugleich in der Absicht, zwei auf den ersten Blick unvereinbar erscheinende Programme auch auf Gemeinsamkeiten und vor allem auf Möglichkeiten einer Ergänzung ihrer spezifischen Leistungspotentiale zu prüfen. Dies ist Gegenstand des Ausblicks.

2   Wissenschaftstheoretische Grundlagen

Im Vergleich zu zahlreichen anderen Wissenschaften ist die Betriebswirtschaftslehre eine noch junge Disziplin. Liegt es vielleicht daran, dass man sich hier vorerst nicht auf einen alles verbindenden Ansatz hat einigen können? Schärfer gefragt: Muss dem Fach ein Armutszeugnis ausgestellt werden, weil dies bislang nicht gelungen ist? Oder handelt es sich möglicherweise um einen für die Entwicklung des Wissens keineswegs untypischen Tatbestand? Ist Wissenschaftspluralismus etwa gar ausgesprochen wünschenswert?

Die aufgeworfenen Fragen reichen über die Betriebswirtschaftslehre weit hinaus. Sie stellen sich der Wissenschaft insgesamt, die im Rahmen **wissenschaftstheoretischer** bzw. **methodologischer Erörterungen** damit selbst zum Reflexionsobjekt wird. Hier zunächst eine Begriffsbestimmung:

Die **Wissenschaftstheorie** – auch Wissenschaftslehre oder im engeren Sinn als Methodologie bezeichnet – ist ein Teilgebiet der Erkenntnislehre. Ihr Gegenstand ist die Wissenschaft selbst bzw. sind die in den verschiedenen wissenschaftlichen Disziplinen erzielten Ergebnisse und die dabei zur Anwendung kommenden Methoden. Indem sie Möglichkeiten einer rationalen Vorgehensweise in den Wissenschaften aufzeigt, stellt sie eine Technologie des (zweckmäßigen) Problemlösungsverhaltens dar.

Um später die Problemsituation der Betriebswirtschaftslehre beurteilen zu können, wird im Folgenden vorab auf allgemeine Ziele der Wissenschaft, auf die Merkmale von Wissenschaftsprogrammen und auf den Stellenwert des Pluralismus eingegangen.

2.1   Globale Wissenschaftsziele

Unbeschadet aller Unterschiede im Detail scheinen für sämtliche Wissenschaften zwei globale Zielsetzungen charakteristisch zu sein. Die eine leitet sich letzten Endes daraus ab, dass der Mensch ein hochentwickeltes **Neugierwesen** ist; ein

Wesen, das «etwas **tut**, um etwas zu **erfahren**» (Lorenz [Weltbild] 75; Hervorh. im Orig.). Die andere hat mit seinem **Streben nach Lageverbesserung** zu tun, und es darf begründet vermutet werden, dass es zwischen Neugierverhalten und Streben nach Lageverbesserung gewisse Zusammenhänge gibt. Gemünzt auf die Zielsetzungen der Wissenschaft heißt dies:

> Die intellektuelle Neugier, die Wissbegierde bzw. der Wissensdurst des Menschen ist Ausdruck seines **Erkenntnisinteresses**, das sich, gelegentlich zumindest, in **Erkenntniswachstum** und **Erkenntnisfortschritt** niederschlägt **(kognitives Wissenschaftsziel)**.
>
> Ferner sind Menschen fortwährend mit Problemen der Lebensbewältigung befasst. Soweit Wissenschaft dazu einen Beitrag leistet, kann von einem **Gestaltungsinteresse** gesprochen werden **(praktisches Wissenschaftsziel)**.

2.1.1   Das kognitive Ziel

Die Vorstellung, dass es so etwas wie ein **Erkennen um des Erkennens willen** gibt, dürfte heute vielfach auf Befremden stoßen. Für das Wissenschaftsverständnis im antiken Griechenland war sie hingegen eine Selbstverständlichkeit. Wenn man bedenkt, dass die griechische Wissenschaftsauffassung unser heutiges – von wissenschaftlichen Erkenntnissen und Anwendungen durch und durch beherrschtes – Weltbild weitestgehend geprägt hat, dann zeigt sich, dass dem kognitiven Ziel (cognoscere, lat. = erkennen) offensichtlich einige Bedeutung zukommen muss. Gleichzeitig wird sichtbar, dass ein an dieser Idee orientiertes wissenschaftliches Unternehmen kein reiner Selbstzweck sein kann.

> **Intellektuelle Neugier**, die den Hintergrund des kognitiven Wissenschaftsziels bildet, wurzelt im Streben des Menschen nach Erkenntnis und Weltorientierung; sie ist demnach Ausdruck eines speziellen Bedürfnisses (Albert [Erkenntnis] 43).

Das Streben nach wissenschaftlicher Erkenntnis schlägt sich hauptsächlich in **Theorien** nieder. Innerhalb der sog. Wirklichkeitswissenschaften (auch: Erfahrungs-, Real- oder empirische Wissenschaften) sind diese als sprachliche Gebilde zu interpretieren, mit deren Hilfe die strukturellen Eigenschaften bestimmter Realitätsausschnitte beschrieben werden sollen. Ganz in diesem Sinne werden sie gelegentlich mit Netzen verglichen, die Wissenschaftler auswerfen, «um ‹die Welt› einzufangen – sie zu rationalisieren, zu erklären und zu beherrschen». In demselben Atemzug wird die Idee des Erkenntniswachstums bzw. des Erkenntnisfortschritts angesprochen: «Wir arbeiten daran, die Maschen des Netzes immer enger zu machen» (Popper [Forschung] 31).

Mit Hilfe von leistungsfähigen Theorien können reale Phänomene – eine Sonnenfinsternis, Konjunkturzyklen oder, betriebswirtschaftlich sicher bedeutsam, das häufige Fernbleiben vom Arbeitsplatz – erklärt werden. Zu **Erklärungen** benötigt man allerdings nicht lediglich Theorien bzw. theoretische Gesetzmäßigkeiten, sondern auch Wissen um die näheren Umstände des Zustandekommens eines erklärungsbedürftigen Sachverhalts. Letztere werden üblicherweise als Rand-, Anfangs-, Anwendungs- oder Antecedensbedingungen bezeichnet. Zwei **Beispiele** sollen verdeutlichen, was es damit auf sich hat.

Zu betrachten ist zunächst das oben erwähnte Phänomen einer Sonnenfinsternis. Es fällt in den Bereich der Naturwissenschaften und lässt sich (allerdings nur vor dem Hintergrund des heutigen Erkenntnisstandes) besonders einfach erklären. Wir benötigen dazu – verkürzt ausgedrückt – lediglich das erste Keplersche Gesetz («Planeten bewegen sich in Ellipsen, in deren einem Brennpunkt die Sonne steht») sowie spezielles Wissen um die Position von Erde, Mond und Sonne (Randbedingungen).

Das hier ausgewählte Beispiel ist für die Naturwissenschaften eher atypisch, insbesondere was die damit verbundenen Möglichkeiten von präzisen Voraussagen anbelangt. Es liegt nämlich eine ganz bestimmte, außerordentlich ideale Bedingungskonstellation vor, denn unser Sonnensystem kann als (annähernd) isoliert, stationär und zyklisch gelten. Bei anderen, ebenfalls in den Bereich der Naturwissenschaften fallenden Erklärungen ist eine wesentlich komplizictere Ausgangssituation anzunehmen.

Beim zweiten Beispiel soll es um eine Erklärung dafür gehen, worauf das Phänomen des häufigen, nicht krankheitsbedingten Fernbleibens vom Arbeitsplatz zurückgeführt werden kann. Es fällt in den betriebswirtschaftlich-sozialwissenschaftlichen Bereich, denn wir haben es mit einer speziellen menschlichen Verhaltensweise zu tun.

Benötigt werden mithin zunächst einmal theoretische Erkenntnisse über menschliches Verhalten. Dabei ist insbesondere an Motivationstheorien zu denken, denn es dürfte einigermaßen plausibel sein, dass Individuen ihrer Arbeit nicht ohne irgendwelche Beweggründe fernbleiben. Ferner muss ggf. ihre Arbeitssituation untersucht werden, weil sie Anlass zur Unzufriedenheit sein kann. Diese Arbeitssituation – das so genannte Betriebsklima, die Merkmale der Tätigkeit, das Entlohnungssystem usw. – stellt dabei das Bündel der Randbedingungen dar. – Bereits diese Bemerkungen zeigen, dass es sich um ein reichlich kompliziertes Erklärungsproblem handelt. An dieser Stelle war es daher auch nicht möglich, mehr als einige knappe Hinweise auf die in diesem Zusammenhang benötigten Theorien und das ebenfalls benötigte Wissen um die relevanten näheren Umstände zu geben (vgl. hierzu ausführlich Schanz [Personalwirtschaftslehre] 329 ff.).

Bei beiden Beispielen bildet eine theoretische Gesetzmäßigkeit – im einen Fall das Keplersche Gesetz, im anderen ein motivationstheoretisches Prinzip – das logische

Band zwischen Randbedingungen und dem zu erklärenden Phänomen. Sie – die theoretische Gesetzmäßigkeit – beschreibt hier wie dort einen **Ursache-Wirkungs-Zusammenhang.**

Trotz ihrer Skizzenhaftigkeit können die beiden Beispiele helfen, die folgende Definition zu verstehen:

> Einen bestimmten Sachverhalt zu **erklären** heißt, ihn aus theoretischen Gesetzmäßigkeiten und gewissen Randbedingungen auf logisch-deduktivem Wege abzuleiten.

Dabei beziehen sich die theoretischen Gesetzmäßigkeiten auf **allgemeine** Tatbestände, also etwa alle denkbaren Himmelskörper und deren Bewegungen im Raum oder auf motivational bedingtes Verhalten schlechthin. Dagegen handelt es sich bei den Randbedingungen um **besondere** Sachverhalte, z. B. Positionen **spezieller** Himmelskörper oder die **konkrete** Arbeitssituation eines Individuums.

Gesetzmäßigkeiten und Randbedingungen werden gemeinsam als **Explanans** bezeichnet. Das zu erklärende Phänomen heißt **Explanandum.** In der einschlägigen Literatur findet sich häufig die folgende Darstellung (so genannte Hempel-Oppenheim-Schema):

Gesetzmäßigkeiten	$G_1, G_2, G_3 \ldots G_n$	
Anfangsbedingungen	$A_1, A_2, A_3 \ldots A_m$	Explanans
logische Ableitung	E	Explanandum

Diese (sehr knappen) Bemerkungen zum kognitiven Ziel der Wissenschaft (vgl. hierzu ausführlicher Schanz [Methodologie]) lassen erkennen, dass zwischen der naturwissenschaftlichen und der sozialwissenschaftlichen Vorgehensweise kein prinzipieller Unterschied besteht. Die Gemeinsamkeiten betreffen dabei selbstverständlich die **strategische Ebene.** Hier wie dort kann von einem «Programm der theoretischen Erklärung auf der Basis von Gesetzmäßigkeiten» (Albert [Praxis] 38) gesprochen werden. (Auf der taktischen Ebene ist differenziert vorzugehen; man wird sich der Natur beispielsweise nicht mit einer Fragebogenerhebung nähern können.)

Beendet werden sollen die Ausführungen zum kognitiven Ziel mit dem Hinweis, dass auch (noch so bewährte) theoretische Gesetzmäßigkeiten kein sicheres Wissen verbürgen. Dies gilt ebenfalls im Hinblick auf die erwähnten Rand- bzw. Anfangsbedingungen, die, weil selbst ‹theorieimprägniert›, als prinzipiell ‹unsicher› gelten müssen. Wissenschaft, die sich dem Erklärungsziel verschrieben hat, ist also eine **prinzipiell fehlbare Angelegenheit.**

2.1.2   Das praktische Ziel

Auf die Funktion der Wissenschaft als ‹Helferin› oder ‹Dienerin› der Praxis wird häufig verwiesen. Sie ist im Zusammenhang mit den eingangs erwähnten Problemen der Lebensbewältigung zu sehen. Dabei geht es dann nur sekundär um Erkenntnis. Im Vordergrund steht vielmehr die **Beherrschung** des natürlichen und sozialen Geschehens. Die der Wissenschaft zu verdankende **Erweiterung der Einwirkungsmöglichkeiten** hat teilweise zu beträchtlichen Verbesserungen für das einzelne Individuum und für die Menschheit insgesamt geführt. Unter dem Eindruck der ökologischen Problematik ist aber auch mehr und mehr deutlich geworden, dass im Zusammenhang damit zugleich beträchtlicher Schaden entstehen kann.

Auf das natürliche und soziale Geschehen einzuwirken ist selbstverständlich auch ohne (explizite) wissenschaftliche Hilfe möglich. So erfüllt beispielsweise jeder Handwerker gewisse Gestaltungsaufgaben. Er wendet dabei erlernte Fertigkeiten sowie allgemeine Verfahrensregeln an. Zu Veränderungen großen Stils kam es allerdings erst, nachdem die sog. **angewandten Disziplinen**, insbesondere die Ingenieurwissenschaften, eine gewisse Reife erlangt hatten. Die heutige Welt haben sie in fast unvorstellbarem Umfang geprägt.

Es fragt sich, worauf diese Möglichkeiten zurückzuführen sind. Um eine Antwort zu finden, lohnt es sich, einmal zu untersuchen, was in den erwähnten angewandten Wissenschaften eigentlich getan wird: Dort muss, soll die Bezeichnung tatsächlich einen Sinn haben, zunächst einmal etwas zur Anwendung kommen. Eine angewandte Wissenschaft baut also notwendigerweise auf bereits vorhandenem Wissen auf; auf Wissen, wie es bei der Verfolgung des kognitiven bzw. theoretischen Wissenschaftsziels hervorgebracht wird. Daher ist festzuhalten:

> Zwischen dem **kognitiven** und dem **praktischen Ziel** bestehen enge Zusammenhänge. Theoretische Erkenntnisse sind eine wesentliche Voraussetzung erfolgreichen Handelns.

Es fällt auf, dass diese Verbindung häufig übersehen, mitunter sogar bestritten wird. Das dürfte u. a. auf überhaupt nicht wegzuleugnende Unterschiede im Hinblick auf die Interessenlage des Theoretikers auf der einen Seite, des Praktikers auf der anderen zurückzuführen sein. Während es dem Ersteren primär um die **Wahrheit** seiner Aussagen über strukturelle Eigenschaften der Realität geht, steht bei Letzterem der (häufig an Effizienzgesichtspunkten orientierte) **praktische Erfolg** im Vordergrund (Bunge [Research II] 126) – das **Funktionieren** von technischen oder sozialen Systemen. Derartige Unterschiede in der Interessenlage sind offenbar dazu angetan, das Verhältnis von Theorie und Praxis bzw. von Erkennen und Handeln häufig in einem unzutreffenden Licht zu sehen (Schanz [Methodologie] 76 ff.).

Innerhalb bestimmter Wissenschaften kommt allerdings auch **Beschreibungen** bzw. **Deskriptionen** (Schweitzer [Wissenschaftsziele] 3 f.) beträchtliche Bedeutung zu, so insbesondere in den wirtschaftswissenschaftlichen Disziplinen. Den vielleicht wichtigsten Niederschlag finden sie hier im **volkswirtschaftlichen** und **betrieblichen Rechnungswesen.**

Was Letzteres anbelangt, so handelt es sich um ein Informationssystem, das die wirtschaftlich relevanten Beziehungen des Unternehmens quantitativ erfasst, für bestimmte Zwecke aufbereitet und auswertet. Aus dieser sprachlichen Festlegung lässt sich die Darstellungs- bzw. Ermittlungsfunktion des betrieblichen Rechnungswesens ablesen. Die Zahlen, die dort erfasst und weiterverarbeitet werden, vermögen selbstverständlich keine Erklärungen über betriebliche Vorgänge im vorangehend dargestellten Sinn zu liefern. Diese Prozesse werden lediglich auf eine ganz bestimmte hochgradig selektive Weise abgebildet, denn sie betrifft lediglich ausgewählte Aspekte des realen Geschehens in Wirtschaftsorganisationen. (Sie sagt uns beispielsweise nichts über die Leistungsmotivation oder die Arbeitszufriedenheit der dort tätigen Individuen.) Insofern handelt es sich beim Rechnungswesen um ein **Beschreibungsmodell.**

> **Beschreibungsmodelle** haben eine Darstellungs- bzw. Ermittlungsfunktion. Klassische Beispiele sind das betriebliche und das volkswirtschaftliche Rechnungswesen.

Der Wert derartiger Modelle wird zumindest andeutungsweise erkennbar, wenn man sich den (primären) Zweck des betrieblichen Rechnungswesens vergegenwärtigt. Es handelt sich um ein Hilfsmittel, das für betriebswirtschaftlich relevante Situationsbeurteilungen und Entscheidungen **Informationen** liefert. Damit wird deutlich, dass auch Bereibungsmodellen im Hinblick auf praktisches Gestalten ein hoher Stellenwert zukommen kann.

2.2   Wissenschaftsprogramme

Wird die Entwicklung einzelner Disziplinen rekonstruiert, dann stellt sich heraus, dass es i. d. R. relativ **umfassende Problemkomplexe** sind, um deren Lösung sich eine mehr oder weniger große Gemeinschaft von Wissenschaftlern arbeitsteilig bemüht. Dabei mag durchaus noch von Theorien gesprochen werden, obwohl sich dieser Begriff eigentlich als zu eng erweist, um die tatsächlichen Verhältnisse angemessen zu beschreiben. Zu denken ist beispielsweise an die Newtonsche Theorie in der Physik, an die so genannte Erwartungs-Wert-Theorie in der (Sozial)Psychologie oder an die neoklassische Theorie in der Volkswirtschaftslehre. Faktisch handelt es sich um breit angelegte **Forschungs-, Erkenntnis-** bzw. **Wissenschaftsprogramme,** die folglich auch eine sinnvolle Grundlage methodologischer Betrachtungen darstellen. Dabei zeigt sich, dass im Mittelpunkt derartiger Programme bestimmte **Leitideen** stehen. Ihnen kommt, wie hier zunächst ohne nähere Erläuterung gesagt werden soll, die **Funktion von Wegweisern** zu – womit zugleich die Themen der beiden folgenden Abschnitte angesprochen sind.

2.2.1   Wissenschaftsprogramme als umfassende Problemkomplexe

Die zur Beurteilung wissenschaftlicher Leistungen unabdingbaren methodologischen Erörterungen haben sich lange Zeit zumeist auf Probleme der folgenden Art beschränkt:

- Was sind Hypothesen und Theorien?
- Wie lässt sich feststellen, ob Theorien wahr oder falsch sind?
- Worin unterscheiden sich wissenschaftliche von nicht-wissenschaftlichen Voraussagen?
- Können Theorien die Welt verändern?

So wichtig diese Fragen auch sind: Wenn man jedoch bedenkt, dass innerhalb der Einzelwissenschaften die eingangs erwähnten umfassenden Problemkomplexe zur Diskussion stehen, dann wird eine Leerstelle innerhalb der Wissenschaftstheorie bzw. Methodologie sichtbar. Auf der Grundlage wissenschaftshistorischer Untersuchungen wurde sie insbesondere von *Thomas S. Kuhn* und *Imre Lakatos* ausgefüllt.

Bekannt geworden ist *Kuhn* insbesondere durch eine Studie, die den Titel «Die Struktur wissenschaftlicher Revolutionen» trägt. Sie erschien 1962 und hat in den Folgejahren die methodologische Diskussion außerordentlich stark beeinflusst. In den Wissenschaften, so eine Kernthese des Autors, gibt es Leistungen, «die von einer bestimmten wissenschaftlichen Gemeinschaft eine Zeitlang als Grundlagen für ihre Arbeit anerkannt werden» (Kuhn [Struktur] 28). Das klingt zunächst wenig spektakulär. Erst die anschließenden Präzisierungen machen deutlich, weshalb derartige Leistungen für nachfolgende Wissenschaftlergenerationen die anerkannten Probleme und Methoden eines Forschungsgebietes zu bestimmen vermögen: Sie sind erstens **beispiellos genug**, «um eine beständige Gruppe von Anhängern anzuziehen», zweitens auch **offen genug**, «um der neubestimmten Gruppe von Fachleuten alle möglichen Probleme zur Lösung zu überlassen» (Kuhn [Struktur] 28).

Eine wissenschaftliche Leistung, die diese beiden Merkmale aufweist, bezeichnet *Kuhn* als **Paradigma**, ein Begriff, der erkennbar mehr als das erfasst, was man üblicherweise unter einer Theorie oder gar unter einer Hypothese versteht. Die Charakterisierung passt zudem recht gut zu der Vorstellung von einem Wissenschaftsprogramm.

*Kuhn*s Analyse basiert auf Beispielen aus dem Bereich der Naturwissenschaften, lässt sich aber auch auf die Situation in Teilen der Wirtschafts- und Sozialwissenschaften übertragen. So wird innerhalb der (Sozial)Psychologie beispielsweise zwischen einer lerntheoretischen und einer kognitiven Tradition, in der Nationalökonomie traditionelle zwischen ‹Klassik› und ‹Neoklassik› unterschieden. Bei etwas großzügiger Auslegung (bzw. wenn kein allzu strenger Maßstab angelegt wird) lassen sich auch innerhalb der Betriebswirtschaftslehre Wissenschaftsprogramme identifizieren, die die von *Kuhn* formulierten Bedingungen – Attraktivität aufgrund von ‹Beispiellosigkeit› und ‹Offenheit› – erfüllen.

Ebenfalls auf die Beurteilung umfassender Problemkomplexe zielt *Lakatos* ([Falsifikation]) mit seiner **Methodologie wissenschaftlicher Forschungsprogramme** ab. Unter einem Forschungsprogramm (bzw. hier: Wissenschaftsprogramm) versteht er dabei ganze Theorienreihen; eine Sichtweise, wie sie sich zur Bewertung kognitiver Leistungen innerhalb mancher Naturwissenschaften anbietet. Was die Situation der gegenwärtigen Betriebswirtschaftslehre (und vielleicht der Sozialwissenschaften insgesamt) anbelangt, so scheint sie kaum wortgetreu anwendbar zu sein. Den hier erforderlichen Abwandlungen wird im folgenden Abschnitt nachgegangen.

2.2.2   Leitideen als Grundbestandteile

Im Mittelpunkt von Wissenschaftsprogrammen pflegen gewisse **Leitideen** – systemkonstituierende Grundgedanken – zu stehen. Für die Beurteilung alternativer Konzeptionen ist dies insofern wesentlich, als sie zweckmäßigerweise an den jeweiligen Leitideen anknüpfen wird. Wenn die plastische Terminologie von *Imre Lakatos* ([Falsifikation] 129 ff.) verwendet wird, dann kann von «harten Kernen» eines Wissenschaftsprogramms gesprochen werden.

Leitideen bilden mithin die wichtigsten Bestandteile von Wissenschaftsprogrammen (zu Folgendem vgl. Schanz [Grundlagen] 15 ff.). Dabei muss es sich – auch innerhalb von Real- bzw. Wirklichkeitswissenschaften – keineswegs immer nur um bereits ausgefeilte, gut bewährte Theorien handeln. Ihre Bedeutung besteht eher darin, dass sie als die erwähnten Wegweiser bzw. als **Heuristik** fungieren. Kurz:

Leitideen sind als Forschungs‹direktiven› zu begreifen. Sie geben Hinweise auf das strategische Vorgehen und regen dazu an, weiterführende Fragen zu stellen.

Leitideen und die ihnen innewohnende heuristischen Potenziale lenken ferner den Blick auf empirisches Material, das zunächst vielleicht gar nicht zur Kenntnis genommen wurde oder völlig unstrukturiert erschien. Indem sie unter Umständen auf ansonsten nicht ohne weiteres erkennbare Gestaltungsmöglichkeiten aufmerksam machen, können sie auch in praktischer Hinsicht bedeutsam sein.

In einem gewissen Sinn fungieren derartige Leitideen aber auch als **Scheuklappen**, denn das wissenschaftliche Interesse (und die davon angeregte Praxis) wird ja in eine ganz bestimmte Richtung gelenkt, während andere mögliche Perspektiven gar nicht ins Blickfeld geraten (können). Angesichts dieses Tatbestandes ergibt sich offensichtlich eine Art **Legitimationsproblem**. Es ist, mit anderen Worten, sorgfältig zu **begründen**, weshalb konkreten Leitideen gefolgt wird, seien sie nun metaphysischer, methodologischer, inhaltlicher oder praktischer Art (vgl. hierzu ausführlich Abschn. 3.3.2).

2.3   Ideenpluralismus

Wenn von Pluralismus die Rede ist, so hat man damit meist ein politisches Programm im Sinn. Es wird beispielsweise von einer pluralistischen Gesellschaft gesprochen, für die charakteristisch ist, dass sich ihre Mitglieder für unterschiedliche Lebensweisen entscheiden können – wenn auch innerhalb gewisser Grenzen.

Taugt Pluralismus aber auch für den Bereich der wissenschaftlichen Erkenntnis? Der Antwort auf diese Frage kommt nicht zuletzt deshalb einige Bedeutung zu, weil vielfach geglaubt wird, die vornehmste Aufgabe der Wissenschaft würde darin bestehen, absolute und unverbrüchliche **Wahrheiten** zu finden – wie schwer dies im Einzelnen auch sein mag. Läuft im Unterschied zu dieser Zielsetzung ein pluralistisches Erkenntnismodell nicht auf einen erkenntnistheoretischen Relativismus hinaus, der Wahrheit zur bloß subjektiven Angelegenheit macht?

2.3.1   Eine differenzierte Verteidigung des pluralistischen Wissenschaftsbetriebs

Bei der weiteren beabsichtigten Verteidigung des Pluralismus ist es nützlich, sich eingangs zu vergegenwärtigen, dass die Ergebnisse der Wissenschaft zutiefst menschliche Leistungen sind. Dieser Gedanke liefert nämlich, so trivial er im ersten Moment vielleicht erscheinen mag, eine Rechtfertigung für einen wohlverstandenen Pluralismus im Erkenntnisbereich:

> Menschliche Leistungen sind mit **Irrtümern** durchsetzt; die Geschichte der Wissenschaft ist in letzter Konsequenz sogar eine Abfolge von (teilweise allerdings ausgesprochen anregenden) Irrtümern.

Nun unterlaufen in der Wissenschaft allerdings nicht nur Irrtümer. Solche werden mitunter lokalisiert und vielfach auch überwunden. Dies kann besonders wirksam mit Hilfe eines alternativen Standpunkts – ggf. eines **alternativen Wissenschaftsprogramms** – erfolgen, der die Schwächen der ursprünglichen Auffassung aufzeigt und vielleicht eine bessere Erklärungsvariante liefert. *Paul K. Feyerabend*, der wohl engagierteste Verteidiger des Pluralismus, hat dafür einen einprägsamen Nenner formuliert, der auch die **ethische Dimension** eines derartigen Programms ins Spiel bringt (Feyerabend [Methodenzwang] 68):

«Für die objektive Erkenntnis brauchen wir viele verschiedene Ideen. Und eine Methode, die die Vielfalt fördert, ist auch als einzige mit einer humanistischen Auffassung vereinbar».

Wissenschaft hat, wie oben gesagt wurde, sehr viel damit zu tun, Irrtümer zu entdecken und zu überwinden. Insofern kann es auch nicht bei der Aufforderung bleiben, möglichst viele alternative Standpunkte, Theorien oder Wissenschaftsprogramme zu entwickeln. So problematisch es auf der einen Seite wäre, würde eine wissenschaftliche Disziplin von einem einzigen Paradigma ‹beherrscht›, so fragwürdig müsste auch das andere Extrem – ein unverbindliches Nebeneinander mehrerer Ansätze – erscheinen. Im ersten Fall würde es sich um ein **Dogma**, im zweiten um **Dogmenpluralismus** handeln; der Unterschied wäre also gar nicht besonders groß. Friedliche Koexistenz mag eine sinnvolle politische Direktive sein. In einer lebendigen Wissenschaft gelten andere Regeln.

Der nicht verteidigungswürdigen Spielart des Pluralismus mangelt es offenbar an dem, was eine Suppe erst schmackhaft macht: an Salz. Innerhalb der Wissenschaft spielt **Kritik** die Rolle des Salzes, hier speziell in Form eines ‹Aneinanderreibens› verschiedener Konzeptionen. Zu fordern ist folglich:

Wissenschaft sollte als **aktive Ideenkonkurrenz** – ‹konkurrenzpluralistisch› also – organisiert sein.

Es ist offensichtlich, dass eine derartige Sichtweise auch gewisse Konsequenzen für das weitere Vorgehen haben muss. Wer Kritik das Wort redet, der sollte sich nicht scheuen, sie selbst zu praktizieren. Die einzelnen betriebswirtschaftlichen Wissenschaftsprogramme werden daher später nicht einfach nebeneinandergestellt. Vielmehr sind, wo dies erforderlich erscheint, auch kritische Anmerkungen vorgesehen. Dabei ist freilich Augenmaß erforderlich. Auf zu viel Salz in der Suppe reagieren die Geschmacksnerven empfindlich; über das Ziel hinausschießende Kritik ist dazu angetan, den Kommunikationszusammenhang in einer Wissenschaft empfindlich zu stören.

2.3.2   Spielregeln der Wissenschaft in ideenpluralistischer Perspektive

Der Gedanke, dass Wissenschaft als ein ‹Spiel› interpretiert werden kann, ist vermutlich etwas gewöhnungsbedürftig. Er wird hier in Analogie zu anderen Spielen eingeführt, an denen wir – aktiv als Mitspieler, passiv als Zuschauer – teilnehmen. Ihr Gepräge und vielfach auch ihren Reiz gewinnen diese Spiele aus den verschiedenen **Regeln**, die zu beachten sind: die Abseitsregel beim Fußball beispielsweise, der Tie Break beim Tennis oder die Rochade beim Schach. Das jeweilige Spiel wird von seinen Regeln maßgeblich geprägt. Schiedsrichter wachen darüber, dass sie auch eingehalten werden.

Auch das Wissenschaftsspiel ist regelgeleitet; man denke etwa an Normen oder Standards, von denen erwartet wird, dass sie bei empirischen Untersuchungen eingehalten werden. Aber die Spielregeln sind weniger verbindlich als innerhalb der verschiedenen Sportarten. Vielmehr werden durchaus unterschiedliche Wissenschaftsspiele betrieben.

Welchen **Spielregeln** folgt speziell das ideenpluralistische Wissenschaftsspiel, dessen Vorzugswürdigkeit hier zu belegen versucht wurde? Man hat sie sich etwa wie folgt vorzustellen (Spinner [Pluralismus] 32 f.):

- Dem Aufkommen neuer Ideen sind keine Hindernisse in den Weg zu legen; dieses ist vielmehr systematisch zu begünstigen (**Prinzip der Proliferation**).
- Der Ideenpluralismus ist als Ideenkonkurrenz zu organisieren (**Kritikprinzip**).
- Ideen, die den Erkenntnisfortschritt hemmen, weil sie ihre heuristische und/oder empirische Kraft verloren haben, sind auszusondern (**Prinzip der Elimination**).
- Junge, theoretisch bislang wenig ausgereifte, allerdings noch entwicklungsfähige Entwürfe bedürfen eines besonderen Schutzes (**Prinzip des Sonderschutzes für junge Ideen**).
- Auch ältere, momentan wenig überzeugend erscheinende Ansätze, sind schutzbedürftig, denn die Wissenschaftsgeschichte hält Beispiele für überraschende Renaissancen parat (**Prinzip der Bewahrung**).
- Alleinvertretungsansprüche sind für den Erkenntnisfortschritt schädlich. Das momentane Fehlen von Alternativen darf nicht als besondere Stärke eines gerade ‹herrschenden› Ansatzes gelten.

Der Beschreibung kann entnommen werden, dass die für den ‹Konkurrenzpluralismus› charakteristischen Spielregeln eine bestimmte **Ethik der Wissenschaft** begründen, der im Wissenschaftsalltag zu folgen keine ganz einfache Angelegenheit ist. Was hier vorrangig im Hinblick auf Theorien gesagt wurde, kann übrigens auch auf Wissenschaftsprogramme mit den in den Abschnitten 2.2.1 und 2.2.2 beschriebenen Merkmalen übertragen werden. Dabei wird es sich ausgesprochen schwierig gestalten, relativ umfassende Programme aus dem pluralistisch organisierten Wissenschaftsbetrieb auszusondern. Die Geschichte der Wissenschaften zeigt aber auch, dass Derartiges nicht unmöglich ist. Bekanntlich sind wir alle genötigt, nach *Kopernikus* die Welt, in der wir leben, mit anderen Augen zu sehen, als dies vorher üblich war. Die Entdeckung des Sauerstoffs durch *Lavoisier* hatte ähnlich umfassende, wenngleich weniger direkt spürbare Konsequenzen. Warum sollte es beispielsweise also nicht möglich sein, die in Teilbereichen der Wirtschaftswissenschaft nach wie vor fest verankerte Vorstellung vom sog. **homo oeconomicus** allmählich zu überwinden und durch ein adäquates Menschenbild zu ersetzen?

Damit ist gleichzeitig von den bislang sehr allgemein gehaltenen Ausführungen zu speziellen betriebswirtschaftlichen Problemen und den in dieser Disziplin anzutreffenden Wissenschaftsprogrammen übergeleitet. Der ‹Ausflug ins Allgemeine› war allerdings notwendig, denn vor diesem Hintergrund wird es später möglich sein, die Situation innerhalb der Betriebswirtschaftslehre einigermaßen angemessen zu beurteilen.

Abzuschließen sind die allgemeinen Betrachtungen mit einem **wissenschafts-soziologischen Aspekt:** Man sollte sich vor der naiven Annahme hüten, im Wissenschaftsbetrieb – sei es in der Betriebswirtschaftslehre oder in jeder anderen Disziplin – würde sich gleichsam automatisch die leistungsfähigste Konzeption durchsetzen. Das darwinistische Prinzip der natürlichen Evolution, das in abgewandelter Form auch auf den Erkenntnisbereich angewandt werden kann, gibt bekanntlich nicht der am höchsten entwickelten, sondern der am besten angepassten Species die größten Durchsetzungschancen im Wettbewerb der Arten. Im Wettbewerb der Ideen ist das nicht anders zu erwarten, wobei das am besten angepasste Programm (zumindest zeitweilig) durchaus ein ausgesprochener Kompromisskandidat sein kann. Die methodologische Weihe kann diesem wissenschaftssoziologischen Tatbestand allerdings mit guten Gründen verweigert werden!

3   Rekonstruktion betriebswirtschaftlicher Wissenschaftsprogramme

Nach diesem notwendigen Einblick in die Wissenschaftstheorie rückt nun die Betriebswirtschaftslehre in den Mittelpunkt. Die Darstellung ist als kurzgefasste **Geschichte ihrer Wissenschaftsprogramme** zu interpretieren. Der Leser sollte berücksichtigen, dass dabei nicht die übliche Form der historischen Abhandlung gewählt wird. Vielmehr handelt es sich um **Rekonstruktionen**, die primär darauf abzielen, die für die einleitend erwähnten Ansätze charakteristischen Leitideen herauszuarbeiten.

3.1   Herausragende Wegbereiter

In der (vergleichsweise kurzen) Geschichte der Disziplin hat es eine Reihe von Fachvertretern gegeben, deren wissenschaftliches Werk besonders einflussreich war und die damit, direkt oder indirekt, auch die gegenwärtige Betriebswirtschaftslehre und ihre Wissenschaftsprogramme beeinflusst und ggf. zu Entwicklung alternativer Standpunkte angeregt haben.

Eugen Schmalenbach (1873–1955)
Hauptwerk: Dynamische Bilanz. 13. Aufl.,
   Köln–Opladen 1962.
Universitätsprofessor in Köln.

Abbildung 2.1: Eugen Schmalenbach (1873–1955)

Im Folgenden werden die methodologischen und inhaltlichen Vorstellungen von

* *Eugen Schmalenbach* (1873–1955),
* *Wilhelm Rieger* (1878–1971) und
* *Heinrich Nicklisch* (1876–1946)

skizziert. Der Reiz dieser Gegenüberstellung ergibt sich vor allem daraus, dass es sich um Sichtweisen handelt, über deren Vorzugswürdigkeit in der damals noch sehr jungen Disziplin heftig gestritten wurde.

3.1.1   Eugen Schmalenbach: Betriebswirtschaftslehre als Kunstlehre und die Idee der Wirtschaftlichkeit

Als **Geburtsstunde der Betriebswirtschaftslehre** wird häufig das Jahr 1898 festgelegt, denn damals wurden die ersten Handelshochschulen (z. B. in Leipzig und Wien) gegründet. Man sprach zunächst, wie dies ja auch die Bezeichnung der (neu entstandenen) akademischen Institutionen andeutet, übrigens noch von ‹Handelsbetriebslehre›. Dieser Name hatte insofern programmatische Bedeutung, als die Probleme der industriellen Produktion – noch immer ein Kernbereich der heutigen Disziplin – in dem neuen Fach zunächst keine Rolle spielten bzw. in den Zuständigkeitsbereich der Ingenieurwissenschaft fielen.

Diese Probleme wurden erst geraume Zeit später von *Eugen Schmalenbach* einbezogen. Verbunden war dies mit einer «erhebliche(n) Verschiebung der Grundbegriffe» (Hundt [Theoriegeschichte] 42). Allerdings erfolgte dabei nicht einfach eine Umbenennung von ‹Handelsbetriebslehre› in ‹Betriebswirtschaftslehre›, denn zwischenzeitlich hatte sich die Bezeichnung ‹Privatwirtschaftslehre› eingebürgert.

Schmalenbach kann als **Begründer der Betriebswirtschaftslehre** im engeren Sinn gelten. Er war es auch, der dem Fach seinen heutigen Namen gab.

Unbeschadet aller Verdienste hat *Eugen Schmalenbach* kein besonders systematisches Werk hinterlassen. Sein Denken und Schreiben betraf die Problemkomplexe Bilanzierung, Finanzierung und Kostenrechnung; später dann Fragen der Betriebsleitung und Betriebsorganisation sowie der Wirtschaftsordnung. Dabei lag ihm, so nachzulesen in einer Gedenkschrift, «weder daran, ein geschlossenes System zu entwickeln, ..., noch daran, eine allgemeine Theorie zu finden ...» (Kruk/Potthoff/Sieben [Schmalenbach] 280).

Eine Rekonstruktion lässt dennoch zumindest zwei zentrale Vorstellungen erkennen:

Die erste Leitidee ist *Schmalenbach*s Auffassung, die Betriebswirtschaftslehre müsse als sog. **Kunstlehre** betrieben werden. Dies ist eine grundlegende methodologische Vorstellung. Der zweite Leitgedanke bezieht sich auf einen inhaltlichen Sachverhalt. Es handelt sich um die **Idee der Wirtschaftlichkeit**.

Im Folgenden ist kurz darzustellen, was es damit auf sich hat.

Betriebswirtschaftslehre als Kunstlehre und erster Methodenstreit

Im Jahre 1912 veröffentlichte *Schmalenbach* einen Aufsatz mit dem (ausgesprochen) programmatischen Titel «Die Privatwirtschaftslehre als Kunstlehre». (Der Name ‹Betriebswirtschaftslehre› war damals noch nicht erfunden). Es handelt sich um eine Streitschrift, in der sich *Schmalenbach* vornehmlich mit der von den beiden Nationalökonomen *Weyermann* und *Schönitz* ([Grundlegung]) verfassten Studie über «Grundlegung und Systematik einer wissenschaftlichen Privatwirtschaftslehre und ihre Pflege an Universitäten und Fachhochschulen» beschäftigte. In die Geschichte der Disziplin ist diese Auseinandersetzung als **erster Methodenstreit** eingegangen.

Im ersten Moment hat es den Anschein, dass in dieser Auseinandersetzung eine Frage zur Debatte stand, die heute keinen Diskussionsstoff mehr liefert: Ist die Disziplin als **Wissenschaft** oder als **Kunstlehre** zu konzipieren?

Um den Hintergrund des von *Schmalenbach* geführten Angriffs zu verstehen, muss zunächst gesagt werden, was ‹Wissenschaft› für ihn bedeutete und worin er den Gegensatz zur ‹Kunstlehre› erblickte. Erstere sei, so wörtlich, **philosophisch**, Letztere dagegen **technologisch** orientiert. Noch genauer: «Die ‹Kunstlehre› gibt Verfahrensregeln, die ‹Wissenschaft› gibt sie nicht» (Schmalenbach [Kunstlehre] 491). Und an anderer Stelle heißt es: «Ich misstraue den sogenannten Wissenschaften; sie verlassen sich auf die Vollkommenheit des menschlichen Geistes, und es ist nicht weit her mit diesem Geiste. Wo man eine Kunstlehre neben der Wissenschaft hat, da ist die Kunstlehre sicherer und vertrauenerweckender» (Schmalenbach [Kunstlehre] 496).

*Schmalenbach*s Distanz zu der von ihm gemeinten ‹Wissenschaft› hängt auch mit dem sein Gesamtwerk durchziehenden inhaltlichen Leitgedanken zusammen. Eine nicht als Kunstlehre konzipierte Disziplin würde der Erfüllung des zentralen Anliegens im Wege stehen, «in welcher Weise ein wirtschaftlicher Erfolg mit möglichst geringer Aufwendung wirtschaftlicher Werte erreicht wird» (Schmalenbach [Kunstlehre] 494). In dieser Formulierung begegnet uns nichts anderes als die später noch zu betrachtende **Idee der Wirtschaftlichkeit.**

Aus heutiger Sicht erscheint *Schmalenbach*s Gegenüberstellung von Wissenschaft und Kunstlehre allerdings recht unglücklich. Sie sollte daher einzig und allein vor dem Hintergrund der damaligen Problemsituation gesehen werden. Weniger missverständlich ist es, wenn man in *Schmalenbach* den vehementen Befürworter einer **praxisorientierten Betriebswirtschaftslehre** erblickt. Wenn er sagt, die Kunstlehre sei technologisch orientiert, so spricht dies für eine solche Interpretation.

Das heißt nun allerdings keinesfalls, dass *Schmalenbach* nicht auch Theoretiker war. Lediglich aus seiner Abneigung gegen eine ‹reine›, von der betrieblichen Praxis völlig abgehobene ‹Theorie› machte er nie ein Hehl; wohl gerade deshalb ist sein Name «zum Markenzeichen für ein fruchtbares Wechselspiel zwischen Theorie und Praxis geworden» (Kruk/Potthoff/Sieben [Schmalenbach] 279).

Die Idee der Wirtschaftlichkeit

Als inhaltlicher Leitgedanke *Schmalenbach*s kann die bereits erwähnte Idee der Wirtschaftlichkeit in Form des **Prinzips einer möglichst sparsamen Mittelverwendung** gelten, eine Vorstellung also, die üblicherweise als typisch ökonomisch bezeichnet wird. Die intuitive Plausibilität dieser Idee sollte jedoch nicht darüber hinwegtäuschen, dass ihr in der damaligen Situation recht weitreichende Bedeutung zukam, denn sie stellte einen Bruch mit der seinerzeit vorherrschenden Sichtweise dar. Betroffen war davon u. a. die sich im ersten Moment als reines begriffliches Problem darstellende Frage, ob das Interesse der Disziplin dem **Betrieb** oder dem **Unternehmen** zu gelten habe (zum Unterschied zwischen Betrieb und Unternehmen vgl. Kap. 1 in diesem Buch). Dass es dabei um Einiges mehr ging, zeigt *Schmalenbach*s programmatische Äußerung, ihn interessiere «die Fabrik als Fabrik (sprich: der Betrieb als Betrieb) und nicht als Veranstaltung eines Unternehmers» (Schmalenbach [Wirtschaftslehre] 319), und die Stoßrichtung dieser Feststellung wird vor dem historischen Hintergrund verständlich. *Hundt* ([Theoriegeschichte] 49) skizziert ihn wie folgt:

«Bislang herrschte eine relativ unproblematische Betrachtungsweise vor, die ein Unternehmen eines Unternehmers als klar umrissene und juristisch fixierte Kapitaleinheit auffasste; im Unternehmen wurde produziert, und die Produkte wurden verkauft, um auf das eingesetzte Kapital einen möglichst hohen Gewinn zu erzielen: das Unternehmen als Geldfabrik. Der Betrieb dagegen galt als technische Einheit, die sich, besonders in der Industrie, als Werkstatt, Fabrik, Werk usw., augenfällig als etwas von der Kapitaleinheit Verschiedenes abhob. Die Einheit von Unternehmen und Betrieb warf auch keine Probleme auf: der Betrieb war der Kapitalverwertung untergeordnet; oder der kaufmännische Gesichtspunkt dominierte den technischen.»

Schmalenbach löste den Betrieb vom Unternehmen bzw. seinem Eigner. An die Seite des technischen trat folglich der wirtschaftliche Betrieb. Konsequenterweise lehnte er fortan auch den (zwischenzeitlich eingebürgerten) Namen ‹Privatwirtschaftslehre› ab und führte – wir wissen es schon – statt dessen die Bezeichnung ‹Betriebswirtschaftslehre› ein.

Festzustellen bleibt schließlich, dass der Schwerpunkt dieses frühen Ansatzes eindeutig bei der **Beschreibung** bzw. **Deskription** (im Sinne der Ausführung in Abschnitt 2.1.2) liegt. Das zeigt sich auch darin, dass dem Altmeister des Fachs zahlreichen Anstöße für die **Entwicklung des betrieblichen Rechnungswesens** zu verdanken sind. Differenzierungen zwischen Ausgaben, Aufwand und Kosten (bzw. Einnahmen, Ertrag und Leistungen), wie sie heute selbstverständlich geworden sind, gehen auf ihn zurück.

Dasselbe gilt für die wichtige Unterscheidung zwischen fixen und variablen Kosten, ferner für die (durchaus moderne) Idee der betrieblichen Steuerung mit Hilfe von sog. Verrechnungspreisen. Mit alledem wurden Beiträge geleistet, die nicht nur für den Wissenschaftshistoriker von Belang sind. *Schmalenbach* hat der Disziplin zu bleibenden Konturen verholfen.

3.1.2   Wilhelm Rieger: Betriebswirtschaftslehre als ‹theoretische› Wissenschaft und die Idee der Rentabilität

Dass das **Denken in Alternativen** innerhalb der Disziplin stets eine beträchtliche Rolle gespielt hat, zeigt sich bei Gegenüberstellung des *Schmalenbach*schen und des *Rieger*schen Werkes besonders deutlich. Aber auch sonst hat *Wilhelm Rieger* «einen Standpunkt bezogen, den er in so starkem Kontrast zu den Ansichten vieler Fachvertreter der Betriebswirtschaftslehre steht, dass er seinem Aussagensystem aus logischen Gründen und zur Unterscheidung den Namen ‹Privatwirtschaftslehre› gegeben hat» (Köhler [Wissenschaftslogik] 88). Sein 1928 in erster Auflage erschienenes Hauptwerk trägt daher auch den Titel «Einführung in die Privatwirtschaftslehre».

In methodologischer Hinsicht ist *Rieger* **Vertreter eines** (allerdings noch erläuterungsbedürftigen) **theoretischen Standpunkts**. Inhaltlicher Leitgedanke ist die Idee der **Rentabilität**.

Wilhelm Rieger (1878–1971)
Hauptwerk: Einführung in die Privatwirtschafts-
   lehre. 3. Aufl., Erlangen 1964.
Universitätsprofessor in: Nürnberg und Tübingen

Abbildung 2.2: Wilhelm Rieger (1878–1971)

Riegers Theorieverständnis

Auch hier soll mit Betrachtungen zur methodologischen Grundvorstellung begonnen werden. Bei seinem ‹theoretischen Standpunkt› geht es *Rieger*, wie er
sich selbst ausdrückt, um «die Erklärung des menschlichen – in diesem speziellen
Fall wirtschaftlichen – Handelns» (Rieger [Privatwirtschaftslehre] 45). Im ersten
Moment lässt diese Formulierung den Eindruck entstehen, er habe eine ausgesprochen sozialwissenschaftlich ausgerichtete Konzeption im Auge. Im Hinblick auf die
praktische Durchführung kann davon, wie sich zeigen wird, allerdings keineswegs
ausgegangen werden.

Die Antiposition zu *Schmalenbach* kommt beispielsweise in der programmatischen
Äußerung zum Ausdruck, dass sich die Privatwirtschaftslehre direkter Eingriffe in
das Leben zu enthalten habe. Ihre alleinige Aufgabe sei «das Forschen und Lehren
als Ding an sich» (Rieger [Privatwirtschaftslehre] 81). Bei Verzicht auf eine derartige Selbstbeschränkung werde es unmöglich, den, so wörtlich, «Mann der
Wissenschaft» vom Politiker zu unterscheiden.

Der von *Rieger* geltend gemachte theoretische Anspruch, den einzulösen in der Tat
«die Erklärung des menschlichen … Handelns» erforderlich machen würde, bleibt
in Wirklichkeit lediglich Programm. Das liegt, wie ein Kritiker bemerkt hat, an der
«Ausklammerung eines Großteils der Realproblematik» (Köhler [Wissenschafts-
logik] 105). Insofern muss auch der Wert der häufig betonten hochgradigen
inneren Geschlossenheit und Einheitlichkeit des *Rieger*schen Ansatzes relativiert
werden. Eine methodologische Beurteilung seines Konzepts hat denn auch zu
dem Ergebnis geführt, *Rieger*s Versuch einer Erklärung des wirtschaftlichen Geschehens, wie es sich in den damals bestehenden Unternehmen abspielte, müsse

«weitgehend als gescheitert angesehen werden. *Rieger* hat uns keine Erklärung des wirtschaftlichen Handelns in Unternehmungen geliefert, sondern bestenfalls ein definitorisch ausgereiftes Aussagensystem ...» (Jehle [Fortschritt] 58).

Die Idee der Rentabilität

Der Gegensatz zwischen *Schmalenbach* und *Rieger* – zwischen Wirtschaftlichkeit und Rentabilität als alternative Leitideen – war im Fach schon länger angelegt. In einer Bemerkung aus *Schmalenbach*s berühmtem «Kunstlehre-Aufsatz» kommt dies sehr deutlich zum Ausdruck: «Die Frage lautet tatsächlich nicht: Wie verdiene ich am meisten? sondern: Wie fabriziere ich diesen Gegenstand mit der größten Ökonomie?» (Schmalenbach [Kunstlehre] 494).

Mit seinem Beharren auf dem Rentabilitätsaspekt hat *Rieger* in gewisser Weise also all das wiederzubeleben versucht, wogegen *Schmalenbach* mit seiner Wirtschaftlichkeitslehre antrat: Die Unternehmung erscheint abermals als bloße «Geldfabrik»; das Gewinnstreben ist ihr ‹wahres› Charakteristikum. Weil aber der Gewinn als absolute Größe keinen geeigneten Vergleichsmaßstab darstellt, muss er auf das eingesetzte Kapital bezogen werden – was bekanntlich gleichzeitig die übliche Definition von Rentabilität ist.

Selbstverständlich übersah *Rieger* nicht, dass er damit an eine ganz bestimmte historische Wirtschaftsform anknüpfte, wie sie sich im Laufe der Zeit entwickelt hatte – am «Kapitalismus» bzw. an der «Geldwirtschaft» (Rieger [Privatwirtschaftslehre] 12), und es war durchaus konsequent, wenn er dann den privatwirtschaftlichen Gedanken des Gewinnstrebens in den Mittelpunkt stellte.

Auslösung des zweiten Methodenstreits

In die Geschichte des Fachs ist *Rieger* auch deshalb eingegangen, weil er mit seiner «Einführung in die Privatwirtschaftslehre» den so genannten **zweiten Methodenstreit** auslöste. Bedauerlicherweise (wie man wohl feststellen muss) war es weniger deren «hervorragender sachlicher Inhalt, der vielmehr kaum beachtet wurde, als seine Äußerungen über die methodologische Grundlegung des Faches, die nichts anderes als einen ‹Rückfall› in die ‹privatwirtschaftliche Wissenschaft› darstellten und das Werk sehr rasch bekannt werden ließen» (Moxter [Grundfragen] 22). Speziell *Rieger*s Kritik ([Bilanz]) an der zentralen Idee der Wirtschaftlichkeit wurde, trotz aller Schlüssigkeit, stillschweigend übergangen. Seine ‹Niederlage› gipfelte schließlich darin, dass man ihm die weitere Mitgliedschaft im Verband der Hochschullehrer für Betriebswirtschaft verweigerte. Auch das ist Wissenschaft ... (*Rieger*s Haupteinwand gegen *Schmalenbach*s Wirtschaftlichkeitslehre war, dass er die in diesem Zusammenhang benötigte Werttheorie letztlich nicht von Marktpreisen und damit auch nicht von Rentabilitätsgesichtspunkten zu lösen vermochte; vgl. hierzu ausführlich Hundt [Theoriegeschichte] 57 ff.).

In der gerade erwähnten Kontroverse wandte sich *Rieger* übrigens nicht nur gegen *Schmalenbach*s Wirtschaftlichkeitslehre, sondern auch gegen jeglichen Normativismus. An *Schmalenbach* missfielen ihm dessen «Anleitungen und Rezepte zum praktischen Handeln». Am Normativismus, den es im Folgenden zu betrachten gilt, bemängelte er dessen Absicht, «der Wirtschaft Vorschriften zu machen, was sie tun sollte» (Rieger [Privatwirtschaftslehre] 73 und 44).

Heute gilt *Rieger* – «ein Wissenschaftler mit besonderem Profil und Eigenwilligkeit» (Heinen [Einführung] 29) – allgemein als rehabilitiert; er wird «vielfach als theoretisches Gewissen des Faches, als scharfsinniger Kritiker *Schmalenbach*s gepriesen» (Schneider [Betriebswirtschaftslehre] 148).

3.1.3   Heinrich Nicklisch: Betriebswirtschaftslehre als ethisch-normative Wissenschaft und die Idee der Betriebsgemeinschaft

Ob von Wissenschaftlern – als Wissenschaftler und nicht als Privatpersonen bzw. Staatsbürger wohlgemerkt – ein Urteil darüber erwartet wird, was ‹gut› und was ‹schlecht›, was ‹gerecht› oder ‹ungerecht› ist; ob mithin Wissenschaftler zur wertenden Stellungnahme aufgefordert sind, ist eine immer wieder diskutierte Frage. *Max Weber* (1864–1920), der große deutsche Soziologe, hat sie um die Jahrhundertwende als Erster differenziert zu beantworten versucht, und an seiner zusammenfassenden Stellungnahme, wonach eine empirische Wissenschaft «niemanden zu lehren [vermag], was er soll, sondern nur, was er kann und – unter Umständen – was er will» (Weber [Wissenschaftslehre] 151), ist bis heute nicht vorbeizukommen.

Der ethisch-normative Standpunkt

Obwohl *Weber*s Analysen seinerzeit schon verfügbar waren, kümmerten sich die ethischen Normativisten in der Betriebswirtschaftslehre darum nicht. Für sie – neben *Nicklisch* sind insbesondere *Friedrich Schär* und (später) *Wilhelm Kalveram* zu nennen – schien es vielmehr zwingend, von der folgenden Überzeugung auszugehen:

> Aufgabe des Fachs ist es, **Normen für wirtschaftliches Handeln** aus allgemeingültigen ethischen Grundwerten abzuleiten und die Wirtschaft dann in den sich auf diese Weise ergebenden Soll-Zustand zu überführen.

Diese (hier rekonstruierte) Ausgangsposition veranlasste *Nicklisch* zur Entwicklung einer eigenständigen **Sozialphilosophie**. Ihren Niederschlag fand sie insbesondere in seinem Buch «Der Weg aufwärts! Organisation». Dort wird zunächst ein bestimmtes **Menschenbild** entworfen: Das Individuum beschreibt *Nicklisch* ([Organisation] 34 ff.) als geistiges Wesen mit den Grundbedürfnissen nach Erhaltung, Gestaltung und Freiheit. Wie weit die sich dahinter verbergenden Vorstellun-

Heinrich Nicklisch (1876–1946)
Hauptwerk: Die Betriebswirtschaft. 7. Aufl.,
    Stuttgart 1932.
Universitätsprofessor in: Mannheim und Berlin

Abbildung 2.3: Heinrich Nicklisch (1876–1946)

gen von einer realwissenschaftlichen Betrachtungsweise entfernt sind, zeigt die folgende Zusammenfassung:

«Zuerst muss der Mensch sein geistiges Wesen **erhalten**, d. h. sich seiner Ganzheit und Gliedschaft bewusst bleiben. Dies geschieht, indem er sich in tiefer Andacht sammelt auf den innersten Kern seines Bewusstseins, das Gewissen.

Das zweite Bedürfnis ist, in der Menschheit durch Einung und Gliederung **gestaltend** zu wirken. Der Mensch wirkt einend, indem er Liebe übt, … Der Mensch wirkt gliedernd, indem er die Gemeinschaft durch Ausüben der Gerechtigkeit ordnet.

Erhält der Mensch sein geistiges Wesen und gestaltet er Gemeinschaft durch Einung und Gliederung, so befolgt er, was ihm im Gewissen vorgegeben ist. Dieses Tun geschieht dann nach dem höchsten Gesetz des geistigen Wesens Mensch, dem Gesetz der **Freiheit**» (Katterle [Betriebswirtschaftslehre] 26; Hervorhebung im Original).

Die drei Grundbedürfnisse nach Erhaltung, Gestaltung und Freiheit schlagen sich bei *Nicklisch* dann – sehr folgerichtig übrigens, wenn die Prämissen akzeptiert werden – in «Organisationsgesetzen» nieder; in Gesetzen «nach denen die menschlichen Organismen leben» (Nicklisch [Organisation] 66).

Die Idee der Betriebsgemeinschaft

Auf das Erkenntnisobjekt der Disziplin angewandt finden diese Vorstellungen insbesondere in der **Idee der Betriebsgemeinschaft** ihren Niederschlag. Betriebe werden von *Nicklisch* – was ja keineswegs selbstverständlich ist – als **Sozialgebilde** begriffen, wenngleich auch hier die romantisch-verklärende Sichtweise dominiert:

«... sie geben den Beteiligten auch mitten im Getriebe der Wirtschaft immer von neuem die Gewissheit, geistige Wesen zu sein; sie sind der Ausdruck von Hingebung, Liebe, die den Einzelnen mit der Gesamtheit, ja dem All verbindet, einend wirkt; sie sind auch erfüllt von Gerechtigkeit, die jedem zuordnet, was ihm zukommt. So steht vor unserem geistigen Auge der Organismus ‹Gemeinschaft›, in dem alle nach ihren Gaben einig mitwirken und sicher der Ernte auch ihres Wirkungsanteils entgegensehen» (Nicklisch [Organisation] 69).

Nicklisch ließ offensichtlich unberücksichtigt, dass für die soziale Wirklichkeit Spannungen und Konflikte aller Art an der Tagesordnung sind, und es besteht auch kein Anlass, solche als «Krankheit wirtschaftlichen organischen Seins» (Nicklisch [Organisation] 64) zu interpretieren. Eine derartige Sichtweise gilt heute allgemein als überholt. Man betont vielmehr zurecht die **Notwendigkeit des Konflikts für den sozialen Wandel.**

Schließlich muss erwähnt werden, dass *Nicklisch* eine geistige Verwandtschaft zwischen seiner Idee der Betriebsgemeinschaft und der nationalsozialistischen Ideologie herstellte, die ihn zu einem Aufruf an die Fachvertreter veranlasste, «dem Führer des neuen Deutschland all ihre Kräfte zur Verfügung zu stellen» (Nicklisch [Betriebswirtschaftslehre] 173).

Auf einem anderen Blatt steht *Nicklisch*s Einsicht in die **Notwendigkeit einer Sozialphilosophie als Grundlage betriebswirtschaftlichen Gestaltens.** Sie hebt ihn von vielen anderen Fachvertretern in gewiss nicht negativer Weise ab. Und wenn in jüngster Zeit eine intensive Diskussion über die **ethischen Grundlagen des Wirtschaftens** geführt wird, so verweist dies ebenfalls auf *Nicklisch* zurück.

Damit aber keine Missverständnisse entstehen: Was die Inhalte dieser Diskussion anbelangt, so liefert *Nicklisch*s Ideengebäude heute kaum brauchbare Ansätze. Hier ist, ganz im Gegenteil, eher kritische Distanz gefordert: Von Altmeistern – und das gilt schließlich selbst für *Platon* oder *Aristoteles* – lässt sich manchmal viel dadurch lernen, dass ihre Irrtümer erkannt und vermieden werden!

3.2 Von disziplinärer Abgeschlossenheit zur Interdisziplinarität

In den folgenden Abschnitten sind Programme vorzustellen, in denen sich der Wandel der Betriebswirtschaftslehre von disziplinärer Abgeschlossenheit zu einem sich interdisziplinär begreifenden Fach dokumentiert. Er vollzog sich innerhalb von rund zwanzig Jahren; beschrieben wird die Entwicklung seit Anfang der 50er Jahre bis etwa in die Mitte der 70er Jahre.

Dabei lassen sich ebenfalls drei Ansätze identifizieren, die mit einiger Berechtigung als Wissenschaftsprogramme bezeichnet werden können. Ihre Hauptrepräsentanten sind

Erich Gutenberg (1897–1984)
Hauptwerk: Grundlagen der Betriebswirtschafts-
    lehre. Bd. 1–3, 24., 17. bzw. 8. Aufl., Berlin,
    Heidelberg, New York 1983, 1984 bzw. 1980.
Universitätsprofessor in: Clausthal-Zellerfeld, Jena,
    Breslau, Frankfurt/M. und Köln

Abbildung 2.4: Erich Gutenberg (1897–1984)

- *Erich Gutenberg* (1897–1984),
- *Edmund Heinen* (1919–1996) und
- *Hans Ulrich* (1919–1997),

deren method(olog)ische und inhaltliche Vorstellungen im Folgenden betrachtet werden sollen. Wie einleitend angekündigt, sind ferner die Konturen einer

- ökologisch verpflichteten Betriebswirtschaftslehre

vorzustellen.

3.2.1   Erich Gutenberg: Das neoklassisch orientierte Programm der Betriebswirtschaftslehre

Nicht immer lässt sich der Beginn einer neuen Entwicklungsrichtung in einem Wissenschaftsbereich exakt datieren. Im nun zu diskutierenden Fall ist eine ziemlich genaue Angabe jedoch möglich: Obwohl bereits in seiner Habilitationsschrift von 1929 gedanklich vorbereitet, erschien 1951 *Erich Gutenberg*s erster Band eines auf drei Teile angelegten Werkes – die «Grundlagen der Betriebswirtschaftslehre».

*Gutenberg*s zentrales Anliegen war eine möglichst allgemeine Charakterisierung von Betrieben. Seinem Betriebsbegriff legte er deshalb **systemindifferente Tatbestände** zugrunde. Sie galten unabhängig von der jeweiligen Wirtschaftsordnung und betreffen

- die Kombination von Produktionsfaktoren,
- das Wirtschaftlichkeitsprinzip und
- das finanzwirtschaftliche Gleichgewicht (Erhaltung der Liquidität).

Werden zusätzlich **systembezogene Tatbestände**, nämlich

- das Autonomieprinzip,
- das erwerbswirtschaftliche Prinzip (Gewinnmaximierung) und
- Privateigentum (an den Produktionsfaktoren)

herangezogen, so gelangt man begrifflich zur Unternehmung bzw. zum Betrieb der (ggf. sozialen) Marktwirtschaft.

Dem ersten mit «Die Produktion» betitelten Band folgte 1955 «Der Absatz», deutlich später – erst 1968 – «Die Finanzen». Neu daran war die konsequente Übertragung des in der Nationalökonomie längst dominierenden neoklassischen Denkstils auf die Betriebswirtschaftlehre.

Auch wenn von der zeitweilig recht eindeutigen Dominanz des von *Gutenberg* begründeten Forschungs- und Lehrgebäudes mittlerweile nicht mehr die Rede sein kann, ist sein Einfluss noch immer beträchtlich. Das hängt – keineswegs nebensächlich – teilweise damit zusammen, dass *Gutenberg* zahlreiche Schüler hatte, die heute selbst akademische Lehrer sind und – wie insbesondere *Horst Albach* (Albach [Gutenberg]) – als vehemente Fürsprecher in Erscheinung treten. Stärker ausschlaggebend und von methodologischer Bedeutung ist jedoch, dass es sich um einen **theoretisch hochgradig geschlossenen Ansatz von beträchtlicher intellektueller Anziehungskraft** handelt.

Eben diese theoretische Geschlossenheit lag *Gutenberg*, wie in einer der vielen Würdigungen seines Schaffens nachzulesen ist, besonders am Herzen, erkannte er doch «den fragmentarischen Charakter und die oftmals mangelhafte Präzision der Prämissen früher theoretischer Ansätze. Die eigene wissenschaftliche Erfahrung und das Leiden am Bruchstückhaften der theoretischen Grundlegung des Fachs waren immer wieder die Impulse, die Gutenberg über ein Jahrzehnt um die Konzeption einer tragfähigen übergreifenden Theorie der Betriebswirtschaftslehre ringen ließen» (Kilger [Gutenberg] 689).

Für seine theoretische Geschlossenheit, dies wird das Ergebnis der folgenden Betrachtungen sein, musste im vorliegenden Fall ein hoher Preis gezahlt werden – der **Preis der Abgeschlossenheit**. Spätestens Ende der 60er Jahre wurde er offensichtlich als zu hoch empfunden: Die sozialwissenschaftliche Öffnung des Fachs und das Bemühen um Interdisziplinarität waren die Antwort.

Der «produktionstheoretische Standpunkt» als inhaltliche Leitidee

In einer Würdigung des wissenschaftlichen Werks von *Erich Gutenberg* bezeichnet *Albach* den zweiten Band der «Grundlagen» als einen Meilenstein, «weil er den Gegenstand der Betriebswirtschaftslehre auf den Absatzmarkt ausdehnt», war doch der Markt des Unternehmens vormals nicht «als ein unternehmerisches Problem, als eine unternehmerische Gestaltungsaufgabe gesehen worden» (Albach [Gutenberg] 586 und 584; letztes Zitat im Orig. teilweise kursiv). Wie weiter ausgeführt wird, behandelt *Gutenberg* auch die Finanzierung ähnlich differenziert, indem er darin nicht lediglich eine «Lehre von den Finanzierungsinstrumenten, ..., und von Finanzierungsinstitutionen, ..., sondern die geldwirtschaftliche Absicherung der Input-Output-Beziehung, die Sicherung der Einheit des Unternehmens durch Aufrechterhaltung des finanziellen Gleichgewichts» (Albach [Gutenberg] 593; im Orig. teilweise kursiv) erblickt.

Die weitaus größte Beachtung hat allerdings «Die Produktion» gefunden, so dass es nahe liegt, die Eigenheiten seiner Problemsicht am ersten Band der «Grundlagen» festzumachen. – *Gutenberg* geht hier, wie er sich selbst einmal ausgedrückt hat, von einem «produktionstheoretischen Standpunkt» (Gutenberg [Produktions- und Kostentheorie] 430) aus. Man kann darin mit einiger Berechtigung die **inhaltliche Leitidee** dieses «in radikaler Abkehr von den Traditionen der klassischen Betriebswirtschaftslehre» (Hundt [Theoriegeschichte] 135) konzipierten Wissenschaftsprogramms erblicken. Im Mittelpunkt steht die **Produktionsfunktion** (vgl. 3. Bd., 2. Kap.).

Gutenbergs ursprüngliche Überlegungen galten – inhaltlich angelehnt an die volkswirtschaftliche Theorie – der Produktionsfunktion mit (teilweise oder total) austauschbaren (substitutionalen) Faktoren. Bereits in der zweiten Auflage erfolgt dann eine Umorientierung. *Gutenberg* erkannte nämlich, dass für die betriebliche Leistungserstellung konstante Faktoreinsatzverhältnisse wesentlich typischer sind. Dies führte zur Entwicklung von Produktionsfunktionen mit limitationalen Faktoren. Damit war ein Bezugsrahmen geschaffen, den *Gutenberg* und seine Schüler in der Folgezeit inhaltlich mehr und mehr ausfüllten. Es konnte insbesondere ein **Zusammenhang zwischen Produktions- und Kostentheorie** hergestellt werden. Auch insofern vermittelt dieses Programm den Eindruck hochgradiger theoretischer Geschlossenheit; sicherlich ein Grund dafür, dass *Gutenbergs* Ansatz für eine gewisse Zeit den Großteil der Fachvertreter in seinen Bann zu ziehen vermochte. Die Betriebswirtschaftslehre besaß, wenn man so will, ihr erstes Paradigma (Jehle [Fortschritt] 76 ff.).

Das System der produktiven Faktoren

Bei den Produktionsfaktoren, die im Folgenden etwas näher zu betrachten sind, wird zunächst eine grundlegende Unterscheidung zwischen **Elementarfaktoren** und **dispositiven Faktoren** eingeführt.

Elementarfaktoren sind:

- **Werkstoffe**, d. h. alle jene Einsätze, «die als Ausgangs- und Grundstoffe für die Herstellung von Erzeugnissen zu dienen bestimmt sind» (Gutenberg [Produktion] 122);

- **Betriebsmittel**, worunter «die gesamte technische Apparatur» zu verstehen ist, «deren sich ein Unternehmen bedient, um Sachgüter herzustellen oder Dienstleistungen bereitzustellen» (Gutenberg [Produktion] 70; sowie schließlich

- **objektbezogene Arbeitsleistungen**, womit alle jene Tätigkeiten gemeint sind, «die unmittelbar mit der Leistungsverwertung und mit finanziellen Aufgaben in Zusammenhang stehen, ohne dispositiv-anordnender Natur zu sein» (Gutenberg [Produktion] 3).

Der Nachsatz lässt bereits erkennen, was den dispositiven Faktor im Wesentlichen ausmacht. *Gutenberg* differenziert dabei wie folgt:

Den **dispositiven Faktor** bildet:

- die **Geschäftsleitung**, deren Hauptaufgabe es ist, «die drei Elementar-faktoren zu einer produktiven Kombination zu vereinigen» (Gutenberg [Produktion] 5). Als Hilfsmittel kommen dabei
- **Planung** und **Organisation** zum Einsatz.

Die Geschäftsleitung wird als **originärer**, Planung und Organisation als davon abgeleiteter, **derivativer** dispositiver Faktor bezeichnet.

Die Notwendigkeit, zwischen objektbezogener und dispositiver Arbeit säuberlich zu unterscheiden, betont *Gutenberg* nachdrücklich. Dabei ist es aufschlussreich, wie sich diese Differenzierung in seinem Programm konkret niederschlägt: Die Problematik des Elementarfaktors ‹Arbeit› wird bezeichnenderweise unter der Überschrift «Die Bedingungen optimaler Ergiebigkeit menschlicher Arbeitsleistun-gen im Betrieb» abgehandelt. Im Unterschied dazu schreibt (bzw. gesteht) er dem dispositiven Faktor eine ‹irrationale Wurzel› zu.

Wer sich mit derartigen Hinweisen nicht zufrieden gibt (wozu im Übrigen auch gar kein Anlass besteht), wird in ihnen einen **Erklärungsverzicht** erblicken. Diese Ein-schätzung klingt interessanterweise auch in der Würdigung des *Gutenberg*schen Gesamtwerks durch *Albach* an:

«Für Gutenberg stand die Einheit von Mensch und Maschine im Zentrum der Probleme, die wissenschaftlicher Erklärung bedurften, nicht dagegen waren es die vielen und vielfältigen Mensch-Mensch-Beziehungen ohne Berücksichtigung maschineller Aggregate, die für andere theoretische Systemversuche das Wesen der Unternehmung ausmachen» (Albach [Gutenberg] 588).

Spätestens hier drängt sich die Vermutung auf, dass *Gutenberg*s Problemsicht etwas mit dem von ihm präferierten **methodischen Instrumentarium** zu tun haben könnte. Ein Zitat aus einem Manuskript ist in diesem Zusammenhang sehr auf-schlussreich. Der Verfasser der «Grundlagen» fand nämlich, wie er selbst rück-blickend schrieb, «keinen Weg zu einer Verknüpfung der sozialen Tatbestände mit den betrieblichen Funktionen, deren gemeinsames Ergebnis die Leistungen der

Unternehmen sind ... Ich hatte Menschen und Maschinen immer nur als eine in Funktion befindliche Einheit erfahren. Mit anderen Worten: ich bekam die soziale und die funktionale (technisch-organisatorische) Komponente des betrieblichen Geschehens nicht in jene wissenschaftlich überzeugende Einheit zusammen, wie sie in den Unternehmungen täglich praktiziert wird. Das ist der Grund, aus dem ich diesen Weg – als einen sicherlich möglichen – nicht ging» (Gutenberg [Rückblicke] 48 f.; zitiert nach Albach [Gutenberg] 589).

Die Schlussbemerkung, in der von einem alternativen, «sicherlich möglichen» Weg die Rede ist, sollte im Hinblick auf später vorzustellende Wissenschaftsprogramme in Erinnerung behalten werden; ferner *Gutenberg*s gelegentliche – wenngleich aber folgenlose – Bemerkung, «den menschlich-sozialen Problemen (sollte) der Rang gewährt werden, den sie mit Recht beanspruchen können» (Gutenberg [Einführung] 21).

Methodische Aspekte des Gutenbergschen Ansatzes

Hätte sich die Betriebswirtschaftslehre nicht von Anfang an bewusst von ihrer wirtschaftswissenschaftlichen Schwesterdisziplin – der Nationalökonomie bzw. Volkswirtschaftslehre – wegentwickelt, dann wären *Gutenberg*s «Grundlagen» (insbesondere «Die Produktion») bei ihrem Erscheinen vermutlich nicht zum Gegenstand eines äußerst vehement, ja geradezu erbittert geführten Methodenstreits (vgl. hierzu etwa: Mellerowicz [Richtung]; Schäfer [Selbstliquidation]; Gutenberg [Methodenstreit]) geworden. Das von *Gutenberg* benutzte **methodische Instrumentarium** erfreute sich in der Nationalökonomie nämlich längst allgemeiner Beliebtheit. Gemeint ist jene neoklassisch orientierte mikroökonomische Theorie, die sich mit Namen wie Cournot oder Pareto (vgl. diesbezügliche Hinweise bei Albach [Gutenberg] 583) verbindet. Sie kann mit Stichworten wie ‹Partialanalyse› oder ‹Grenzwertbetrachtung› beschrieben werden, wobei *Gutenberg*s originäre Leistung darin bestand, dieses Instrumentarium in einer Weise benutzt zu haben, die der betriebswirtschaftlichen Problematik näher steht als die mikroökonomisch ausgerichtete neoklassische Theorie innerhalb der Volkswirtschaftslehre.

Ein konstituierendes Merkmal neoklassischen Theoretisierens ist die Unterstellung von vollkommener Rationalität und damit die **Konstruktion eines idealtypischen Wirtschaftssubjekts**, das als **homo oeconomicus** bezeichnet wird und innerhalb der wirtschaftswissenschaftlichen Theorie in zwei Ausprägungen auftaucht: als (omnipotenter) Unternehmer und als (souveräner) Konsument.

Bei *Gutenberg* findet man allerdings kaum direkte Hinweise auf dieses Menschenbild. Es handelt sich vielmehr um eine **implizite Annahme**, die gelegentlich in der Bemerkung über «›vollkommenes Funktionieren› der Menschen und der Organisation» (Albach [Gutenberg] 589 mit Verweis auf *Gutenberg*s Habilitations-schrift) anklingt. Der «produktionstheoretische Standpunkt» scheint dies auch nicht erforderlich zu machen, geht es doch darum, die Kombination der Produk-tionsfaktoren durch so genannte Verbrauchsfunktionen – und zwar im Sinne eines ausschließlich ingenieurwissenschaftlichen Tatbestands – idealtypisch darzustellen. Die sich solchermaßen ergebenden Produktionsfunktionen – über Typ A und B hinaus ist das Fach mittlerweile bereits bei Typ E angelangt – werden dann häufig (recht irreführend) als **betriebswirtschaftliche Gesetzmäßigkeiten** bezeichnet.

Die hier vorgenommene Charakterisierung des *Gutenberg*schen Programms lässt die bereits a.a.O. angedeutete methodische (nicht: inhaltliche) Nähe zu den Vor-stellungen von *Wilhelm Rieger* deutlich werden. Hier wie dort handelt es sich um eine Art des Theoretisierens bzw. des idealtypischen Vorgehens, bei der bewusst von den in der Realität vorliegenden Verhältnissen abstrahiert wird. Im Gesamt-werk *Gutenberg*s finden sich viele diesbezügliche Hinweise. Es ist daher kaum möglich, von einem empirisch-realistischen Erkenntnisprogramm zu sprechen (Jehle [Fortschritt] 82), zumindest was seine Realisierung anbelangt. Dem *Guten-berg*schen Anliegen wesentlich näher kommt die folgende Interpretation:

«Sein» – *Gutenberg*s – «Interesse verlagert sich von einer möglichst richtigen und wahren Beschreibung und Erklärung von Struktur und Bewegung betrieblicher Phänomene weg zu einer **Analyse der Möglichkeiten**, wie vorgefundene Strukturen im Sinne des Rationalprinzips verbessert und an sich ändernde Datenkonstellatio-nen optimal angepasst werden können» (Hundt [Theoriegeschichte] 159).

Für diese Deutung spricht, dass *Gutenberg*s Ansatz verschiedentlich als ‹mathema-tisch-deduktiv› bezeichnet wird. Diese Charakterisierung ist insofern recht tref-fend, als sie das **entscheidungslogische** (gelegentlich auch: rationaltheoretische) **Vorgehen** beschreibt, bei dem es darum geht, dass mit Hilfe mathematischer Ope-rationen aus einer unterstellten Zielfunktion (meist: Gewinnmaximierung oder Kostenminimierung) und gewissen Restriktionen, beispielsweise den zur Verfügung stehenden Ressourcen, die optimale Vorgehensweise ‹abgeleitet› wird. Tatsächlich hat der *Gutenberg*sche Ansatz ja die Entwicklung der sog. Operations-Research-Verfahren (gelegentlich auch: mathematische Entscheidungs- oder – sehr missver-ständlich – Unternehmensforschung) stark gefördert.

Die Erörterung von methodischen Aspekten der Wissenschaft von der Produkti-vitätsbeziehung sollte bereits andeutungsweise erkennen lassen, weshalb dieses Programm trotz (oder gerade wegen) seiner inhaltlichen Geschlossenheit auch eine gewisse Abgeschlossenheit begründet. Diesem Tatbestand ist abschließend etwas ausführlicher nachzugehen.

Die Abgeschlossenheit der Betriebswirtschaftslehre

Wenn es innerhalb einer wissenschaftlichen Disziplin gelungen ist, ein einigermaßen systematisches Aussagensystem zu entwickeln, dann ist man geneigt, diesem Fach ‹Reife› zuzusprechen. In der Tat gelang es *Gutenberg*, ein Wissenschaftsprogramm vorzulegen, dem dieses Prädikat zukommt. Dieser Erfolg muss jedoch relativiert werden, denn er ist ganz wesentlich darauf zurückzuführen, dass nur eine ganz bestimmte Klasse von Fragestellungen als betriebswirtschaftlich bedeutsam erscheint. Auf diese Weise wird gleichzeitig eine sich für weitere theoretische und praktische Fortschritte hinderliche **Abgeschlossenheit** begründet. In der folgenden Passage kommt zum Ausdruck, was damit gemeint ist:

«Die relative Enge der Problemstellung und die theoretisch-abstrakte Ausrichtung war ohne Zweifel für die der quantitativen Modellanalyse zugänglichen Fragen (Produktions-, Kosten-, Investitions-, Finanzierungs-, Lagerhaltungs- und Beschaffungstheorie) fruchtbar, weil sie erschwerende qualitative Aspekte (menschliches Verhalten, nicht-monetäre Untersuchungsziele, politische Aspekte) ausklammerte. Andererseits unterliegt der Ansatz zunehmend der Gefahr des ‹Modell-Platonismus› (*H. Albert*), d. h. der Praxisferne seiner Prämissen (Gewinn als einziges Zielkriterium, rationales Entscheidungsverhalten, Harmonie des Gewinnziels mit gemeinwirtschaftlicher Wohlstandsmaximierung), sowie der Tautologisierung (empirischen Gehaltlosigkeit) seiner Modelle. Zudem vermag er neuere Probleme der Betriebswirtschaftslehre (Marketing, Organisation und Führung, Unternehmenspolitik und -planung, Personalwesen) nicht systematisch zu integrieren und zu lösen. Bezeichnenderweise entwickelten sich diese Gebiete in den nicht vom *Gutenberg*schen Paradigma beherrschten angelsächsischen Ländern schneller als im deutschsprachigen Raum» (Ulrich/Hill [Grundlagen] 171).

Speziell Letzteres ist unübersehbar. Dabei bleibt auch keineswegs unberücksichtigt, dass die späteren Auflagen der «Produktion» gerade im Hinblick auf die Problematik des Faktors ‹Arbeit› beträchtlich erweitert bzw. angepasst wurden. Der heuristische Wert dieser Anpassungen erwies sich im Vergleich zu den gegen Ende der 60er Jahre und später aufkommenden Programmen aber offensichtlich als zu gering, und es bleibt die Feststellung, dass die Leistungsfähigkeit der Wissenschaft von der Produktivitätsbeziehung schwerpunktmäßig auf anderen Gebieten liegt – bei der **Formalisierung und Mathematisierung der Betriebswirtschaftslehre.**

Man kann noch einen Schritt weiter gehen: «Alle diejenigen, die … an einer Weiterentwicklung der Betriebswirtschaftslehre zu einer Managementlehre interessiert waren, fanden im ‹dispositiven Faktor› der herrschenden Lehre *Erich Gutenberg*s keinen tragfähigen Ansatz» (Bleicher [Betriebswirtschaftslehre] 120). Zu einer ähnlichen Einschätzung wird man zwangsläufig auch im Hinblick auf *Gutenberg*s «objektbezogene Arbeitsleistung» kommen müssen (vgl. oben). Betriebswirtschaftslehre als Wissenschaft von der Produktivitätsbeziehung basiert, soweit sie in der für sie spezifischen Art den Kombinationsprozess der Produktionsfaktoren als ihren Hauptgegenstand betrachtet, auf ingenieurwissenschaftlichen Grundlagen, begreift das Fach ansonsten aber als eigenständige bzw. autonome Disziplin (Gutenberg [Einführung] 13 f.). Sie kann damit, wie etwa auch der Ansatz von *Wilhelm Rieger*, dem **ökonomischen Basiskonzept** innerhalb unserer Disziplin zugeordnet werden (Raffée [Konzepte] 25 ff.).

Es ist nicht sonderlich überraschend, dass sich die in der Folgezeit entstandenen Programme gerade jener ‹weißen Flecken› angenommen haben, die die Wissenschaft von der Produktivitätsbeziehung hinterlassen hat. Damit verbindet sich eine generelle Umorientierung des Fachs auf der Grundlage eines **sozial- bzw. verhaltenswissenschaftlichen Basiskonzepts**: Zumindest in programmatischer Absicht wird wirtschaftliches Geschehen als Teilklasse sozialen Geschehens begriffen.

3.2.2   Edmund Heinen: Sozialwissenschaftliche Öffnung der Betriebswirtschaftslehre

Das im Folgenden zu skizzierende Programm wird meist als **entscheidungsorientierte Betriebswirtschaftslehre** bezeichnet, so auch von *Edmund Heinen*, der es maßgeblich geprägt hat. Nun sind Wahlhandlungen allerdings seit jeher **der** traditionelle Gegenstand der Wirtschaftswissenschaften schlechthin. Aber nicht nur dies. Es handelt sich um typische Alltagsphänomene: Ob Schnitzel oder Lasagne, Sekt oder Selters, Ibiza oder Florida, dieser oder jener Lebens(abschnitts)partner, ‹schwarz› oder ‹rot› wählen – stets sind Entscheidungen zu treffen.

Insofern kommt in der herkömmlichen Bezeichnung auch **keine** Programmbesonderheit zum Ausdruck. Im Hinblick auf die Betriebswirtschaftslehre haben zudem schon *Schmalenbach* und andere frühe Fachvertreter Entscheidungsaspekte berücksichtigt, wenn auch eher implizit. Bei der undifferenzierten Rede von einer Entscheidungsorientierung bleibt ferner die Unterscheidung zwischen einer **entscheidungslogischen** und einer **realtheoretischen** Variante auf der Strecke.

Entscheidungslogische Ansätze gehen von einer **unterstellten** Zielfunktion (i. d. R. Gewinnmaximierung, gelegentlich auch Kostenminimierung) sowie **gegebenen** einschränkenden Bedingungen (Restriktionen) aus. Mit Hilfe mathematischer Verfahren (daher auch: mathematische Verfahrensforschung) können Informationen gewonnen werden, wie vorgegebene Ziele mit dem geringsten Mittelaufwand erreicht werden können. Dagegen untersuchen **realtheoretische Ansätze** das **tatsächliche** Entscheidungsverhalten von Wirtschaftssubjekten sowie ihre dafür maßgeblichen Zielvorstellungen.

Vor diesem Hintergrund scheint es angebracht, das besondere Merkmal des im Folgenden zu beschreibenden Ansatzes in der **Öffnung der Betriebswirtschaftslehre zu den Sozialwissenschaften** zu sehen und damit ausschließlich die zweite, die realtheoretische Variante im Auge zu haben. Wie bereits zum Ausdruck kam, wird die geistige Vaterschaft gemeinhin *Edmund Heinen* zugeschrieben, der die Konturen dieses Programms in Anlehnung an US-amerikanische Vorarbeiten (*Herbert Simon* u. a.) erstmals in einem 1962 erschienenen Beitrag – interessanterweise Teil einer Festschrift zum 65. Geburtstag von *Erich Gutenberg* – herausgearbeitet hat.

In der Tat gibt es eine Beziehung zu *Gutenberg*. Erinnern wir uns: Die vom dispositiven Faktor (d. h. von der Geschäftsleitung) getroffenen **Entscheidungen** sind es, die dem Kombinationsprozess sein konkretes Gepräge geben. Während *Gutenberg* im dispositiven Faktor allerdings lediglich eine formale Funktion sah, stellt *Heinen* das Entscheidungs- und Zielsystem in den Mittelpunkt seiner Betrachtungen. So wird beispielsweise wie folgt argumentiert:

«Die grundlegende Bedeutung der Zielentscheidungen zeigt sich auch beim Aufbau der Theorie der Unternehmung, die den Kern betriebswirtschaftlichen Erkenntnisstrebens darstellt. Am Anfang jeder Bemühung um eine solche Theorie steht die Frage, welcher Zielfunktion die Unternehmung entsprechen soll. Je nachdem, wie die Wahl der Zielfunktion ausfällt, wird der Aufbau der Unternehmungstheorie verschieden sein» (Heinen [Zielfunktion] 15).

Bei der Begründung seines Ansatzes stellt *Heinen* überraschenderweise eine zweifache Beziehung zu den bisherigen Forschungsbemühungen in der Betriebswirtschaftslehre her. Es werde eine «gewisse Synthese» angestrebt. Als «These» steht für *Heinen* das ethisch-normative Programm *Heinrich Nicklisch*s mit dem **Menschen** im Mittelpunkt. Die «Antithese» schreibt er *Erich Gutenberg* und der **Produktivitätsbeziehung** zu. Die Entscheidungsorientierung könne als «Vereinigung beider Wege» gelten. Vor diesem Hintergrund ist auch die Bemerkung zu sehen, die moderne Betriebswirtschaftslehre – gemeint ist das entscheidungsorientierte Programm – habe sich «aus den ihr vorausgehenden Stufen im Grunde evolutionär entwickelt. Sie bedeutet keinen Bruch in dem stetig fortschreitenden wissenschaftlichen Entwicklungsprozess» (Heinen [Wissenschaftsprogramm] 208). – Dass bei derart ausgeprägtem Bemühen um Kontinuität die Gefahr einigermaßen groß ist, gewisse Widersprüche in Kauf nehmen zu müssen, lässt sich vor dem Hintergrund der vorangehenden Ausführungen zu den Konzeptionen von *Nicklisch* und *Gutenberg* unschwer erkennen.

Entscheidungen als realwissenschaftliche Probleme

«Wenn Wirtschaften Wählen heißt, und wenn Wählen in enger Beziehung zu Entscheiden gesehen werden kann, dann hat sich die Betriebswirtschaftslehre schon immer mit Entscheidungen von Menschen in Unternehmungen befasst» (Heinen [Entscheidungsorientierter Ansatz] 21). Mit diesen Worten leitet *Heinen* einen programmatischen Aufsatz ein. Dennoch, so wird an anderer Stelle ausgeführt, gibt es einen bemerkenswerten Unterschied gegenüber den Forschungsbemühungen in der Vergangenheit: «Neu und für die Zukunft richtungsweisend ist nicht so sehr die Tatsache, **dass** sich die Betriebswirtschaftslehre mit Entscheidungen befasst, sondern die Art und Weise, **wie** sie Entscheidungen untersucht» (Heinen [Wissenschaftsprogramm) 208).

Die Hinwendung zu den sozialwissenschaftlichen Nachbardisziplinen und die damit einhergehenden Problemverschiebungen kommen in der folgenden Passage (programmatisch) zum Ausdruck (Heinen [Grundfragen] 395 f.):

> «Die **entscheidungsorientierte Betriebswirtschaftslehre** entlässt ... den ‹homo oeconomicus› der klassischen Mikroökonomie in das Reich der Fabel. Ihre Analyse des Entscheidungsverhaltens basiert auf Grundmodellen des Menschen, der Organisation und der Gesellschaft. Supradisziplinäre Konzepte (zum Beispiel Entscheidungs- und Systemtheorie) und betriebswirtschaftlich relevante Erkenntnisse vor allem der sozialwissenschaftlichen Nachbardisziplinen (zum Beispiel Sozialpsychologie, Soziologie, Psychologie, Politikwissenschaft, Volkswirtschaftslehre) sowie der Mathematik bilden das wissenschaftliche Fundament dieser Grundmodelle.»

Um betriebswirtschaftliche Probleme unter Entscheidungsaspekten zu erfassen, wird u.a. eine **Unterteilung in Ziel- und Mittelentscheidungen** vorgenommen. Erstere betreffen Festlegungen darüber, «welche Ziele durch die betriebswirtschaftliche Betätigung zu erreichen sind» (Heinen [Einführung] 19). Bei Letzteren geht es um die Frage, wie – d.h. mit Hilfe welcher Mittel – die solchermaßen festgelegten Ziele erreicht werden können.

Gegenüber der vormals üblichen Betrachtungsweise liegt hier in der Tat eine bemerkenswerte Perspektiven- bzw. Problemverschiebung vor. Ziele werden nicht einfach in Form von Gewinnmaximierung (oder Kostenminimierung) ‹gesetzt›, sondern als in Erfahrung zu bringende Tatbestände betrachtet. Bei *Heinen* ([Einführung] 110 ff.) finden sich die folgenden Ziele:

- Gewinn-, Umsatz- und Wirtschaftlichkeitsstreben,
- Sicherheitsstreben (Unternehmenspotenzial, Liquidität),
- sonstige Ziele (Prestige, Macht u. ä.).

Mit Letzteren sind teilweise Dinge angesprochen, die die **Beweggründe individuellen Verhaltens** betreffen. Kann das Streben nach Gewinn oder Umsatz noch mit einiger Berechtigung der Unternehmung, dem Betrieb oder dem Wirtschaftsgebilde zugeschrieben werden, so ist dies beispielsweise im Hinblick auf das Streben nach Prestige oder Macht kaum mehr sinnvoll. In beiden Fällen sind **Individualziele** angesprochen. Man mag daraus entnehmen, dass die im ersten Moment so plausibel erscheinende Vorstellung, Unternehmungen bzw. Wirtschaftsgebilde würden Ziele verfolgen, weiterführende Fragen aufwirft.

Dem damit angeschnittenen Verhältnis zwischen individuellen und organisationalen Zielen ist, was das entscheidungsorientierte Programm anbelangt, insbesondere von *Werner Kirsch* ([Entscheidungsprozesse, Bd. 3] 110 ff.) nachgegangen worden. Der Grundgedanke ist folgender: Die am betrieblichen Geschehen beteiligten Individuen formulieren zunächst einmal Ziele **für** die Organisation. Sie sind Ausdruck persönlicher Bestrebungen, werden als solche aber häufig nicht zu erkennen gegeben:

«Ziele für die Organisation und Individualziele stimmen zwar bisweilen überein. Meist versucht jedoch das Individuum, seine Individualziele zu verschleiern, wenn es Ziele für die Organisation formuliert. Das Individualziel mag beispielsweise in dem Streben nach persönlichem Prestige bestehen. Das diesem Individualziel entspringende öffentlich formulierte Ziel für die Organisation kann dagegen eine Ausweitung des Marktanteils für einen bestimmten Absatzsektor zum Inhalt haben» (Kirsch [Entscheidungsprozesse, Bd. 3] 132).

Ob derartige Ziele **für** die Organisation auch zu Zielen **der** Organisation werden, hängt vom Ausmaß der **Macht** ab, über das die am betrieblichen Geschehen Beteiligten verfügen. Einer mit nur geringer Macht ausgestatteten Person oder Gruppe wird es also kaum gelingen, weitreichenden Einfluss auf die tatsächlichen Ziele einer Unternehmung zu gewinnen. Solche Überlegungen lassen exemplarisch erkennen, dass und in welcher Form sozialwissenschaftliche Fragestellungen in die neuere Betriebswirtschaftslehre Eingang finden.

Erklärungs- und Gestaltungsaufgaben

Die entscheidungsorientierte Betriebswirtschaftslehre *Heinen*scher Prägung erhebt den Anspruch, **zwei Wissenschaftsziele** zu verfolgen. Dabei wird – durchaus in Übereinstimmung mit der großen Mehrheit der Fachvertreter – von einer **Dienstleistungsfunktion der Betriebswirtschaftslehre gegenüber der betrieblichen Praxis** ausgegangen:

«Das Bemühen der Betriebswirtschaftslehre ist letztlich darauf gerichtet, Mittel und Wege aufzuzeigen, die zur Verbesserung der Entscheidungen in der Betriebswirtschaft führen. Sie will durch die Formulierung entsprechender Verhaltensnormen den verantwortlichen Disponenten Hilfestellung leisten. Dieses Bestreben gipfelt in der Entwicklung von Entscheidungsmodellen zur Ableitung ‹optimaler› oder ‹befriedigender› Lösungen» (Heinen [Wissenschaftsprogramm] 209 f.).

Diese Passage liefert einen ersten Hinweis auf Vorstellungen von der **Gestaltungsaufgabe** der Betriebswirtschaftslehre. Sie lässt zugleich erahnen, weshalb das Fach vielfach als **praktisch-normative Wissenschaft** aufgefasst wird. Ihr vorgelagert sieht *Heinen* die **Erklärungsaufgabe**, und zwischen beiden Wissenschaftszielen wird die folgende Beziehung hergestellt:

«Die Gestaltung eines Entscheidungsfeldes setzt eine deskriptive Analyse der in diesem Entscheidungsfeld enthaltenen Tatbestände und Zusammenhänge voraus. Eine solche ‹Erklärung› des Entscheidungsfeldes steht im Mittelpunkt der Erklärungsfunktion der praktisch-normativen Betriebswirtschaftslehre. Es werden Erklärungsmodelle entwickelt, die die zur Verfügung stehenden Alternativen und die für die Prognose der Konsequenzen und Zulässigkeit der Alternativen maßgeblichen Gesetzmäßigkeiten bzw. Daten ‹abbilden›» (Heinen [Einführung] 24).

Wenn wir uns an die einführenden Überlegungen zu den grundsätzlichen Zielsetzungen von Wissenschaft erinnern (vgl. Abschn. 2.1.1 und 2.1.2), so lässt sich die Erklärungsaufgabe als kognitives Ziel, die Gestaltungsaufgabe als praktisches Ziel interpretieren. *Heinen*s Programmatik liegt also ganz auf dieser Linie. Das bedeutet jedoch nicht, dass auf dieser Grundlage auch für methodologisch und inhaltlich befriedigende Lösungen gesorgt ist. Die folgenden Ausführungen werden dies demonstrieren.

Problematische Vorstellungen von der Erklärungsaufgabe

Innerhalb der empirischen Wissenschaften, die auch als Erfahrungs-, Real- oder Wirklichkeitswissenschaften bezeichnet werden, wird Erklärungen ein hoher Stellenwert beigemessen. Wie in Abschnitt 2.1.1 zu erfahren war, geht es dabei darum, einen zu erklärenden Sachverhalt aus theoretischen Gesetzmäßigkeiten und gewissen Rand- oder Anfangsbedingungen auf logisch-deduktivem Weg abzuleiten.

Ganz in diesem Sinne äußert sich auch *Heinen*: Eine wissenschaftliche Erklärung «soll die Frage beantworten, warum dieses oder jenes Ereignis eingetreten ist bzw. eintreten wird. Voraussetzungen hierfür sind generelle Annahmen (Gesetzeshypothesen). Diese bringen zum Ausdruck, dass unter bestimmten Bedingungen (Ursachen) bestimmte Konsequenzen (Wirkungen) zu erwarten sind. Wissenschaftliche Erklärungen sind logische Ableitungen des klarzulegenden Phänomens oder Satzes (Explanandum) aus erläuternden konkreten Bedingungen (Antecedensbedingungen) und Gesetzmäßigkeiten. Diese bilden zusammen das Explanans» (Heinen [Einführung] 24).

Es ist nun aufschlussreich, das Beispiel zu analysieren, anhand dessen im Folgenden der Prozess der Erklärung verdeutlicht wird. *Heinen* wählt ein typisch betriebswirtschaftliches Problem aus: «Eine Unternehmung sei illiquide, d. h. sie kann ihren Zahlungsverpflichtungen nicht mehr nachkommen. Diese Tatsache stellt das zu erklärende Phänomen dar (Explanandum). Eine Analyse der Vergangenheit der Unternehmung bringe unter anderem zutage, dass die Unternehmung keine Liquiditätsreserven besaß. Diese Tatsache ist eine erklärende konkrete Bedingung (Antecedensbedingung). Ein allgemeines betriebswirtschaftliches Gesetz besage nun, dass Unternehmungen illiquide werden, wenn sie keine Liquiditätsreserven besitzen. Dieses Gesetz ‹erklärt› zusammen mit der so genannten Antecedensbedingung die Illiquidität der betrachteten Unternehmung» (Heinen [Einführung] 24).

Nun muss hier einfach festgestellt werden, dass das «allgemeine betriebswirtschaftliche Gesetz», von dem oben die Rede ist, überhaupt nichts mit den für realwissenschaftliche Erklärungen benötigten allgemeinen Gesetzesaussagen zu tun hat. Es handelt sich vielmehr um eine **juristische Norm**, eine Regelung also, die von Menschen erdacht wurde, um in ihre sozialen Beziehungen eine gewisse Ordnung hineinzubringen. Derartige ‹Gesetze› vermögen an der Realität auch nicht zu scheitern. Man kann sie lediglich wieder außer Kraft setzen. Das liegt beispielsweise dann nahe, wenn sich herausstellt, dass sie die ihnen zugedachten Ordnungsfunktionen nicht erfüllen. Bei Gesetzmäßigkeiten im realwissenschaftlichen Sinn ist Derartiges natürlich nicht möglich.

Sollte man über derlei Ungereimtheiten stillschweigend hinweggehen? Dies wäre nicht angemessen, denn die Art und Weise, wie die Betriebswirtschaftslehre ihre Erklärungsaufgabe zu erfüllen vermag, setzt voraus, dass man sich zunächst einmal Gedanken darüber macht, innerhalb welchen Bereichs überhaupt sinnvollerweise nach theoretischen Gesetzmäßigkeiten zu suchen ist. (Die Antwort, die das verhaltenstheoretische Programm gibt, sei hier vorweggenommen: Im Bereich des menschlichen Verhaltens; vgl. hierzu insbes. Abschn. 3.3.2) Wenn dabei u. a. an juristische (oder sonstige) Normen gedacht wird, wenn, wie andernorts nachweisbar (Heinen [Entscheidungstheorie] 1534), Definitionen gar mit Erklärungen verwechselt werden, dann muss das kognitive Ziel zwangsläufig unerreichbare Fiktion bleiben, und wohl nicht ganz zufällig klingt dies bei *Heinen* auch an: «Allerdings gelingt es bisher erst in wenigen Bereichen der Betriebswirtschaftslehre, zuverlässige und relativ dauerhafte Gesetzesketten von empirisch überprüften Ursache-Wirkungsbeziehungen zu erkennen» (Heinen [Einführung] 25). Welche «wenigen Bereiche der Betriebswirtschaftslehre» gemeint sind, in denen bislang Gesetzesketten der erwähnten Art entdeckt wurden, geht aus den weiteren Ausführungen übrigens nicht hervor.

Betriebswirtschaftslehre als wertfreie, praktisch-normative Disziplin?

Abschließend ist *Heinens* Interpretation der entscheidungsorientierten Betriebswirtschaftslehre als **praktisch-normative**, gleichzeitig aber **wertfreie** Wissenschaft (Heinen [Einführung] 23 ff.) einer kritischen Analyse zu unterziehen. Es handelt sich um eine Auffassung, die dem Alltagsverständnis sehr entgegenkommt, wonach eine praxisorientierte Wissenschaft **Empfehlungen für praktisches Handeln** geben müsse. Letztere beziehen sich auf die Mitteleinsätze und sind Ausdruck der praktischen Normativität. Ganz in diesem Sinn wird die Aufgabe des so genannten entscheidungsorientierten Programms dahingehend festgelegt, Aussagen darüber abzuleiten, «wie das Entscheidungsverhalten der Menschen in der Betriebswirtschaft sein soll, wenn diese bestimmte Ziele bestmöglich erreichen wollen.» Die Abgabe von Werturteilen sei dabei gleichwohl **nicht** erforderlich, denn es werde darauf verzichtet, «neben Empfehlungen zur Erreichung bestimmter Ziele auf Empfehlungen über zu verfolgende Ziele, etwa auf Grund der ethischen Einstellung des Forschers, zu geben» (Heinen [Wissenschaftsprogramm] 209).

Die offenkundige Plausibilität dieses Gedankengangs verdeckt, dass sich damit sowohl eine Überschätzung als auch eine Unterschätzung des **Wertfreiheitspostulats** (vgl. Abschn. 3.1.3) verbindet. Was zunächst die Unterschätzung angeht, so kann festgestellt werden, dass man sich in einer Realwissenschaft als Fachvertreter keineswegs an die in der Realität vorfindbaren Zielvorstellungen halten muss. Seitens der Wissenschaft können durchaus Ziele zur Diskussion gestellt werden, die in der (betrieblichen) Praxis bislang vielleicht keine oder lediglich eine untergeordnete Rolle spielen. In gewisser Weise sind Wissenschaftler dazu sogar prädestiniert, denn gegenüber Praktikern befinden sie sich in der vorteilhaften Situation, größeren Abstand von den so genannten ‹Sachzwängen› des Alltags zu haben.

Derartigen Argumenten hat *Heinen* in späteren Publikationen Rechnung getragen, wenn beispielsweise gesagt wird, es könnten «auch mögliche, d. h. in der betriebswirtschaftlichen Praxis noch kaum oder gar nicht vorfindbare Ziele Grundlage der Modellbildung sein» (Heinen [Einführung] 23). Wie aber steht es mit der erwähnten Überschätzung des *Weber*schen Postulats? Kann ein Wissenschaftler tatsächlich – und vor allem: guten Gewissens – Empfehlungen aussprechen?

Um darauf eine Antwort geben zu können, stelle man sich eine Situation vor, in der ‹Empfehlungen› an der Tagesordnung zu sein scheinen: die des Beraters, wie sie sich ja gerade für Wirtschaftswissenschaftler nicht selten ergibt (vgl. hierzu ausführlich Schanz [Methodologie] 104 ff.). Dazu ist in aller Kürze Folgendes festzustellen:

Das Interesse des Rat suchenden Praktikers beschränkt sich ausschließlich auf **Informationen** über prinzipielle Handlungsmöglichkeiten. Seitens des Beratenden heißt dies allerdings auch, die mit praktischen Handlungen verbundenen Nebenwirkungen – so weit dies möglich ist – in die Beratung einzubringen.

Bei der Formulierung solcher Aussagen sind Wertungen nicht erforderlich. (Es sei denn, man bezeichnet Informationen über Handlungsmöglichkeiten als **sekundäre Werturteile**, was jedoch missverständlich ist und an der Sachlage ohnehin nichts ändert.) Für eine so interpretierte (konstruktiv-kritische) Beratung ist der Wissenschaftler auch vergleichsweise gut gerüstet. Empfehlungen – und diese müssten ja irgendwelche Präskriptionen bzw. Wertungen enthalten – sind dazu keineswegs erforderlich.

Schließlich ist auch Folgendes zu bedenken: Die Legitimation für seine Beratungstätigkeit leitet sich ausschließlich aus der **Sachkompetenz** des Wissenschaftlers ab, die auf dem **Informationsvorsprung** basiert, den er (hoffentlich) hat. In der Beratungssituation mag dabei, werden solche Informationen zur Verfügung gestellt, immer wieder von ‹Empfehlungen› die Rede sein. Dieser Tatbestand braucht aber nicht davon abzuhalten, die Sachlage unabhängig von alltagssprachlichen Kategorien zu rekonstruieren. In einer Wissenschaft ist dies sogar notwendig.

Angesichts der recht kritischen Anmerkungen zu einigen Aspekten des entscheidungsorientierten Programms (in der von *Heinen* vertretenen Fassung) darf nicht untergehen, dass das **heuristische Potenzial** dieses Ansatzes beträchtlich ist: Die einseitig ökonomi(sti)sche Betrachtung des betriebswirtschaftlichen Erkenntnisobjekts hat damit in Form einer sozial-ökonomischen Perspektive Konkurrenz bekommen; die Betriebswirtschaftslehre ist seither auf dem Weg, die Öffnung zu den sozialwissenschaftlichen Nachbardisziplinen zu vollziehen.

3.2.3   Hans Ulrich: Betriebswirtschaftslehre in systemtheoretisch-kybernetischer Perspektive

Parallel zu dem Bemühen, eine so genannte entscheidungsorientierte Betrachtungsweise zu entwickeln, wandten sich ab Mitte der 60er Jahre verschiedene Fachvertreter dem **Systemdenken** zu. Dabei wurden die Grenzen zwischen diesen beiden Perspektiven nicht scharf gezogen, was etwa bei *Heinen* wie folgt zum Ausdruck kommt: «Der entscheidungsorientierte Ansatz der Betriebswirtschaftslehre betrachtet die Betriebswirtschaft» – gemeint ist der Betrieb bzw. die Unternehmung – «als äußerst komplexes, offenes soziales System mit einer Reihe funktionaler Subsysteme» (Heinen [Entscheidungsorientierter Ansatz] 25). «Es fällt nicht schwer», so auch in einer späteren Veröffentlichung nachzulesen, «Entscheidungsprozesse und deren Wirkungen anhand eines systemorientierten Bezugsrahmens zu beschreiben ... Für die entscheidungsorientierte Betriebswirtschaftslehre führt an einer Systembetrachtung – sowohl im Rahmen der Erklärungs- als auch der Gestaltungsaufgabe – kein Weg vorbei» (Heinen [Wandlungen] 57).

Bei *Hans Ulrich* ist die ‹systemhafte› Problemsicht am konsequentesten ausgeprägt, insbesondere in der 1968 in erster Auflage erschienenen Schrift mit dem programmatischen Titel «Die Unternehmung als produktives soziales System».

Bei *Ulrich*s Entwurf handelt es sich um eine **sozialkybernetische Version** des Systemansatzes. Daneben trifft man auf verschiedene an rein technischen Regelungsproblemen ausgerichtete Spielarten, deren Ansprüche jedoch von vornherein weniger weitgesteckt sind. Es erscheint daher zulässig, wenn sich die folgenden Ausführungen auf Darstellung und Kritik der von *Ulrich* konzipierten **systemorientierten Betriebswirtschaftslehre** beschränken. In jüngerer Zeit ist dieses Konzept in Richtung auf eine **Managementlehre** ausgebaut bzw. umgedeutet worden.

Das betriebswirtschaftliche Erkenntnisobjekt in systemtheoretisch-kybernetischer Perspektive

Dass der die Betriebswirtschaftslehre primär interessierende Gegenstand – die Unternehmung, der Betrieb bzw. die Wirtschaftsorganisation – als ein ‹System› begriffen werden kann, zeigt die von *Ulrich* zugrunde gelegte definitorische Festlegung (Ulrich [Unternehmung] 105):

> «Unter einem **System** verstehen wir eine geordnete Gesamtheit von Elementen, zwischen denen irgendwelche Beziehungen bestehen oder hergestellt werden können.»

Bei einer derart allgemein gehaltenen Betrachtungsweise erscheinen Systeme demnach als nahezu alles, was man sich an real existierenden Gegenständen vorstellen kann. Es dürfte nicht schwer sein, stets Teile bzw. Elemente zu entdecken, zwischen denen irgendwelche Beziehungen bestehen, so dass insofern auch eine gewisse Struktur bzw. Ordnung vorliegt. Auf Besonderheiten betriebswirtschaftlich relevanter Systeme verweist *Ulrich* mit Hilfe der Merkmale ‹produktiv› und ‹sozial›. Das bedeutet zunächst einmal eine beträchtliche Problemverschiebung gegenüber der Lehre vom Kombinationsprozess der Produktionsfaktoren, wo ganz eindeutig der «produktionstheoretische Standpunkt» dominiert. Dieser Aspekt wird von *Ulrich* zwar durchaus bedacht, gleichzeitig aber die damit verbundene Einengung aufgegeben: Unternehmungen sind sowohl **produktive** als auch **soziale** Systeme. (Eine andere Frage ist es, wie diese Idee konkret ausgefüllt wird.)

Die Unternehmung wird nun nicht als System schlechthin, sondern als **Regelsystem** begriffen. Hier wird dann gleichzeitig deutlich, weshalb oben von einem sozial-kybernetischen Ansatz gesprochen wurde, denn bei der **Kybernetik** handelt es sich um eine allgemeine Regelungslehre. Und dass es nahe liegt, sie für die Betriebswirtschaftslehre fruchtbar zu machen, ist einigermaßen offensichtlich: Wirtschaftsorganisationen sind Gebilde, die der Lenkung und Steuerung bedürfen.

Freilich sind nicht nur Wirtschaftsorganisationen, sondern zahlreiche andere Institutionen steuerungsbedürftig. *Ulrich* trägt dem in späteren Publikationen dadurch Rechnung, dass nicht lediglich von (systemorientierter) Betriebswirtschaftslehre, sondern von (systemorientierter) **Managementlehre** gesprochen und eine beträchtliche Erweiterung der Erkenntnisperspektive vorgenommen wird:

> «Im Unterschied zu den meisten Autoren der Managementlehre, welche ihre Aussagen auf privatwirtschaftliche Unternehmungen beziehen, fassen wir den Objektbereich, der eine Managementlehre interessieren muss, viel weiter auf; er umfasst alle zweckgerichteten Institutionen der menschlichen Gesellschaft» (Ulrich [Management] 133).

In welchem Sinn die Institution «Unternehmung» als regelungsbedürftiges System betrachtet werden kann, lässt sich Abbildung 2.5 entnehmen (gegenüber Ulrich [Unternehmung] 126 leicht abgewandelt).

Diese Interpretation des Unternehmensgeschehens soll im Folgenden kurz erläutert werden. Innerhalb des ‹normalen› betrieblichen Geschehens genügt es, gewisse **Korrekturentscheidungen** zu treffen. Das geschieht dadurch, dass die Ergebnisse des Betriebsprozesses (Output) erfasst und mit einem Sollwert (z. B. einem bestimmten Qualitätsstandard der Produkte) verglichen werden. Eine Entscheidungsinstanz nimmt ggf., d. h. wenn keine besonders großen Abweichungen zu verzeichnen sind, die erwähnten Korrekturentscheidungen vor. Derartige Prozesse vollziehen sich unterhalb der Ebene der Unternehmensführung.

Nun ist es möglich, dass es zu dauerhaften, starken Störungen kommt, die sich mit Hilfe von einfachen Korrekturentscheidungen nicht beseitigen lassen. Hier müssen **Anpassungsentscheidungen** durch die zielsetzende Instanz, die an der Spitze der

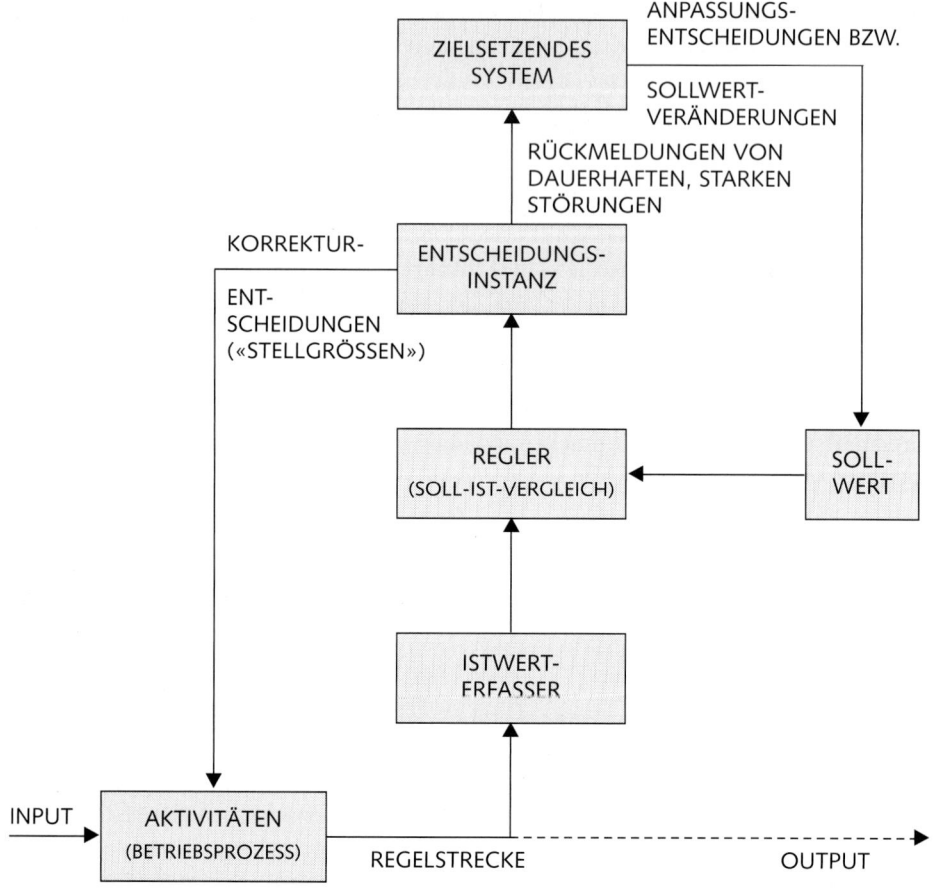

Abbildung 2.5: Einfache Anpassung eines Regelsystems durch Anpassungsentscheide des zielsetzenden Systems

Unternehmung stehenden Personen also, getroffen werden. Auf diese Weise entsteht ein zweiter Regelkreis, und es kommt ggf. zur Formulierung eines neuen Sollwerts, der fortan die Grundlage für Vergleiche mit den tatsächlich realisierten Ergebnissen (Istwert) bildet.

Was wird durch eine derartige Interpretation betrieblicher Sachverhalte gewonnen? Zunächst lässt sich die **Steuerungs-, Lenkungs- oder Führungsproblematik** sehr gut erkennen. Ferner wird berücksichtigt, dass Wirtschaftsorganisationen Gebilde darstellen, die in eine größere Umwelt ‹eingebettet› sind und mithin **auf Umwelteinflüsse reagieren müssen** (wobei durchaus auch an eine aktive Gestaltung dieser Umwelt zu denken ist). All dies führt zu der Vorstellung, dass es sich bei dem betriebswirtschaftlichen Erkenntnisobjekt um ein prinzipiell **offenes System** handelt.

Welcher Stellenwert dieser Perspektive zukommt, lässt sich allerdings erst anhand ihrer inhaltlichen Ausfüllung beurteilen. Aufschlussreiche erste Hinweise darauf ergeben sich, wenn das vom systemorientierten Programm favorisierte Wissenschaftsziel analysiert wird. Dabei erweist es sich als zweckmäßig, die Abschnittsüberschrift in die Form einer Frage zu kleiden.

Welche Ziele verfolgt das systemorientierte Programm?

Mit nahezu allen Fachvertretern (den Verfasser dieses Beitrags eingeschlossen) ist sich *Ulrich* darin einig, dass die wohl wesentlichste Aufgabe der Betriebswirtschaftslehre darin besteht, der betrieblichen Praxis Lösungshilfen zur Verfügung zu stellen. Dieses Anliegen kommt etwa in der Formulierung zum Ausdruck, die Disziplin könne «aufgefasst werden als Wissenschaft, welche in ihrem praktischen Ziel danach strebt, ... Methoden zur Lösung von Problemen anzubieten ...» (Ulrich [Unternehmung] 160).

Der Weg, wie dieses Ziel erreicht werden soll, ist bei *Ulrich* allerdings nicht ganz einfach zu rekonstruieren, denn er hat seine diesbezüglichen Auffassungen mehrmals revidiert. Im Folgenden soll versucht werden, *Ulrich*s Argumente nachzuvollziehen. Es ist aber auch ihre Stichhaltigkeit kritisch zu prüfen. Die Legitimation dazu liefert der Wegbereiter des Systemdenkens innerhalb der deutschsprachigen Betriebswirtschaftslehre übrigens selbst: «Jeder Ansatz stellt ja ein Vor-Urteil dar, mit dem der wissenschaftliche Erkenntnisprozess in Angriff genommen wird, und er begrenzt zwangsläufig die möglichen Erkenntnisse, die man durch diesen Prozess gewinnen wird» (Ulrich [Systemorientierter Ansatz] 43).

In der schon mehrfach herangezogenen Studie «Die Unternehmung als produktives soziales System» heißt es beispielsweise, im Zusammenhang mit der Aufgabe des rationalen Gestaltens seien Methoden zu entwickeln, die es erlauben, die «möglichen oder tatsächlichen komplexen Geschehnisse zu analysieren und nach Ursache-Wirkungs-Zusammenhängen zu suchen». An anderer Stelle wird beklagt, «die These vom grundlegend verschiedenen Charakter von Geistes- und Naturwissenschaften – wobei die Wirtschaftswissenschaften zu den Geisteswissenschaften gehören sollen – ... hat der Betriebswirtschaftslehre den Zugang zu den in den Naturwissenschaften längst üblichen und bewährten Methoden der Erkenntnisgewinnung verbaut» (Ulrich [Unternehmung] 160 und 14 f.). Derartige programmatische Aussagen lassen sich nur so interpretieren, dass der Gestaltung die Erklärung des realen Geschehens **vorgelagert** ist oder ihr zumindest an die Seite gestellt werden muss.

Bei dieser Sicht der Dinge ist es allerdings nicht geblieben. In einem 1971 erschienenen Aufsatz wird die ursprüngliche Position praktisch völlig aufgegeben. Unter Berufung auf einen «neuen Pragmatismus» stellt *Ulrich* fest:

«Die Betriebswirtschaftslehre ist m.E. primär eine Gestaltungslehre, die sich von den Naturwissenschaften grundlegend durch ihre auf Zukunftsgestaltung und nicht auf Erklärung ausgerichtete Zielvorstellung, von den Ingenieurwissenschaften jedoch ‹nur› dadurch unterscheidet, dass sie nicht technische, sondern soziale Systeme mit bestimmten Eigenschaften entwerfen will» (Ulrich [Systemorientierter Ansatz] 47).

Nun spricht tatsächlich Einiges dafür, in der Betriebswirtschaftslehre «primär eine Gestaltungslehre» zu erblicken. Es fragt sich allerdings, wie es um die Leistungsfähigkeit und um den praktischen Nutzen bestellt ist, wenn die Gestaltungslehre **ohne** Erklärungsgrundlage bleibt. Eine Antwort darauf wurde bereits in Abschnitt 2.1.2 gegeben.

Später hat *Ulrichs* Programm weitere Korrekturen erfahren. So ist in einem 1976 erschienenen Aufsatz nicht mehr von dem erwähnten «neuen Pragmatismus» die Rede. Als methodologische Basis erscheint nun vielmehr die «evolutionistische Theorie des Wissens» und, darauf aufbauend, eine «Lehre vom Primat der Theorie» (Ulrich u. a. [Praxisbezug] 140 ff.), während noch 1971 eine derartige Vorgehensweise als «Produktionsumweg» (Ulrich [Systemorientierter Ansatz] 46) klassifiziert wurde. Aufgrund dieser Problemverschiebung begreift sich der (solchermaßen revidierte) Systemansatz bzw. die systemorientierte Managementlehre «als Mittler zwischen Theoriebildung und Grundlagenforschung einerseits und zwischen Theorie und Unternehmenspraxis andererseits» (Ulrich u. a. [Praxisbezug] 149). – Eine deutlichere Abkehr von der ursprünglichen methodologischen und erkenntnistheoretischen Position kann man sich kaum vorstellen.

Später wurde allerdings auch diese Position revidiert. In einem Aufsatz, in dem *Ulrich* den Weg von der Betriebswirtschaftslehre zur **systemorientierten Managementlehre** skizziert und dabei auch zu Protokoll gibt, «von welchem Wissenschaftsbild ich selbst heute(!) ausgehe im Versuch, die Probleme der Managementlehre in den Griff zu bekommen» (Ulrich [Managementlehre] 184), wird u. a. «zu zeigen versucht, dass angewandte oder anwendungsorientierte Wissenschaften einen ganz anderen Charakter haben als theoretische Disziplinen» (Ulrich [Managementlehre] 177):

- In den theoretischen Wissenschaften entstehen die Probleme in den Wissenschaften selbst, in den anwendungsorientierten entstehen sie in der Praxis.
- Die Probleme der theoretischen Wissenschaften sind disziplinär, die der anwendungsorientierten a-disziplinär.
- Die Forschungsziele der theoretischen Wissenschaften betreffen Theorieentwicklung und Theorieprüfung sowie das Erklären der bestehenden Wirklichkeit, die der anwendungsorientierten das Entwerfen möglicher Wirklichkeiten.
- Die angestrebten Aussagen der theoretischen Disziplinen sind deskriptiv und wertfrei, die der anwendungsorientierten normativ-wertend.
- In den theoretischen Wissenschaften fungiert die Wahrheit als Forschungsregulativ, in den angewandten die Nützlichkeit.

- Als Fortschrittskriterien gelten in den theoretischen Wissenschaften Allgemeingültigkeit, Bestätigungsgrad, Erklärungs- und Prognosekraft von Theorien, in den anwendungsorientierten praktische Problemlösungskraft von Modellen und Regeln.

Für *Ulrich* ist klar, dass die systemorientierte Managementlehre ganz unzweideutig in die Gruppe der anwendungsorientierten Wissenschaften (im beschriebenen Sinn) gehört, und wer seine Problemsicht nicht hinterfragt, wird vermutlich keinen Anlass sehen, die Plausibilität der Gegenüberstellung anzuzweifeln. Bei einer **kritischen Analyse** stellt sich jedoch sehr schnell heraus, dass – und dies gilt Punkt für Punkt – daran Einiges zutreffend, das Meiste jedoch viel zu undifferenziert oder sogar völlig abwegig ist:

- Bei der Verfolgung des theoretischen Wissenschaftsziels geht es keineswegs lediglich darum, die **bestehende** Wirklichkeit zu erklären, denn Theorien informieren nicht nur über Gegebenes, sondern auch über zukünftig Mögliches. Das in ihnen gespeicherte Wissen kann mithin gerade auch zur Praxisverbesserung verwandt werden. Mehr noch: Häufig handelt es sich sogar um eine wesentliche Voraussetzung dafür. (Andere Voraussetzungen sind insbesondere das prinzipielle Wollen der Menschen sowie die Verfügbarkeit der dazu benötigten Ressourcen.)

- Die Möglichkeiten einer (im wohlverstandenen Sinn) wertfrei betriebenen Wissenschaft werden von *Ulrich* unterschätzt bzw. nicht zur Kenntnis genommen.

- Theoretische Probleme können, wofür es unzählig viele Beispiele gibt, durchaus in der Praxis entstehen.

- Zwischen dem die Wissenschaft insgesamt leitenden Wahrheitsstreben und dem Interesse des Praktikers an nützlichen Problemlösungen gibt es vielfältige (und keineswegs nur schwache) Berührungspunkte.

- Die praktische Problemlösungskraft von Modellen und Regeln lässt sich auf der Grundlage einer theoretischen Analyse der Anwendungsbedingungen beträchtlich erweitern.

Der Katalog möglicher Einwendungen gegen ein **zweigeteiltes Wissenschaftsbild** ließe sich (mühelos) noch um den einen oder anderen Punkt erweitern. Statt dessen soll im Weiteren geprüft werden, was von *Ulrich*s «systemischer Perspektive» zu erwarten ist.

Leistungsfähigkeit von Systemtheorie und Kybernetik

Systemtheorie und Kybernetik sind Grundbausteine des hier zur Diskussion stehenden Programms. Durch ihre Einbeziehung wird die Interdisziplinarität der Betriebswirtschafts- bzw. Managementlehre gewissermaßen auf eine (noch) breitere Basis gestellt. Folgen wir zunächst *Ulrich*s Ausführungen zum Charakter der **Systemtheorie:**

«Die Systemtheorie ist viele Stufen abstrakter und inhaltloser als jede andere übliche Wissenschaft ... Sie ersetzt keine bestehende Wissenschaft, sondern bringt in diese nur eine neue Perspektive ein und führt damit zu neuen Fragestellungen und neuen Erkenntnissen» (Ulrich [Managementlehre] 181).

Und zur **Kybernetik** heißt es:

«Dieses Teilgebiet der Systemtheorie befasst sich mit einem bestimmten Phänomen, das überall in der Natur und der Gesellschaft vorkommt, demjenigen der Lenkung, dem unter Kontrolle halten von Zuständen. Sie ist also durchaus eine empirische Wissenschaft, aber mit einem Problembereich, der gewissermaßen quer liegt zu allen üblichen wissenschaftlichen Disziplinen» (ebenda).

Im Weiteren soll der Frage nachgegangen werden, ob Systemtheorie und Kybernetik tatsächlich geeignet sind, die realwissenschaftliche Theoriebildung und die Erklärungsaufgabe der Betriebswirtschaftslehre zu erübrigen. In diesem Fall spräche in der Tat Einiges dafür, die von *Ulrich* so nachhaltig betonte Einengung auf die Gestaltungsaufgabe vorzunehmen.

Von der Systemtheorie muss man zunächst wissen, dass es sich dabei in erster Linie um eine bestimmte Sprache zur **Beschreibung** von sehr vielen realen Erscheinungen handelt. So unterschiedlich diese im Einzelnen auch sein mögen – Elemente und strukturelle Beziehungen sind fast stets vorhanden. In diesem Zusammenhang mag von Interesse sein, dass eine Zielsetzung der auf *Ludwig von Bertalanffy* zurückgehenden Allgemeinen Systemtheorie zeitweilig darin gesehen wurde, einen einheitlichen, an keine bestimmte wissenschaftliche Disziplin gebundenen **Begriffsapparat** zu schaffen. Das ist eine faszinierende Idee, denn eine derartige Einheitssprache würde die Verständigung innerhalb der Wissenschaft erheblich erleichtern. Ihre Anhänger betonen daher auch regelmäßig, erst die Systemtheorie ermögliche eine interdisziplinäre Vorgehensweise.

Wird die Realisierbarkeit solcher Vorstellungen überprüft, dann stößt man ziemlich schnell auf einen ernüchternden Tatbestand: Begriffe sind für die wissenschaftliche Analyse umso unbrauchbarer, je allgemeiner sie sind! (Bei Theorien ist es übrigens genau umgekehrt.) Das hängt damit zusammen, dass sich dahinter sehr verschiedene, vollkommen unterschiedlich funktionierende reale Gegenstände verbergen. Die einheitliche Terminologie ist eher dazu angetan, dies zu verschleiern. Wenn also gelegentlich festgestellt wird, der Systemansatz stelle «ein abstraktes interdisziplinäres Begriffssystem zur Verfügung, das nicht durch inhaltliche Vor-Urteile oder a-priori-Annahmen über die Wirklichkeit belastet ist» (Ulrich/Hill [Grundlagen] 172), so kann in dieser Eigenschaft keineswegs ein besonderer Vorzug erblickt werden. Dass dabei dennoch «Vor-Urteile» einfließen können, wird sich zeigen, wenn im Folgenden auf die in systemtheoretisch-kybernetischen Überlegungen häufig auftauchende **Idee des schwarzen Kastens** einzugehen ist.

Der Betriebsprozess als Black Box

Die Vorstellung, der eigentliche Betriebsprozess könne zum Zweck seiner Steuerung als Black Box betrachtet werden, präzisiert *Ulrich* wie folgt:

«Wir versuchen gar nicht, die Vorgänge im Innern des Systems im Einzelnen zu erfassen und entsprechende Ursache-Wirkungen-Beziehungen festzustellen, sondern begnügen uns mit dem, was wir von außen beobachten können: Inputs und Outputs. Das System selbst betrachten wir als etwas Unzugängliches, eben als schwarzen Kasten. Wir beobachten nun aber nicht nur die Ein- und Ausgänge, sondern wir manipulieren den Input und registrieren, was dabei als Output herauskommt» (Ulrich [Unternehmung] 132).

Die Darstellung lässt zunächst auf ziemlich offensichtliche Weise das (zeitweilige?) **technokratische Wissenschaftsverständnis** des Begründers der systemorientierten Betriebswirtschaftslehre erkennen. Wie aber ist es um dessen Leistungsfähigkeit bestellt? Kann auf dieser Basis das in den Mittelpunkt gestellte Gestaltungsziel tatsächlich erreicht werden?

Zunächst ist zuzugeben, dass Black-Box-Betrachtungen aus der Wissenschaft nicht wegzudenken sind. Im Hinblick auf den hier zu bewertenden Standpunkt muss allerdings gefragt werden, ob man es sich tatsächlich leisten kann, das System ‹Unternehmung› als «etwas Unzugängliches» zu betrachten. Mit Hilfe von «Input-manipulationen» – was immer das im Einzelnen heißen mag – wird man beispielsweise kaum dem für das betriebliche Geschehen so außerordentlich wichtigen Problem der individuellen Leistungsbereitschaft gerecht werden können. Hierzu ist theoretisches Wissen erforderlich, das gerade die im obigen Zitat erwähnten «Vorgänge im Inneren des Systems» betrifft. Wer meint, darauf verzichten zu können, muss letzten Endes mit negativen Konsequenzen im Hinblick auf die Qualität der Gestaltungsmöglichkeiten rechnen. Vor dem Hintergrund des erklärten Ziels des sozialkybernetischen Ansatzes – Praxisverbesserung nämlich – dürfte dem einige Bedeutung zukommen.

Dieses Analyseergebnis bedeutet keineswegs, dass die Disziplin auf systemtheoretisches und kybernetisches Gedankengut verzichten sollte. Es ist ja in der Tat wesentlich, ‹in Zusammenhängen zu denken›, um den verschiedenen Verflechtungen innerhalb einer Unternehmung und deren Umweltbeziehungen Rechnung zu tragen. Ferner spielen Rückkopplungsmechanismen verschiedenster Art im sozialen Bereiche eine zentrale Rolle – was übrigens schon seit 1776 bei *Adam Smith* nachgelesen werden kann.

Nicht nur der Hinweis auf den Begründer der Wirtschaftswissenschaft macht deutlich, dass die von *Ulrich* beklagte «hartnäckige Abneigung vieler Wirtschafts- und Sozialwissenschaftler, Systemtheorie und Kybernetik für sozialwissenschaftlich relevant zu halten» (Ulrich [Betriebswirtschaftslehre] 19), so nicht zutrifft. Vielleicht gibt es ja gute Gründe, die spezifische Art und Weise nicht mitzumachen, in der *Ulrich* systemtheoretische und kybernetische Aspekte ins Spiel zu bringen versucht …

In Gestalt der ökologisch verpflichteten Betriebswirtschaftslehre ist im Folgenden ein Ansatz vorzustellen, dem, ohne dass davon sonderlich viel Aufhebens gemacht wird, ebenfalls eine Systemperspektive zugrunde liegt. Es handelt sich sogar um eine besonders radikale Ganzheitsbetrachtung, geht es doch darum, die Beziehung zwischen dem Unternehmen und seiner natürlichen Umwelt zu reflektieren.

3.2.4   Umweltbezogenheit allen Wirtschaftens: Konturen einer ökologisch verpflichteten Betriebswirtschaftslehre

Unter dem Eindruck der fortschreitenden Zerstörung des natürlichen Lebensraums als Begleiterscheinung und Folge von Produktion und Konsum hat sich vor geraumer Zeit das ökologische Gewissen der Disziplin zu regen begonnen (Picot [Umweltbeziehungen]; Strebel [Umwelt]). Parallel dazu wurde ‹Umweltmanagement› von der Praxis zunehmend als Notwendigkeit erkannt. Dass in diesem Zusammenhang ‹systemisches Denken› angesagt ist, zeigt die folgende Passage. Sie entstammt einem von *Horst Bieber* verfassten Leitartikel (DIE ZEIT vom 6. 1. 1989, S. 1) und macht auf das Ausmaß der ökologischen Problematik und ihre ökonomischen Hintergründe nachdrücklich aufmerksam:

«Zum ersten Mal spüren wir die weltweite Verkettung von Ursachen und Wirkungen. Wenn für amerikanische Schnellimbisse brasilianische oder mittelamerikanische Tropenwälder vernichtet werden, damit dort Futter-Soja für Hamburger-Vieh angebaut werden kann, ändert sich das Klima, es kommt zu Jahrhundert-Dürren im amerikanischen Weizengürtel. Wenn in Nepal die Bergwälder verfeuert werden, leidet Bangladesch unter immer schlimmeren Überschwemmungen, weil das Regenwasser nun direkt abfließt. Wenn im äquatorialen Afrika der Wald abgeholzt wird, damit tropische Edelhölzer exportiert werden können, wächst die Wüste.»

Gelegentlich kann man sich allerdings des Eindrucks nicht erwehren, dass die **ökologische Öffnung** des Fachs etwas zu glatt erfolgt. Die vielbeschworene ‹Versöhnung von Ökonomie und Ökologie› mag als politischer Slogan taugen; für die Wissenschaft ist er vermutlich keine verlässliche Orientierungsleitlinie. Glücklicherweise fehlt es jedoch nicht an seriösen Bemühungen, die Umweltbezogenheit des Wirtschaftens zum betriebswirtschaftlichen Erkenntnisobjekt zu machen. Dieser Gegenstand ist sogar so zentral, dass er im Grunde genommen in **jedem** betriebswirtschaftlichen Wissenschaftsprogramm einen Platz finden müsste.

Schrittweise Hinwendung zur ökologischen Problematik

Die allmähliche Entdeckung der ökologischen Problematik ist gelegentlich – wohl bewusst etwas plakativ – mittels eines **Phasenschemas** der folgenden Art beschrieben worden (Günther [Umsetzung] 131 f.):

- Von der Unkenntnis zum Umweltinteresse (Anfang der 70er Jahre)
- Vom Umweltbewusstsein zur Umweltaktion (Anfang der 80er Jahre)
- Professionalisierung des Umweltschutzes (Ende der 80er Jahre)
- Umwelthysterie oder ökologische Organisationsentwicklung? (90er Jahre)

Innerhalb der Disziplin kommt vermutlich am ehesten dem *von Eberhard Seidel* und *Heiner Menn* konzipierten **Ansatz einer ökologisch orientierten** bzw., wie hier gesagt werden soll, einer **ökologisch verpflichteten Betriebswirtschaftslehre** programmatische Bedeutung zu. Er wird daher, angereichert durch verschiedene Ergänzungen, in den Mittelpunkt der folgenden Darstellung gestellt.

Anlass und Dringlichkeit der in ihrer Bezeichnung zum Ausdruck kommenden Ausrichtung des Fachs werden wie folgt beschrieben (Seidel/Menn [Betriebswirtschaft] 9):

> «Nachdem sich in den letzten Jahrzehnten die Betriebswirtschaftslehre sozialen Aspekten weit geöffnet hat, ist nunmehr ihre ökologische Öffnung das Gebot der Stunde. Es kann nicht länger angehen, dass Folgen des betrieblichen Wirtschaftens für die natürliche Umwelt von der Betriebswirtschaftslehre nur peripher oder gar nicht behandelt werden. Es gilt eine ökologisch orientierte und verpflichtete Fachdiskussion anzuregen und zu fördern.»

Die ökologisch verpflichtete Betriebswirtschaftslehre begreift sich nicht als globale Alternative, sondern als **Ergänzung** zu anderen Ansätzen. Wie hier einleitend ausgeführt wurde, muss im Grunde genommen jedwedes betriebswirtschaftliche Wissenschaftsprogramm neueren Datums für die ökologische Problematik offen sein. Die folgende Darstellung beschränkt sich zwangsläufig auf wenige Aspekte:

- auf Gründe für die lange Vernachlässigung der ökologischen Problematik durch die Ökonomik,
- auf einige methodologische und theoretische Aspekte und
- auf ausgewählte praktische Konsequenzen.

Wie es zur ökologischen Ignoranz der Wirtschaftswissenschaften kam

Warum standen sich, so soll eingangs gefragt werden, Ökonomie und Ökologie zwischenzeitlich beziehungslos gegenüber, obwohl sowohl von den Physiokraten als auch von den volkswirtschaftlichen Klassikern durchaus von einem **Naturbezug allen Wirtschaftens** ausgegangen wurde?

Seidel/Menn ([Betriebswirtschaft] 16 ff.) sind der Ansicht, dass es zur Lockerung bzw. zum Bruch dieses Bezuges erst im Zuge der **Industrialisierung** und der Art ihrer wissenschaftlichen Behandlung durch die **Neoklassik** kam. Die ökologische Problematik fiel jedoch nicht nur der für die Neoklassiker charakteristischen Art des Abstrahierens zum Opfer. Ursächlich dafür war zweitens die Betrachtung der natürlichen Umwelt als einem **freien Gut**, einem Gut, das in unbegrenzter Menge und kostenlos zur Verfügung steht.

Dass die für die neoklassische Ökonomik charakteristische Naturferne auch für das betriebswirtschaftliche Denken bestimmend wurde, kann angesichts der Übernahme des neoklassischen Denkstils durch *Gutenberg* nicht sonderlich überraschen (vgl. Abschn. 3.2.1). Auch der Rückblick auf das System der Produktionsfaktoren, in dem Naturgüter entweder zum Kapital (Boden) oder zu den Betriebsmitteln bzw. Werkstoffen gezählt werden, ist aufschlussreich: «War für die ursprüngliche Sammler- und Jägerkultur des Menschen die ‹Natur› der alleinige Produktionsfaktor überhaupt, so hat sie nun nicht einmal mehr eigene Unterpunkte in den gängigen Systemen der produktiven Faktoren. Besser lässt sich die herrschende Naturferne des Wirtschaftens und seiner Theorie wohl kaum illustrieren» (Seidel/Menn [Betriebswirtschaft] 16).

Ökologische Probleme als nicht-intendierte Handlungskonsequenzen und Umgang mit «weichen Daten»

Geht man einmal davon aus, dass der natürliche Lebensraum ohne bewusste Absicht beeinträchtigt oder gar zerstört wird, dann ergibt sich die ökologische Problematik daraus, dass verschiedene Verhaltens- und Handlungsweisen der Wirtschaftssubjekte unbeabsichtigte bzw. nicht intendierte (negative) **Nebenwirkungen** auf die Umwelt haben. Da nicht-intendierte Nebeneffekte im sozialen Bereich in zahlreichen Ausprägungen anzutreffen sind, stellt sich die ökologische Problematik mithin als Spezialfall dar, ein Spezialfall allerdings, der besonders dramatische Züge aufweist.

Als **Entstehungsbedingungen** von unbeabsichtigten Nebenwirkungen werden angeführt (Seidel/Menn [Betriebswirtschaft] 52 ff.)

- **kognitive Gegebenheiten** im Sinn von Fehleinschätzungen aufgrund unzureichenden Wissens und unvollkommener Information, Verwendung falscher Informationen, Folgenvernachlässigung und Nichtberücksichtigung von Konsequenzen aufgrund anderer Prioritäten; ferner

- spezifische **Situationsbedingungen**, deren Wirkungen an einem anschaulichen Beispiel dargelegt werden: «Wenn, wie heute noch durchaus üblich, ‹Umweltpolitik› nach dem Gemeinlastprinzip betrieben wird und, so sei unterstellt, weder Auflagen- noch Abgabenregelungen existieren, dann ist der externe Effekt – die Schädigung der Umwelt – in den Handlungsbedingungen (strukturell) angelegt. Die Schädigung ist praktisch zwangsläufig, weil individuell ‹rational›, wenn man einmal davon absieht, dass der ‹Schädiger› langfristig auch ‹Geschädigter› sein kann oder sein wird. Dem Verursacher werden die negativen kollektiven Wirkungen seines Handelns nicht zugerechnet, er braucht sie daher nicht zum Kriterium seiner Mittelwahl zu machen» (Seidel/Menn [Betriebswirtschaft] 54); sowie schließlich

- **Verflechtungsprozesse** in Form von reziproken, kaum noch überschaubaren Wirkungsbeziehungen in komplexen Systemzusammenhängen.

Die ökologische Problematik ergibt sich in dieser Perspektive wie folgt (Seidel/Menn [Betriebswirtschaft] 57):

«Nicht getragen von der Intention der Handelnden, sondern von einer Automatik der Kettenwirkungen ihrer Eingriffe in ein hochkomplex verflochtenes Ordnungsgefüge, schreibt sich eine Zerstörungsgeschichte, die so niemand geplant, gewollt oder vorausgesehen hat.»

Wie kann diesem Besorgnis erregenden Prozess auf betrieblicher Ebene entgegengewirkt werden? Verwiesen wird auf

- den Stellenwert des Lernens über ökologisch-ökonomische Zusammenhänge, was als **Problem der Organisations- und Personalentwicklung** zu betrachten ist,
- die Notwendigkeit, **problemgerechte Organisations- und Führungsstrukturen** zu schaffen,
- eine möglichst **vollständige**, d. h. ökologische Belastungen berücksichtigende **Rechnungslegung** und
- den Entwurf von **Planungssystemen** zur Steuerung und Kontrolle von sich evolutionär entwickelnden Interaktionszusammenhängen.

Werden derartige Lösungsansätze in technokratischer Perspektive gesehen, dann besteht die Hauptschwierigkeit darin, dass stets auf mehr oder weniger ‹weiche Daten› zurückgegriffen werden muss. Dabei gibt es zahlreiche Gründe, weshalb sich Umweltinformationen einer Quantifizierung sperren. Sie reichen von allgemeinen messtechnischen Problemen über die Abschätzung der tatsächlichen Umweltbelastung bis hin zur unzureichend exakten Verrechnung von Umweltschutzinvestitionen im Rahmen einer ökologischen Buchhaltung.

Der Umgang mit weichen Daten wird als ein **Lernproblem** in zweifacher Hinsicht beschrieben. Einerseits gilt es zu lernen, dass und wie mit weichen Daten geplant werden kann. Andererseits lassen sich durch dieses Lernen weiche Daten nach und nach ‹härten›: «Viele weiche Daten müssen nicht zwangsläufig für immer weich bleiben. Bei zunehmendem Kenntnisstand des sozio-ökonomisch-ökologischen Wirkungsgefüges lässt sich ein Teil von ihnen in harte Daten überführen, insbesondere einigermaßen hinreichend operationalisieren» (Seidel/Menn [Betriebswirtschaft] 61).

Ökologisches Controlling und neue Forschungsfelder der Betriebswirtschaftslehre

Wie können ökologische Belange institutionell und personell im Unternehmen verankert werden? Oder anders gefragt: In welches betriebliche Ressort gehört die ökologische Problematik? *Seidel/Menn* führen verschiedene formale und inhaltliche Gründe an, die es zweckmäßig erscheinen lassen, eine Institutionalisierung innerhalb des **Controlling** und die personelle Trägerschaft bei einem **betrieblichen Umweltschutzbeauftragten** vorzusehen.

In formaler Hinsicht ist ein **Informationsproblem** zu lösen: «Controlling als betont **professionelles Unterstützungssystem** der Unternehmensführung in Sachen Information ist hier gleichsam von genuiner Zuständigkeit. Es geht um die Beschaffung hinreichend gesicherter Informationen von Entscheidungsrelevanz für alle von Umweltfragen tangierten Unternehmensbereiche» (Seidel/Menn [Betriebswirtschaft] 116). Die Kernaufgaben dieser Controllingfunktion wird in der Entwicklung der schon erwähnten **ökologischen Buchhaltung** gesehen. Dieser wird der Zweck zugewiesen, die durch Wirtschaften bewirkte Umweltbelastung zu erfassen und zu bewerten.

Inhaltlich handelt es sich um ein **Problem des Sicherheitsmanagements**: «Mit der natürlichen Umwelt bedroht das ökologisch unbedachte und darum schädliche Wirtschaften langfristig auch die Existenz der schadenstiftenden Unternehmung selbst. Noch bevor freilich die Naturzerstörung gleichsam per se zu wirken beginnt, werden Staat und Gesellschaft prophylaktisch ... handeln und handeln müssen ... Eine Produzentenhaftung für Umweltschäden ist wohl ... nur noch eine Frage der Zeit» (Seidel/Menn [Betriebswirtschaft] 120).

Implementierungsschwierigkeiten des ökologischen Controlling werden darin gesehen, dass das konventionelle Controllingkonzept vom Selbstinteresse des Unternehmens getragen wird, während für das Öko-Controlling keine eindeutige Interessenfixierung anzunehmen ist. Wie den kurzen Bemerkungen zum Problem des Sicherheitsmanagements entnommen werden konnte, liegt die Berücksichtigung ökologischer Belange zwar durchaus auch im Interesse jedes einzelnen Unternehmens. Hier sind jedoch schon deshalb Abstriche vorzunehmen, weil den Möglichkeiten dazu ökonomische Grenzen gesetzt sind. So ist denn auch bei grundsätzlicher Bereitschaft zum ökologischen Controlling «die Verwässerung ... im betrieblichen Alltag eine ständige reale Gefahr» (Seidel/Menn [Betriebswirtschaft] 123).

Am Ende ihrer Ausführungen stellen die Autoren Überlegungen an, welche neuen Perspektiven sich für die Betriebswirtschaftslehre im Zuge ihrer **ökologischen Öffnung** ergeben. Ohne Anspruch auf Vollständigkeit werden verschiedene Arbeits- bzw. Forschungsfelder genannt, die, wie man leicht erkennen kann, in viele traditionelle Bereiche der Betriebswirtschaftslehre hineinwirken (Seidel/Menn [Betriebswirtschaft] 125 ff.):

Arbeitsfeld **Rechnungswesen**: Entwicklung eines ökologisch orientierten Rechnungswesens

Arbeitsfeld **Steuern und Finanzen**: Mitarbeit bei der Entwicklung und Gestaltung ökologisch effizienter Besteuerung und Finanzierung

Arbeitsfeld **Logistik**: Mitarbeit und ökologische Beratung bei Standort-, Beschaffungs- und Lagerhaltungsentscheidungen sowie in inner- und überbetrieblichen verkehrswirtschaftlichen Belangen

Arbeitsfeld **Information**: Mitarbeit bei der Entwicklung und Organisation von Informationssystemen und deren Unterstützung durch EDV-Anwendungen

Arbeitsfeld **Fertigung**: Beratung und Mitarbeit bei der Entwicklung und Erhaltung umweltschonender Produktionsverfahren

Arbeitsfeld **Marketing**: Entwicklung ökologisch orientierter Marketingstrategien sowie Beratung der Wirtschaft und wirtschaftsnaher Institutionen im Sinne eines nicht-kommerziellen Marketing

Im Folgenden soll, über den gerade skizzierten Ansatz hinausgehend, auf einige weitere Probleme aufmerksam gemacht werden, die sich einer ökologisch verpflichteten Betriebswirtschaftslehre stellen.

Die Unternehmung als ‹Schadschöpfungsveranstaltung› und der ökologische Produktlebenszyklus

Wirtschaften, so wird es seit jeher gesehen, ist ein **Wertschöpfungsprozess**. Wenn mittlerweile nicht mehr übersehen werden kann, dass damit auch eine Belastung oder gar Zerstörung der Umwelt einher geht, wird offenkundig, dass eine einseitige Betrachtungsweise vorliegt. Die Unternehmung ist nämlich auch eine **Schadschöpfungsveranstaltung**; ein produktives und destruktives System zugleich (Dyllick [Unternehmensführung] 398). Ökologische Schadschöpfungsprozesse sind der Preis, der für ökonomische Wertschöpfungsprozesse zu entrichten ist.

Die betriebswirtschaftliche Bedeutung dieser Einsicht liegt u. a. darin, dass es die gängige Vorstellung vom Produktlebenszyklus zu revidieren gilt. Ökologische Schäden treten als **direkte Schadschöpfung** zunächst im produzierenden Unternehmen selbst auf und fallen insofern ausschließlich in dessen Verantwortungsbereich. Lediglich von einer Mitverantwortung ist für die **indirekte Schadschöpfung** in den vor- und nachgelagerten Produktionsstufen auszugehen. Dieser Prozess reicht von der Rohstoff- und Energiegewinnung über den Transport und den Konsum bis hin zur Entsorgung. Die Schadschöpfungskette ist also «um ein Vielfaches länger und umfassender als die uns vertrautere Wertschöpfungskette, die nur auf die innerhalb der Unternehmung ablaufenden Phasen des Wertschöpfungsprozesses beschränkt ist» (Dyllick [Unternehmensführung] 398).

Der **ökologische Produktlebenszyklus** beginnt folglich wesentlich früher und endet erst mit der Entsorgung bzw. dem Recycling. Damit wird deutlich, dass es einer Perspektive über das Unternehmen hinaus bedarf, um das Ausmaß der Schadschöpfung richtig einzuschätzen und um geeignete Strategien zu dessen Minderung zu entwickeln (sparsamer Ressourceneinsatz, Reduzierung belastender Emissionen, Abfallvermeidung usw.).

Unternehmenspolitische, organisatorische und personalwirtschaftliche Aspekte umweltbewussten Wirtschaftens

Umweltbewusstes Wirtschaften wird vielfach als ein vorrangig technisches Problem gesehen: Es bedarf bestimmter Technologien, um Emissionswerte zu senken, Abfallstoffe zu verwerten, Störfälle bei der Herstellung oder der Nutzung von Produkten möglichst weitgehend zu verhindern usw. Dies ist jedoch eine etwas vordergründige Betrachtung, denn es handelt sich primär um eine «bewusstseinsverändernde Aufgabe» (Pfriem [Unternehmenspolitik] 112). Um sie zu bewältigen, bedarf es entsprechender **unternehmenspolitischer Weichenstellungen**, geeigneter **organisatorischer Vorkehrungen** und vor allem gezielter **personalwirtschaftlicher Maßnahmen** (vgl. hierzu ausführlich Berster [Verhalten]).

Wenn Umweltschutz in der Praxis zunehmend zur ‹Chefsache› erklärt wird, so spiegelt sich darin die Einschätzung wider, dass ihm eine hoher **unternehmenspolitischer Stellenwert** beigemessen werden muss. B.A.U.M., eine überparteiliche Umweltinitiative der Wirtschaft, hat einen **Kodex für umweltbewusstes Management** entwickelt, dessen erster Punkt die unternehmenspolitische Dimension anspricht: «Wir ordnen den Umweltschutz den vorrangigen Unternehmenszielen zu und nehmen ihn in die Grundsätze zur Führung des Unternehmens auf. Ihn zu verwirklichen, ist ein kontinuierlicher Prozess.»

Die organisatorische Verankerung innerhalb der obersten Führungsebene ist unumgänglich, weil es eines **Machtpromotors** bedarf, um die unternehmensweite Akzeptanz des Umweltschutzgedankens sicherzustellen. Faktisch kann man sich dies so vorstellen, dass innerhalb eines mehrköpfigen Führungsteams einem Mitglied der Umweltschutz als (ggf. zusätzlicher) Verantwortungsbereich übertragen wird. Die Wahrnehmung dieser Verantwortung kann man sich in Analogie zu einem anderen Führungsbereich dann wie folgt vorstellen:

«Ähnlich wie der Personaldirektor das Recht und die Pflicht hat, für die Berücksichtigung der sozialen Angelegenheiten in allen betrieblichen Ressorts Sorge zu tragen – ohne deshalb schon direkt in die anderen Ressorts ‹hineinregieren› zu können – sollte der Umweltdirektor ressortübergreifender Garant für die Durchsetzung der ökologischen Belange des Unternehmens sein» (Winter [System] 125 f.).

Aufgabe der obersten Führungsebene wird es ferner sein, für die Berücksichtigung ökologischer Belange und Zielsetzungen im **Unternehmensleitbild** und in den **Führungsgrundsätzen** zu sorgen. Dies kann zur Herausbildung eines unternehmensweiten Umweltbewusstseins beitragen und in etwas längerfristiger Perspektive auch die **Unternehmenskultur** prägen.

Schließlich fällt in den Zuständigkeitsbereich der obersten Führungsebene die **Entwicklung ökologisch gerechtfertigter Strategien** für das Unternehmen insgesamt und für dessen verschiedene Geschäftsfelder. Dies geschieht durch ökologiegerechte Vorgaben bei Produktinnovation, Produktvariation und Produktelimination.

In Teilen muss Umweltschutz zwangläufig eine Angelegenheit für Spezialisten sein, die als **Fachpromotoren** agieren. Zu denken ist dabei an erster Stelle (aber nicht nur) an **Umweltschutzbeauftragte**, auf die schon im Zusammenhang mit dem Hinweis auf ökologisches Controlling aufmerksam gemacht wurde. In organisatorischer Hinsicht haben sie eine typische **Querschnittsfunktion** (Schanz [Organisationsgestaltung] 185), die folgende Teilaufgaben umfasst (Frese [Organisation] 2436:

- Ihre **Informationsaufgabe** besteht in der Aufklärung der Mitarbeiter über schädliche Umweltwirkungen der im Unternehmen zur Anwendung kommenden Produktionsverfahren sowie in Hinweisen auf die sich aus dem Umweltrecht ergebenden Pflichten.

- Ihre **Repräsentationsaufgabe** betrifft die Vertretung gegenüber unternehmensexternen Personen und Institutionen, etwa im Zusammenhang mit Genehmigungsverfahren oder der Meldung von Störfällen.

- Ihre **Innovationsaufgabe** bezieht sich auf Anregungen zur Entwicklung und Einführung umweltfreundlicher Produkte und Verfahren.

- Ihre **Überwachungsaufgabe** schließlich umfasst die kontrollierenden Aktivitäten bezüglich der Beachtung gesetzlicher Vorschriften und unternehmensinterner Normen; ggf. auch die Erfassung und Analyse der durch den Umweltschutz anfallenden Kosten.

Die organisatorische Eingliederung derartiger Positionen hängt weitgehend von der Unternehmensgröße und -struktur ab. Bei divisionaler Gliederung können sie den einzelnen Sparten bzw. Geschäftsbereichen zugeordnet und zusätzlich auch im Rahmen eines Zentralbereichs verankert werden. Die Koordination zwischen ihnen ist im Rahmen eines Ausschusses für Umweltfragen vorstellbar (Schanz [Organisationsgestaltung] 185).

Neben den erwähnten Macht- und Fachpromotoren bedarf es, um ökologiebewusstes Verhalten in Gang zu setzen und in Gang zu halten, drittens auch der **Prozesspromotion**, weil der Gedanke des Umweltschutzes auf sämtlichen hierarchischen Ebenen verankert werden muss. Spätestens an dieser Stelle kommt demnach die ‹Philosophie› und das Instrumentarium der **Organisationsentwicklung** ins Spiel (Günther [Umsetzung] 136 f.). In personenbezogener Hinsicht geht es, angelehnt an das griffige Phasenschema von *Kurt Lewin* [Group Dynamics], um

- **Auftauen** (auch: Analyse- und Diagnosephase) im Sinn der Identifizierung ökologischer Problemfelder und des daraus erwachsenden Handlungsbedarfs,

- **Ändern** (auch: Konzeptionsphase) durch Erarbeiten von Zielen und Aktionsplänen sowie (ersten) Problemlösungen, die ggf. zu weiter gehenden Erkenntnissen führen, sowie

- **Stabilisieren** (auch: Durchführungs- und Kontrollphase) der abgeleiteten ökologischen Maßnahmen durch professionelles Management.

Im personalwirtschaftlichen Bereich angesiedelt sind verschiedene Maßnahmen einer **umweltschutzorientierten Weiterbildung** (‹ökologisches Lernen›). Sie nehmen einen herausragenden Stellenwert für die Herausbildung und Erweiterung von Umweltbewusstsein ein. In diesem Zusammenhang können auch spezifische Anreize positiver oder negativer Art – **Anreize zu ökologisch verpflichtetem Wirtschaften** (Seidel [Anreize]) – Bedeutung erlangen, etwa dann, wenn entsprechendes Handeln bzw. Unterlassen anerkennungs-, aufstiegs- oder entgeltrelevant ist sowie ggf. disziplinarisch geahndet wird. Ökologisch orientierte Personalpolitik kann sogar schon bei der **Personalrekrutierung** einsetzen, wo, wie ein Autor meint, «Unternehmen gut daran täten, ökologisch überdurchschnittlich sensibilisierte und kritische Mitarbeiter und Mitarbeiterinnen in wichtigen Funktionen einzustellen ...» (Pfriem [Unternehmenspolitik] 102).

Den hier genannten Ansatzpunkten für umweltbewusstes Wirtschaften ließen sich zahlreiche weitere hinzufügen. Aber bereits die getroffene Auswahl sollte hinreichend deutlich erkennen lassen, dass der ökologischen Öffnung des Fachs ausgesprochen mächtige Impulse für die künftige betriebswirtschaftliche Forschung und Lehre zu verdanken und weiterhin zu erwarten sind.

3.3   Neuer Institutionalismus und verhaltenstheoretische Betriebswirtschaftslehre

Im Folgenden werden zwei Ansätze neueren Datums vorgestellt, von denen mit Fug und Recht behauptet werden kann, dass es sich um umfassend angelegte Wissenschaftsprogramme handelt. Dem Neuen Institutionalismus die verhaltenstheoretische Betriebswirtschaftslehre gegenüberzustellen lohnt sich einerseits wegen offensichtlicher **Gegensätzlichkeiten**. Andererseits gibt es, wenn auf den ersten Blick auch nicht erkennbar, unübersehbare **Gemeinsamkeiten**. Es stellt sich also auch die Frage nach möglichen **Brückenschlägen** zwischen ihnen. Vorauszuschicken ist, dass sowohl die zunächst vorzunehmende Beschreibung beider Programme als auch ihre anschließende Konfrontation hier in äußerst knapper Form vorgenommen werden müssen. Vor allem ist eine selektive Darstellung unumgänglich.

3.3.1   Neuer Institutionalismus: Verfügungsrechte, Transaktionskosten und Delegationsbeziehungen im Mittelpunkt ökonomischer Analysen

Der **Neue Institutionalismus** – auch theoretischer Institutionalismus, Neue Institutionelle Ökonomik oder zuweilen auch Neue Institutionenökonomik genannt – hat in der Nationalökonomie schon seit einiger Zeit Fuß gefasst. Bereits in einem 1977 erschienenen Aufsatz sprach *Hans Albert* ([Handeln] 203) von einer **institutionalistischen Revolution**, was wohl als Hinweis auf die Tragweite dieser Perspektive für die Wirtschaftswissenschaften interpretiert werden darf. Mittlerweile ist das für den Neuen Institutionalismus charakteristische method(olog)ische und inhaltliche

Denken auch innerhalb der Betriebswirtschaftslehre aufgegriffen worden; seine Vertreter tragen es mit beträchtlichem Selbstbewusstsein vor.

Allgemeine Merkmale des Neuen Institutionalismus

Neuer Institutionalismus und die erwähnten alternativen Bezeichnungen sind Sammelbegriffe für eine Reihe theoretischer Ansätze, die zwei wichtige Gemeinsamkeiten teilen. Zum einen geht es darum, dass in ihnen, wie schon bei den Klassikern der Wirtschaftswissenschaft (*Adam Smith* u. a.), die **Institutionenproblematik** eine zentrale Stellung einnimmt, d. h. die Frage, wie und warum Institutionen (z. B. ein Unternehmen, die Rechtsordnung u. a.) entstehen und wie und warum sie das Verhalten der ökonomischen Akteure beeinflussen. Zum anderen wird eine spezifische **ökonomische Sicht der Welt** entwickelt. Dass dies gelegentlich ziemlich aggressiv vorgetragen wird, deutet sich in der verbreiteten Rede von einem **ökonomischen Imperialismus** an.

Herausragende Vertreter sind insbesondere *Ronald H. Coase* (Nobelpreis für Wirtschaftswissenschaften 1991), *Armen A. Alchian* und *Harold Demsetz, Douglass C. North* (Nobelpreis für Wirtschaftswissenschaften 1993) sowie *Oliver E. Williamson*, aber auch *James M. Buchanan* (Nobelpreis für Wirtschaftswissenschaften 1986) und *Gordon Tullock, Anthony Downs* oder *Mancur Olson* sind in diesem Zusammenhang zu nennen. Für die intellektuelle Attraktivität des Neuen Institutionalismus spricht, dass er mittlerweile zahlreiche Anhänger gefunden hat, die an seiner Verdeutlichung arbeiten. Auch deutschsprachige Lehrbücher sind zwischenzeitlich verfügbar (Neus [Einführung]; Kräkel [Organisation]).

Von der Neoklassik zum Neuen Institutionalismus

Der Neue Institutionalismus ist eine Weiterentwicklung der neoklassischen Theorie. Im Unterschied zur marxistischen Wirtschaftslehre oder zum Keynesianismus handelt es sich also keineswegs um einen radikalen Bruch mit der für die Neoklassik typischen Art des Theoretisierens. Dennoch scheint es gerechtfertigt, von der eingangs erwähnten institutionalistischen Revolution zu sprechen: Im Unterschied zur ‹reinen Theorie› der Neoklassiker (*Léon Walras* u. a.) finden die das Verhalten der Wirtschaftssubjekte kanalisierenden Institutionen – beispielsweise die oben erwähnte Rechtsordnung, aber auch strukturelle Regelungen und Normen usw. – explizit Berücksichtigung. Insofern wird das **institutionelle Vakuum** der Neoklassik überwunden.

Zwei Aufsätze von *Ronald H. Coase* aus den Jahren 1937 («The Nature of the Firm») und 1960 («The Problem of Social Cost») markieren den Anfang des Neuen Institutionalismus, ohne dass damals bereits die heute übliche Bezeichnung benutzt wurde. Mittlerweile können (mindestens) drei größere **Theorienstränge** identifiziert werden, die unter diesen Sammelbegriff fallen (Picot [Organisation]):

- Die **Theorie der Verfügungsrechte** (Property-Rights-Theorie) geht vorwiegend auf *Coase* [Problem], *Alchian* [Property Rights] und *Demsetz* [Property Rights] zurück und beleuchtet den Einfluss rechtlicher und institutioneller Regelungen oder Bedingungen auf das Verhalten von Wirtschaftssubjekten. Ein beliebtes betriebswirtschaftliches Anwendungsfeld ist die ökonomische Analyse von **Unternehmensverfassungen**.

- Die **Transaktionakostentheorie** thematisiert die Kosten der Koordination ökonomischer Aktivitäten. Sie ist mit dem vorweg genannten Theoriezweig eng verwandt bzw. kommt in dessen Rahmen zur Anwendung, weil die Übertragung eines Verfügungsrechts eine (kostenträchtige) Transaktion darstellt. Hauptvertreter ist *Williamson*, für den nicht Güter, sondern Transaktionen die Grundeinheit ökonomischer Analysen bilden ([Institutionen] 322).

- Die **Agency-Theorie** (auch: Prinzipal-Agent-Theorie) widmet sich der Erklärung von Auftraggeber(Prinzipal)-Auftragnehmer(Agent)-Beziehungen und geht im Kern ebenfalls auf *Coase* [Nature] zurück. Sie beleuchtet beispielsweise die Beziehungen zwischen Eigentümern und Managern (*Jensen/Meckling* [Firm]) oder zwischen Vorgesetzten und weisungsmäßig unterstellten Mitarbeitern sowie die dabei auftretenden Kontrollprobleme.

Theorie der Verfügungsrechte

Am Beispiel von **Verfügungs- bzw. Handlungsrechten** zeigt sich besonders deutlich, in welcher Weise der Neue Institutionalismus institutionelle Regelungen zum Gegenstand ökonomischer Analysen macht. (Verfügungs- bzw. Handlungsrechte sind eine Teilklasse institutioneller Regelungen.) Ausgangspunkt ist die These, dass die Allokation und Nutzung von Wirtschaftsgütern maßgeblich von der Ausgestaltung jener **Rechte** abhängt, die

- die Art der Nutzung eines Gutes (Usus),
- die formale und materielle Veränderung eines Gutes (Abusus),
- die Aneignung von Gewinnen und Verlusten, welche durch Nutzung eines Gutes entstehen (Usus fructus) und
- die Veräußerung des Gutes an Dritte

betreffen.

Im angelsächsischen Bereich werden derartige Rechte als **Property Rights** bezeichnet. Die wörtliche Übersetzung – Eigentumsrechte also – ist jedoch insofern irreführend, als ihre Ausübung nicht zwangsläufig an Eigentum im juristischen Sinn gebunden ist. Vielmehr kommt es darauf an, wer sie faktisch wahrnimmt bzw. wer über das in Frage stehende Gut verfügt. Das können beispielsweise kapitalmäßig nicht beteiligte Manager einer Großunternehmung sein, aber auch Funktionäre in kommunistischen Systemen, die Volks- bzw. Staatseigentum verwalten. Insofern ist es angebrachter, von Verfügungs- oder Handlungsrechten zu sprechen.

Eine zentrale These der verfügungsrechtlichen Theorie besagt, dass die Verteilung von Handlungsrechten Konsequenzen für die Effizienz der Güterverwendung hat. Der Grund sind die mit der Rechtewahrnehmung stets verbundenen **Transaktionskosten,** und man geht davon aus, dass eine Rechteverteilung auf mehrere Personen oder auch die Beschränkung der Durchsetzbarkeit einzelner Verfügungsrechte zu einer ineffizienten Güterverwendung führen. Begründet wird diese (nicht unproblematische) Sichtweise mit dem Argument, dass die einzelnen Akteure von den ökonomischen Folgen ihrer Handlungen dann nicht in vollem Ausmaß betroffen sind. (Was die Transaktionskosten anbelangt, so ist zu berücksichtigen, dass sie sich nicht nur in monetären Größen niederschlagen, sondern etwa auch in der Mühe, der Zeit und gelegentlich auch im Ärger, der im Zusammenhang mit der Wahrnehmung von Verfügungsrechten entsteht.)

Die Theorie der Verfügungsrechte hat einen erstaunlich breiten Anwendungsbereich. Er betrifft patentrechtliche Angelegenheiten ebenso wie solche des Umweltschutzes und die dabei auftretenden Haftungsprobleme (Stichwort: externe Effekte); es lässt sich erörtern, wie wohlfahrts- und/oder freiheitsstiftende Institutionen beschaffen sein müssen; es stellt sich – damit eng verwandt – die grundlegende Frage nach der jeweiligen Wirtschafts- und Gesellschaftsordnung u. v. m. (vgl. Schüller [Property Rights]). Im Folgenden soll etwas näher darauf eingegangen werden, welche Folgerungen aus dieser Theorie für betriebswirtschaftliche Fragestellungen abgeleitet werden können. Als Anwendungsbeispiel bietet sich die **Gestaltung der Unternehmensverfassung** an.

Der Staatsverfassung vergleichbar, handelt es sich bei der Unternehmensverfassung um die **Grundordnung** von Institutionen mit wirtschaftlicher Zwecksetzung. Diese Grundordnung kann als **Verfügungsrechtestruktur** interpretiert werden, wobei sich zwei Rechtekategorien unterscheiden lassen (Vanberg [Markt] 15 ff.; Schanz [Erkennen] 124 ff.), nämlich

- das Entscheidungs- bzw. Koordinationsrecht («Wer trifft die grundlegenden Entscheidungen über den abgestimmten Einsatz der verschiedenen Ressourcen?») und
- das Recht auf Aneignung des Residuums («Wem steht der Gewinn zu bzw. wer muss entstehende Verluste tragen?»).

Diese Rechte werden teilweise durch **Gesetze** geregelt. Im Hinblick auf bundesrepublikanische Regelungen ist dabei insbesondere an das Gesellschaftsrecht (Aktiengesetz, Handelsgesetz usw.) und an die verschiedenen Mitbestimmungsgesetze zu denken. Teilweise können sie aber auch vertraglich zwischen den Ressourceneinbringern (Kapitalgeber, Arbeitnehmer) festgelegt werden (freiwillige Vereinbarungen über Mitentscheidungsrechte oder über Erfolgsbeteiligungen).

Aus verfügungsrechtlicher Perspektive steht die **Effizienzbeurteilung** unterschiedlicher Verfassungsregelungen im Fokus des Interesses. Dabei dominiert die Sichtweise, dass eine ‹Verdünnung› der Rechte von Kapitaleignern die Transaktionskosten erhöht und damit ineffizient ist (Furubotn/Pejovich [Economics]). Faktisch läuft dies auf eine sehr verkürzte Interpretation der Wirkungen von sinnvoll gestalteter Mitbestimmung und Entscheidungspartizipation hinaus. Vor allem werden sowohl ‹friedensstiftende› als auch die Leistungsbereitschaft der Mitarbeiter anregende Effekte derartiger Regelungen übersehen, und es darf vermutet werden, dass dies letzten Endes mit den Verhaltensannahmen zusammenhängt, die dem Theoriegebäude des Neuen Institutionalismus zugrunde liegen (vgl. Abschn. 4).

Transaktionskostentheorie

Der engagierteste Protagonist des zweiten Theorienstranges innerhalb des Neuen Institutionalismus ist *Oliver E. Williamson*. Die von ihm zum Mittelpunkt ökonomischer Analysen erklärte Welt ist die **Welt des Vertrages** bzw. die **Welt der Vereinbarungen**, und was zunächst als rechtswissenschaftliches Thema erscheint, hat sehr wohl mit Wirtschaft zu tun: Sowohl die Anbahnung als auch der Abschluss von Verträgen und Vereinbarungen, ferner deren Überwachung auf Einhaltung sind nämlich nicht kostenlos zu haben. Anders als die übliche Annahme, dass institutionelle Regelungen reibungslos funktionieren (bzw. dass Rechtsanwälte ggf. dafür sorgen, dass sie es tun), ist *Williamson*s **Konzept des relationalen Vertrags** auf Unannehmlichkeiten aller Art eingestellt, beispielsweise darauf, dass während der Laufzeit unvorhergesehene Ereignisse eintreten können, dass ein Vertragspartner aus bestimmten Gründen den ursprünglichen Inhalt ändern oder ganz aus dem Vertrag aussteigen will usw. Das Bestreben wird deshalb dahin gehen, sich gegen Derartiges *ex ante* abzusichern. Oder es müssen im Bedarfsfall, *ex post* also, neue Verhandlungen geführt werden. Wie auch immer – stets entstehen **Transaktionskosten**, und es wird geschätzt, dass sie in modernen Marktwirtschaften «einige 70–80 % des Nettosozialproduktes» (Richter [Institutionen] 5) umfassen.

Williamson interpretiert Transaktionskosten einprägsam als das «ökonomische Gegenstück zur Reibung» (Williamson [Institutionen] 1), und er hält seinen der Neoklassik verpflichteten Kollegen vor, ihnen würde das Vokabular fehlen, um die in der Praxis anzutreffenden ‹Reibungserscheinungen› angemessen beschreiben zu können. Angespielt wird damit offensichtlich auf das institutionelle Vakuum der neoklassischen Theorie. **Unterschieden wird zwischen**

- *ex-ante*-Transaktionskosten, die im Zusammenhang mit dem Entwurf sowie den erforderlichen Verhandlungen sowie bei der Absicherung von (vertraglichen) Vereinbarungen anfallen, und
- *ex-post*-Transaktionskosten, die dann entstehen, wenn Verträge nachträglich mit dem Ziel verändert werden, Fehlentwicklungen zu korrigieren, Institutionen zum Zweck der Beilegung von Streitigkeiten zu bilden, und solchen, die schließlich in Form von Sicherungsaufwand zur Durchsetzung von Verträgen anfallen können.

Ein betriebswirtschaftliches Anwendungsfeld der Transaktionskostentheorie ist die **Unternehmensorganisation**. *Williamson* geht hier beispielsweise auf die «bedeutsamste organisatorische Neuerung des zwanzigsten Jahrhunderts» ein, die «Gliederung in Sparten oder Geschäftsbereiche (Multidivisionalisierung) in den 20er Jahren» (Williamson [Institutionen] 244), und kommt zu dem Ergebnis, dass dieser lange Zeit nicht richtig verstandene Vorgang letzten Endes auf das Bestreben bzw. auf die Notwendigkeit zur Senkung von Transaktionskosten zurückzuführen sei. (Auf die nähere Begründung kann hier nicht eingegangen werden.) Verallgemeinert heißt dies, «dass Strukturunterschiede hauptsächlich im Dienste der Einsparung von Transaktionskosten entstehen» (Williamson [Institutionen] 263).

Vergleichsweise ausführlich wird ferner die **vertikale Integration** behandelt, wobei allerdings festzustellen ist, dass Williamson diesen Begriff nicht besonders präzise verwendet. Konkret geht es insbesondere um das Problem der **Fertigungstiefe** bzw. um **Eigenfertigung oder Fremdbezug**, aber auch um **Formen der Kooperation** mit anderen Unternehmen. Im Zusammenhang mit Lean Production bzw. Lean Management haben derartige Fragen besondere Aktualität erlangt.

Die verschiedenen Erscheinungsformen von vertikaler Integration werden ebenfalls mit dem erwähnten Streben nach Einsparung von Transaktionskosten in Zusammenhang gebracht (Williamson [Institutionen] 96 ff.). Im Einzelnen handelt es sich um **Vorwärtsintegration**, z. B. in den Vertrieb, **laterale Integration**, etwa in Gestalt der Zulieferung von Komponenten oder Einzelteilen, sowie **Rückwärtsintegration**, ggf. bis hin zur Rohstoffproduktion. In diesem Zusammenhang wird übrigens auch das Toyota-Produktionssystem beschrieben, das zwischenzeitlich zum Synonym für **Lean Production** geworden ist. *Williamson* ([Institutionen] 136 ff.) nennt folgende **Merkmale:**

- Toyota hat bereits frühzeitig mit dem Aufbau enger Zulieferbeziehungen begonnen und dabei
- von Anfang an betont, dass zwischen Mutterunternehmen, Zweigunternehmen und Zulieferern eine langfristig angelegte ‹Schicksalsgemeinschaft› besteht,
- wobei allerdings stets auf die disziplinierende Wirkung von wettbewerblichen Bietprozessen Wert gelegt und damit die exklusive Bindung an einen einzigen Lieferanten vermieden wurde (‹dual/multiple sourcing›);
- umgekehrt sind die Zulieferer darauf angewiesen, fast die gesamte Jahresproduktion an Toyota zu verkaufen, und ihre Abhängigkeit wird durch Standortspezifität ihrer Investitionen (sprich: Ansiedlung in unmittelbarer geographischer Nähe von Toyota-Produktionsstätten) weiter erhöht.

Vielleicht erscheint es angebracht, an dieser Stelle auf die dem Neuen Institutionalismus anhaftende **Tendenz zur Verfremdung der Wirklichkeit** aufmerksam zu machen. Plausibel machen lässt sich die Entstehung des Toyota-Produktionssystems bestimmt auch auf anschaulichere Weise, etwa durch Verweis auf japanspezifische kulturelle Gegebenheiten, die die von Toyota (und in ähnlicher Form auch von anderen japanischen Großunternehmen) gewählten Formen der Einsparung von Transaktionskosten erst möglich machen. Die **Neigung zum partout-Ökonomischen** steht hier einem Verständnis derartiger Hintergründe eher entgegen, als dass dieses gefördert wird.

Und vielleicht kann auch dies hier eingebracht werden: Wenn die Entstehung von Unternehmungen (aus Transaktionskostengründen) auf ‹**Marktversagen**› (Coase [Nature]) zurückgeführt wird, so übt dies auf die mit dem Gedankengut des Neuen Institutionalismus verwachsenen ‹Insider› durchaus nachvollziehbar einen außerordentlich großen Reiz aus. Solchen Argumenten fehlt jedoch gleichzeitig jene Anschaulichkeit und Überzeugungskraft, die sich bei den ökonomischen Klassikern noch mühelos entdecken lässt – etwa bei *Adam Smith*, der schon 1776 und dort bereits auf den ersten Seiten seiner «Untersuchungen über Natur und Ursachen des Wohlstands der Nationen» die Entstehung von Unternehmen mit der **Vorteilhaftigkeit arbeitsteiligen Vorgehens für die individuelle Bedürfnisbefriedigung** in Zusammenhang gebracht hat.

Agency-Theorie

Dritter Zweig des Neuen Institutionalismus ist die **Agency-Theorie**, deren allgemeiner Gegenstand **Delegationsbeziehungen** aller Art sind. Auftraggeber/Prinzipale und Auftragnehmer/Agenten sind ihre abstrakten Akteure, Eigentümer und Geschäftsführer, Aufsichtsräte und Vorstände, Vorgesetzte und weisungsmäßig unterstellte Mitarbeiter ihre Konkretisierungen. Die (keineswegs vollständige) Aufzählung möglicher Agency-Situationen lässt erkennen, dass ein und dieselbe Person sowohl Prinzipal als auch Agent sein kann. Der Vorstand beispielsweise handelt als Agent, wenn seine Beziehung zum Aufsichtsrat zur Diskussion steht, gleichzeitig aber auch als Prinzipal gegenüber den übrigen Managern. Auch bei derartigen Beziehungen sind Transaktionskosten bedeutsam, die dann als **Agency-Kosten** bezeichnet werden. Es bedarf allerdings einer etwas längeren Vorüberlegung, um zu erkennen, wie diese ins Spiel kommen.

Auszugehen ist davon, dass Delegationsbeziehungen durch eine **asymmetrische Informationsverteilung** zugunsten des Agenten charakterisiert sind. Dieser Zustand kann sich ergeben aufgrund von

- ‹hidden characteristics›, d. h. dem Prinzipal nicht bekannten Eigenschaften des Agenten, bestimmten Qualifikationen etwa,
- ‹hidden actions›, d. h. vom Prinzipal nicht oder zumindest nicht kostenlos erkennbaren Handlungen des Agenten, sowie
- ‹hidden intentions›, d. h. vom Prinzipal nicht abzuschätzenden Absichten des Agenten.

Aus derartigen Möglichkeiten ergeben sich für den Prinzipal spezifische Risiken. Eigennütziges Verhalten des Agenten unterstellt, muss er damit rechnen, von diesem übervorteilt zu werden. Zu denken ist hier beispielsweise daran, dass der Agent seinen Handlungsspielraum opportunistisch ausnutzt.

Weil der Prinzipal Derartiges i. d. R. nicht ohne weiteres hinzunehmen bereit ist, muss er geeignete Vorkehrungen treffen. Diese aber verursachen die erwähnten **Agency-Kosten**. Sie setzen sich zusammen aus (Jensen/Meckling (Firm] 308)

- Kontrollkosten des Prinzipals, etwa in Form des Aufbaus geeigneter Überwachungssysteme,
- Garantiekosten des Agenten, etwa in Gestalt der Verpflichtung zur Leistung von Schadenersatz oder Rechenschaft, sowie
- verbleibenden Wohlfahrtsverlusten, die sich beispielsweise daraus ergeben können, dass der Agent auf die Ausführung von Handlungen verzichtet, die sich auf die Zielerreichung eigentlich positiv auswirken würden.

Damit zeichnen sich auch bereits gewisse Möglichkeiten ab, wie das Delegationsrisiko von Prinzipalen begrenzt werden kann. Sie betreffen die Gestaltung

- von **Informations-, Kontroll- und Überwachungssystemen**, wobei jedoch das Problem auftaucht, dass die Agency-Kosten wegen möglicher kontraproduktiver Wirkungen derartiger Regelungen stark anwachsen;
- von **Anreizsystemen**, die Agenten dazu motivieren, gemäß den Interessen des Prinzipals zu handeln;
- schließlich von **Verträgen**, in denen festgeschrieben wird, wofür und wann bestimmte Gegenleistungen des Prinzipals (Pensionszusagen etwa) fällig werden.

Ausgesprochen neu ist all das, was die Agency-Theorie an Problemlösungen anzubieten hat, allerdings kaum. Die Hauptleistung dieses Ansatzes scheint denn auch eher in der ex post-Systematisierung von bekannten Sachverhalten und Gestaltungsmöglichkeiten zu bestehen als in der Entdeckung von Neuem. Zudem fällt auch hier auf, dass die Verfremdung der Wirklichkeit ausgesprochen lustvoll betrieben wird. Vor allem wäre es ein folgenschwerer Irrtum, wenn angenommen würde, die Agency-Theorie sei anderen **Führungstheorien** – und davon gibt es viele – (aus wirtschaftswissenschaftlicher Sicht) schon deshalb überlegen, weil der zu ihrer Formulierung benutzte Begriffsapparat ökonomischen Problemgehalt signalisiert. – Dass man sich schwer tut, die Höhe von Agency-Kosten – wie von Transaktionskosten allgemein – in konkreten Auftraggeber-Auftragnehmer-Beziehungen zu bestimmen, sei abschließend erwähnt.

Anwendungen auf neue Gebiete

Die Gestaltung der Unternehmensverfassung und von Organisationsstrukturen, Überlegungen zur Fertigungstiefe oder von Führungsbeziehungen – all dies sind Phänomene aus der Welt der Wirtschaft, wie man sie sich wohl üblicherweise vorstellt. Der Neue Institutionalismus erhebt jedoch Anspruch auf einen wesentlich größeren Anwendungsbereich. In *Richard B. McKenzie*s und *Gordon Tullock*s «New World of Economics» (deutsch: Homo Oeconomicus) kommt dies besonders deutlich zum Ausdruck, «Der ökonomische Ansatz zur Erklärung menschlichen Verhaltens» von *Gary S. Becker* zielt in dieselbe Richtung, ebenfalls «Ökonomie ist Sozialwissenschaft» von *Bruno S. Frey*.

Auf *Becker* ([Ansatz]), der sich selbst wohl eher den Neoklassikern als den Neuen Institutionalisten zurechnen würde, kann an dieser Stelle nicht eingegangen werden. *McKenzie/Tullock*s Themenspektrum reicht von Liebe und Sex über wirtschaftliche Aspekte des Verbrechens, Schummeln und Lügen bis hin zur Notengebungspraxis an Universitäten unter dem Einfluss von ‹prüf den Prof›. Auch die Institution der Familie wird einer ökonomischen Betrachtung unterzogen, und da diese vermutlich als weniger verfängliches Lehrbuchthema gelten darf als etwa Sex und Prostitution («Der Mann zahlt einfach seine hundert Mark, und er muss sich nicht lange damit aufhalten, die Frau zu verführen… Er muss ihr auch keine Blumen senden …»; McKenzie/Tullock [Homo] 95), soll hier kurz nachvollzogen werden, was es aus ökonomischer Sicht mit der in Familien nach wie vor nicht unüblichen Produktion der Kinder auf sich hat.

Auf dieses Thema steuern die Autoren zielstrebig zu, nachdem vorangehend die Kosten- und Nutzenaspekte von Ehe und Familie erörtert wurden. Sie leiten es mit der einfühlsamen Bemerkung ein, in den Augen der Eltern seien Kinder «natürlich süße kleine Lieblinge», kommen dann aber sofort zur Sache: «… aber sie sind auch wirtschaftliche Güter» (McKenzie/Tullock [Homo] 143). Sie aufzuziehen verursacht nicht nur Kosten für Nahrung, Kleidung, Unterkunft, Erziehung sowie Ausbildung usw.; hinzu kommen noch «die gefühlsmäßige Anstrengung und der Wert der Zeit der Eltern, die darauf verwandt werden, das Kind großzuziehen» (McKenzie/Tullock [Homo] 145). Schließlich sind auch typische Opportunitätskosten in Rechnung zu stellen, beispielsweise der Lohn, den die Mutter (!) «hätte verdienen können, hätte sie keine Kinder gehabt» (ebenda).

Derlei Investitionen werden aber selbstverständlich nicht ihrer Kosten wegen getätigt, sondern sind in ökonomischer Perspektive das in Kauf zu nehmende Übel, um einen Nutzen zu erzielen. Im konkreten Fall wird u. a. auf Kinder als Mittel zur Alterssicherung ihrer Eltern verwiesen, und weil dem heute nicht mehr die frühere Bedeutung zukommt, lässt sich damit mühelos auch gleich der Rückgang der Geburtenrate plausibel machen. Die Autoren haben aber nicht nur materielle Angelegenheiten im Sinn; sie wissen sehr wohl, dass sich auch aus immateriellen Dingen Nutzen ziehen lässt: «Zu den Motiven, Kinder zu haben, kann auch ein tiefliegendes Gefühl zählen, dass man seine Pflicht gegenüber der Gesellschaft erfüllen will, dass man das Unbekannte erfahren möchte …» (McKenzie/Tullock [Homo] 144). Wie man sieht, kann die Neue Institutionenökonomik zumindest in Nebensätzen eine zutiefst menschliche Wissenschaft sein …

Dass der Neue Institutionalismus auch artspezifische **Beiträge zur Aufklärung** leistet, soll hier abschließend anhand *Freys* Betrachtungen zu den Salzburger Festspielen dargelegt werden (Frey [Ökonomie] 69 ff.), deren Ergebnisse man mit ein wenig Mut vielleicht auch auf Bayreuth, Bregenz, Luzern, Glyndebourne oder auf das

Schleswig-Holstein-Festival übertragen kann. Wie aber ist der Festspielkultur ökonomisch beizukommen?

Es versteht sich von selbst, dass es dabei nicht um die künstlerische Qualität des «Jedermann» (oder, im Fall von Bayreuth, der «Meistersinger» etwa) geht. Vielmehr werden (ökonomische) **Missstände und Fragwürdigkeiten** aufgedeckt, die sich im Umfeld von Kultur entwickeln können und die offensichtlich auch mit schöner Regelmäßigkeit in Erscheinung treten. Folgt man dem Autor, dann werden diese hauptsächlich von unzureichenden Budgeteinschränkungen verursacht. Diese führen dazu, dass die Festspieldirektoren ihren (finanziellen) Spielraum über Gebühr ausdehnen. Außerdem wird ihnen ermöglicht, die Kartenpreise nicht kostendeckend festzulegen. (Indiz: Die Kartennachfrage übertrifft das Angebot bei weitem.) Letzteres kommt dem Nutzenstreben der Direktoren gleich mehrfach entgegen:

«Vor allem können sie sich rühmen, durch tiefe Kartenpreise ‹sozial› engagiert zu handeln (während der anonyme Steuerzahler belastet wird) und damit ihr Prestige erhöhen. Außerdem sind ihnen all jene dankbar, die die billig erworbenen Karten auf dem grauen oder schwarzen Markt (…) zu einem weit höheren Preis weiterverkaufen. Die Direktoren können überdies Personen, die ihnen wichtig sind und die sie zu Gegenleistungen verpflichten wollen, schwer erhältliche Karten zukommen lassen» (Frey [Ökonomie] 79).

Auf dem schnellsten Wege erhöht das Direktorium seinen Nutzen dadurch, dass es sich selbst – trotz ehrenamtlicher Ausführung seiner Tätigkeit – keineswegs kleinlich bemessene Einkünfte zuweist. Und indem die Bediensteten dieses Gremiums vergleichsweise großzügig entlohnt werden, versichern sich die Direktoren «so deren Loyalität, können Gegenleistungen erwarten und fördern ein angenehmes Arbeitsklima» (Frey [Ökonomie] 80).

Es ist klar, dass aus ökonomischer Sicht auch die Künstler nicht etwa als Vermittler einmaliger kultureller Erlebnisse, sondern als **Nutzenstreber** betrachtet werden müssen. Angesichts der geschilderten Situation dürfen sie mit vergleichsweise üppigen Honoraren rechnen, und hier insbesondere die ‹Superstars› der Szene, die «enorme Gagen fordern und durchsetzen» (ebenda) können. – Soweit ein kleiner Einblick in die **Ökonomik der Kultur**. Welche Konsequenzen aus den Ergebnissen derartiger Betrachtungen zu ziehen sind, kann dem Urteil des Lesers überlassen bleiben.

3.3.2 Verhaltenstheoretische Betriebswirtschaftslehre: Organisationen und Märkte in sozialwissenschaftlicher Perspektive

Entscheidungs- und Systemorientierung, der Neue Institutionalismus und auch die Hinwendung der Disziplin zur ökologischen Problematik lassen erkennen, weshalb und in welchem Sinn man die jüngere Geschichte des Fachs als eine «Geschichte von Öffnungen» (Seidel [Controlling] 309) begreifen kann. Eine spezifische Öffnung ist auch für das Programm einer verhaltenstheoretischen Betriebswirtschaftslehre (Schanz [Grundlagen]; [Erkennen]) charakteristisch. Angestrebt wird eine konsequente (sprich: systematische) Integration in die Sozialwissenschaft. Sie erfolgt über den Verhaltensbegriff, der selbstverständlich (und vor allem) auch willensgesteuertes Agieren – Handeln also – umfasst. Die Betriebswirtschaftslehre (oder zumindest ihre zentralen und grundlegenden Teile) wird damit als **spezielle Sozialwissenschaft** konzipiert.

Dem Anspruch auf Systematik tragen Strukturelemente Rechnung, die aufeinander aufbauen und als **Leitideen des verhaltenstheoretischen Programms** zu interpretieren sind. Gemäß dem erwähnten Verständnis von Betriebswirtschaftslehre als spezieller Sozialwissenschaft definiert sich das Fach nicht über eine der Ökonomik vorbehaltene Orientierung mittels eines bestimmten Auswahlprinzips, sondern über Gegenstandsbereiche, nämlich **Organisationen und Märkte**, die, dem Charakter einer Sozialwissenschaft entsprechend, primär nicht von ihrer technischen, sondern von ihrer ‹menschlichen› Seite her betrachtet werden. Eine so konzipierte Betriebswirtschaftslehre ist gleichzeitig sowohl **angewandte** als auch **anwendungsorientierte** Wissenschaft, die sich nicht einfach als Diener der Praxis begreift, sondern eher als deren kritisch-konstruktiver Wegbegleiter. Zusammenfassend bedeutet dies:

Die **verhaltenstheoretische Betriebswirtschaftslehre** versteht sich als spezielle Sozialwissenschaft. Ihr Gegenstandsbereich sind Organisationen und Märkte. Mit Hilfe von allgemeinen Theorien über menschliches Verhalten will sie soziale und soziotechnische Sachverhalte erklären und deren wirtschaftliche Konsequenzen aufzeigen sowie der Praxis konstruktiv und kritisch zur Seite stehen.

Wenn es im Folgenden die

Systemstruktur der verhaltenstheoretischen Betriebswirtschaftslehre

zu skizzieren gilt, dann sollte deutlich werden, dass eine Orientierung an den in den Abschnitten 2.2.1 und 2.2.2 angestellten Überlegungen zur Methodologie von Wissenschaftsprogrammen zugrunde liegt. Ihre fünf Leitideen sind

- die **metaphysische Überzeugung**, dass soziales Geschehen gesetzmäßigen Abläufen folgt,
- der **methodische Aspekt** des Individualismus im Sinne eines methodologischen Prinzips,
- die **theoretische Leitvorstellung** der Nutzenorientierung bzw. des Strebens nach Bedürfnisbefriedigung,
- die **praktische** bzw. **institutionelle Problematik** in Gestalt von Organisationen und Märkten, sowie
- der **sozial- bzw. moralphilosophische Aspekt** der Freiheitssicherung.

Im Hinblick auf die folgenden Erläuterungen ist im Auge zu behalten, dass das praktische Anliegen, die vierte Leitidee also, eindeutig im Mittelpunkt steht. Das heißt jedoch nicht, dass sich die Beschäftigung mit vorgelagerten Problemen erübrigt – auch wenn sich der Betriebswirtschaftler dort ‹nur› in der Situation des Anwenders befindet. Die Zusammenhänge erschließen sich erst dann, wenn man ihre systematischen Beziehungen analysiert (zu einer ausführlichen Darstellung vgl. Schanz [Erkennen] 59 ff.).

(1) Die erste und insofern grundlegendste Leitidee ist die Überzeugung, dass nicht nur das Geschehen in der natürlichen, sondern auch in der sozialen Welt **Gesetzmäßigkeiten** folgt. Sprachlich erfasst werden sie in Form von Gesetzesaussagen bzw. **nomologischen Hypothesen**. Im Rahmen einer angewandten Wissenschaft geht es allerdings weniger um die Entdeckung von Gesetzmäßigkeiten, sondern um ihre **Anwendung** auf disziplinspezifische Probleme.

Es ist, wohlgemerkt, lediglich von einer (metaphysischen) Überzeugung, keineswegs von (sicherem) Wissen um die Existenz gesetzmäßiger Abläufe die Rede. Rechtfertigen lässt sie sich damit, dass sich die Vorstellung von der Existenz theoretischer Gesetzmäßigkeiten im naturwissenschaftlichen Bereich hervorragend bewährt hat und weiterhin bewährt. Dabei würde im Übrigen kein ernst zu nehmender Naturwissenschaftler behaupten wollen, im Besitz eines für alle Zeiten gültigen theoretischen Gesetzes zu sein, denn die Wissenschaftsgeschichte lehrt, dass der Erkenntnisfortschritt vor vermeintlich sicherem Wissen nicht Halt macht. Motor des Erkenntnisfortschritts ist gleichwohl die Suche nach Gesetzmäßigkeiten, denen das ‹Weltgeschehen› folgt.

Im sozial- bzw. gesellschaftswissenschaftlichen Bereich stößt der metaphysische Glaube an die Existenz von Gesetzmäßigkeiten nicht selten auf (im ersten Moment durchaus verständliche) Akzeptanzschwierigkeiten: Die Menschen entscheiden sich heute so, schon morgen vielleicht ganz anders; Institutionen ändern sich (wenn auch manchmal viel zu langsam); in anderen Kulturkreisen stößt man auf Verhaltensmuster, die dem damit nicht vertrauten Beobachter ausgesprochen befremdlich erscheinen. Der Augenschein spricht also zunächst einmal gegen die Gesetzesidee, die ja als Invarianzvorstellung zu interpretieren ist.

Verteidigern dieser Idee entgeht die Variabilität der Phänomene des sozialen Bereichs keineswegs. Sie meinen allerdings, dass sich hinter den konkreten Erscheinungsformen konstante Muster bzw. invariante Beziehungen – Gesetzmäßigkeiten eben – verbergen könnten, und sie halten es für eine rationale Strategie, nach solchen zu suchen.

(2) Die zweite Leitidee ist als Hinweis zu begreifen, wo innerhalb des sozialen Bereichs solche Gesetzmäßigkeiten mit einiger Wahrscheinlichkeit anzutreffen sind. Aus guten Gründen wird hier auf den Bereich des individuellen Verhaltens verwiesen. Die in diesem Zusammenhang übliche Rede vom **methodologischen Individualismus** macht darauf aufmerksam, dass wir es mit einem methodischen

Aspekt zu tun haben. Dass er in der Tradition des ökonomischen Denkens fest verankert ist, kann schon an dieser Stelle festgehalten werden (vgl. Abschn. 4).

Nahe liegenden Missverständnissen vorbeugend ist festzuhalten, dass der Individualismus eine **Analysemethode**, nicht jedoch eine spezifische Werthaltung von Menschen darstellt. Diese Methode besagt nicht mehr (aber auch nicht weniger), als dass soziale Prozesse mit Hilfe von Gesetzesaussagen über das Verhalten von Individuen erklärt werden können. Die Gegenposition wäre ein methodologischer Kollektivismus, der in sozialen Aggregaten die grundlegenden Handlungseinheiten sieht.

Methodologische Individualisten gehen im Übrigen auch nicht davon aus, dass individuelles Verhalten bzw. Handeln im sozialen oder gesellschaftlichen Vakuum stattfindet. Sie verweisen vielmehr darauf, dass dieses entscheidend von den Neigungen und dem Situationsverständnis der Individuen abhängt.

(3) Dieser Hinweis führt unmittelbar zur dritten Leitidee, die auf inhaltlich-theoretische Fragen aufmerksam macht. Sie betrifft die **Nutzenorientierung** der Menschen bzw. ihr **Streben nach Bedürfnisbefriedigung**. Da es sich hier um einen Programmpunkt handelt, der auch für den Neuen Institutionalismus konstituierend ist, erfolgt eine ausführlichere Diskussion in Abschn. 4. Dort wird sich zeigen, dass mit dieser Leitidee unterschiedlich umgegangen werden kann. Zum Verständnis der hier zu erörternden Systemstruktur der verhaltenstheoretischen Betriebswirtschaftslehre ist an dieser Stelle anzumerken, dass bei der inhaltlichen Spezifizierung des Nutzenstrebens auf verschiedene Motivationstheorien zurückgegriffen wird, die in der modernen Sozialpsychologie entwickelt wurden.

(4) Die vierte Leitidee bezieht sich auf jenen Bereich, in dem die Betriebswirtschaftslehre zu originären Lösungsbeiträgen fähig ist und der deshalb auch eindeutig im Mittelpunkt des verhaltenstheoretischen Programms steht. Er betrifft die **institutionelle Problematik** und befasst sich, allgemein ausgedrückt, mit **Systemgestaltung**.

Bei den interessierenden Systemen handelt es sich einerseits um **Organisationen**, wobei aus der Perspektive der Ökonomik eine Eingrenzung auf solche mit wirtschaftlicher Zwecksetzung vorgenommen werden kann. Andererseits geraten **Märkte** ins Blickfeld (vgl. unten). – Hat man die handelnden bzw. sich verhaltenden Wirtschaftssubjekte im Auge, dann liegt es nahe, von **Produzenten** und **Konsumenten** im weiten Sinn zu sprechen, auf die sich das Interesse der Wirtschaftswissenschaft bezieht.

(5) Mit der letzten Leitidee wird berücksichtigt, dass sich die Mitgliedschaft in Unternehmungen stets mit mehr oder weniger großen Einschränkungen des Spielraums für individuelles Verhalten verbindet, ein Tatbestand, der zu problematischen Konsequenzen im Hinblick auf das individuelle Freiheitsbedürfnis führen kann. Diesem Tatbestand trägt eine sozial- bzw. moralphilosophische Leitidee Rechnung, deren zentrales Problem das der **Freiheitssicherung** ist.

Sich über individuelle Freiheit und deren Sicherung Gedanken zu machen, setzt zunächst die Annahme voraus, dass es so etwas wie ein universelles Freiheitsbedürfnis gibt. Zumindest im Hinblick auf seine Intensität sind dabei Relativierungen angebracht, denn es ist nicht zu übersehen, dass hier ein kultureller Faktor im Spiel ist. Herausgehobene Bedeutung kommt diesem Bedürfnis (aus hier nicht näher zu erörternden Gründen) in den von westeuropäisch-liberalen Werten geprägten Teilen der Welt zu.

Am Beispiel des Konzepts der **individualisierten Organisation** (Lawler [Motivation]; Schanz [Organisationsgestaltung] 94 ff.) kann dargelegt werden, wie sich dem individuellen Freiheitsbedürfnis Rechnung tragen lässt. Konkret geht es darum, das durch Organisationsmitgliedschaft zwangsläufig in Kauf zu nehmende Freiheitsopfer möglichst gering zu halten. Zwei konzeptionelle Bausteine tragen dem Rechnung. Sie laufen darauf hinaus, dass

- seitens der Organisation alternative institutionelle Arrangements (unterschiedliche Arbeitszeit- und Karrieremuster, Cafeteria-Systeme bei der Entlohnung u.v.m.) anzubieten und
- den Organisationsmitgliedern Möglichkeiten zur selbstbestimmten Wahl zwischen den offerierten Alternativen einzuräumen

sind. Diese Programmpunkte näher zu konkretisieren würde an dieser Stelle zu weit führen. In der Praxis geht es bei ihrer Realisierung weniger darum, das Endziel einer (wie immer beschaffenen) vollkommen individualisierten Organisation im Auge zu haben, sondern durch konkrete Einzelmaßnahmen die Individualisierung pragmatisch-schrittweise voranzutreiben.

Organisationen und Märkte als Gegenstandsbereiche der verhaltenstheoretischen Betriebswirtschaftslehre

Sollen die Objektbereiche der Betriebswirtschaftslehre festgelegt werden, dann kann dies durch Verweis auf ausgewählte Institutionen erfolgen. Wie schon erwähnt, handelt es sich einerseits um **Organisationen**, andererseits um **Märkte**.

Aus betriebswirtschaftlicher Sicht sind es dabei vorrangig **Wirtschaftsorganisationen**, auf die sich das Interesse konzentriert. Das heißt jedoch keineswegs, dass nicht auch **Verwaltungsorganisationen** und andere Institutionen – etwa private Haushalte oder Krankenhäuser usw. – zum Gegenstand betriebswirtschaftlich-verhaltenstheoretischer Analysen werden könnten. – Bei der zweiten Klasse von Institutionen, den Märkten, handelt es sich – verkürzt ausgedrückt – um (abstrakte) Orte des Tausches von Gütern und Dienstleistungen, wobei sich im Zuge des Zusammentreffens von Angebot und Nachfrage spezifische Preise bilden. Bereits ein flüchtiger Blick auf die Marketinglehre zeigt, dass auch hier verhaltenstheoretische Überlegungen zu einem besseren Verständnis und zu einer gezielten Steuerung der dabei ablaufenden Prozesse beitragen (können).

Die folgenden Hinweise beziehen sich vorrangig auf Organisationen mit wirtschaftlicher Zwecksetzung. Um den Anschluss an die Ausführungen im vorangehenden Abschnitt herzustellen, ist dabei zunächst zu fragen, was die genannten Institutionen mit der theoretischen Leitidee, dem individuellen Streben nach Bedürfnisbefriedigung, zu tun haben. Dabei stößt man umgehend auf den Tatbestand, dass Organisationen und Märkte als hierfür in Frage kommende **Mittel** zu interpretieren sind. Ihnen kommt, wie man diesen Sachverhalt auch ausdrücken kann, **instrumenteller Wert** im Zusammenhang mit der Befriedigung von Bedürfnissen zu.

Dass dies eine nahe liegende Interpretation ist, zeigt die Entstehungsgeschichte dieser Institutionen. Was zunächst Organisationen anbelangt, so handelt es sich um Gebilde, deren vielleicht wesentlichstes Merkmal die arbeitsteilige Vorgehensweise ist. Von Arbeitsteilung kann man sich – *Adam Smith* hat dies vor mehr als 200 Jahren am Beispiel der Stecknadelfertigung anschaulich dargelegt – gewisse **Effizienzvorteile** versprechen. Daraus wiederum können sich vorteilhafte Folgen für die individuelle Bedürfnisbefriedigung ergeben (zu Einschränkungen vgl. unten).

Auch die Entstehung von Märkten ist vor diesem Hintergrund zu sehen. Das lässt sich besonders leicht erkennen, wenn der Blick auf die historisch ursprünglichste Form gelenkt wird: Auf den Markt ist man gegangen, um (mehr oder weniger lebensnotwendige) Güter zu **tauschen**. Der einfache, die Möglichkeiten derartiger Geschäfte stark einschränkende Naturaltausch wurde später durch indirekte Tauschformen abgelöst, wodurch Märkte zu abstrakten Institutionen geworden sind. Besondere Bedeutung kam dabei der **Entstehung des Geldes** zu. Indem dieses eine Vermittlungsfunktion übernahm, erweiterten sich die Möglichkeiten von Tauschvorgängen beträchtlich. Dass bei alledem eine ziemlich direkte Beziehung zum individuellen Streben nach Bedürfnisbefriedigung vorliegt, muss nicht besonders betont werden.

Nun leisten die genannten Institutionen keineswegs nur positive Beiträge zur Bedürfnisbefriedigung. Effizienzvorteile, von denen oben die Rede war, können nämlich auch mit Nachteilen anderer Art erkauft werden. Inwieweit solche in Rechnung zu stellen sind, hängt dabei ganz entscheidend von den **Bedingungen arbeitsteiligen Vorgehens** und den in diesem Zusammenhang vorgesehenen **strukturellen Regelungen** ab. Es liegt nahe, diesen Aspekt vor dem Hintergrund der Organisationsproblematik etwas näher zu beleuchten. Er steht in einem erkennbaren Zusammenhang mit der Idee der Freiheitssicherung.

Was die erwähnten strukturellen Regelungen anbelangt, so ist dabei zunächst auf die **Organisationsstruktur** in ihrer Gesamtheit zu verweisen, d. h. auf die Aufgliederung einer Unternehmung in verschiedene Bereiche, Abteilungen, Gruppen usw. Von bestimmten strukturellen Merkmalen kann aber auch im Hinblick auf das in einer Organisation zur Anwendung kommende **Lohn- und Gehaltssystem**, die dort auszuführenden **Tätigkeiten**, den **Führungsstil** und die **Gruppenbeziehungen** u. ä. gesprochen werden. Durch all dies wird individuelles Verhalten in gewisser Weise

kanalisiert (vgl. hierzu ausführlich Schanz [Personalwirtschaftslehre]; [Organisationsgestaltung]).

Wie stark derartige Kanalisierungen gelegentlich zu sein pflegen, demonstriert das Beispiel der Fließbandarbeit. In ihrer ‹klassischen› Form ist für sie die permanente Wiederholung einer genau determinierten Handgrifffolge typisch. (Vgl. hierzu auch die einprägsame Darstellung durch Charlie Chaplin in «Modern Times».) Dass sich aus so gestalteten Tätigkeiten keine positiven Beiträge zur individuellen Bedürfnisbefriedigung ergeben, muss nicht besonders betont werden. Die **Entfremdung von der Arbeit** ist eine nahezu unausweichliche Folge.

Derartiges muss nicht passiv hingenommen werden. Wissenschaft – dies wurde a.a.O. ausgeführt – informiert nicht nur über Gegebenes, sondern auch über Mögliches. Im hier zu diskutierenden Fall geht es darum, dass sich durch Veränderung der verhaltensrelevanten Umwelt (strukturelle Regelungen usw.) veränderte Möglichkeiten zur individuellen Bedürfnisbefriedigung ergeben. Dabei ist, um das obige Beispiel fortzuführen, u. a. an veränderte Wiederholungsfrequenzen von Einzeltätigkeiten zu denken, und entsprechende Programme haben sich in der betrieblichen Praxis längst etabliert. Gemeint sind verschiedene **neuere Formen der Arbeitsgestaltung** wie Job Rotation, Job Enlargement, Job Enrichment oder so genannte teilautonome Gruppen. Sie werden gelegentlich auch als Beiträge zur Humanisierung der Arbeitswelt interpretiert.

Dies ist lediglich ein Beispiel, an welche Möglichkeiten der Modifikation struktureller Regelungen zu denken ist. Ähnliche Überlegungen lassen sich im Hinblick auf Lohn- und Gehaltssysteme, die Beförderungspraktiken, den Führungsstil usw. anstellen. Der Blick wird dabei keineswegs nur auf individuelles Verhalten gelenkt. Auch Gruppen oder Organisationen als Ganzheiten können zum Betrachtungsobjekt werden, wobei man dann allerdings besser von **Quasiverhalten** spricht. Auch hier sollen zumindest einige Hinweise erfolgen.

Zu betrachten sind zunächst die **Organisationsziele**, denen das entscheidungsorientierte Programm besondere Bedeutung beimisst (vgl. Abschn. 3.2.2). Ihre Formulierung hängt von gewissen Rahmenbedingungen ab, etwa von der Wirtschafts- und Sozialordnung. Zu berücksichtigen ist ferner die insbesondere bei Großunternehmen anzutreffende Trennung zwischen Eigentum und Management. Sie lässt erwarten, dass es gegenüber dem in der (neo)klassischen Theorie allein vorgesehenen Unternehmerbetrieb zu gewissen, hier nicht näher zu erörtenden Zielverschiebungen kommt.

Ein am individuellen Verhalten anknüpfender Ansatz ist ferner in der Lage, **Konflikt- und Machtfragen** zu behandeln (Abel [Individualismus]). Im Licht des verhaltenstheoretischen Programms liegt es in diesem Zusammenhang beispielsweise nahe, die Unterscheidung zwischen Bedürfnis- bzw. Wertkonflikten auf der einen Seite, Interessen- bzw. Verteilungskonflikten auf der anderen einzuführen. Erstere ergeben sich daraus, dass die am sozialen Geschehen beteiligten Individuen unterschiedliche Bedürfnisse zu befriedigen suchen bzw. verschiedene Wertvorstellungen haben. Letztere hängen mit dem Tatbestand zusammen, dass – und hier kommt eine ganz traditionelle ökonomische Idee ins Spiel – viele Mittel zur individuellen Bedürfnisbefriedigung knapp sind. Beide Situationen begründen ein gewisses Konfliktpotenzial. Ob es tatsächlich zur Konfliktaustragung kommt und welche Formen dabei gewählt werden, hängt dann offensichtlich davon ab, wie die Macht zwischen den beteiligten Parteien verteilt ist.

Nun entfalten nicht nur strukturelle Regelungen eine verhaltenssteuernde Wirkung, sondern auch **Gesetze, Verordnungen, selbst- oder fremdgesetzte Grundsätze oder Regeln** u. v. m., und an Beispielen lassen sich anführen: Das Betriebsverfassungsgesetz oder das Gesetz gegen Wettbewerbsbeschränkungen, Führungsgrundsätze, ein System der Mitarbeiter-Erfolgsbeteiligung bis hin zur Unternehmenskultur. Sie wirken als positive oder negative **Anreize** bzw. **Gratifikationen,** auf die Individuen in ihrem Streben nach Bedürfnisbefriedigung spezifisch reagieren.

Abschließend soll ein Hinweis darauf erfolgen, wie jene Bereiche des Fachs in das verhaltenstheoretische Programm einzuordnen sind, die von Anfang an im Mittelpunkt betriebswirtschaftlichen Forschens und Lehrens gestanden haben: das betriebliche Rechnungswesen etwa, verschiedene Finanzierungsmethoden, Optimierungsmodelle usw. Er besteht darin, dass sie allesamt als **Methoden** bzw. **Mittel zur Zielerreichung** (bzw., noch allgemeiner, zur individuellen Bedürfnisbefriedigung) zu interpretieren sind, deren Zweck darin besteht, den Informationsstand bzw. die Entscheidungsgrundlagen der verschiedenen Wirtschaftssubjekte zu verbessern (vgl. hierzu ausführlicher Schanz [Erkennen] 44 ff.)

Wie insbesondere das sog. **Behavioral Accounting** zeigt, empfiehlt es sich, derartige Methoden auch bezüglich ihrer **Verhaltenswirkungen** zu beurteilen. Ähnliche Überlegungen lassen sich im Hinblick auf andere Methoden anstellen, wie sie innerhalb der herkömmlichen Betriebswirtschaftslehre entwickelt wurden. In dieser Hinsicht stellt das skizzierte Programm also gewiss keinen Bruch mit der traditionellen Perspektive dar. Vielmehr wird diese durch notwendige Erweiterungen fortgeführt, so dass man von einem Programm sprechen kann, das **Kontinuität und Wandel des betriebswirtschaftlichen Denkens** miteinander verbindet.

Zusammenfassend festzuhalten bleibt Folgendes:

Organisationen und **Märkte** werden als Mittel zur individuellen Bedürfnisbefriedigung interpretiert. Ihre Wirksamkeit zu untersuchen, zu erklären und ggf. zu verbessern ist Aufgabe und Ziel der verhaltenstheoretischen Betriebswirtschaftslehre.

4   Ausblick

Wenn in der Literatur gelegentlich zwischen einem ökonomischen und einem sozialwissenschaftlichen Basiskonzept unterschieden wird (Raffée [Konzepte] 29 ff.), so ist dies ein Hinweis auf zwei konkurrierende betriebwirtschaftliche Programme, die die fachinterne Diskussion seit geraumer Zeit prägen. Es darf begründet vermutet werden, dass dies auch für die absehbare Zukunft so bleiben wird. Vor diesem Hintergrund liegt es nahe, den Neuen Institutionalismus (als Prototyp des modernen ökonomischen Basiskonzepts) der verhaltenstheoretischen Betriebswirtschaftslehre (als mögliche Ausprägung des sozialwissenschaftlichen Basiskonzepts) gegenüberzustellen. Wie sich zeigen wird, gibt es dabei eine Reihe von Gemeinsamkeiten, von denen anzunehmen ist, dass sie eine tragfähige Grundlage für Brückenschläge abzugeben vermögen. Aber auch momentane Unvereinbarkeiten müssen nicht auf Dauer fortbestehen, sondern lassen sich möglicherweise überwinden. Gemäß dem hier unterbreiteten Vorschlag kann dies auf der Grundlage eines Menschenbildes erfolgen, das der motivationalen und kognitiven Ausstattung real existierender Wirtschaftssubjekte angemessen Rechnung trägt.

Das Erbe der nationalökonomischen Klassiker

Was die erwähnten Gemeinsamkeiten anbelangt, so bestehen sie zunächst darin, dass der Neue Institutionalismus und die verhaltenstheoretische Betriebswirtschaftslehre eine gemeinsame Wurzel haben, die sie mit Lebenssaft versorgt: Beide profitieren vom Geiste der nationalökonomischen Klassiker, wobei insbesondere an *Adam Smith*, *David Hume*, *John Stuart Mill* und einige weitere Protagonisten zu denken ist.

Dank verschiedener Vorarbeiten von *Hans Albert* ist es möglich, die das Denken der Klassiker prägenden Leitideen hier in gebündelter Form vorzutragen. Darüber hinaus wird der Leser schnell merken, dass diese Ideen (in teilweise etwas anderer Form und auch in etwas unterschiedlicher Reihenfolge) zur Charakterisierung der verhaltenstheoretischen Betriebswirtschaftslehre herangezogen wurden. Aufgeführt werden (Albert [Handeln] 183 f.)

- der methodologische Individualismus,
- die These, dass (auch) soziales Geschehen Gesetzmäßigkeiten folgt,
- die Orientierung des Verhaltens der Individuen am Selbstinteresse,
- die Bedeutung von Einschränkungen in Form von Mittelknappheit im Zusammenhang mit der Bedürfnisbefriedigung, sowie schließlich
- die Kanalisierung individuellen Verhaltens durch institutionelle Regelungen, u. a. durch die Rechtsordnung.

Worin bestehen nun die Gemeinsamkeiten zwischen Neuem Institutionalismus und verhaltenstheoretischer Betriebswirtschaftslehre?

(1) Was zunächst den Tatbestand der Mittelknappheit anbelangt, so handelt es sich um einen für das Denken innerhalb der Wirtschaftswissenschaften derart zentralen Gesichtspunkt, dass darauf an dieser Stelle nicht näher eingegangen werden muss. Darüber hinaus ist allerdings Folgendes festzuhalten: Knappheit bzw. die Begrenzung von Möglichkeitsräumen ist offensichtlich ein allgemeiner **sozialer Tatbestand** (Schanz [Betrachtungen] 18 ff.).

(2) Obwohl Vertreter des Neuen Institutionalismus sich dazu kaum äußern, darf angenommen werden, dass die These, wonach soziales Geschehen Gesetzmäßigkeiten folgt, auch von ihnen zumindest implizit geteilt wird.

(3) Der methodologische Individualismus liegt beiden Programmen explizit zugrunde.

(4) Auch bezüglich der Orientierung des Verhaltens der Individuen an ihrem Selbstinteresse besteht Übereinstimmung, nicht jedoch im Hinblick auf die Konkretisierung dieser Idee. Zumindest momentan muss hier von Unvereinbarkeiten ausgegangen werden, und es ist darauf zurückzukommen, worin sie bestehen und wie sie ggf. beseitigt werden können.

(5) Hier wie dort wird von Verhaltenssteuerung durch bzw. mittels institutionelle(r) Regelungen ausgegangen, wobei teilweise allerdings unterschiedliche Schwerpunkte gesetzt werden. Insofern ergänzen sich beide Ansätze.

Zusammenfassend kann festgestellt werden, dass zwischen dem **Neuen Institutionalismus** und der **verhaltenstheoretischen Betriebswirtschaftslehre** keineswegs nur marginale Gemeinsamkeiten vorliegen. Es ist, ganz im Gegenteil, von ausgesprochen engen Beziehungen auszugehen. Dies hängt damit zusammen, dass beide Programme – eine vielleicht als überraschend empfundene Feststellung – auf weitgehend identischen Leitideen basieren.

Verhaltensannahmen und Menschenbilder

Dennoch gibt es (gegenwärtig) nicht zu übersehende Unvereinbarkeiten. Das ist auch nicht weiter verwunderlich, denn identische Leitideen können durchaus unterschiedlich ausgelegt werden. Im vorliegenden Fall ist es die **Orientierung des Verhaltens am Selbstinteresse**, eine Verhaltensannahme, deren konkrete Ausprägung offensichtlich unterschiedlich interpretiert wird.

Unter den Neuen Institutionenökonomen dürfte es *Williamson* sein, der sich der Bedeutung von Verhaltensannahmen am stärksten bewusst ist (Williamson [Institutionen] 50). *Williamson* ist auch derjenige, der auf die Beschreibung solcher Annahmen besonders großen Wert legt. Er kommt dabei zu der folgenden ‹griffigen› Quintessenz: «Um die menschliche Natur, so wie wir sie kennen, zu charakterisieren, greift die Transaktionskostentheorie zu begrenzter Rationalität und Opportunismus» (Williamson [Institutionen] 50). **Begrenzte Rationalität** bedeutet dabei, dass Wirtschaftssubjekte den für sie günstigsten Handlungserfolg anstreben, dass sie dies jedoch vor dem Hintergrund unvollständiger bzw. unvollkommener Information über Handlungsmöglichkeiten und Handlungskonsequenzen tun. Dies ist, in aller Kürze, das **Menschenbild des Satisfizierers**, der sich im Unterschied zum Maximierer mit befriedigenden Handlungsergebnissen abfindet (Simon [Entscheidungsverhalten]).

Für den hier anzustellenden Vergleich bedarf die zweite Verhaltensannahme, der **Opportunismus**, etwas mehr Aufmerksamkeit. *Williamson* ([Institutionen] 54) versteht darunter

«die Verfolgung des Eigeninteresses unter Zuhilfenahme von List. Das schließt krassere Formen ein, wie Lügen, Stehlen und Betrügen, beschränkt sich aber keineswegs auf diese. Häufiger bedient sich der Opportunismus raffinierterer Formen der Täuschung ... Allgemeiner gesagt, bezieht sich Opportunismus auf die unvollständige oder verzerrte Weitergabe von Informationen, insbesondere auf vorsätzliche Versuche irrezuführen, zu verzerren, verbergen, verschleiern oder sonstwie zu verwirren.»

Natürlich ist sich *Williamson* dessen bewusst, dass es sich dabei um eine «verdüsterte Sicht der menschlichen Natur» (Williamson [Institutionen] 73) handelt, und er geht auch keineswegs davon aus, dass sich Menschen immer und überall in diesem Sinn opportunistisch verhalten. Aber – und dies ist seine Botschaft – die Wirtschaftssubjekte tun gut daran, wenn sie diese Möglichkeit beim Abschluss von Verträgen und Vereinbarungen stets in Rechnung stellen. Wie also, dies ist sein zentrales Problem, «schafft man Vertrags- und Beherrschungs- bzw. Überwachungssysteme, die der begrenzten Rationalität Rechnung tragen und zugleich Transaktionen gegenüber den Gefahren opportunistischen Verhaltens absichern» (Williamson [Institutionen] XI)?

Wird der erfahrungswissenschaftliche Anspruch ernst genommen, dann besteht Anlass, auch die eher düsteren Seiten der menschlichen Natur explizit zur Kenntnis zu nehmen. Dabei stellt sich allerdings die Frage, ob dies alles sein kann und darf, was die Ökonomik thematisiert. Und weitergefragt: Lässt sich auf der Grundlage von *Williamson*s Menschenbild etwa das ökonomisch gewiss relevante Problem des individuellen Leistungsverhaltens und die hierbei anzunehmende Beziehung zur individuellen Arbeits(un)zufriedenheit befriedigend erklären?

Weder der Transaktionskostentheorie noch dem Neuen Institutionalismus insgesamt steht hierzu gegenwärtig (um es mit *Williamson*s auf die Neoklassik bezogenen Formulierung zu sagen) das notwendige Vokabular zur Verfügung (vgl. oben). Die Verhaltensannahmen – ob nun in Form von Opportunismus als stärkste Form des Selbstinteresses oder in Gestalt der «schlichten Verfolgung von Eigeninteresse» (Williamson [Institutionen] 56) – verhindern gewissermaßen den Zugang zu derartigen Phänomenen.

Ob sie sich freilich mittels einer ‹ökonomischen› Theorie überhaupt erfassen lassen, erscheint fraglich. Innerhalb der verhaltenstheoretischen Betriebswirtschaftslehre wird daher auf Theorien zurückgegriffen, die in den **Bereich der Psychologie** gehören, und hier speziell auf **Motivationstheorien**. Das ist keineswegs eine Art Kapitulation der Ökonomik, sondern eine im klassischen Programm durchaus angelegte Problemsicht, die es erlaubt, neben dem institutionellen auch das **motivationale Vakuum** aufzufüllen, für das die Neoklassik sich traditionell blind zeigt, das aber auch vom Neuen Institutionalismus ignoriert wird. (Aufschlussreich ist in diesem Zusammenhang, mit welcher – geradezu entwaffnenden – Bescheidenheit *McKenzie/Tullock* ([Homo] 10) ihre diesbezügliche **Verzichtlösung** zu Protokoll geben: «Wir studieren Angebot und Nachfrage, ohne uns um die Wünsche und Geschmäcker der Konsumenten zu kümmern, die doch so viel mit dem Nachfrageverhalten zu tun haben. Dieses Problem überlassen wir dem Psychologen, und zwar ganz einfach deshalb, weil wir nicht genug wissen, um es richtig zu behandeln»).

Im Programm der ökonomischen Klassiker – und dabei vor allem in *Adam Smith*» «Theorie der ethischen Gefühle» – war die Ignoranz der motivationalen Dimension des Handelns keineswegs vorgesehen. Ohne darauf näher eingehen zu können, kann festgestellt werden, dass die abstrakte Vorstellung vom Nutzenstreben bzw. von der Verfolgung des Eigeninteresses der **Spezifizierung** bedarf, wenn das Verhalten der Wirtschaftssubjekte im Rahmen ökonomisch relevanter Erklärungsmodelle adäquat erfasst werden soll. In Gestalt neuerer Motivationstheorien liegen entsprechende Ansätze vor. Wenn dabei zusätzlich bedacht wird, dass diese Ansätze der ökonomischen Denktradition sehr nahe stehen, so sollte dies zugleich der Akzeptanz des vorzuschlagenden Brückenschlags zwischen Neuem Institutionalismus und des verhaltenstheoretischen Betriebswirtschaftslehre förderlich sein.

Inhaltlich geht es darum, über die Behebung des institutionellen Vakuums hinaus auch eine

Überwindung des kognitiv-motivationalen Vakuums

anzustreben. Anknüpfungspunkt ist die kognitive Motivationspsychologie, wobei der so genannten **Erwartungstheorie der Motivation** besondere Bedeutung zukommen dürfte. Zielorientiertes Verhalten wird dort als Zusammenspiel zwischen

a) handlungsleitenden Motiven und
b) Erwartungen bezüglich der voraussichtlichen Handlungskonsequenzen sowie der hierfür relevanten Informationen

interpretiert. Die gewählte Formulierung macht deutlich, dass der Mensch, anders als etwa im Rahmen lernpsychologischer Ansätze, als **zukunftsorientiertes Wesen** betrachtet wird.

Relevante Ergebnisse der modernen Motivationsforschung und ihre Konsequenzen für die Behandlung von betriebswirtschaftlichen Gestaltungsproblemen können hier nur in Form von Stichworten (vgl. ausführlich Schanz [Erkennen] 91 ff.) vorgetragen werden:

- Für das Verhalten der Wirtschaftssubjekte ist eine **Motivvielfalt** bestimmend.
- Bezüglich der konkreten Motivausprägung ist von **individuellen Unterschieden** auszugehen (vgl. hierzu die Ausführungen in Abschnitt 3.3.2 zur individualisierten Organisation, die dem Rechnung trägt).
- Besonders ausschlaggebend für individuenspezifische Motiv- bzw. Bedürfnisstärken sind **frühe** (d. h. vorberufliche) **Sozialisationserfahrungen.**
- Verhaltensrelevante Erwartungen hängen in hohem Maße von der **Handlungssituation** (aber auch von Vergangenheitserfahrungen und gewissen Persönlichkeitsmerkmalen) ab.
- Die Verhaltenssteuerung bzw. -kanalisierung kann folglich primär über eine **Veränderung der Handlungssituation** erfolgen.

Damit sind **Essentials** aufgezählt, an denen mit dem Ziel angeknüpft werden kann, das erwähnte kognitiv-motivationale Vakuum des Neuen Institutionalismus zu überwinden. Wer sich darauf einlässt, verlässt nicht zwangsläufig das Territorium der Wirtschaftswissenschaft!

Literaturhinweise

Abel, Bodo: Machttheoretische Modelle und [Individualismus] als Ansatzpunkte der unternehmungsbezogenen Konfliktforschung. In: Unternehmungsbezogene Konfliktforschung. Hrsg. von Günter Dlugos. Stuttgart 1979, S. 45–67.

Albach, Horst: Allgemeine Betriebswirtschaftslehre. Zum Gedenken an Erich [Gutenberg]. In: Zeitschrift für Betriebswirtschaft (56) 1986, S. 578–613.

Albert, Hans: [Erkenntnis], Sprache und Wirklichkeit. In: Sprache und Erkenntnis. Festschrift für Gerhard Frey zum 60. Geburtstag. Hrsg. von Bernulf Kanitscheider. Innsbruck 1976, S. 39–53.

Albert, Hans: Individuelles [Handeln] und soziale Steuerung. In: Handlungstheorien interdisziplinär IV. Hrsg. von Hans Lenk. München 1977, S. 177–225.

Albert, Hans: Traktat über rationale [Praxis]. Tübingen 1978.

Alchian, Armen A.: Some Economics of [Property Rights]. In: Il Politico 1965, S. 816–829.

Becker, Gary S.: Der ökonomische [Ansatz] zur Erklärung menschlichen Verhaltens. Tübingen 1982.

Berster, Falk: Ökologisch bedachtes [Verhalten] in Wirtschaftsorganisationen. Frankfurt am Main 2002.

Bleicher, Knut: [Betriebswirtschaftslehre]. Disziplinäre Lehre vom Wirtschaften in und zwischen Betrieben oder interdisziplinäre Wissenschaft vom Management? In: Betriebswirtschaftslehre als Management- und Führungslehre. Hrsg. von Rolf Wunderer. 2. Aufl., Stuttgart 1988, S. 109–131.

Bunge, Mario: Scientific [Research II]. The Search for Truth. Heidelberg, Berlin, New York 1967.

Coase, Ronald H.: The [Nature] of the Firm. In: Economica 1937, S. 386–405.

Coase, Ronald H.: The [Problem] of Social Cost. In: Journal of Law and Economics 1960, S. 1–44.

Demsetz, Harold: Toward a Theory of [Property Rights]. In: American Economic Review 1967, S. 347–359.

Dyllick, Thomas: Ökologisch bewusste [Unternehmensführung]. Bausteine einer Konzeption. In: Die Unternehmung: Die Unternehmung (46) 1992, S. 391–413.

Feyerabend, Paul K.: Wider den [Methodenzwang]. Skizze einer anarchistischen Erkenntnistheorie. Frankfurt am Main 1976.

Frese, Erich: Stichwort «Umweltschutz(es), [Organisation] des». In: Handwörterbuch der Organisation. Hrsg. von Erich Frese. 3. Aufl., Stuttgart 1992, Sp. 2433–2451.

Frey, Bruno S.: [Ökonomie] ist Sozialwissenschaft. Die Anwendung der Ökonomie auf neue Gebiete. München 1990.

Furubotn, Eirik G.; Pejovich, Steve: The [Economics] of Property Rights. Cambridge, Mass. 1974.

Günther, Klaus: Praktische [Umsetzung] des Umweltmanagements – Die umweltorientierte Organisationsentwicklung. In: Ökologisch wirtschaften. Erfahrungen – Strategien – Modelle. Hrsg. von Hans Glauber und Reinhard Pfriem, Frankfurt a. M. 1992, S. 131–142.

Gutenberg, Erich: Zum «[Methodenstreit]». In: Zeitschrift für handelswissenschaftliche Forschung (5) 1953, S. 327–355.

Gutenberg, Erich: Offene Fragen der [Produktions- und Kostentheorie]. In: Zeitschrift für handelswissenschaftliche Forschung. N.F. (8) 1956, S. 429–449.

Gutenberg, Erich: [Einführung] in die Betriebswirtschaftslehre. Wiesbaden 1975.

Gutenberg, Erich: Grundlagen der Betriebswirtschaftslehre. Bd. I: Die [Produktion]. 24. Aufl., Berlin–Heidelberg–New York 1983; Bd. II: Der [Absatz]. 17. Aufl., Berlin–Heidelberg–New York 1984; Bd. III: Die [Finanzen]. 8. Aufl., Berlin–Heidelberg–New York 1980.

Gutenberg, Erich: [Rückblicke]. Manuskript. Köln 1983.

Heinen, Edmund: Zum [Wissenschaftsprogramm] der entscheidungsorientierten Betriebswirtschaftslehre. In: Zeitschrift für Betriebswirtschaftslehre (39) 1969, S. 207–220.

Heinen, Edmund: Der [entscheidungsorientierte Ansatz] der Betriebswirtschaftslehre. In: Wissenschaftsprogramm und Ausbildungsziele der Betriebswirtschaftslehre. Hrsg. von Gert von Kortzfleisch. Berlin 1971, S. 21–37.

Heinen, Edmund: Die [Zielfunktion] der Unternehmung. In: Zur Theorie der Unternehmung. Festschrift zum 65. Geburtstag von Erich Gutenberg. Hrsg. von Helmut Koch. Wiesbaden 1962, S. 9–71; wiederabgedruckt in: Edmund Heinen: Grundfragen der entscheidungsorientierten Betriebswirtschaftslehre. München 1976, S. 13–93.

Heinen, Edmund: [Grundfragen] der entscheidungsorientierten Betriebswirtschaftslehre. München 1976.

Heinen, Edmund: [Einführung] in die Betriebswirtschaftslehre. 6. Aufl., Wiesbaden 1977.

Heinen, Edmund: [Wandlungen] und Strömungen in der Betriebswirtschaftslehre. In: Integriertes Management. Hrsg. von Gilbert J. B. Probst und Hans Siegwert. Bern–Stuttgart 1985, S. 37–63.

Heinen, Edmund: Art. [Entscheidungstheorie]. In: Gablers Wirtschaftslexikon. 12. Aufl., Wiesbaden 1988, Sp. 1531–1540.

Hundt, Sönke: Zur [Theoriegeschichte] der Betriebswirtschaftslehre. Köln 1977.

Jehle, Egon: Über [Fortschritt] und Fortschrittskriterien in betriebswirtschaftlichen Theorien. Stuttgart 1973.

Jensen, Michael C.; Meckling, William H.: Theory of the [Firm]. Managerial Behavior, Agency Costs and Ownership Structure. In: Journal of Financial Economics 1976, S. 305–360.

Katterle, Siegfried: Normative und explikative [Betriebswirtschaftslehre]. Göttingen 1964.

Kilger, Wolfgang: Zum wissenschaftlichen Werk Erich [Gutenbergs]. In: Zeitschrift für Betriebswirtschaft (32) 1962, S. 689–692.

Kirsch, Werner: [Entscheidungsprozesse]. 3 Bde., Wiesbaden 1970/71.

Köhler, Richard: Theoretische Systeme der Betriebswirtschaftslehre im Lichte der neueren [Wissenschaftslogik]. Stuttgart 1966.

Kräkel, Matthias: [Organisation] und Management. Tübingen 1999.

Kruk, Max; Potthoff, Erich; Sieben, Günter: Eugen [Schmalenbach]. Der Mann – Sein Werk – Die Wirkung. Stuttgart 1984.

Kuhn, Thomas S.: Die [Struktur] wissenschaftlicher Revolutionen. Frankfurt am Main 1967.

Lakatos, Imre: [Falsifikation] und die Methodologie wissenschaftlicher Forschungsprogramme. In: Kritik und Erkenntnisfortschritt. Hrsg. von Imre Lakatos und Alan Musgrave. Braunschweig 1974, S. 89–189.

Lawler, Edward E.: [Motivation] in Work Organizations. Monterey, Cal. 1973.

Lewin, Kurt: Frontiers in [Group Dynamics]. In: Human Relations 1947, S. 4–41 und S. 143–153.

Lorenz, Konrad: Vom [Weltbild] des Verhaltensforschers. Drei Abhandlungen. 11. Aufl., München 1980.

McKenzie, Richard B.; Tullock, Gordon: [Homo] Oeconomicus. Ökonomische Dimensionen des Alltags. Frankfurt am Main–New York 1984.

Mellerowicz, Konrad: Eine neue [Richtung] in der Betriebswirtschaftslehre? In: Zeitschrift für Betriebswirtschaft (22) 1952, S. 145–161.

Moxter, Adolf: Methodologische [Grundfragen] der Betriebswirtschaftslehre. Köln–Opladen 1957.

Neus, Werner: [Einführung] in die Betriebswirtschaftslehre aus institutionen-ökonomischer Sicht. Tübingen 1998.

Nicklisch, Heinrich: Der Weg aufwärts! [Organisation]. Stuttgart 1920.

Nicklisch, Heinrich: Die [Betriebswirtschaftslehre] im nationalsozialistischen Staat. In: Die Betriebswirtschaft (26) 1933, S. 173–177.

Pfriem, Reinhard: Ökologische [Unternehmenspolitik]: Ziele, Methoden, Instrumente. In: Ökologisch wirtschaften. Erfahrungen – Strategien – Modelle. Hrsg. von Hans Glauber und Reinhard Pfriem, Frankfurt a. M. 1992, S. 91–113.

Picot, Arnold: Betriebswirtschaftliche [Umweltbeziehungen] und Umweltinformation. Berlin 1977.

Picot, Arnold: Ökonomische Theorien der [Organisation] – ein Überblick über neuere Ansätze und deren betriebswirtschaftliches Anwendungspotential. In: Betriebswirtschaftslehre und ökonomische Theorien. Hrsg. von Dieter Ortelheide, Bernd Rudolph und Elke Büsselmann, Stuttgart 1991, S. 143–170.

Popper, Karl R.: Logik der [Forschung]. 5. Aufl., Tübingen 1973.

Raffée, Hans: Gegenstand, Methoden und [Konzepte] der Betriebswirtschaftslehre. In: Vahlens Kompendium der Betriebswirtschaftslehre. Band 1. München 1984, S. 1–46.

Richter, Rudolf: [Institutionen] ökonomisch analysiert. Zur jüngeren Entwicklung auf einem Gebiet der Wirtschaftstheorie. Tübingen 1994.

Rieger, Wilhelm: Schmalenbachs Dynamische [Bilanz]. 2. Auflage, Stuttgart 1954.

Rieger, Wilhelm: Einführung in die [Privatwirtschaftslehre]. 3. Aufl., Erlangen 1964.

Schäfer, Erich: [Selbstliquidation] der Betriebswirtschaftslehre? In: Zeitschrift für Betriebswirtschaft (22) 1952, S. 605–615.

Schanz, Günther: [Grundlagen] der verhaltenstheoretischen Betriebswirtschaftslehre. Tübingen 1977.

Schanz, Günther: [Erkennen] und Gestalten. Betriebswirtschaftslehre in kritisch-rationaler Absicht. Stuttgart 1988.

Schanz, Günther: [Methodologie] für Betriebswirte. Stuttgart 1988 (2. Auflage der Einführung in die Methodologie der Betriebswirtschaftslehre. Köln 1975).

Schanz, Günther: Die Betriebswirtschaftslehre als Gegenstand kritisch-rationaler [Betrachtungen]. Kommentare und Anregungen. Stuttgart 1990.

Schanz, Günther: [Organisationsgestaltung]. Management von Arbeitsteilung und Koordination. 2. Aufl., München 1994.

Schanz, Günther: [Personalwirtschaftslehre]. Lebendige Arbeit in verhaltenswissenschaftlicher Perspektive. 3. Aufl., München 2000.

Schmalenbach, Eugen: Über den Weiterbau der [Wirtschaftslehre] der Fabriken. In: Zeitschrift für handelswissenschaftliche Forschung (8) 1913/1914, S. 317–323.

Schmalenbach, Eugen: Die Privatwirtschaftslehre als [Kunstlehre]. In: Zeitschrift für handelswissenschaftliche Forschung (6) 1911/12, S. 304–316. Wiederabgedruckt in: Zeitschrift für betriebswirtschaftliche Forschung, N.F. (22) 1970, S. 490–498.

Schneider, Dieter: Allgemeine [Betriebswirtschaftslehre]. 3. Auflage der «Geschichte betriebswirtschaftlicher Theorie». München–Wien 1987.

Schüller, Alfred: [Property Rights] und ökonomische Theorie. München 1983.

Schweitzer, Marcell: [Wissenschaftsziele] und Auffassungen in der Betriebswirtschaftslehre. Eine Einführung. In: Auffassungen und Wissenschaftsziele der Betriebswirtschaftslehre. Hrsg. von Marcell Schweitzer. Darmstadt 1978, S. 1–14.

Seidel, Eberhard: Ökologisches [Controlling] – Zur Konzeption einer ökologisch verpflichteten Führung von und in Unternehmen. In: Betriebswirtschaftslehre als Management- und Führungslehre. Hrsg. von Rolf Wunderer. 2. Aufl., Stuttgart 1988. S. 307–322.

Seidel, Eberhard: [Anreize] zu ökologisch verpflichtetem Wirtschaften. In: Anreizsysteme in Wirtschaft und Verwaltung. Hrsg. von Günther Schanz, Stuttgart 1991, S. 171–189.

Seidel, Eberhard; Menn, Heiner: Ökologisch orientierte [Betriebswirtschaft]. Stuttgart–Berlin–Köln–Mainz 1988.

Simon, Herbert A.: [Entscheidungsverhalten] in Organisationen. Landsberg am Lech 1981.

Spinner, Helmut F.: Theoretischer [Pluralismus]. Prolegomena zu einer kritizistischen Methodologie und Theorie des Erkenntnisfortschritts. In: Sozialtheorie und soziale Praxis. Eduard Baumgarten zum 70. Geburtstag. Hrsg. von Hans Albert. Meisenheim am Glan 1971, S. 17–41.

Strebel, Heinz: [Umwelt] und Betriebswirtschaft. Die natürliche Umwelt als Gegenstand der Unternehmenspolitik. Berlin 1980.

Ulrich, Hans: Die [Unternehmung] als produktives soziales System. 2. Aufl., Bern–Stuttgart 1970.

Ulrich, Hans: Der [systemorientierte Ansatz] in der Betriebswirtschaftslehre. In: Wissenschaftsprogramm und Ausbildungsziele der Betriebswirtschaftslehre. Hrsg. von Gert von Kortzfleisch. Berlin 1971, S. 43–60.

Ulrich, Hans u. a.: Zum [Praxisbezug] einer systemorientierten Betriebswirtschaftslehre. In: Zum Praxisbezug der Betriebswirtschaftslehre in wissenschaftstheoretischer Sicht. Hrsg. von Hans Ulrich. Bern 1976, S. 135–151.

Ulrich, Hans: Die [Betriebswirtschaftslehre] als anwendungsorientierte Sozialwissenschaft. In: Die Führung des Betriebes. Hrsg. von Manfred N. Geist und Richard Köhler. Stuttgart 1981, S. 1–25.

Ulrich, Hans: [Management] – eine unverstandene gesellschaftliche Funktion. In: Mitarbeiterführung und gesellschaftlicher Wandel. Hrsg. von Hans Siegwert und Gilbert J. B. Probst. Bern–Stuttgart 1983, S. 133–152.

Ulrich, Hans: Von der Betriebswirtschaftslehre zur systemorientierten [Managementlehre]. In: Betriebswirtschaftslehre als Management- und Führungslehre. Hrsg. von Rolf Wunderer. 2. Aufl., Stuttgart 1988, S. 173–190.

Ulrich, Peter; Hill, Wilhelm: Wissenschaftstheoretische [Grundlagen] der Betriebswirtschaftslehre. In: Wissenschaftstheoretische Grundfragen der Wirtschaftswissenschaften. Hrsg. von Hans Raffée und Bodo Abel. München 1979, S. 161–190.

Vanberg, Victor: [Markt] und Organisation. Individualistische Sozialtheorie und das Problem korporativen Handelns. Tübingen 1982.

Weber, Max: Gesammelte Aufsätze zur [Wissenschaftslehre]. Hrsg. von Johannes Winckelmann. 3. Aufl., Tübingen 1968.

Weyermann, Moritz; Schönitz, Hans: [Grundlegung] und Systematik einer wissenschaftlichen Privatwirtschaftslehre und ihre Pflege an Universitäten und Fachhochschulen. Karlsruhe 1912.

Williamson, Oliver E.: Die ökonomischen [Institutionen] des Kapitalismus. Tübingen 1990.

Winter, Georg: Für ein integriertes [System] umweltorientierter Unternehmensführung. In: Ökologisch wirtschaften. Erfahrungen – Strategien – Modelle. Hrsg. von Hans Glauber und Reinhard Pfriem, Frankfurt a. M. 1992, S. 124–130.

Rahmenbedingungen des Wirtschaftens

«Wirtschaften ist das Entscheiden über knappe Güter in Betrieben.» Mit dieser Definition des Wirtschaftens (vgl. S. 54) ist der weitere Gang dieser Einführung vorgezeichnet: Es müssen zunächst die Grundlagen und Inhalte von Entscheidungen in Betrieben dargelegt werden. Bevor wir uns jedoch diesem Gegenstand im nächsten Kapitel zuwenden, müssen wir einen für alle Entscheidungen sehr wesentlichen Tatbestand erörtern: die Rahmenbedingungen des Entscheidens (Wirtschaftens). Sie stellen **Daten** dar, die durch den Entscheidungsträger innerhalb des Planungshorizontes nicht beeinflussbar sind. Der Unternehmer muss vielmehr seine Entscheidungen an ihnen ausrichten. Man bezeichnet diese Daten daher auch als **Restriktionen** (bzw. Einschränkungen).

Die Rahmenbedingungen des Wirtschaftens stellen ein äußerst komplexes Gebilde aus natürlichen Gegebenheiten (z. B. Klima), gesetzlichen Regelungen, Verhaltensweisen von Interessenorganisationen usw. dar. Es lässt sich in dieser Einführung nicht das ganze Geflecht des Datenkranzes beschreiben. Die wichtigsten und für alle Unternehmen relevanten Rahmenbedingungen sollen jedoch analysiert werden:

- die Wirtschaftsordnung,
- das Steuersystem,
- die Unternehmensordnung.

(1) Die **Wirtschaftsordnung** legt fest, in welchem Umfang einzelne Wirtschaftssubjekte über Entscheidungskompetenz verfügen und in welchem Rahmen sich die Beziehungen zwischen den Wirtschaftssubjekten bewegen dürfen. Im Gegensatz zu einer Zentralverwaltungswirtschaft ist die **soziale Marktwirtschaft** eine **dezentral gelenkte Wirtschaftsordnung**. Ihre politische Grundlage ist der **Liberalismus**. Planung erfolgt hier dezentral in Eigenverantwortung der einzelnen **Unternehmen und Haushalte**, ihr Koordinationsinstrument ist der **Markt**, die primäre Motivationsgröße ist der **Gewinn**, und das Eigentum ist **privat** organisiert.

(2) Das **Steuersystem** regelt die finanziellen Beziehungen zwischen Unternehmen und Staat, die durch Steuerschuldverhältnisse entstehen. Steuern nehmen auf die Entscheidungen von Unternehmen wesentlichen Einfluss.

Zwischen den **Unternehmen** und dem **Staat** finden in einer Marktwirtschaft zweiseitige Zahlungsvorgänge statt, die auf **marktlichen Transaktionen** und auf anderen Rechtsgründen beruhen. Bei den Zahlungen (Ausgaben) der Unternehmen an den Staat stellen öffentlich-rechtliche Abgaben einen wesentlichen Teil dar. Diese Abgaben werden durch Steuerschuldverhältnisse oder im Zusammenhang mit staatlichen Leistungen hoheitlich auferlegt. Das Steuersystem regelt auf diese Weise einen wesentlichen Teil der öffentlich-rechtlichen Abgaben und damit der Einnahmen des Staates. Das Steuersystem umfasst die Gesamtheit der Steuernormen, die in einem Staat gültig sind.

Im Zusammenhang mit seinen Steuereinnahmen ist der Staat bemüht, die **Lastenverteilung** für alle Steuerpflichtigen gerecht zu gestalten. Um dieser Anforderung zu genügen, verfolgt er die Prinzipien der «Gleichmäßigkeit der Besteuerung» und der «Besteuerung nach der Leistungsfähigkeit». Je nach **Bemessungsgrundlage** erhebt der Staat von den Betrieben Ertragsteuern, Substanzsteuern, Verkehrsteuern und Verbrauchsteuern. Nach der **Steuerertragshoheit** kann zwischen Bundes-, Landes-, Gemeinde- sowie Gemeinschaftssteuern unterschieden werden. Das Steuergefälle zwischen steuerstarken und steuerschwachen Ländern wird durch einen **horizontalen Finanzausgleich** zwischen den Ländern und durch einen **vertikalen Finanzausgleich** zwischen dem Bund und den Ländern gemildert. Auf diese Weise wird versucht, **Steuergerechtigkeit** walten zu lassen und jedem Staatsbürger die Chance zu geben, ein gesichertes Leben zu führen und zu **Wohlstand** zu gelangen.

Zahlungen, die aus den Regelungen des Steuersystems folgen, sind für das Unternehmen zum einen Umweltzustände (Daten) mit Freiraum, in welchem zum anderen Ziele formuliert werden können, die das Unternehmen bei seinen Entscheidungen über knappe Güter berücksichtigen muss. Dadurch wird das Steuersystem zu einem Instrument des Staates, mit dem er das Entscheidungsverhalten der Betriebe beeinflussen kann.

(3) Die **Unternehmensordnung** (auch **Unternehmensverfassung** genannt) legt fest, wie die durch die Wirtschaftsordnung den Unternehmen überlassene Entscheidungsautonomie genutzt werden kann, insbesondere wer in Unternehmen nach welchen Regeln entscheiden kann und soll.

Sobald in einem marktwirtschaftlich orientierten Unternehmen der Wirtschaftsprozess arbeitsteilig vollzogen wird, treten **Ordnungsprobleme** auf. Diese werden dadurch ausgelöst, dass mehrere gesellschaftlichen Gruppen, wie Arbeitnehmer, Aktionäre, Kunden, Banken oder Lieferanten, durch die Entscheidungen in den Unternehmen tangiert werden. Die Entscheidungsautonomie liegt in einer Marktwirtschaft bei Haushalten und Unternehmen. Die soziale Marktwirtschaft zeichnet sich dadurch aus, dass die genannten Ordnungsprobleme nicht ausschließlich durch dezentrale Planung, Weisung und Kontrolle der Unternehmen gelöst werden, sondern dass der Gesetzgeber mit zentralen staatlichen Regelungen eingreift. Eine Unternehmensordnung befasst sich daher mit Vorkehrungen, die im Rahmen der gesetzlichen Vorschriften der Steuerung des Realgüterprozesses dienen. Ihre Regelungsgegenstände sind die **Entscheidungsprozesse des Managements**, für die unter Berücksichtigung der gesamten Wirtschaftsordnung notwendige **institutionelle Rahmenbedingungen** zu entwerfen sind. Dabei wird nicht der gesamte Führungsprozess geregelt, sondern es werden lediglich Ordnungsstrukturen formuliert, die mit dem System der sozialen Marktwirtschaft verträglich sind und Missbrauch verhindern. Aus diesen Gründen werden **Mindestregelungen** festgelegt, die eine gewollte Ordnung herstellen und aufrechterhalten. In der Bundesrepublik Deutschland werden diese **Regelungen rechtlich fixiert.** Die tatsächlich geltende Unternehmensordnung ergibt sich daher weitgehend aus dem Recht, insbesondere aus dem Handels-, Gesellschafts- und Arbeitsrecht.

Für jede **Unternehmensordnung** ergeben sich die beiden **Grundfragen:**

(1) Welche **Interessen** sollen die Zielsetzung und Politik des Unternehmens bestimmen? (Legitimationsfrage)

(2) Wie ist die **formale Entscheidungsstruktur** des Unternehmens interessenkonform zu gestalten? (Organisationsfrage)

Um die Legitimationsfrage beantworten zu können, muss man stets wissen, mit welchen **Interessen** man es im Rahmen des wirtschaftlichen Geschehens überhaupt zu tun hat. Man spricht hier in einem ersten Schritt von **verfassungsrelevanten Interessen.** Aus diesen Interessen sind in einem zweiten Schritt nach ordnungsleitenden Gesichtspunkten die sog. **verfassungskonstituierenden Interessen** des Unternehmens auszuwählen und zu strukturieren. In diese Strukturen sind die Interessen der Konsumenten, der Arbeitnehmer, der Kapitaleigner und der Öffentlichkeit einzubinden.

Die Beantwortung der Organisationsfrage betrifft Aspekte der **Entscheidungsgremien** (Art, Zusammensetzung, Wahl, Kompetenzen), des **Entscheidungsprozesses** (Vorsitzender, Ausschüsse, Teilnahme- und Beschlussmodalitäten) sowie des **Informationssystems** (Planungs- und Kontrollinformationen für Entscheidungsträger und Interessengruppen).

1 Wirtschaftsordnung

Franz Xaver Bea

1.1 Arten von Wirtschaftsordnungen

Entwürfe von Wirtschaftsordnungen waren von jeher beliebte, aber auch heiß umstrittene Themen in der wirtschaftswissenschaftlichen Diskussion. Geht es doch bei einer Wirtschaftsordnung um die Formulierung eines Organisationsmodells für die gesamte Volkswirtschaft, das mit weitreichenden Konsequenzen verbunden ist.

> In einer **Wirtschaftsordnung** ist geregelt, in welchem Umfang einzelne Wirtschaftssubjekte über Entscheidungskompetenz verfügen und in welchem Rahmen sich die Beziehungen zwischen Wirtschaftssubjekten bewegen dürfen.

Die Wirtschaftsordnung und die in einer Wirtschaft ablaufenden Prozesse (z. B. Produktions- und Absatzprozesse) machen zusammen das sog. **Wirtschaftssystem** aus. Da die Wirtschaftsordnung der dominierende Bestandteil eines Wirtschaftssystems ist (sie ordnet und regelt die Prozesse), werden beide Begriffe häufig synonym verwendet.

Zwei politische Strömungen (Weltanschauungen) haben die Diskussion um die «optimale» Wirtschaftsordnung stark geprägt:

- der Liberalismus und
- der Sozialismus.

Die Vertreter des **Liberalismus** (vor allem *Adam Smith* 1723–1790, *David Ricardo* 1772–1823) gehen von der Vorstellung aus, dass die freie Entfaltung des Einzelnen zur Steigerung der Wohlfahrt des Gesamten beiträgt. Vgl. dazu das Standardwerk von *Adam Smith*: Wohlstand der Nationen, das 1776 erschienen ist. Nach **Adam Smith** transformiert die unsichtbare Hand («invisible hand») des freien Wettbewerbs den Eigennutz in Gemeinwohl. Deshalb fordern die Liberalen zur Stärkung des Wettbewerbs u. a. Vertragsfreiheit, Gewerbefreiheit und Niederlassungsfreiheit.

Dem Staat wird die Rolle des Ordnunggebers zugewiesen; im Übrigen solle er sich von Eingriffen in die Wirtschaft fern halten. *Ferdinand Lassalle* (1825–1864) spricht in diesem Zusammenhang spöttisch vom «Nachtwächterstaat». Zu den Konsequenzen für die Unternehmensordnung vgl. S. 247 ff.

Demgegenüber wollen die Vertreter des **Sozialismus** (vor allem *Karl Marx* 1818–1883, *Friedrich Engels* 1820–1895) die Freiheit des Individuums mit Hilfe des Staates einschränken, denn sie führe zu einer Ausbeutung des Menschen durch den Menschen und zu gesamtwirtschaftlichen Krisen.

Die Geschichte hat eine Vielzahl von Spielarten sowohl des Liberalismus wie auch des Sozialismus hervorgebracht. Sie reichen von den extremen Ausprägungen in Richtung **Manchester-Liberalismus** bzw. **Kommunismus** bis zu Annäherungen bzw. Vermischungen (Konvergenz) beider Strömungen etwa in Form eines **liberalen Sozialismus** oder einer **sozialen Marktwirtschaft**. Dementsprechend vielfältig sind auch die Entwürfe von Wirtschaftsordnungen als Idealvorstellungen konzipiert und als praktische Systeme realisiert worden.

Im Folgenden sollen die zentral gelenkte Wirtschaft (Zentralverwaltungswirtschaft) als wirtschaftsordnungspolitischer Ausfluss des Sozialismus sowie die Marktwirtschaft als entsprechende Ausprägung des Liberalismus erörtert werden. Ihre wesentlichen Merkmale sind in Abb. 3.1.1 schlagwortartig skizziert.

Wirtschaftsordnungen / Kennzeichen	Marktwirtschaft	zentral gelenkte Wirtschaft
Politische Grundlage	Liberalismus	Sozialismus
Organisatorische Merkmale		
1. Planung	dezentral	zentral
2. Koordination	Markt	Wirtschaftsplan
3. Motivation	Gewinn	Prämie
4. Eigentum	Privateigentum	Kollektiveigentum

Abbildung 3.1.1: Marktwirtschaft und zentral gelenkte Wirtschaft

1.1.1   Die zentral gelenkte Wirtschaft

In einer **zentral gelenkten Wirtschaft** werden die wirtschaftlichen Aktivitäten in einem genau festgelegten Abstimmungsverfahren zwischen verschiedenen Institutionen (etwa Ministerien) letztlich von einer zentralen Behörde geplant.

Das bedeutet, dass für die gesamte Volkswirtschaft ein **zentraler Wirtschaftsplan** aufgestellt und in Einzelpläne für die verschiedenen wirtschaftenden Einheiten zerlegt wird. Der jährliche Wirtschaftsplan wiederum ist Bestandteil eines langfristigen Planes, etwa eines Fünfjahresplanes. Die Einzelpläne für Betriebe enthalten u. a. Sollvorschriften bezüglich Art und Menge der zu produzierenden Güter sowie Art und Umfang der Investitionen. Eine Erfüllung bzw. eine Übererfüllung des Planes wird mit Prämien belohnt. Die Produktionsmittel sind weit gehend in staatlicher Hand.

Das **Hauptproblem** einer zentral gelenkten Wirtschaft ist in der Konzeption und der Verwirklichung eines funktionsfähigen Planungs- und Kontrollsystems zu sehen. Die Abstimmung von Angebot und Bedarf, d. h. die Vermeidung von Überangeboten bzw. Produktionsengpässen, lässt sich aufgrund der Schwerfälligkeit des Planungsapparates nicht zufrieden stellend lösen. In denjenigen Staaten, die zur Vermeidung dieses Nachteiles dezentralisieren, entsteht zusätzlich das Problem der reibungslosen Integration von Freiräumen in das Gesamtplanungssystem. Auch ist die Frage nach einem funktionierenden Leistungsanreizsystem bisher noch nicht befriedigend beantwortet. Offenkundig ist auch die dramatische Vernachlässigung des Umweltschutzes.

Das System der zentral gelenkten Wirtschaft (Kommandowirtschaft) wurde bislang insbesondere in den sog. **Ostblockstaaten** praktiziert. Es wurde jedoch kein einheitliches Modell angewandt. Die einzelnen Wirtschaftsordnungen unterschieden sich vielmehr hinsichtlich des Zentralisierungsgrades und des Umfanges an Privateigentum. So waren beispielsweise in **Polen** kleinere landwirtschaftliche Betriebe in privater Hand. **Ungarn** hatte sein Wirtschaftssystem seit Anfang der 80er Jahre am stärksten vom sowjetischen Vorbild entfernt und marktwirtschaftliche Elemente eingebaut («Gulaschkommunismus»).

In diesen Staaten hat – zeitgleich mit dem Untergang des Sozialismus als Gesellschaftsordnung – seit 1989 die Wirtschaftsordnung der «zentralen Lenkung» deutlich an Boden verloren. So schlagen selbst die meisten Nachfolgestaaten der ehemaligen Sowjetunion einen eindeutigen Kurs in Richtung (soziale) Marktwirtschaft ein. Als Vorreiter dieses Prozesses sind die Tschechische Republik, Ungarn und Polen zu nennen. Mit der Aufnahme einzelner Staaten des ehemaligen Ostblocks (z. B. Polen und Ungarn) zum 1. 5. 2004 in die EU wird sich die Hinwendung zur Marktwirtschaft beschleunigen. Keine Frage: Die Transformation der zentral geplanten Wirtschaft wird viel Zeit und Geduld erfordern. Es muss eine Vielzahl von Voraussetzungen für eine marktwirtschaftliche Ordnung geschaffen werden, u. a. Eigentumsordnung, Privatisierung, Einrichtung von Märkten, Ausbildung von Managern. Besonders wichtig, aber auch schwierig wird die Änderung des planwirtschaftlich geprägten Denkens und Verhaltens der Wirtschaftssubjekte sein.

1.1.2   Die Marktwirtschaft

Im Gegensatz zur zentral gelenkten Wirtschaft werden die wirtschaftlichen Aktivitäten in einer **Marktwirtschaft** nicht im Rahmen einer Zentralplanung gelenkt, sondern sie beruhen auf individuellen Wirtschaftsplänen von Haushalten und Unternehmen.

Die Abstimmung der dezentral aufgestellten Wirtschaftspläne erfolgt über die **Märkte** (z. B. Märkte für Rohstoffe, Arbeitsmärkte, Wertpapierbörse). Frei aushandelbare Preise lenken Angebot und Nachfrage. Der Preismechanismus bewirkt, dass über das Verhalten der Nachfrager Art und Umfang von Produktion und Investition beeinflusst werden. Da sich die Produktionsmittel im Eigentum der Unternehmen befinden, üben die mit dem Einsatz von Produktionsfaktoren zu realisierenden Gewinne einen starken Einfluss auf unternehmerische Entscheidungen aus. Die aus Fehlentscheidungen resultierenden Verlustrisiken stellen das Pendant zu den Gewinnchancen dar.

Probleme eines marktwirtschaftlichen Systems sind u.a. in der Gefahr zu sehen, dass Wirtschaftssubjekte durch Konzentrationsvorgänge zu mächtig werden und dadurch den Marktmechanismus teilweise außer Kraft setzen. Außerdem kann eine Marktwirtschaft – wie im Übrigen auch die Zentralverwaltungswirtschaft – gesamtwirtschaftliche Ungleichgewichte nicht verhindern; zu nennen ist insbesondere die hohe Arbeitslosigkeit, welche vor allem auf einer nachlassenden Bereitschaft zur Anpassung an Marktveränderungen beruhen dürfte. Schließlich ist ein Versagen des Preismechanismus bei den sog. externen Effekten festzustellen (Umweltschutzproblematik, vgl. S. 256 f.).

Eine Marktwirtschaft in reiner Form stellt ein **Denkmodell**, weniger jedoch einen praktikablen Vorschlag dar. Die existierenden marktwirtschaftlichen Systeme sind dadurch gekennzeichnet, dass die skizzierten marktwirtschaftlichen Grundsätze durch Elemente einer zentral gelenkten Wirtschaft mehr oder weniger stark korrigiert werden. Wir haben es also in der Realität mit **Mischsystemen** zu tun, die u.a. dadurch gekennzeichnet sind, dass es neben dem Privateigentum auch Staatseigentum gibt (z.B. öffentliche Betriebe), die Rechte aus dem Privateigentum eingeschränkt sind (z.B. durch Mitbestimmung der Arbeitnehmer, vgl. S. 257 ff.) sowie eine Vielzahl gesetzlicher Bestimmungen den Marktmechanismus lenkt (z.B. Marktordnung für die Landwirtschaft). Ein derartiges Mischsystem stellt das derzeitige Wirtschaftssystem der Bundesrepublik Deutschland in Form der sog. **sozialen Marktwirtschaft** dar.

1.2   Die Wirtschaftsordnung der Bundesrepublik Deutschland

1.2.1   Die soziale Marktwirtschaft

Die derzeitige Wirtschaftsordnung der Bundesrepublik Deutschland ist das Produkt geschichtlicher Erfahrung und ein Kompromiss widerstreitender politischer Grundüberzeugungen. In der Zeit des Wiederaufbaus nach 1945 bestand Einigkeit darüber, eine Wirtschaftsordnung einzurichten, die als marktwirtschaftliche Alternative zum zentralistisch orientierten Wirtschaftssystem sowjetischer Provenienz den Vorstellungen von Freiheit und Demokratie am nächsten kommt. Allerdings sollte «das Prinzip der Freiheit auf dem Markt mit dem des sozialen Ausgleichs» verbunden werden (*Müller-Armack*). Dieser Gedanke des «dritten Weges» wurde insbesondere von *Müller-Armack* (1901–1978) und *Walter Eucken* (1891–1950), den geistigen Vätern der sozialen Marktwirtschaft, entwickelt und von *Ludwig Erhard* (1897–1977), dem ersten Wirtschaftsminister der Bundesrepublik Deutschland, in die Tat umgesetzt. Sie vertraten die Ansicht, dass der Staat über die Ordnungspolitik einen Rahmen bereitstellen sollte, der es den am Wirtschaftsprozess Beteiligten erlaubt, sich frei zu entfalten (= **marktwirtschaftliche** Komponente). Andererseits sollte gewährleistet sein, dass der Wettbewerb durch institutionelle Absicherung erhalten bleibt und über die Korrektur der Marktergebnisse (etwa durch Steuern, Subventionen und Unterstützungen) eine Einkommensumverteilung stattfindet (= **soziale** Komponente).

> Die Wirtschaftsordnung der **sozialen Marktwirtschaft** beruht auf den Grundlagen einer Marktwirtschaft, deren Funktionsfähigkeit durch einen staatlichen Ordnungsrahmen und deren soziale Komponente durch eine Reihe sozialer Gesetze gewährleistet wird.

Als Geburtsstunde der sozialen Marktwirtschaft gilt die **Währungsreform** vom 20. 6. 1948.

Die praktische Ausgestaltung der sozialen Marktwirtschaft fand ihren Niederschlag insbesondere in der Rechtsordnung und im Rahmen der Rechtsordnung u. a. in der Eigentumsordnung sowie im Recht des Einzelnen, seine Interessen über die verfassungsmäßig garantierte Meinungs-, Versammlungs- und Koalitionsfreiheit zu wahren. Die soziale Marktwirtschaft steht nach der Wiedervereinigung Deutschlands vor einer ernsten Bewährungsprobe, in der sie sich als Garant für Freiheit, Demokratie und Wohlstand erweisen kann. Erwähnt sei noch einmal das Problem der hohen Arbeitslosigkeit, das nicht nur konjunkturell, sondern auch strukturell (zunehmende Automatisierung, Standortverlagerung, Outsourcing) bedingt ist.

1.2.2   Die Rechtsordnung

Die Rechtsordnung lässt sich untergliedern in das

- öffentliche Recht und das
- Privatrecht.

Das **öffentliche Recht** – zu ihm rechnen insbesondere das Staatsrecht, das Verfassungsrecht, das Verwaltungsrecht, das Strafrecht, das Steuerrecht und das Prozessrecht – regelt die rechtlichen Verhältnisse des Staates mit anderen Hoheitsträgern (z. B. Gemeinden) sowie des Einzelnen zum Staat, also das hoheitliche Handeln des Staates. Besonders relevant für Unternehmen ist das **Steuerrecht**, es ist daher auf S. 180 ff. ausführlich dargestellt.

Das **Privatrecht** regelt die Rechtsverhältnisse der Individuen untereinander. Wichtige Teilgebiete des Privatrechts sind das Bürgerliche Recht (BGB) und das Handelsrecht (HGB).

Als **eigene Rechtsgebiete**, die Elemente aus Privatrecht und öffentlichem Recht enthalten, haben sich herausgebildet:

- Arbeits- und Sozialrecht,
- Wirtschaftsrecht,
- Umweltrecht.

Während das Arbeits- und Sozialrecht das Verhältnis von Arbeitgeber und Arbeitnehmer regelt (zur Entwicklung des Arbeitsrechts vgl. S. 251 ff.), enthält das Wirtschaftsrecht die Normen zum Verhältnis von Staat und Wirtschaft.

Das **Wirtschaftsrecht** umfasst u. a.:

- das Wirtschaftsverfassungsrecht (grundgesetzliche Garantie der sozialen Marktwirtschaft),
- das Wirtschaftsverwaltungsrecht (Regelungen bezüglich des Umfanges staatlicher Kontrollen),
- das Wirtschaftsprivatrecht (Regelungen der Rechtsverhältnisse von Unternehmungen).

Ein wesentlicher Bestandteil des Wirtschaftsrechts ist das sog. **Wettbewerbsrecht**. Es besteht aus zwei Rechtskreisen:

- Recht gegen den unlauteren Wettbewerb
- Recht gegen Wettbewerbsbeschränkungen.

Das **Gesetz gegen den unlauteren Wettbewerb** (UWG) von 1909 untersagt Handlungen, «die gegen die guten Sitten verstoßen» (§ 1 UWG). Beispiel: Verrat von Geschäfts- und Betriebsgeheimnissen (§ 17 UWG).

Das **Gesetz gegen Wettbewerbsbeschränkungen** (GWB) – auch als «Kartellgesetz» bezeichnet – stellt eine entscheidende Rahmenbedingung unternehmerischen Handelns dar und soll daher im Folgenden ausführlicher besprochen werden.

Das GWB trat am 1. 1. 1958 in Kraft, um ein wesentliches Merkmal der sozialen Marktwirtschaft, nämlich den freien Wettbewerb zu garantieren. Die Systematik des GWB wurde im Jahre 1998 grundlegend geändert. Der aktuelle Aufbau des GWB ist in Abb. 3.1.2 skizziert.

Die Formen von Wettbewerbsbeschränkungen sind, wie Abb. 3.1.2 zu entnehmen ist, im I. Teil des GWB geregelt. Das Gesetz geht folgendermaßen vor:

1. Nach § 1 sind **Kartellvereinbarungen,** Kartellbeschlüsse und aufeinander abgestimmte Verhaltensweisen, die eine Verhinderung, Einschränkung oder Verfälschung des Wettbewerbs bezwecken oder bewirken, **verboten.** Von diesem Verbot gibt es zahlreiche Ausnahmen; sie umfassen u. a. die Normen- und Typenkartelle, die Konditionenkartelle, die Spezialisierungskartelle, die Mittelstandskartelle, die Rationalisierungskartelle und die Strukturkrisenkartelle.

2. Unter der Bezeichnung «**Vertikalvereinbarungen**» wird u. a. das Problem der **vertikalen Preisbindung** geregelt (§ 14). Sie ist heute nur noch für Verlags-

	§§
I. Teil: Wettbewerbsbeschränkungen	1–47
1. Abschnitt: Kartellvereinbarungen, Kartellbeschlüsse und abgestimmtes Verhalten	1–13
• Kartellverbot	1
• Normen- und Typenkartelle, Konditionenkartelle	2
• Spezialisierungskartelle	3
• Mittelstandskartelle	4
• Rationalisierungskartelle	5
• Strukturkrisenkartelle	6
2. Abschnitt: Vertikalvereinbarungen	14–18
• Preisbindung bei Zeitungen und Zeitschriften	15
3. Abschnitt: Marktbeherrschung, wettbewerbsbeschränkendes Verhalten	19–23
• Missbrauch einer marktbeherrschenden Stellung	19
• Diskriminierungsverbot	20
• Boykottverbot	21
• Unverbindliche Preisempfehlung für Markenwaren	23
4. Abschnitt: Wettbewerbsregeln	24–27
5. Abschnitt: Sonderregeln für bestimmte Wirtschaftsbereiche	28–31
6. Abschnitt: Sanktionen	32–34
7. Abschnitt: Zusammenschlusskontrolle	35–43
• Geltungsbereich	35
• Grundsätze für die Beurteilung	36
• Tatbestände für den Zusammenschluss	37
• Anmelde- und Anzeigepflicht	39
• Ministererlaubnis	42
8. Abschnitt: Monopolkommission	44–47
II. Teil: Kartellbehörden	48–53
III. Teil: Verfahren	54–96
IV. Teil: Vergabe öffentlicher Aufträge	97–129
V. Teil: Anwendungsbereich des Gesetzes	130
VI. Teil: Übergangs- und Schlussbestimmungen	131

Abbildung 3.1.2: Systematik des GWB

erzeugnisse zugelassen (§ 15). An die Stelle der Preisbindung tritt häufig die **Preisempfehlung.** Sie ist für Markenwaren zulässig, wenn die Empfehlung ausdrücklich als unverbindlich bezeichnet ist. In diesem Falle hat der Weiterveräußerer das Recht, einen anderen als den vom Hersteller empfohlenen Preis zu verlangen.

3. **Marktbeherrschende Unternehmen** sind nicht verboten, unterliegen jedoch der **Missbrauchsaufsicht:** Die missbräuchliche Ausnutzung einer marktbeherrschenden Stellung durch ein oder mehrere Unternehmen ist verboten (§ 19).

4. **Unternehmenszusammenschlüsse** sind der **Zusammenschlusskontrolle** unterworfen: Ein Zusammenschluss, von dem zu erwarten ist, dass er eine marktbeherrschende Stellung begründet oder verstärkt, ist vom Bundeskartellamt zu untersagen, es sei denn, die beteiligten Unternehmen weisen nach, dass durch den Zusammenschluss auch Verbesserungen der Wettbewerbsbedingungen eintreten und dass diese Verbesserungen die Nachteile der Marktbeherrschung überwiegen (§ 36 Abs. 1).

Das **Bundeskartellamt** ist eine selbständige Bundesoberbehörde mit Sitz in Bonn. Es gehört zum Geschäftsbereich des Bundesministeriums für Wirtschaft (§ 51) und ist insbesondere für die Preisbindung, Preisempfehlungen sowie für die Zusammenschlusskontrolle zuständig.

1.2.3   Interessenorganisationen

Das im Rahmen der sozialen Marktwirtschaft garantierte Prinzip freier Entfaltung der am Wirtschaftsprozess Beteiligten setzt voraus, dass der Einzelne zur Artikulation und Durchsetzung seiner Interessen auch die erforderlichen Machtmittel, Kenntnisse und Fähigkeiten aufbringt. In der Erkenntnis dieses Sachverhaltes ist die Ursache für die Bildung von Interessenorganisationen zu sehen. Besonders in der Nachkriegszeit ist das Verbandswesen aufgeblüht. So sehr man diese Entwicklung auch begrüßen mag, hat sie doch zur Pluralität in unserer Gesellschaft beigetragen, sind andererseits die zunehmende «Herrschaft der Verbände» *(Theodor Eschenburg)* und damit der **Lobbyismus** nicht zu unterschätzen. Begriffe wie «Gewerkschaftsstaat», «Verbändestaat» und «Unternehmerstaat» sind Ausdruck extremer Vorstellungen vom Einfluss der Interessenorganisationen auf die politische Willensbildung. Er behindert insbesondere den Abbau des – gerade durch die Verbände bewirkten – Reformstaus, insbesondere die Reform des Sozialstaates.

Eine relativ neue und immer bedeutendere Erscheinung sind die sog. **Initiativgruppen**. Beispiele sind etwa Green Peace, Terre des hommes, Bürgerinitiativen. Das breite Spektrum an Initiativgruppen im politischen, kulturellen, sozialen und ökologischen Bereich belegt, dass sich die Menschen von heute zunehmend in der Gesellschaft engagieren. Die Unternehmen haben sich mit diesen Interessengruppen auseinander zu setzen.

Im Folgenden sollen die wichtigsten Interessenorganisationen der Unternehmer, der Arbeitnehmer und der Verbraucher, also der größten wirtschaftlich relevanten Gruppierungen, skizziert werden. Da diese Interessenorganisationen insbesondere im «Spannungsfeld Unternehmen» aufeinander treffen, werden die möglichen Konflikte und ihre Handhabung durch Normen der Unternehmensverfassung (etwa Mitbestimmungsregelungen) in Abschnitt 3.3 erörtert, der sich ausführlich mit der **Unternehmensordnung** beschäftigt.

1.2.3.1 Unternehmensverbände

Die Interessen, die Unternehmen in der Öffentlichkeit und gegenüber anderen Gruppierungen zu vertreten haben, sind unterschiedlich. Dementsprechend verschieden organisiert und orientiert sind die Unternehmensverbände. Wir unterscheiden drei **Typen von Unternehmensverbänden:**

- Arbeitgeberverbände,
- Wirtschaftsverbände,
- Kammern.

(1) Arbeitgeberverbände

Die Arbeitgeberverbände sind als arbeitsmarktorientiertes Gegengewicht zu den Arbeitnehmerverbänden (Gewerkschaften) am Ende des vergangenen Jahrhunderts entstanden. Heute ist ihr **Aufgabenbereich** wesentlich erweitert. Zu ihm rechnen:

- Abschluss von Lohn- und Tarifverträgen mit den Gewerkschaften,
- Beratung und Vertretung der Arbeitgeber in arbeits- und sozialrechtlichen Fragen,
- Berufsbildung (z. B. Berufsausbildung und Weiterbildung),
- gesellschaftspolitische Bildungsarbeit (z. B. Jugendarbeit),
- Arbeitsmarktpolitik (z. B. Flexibilisierung der Arbeitszeit),
- betriebliche Sozialpolitik (z. B. Altersversorgung),
- Stellungnahme zu gesamtwirtschaftlichen Themen.

Die Arbeitgeberverbände sind regional gegliedert. Nach Branchenzugehörigkeit sind die regionalen Arbeitgeberverbände zu Fachspitzenverbänden zusammengeschlossen. Ihnen obliegt die Aufgabe, Tarifverhandlungen mit den Gewerkschaften zu führen. Die regionalen Organisationen sind außerdem zu Landesverbänden zusammengefasst. Auf Bundesebene sind in der **Bundesvereinigung der Deutschen Arbeitgeberverbände (BDA)** 55 Branchenverbände und 14 Landesvereinigungen zusammengeschlossen.

(2) Wirtschaftsverbände

In Wirtschaftsverbänden (auch als «Unternehmensverbände» bezeichnet) sind Unternehmen nach fachlichen Gesichtspunkten (Branchenzugehörigkeit) freiwillig zusammengeschlossen, um die Wahrnehmung einer Vielzahl verbandsinterner und verbandsexterner Aufgaben zu koordinieren.

Zu den **verbandsinternen** Aktivitäten rechnen insbesondere die Beratung der Mitglieder durch Information über Marktforschungsergebnisse, Zoll- und Devisenbestimmungen, Außenhandelsrecht, Steuerrecht, Rationalisierungsmaßnahmen durch Betriebsvergleiche und Leitsätze für die Kalkulation.

Die **verbandsexternen** Aufgaben umfassen die Interessenvertretung gegenüber staatlichen Einrichtungen, Gesetzgebungsorganen, Öffentlichkeit und anderen Verbänden.

Der Kreis der Wirtschaftsverbände ist in Deutschland sehr umfangreich und vielfältig. So gibt es u. a. Verbände für den Bereich der Industrie, des Handels, der Banken, der Versicherungen, des Verkehrs und der Energiewirtschaft.

Typische Beispiele für Industrieverbände sind der Verband der Automobilindustrie, der Verband der Chemischen Industrie und der Gesamtverband der deutschen Textil- und Modeindustrie.

Die einzelnen Verbände sind in Spitzenverbänden organisiert. So umfasst z. B. der **Bundesverband der Deutschen Industrie (BDI)** 36 industrielle Branchenverbände; er ist also ein Verband von Verbänden.

(3) Kammern

Während Arbeitgeberverbände und Wirtschaftsverbände durch freiwillige Zusammenschlüsse von Unternehmen entstehen, sind Kammern körperschaftliche Selbstverwaltungseinrichtungen mit staatlich festgelegten Aufgaben und organisatorischen Regelungen sowie mit **Zwangsmitgliedschaft.** Folgende **Arten** von Kammern sind u. a. zu unterscheiden:

- Industrie- und Handelskammern,
- Handwerkskammern,
- Berufsständische Kammern.

(a) **Die Aufgaben der Industrie- und Handelskammern (IHK)** sind nach § 1 Abs. 1 des Gesetzes zur vorläufigen Regelung des Rechts der Industrie- und Handelskammern:

- das Gesamtinteresse ihrer Mitglieder zu fördern,
- die gewerbliche Wirtschaft zu fördern (z. B. Beratung von Mittelständlern in Exportfragen, von jungen Unternehmern bei der Existenzgründung),
- durch Vorschläge, Gutachten und Berichte die Behörden zu unterstützen,
- die kaufmännische und gewerbliche Berufsbildung zu fördern,
- Bescheinigungen auszustellen (z. B. Ausstellung von Ursprungszeugnissen).

Nicht zu den Aufgaben der IHK rechnet nach § 1 Abs. 5 IHK-Gesetz die «Wahrnehmung sozialpolitischer und arbeitsrechtlicher Interessen».

Spitzenorganisation der etwa 70 regional organisierten IHKs ist der Deutsche Industrie- und Handelstag (DIHT).

(b) Die **Aufgaben** der **Handwerkskammern** sind nach § 91 der Handwerksordnung:

- die Interessen des Handwerks zu fördern,
- die Behörden durch Anregungen, Vorschläge und Gutachten zu unterstützen,
- regelmäßig Berichte über die Verhältnisse des Handwerks zu erstatten,
- Gesellenprüfungsordnungen und Meisterprüfungsordnungen zu erlassen.

(c) Die **Aufgaben** der **berufsständischen Kammern** sind:

- die Berufsinteressen zu vertreten

- die berufliche Fortbildung zu fördern,
- die Erfüllung der beruflichen Pflichten zu überwachen,
- die Behörden zu beraten.

Wichtige berufsständische Kammern (für Freiberufler) sind u. a. die Wirtschaftsprüferkammer, die Berufskammer der Steuerberater und Steuerbevollmächtigten, die Rechtsanwaltskammer und die Architektenkammer.

1.2.3.2   Gewerkschaften

Die **Geschichte** der Gewerkschaften beginnt in Deutschland mit der in der Mitte des vergangenen Jahrhunderts einsetzenden Phase des Übergangs von der handwerklichen zur industriellen Produktion. Mit der Aufhebung der für einen Handwerksbetrieb charakteristischen familiären Bindungen entstand ein Interessengegensatz zwischen den Arbeitgebern, also den Eigentümern der Produktionsstätten, und den Arbeitnehmern. Die in dieser Zeit aufkommende politische Strömung des Sozialismus förderte den Zusammenschluss der Arbeitnehmer, um ein «Bollwerk gegen die Kapitalmacht» (*Karl Marx*) zu schaffen. Es entstand die deutsche Arbeiterbewegung. Anfängliche Widerstände gegen die Gewerkschaften (z. B. Sozialistengesetzgebung 1878) wurden überwunden. Heute stellen die Gewerkschaften rechtlich anerkannte und wirtschaftlich bedeutsame Organisationen dar.

Die Gewerkschaften nehmen folgende **Aufgaben** wahr:

- Gestaltung der Arbeitsbedingungen über Tarifverträge,
- Unterstützung einzelner Arbeitnehmer in arbeitsrechtlichen Angelegenheiten,
- Förderung der betrieblichen und überbetrieblichen Mitbestimmung,
- Beeinflussung der Wirtschaftspolitik.

Während in den Jahren nach dem Zweiten Weltkrieg die Forderungen nach Lohnerhöhungen und Mitbestimmung im Vordergrund standen, gewinnen heute die Probleme der Arbeitszeitverkürzung, der Arbeitsplatzsicherung und der Humanisierung des Arbeitsplatzes an Bedeutung.

In der Bundesrepublik Deutschland gibt es heute drei große gewerkschaftliche Dachverbände. Ordnet man die **mitgliederstärksten Gewerkschaften** nach der Höhe der Mitgliederzahl, so ergibt sich für Anfang 2004 folgendes Bild:

- Der **Deutsche Gewerkschaftsbund** (DGB) fungiert als Dachverband für acht Gewerkschaften. Laut Satzung vereinigt der Bund «die Gewerkschaften zu einer wirkungsvollen Einheit und vertritt ihre gemeinsamen Interessen» (§ 2 der Satzung des DGB). Die beiden mitgliederstärksten Einzelgewerkschaften innerhalb des DGB, die **Vereinte Dienstleistungsgewerkschaft** (**ver.di**) (mit ca. 2,6 Mio. Mitgliedern per 31. 12. 2003) und die **IG Metall** (ca. 2,5 Mio. Mitglieder per 31. 12. 2003), vereinigen insgesamt nahezu 70% der Mitglieder des DGB auf sich. Die Gewerkschaft ver.di wurde im März 2001 durch einen Zusammenschluss von fünf Gewerkschaften im Dienstleistungsbereich und der dienstleistungsnahen Industrie, nämlich der Gewerkschaften ÖTV, DAG, HBV, der Deutschen Postgewerkschaft und der IG Medien, gegründet. Zudem gehören dem DGB u. a. die Gewerkschaft Erziehung und Wissenschaft (GEW) sowie die IG Bergbau, Chemie und Energie (IG BCE) an.

- Unter dem Dach des **Deutschen Beamtenbundes (DBB)** sind ca. 1,2 Mio. Mitglieder in einzelnen Mitgliedsgewerkschaften organisiert.
- Dem **Christlichen Gewerkschaftsbund (CGB)** gehörten Anfang des Jahres 2004 insgesamt 297 781 Mitglieder an.

Der DGB ist nach folgenden Prinzipien **organisiert:**

- Einheitsgewerkschaftsprinzip (gegen Richtungsgewerkschaftsprinzip),
- Industriegewerkschaftsprinzip (gegen Berufsgruppenprinzip),
- Prinzip der autonomen, in einem Bund zusammengeschlossenen Gewerkschaften (z. B. IG Metall),
- demokratischer Aufbau.

Das **Einheitsgewerkschaftsprinzip** besagt, dass der DGB parteipolitisch und weltanschaulich unabhängig sein will. Mit dem **Industriegewerkschaftsprinzip** soll erreicht werden, dass sämtliche Mitglieder eines Betriebes in derselben Gewerkschaft sind: «Ein Betrieb – eine Gewerkschaft». Aus dem Prinzip der **autonomen** Gewerkschaft bzw. IG ergibt sich, dass die Einzelgewerkschaften etwa in der Tarifpolitik einschließlich Arbeitskämpfen autonom sind.

Der **DGB als Dachorganisation** ist für gesamtgewerkschaftliche Aufgaben zuständig, wie etwa:

- Verabschiedung von Grundsatzprogrammen,
- Vertretung der gemeinsamen Interessen der DGB-Mitglieder in der Gewerkschafts- und Gesellschafts-, der Wirtschafts-, Sozial- und Bildungspolitik gegenüber gesetzgebenden Körperschaften, Behörden und Parteien.

1.2.3.3   Verbraucherverbände

Die Verbraucherverbände sind ursprünglich in der Absicht entstanden, die Position der Verbraucher gegenüber Herstellern und Händlern durch Maßnahmen der Eigenbedarfsdeckung zu stärken. So wurden die Konsumgenossenschaften und Einkaufsgenossenschaften gebildet. Als Folge der Consumerism-Bewegung bildeten sich nach dem Zweiten Weltkrieg Verbraucherorganisationen als reine Interessenvertreter der Verbraucher.

Verbandsintern übernehmen die Verbraucherverbände die Aufgabe, Haushalte über die Marktlage sowie Qualität und Preis der Angebote zu informieren. Verbandsextern versuchen Verbraucherverbände, die Interessen der Verbraucher gegenüber Marktpartnern durchzusetzen.

Organisatorisch ist zwischen Elementarverbänden und Oberverbänden zu unterscheiden. Die «**Arbeitsgemeinschaft der Verbraucher**» (AGV) stellt den Dachverband der verschiedenen Verbandstypen dar. Mit der «Stiftung Warentest» steht der AGV eine (Bundes-)Einrichtung zur Verfügung, welche die wichtige Aufgabe der Durchführung und Veröffentlichung von vergleichenden Warentests wahrnimmt. Sie gibt z. B. die Zeitschrift «test» heraus.

Trotz gewachsener Aktivität der Verbraucherverbände muss die Position des Endverbrauchers nach wie vor als schwach bezeichnet werden. Zu den Ursachen vgl. S. 248 ff.

1.3   Die Europäische Union

Die Wirtschaftsordnung der Bundesrepublik Deutschland wird heute maßgeblich von der mit eigenen Hoheitsrechten versehenen überstaatlichen Institution der **Europäischen Union (EU)** geprägt. Steuergesetze, Sozialgesetze, Wettbewerbsgesetze verlangen in zunehmendem Maße eine Abstimmung mit der (EU-)Kommission in Brüssel. So stand beispielsweise die Mehrwertsteuererhöhung in Deutschland von 15% auf 16% ganz im Zeichen einer Angleichung der Mehrwertsteuersätze in Europa.

Am 1. 1. 1958 traten die Römischen Verträge zur Gründung der Europäischen Wirtschaftsgemeinschaft (EWG) in Kraft. Deutschland gehörte neben Belgien, Frankreich, Italien, Luxemburg und den Niederlanden zu den Gründungsmitgliedern. Später wurde die EWG von der EG (Europäische Gemeinschaft) abgelöst. Heute ist an die Stelle der EG die Europäische Union (EU) getreten. Diese umfasst neben den sechs Gründungsstaaten die Länder Dänemark, Großbritannien und Irland (gemeinsamer Beitritt 1. 1. 1973), Griechenland (seit 1. 1. 1981), Spanien und Portugal (seit 1. 1. 1986), Österreich, Schweden und Finnland (seit 1. 1. 1995) und seit 1. 5. 2004 zehn weitere Staaten: Estland, Lettland, Litauen, Malta, Polen, Slowakische Republik, Slowenien, Tschechische Republik, Ungarn und Zypern, insgesamt also 25 Staaten. Im Jahr 2007 sollen Bulgarien und Rumänien folgen.

Die **Aufgabe der EWG** bestand darin, einen Gemeinsamen Markt zu schaffen und die Wirtschaftspolitik der Mitgliedsländer schrittweise anzugleichen.

Mit der wirtschaftlichen Integration sollte von Anfang an auch ein Zusammenwachsen auf politischem Gebiet gefördert werden.

Grundlage der heutigen EU sind neben

- der Europäischen Wirtschaftsgemeinschaft (EWG; 1. 1. 1958),
- die Europäische Gemeinschaft für Kohle und Stahl (EGKS oder Montanunion; 1. 1. 1952) und
- die Europäische Atomgemeinschaft (EAG oder Euratom; 1. 1. 1958).

Diese drei ursprünglich eigenständigen Gemeinschaften wurden 1967 als **Europäische Gemeinschaft** zusammengelegt und mit gemeinsamen Organen versehen.

Die gemeinsamen Organe der EU sind:

- der Ministerrat,
- die Kommission,
- das Europäische Parlament,
- der Europäische Gerichtshof.

Der **Ministerrat** ist das Rechtsetzungsorgan der EU. Jedes Mitgliedsland ist im «Rat» durch ein Regierungsmitglied vertreten.

Die **Kommission** ist das Exekutivorgan der EU. Sie hat für die Anwendung der Bestimmungen zu sorgen.

Das **Europäische Parlament** übt bestimmte Kontrollrechte gegenüber der Kommission aus und legt den Gemeinschaftshaushalt fest.

Der **Europäische Gerichtshof** ist das Rechtsprechungsorgan der Gemeinschaft.

Die Entwicklung eines Gemeinsamen Marktes und – damit verbunden – der Europäischen Einigung wurde durch die Schaffung des Europäischen Binnenmarktes zum 1. 1. 1993 wesentlich vorangetrieben.

Der Europäische Binnenmarkt baut auf folgenden **vier Grundpfeilern** auf:

1. Freiheit des Warenverkehrs,
2. Freizügigkeit der Arbeitskräfte,
3. Freiheit der Niederlassung und des Dienstleistungsverkehrs,
4. Freiheit des Kapital- und Zahlungsverkehrs.

Auf dem Maastrichter EG-Gipfel vom Dezember 1991 wurde der EG-Vertrag über die **Wirtschafts- und Währungsunion** sowie die **politische Union** verabschiedet. Vom 1.–3. Mai 1998 wurde von den Staats- und Regierungschefs der 15 Mitgliedsstaaten der Europäischen Union der Teilnehmerkreis der Länder festgelegt, welche den Konvergenzkriterien gemäß in die **Währungsunion** aufgenommen werden dürfen. Dies waren Frankreich, Deutschland, Niederlande, Luxemburg, Belgien, Finnland, Österreich, Irland, Spanien, Portugal und Italien. Seit Anfang 2001 ist auch Griechenland vollwertiges Mitglied. Großbritannien, Dänemark und Schweden wollten beim Euro-Start nicht dabei sein.

Als **Stabilitätskriterien** galten dabei die Preisstabilität, Grenzen der Staatsverschuldung, Grenzen der Haushaltsdefizite, niedrige und stabile Zinsen und Wechselkurse.

Es galt folgender **Euro-Terminplan:**

- 1. Januar 1999: Start der Europäischen Wirtschafts- und Währungsunion. Umtauschkurse für den Euro werden unwiderruflich festgelegt.
- 4. Januar 1999: Der gesamte Börsenhandel wird auf Euro umgestellt.
- Ab 1. Januar 2002: Der Euro wird gesetzliches Zahlungsmittel. Es werden Euro-Banknoten und -Münzen ausgegeben.

Literaturhinweise

Biskup, Reinhold u. a.: Soll und Haben – 50 Jahre Soziale Marktwirtschaft. Stuttgart 1999.

Erhard, Ludwig: Deutsche [Wirtschaftspolitik]. Der Weg zur Sozialen Marktwirtschaft. Frankfurt/M., Düsseldorf, Wien 1962.

Eschenburg, Theodor: Herrschaft der Verbände? Stuttgart, New York 1981.

Eucken, Walter: Grundsätze der Wirtschaftspolitik. Tübingen, Zürich 1952; 7. Aufl., Tübingen 2004.

Hedtkamp, Günter: Wirtschaftssysteme. Theorie und Vergleich. München 1974.

Herdzina, Klaus: Wettbewerbspolitik. 5. Aufl., Stuttgart 1999.

Lenel, Hans Otto u. a. (Hrsg.): Ordo – Jahrbuch für die Ordnung von Wirtschaft und Gesellschaft. Bd. 48: Soziale Marktwirtschaft: Anspruch und Wirklichkeit seit 50 Jahren. Begründet von Walter Eucken und Franz Böhm. Stuttgart 1998.

Marx, Karl: Das Kapital. 3 Bände. Hamburg 1867/1885/1894.

Müller-Armack, Alfred: Wirtschaftsordnung und Wirtschaftspolitik. Studien und Konzepte zur Sozialen Marktwirtschaft und zur Europäischen Integration. Freiburg i. Br. 1966.

Peters, Hans-Rudolf: Einführung in die Theorie der Wirtschaftssysteme. Wien 1987.

Ricardo, David: On the Principles of Political Economy and Taxation. Ed. by Sraffa. Cambridge 1951 (erstmals 1817 erschienen).

Schmidt, Ingo: Wettbewerbspolitik und Kartellrecht. 6. Aufl., Stuttgart 1999.

Schünemann, Wolfgang B.: Wettbewerbsrecht. München, Wien 1989.

Smith, Adam: An Inquiry into the Nature and Causes of the Wealth of Nations. Ed. by Cannan. London 1904 (erstmals 1776 erschienen).

Starbatty, Joachim: Die englischen Klassiker der Nationalökonomie. Darmstadt 1985.

2 Steuersystem*

Peter Kupsch

2.1 Das Steuersystem als Determinante finanzieller Beziehungen zwischen Unternehmen und Staat

2.1.1 Steuern als Teil öffentlicher Abgaben

In die finanziellen Beziehungen zwischen den Unternehmen und ihrer **Umwelt** ist auch der Staat eingebettet. Zwischen Unternehmen und Staat finden Zahlungsvorgänge statt, die auf marktlichen Transaktionen (z. B. Käufe des Staates bei Unternehmen) und auf anderen Rechtsgründen beruhen. Einen wesentlichen Teil der Unternehmensausgaben an den Staat stellen **öffentlich-rechtliche Abgaben** dar, die durch Steuerschuldverhältnisse oder im Zusammenhang mit staatlichen Leistungen hoheitlich auferlegt werden (Abb. 3.2.1).

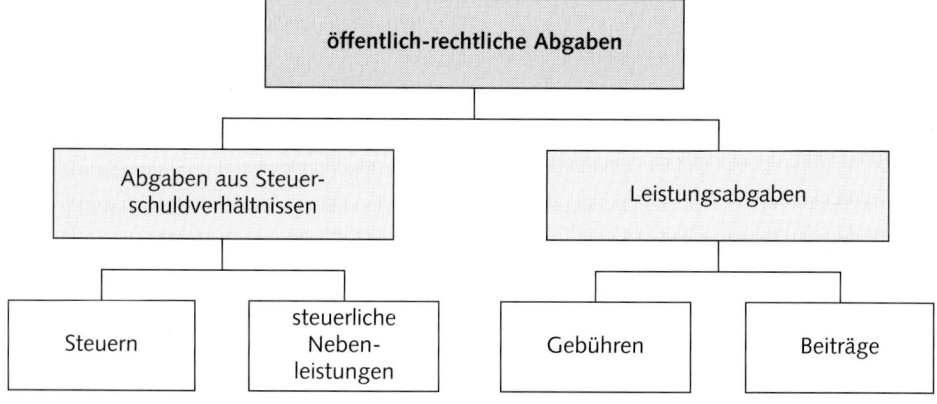

Abbildung 3.2.1: Gliederung öffentlich-rechtlicher Abgaben

Steuern sind nach § 3 Abs. 1 Satz 1 Abgabenordnung (AO) «Geldleistungen, die nicht eine Gegenleistung für eine besondere Leistung darstellen und von einem öffentlich-rechtlichen Gemeinwesen zur Erzielung von Einnahmen allen auferlegt werden, bei denen der Tatbestand zutrifft, an den das Gesetz die Leistungspflicht knüpft; die Erzielung von Einnahmen kann Nebenzweck sein».

---

* Rechtsstand 1. 4. 2004. Zu den Abkürzungen vgl. S. 222.

Zu den Steuern gehören auch Zölle und Abschöpfungen (§ 3 Abs. 1 Satz 2 AO), nicht aber Verspätungs- und Säumniszuschläge, Zinsen, Zwangsgelder und Kosten, die als **steuerliche Nebenleistungen** Abgaben aus dem Steuerschuldverhältnis sind und z. T. den gleichen Verfahrensregeln unterliegen wie die Steuern.

Ihr fehlender Leistungsbezug unterscheidet Steuern von den Gebühren und Beiträgen.

> Während **Gebühren** besondere Leistungen der Verwaltung (Verwaltungsgebühren: z. B. Genehmigungsgebühr) oder die Benutzung öffentlicher Einrichtungen (Nutzungsgebühr: Kurtaxe) abgelten, werden **Beiträge** für das Bestehen öffentlicher Einrichtungen im Hinblick auf die Möglichkeit ihrer Inanspruchnahme erhoben (z. B. Sozialversicherungsbeiträge).

Die Bemessung der Leistungsabgaben wird grundsätzlich mit dem **Äquivalenzprinzip** verknüpft, das eine Gleichwertigkeit von Leistung und Zahlung und damit kostendeckende Gebühren und Beiträge fordert. Die Erhebung von Steuern lässt sich dagegen nicht mit dem Äquivalenzprinzip begründen. Die Legaldefinition der Steuern verweist auf die Leistungslosigkeit der Steuerzahlung und betont damit gleichzeitig den **Opfercharakter** von Steuern. Die Auferlegung des Steueropfers ist an die Gesetzmäßigkeit der Besteuerung gebunden, die Bestandteil des Steuerbegriffs ist. Daraus folgt, dass **keine Steuer ohne Gesetz** erhoben werden darf; Steuertatbestand und Rechtsfolge müssen sich aus den Steuergesetzen mit hinreichender Bestimmtheit ergeben. Unzulässig sind deshalb private Vereinbarungen über die Steuerbelastung oder Steuergesetze, die eine rückwirkende Besteuerung auslösen.

Das **Steuerrecht** regelt die Rechtsbeziehungen zwischen den steuerberechtigten Körperschaften des öffentlichen Rechts (z. B. dem Bund) und den steuerpflichtigen Personen, Unternehmen und sonstigen Institutionen. Es dient als öffentliches Eingriffsrecht überwiegend dem Interesse der Allgemeinheit, nicht dem Individualinteresse (Tipke/Lang [Steuerrecht] 3 ff.). Steuergesetze und Rechtsverordnungen sind die Normen des Steuerrechts. Steuergesetze umfassen Bestimmungen des materiellen (besonderen) und des allgemeinen Steuerrechts.

Zum allgemeinen Steuerrecht gehört die **Abgabenordnung**, die neben dem Steuerschuld- und Steuerstrafrecht das Verfahren der Steuerermittlung, -festsetzung und Steuererhebung für nahezu alle Steuerarten regelt und dadurch die Einzelsteuergesetze durch die Vermeidung von Wiederholungen entlastet. Da ein allgemeines Steuergesetz für alle Steuern nicht besteht, gibt es für fast jede Steuerart ein besonderes Gesetz. Diese **Einzelsteuergesetze** (z. B. EStG, KStG, GewStG, UStG, ErbStG) sind Gegenstand des materiellen Steuerrechts. Sie werden oft durch **Durchführungsverordnungen** ergänzt, die aufgrund einer gesetzlichen Ermächtigung von der Exekutive erlassen werden und Einzelheiten für die Anwendung der Steuergesetze enthalten, denen sie zugeordnet sind (z. B. EStDV, GewStDV, UStDV, ErbStDV). Im Gegensatz dazu sind **Steuerrichtlinien** (z. B. EStR, KStR, GewStR,

UStR, ErbStR) und sonstige Verwaltungsvorschriften (z. B. Erlasse, Verfügungen) keine Rechtsnormen. Es handelt sich dabei um Vorschriften zur Norminterpretation bei der Gesetzesanwendung für die Finanzverwaltung, an die weder Steuerpflichtige noch Gerichte gebunden sind.

2.1.2   Besteuerungsprinzipien

Die Gesamtheit der Steuernormen wird als Steuerordnung oder **Steuersystem** bezeichnet.

Damit wird zum Ausdruck gebracht, dass die steuerlichen Regelungen auf bestimmte Besteuerungsgrundsätze ausgerichtet sind, die als Besteuerungsprinzipien Wertungen hinsichtlich der Umsetzung der staatlichen Einnahmenerzielung durch Steuern repräsentieren. Die durch Steuergesetze geregelte Besteuerung wäre prinzipienlos, wenn der Staat seinen Bürgern Steuern in beliebiger Weise und ohne oder mit wechselnden Begründungen auferlegen würde, so dass die Lastenverteilung für den Einzelnen undurchschaubar wäre.

Ausgehend von der Vorstellung, dass die Lastenverteilung «gerecht» sein müsse, stellen die bereits in der Steuerdefinition verankerte **Gleichmäßigkeit der Besteuerung** (Geldleistungen, die allen auferlegt werden) und der **Grundsatz der Besteuerung nach der Leistungsfähigkeit** die beiden zentralen Prinzipien zur Verwirklichung der steuerlichen Gerechtigkeit dar.

Gleichmäßigkeit der Besteuerung besagt, dass die Bürger bei gleicher steuerlicher Leistungsfähigkeit unterschiedslose Steueropfer erbringen müssen.

Das steuerliche **Leistungsfähigkeitsprinzip** fordert, dass höhere steuerliche Leistungsfähigkeit mit größeren Steueropfern zu belasten ist als niedrigere steuerliche Leistungsfähigkeit.

Die steuerliche Leistungsfähigkeit ist Ausfluss der wirtschaftlichen Leistungsfähigkeit. Die **Messung wirtschaftlicher Leistungsfähigkeit** ist schwierig. Sie kann periodenbezogen entweder am Mittelerwerb (Einkommen) als Potenzial zur Bedürfnisbefriedigung einer Person oder an der realisierten Bedürfnisbefriedigung (Konsumausgaben, Vermögensbestand) anknüpfen; sie kann sich unabhängig davon auf die potenzielle Leistungsfähigkeit einer Person (Potenzialbesteuerung) oder auf deren tatsächliche Leistungsfähigkeit (Effektivbesteuerung) beziehen (Schneider [Unternehmensbesteuerung] 29 ff.). Wegen der praktischen Probleme bei der Erfassung der potenziellen Leistungsfähigkeit herrscht die Effektivbesteuerung vor.

Bezüglich der Maßgrößen tatsächlicher steuerlicher Leistungsfähigkeit knüpft das deutsche Steuersystem sowohl an den Mittelerwerb (z. B. ESt) als auch an die Mittelverwendung (z. B. USt) an. Durch die Verwendung mehrerer Maßgrößen in einem Mehrartensteuersystem wird die Ausrichtung der Besteuerung auf eine allgemeine Bezugsgröße steuerlicher Leistungsfähigkeit aufgegeben, da sich die Einzelmaßgrößen nicht zu einer allgemeinen Maßgröße verdichten lassen. Insoweit wird das Prinzip der steuerlichen Leistungsfähigkeit ersetzt durch eine Mehrzahl «partieller» steuerlicher Leistungsfähigkeiten, wobei die einzelnen Maßgrößen in Steuerbemessungsgrundlagen verschiedener Steuerarten transformiert werden. Das Problem der Messung steuerlicher Leistungsfähigkeit wird somit (wie die Gleichmäßigkeit der Besteuerung) auf die unterschiedliche (unterschiedslose) Besteuerung verschieden hoher (gleicher) steuerlicher Bemessungsgrundlagen bei den einzelnen Steuerarten reduziert.

Die Einzelvorschriften in den Steuergesetzen, die an der Verwirklichung partieller steuerlicher Leistungsfähigkeit ausgerichtet sind und damit die Art der staatlichen Einnahmenerzielung über die Festlegung von Steuerbemessungsgrundlagen und Steuersätzen regeln, sind in erster Linie **Fiskalzwecknormen** (Tipke/Lang [Steuerrecht] 66). Daneben gibt es zahlreiche **Wirtschaftslenkungsnormen,** die zusätzliche Steuerbelastungen oder -entlastungen zur Erreichung wirtschaftspolitischer Zwecke begründen (z. B. Steuervergünstigungen zur Förderung des Wohnungsbaus, Ökosteuer). Sie kollidieren mit dem Prinzip der steuerlichen Leistungsfähigkeit und werden mit dem inhaltlich nicht fest umrissenen **Sozialstaatsprinzip** im weiteren Sinne gerechtfertigt, das die Berechtigung zur Wirtschaftsförderung einschließt. Verschiedentlich wird mit steuerbelastenden Lenkungsnormen auch der Finanzzweck der Besteuerung gefördert. Es überwiegen jedoch entlastende Lenkungsnormen, die Steuerbegünstigungen durch Ermäßigung der Steuerbemessungsgrundlagen und/oder der Steuersätze gewähren. Durch die Einfügung von Wirtschaftslenkungsnormen wird das Steuerrecht unübersichtlich und der Systemgedanke steuerlicher Regelungen abgeschwächt, da neben die Steuergerechtigkeit (Gleichmäßigkeit der Besteuerung, Leistungsfähigkeitsprinzip) die Verwirklichung wirtschafts- und sozialpolitischer Ziele zum Systemzweck erhoben wird. Wegen der inhaltlichen Unbestimmtheit des Sozialstaatsprinzips («Förderung des Gemeinwohls») wird das Leistungsfähigkeitsprinzip durch zahlreiche Lenkungsnormen durchbrochen, die häufigen Änderungen und Ergänzungen unterworfen sind. Deshalb verleiht die Konkurrenz von Leistungsfähigkeits- und Sozialstaatsprinzip dem Steuersystem wegen der daraus resultierenden laufenden Gesetzesänderungen ein erhebliches Maß an Instabilität, das die Überschaubarkeit und Rechtssicherheit des Steuerrechts beeinträchtigt.

2.1.3   Grundbegriffe der Besteuerung

Als **Steuersubjekt** wird das Rechtssubjekt bezeichnet, das eine Steuer schuldet (Steuerschuldner). **Steuerschuldner** sind die in den Einzelsteuergesetzen bestimmten Rechtssubjekte, denen ein Steuerobjekt und die damit verbundene Steuerschuld zugerechnet wird (z. B. natürliche Personen bei der ESt, juristische Personen bei der KSt, Personengesellschaften bei der USt). **Steuerpflichtiger** (§ 33 AO) ist nicht nur, wer eine Steuer schuldet, sondern auch derjenige, der eine Steuer für Rechnung eines anderen einzubehalten und abzuführen hat (z. B. Arbeitgeber bei der Lohnsteuer, Kapitalgesellschaft bei der Kapitalertragsteuer) oder für die Schuld eines anderen haftet. Kann der Steuerschuldner die Steuerzahlung auf einen Dritten verlagern («überwälzen»), so ist dieser Dritte der **Steuerträger**, da er tatsächlich wirtschaftlich mit der Steuer belastet ist.

Das **Steuerobjekt** (Steuergegenstand) bildet die Summe der gesetzlich festgelegten sachlichen Voraussetzungen für die Entstehung einer Steuerschuld (z. B. Einkommen, Grunderwerb, Lieferung). Die Quantifizierung des Steuerobjektes liefert die **Steuerbemessungsgrundlage**, die als Geldbetrag (z. B. Höhe des steuerpflichtigen Einkommens) oder als Mengengröße (z. B. Stückzahl, Gewicht, Menge, Hubraum) definiert sein kann.

Aus der Bemessungsgrundlage errechnet sich bei gegebenem **Steuertarif** der Steuerbetrag. Ein **linearer** Steuertarif ist durch einen konstanten Durchschnittssteuersatz gekennzeichnet (z. B. bei KSt). Bei einem **progressiven** Steuertarif steigt der Durchschnittssteuersatz mit zunehmender Bemessungsgrundlage (z. B. bei ESt). Der **Durchschnittssteuersatz** (s) entspricht dem Quotienten aus dem Steuerbetrag (T) und der Bemessungsgrundlage (B): $s = T/B$. Der **Grenzsteuersatz**, der die steuerliche Belastung der letzten Einheit der Bemessungsgrundlage angibt, stimmt bei einem linearen Steuertarif mit dem Durchschnittssteuersatz überein. Beim progressiven Steuertarif ist der Durchschnittssteuersatz geringer als der Grenzsteuersatz.

Ein **Freibetrag** vermindert die Bemessungsgrundlage (z. B. 24 500 € bei der GewSt natürlicher Personen und bei Personengesellschaften) und bewirkt dadurch eine **indirekte Steuerprogression**, da mit wachsender Bemessungsgrundlage die relative Entlastungswirkung des Freibetrages immer geringer wird. Durch eine **Freigrenze** wird dagegen derjenige Betrag festgelegt, bei dessen Überschreitung die Steuerpflicht einsetzt. Wird die Freigrenze überschritten, unterliegt die gesamte Bemessungsgrundlage der Besteuerung (z. B. Gewinne aus privaten Veräußerungsgeschäften nach § 23 EStG bleiben bis zu 511 € pro Kalenderjahr steuerfrei; wird diese Grenze überschritten, unterliegt der ganze Gewinn der Besteuerung).

2.1.4   Systematik der Steuerarten

Das deutsche Steuersystem besteht aus etwa 40 Steuerarten, die sich unterschiedlich stark hinsichtlich des Steuerpflichtigen bzw. **Steuersubjekts**, der **Bemessungsgrundlagen** und der **Tarife** unterscheiden.

Zur Analyse der Steuerwirkungen unternehmerischer Aktivitäten ist es zweckmäßig, die verschiedenen Steuern nach bestimmten Merkmalen in **Gruppen zusammenzufassen**: Nach

* dem betrieblichen Gegenstand des Steuerzugriffs,
* der Bemessungsgrundlage,
* dem Verhältnis von Steuerschuldner und Steuerträger,

- der Personen- oder Objektorientierung,
- der Häufigkeit der Erhebung,
- der Steuerertragshoheit.

(1) Im Hinblick auf den **betrieblichen Gegenstand** des Steuerzugriffs lassen sich die Steuern wie in Abb. 3.2.2 systematisieren (Schneider [Unternehmensbesteuerung] 85 ff., Siegel [Steuerwirkungen] 80 ff.).

Betriebsmittelsteuern belasten die Beschaffung und den Bestand an Produktionsfaktoren einschließlich der finanziellen Mittel. Bei der Beschaffung von Betriebsmitteln erstreckt sich die Besteuerung auf den inländischen Grundstückserwerb (GrESt) sowie auf den Import ausländischer Produktionsfaktoren (Zölle). Durch die Erbschaft- und Schenkungsteuer wird der personale Wechsel der Verfügungsmacht über den gesamten Betriebsmittelbestand einer Unternehmung besteuert. Im Gegensatz dazu stellen die Grund- und die Kraftfahrzeugsteuer spezielle Betriebsmittelsteuern auf den Bestand einzelner Produktionsfaktoren dar.

Die **Besteuerung der Betriebsleistung** setzt einerseits bei Erzeugnismengen (z. B. Biersteuer) und andererseits bei den wertmäßigen betrieblichen Leistungsabgaben an (z. B. USt).

Die **Ergebnissteuern** lassen sich in personale und betriebliche Ergebnissteuern differenzieren. Bei ersteren sind die Unternehmensträger als natürliche Personen Steuerschuldner (z. B. ESt), während bei Letzteren das Unternehmen selbst steuerpflichtig ist (z. B. GewESt). Bei natürlichen Personen wird das finanzielle Ergebnis der Einkommen- und ggf. der Kirchensteuer unterworfen, während Kapitalgesellschaften und sonstige juristische Personen mit ihrem finanziellen Ergebnis der Körperschaftsteuer unterliegen. Das finanzielle Ergebnis eines Unternehmens wird zusätzlich durch die Gewerbeertragsteuer erfasst.

(2) Da sich die **Bemessungsgrundlagen** einzelner Steuerarten teilweise decken bzw. voneinander abhängig sind, so dass innerhalb verschiedener Steuergruppen gleichartige Wirkungen auf betriebliche Entscheidungen ausgehen, können die Steuerarten auch im Hinblick auf ihre Bemessungsgrundlagen unterteilt werden. Nach dem Kriterium gleichgearteter Bemessungsgrundlagen ergibt sich die in Abb. 3.2.3 dargestellte Systematisierung.

Die **Ertragsteuern** sind mit den Ergebnissteuern identisch. Ihre Steuerbemessungsgrundlage ist vom finanziellen Ergebnis der Unternehmenstätigkeit abhängig.

Zu den **Substanzsteuern**, die bestimmte Vermögensbestände bzw. besondere Vermögenskategorien erfassen, gehören die Grundsteuer und die Kraftfahrzeugsteuer.

Verkehrsteuern setzen erhebungstechnisch an Transaktionsvorgängen an (z. B. Lieferung einer Ware, Übertragung eines Grundstücks), und zwar unabhängig vom wirtschaftlichen Erfolg des Verkehrsvorganges. Neben der Umsatzsteuer als allgemeiner Verkehrsteuer bestehen verschiedene spezielle Verkehrsteuern, die bestimmte Rechtsbeziehungen erfassen, aufgrund derer Transaktionspartner An-

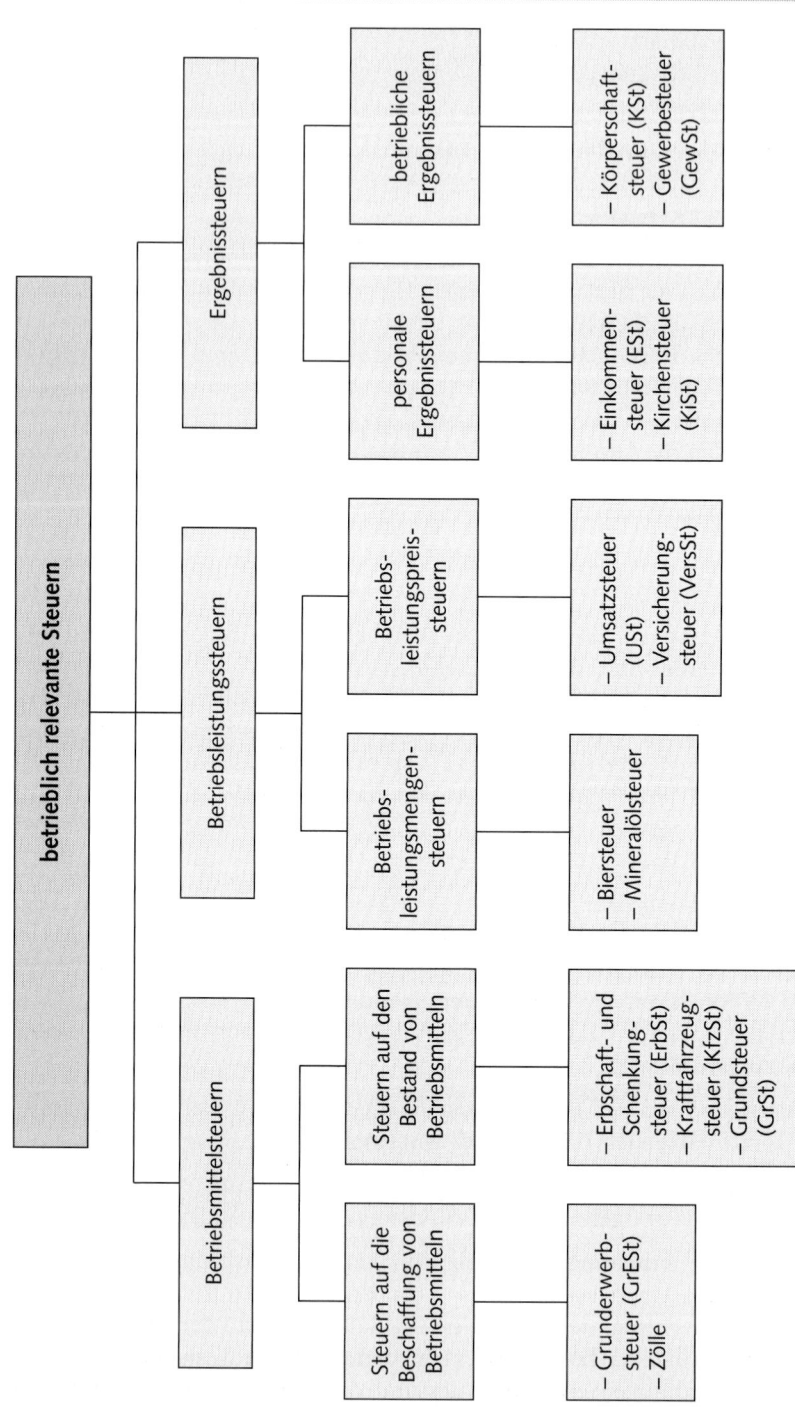

Abbildung 3.2.2: Steuersystematisierung nach Unternehmenselementen

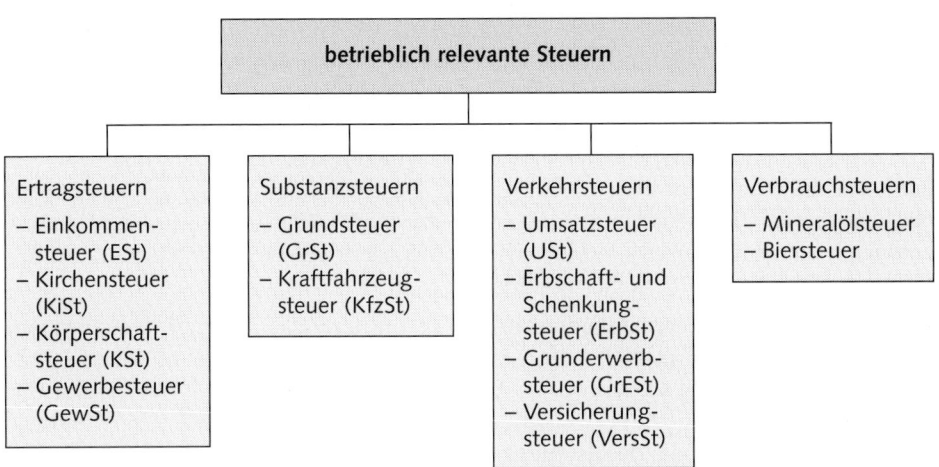

Abbildung 3.2.3: Steuersystematisierung nach Bemessungsgrundlagen

sprüche auf Lieferungen oder sonstige Leistungen erwerben (z. B. GrESt). Vermögensübertragungen im Todesfall oder durch Schenkung unterliegen der Erbschaft- und Schenkungsteuer, die bezogen auf diese speziellen Rechtsvorgänge ebenfalls als spezielle Verkehrsteuer gekennzeichnet werden kann. Sie wird jedoch auch als Substanzsteuer eingeordnet oder als Steuer auf den Vermögenserwerb den Steuern auf das Einkommen i. w. S. zugerechnet (Tipke [Steuerrecht] 519).

Die Verkehrsteuern unterscheiden sich von den **Verbrauchsteuern** dadurch, dass letztere nicht an Rechtsvorgängen, sondern an Güterbewegungen (Abgang von Gütern aus dem Betrieb) ansetzen. Gemeinsam ist beiden Steuergruppen, dass im Ergebnis der private Konsum belastet werden soll, obwohl i. d. R. nicht der Leistungsempfänger, sondern der Hersteller bzw. Veräußerer und Erwerber Steuerschuldner sind.

(3) Das Auseinanderfallen von **Steuerschuldner** und wirtschaftlichem **Steuerträger** als demjenigen, der mit einer Steuer wirtschaftlich belastet ist, führt zu der Unterscheidung zwischen direkten und indirekten Steuern.

Bei **direkten Steuern** sind Steuerschuldner und Steuerträger identisch (z. B. ESt).

Eine **indirekte Steuer** liegt vor, wenn der Steuerschuldner die Steuerbelastung über den Preis seiner Absatzleistungen auf die Abnehmer «überwälzen» kann, so dass im Ergebnis nicht er, sondern die Kunden wirtschaftlich die Steuern zahlen (z. B. USt).

Ob jedoch die **Überwälzung** der Umsatzsteuer oder der Verbrauchsteuern gelingt, ist kaum festzustellen. Steuersatzänderungen bei der Umsatzsteuer lösen regelmäßig Preisänderungen bei den Erzeugnissen des Unternehmens aus. Dadurch kann sich die Nachfrage und damit der Unternehmensgewinn ändern, so dass sich eine Erhöhung der Umsatzsteuer wegen der preisabhängigen Nachfrageminderung in einer Einkommensreduzierung der Unternehmensträger niederschlägt. Der negative Einkommenseffekt bedeutet eine Steuerwirkung bei dem Unternehmen, das nicht auf die Abnehmer überwälzen konnte. Deshalb kann aus der buchungstechnischen Verrechnung der Umsatzsteuer als durchlaufender Posten bei dem Unternehmen nicht ohne weiteres auf ihre Überwälzbarkeit auf Dritte und damit auf ihre Eigenschaft als indirekte Steuer geschlossen werden.

(4) Unter einem weiteren Gliederungsaspekt umfasst das geltende Steuersystem **Personal-** und **Realsteuern**. Nach § 3 Abs. 2 AO sind die Gewerbe- und die Grundsteuer Realsteuern. Im Gegensatz zu Personalsteuern, die bei der Bemessung der Steuerzahlung individuelle persönliche Verhältnisse (Familienstand, Alter) berücksichtigen (ESt), sind die Realsteuern objektbezogen und erfassen lediglich die Merkmale des Steuerobjekts, nicht aber die besonderen persönlichen Verhältnisse des Steuerschuldners. Die Unterscheidung zwischen Personen- und Realsteuern ist steuerrechtlich von Bedeutung, weil die Personensteuern im Gegensatz zu den Realsteuern das steuerpflichtige Einkommen nicht mindern.

(5) Die Ertrag- und Substanzsteuern können zur Gruppe der **periodischen Steuern** zusammengefasst werden. Verkehr- und Verbrauchsteuern sind ihrer Natur nach **nichtperiodische Steuern**, auch wenn erhebungstechnisch manche Verkehrsteuern (z. B. USt) jährlich festgesetzt werden.

(6) Nach der **Steuerertragshoheit** ist zwischen Bundes-, Landes-, Gemeinde- sowie Gemeinschaftsteuern zu unterscheiden. Neben der Kompetenz zur Steuergesetzgebung und -verwaltung ist die Steuervereinnahmung zwischen Bund, Ländern und Gemeinden im Grundgesetz geregelt. Dem **Bund** stehen die Einnahmen aus Zöllen, bestimmten Verbrauchsteuern (insbesondere Mineralölsteuer) und der Versicherungsteuer zu. Die **Länder** vereinnahmen die Erbschaftsteuer, bestimmte Verkehrsteuern (z.B. GrESt, Kfz-Steuer) und Verbrauchsteuern (z. B. Biersteuer). Bei den Gemeinschaftsteuern partizipieren Bund und Länder am Steueraufkommen. Es handelt sich um die Einkommen- und Körperschaftsteuer, die beiden Gebietskörperschaften abzüglich der Einkommensteuerzuweisung an die Gemeinden je zur Hälfte zustehen, und die Umsatzsteuer, deren Anteile jeweils gesetzlich festgelegt werden. Um das Steuergefälle zwischen steuerstarken und steuerschwachen Ländern zu mildern, besteht ein horizontaler (zwischen Ländern) und vertikaler (zwischen Bund und Ländern) **Finanzausgleich**, der Ausgleichsleistungen zwischen den Ländern unter Einschluss der Umsatzsteuer sowie Ergänzungszuweisungen des Bundes an die Länder vorsieht.

Den **Gemeinden** steht ein Anteil am Einkommensteueraufkommen des jeweiligen Landes zu, der sich nach einer Schlüsselzahl bemisst, die auf das Verhältnis zwischen Steuerbetrag der Gemeinde und des Landes Bezug nimmt. Daneben erhalten die Gemeinden die Einnahmen aus den Realsteuern (GewSt, GrSt) abzüglich einer

Bund und Ländern zustehenden Gewerbesteuerumlage sowie einen Anteil an den Landessteuern und an der Länderquote der Gemeinschaftsteuern. Außerdem fließen die örtlichen Verbrauchsteuern (z. B. Vergnügungssteuer, Hundesteuer) den Gemeinden zu.

Abb. 3.2.4 zeigt, wie sich das **Steueraufkommen** in den Jahren 2000 bis 2002 auf die wichtigsten Steuerarten verteilt.

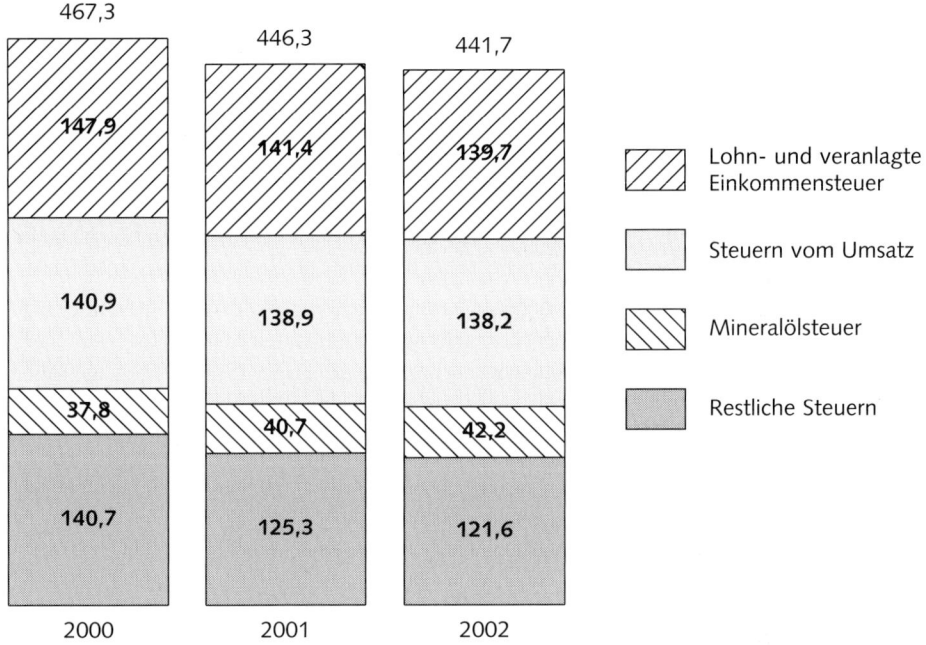

Quelle: Bundesministerium der Finanzen

Abbildung 3.2.4: Verteilung des Steueraufkommens auf die wichtigsten Steuerarten in Mrd. €

2.1.5   Spezielle Merkmale des Steuersystems

Das geltende Steuersystem weist verschiedene spezielle Merkmale auf, die einerseits die Ermittlung der Gesamtsteuerbelastung des Unternehmens komplizieren und andererseits der **betrieblichen Steuerplanung** i. S. zielgerichteter Beeinflussung der Steuerbelastung erhebliche Bedeutung verleihen. Zu nennen sind in erster Linie (Rose [Steuerplanung] 57 ff.):

- Standortabhängige Besteuerungsunterschiede,
- Interdependenzen zwischen Steuerwirkungen,
- Tarifvielfalt,

- Rechtsformabhängigkeit,
- Wahlrechtsabhängigkeit von Steuerwirkungen sowie die
- Instabilität des Steuersystems.

(1) Standortabhängige Besteuerungsunterschiede

Standortabhängige Besteuerungsunterschiede sind eine Folge international verzweigter Unternehmensaktivitäten, des Hebesatzrechtes der Gemeinden bei den Realsteuern und der steuerlichen Wirtschaftslenkungsnormen zur regionalen Wirtschaftsförderung.

Durch die zunehmende Internationalisierung der unternehmerischen Aktivitäten gewinnen die Besteuerungsunterschiede aufgrund der unterschiedlichen nationalen Steuersysteme der einzelnen Länder immer mehr an Bedeutung. Unterschiede ergeben sich sowohl hinsichtlich der Steuerartenstruktur als auch in Bezug auf die Steuersätze. Neben einer steuerlichen Doppelbelastung kann aber auch eine Minderbesteuerung (z. B. eingeschränkte Besteuerung im Quellenstaat) auftreten.

Eine **Doppelbesteuerung** im juristischen Sinne liegt vor, wenn die gleichen Einkommens- und Vermögensteile bei demselben Steuersubjekt für denselben Zeitraum durch zwei oder mehrere Staaten zu einer gleichartigen Steuer herangezogen werden (z. B. unterliegt der Gewinn einer ausländischen Betriebsstätte (§ 12 AO) im Inland und im Ausland der Besteuerung). Wirtschaftliche Doppelbesteuerung ist gegeben, wenn gleiche Einkommens- und Vermögensteile von zwei Staaten besteuert werden, ohne dass eine Steuersubjektidentität vorhanden ist (z. B. werden die von einer ausländischen Kapitalgesellschaft erzielten und ausgeschütteten Gewinne sowohl bei der ausländischen Gesellschaft als auch beim inländischen Aktionär besteuert) (Jacobs [Internationale] 3 f.).

Die **Ursachen der Doppelbesteuerung** ergeben sich vorwiegend aus der Kollision von **Wohnsitzprinzip**, das einen universalen Zugriff auf alle Einkünfte des Steuerpflichtigen im Wohnsitzstaat beinhaltet, und dem **Ursprungsprinzip**, das die Besteuerung auf die Steuerobjekte im Inland beschränkt.

Die betriebswirtschaftlichen (z. B. Rentabilitätseinbuße) und volkswirtschaftlichen (z. B. Einschränkung der Mobilität der Produktionsfaktoren) Nachteile der Doppelbesteuerung lassen sich durch unterschiedliche Regelungen vermeiden bzw. mindern. Sie bestehen aus unilateralen Maßnahmen, die in den entsprechenden nationalen Steuergesetzen verankert sind, und bilateralen Vereinbarungen. Letztere sind völkerrechtliche Verträge, deren Inhalt durch Ratifizierung innerstaatliches Recht wird (Art. 59 GG). Bei diesen **Doppelbesteuerungsabkommen (DBA)**, die i. d. R. auf das OECD-Musterabkommen von 1963, 1977, 1992 und mit letzten Anpassungen in 2003 zurückgehen, wird die Aufteilung der beiderseitigen Steuerquellen unter den Vertragsstaaten geregelt. Eine Steuerpflicht wird nicht begründet.

Die zwei grundlegenden **Methoden zur Vermeidung der Doppelbesteuerung** sind das Anrechnungsverfahren und die Freistellungsmethode. Das **Anrechnungsverfah-**

ren (z. B. § 34c Abs. 1 EStG) soll durch Berücksichtigung ausländischer Steuern auf die Inlandssteuerschuld gewährleisten, dass ein Steuerpflichtiger mit ausländischen Einkünften (und Inlandseinkünften) der gleichen Steuerbelastung unterliegt wie ein Steuerpflichtiger mit nur inländischem Einkommen (**Kapitalexportneutralität**). Die **Freistellungsmethode** soll bewirken, dass ein inländischer Steuerpflichtiger im Ausland der gleichen Steuerbelastung unterliegt wie die dort ansässigen Steuerpflichtigen (**Kapitalimportneutralität**). Eine vollständige Steuerneutralität wird nur selten erreicht (z. B. nur teilweise Anrechnung der im Ausland gezahlten Steuern oder Progressionsvorbehalt bei der Freistellungsmethode).

Um eine unangemessene Ausnutzung des internationalen Steuergefälles und damit eine Minderbesteuerung zu verhindern, besteht in Deutschland u. a. das **Außensteuergesetz** (AStG). Es soll steuerliche Minderbelastungen ausschalten, die z. B. durch eine Gewinnverlagerung über die Grenze entstehen können (§ 1 AStG).

Standortbedingte Steuerunterschiede ergeben sich im Inland wegen der unterschiedlichen Höhe der von den Gemeinden festgesetzten **Hebesätze** auf die Steuermessbeträge für die Grundsteuer und die Gewerbesteuer. Da die Hebesätze für beide Steuern zwischen ca. 200% und 550% variieren, geht von der unterschiedlichen Realsteuerbelastung ein nicht unerheblicher Einfluss auf die Standortentscheidung für inländische Betriebsstätten aus.

Aus wirtschaftspolitischen Gründen werden zum Ausgleich von Standortnachteilen und zur Verbesserung der regionalen Wirtschaftsstruktur **Steuervergünstigungen** gewährt. Die steuerlichen Wirtschaftslenkungsnormen umfassen neben erhöhten Abschreibungen und Sonderabschreibungen auch Steuerschuldermäßigungen. Außerdem werden auf der Grundlage besonderer Gesetze, die dem steuerlichen Verfahrensrecht unterliegen, Investitionszulagen an Unternehmen vergeben, die in förderungsbedürftigen Regionen angesiedelt sind. Die wichtigsten Förderungsgebiete sind die neuen Bundesländer.

(2) Interdependenzen zwischen Steuerwirkungen

Für ein **Mehrsteuersystem** ist kennzeichnend, dass sich die Bemessungsgrundlagen der einzelnen Steuerarten überschneiden und dass die Tarife der Steuerarten unterschiedlich ausgestaltet sind.

Bei den Ertragsteuern sind einzelne Elemente der jeweiligen Steuerbemessungsgrundlagen identisch. In Verbindung mit Regelungen über die Abzugsfähigkeit des Steueraufwandes von der eigenen (z. B. GewSt) und von den Bemessungsgrundlagen anderer Steuern entstehen **Interdependenzen** zwischen den steuerartbezogenen Steuerwirkungen. Dadurch wird die Analyse der Steuerbelastung erheblich erschwert. Abb. 3.2.5 verdeutlicht die Abhängigkeiten zwischen den wichtigsten Ertragsteuern.

Der Reinertrag der Kapitalgesellschaften unterliegt der Gewerbe- und der Körperschaftsteuer, wobei die Bemessungsgrundlagen dieser beiden Steuerarten

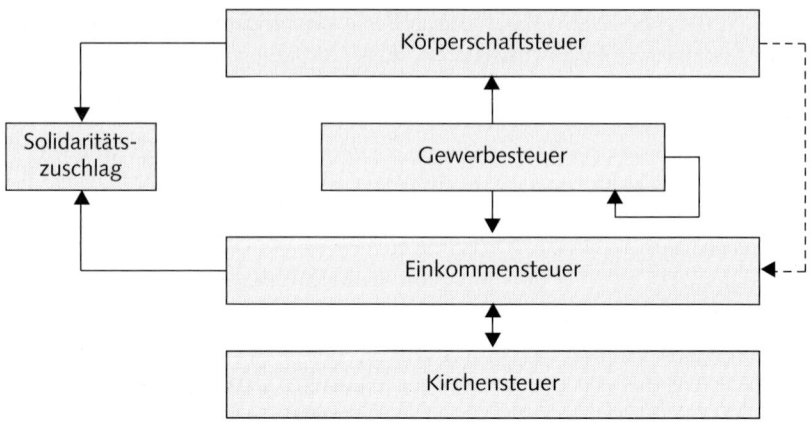

Abbildung 3.2.5: Darstellung wesentlicher Steuerarteninterdependenzen

durch Art und Umfang der steuerartspezifischen Modifikationen des Reinertrages unterschiedlich ausgestaltet sind. Da die Gewerbesteuer als **Betriebsausgabe** das körperschaftsteuerliche Einkommen mindert, beeinflusst sie die Höhe der Körperschaftsteuer. Außerdem ist die Gewerbesteuer von ihrer eigenen Bemessungsgrundlage abzugsfähig. Die von den Kapitalgesellschaften gezahlte Körperschaftsteuer wirkt sich indirekt auf die Einkommensteuer der Anteilseigner aus. Zur Verminderung der wirtschaftlichen Doppelbelastung der Einkünfte aus Kapitalvermögen mit Körperschaftsteuer auf Gesellschaftsebene und mit Einkommensteuer beim Anteilseigner unterliegen die Gewinnausschüttungen dem **Halbeinkünfteverfahren.** Dabei wird die Hälfte der Dividenden und Veräußerungsgewinne von Anteilen an Kapitalgesellschaften von der Einkommensteuer befreit (§ 3 Nr. 40 EStG). Gleichzeitig sind die mit diesen Einnahmen im wirtschaftlichen Zusammenhang stehenden Ausgaben nur zur Hälfte einkommensmindernd zu berücksichtigen (§ 3c Abs. 2 EStG).

Bei Einzelunternehmen oder Personengesellschaften wird der Reinertrag ebenfalls mit Gewerbesteuer und mit Einkommensteuer belastet. Auch bei diesen Unternehmen verringert die Gewerbesteuer die der Einkommensteuer unterliegenden Einkünfte aus Gewerbebetrieb der Unternehmenseigner. Zusätzlich führt die von den personenbezogenen Unternehmen gezahlte Gewerbesteuer zu einer Minderung der Einkommensteuer des Unternehmers oder Gesellschafters, da sich die Steuerschuld um das 1,8-fache des Gewerbesteuermessbetrages ermäßigt (§ 35 Abs. 1 EStG).

Der **Solidaritätszuschlag** ist eine Ergänzungsabgabe zur Einkommen- und Körperschaftsteuer. Diese Steuern sind die Bemessungsgrundlagen für einen Zuschlag in Höhe von 5,5% der entrichteten Steuern. Bei natürlichen Personen als Steuersubjekte vermindert die **Kirchensteuer** als abzugsfähige Sonderausgabe das zu versteuernde Einkommen. Dadurch ermäßigt sich die Einkommensteuer und damit auch indirekt ihre eigene Bemessungsgrundlage.

Überschneidungen zwischen der Umsatzsteuer und speziellen Verkehrsteuern werden durch Befreiungen von der Umsatzsteuer vermieden. So ist eine Grundstücksübertragung mit Grunderwerbsteuer, nicht aber mit Umsatzsteuer belastet.

(3) Tarifvielfalt

Erhebliche Unterschiede bestehen bei der Ausgestaltung der **Tarife** bei den einzelnen Steuerarten. Während die Durchschnittssteuersätze bei der Einkommensteuer **progressiv** verlaufen, ist der Körperschaftsteuertarif **linear** ausgestaltet. Für Kapitalgesellschaften besteht bei der Gewerbesteuer ein **proportionaler** Tarif, während für Einzelunternehmen und Personengesellschaften wegen der Freibetragsregelung und der Tarifstaffelung eine indirekt progressive Tarifstruktur vorliegt.

(4) Rechtsformabhängigkeit

Das geltende Steuersystem ist **nicht rechtsformneutral.** Es besteuert den Reinertrag von Unternehmen in Abhängigkeit von der Rechtsform, in der ein Betrieb geführt wird in unterschiedlicher Weise. Zu den Konsequenzen für die Rechtsformentscheidung vgl. S. 365 ff.

Die speziellen Merkmale der Ertragsbesteuerung einer Kapitalgesellschaft und ihrer Eigentümer sind eine differenzierte Besteuerung des Reinertrages in Abhängigkeit von der Ergebnisverwendung (Ausschüttung oder Gewinneinbehalt), die fehlende Gewerbesteueranrechnung auf die Einkommensteuer der Anteilseigner sowie die steuerliche Anerkennung von Leistungsbeziehungen zwischen Gesellschafter und Unternehmen. Im Gegensatz dazu ist die Besteuerung von Personenunternehmen (Einzelkaufmann, Personengesellschaft) durch eine undifferenzierte Ergebnisbesteuerung mit Gewerbesteueranrechnung auf die Einkommensteuer der Eigentümer sowie durch die grundsätzliche steuerliche Nichtanerkennung von Leistungsbeziehungen zwischen Gesellschafter und Gesellschaft gekennzeichnet.

Die differenzierte Ergebnisbesteuerung der **Kapitalgesellschaft** ist eine Folge ihrer Steuersubjekteigenschaft. Deshalb werden einbehaltene Gewinne ausschließlich bei der Gesellschaft mit Gewerbesteuer und Körperschaftsteuer belastet, während die Anteilseigner wegen des fehlenden Zuflusses von Einnahmen keine Steuerzahlungen leisten müssen. Nur die an sie ausgeschütteten Gewinnanteile werden gemäß dem Halbeinkünfteverfahren der Einkommensteuer unterworfen. Eine Anrechnung der von der Gesellschaft geleisteten Gewerbesteuer auf die Einkommensteuer der Anteilseigner ist nicht möglich.

Bei **Personenunternehmen** werden die den Unternehmensträgern zugeordneten Gewinnanteile unabhängig von einer Ausschüttung (Entnahme) unmittelbar mit Einkommensteuer belastet. Die persönliche Steuerbelastung (einschließlich Kir-

chensteuer) bemisst sich wegen des progressiv verlaufenden Einkommensteuertarifs nach der Höhe des Gewinnanteils und weiterer Einkünfte, die der Gesellschafter erzielt, wobei die vom Unternehmen gezahlte Gewerbesteuer in Höhe des
anteiligen 1,8-fachen Gewerbesteuermessbetrages die auf die Einkünfte aus Gewerbebetrieb entfallende Einkommensteuer reduziert.

Durch die steuerliche Anerkennung von **Leistungsbeziehungen** zwischen Anteilseigner und Unternehmen werden bei der Kapitalgesellschaft Aufwendungen in
angemessener Höhe als Betriebsausgaben verrechnet, so dass die gewerbesteuerliche und die körperschaftsteuerliche Bemessungsgrundlage reduziert werden. Im
Gegensatz dazu mindern derartige Leistungsvergütungen den steuerlichen Gewinn
der Personengesellschaft nicht, so dass sie gewerbesteuerpflichtig sind (z. B. Gehalt
des Gesellschafter-Geschäftsführers).

Aus der Sicht der Gesellschafter wirken sich **Verluste** der Unternehmen als Folge
der rechtsformabhängig differierenden Besteuerung des Reinertrages ebenfalls
unterschiedlich aus. Bei der Kapitalgesellschaft beeinflussen Verluste die Einkommensbesteuerung der Gesellschafter nicht, da ein Verlustabzug bei anderen positiven Einkünften der Gesellschafter nicht vorgenommen werden kann. Eine ver-
lustbedingte Steuerminderung ist nur auf Ebene der Gesellschaft durch einen
Verlustrücktrag oder Verlustvortrag und Verrechnung mit späteren Gewinnen
möglich. Die Gesellschafter einer Personengesellschaft können negative Ergebnis-
anteile grundsätzlich mit anderen positiven Einkünften verrechnen, so dass bei
ihnen eine persönliche Steuerentlastung stattfindet.

(5) Wahlrechtsabhängigkeit von Steuerwirkungen

Die **Wahlrechtsabhängigkeit** von Steuerwirkungen im Rahmen des Steuersystems
bewirkt, dass der Steuerpflichtige durch die Ausübung gegebener Wahlrechte die
Steuerbelastung entsprechend seinen Zielvorstellungen zu beeinflussen vermag.
Neben Verfahrenswahlrechten, die sich auf das Besteuerungsverfahren beziehen
und die Steuerbelastung i. d. R. nicht unmittelbar berühren, gibt es zahlreiche
materielle Wahlrechte, die eine Minderung der Steuerbemessungsgrundlagen oder
eine Steuersatzminderung zur Folge haben. Zu den wichtigsten materiellen Wahlrechten zählen im Rahmen der Aufstellung der Steuerbilanz die Freiheitsgrade bei
der Bilanzierung und Bewertung, die eine gezielte Beeinflussung des Ergebnisaus-
weises gestatten (z. B. Wahlrecht zwischen linearer und degressiver Abschreibung
bei Wirtschaftsgütern des beweglichen Anlagevermögens). Wahlrechte bei einzelnen Steuerarten, die zudem nur unter bestimmten Vorraussetzungen von den
Steuerpflichtigen ausgeübt werden können (z. B. Übertragung von Veräußerungsgewinnen auf Reinvestitionen gemäß § 6b EStG ist nur für Steuerpflichtige möglich, die ihren Gewinn durch Vermögensvergleich (§§ 4 Abs. 1, 5 EStG) ermitteln),
sind grundsätzlich auch mit dem abgeschwächten Prinzip der Wahrung partieller
steuerlicher Leistungsfähigkeiten nicht ohne weiteres steuerlich vereinbar. Sie

werden in praxi häufig mit Vereinfachungs- oder Billigkeitsregelungen sowie mit wirtschaftspolitischen Erwägungen begründet.

(6) Instabilität des Steuersystems

Die Komplexität eines Mehrsteuersystems sowie dessen Durchdringung mit Wirtschaftslenkungsnormen sind wesentliche Ursachen für die **Instabilität** eines Steuersystems, die sich in häufigen Gesetzesänderungen äußert. Die Kompliziertheit des Steuerrechts erzeugt Unsicherheit bei der Auslegung der steuerrechtlichen Normen, die zu zahlreichen Finanzgerichtsprozessen Anlass gibt, wobei Änderungen in der Rechtsprechung der Finanzgerichte und des Bundesfinanzhofs nicht selten sind. Neue oder geänderte wirtschaftspolitische Zielsetzungen, die durch Wirtschaftslenkungsnormen verwirklicht werden sollen, bedingen Anpassungen der Steuergesetze und tragen zusammen mit den Rechtsprechungsänderungen häufig zu kurzfristigen Veränderungen der bei der Steuerplanung zu beachtenden Datenkonstellationen bei.

2.2 Die betrieblich relevanten Steuerarten

2.2.1 Ertragsteuern

2.2.1.1 Überblick

Zu den Ertragsteuern gehören die **Einkommensteuer,** die **Körperschaftsteuer** und die **Gewerbesteuer**.

Die **Gemeinsamkeit** dieser Steuern besteht darin, dass die jeweilige Steuerbemessungsgrundlage grundsätzlich durch den Reinertrag des Unternehmens bestimmt wird. Steuersubjekt (Steuerschuldner) bei der Einkommensteuer ist die natürliche Person, bei der Körperschaftsteuer die juristische Person (z. B. Kapitalgesellschaft). Für die Gewerbesteuer als Objektsteuer bildet der Gewerbebetrieb den maßgeblichen Steuergegenstand. Steuersubjekt ist der Unternehmer, für dessen Risiko ein Gewerbe betrieben wird, bzw. das Unternehmen selbst (Personen- oder Kapitalgesellschaft). Folglich wird jedes Unternehmen mit zwei Ertragsteuern belastet. Einzelunternehmen und Personengesellschaften sind mit der Gewerbesteuer belastet, und die Unternehmensträger als natürliche Personen unterliegen der Einkommensteuer. Bei Kapitalgesellschaften kommt neben der Gewerbesteuer die Körperschaftsteuer hinzu.

Bei der Einkommen- und Körperschaftsteuer ist zwischen **unbeschränkter** und **beschränkter Steuerpflicht** zu unterscheiden. Unbeschränkt einkommensteuerpflichtig sind alle natürlichen Personen, die im Inland ihren Wohnsitz oder gewöhnlichen

Aufenthalt haben sowie die deutschen Behördenangehörigen im Ausland (§ 1 EStG). Die unbeschränkte Einkommensteuerpflicht erstreckt sich auf sämtliche Einkünfte der natürlichen Person (Welteinkommen), soweit nicht spezielle Sonderregelungen für ausländische Einkünfte (z. B. Doppelbesteuerungsabkommen) bestehen. Alle anderen Personen sind mit ihren im Inland erzielten Einkünften beschränkt steuerpflichtig. Eine der Einkommensteuerpflicht entsprechende Regelung für juristische Personen ist bei der Körperschaftsteuer gegeben (§§ 1, 2 KStG).

Wegen des Objektbezugs unterliegt nur der im Inland betriebene Gewerbebetrieb der Gewerbesteuer. Diese Voraussetzung ist erfüllt, wenn im Inland eine Betriebsstätte unterhalten wird (§ 2 GewStG).

2.2.1.2   Die ertragsteuerlichen Bemessungsgrundlagen

(1) Bemessungsgrundlage der Einkommensteuer

Die Bemessungsgrundlage der **Einkommensteuer** wird als zu **versteuerndes Einkommen** bezeichnet (§ 2 Abs. 5 EStG). Es setzt sich im Wesentlichen aus der Summe der Einkünfte aus sieben Einkunftsarten vermindert um diverse Freibeträge und sonstige Abzugsbeträge einschließlich ausländischer Steuern zusammen, die zusätzlich noch um Sozialausgaben (Sonderausgaben, außergewöhnliche Belastungen) und Sozialfreibeträge gekürzt wird.

Nach § 2 Abs. 1 EStG werden folgende **Einkunftsarten** unterschieden:

1. Einkünfte aus Land- und Forstwirtschaft,
2. Einkünfte aus Gewerbebetrieb,
3. Einkünfte aus selbständiger Arbeit,
4. Einkünfte aus nichtselbständiger Arbeit,
5. Einkünfte aus Kapitalvermögen,
6. Einkünfte aus Vermietung und Verpachtung,
7. Sonstige Einkünfte im Sinne des § 22 EStG.

Die Zuordnung von Einkünften zu den einzelnen Einkunftsarten ist von erheblicher Bedeutung, da die Methoden der Einkunftsermittlung für die Einkunftsarten unterschiedlich sind und für einzelne Einkunftsarten unterschiedliche Freibetrags- und Verlustausgleichsmöglichkeiten bestehen. Die ersten drei Einkunftsarten werden durch Gewinnermittlung bestimmt (**Gewinneinkunftsarten**), die Ermittlung der übrigen Einkünfte erfolgt durch eine Überschussrechnung (**Überschusseinkunftsarten**). Während der Gewinn i. d. R. als Vermögensdifferenz ermittelt wird, handelt es sich beim Überschuss um die Differenz zwischen Einnahmen und Werbungskosten.

Bei **bilanzierungspflichtigen Personenunternehmen** setzt die Ermittlung der Einkünfte aus Gewerbebetrieb als Bestandteil der einkommensteuerlichen Bemessungsgrundlage beim Bilanzergebnis an. Der Bilanzgewinn ist um diejenigen Aufwendungen zu korrigieren, die steuerlich ganz oder teilweise vom Abzug als Betriebsausgaben ausgeschlossen sind (z. B. Aufwendungen nach § 4 Abs. 5 EStG). Ebenso sind steuerfreie Erträge zu eliminieren (z. B. steuerfreie Investitionszulage). Hierzu gehören auch die hälftigen Beteiligungserträge von Kapitalgesellschaften, die nicht der Einkommensteuer der Gesellschafter unterworfen sind. Die mit den Beteiligungserträgen wirtschaftlich zusammenhängenden Aufwendungen können ebenfalls nur hälftig ergebnismindernd verrechnet werden. Ferner sind die als Aufwand verrechneten Leistungsvergütungen an die Gesellschafter dem Bilanzergebnis im Rahmen der einheitlichen und gesonderten Gewinnfeststellung (§§ 179, 180 AO) hinzuzurechnen. Die Leistungsvergütungen beziehen sich auf Entgelte für Arbeitsleistungen, für Vermietung oder Verpachtung von Wirtschaftsgütern oder auf Zinsen für Gesellschafterdarlehen. Sie werden einkommensteuerlich als Vorausgewinn betrachtet. Von diesem korrigierten Bilanzgewinn sind schließlich noch die von den Gesellschaftern persönlich geleisteten Sonderbetriebsausgaben abzuziehen, die sich auf die der unternehmerischen Betätigung der Gesellschafter gewidmeten und ihnen gehörenden Wirtschaftsgüter und Verbindlichkeiten (Sonderbetriebsvermögen) beziehen.

Der **gewerbliche Gewinn** eines Einzelunternehmers E_{EU} und der **Gesamtgewinn** einer Personengesellschaft E_{PG} mit n Gesellschaftern betragen dann:

(1) $E_{EU} = G + M^e$

bzw.

(2) $E_{PG} = G + M^e + \sum_{i=1}^{n} (L_i - A_i)$

G	=	Bilanzgewinn
M^e	=	Ergebnismodifikation durch steuerlich nicht abzugsfähige Betriebsausgaben und steuerfreie Erträge
$G + M^e$	=	Steuerbilanzgewinn
L_i	=	Leistungsvergütung an Gesellschafter i
A_i	=	Sonderbetriebsausgabe des Gesellschafters i

(2) Bemessungsgrundlage der Körperschaftsteuer

Für die **Körperschaftsteuer** bildet ebenfalls das zu versteuernde (körperschaftsteuerpflichtige) Einkommen die maßgebliche Bemessungsgrundlage. Der körperschaftsteuerliche Einkommensbegriff unterscheidet sich jedoch in mehrfacher Hinsicht vom zu versteuernden Einkommen im Einkommensteuerrecht. Kapitalgesellschaften können nur Einkünfte aus Gewerbebetrieb erzielen. Da sie keinen Privatbereich haben, können sie die den natürlichen Personen zustehenden Frei- und Abzugsbeträge sowie Sozialausgaben und Sozialfreibeträge nicht einkommensmindernd geltend machen.

Ausgangspunkt für die Ermittlung des körperschaftsteuerlichen Einkommens ist der **Bilanzgewinn** einschließlich der einkommensteuerlichen Modifikationen (Steuerbilanzgewinn). Diese Größe ist um die **körperschaftsteuerlichen Modifikationen** (M^k) zu ergänzen. Hierzu zählen erfolgswirksame Vorgänge, die aus den Beziehungen zwischen Anteilseigner und Gesellschaft resultieren (z. B. erfolgswirksam verrechnete Gesellschaftereinlagen, verdeckte Gewinnausschüttungen an die Gesellschafter) sowie bestimmte Aufwendungen einschließlich der Körperschaftsteuer, die nach §§ 9, 10 KStG nicht abzugsfähig sind (z. B. die Hälfte der Aufsichtsratsvergütungen, nicht abzugsfähige Spenden, Satzungsaufwendungen).

Zu den wesentlichen körperschaftsteuerlichen Modifikationen zählt auch die **Steuerbefreiung von Beteiligungserträgen** und **Veräußerungsgewinnen aus Anteilen an Kapitalgesellschaften** (§ 8b Abs. 1, 2 KStG). Da die Hälfte der Beteiligungserträge und Veräußerungsgewinne wegen des Halbeinkünfteverfahrens bereits in den einkommensteuerlichen Modifikationen erfasst ist, erstreckt sich die körperschaftsteuerliche Modifikation auf die bei Personenunternehmen steuerpflichtige Hälfte der Vermögensmehrungen. Für körperschaftsteuerliche Zwecke wird ein Anteil von 5% der steuerfreien Beteiligungserträge und Veräußerungsgewinne als nicht abziehbare Betriebsausgabe qualifiziert, so dass sich das körperschaftsteuerpflichtige Einkommen um diese körperschaftsteuerliche Modifikation entsprechend erhöht. Die mit den Beteiligungen an Kapitalgesellschaften im wirtschaftlichen Zusammenhang stehenden Ausgaben können jedoch anders als bei Personenunternehmen in voller Höhe ergebnismindernd verrechnet werden. Insoweit wird die hälftige Zurechnung der Beteiligungsaufwendungen im Rahmen der einkommensteuerlichen Modifikationen durch eine ergebnismindernde körperschaftsteuerliche Modifikation wieder aufgehoben.

Bei Körperschaften findet steuerlich eine strikte Trennung von Kapitalgesellschaft und Gesellschafter statt. Deshalb sind die **Leistungsvergütungen an die Gesellschafter** abzugsfähig. Für das körperschaftsteuerpflichtige Einkommen E_{KG} gilt folglich die Beziehung:

(3) $E_{KG} = G + M^e + M^k$

Soweit aus dem Bilanzgewinn Ausschüttungen erfolgen, erzielen die Gesellschafter Einkünfte aus Kapitalvermögen, die zur Hälfte der Einkommensteuer unterliegen.

(3) Bemessungsgrundlage der Gewerbesteuer

Die Definition des Gewerbeertrags als Bemessungsgrundlage für die **Gewerbesteuer** ist in § 7 GewStG enthalten. Nach dieser Vorschrift ist der Gewerbeertrag der nach den Vorschriften des Einkommensteuergesetzes oder des Körperschaftsteuergesetzes ermittelte und um Hinzurechnungen nach § 8 GewStG vermehrte sowie um Kürzungen gemäß § 9 GewStG verminderte Erfolg aus dem Gewerbebetrieb. Die Hinzurechnungen und Kürzungen sollen dem Charakter der Objektsteuer entsprechend die Ermittlung eines «objektivierten» Gesamtertrags sicherstellen.

Die **Hinzurechnungen** betreffen in erster Linie Entgelte für Schulden im Zusammenhang mit der Gründung, dem Erwerb oder der Erweiterung eines (Teil-)Betriebes sowie für Verbindlichkeiten, die nicht nur einer vorübergehenden Verstärkung des Betriebskapitals dienen (Dauerschuldzinsen). Sie sind zur Hälfte dem Gewerbeertrag hinzuzufügen. Ferner sind Renten und dauernde Lasten hinzuzurechnen, die wirtschaftlich mit der Gründung oder dem Erwerb eines Betriebes zusammenhängen, soweit sie nicht beim Empfänger gewerbesteuerpflichtig sind. Daneben führt § 8 GewStG noch weitere Hinzurechnungselemente auf. So werden z. B. die steuerfreien Beteiligungserträge an Kapitalgesellschaften in den Gewerbeertrag einbezogen, wenn es sich nicht um Schachteldividenden handelt. Schachteldividenden erfordern eine Beteiligung an der Kapitalgesellschaft von mindestens 10% seit Beginn des jeweiligen Erhebungszeitraums.

Die **Kürzungen** betreffen hauptsächlich einen Abzug von 1,2% des Einheitswertes der Betriebsgrundstücke, um eine Doppelbelastung der Grundstücke durch die Grundsteuer auszuschließen, sowie einkommensteuerliche Schachtelerträge und den auf ausländische Betriebsstätten entfallenden Anteil am Gewerbeertrag.

Die Hinzurechnungen und Kürzungen des gewerblichen Gewinns können als gewerbeertragsteuerliche Modifikation (M^{ge}) gekennzeichnet werden. Für Personenunternehmen ist zusätzlich ein **Freibetrag** (F^{ge}) von 24 500 € zu berücksichtigen.

Da die Gewerbesteuerbelastung bereits in der Steuerbilanz erfasst wird, ist es zweckmäßig, zur Ermittlung der Bemessungsgrundlage «Gewerbeertrag» das Bilanzergebnis vor Ertragsteuern (Reinertrag vor Steuern R) zu wählen, wobei gleichzeitig bei den körperschaftsteuerlichen Modifikationen (M^k) die nicht abziehbare Körperschaftsteuer herausfällt. Der **Gewerbeertrag** von Einzelunternehmen und Personengesellschaften vor Berücksichtigung der Gewerbeertragsteuer als Betriebsausgabe ergibt sich dann aus

$$(4) \qquad GE_{EU} = R + M^e + M^{ge} - F^{ge}$$

und

$$(5) \qquad GE_{PG} = R + M^e + \sum_{i=1}^{n} (L_i - A_i) + M^{ge} - F^{ge}$$

Für Kapitalgesellschaften lautet die Beziehung:

$$(6) \qquad GE_{KG} = R + M^e + M^k + M^{ge}$$

2.2.1.3 Besonderheiten im Verlustfall

Da im Rahmen der Einkommensteuer bei den sieben Einkunftsarten auch negative Ergebnisse erzielt werden können, ist bei der Ermittlung der Summe der Einkünfte grundsätzlich eine Verrechnung von positiven und negativen Einkünften innerhalb der jeweiligen Einkunftsart (**horizontaler Verlustausgleich**) und/oder zwischen verschiedenen Einkunftsarten (**vertikaler Verlustausgleich**) möglich. Soweit nach

Durchführung eines Verlustausgleichs noch negative Einkünfte verbleiben, kommt der Verlustabzug nach § 10d EStG zum Zuge, der optional einen Verlustrücktrag oder Verlustvortrag umfasst. Ein Steuerpflichtiger kann Verluste grundsätzlich bis zu einem Betrag von 511 500 € wie Sonderausgaben vom Gesamtbetrag der Einkünfte des dem Verlustjahr unmittelbar vorangegangenen Jahres abziehen (**Verlustrücktrag**). Auf Antrag kann für Verluste ganz oder teilweise auf den Rücktrag verzichtet und zeitlich unbeschränkt eine Verrechnung des Verlustes mit positiven Einkünften nachfolgender Veranlagungszeiträume vorgenommen werden (**Verlustvortrag**). Der uneingeschränkte Verlustvortrag ist bis zu einem Gesamtbetrag der Einkünfte von 1 Mio. € möglich. Eine darüber hinaus gehende Verrechnung negativer Einkünfte mit positiven Einkünften ist auf 60% der den Schwellenwert übersteigenden Einkünfte beschränkt.

Bei **Kapitalgesellschaften** kommt ein vertikaler Verlustausgleich nicht in Betracht, da ausschließlich Einkünfte aus Gewerbebetrieb erzielt werden. Die einkommensteuerliche Regelung des Verlustabzugs ist jedoch nach § 8 Abs. 1 KStG auch für Kapitalgesellschaften anwendbar.

Auch bei der **Gewerbesteuer** ist nach § 10a GewStG ein Verlustabzug durchzuführen, der sich allerdings auf einen Verlustvortrag beschränkt. Beim Verlustvortrag gelten die gleichen Beschränkungen wie beim einkommensteuerlichen Verlustausgleich. Ein 1 Mio. € übersteigender Gewerbeertrag wird um 60% der Fehlbeträge der vorangegangenen Jahre gekürzt. Bis zu diesem Betrag erfolgt eine uneingeschränkte Verrechnung mit früheren Gewerbeverlusten.

2.2.1.4   Steuertarife

(1) Tarif der Einkommensteuer

Der Tarif der Einkommensteuer ist ein Formeltarif (§ 32a EStG), der sich in **4 Bereiche** gliedert. Der erste Bereich bezieht sich auf einen nicht steuerbaren **Grundfreibetrag** von 7664 €, der das Existenzminimum von Steuern freistellt. Danach folgt ein Einkommensbereich von 7665 € bis 12 739 € mit einem **ansteigenden** Grenzsteuersatz von 16% bis 24,05%. Es schließt sich daran eine **Progressionszone** mit einem ansteigenden Steuersatz von 24,05% bis 45% für zu versteuernde Einkommen von 12 740 € bis 52 151 € an. Einkommen über dem oberen Schwellenwert werden in der oberen Proportionalzone mit einem **Spitzensteuersatz** von 45% (ab 2005: 42%) besteuert. Da jedoch die hohen Einkommen mit den niedrigeren Steuersätzen der vorangegangenen Tarifstufen belastet sind, ist der durchschnittliche Steuersatz stets geringer als der Spitzensteuersatz (Abb. 3.2.6).

Für die **Einkünfte aus Gewerbebetrieb** weist der Einkommensteuertarif implizit gegenüber dem Normaltarif (§ 32a EStG) eine Besonderheit auf. Bei gewerblichen Einkünften, die mit Gewerbesteuer belastet sind, ermäßigt sich die tarifliche Einkommensteuer um den anteiligen 1,8-fachen Gewerbesteuermessbetrag, der den

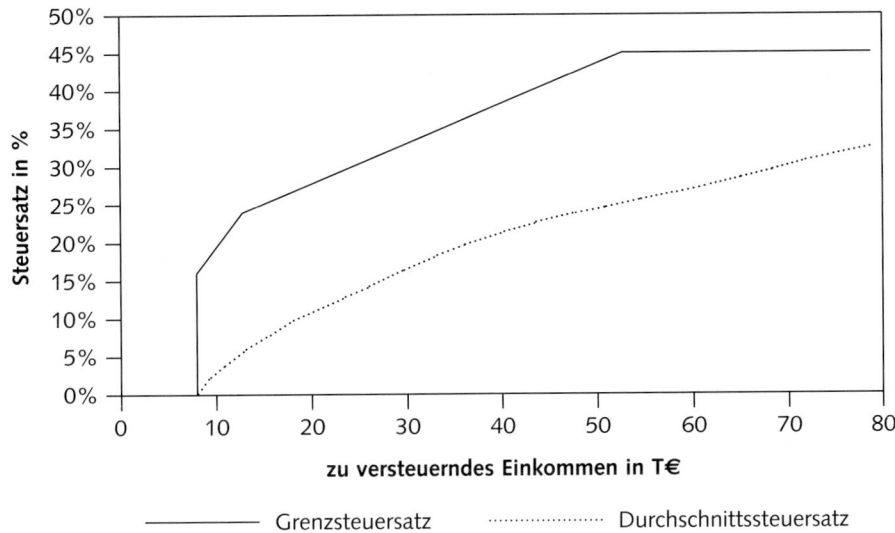

Abbildung 3.2.6: Einkommensteuertarif 2004

Unternehmensträgern einer Personenunternehmung entsprechend ihrer Gewinnbe-teiligungsquote zugewiesen wird.

(2) Tarif der Körperschaftsteuer

Der Tarif der Körperschaftsteuer umfasst einen einheitlichen Steuersatz von 25% des zu versteuernden Einkommens. Für Körperschaften, die den Empfängern von Zahlungen keine Einkünfte aus Kapitalvermögen vermitteln sowie für land- und forstwirtschaftlich tätige Genossenschaften und Vereine sind Freibeträge festgelegt. Das frühere, bis zum Jahr 2001 geltende Körperschaftsteuersystem (Anrechnungs-verfahren) war mit einem gesplitteten Körperschaftsteuersatz für einbehaltene und ausgeschüttete Gewinne verbunden. Durch den einheitlichen Steuersatz wird die Abhängigkeit der Körperschaftsteuerbelastung auf Gesellschaftsebene von der Ausschüttungsquote beseitigt.

(3) Tarif der Gewerbesteuer

Bei der Gewerbesteuer setzt sich der Steuertarif aus der **Steuermesszahl** und dem **gemeindlichen Hebesatz** (ca. 300–500%) zusammen. Die Steuermesszahl beträgt bei Kapitalgesellschaften 5%. Bei Einzelunternehmen und Personengesellschaften steigt die Steuermesszahl in Abhängigkeit von der Höhe des Gewerbeertrages in Stufen von jeweils 12 000 € um 1% auf 5% an.

Bei der Ermittlung der Gewerbesteuer ist zunächst vom **Steuermessbetrag** auszugehen, der sich aus der Multiplikation der Steuermesszahl mit dem Gewerbeertrag (GE) ergibt. Die Gewerbesteuer errechnet sich dann aus dem Produkt von Steuermessbetrag und Hebesatz. Da die Gewerbesteuer (S^{GE}) von ihrer eigenen Steuerbemessungsgrundlage abzugsfähig ist, bestimmt sich die Gewerbesteuerbelastung bei einem Hebesatz von H und der für Kapitalgesellschaften geltenden Steuermesszahl von 5% nach der Gleichung:

(7) $$S^{GE} = 0,05 \, \frac{H}{100} \, (GE - S^{GE})$$

bzw. nach S^{GE} aufgelöst durch:

(8) $$S^{GE} = \frac{H}{2000 + H} \cdot GE$$

Bei einem Hebesatz von 300% bezieht sich die Steuerbelastung von 15% ($3 \times 0,05$) auf den Gewerbeertrag nach Abzug der Gewerbesteuer.

Wird der Gewerbesteueraufwand auf den Gewerbeertrag vor Abzug der Gewerbesteuer bezogen, so ergibt sich bei einem Hebesatz von 300% eine Belastung von 13,04%.

2.2.1.5   Zuschlagsteuern als Ergänzung zur Einkommensteuer

Das zu versteuernde Einkommen wird neben der Einkommensteuer durch Zuschlagsteuern belastet. Zuschlagsteuern sind der Solidaritätszuschlag und die Kirchensteuer, die jeweils an die Höhe der Einkommensteuer anknüpfen.

Der **Solidaritätszuschlag** stellt wirtschaftlich eine zusätzliche Einkommensteuer dar, die sich grundsätzlich nach der festgesetzten Einkommensteuer bemisst (§ 3 Abs. 1 SolZG). Der Steuersatz für den Solidaritätszuschlag beträgt 5,5% (§ 4 SolZG).

Auch die **Kirchensteuer** gehört zu den Zuschlagsteuern. Religionsgemeinschaften sind als Körperschaften des öffentlichen Rechts berechtigt, von ihren Mitgliedern Kirchensteuer zu erheben.

Die **Kirchensteuer** knüpft an die Einkommensteuerschuld an und beträgt je nach kirchlicher Region 9% oder 8%. Bemessungsgrundlage ist die festgesetzte Einkommensteuer nach Abzug von gestaffelten Kinderfreibeträgen.

Die **kirchensteuerlichen Modifikationen** umfassen die Hinzurechnung der wegen des Halbeinkünfteverfahrens einkommensteuerlich hälftig freigestellten Beteiligungserträge von Anteilen an Kapitalgesellschaften zur einkommensteuerlichen Bemessungsgrundlage sowie korrespondierend die Aufhebung der Abzugsbeschränkung für mit diesen Einnahmen im wirtschaftlichen Zusammenhang stehende Ausgaben. Weiter ist die erfolgte Minderung der festgesetzten Einkommensteuer um die Gewerbesteueranrechnung nach § 35 EStG zur kirchensteuerlichen Bemessungsgrundlage wieder hinzuzurechnen (§ 51a Abs. 2 EStG). Bei hohen Einkommen ist in verschiedenen Bezirken eine Begrenzung der Kirchensteuer auf 3 bis 4% des zu versteuernden Einkommens zugelassen (Kirchensteuerkappung). Die gezahlte Kirchensteuer ist als Sonderausgabe unbeschränkt abzugsfähig (§ 10 Abs. 1 Nr. 4 EStG), so dass eine Ermäßigung der Kirchensteuerbelastung eintritt, die umso höher ausfällt, je höher der persönliche Einkommensteuersatz ist. Wegen der Minderung der Einkommensteuer durch die Kirchensteuerzahlung ist die Kirchensteuer eine modifizierte Zuschlagsteuer, da die durch sie ausgelöste Gesamtsteuerbelastung den Betrag der Kirchensteuerzahlung unterschreitet.

Der **Solidaritätszuschlag** berührt die Höhe der Einkommensteuerbelastung nicht. Er geht auch nicht in die Bemessungsgrundlage für die Kirchensteuer ein, so dass bei beiden Steuerarten keine mittelbaren Steuerwirkungen ausgelöst werden.

Die **persönliche Steuerbelastung mit Einkommen- und Kirchensteuer** lässt sich in einem kombinierten Einkommen-/Kirchensteuersatz zusammenfassen. Ohne Einbeziehung des Solidaritätszuschlags und kirchensteuerlicher Modifikationen ergeben sich bei einem zu versteuernden Einkommen (zvE) für die Einkommensteuer (S^{ESt}) und für die Kirchensteuer (S^{Ki}) folgende Beziehungen (s^{ESt} und s^{Ki}: ESt- bzw. KiSt-Satz):

$$(9) \qquad S^{ESt} = s^{ESt} \, (zvE - S^{Ki})$$

$$(10) \qquad S^{Ki} = s^{Ki} \cdot S^{ESt}$$

Wird für s^{ESt} der Grenzsteuersatz verwendet, muss das zu versteuernde Einkommen als Steuerbemessungsgrundlage wegen der geringeren Steuerbelastung in den vorhergehenden Bereichen des Einkommensteuertarifs um einen Abzugsbetrag gekürzt werden. Durch Einsetzen von S^{Ki} in (9) und Umformung gilt für S^{ESt} und S^{Ki}:

$$(11) \qquad S^{ESt} = \frac{s^{ESt}}{1 + s^{ESt} \cdot s^{Ki}} \, zvE$$

$$(12) \qquad S^{Ki} = \frac{s^{ESt} \cdot s^{Ki}}{1 + s^{ESt} \cdot s^{Ki}} \, zvE$$

Die Zusammenfassung der beiden Steuern zu $S^E = S^{ESt} + S^{Ki}$ liefert für den Normalfall (ohne Kappung) den kombinierten Einkommen- und Kirchensteuersatz (s^E):

$$(13) \qquad s^E = \frac{s^{ESt} \, (1 + s^{Ki})}{1 + s^{ESt} \cdot s^{Ki}}$$

2.2.2   Substanzsteuern

Steuergegenstand der **Grundsteuer** als Realsteuer ist der Grundbesitz. Grundbesitz im steuerlichen Sinne sind Betriebe der Land- und Forstwirtschaft sowie Grundstücke, die zu einem Gewerbebetrieb gehören oder dem Grundvermögen zuzuordnen sind (§ 2 GrStG). Steuerschuldner ist derjenige, dem der Steuergegenstand zugerechnet wird. Zur Bemessung der Grundsteuer ist ausgehend vom Einheitswert des Grundbesitzes ein Steuermessbetrag zu ermitteln, auf den eine Steuermesszahl anzuwenden ist. Sie beträgt für betriebliche Grundstücke 3,5 % des Grundstückseinheitswertes. Wie bei der Gewerbesteuer bestimmt die Gemeinde, in der sich das Grundstück befindet, einen Hebesatz, der als Multiplikator auf den Steuermessbetrag anzuwenden ist. Der Hebesatz muss für die in einer Gemeinde gelegenen Grundstücke einheitlich festgelegt werden (§ 25 Abs. 4 GrStG). Die den Unternehmen auferlegte Grundsteuer ist als Betriebsausgabe abzugsfähig. Sie mindert somit die ertragsteuerlichen Bemessungsgrundlagen.

Die **Kraftfahrzeugsteuer**, die den motorisierten Verkehr belastet, ist weitgehend durch die Kosten motiviert, die der öffentlichen Hand durch die Bereitstellung des Straßennetzes entstehen. Der Kraftfahrzeugsteuer unterliegt in erster Linie das Halten von Fahrzeugen zum Verkehr auf öffentlichen Straßen, wobei das Halten dem Recht zur Benutzung des Fahrzeugs gleichgestellt ist. Die Steuerpflicht beginnt mit der Zulassung und endet mit der Abmeldung des Fahrzeugs bei der Zulassungsbehörde. Bemessungsgrundlage der Kraftfahrzeugsteuer ist bei Personenkraftwagen der Hubraum, bei anderen Fahrzeugen das verkehrsrechtlich zulässige Gesamtgewicht. Zusätzlich wird die Höhe der Kraftfahrzeugsteuer nach Schadstoff- und teilweise auch nach Geräuschemissionen beeinflusst.

2.2.3 Erbschaft- und Schenkungsteuer

Die **Erbschaft- und Schenkungsteuer** stellt hinsichtlich des Anlasses der Steuererhebung eine spezielle Verkehrsteuer dar (Kupsch/Achtert/Göckeritz [Unternehmungsbesteuerung] 156 f.). Sie erfasst unter Berücksichtigung der persönlichen Verhältnisse der Beteiligten Transaktionsvorgänge, die eine fallweise unentgeltliche Vermögensübertragung zum Gegenstand haben. Erbschaftsteuer wird erhoben, wenn Vermögen anlässlich des Todes einer natürlichen Person auf einen Dritten übergeht. Um eine Umgehung der Erbschaftsteuer durch unentgeltliche Übertragungen unter Lebenden zu vermeiden, wird die Erbschaftsteuer durch die Schenkungsteuer ergänzt. Die Schenkungsteuer kann als besondere Ausprägung der Erbschaftsteuer angesehen werden, weil unentgeltliche Vermögensübertragungen unter Lebenden häufig im Hinblick auf die künftige Erbfolge vorgenommen werden.

2.2.4 Die Steuerbelastung des Unternehmens mit Ertragsteuern

2.2.4.1 Die Steuerbelastung des Personenunternehmens

Wegen der Rechtsformabhängigkeit des Steuersystems ist die Steuerbelastung der Personenunternehmen und der Kapitalgesellschaften unterschiedlich.

(1) Steuerbelastung des Einzelunternehmers

Für einen **Einzelunternehmer** beträgt die kombinierte **Einkommen- und Kirchensteuerbelastung** (S_{EU}^E) seiner Einkünfte aus Gewerbebetrieb:

$$(14) \qquad S_{EU}^E = s^E \, (R + M^e - S_{EU}^{GE}) - S^{E35}$$

Der bilanzielle Reinertrag vor Steuern (R) wird durch die Ergebnismodifikationen wegen der steuerlich nicht abzugsfähigen Betriebsausgaben und der steuerfreien Erträge (M^e) ergänzt und um die abzugsfähige Gewerbesteuer (S_{EU}^{GE}) gekürzt. Auf den sich ergebenden Betrag ist der individuelle kombinierte Einkommen- und Kirchensteuersatz (s^E) anzuwenden. Die Einkommensteuerbelastung vermindert sich um die in § 35 EStG geregelte Steuerermäßigung in Höhe des 1,8-fachen Gewerbesteuermessbetrages S^{E35}. Für den Entlastungsbetrag gilt:

$$(15) \qquad S^{E35} = 1{,}8 \cdot \frac{S_{EU}^{GE}}{H}$$

Die **Gewerbesteuer** beträgt:

$$(16) \qquad S_{EU}^{GE} = s^{GE} \, (R + M^e + M^{ge} - F^{ge})$$

Zur Ermittlung der Gewerbesteuer wird vom Gewerbeertrag der Freibetrag abgesetzt. Der Steuersatz (s^{GE}) bezieht sich auf den Gewerbeertrag vor Steuern (bei einem Hebesatz von 300% also 13,04%).

Die **Gesamtsteuerbelastung** eines Einzelunternehmers (S_{EU}) lautet:

$$(17) \qquad S_{EU} = S_{EU}^E + S_{EU}^{GE}$$

(2) Steuerbelastung der Personengesellschaft

Bei der Ermittlung der Steuerbelastung einer **Personengesellschaft** sind einige Ergänzungen erforderlich. Im **Ertragsteuerbereich** sind die Leistungsvergütungen und Sonderbetriebsausgaben der n Gesellschafter einzubeziehen. L_I bezeichnet den Gesamtbetrag der Leistungsvergütungen abzüglich der Summe der Sonderbetriebsausgaben:

$$(18) \qquad L_I = \sum_{i=1}^{n} (L_i - A_i)$$

Durch die Berücksichtigung von L_I können sich zusätzliche gewerbesteuerliche Modifikationen auf der Gesellschafterebene ergeben (z. B. Sonderbetriebsausgaben, die Dauerschuldzinsen sind). Folglich ist zwischen unternehmensbezogenen gewerbesteuerlichen Modifikationen (z. B. Dauerschuldzinsen von betrieblichen Verbindlichkeiten, M^{geU}) und gesellschafterbezogenen gewerbesteuerlichen Modifikationen (M^{gel}) zu unterscheiden.

Für die **Gewerbesteuer** der Personengesellschaft (S_{PG}^{GE}) gilt dann:

(19) $S_{PG}^{GE} = s^{GE} (R + L_I + M^e + M^{geU} + M^{geI} - F^{ge})$

Die persönliche Einkommen- und Kirchensteuerbelastung des Gesellschafters i bemisst sich nach seinem Anteil am Steuerbilanzgewinn und dem Betrag seiner Leistungsvergütung abzüglich seiner Sonderbetriebsausgaben. Ebenfalls anteilig wird dem Gesellschafter die Steuerbetragsermäßigung für Einkünfte aus Gewerbebetrieb gewährt. Bei einem Anteil von a_i errechnet sich die **persönliche Steuerbelastung** (S_i^E) wie folgt:

(20) $S_i^E = s_i^E [a_i (R + M^e - S_{PG}^{GE}) + L_i - A_i] - a_i S^{E35}$

Die **persönliche Gesamtsteuerbelastung** des Gesellschafters ohne Berücksichtigung der von dem Unternehmen zu leistenden Gewerbesteuer beträgt:

(21) $S_i = S_i^E$

Sollen zum Zweck der Steuerplanung die Belastungen der einzelnen Bemessungsgrundlagenteile mit Ertragsteuern ermittelt werden, so sind unter Berücksichtigung der Interdependenzen der Steuerbemessungsgrundlagen für die jeweils unabhängigen Bemessungsgrundlagenteile die Einflüsse aller Steuerarten in einem so genannten **Multifaktor** zusammenzufassen. Zu diesem Zweck wird in den Steuerartengleichungen die abzugsfähige Steuerbelastung (S^{GE}) durch ihre eigene Gleichung (Steuerart-Grundgleichung) ersetzt. Vereinfacht werden dabei lineare Steuertarife unterstellt. Nach dieser Operation sind die einzelnen Steuerarten nur noch abhängig von den Bemessungsgrundlagenteilen und den zugehörigen Steuerfaktoren. Die Addition der zu den einzelnen Bemessungsgrundlagen gehörenden Steuerfaktoren führt zu den Multifaktoren für die einzelnen Bemessungsgrundlagenelemente.

Wenn vereinfachend für alle Gesellschafter übereinstimmende Einkommen- und Kirchensteuersätze angenommen werden, kann durch ersetzt werden. Bei einer Gesamtbetrachtung mit identischen individuellen Steuersätzen beeinflusst die Verteilung des Gewinns und des Vermögens der Personengesellschaft auf die Gesellschafter die Steuerbelastung nicht, so dass die Anteilsquoten a_i ohne Bedeutung sind. Die **Steuerbelastung der Personengesellschaft** (S_{PG}) kann deshalb wie folgt dargestellt werden:

(22) $S_{PG} = t_{PG}^1 (R + M^e + L_I) + t_{PG}^2 (M^{geU} + M^{geI}) + t_{PG}^3 \cdot F^{ge}$

Für die einzelnen Multifaktoren gelten die Beziehungen:

(23) $t_{PG}^1 = s^E + s^{GE} - s^E \cdot s^{GE} - s^{E35}$

$t_{PG}^2 = s^{GE} - s^E \cdot s^{GE} - s^{E35}$

$t_{PG}^3 = - s^{GE} + s^E \cdot s^{GE} + s^{E35}$

Der erste Multifaktor t_{PG}^1 bringt zum Ausdruck, dass die Bemessungsgrundlagenteile R (Reinertrag vor Steuern), M^e (einkommensteuerliche Modifikationen) und L_I (Leistungsvergütungen abzüglich Sonderbetriebsausgaben) der kombinierten

Einkommen- und Kirchensteuer (s^E) sowie der Gewerbesteuer (s^{GE}) unterliegen, wobei die abzugsfähige Gewerbesteuer die Einkommen- und Kirchensteuer mindert ($- s^E \cdot s^{GE}$). Zusätzlich ergibt sich aus der anrechenbaren Gewerbesteuerbelastung eine Einkommensteuerermäßigung in Höhe des Steuersatzes s^{E35}.

t_{PG}^2 unterwirft die gewerbesteuerlichen Modifikationen der Gewerbesteuer, die gleichzeitig die Einkommen- und Kirchensteuer mindert. Da die gewerbesteuerlichen Modifikationen in den Gewerbesteuermessbetrag eingehen, entsteht zusätzlich eine Einkommensteuerentlastung.

Der Multifaktor t_{PG}^3 gibt an, dass der gewerbesteuerliche Freibetrag eine Gewerbesteuerminderung ($- s^{GE}$) und eine Verkürzung der Einkommensteuerentlastung ($+ s^{E35}$) auslöst, denen eine gleichzeitige Einkommensteuererhöhung gegenübersteht ($+ s^E \cdot s^{GE}$), die auf der Vergrößerung des Gewinns als Folge der Reduzierung der Gewerbesteuer beruht.

2.2.4.2   Die Steuerbelastung der Kapitalgesellschaft und ihrer Gesellschafter

Bei der Ermittlung der **Körperschaftsteuer** wird das zu versteuernde körperschaftsteuerpflichtige Einkommen mit dem einheitlichen Körperschaftsteuersatz s^K in Höhe von 25 % besteuert. Wie bei den Personenunternehmen wird der bei Kapitalgesellschaften ebenfalls anfallende Solidaritätszuschlag in Höhe von 5,5 % auf die festzusetzende Körperschaftsteuer bei der Ermittlung der Steuerbelastung nicht berücksichtigt.

Bei einem körperschaftsteuerpflichtigen Einkommen von $R + M^e + M^k - S_{KG}^{GE}$ beträgt die Körperschaftsteuerbelastung:

$$(24) \qquad S^K = s^K (R + M^e + M^k - S_{KG}^{GE})$$

Für die **Gewerbesteuer** ist folgende Steuergleichung maßgeblich:

$$(25) \qquad S_{KG}^{GE} = s^{GE} (R + M^e + M^k + M^{ge})$$

Die **Gesamtsteuerbelastung der Kapitalgesellschaft** beträgt:

$$(26) \qquad S_{KG} = S^K + S_{KG}^{GE}$$

bzw. auf der Basis von Multifaktoren

$$(27) \qquad S_{KG} = t_{KG}^1 (R + M^e + M^k) + t_{KG}^2 \cdot M^{ge}$$

mit

$$(28) \qquad t_{KG}^1 = s^K + s^{GE} - s^K \cdot s^{GE}$$
$$t_{KG}^2 = s^{GE} - s^K \cdot s^{GE}$$

Die beiden Multifaktoren sind strukturell mit denen einer Personengesellschaft vergleichbar. Sie enthalten jedoch keine Gewerbesteueranrechnung auf eine andere Ertragsteuer.

Die **persönliche Steuerbelastung der Anteilseigner** einer Kapitalgesellschaft bestimmt sich in Abhängigkeit der zufließenden Dividenden nach dem **Halbeinkünfteverfahren**. Wegen der wirtschaftlichen Doppelbelastung der Gewinne mit Körperschaftsteuer und Einkommensteuer werden beim Anteilseigner die als Einkünfte aus Kapitalvermögen zu versteuernden Gewinnanteile zur Hälfte von der Einkommensbesteuerung ausgenommen (§ 3 Nr. 40 EStG). Spiegelbildlich werden die Aufwendungen zur Erwerbung, Sicherung und Erhaltung der Beteiligungseinnahmen (Werbungskosten) bei der Einkommensermittlung ebenfalls nur zur Hälfte abgezogen.

Für die persönliche Einkommen- und Kirchensteuer des Gesellschafters i auf die zufließende Dividende D_i bei angefallenen Werbungskosten in Höhe von K_i gilt somit:

$$(29) \qquad S_i^{ED} = s^E \cdot 0,5 \, (D_i - K_i)$$

Soweit der Gesellschafter von der Kapitalgesellschaft Vergütungen für erbrachte Leistungen erhält, werden diese Ausgaben in der steuerlichen Erfolgsrechnung als Aufwand verrechnet und im Gegensatz zur Personengesellschaft dem Gewinn nicht hinzugerechnet. Die Leistungsvergütungen (z. B. Geschäftsführergehalt, Darlehenszinsen, Mieteinnahmen) unterliegen als Überschusseinkünfte der Einkommensteuer.

Die **persönliche Steuerbelastung eines Gesellschafters** i einer Kapitalgesellschaft beläuft sich unter Einbeziehung von Leistungsvergütungen L_i abzüglich der einkunftsartbezogenen Werbungskosten W_{Li} auf:

$$(30) \qquad S_i^E = s^E \cdot 0,5 \, (D_i - K_i) + s^E \, (L_i - W_{Li})$$
$$= s^E \, [0,5 \, (D_i - K_i) + (L_i - W_{Li})]$$

2.2.5 Die Umsatzsteuer

2.2.5.1 Überblick

Die Umsatzsteuer bildet neben der Einkommensteuer (einschließlich Lohnsteuer) die wichtigste Einnahmequelle des Staates und verursacht bei den Unternehmen die größte Steuerzahlung. Deshalb und weil der Steuergegenstand «Umsatz» als entgeltliche Leistung eines Unternehmens an einen Dritten weit gefasst ist, kann sie als **zentrale Verkehrsteuer** bezeichnet werden.

Die **Umsatzsteuer** ist eine Allphasen-Nettoumsatzsteuer mit Vorsteuerabzug (Mehrwertsteuer). Damit wird zum Ausdruck gebracht, dass grundsätzlich alle Umsätze auf jeder Stufe einer Leistungskette zwischen den Unternehmen und vom letzten Unternehmen dieser Kette zum Verbraucher steuerlich erfasst werden.

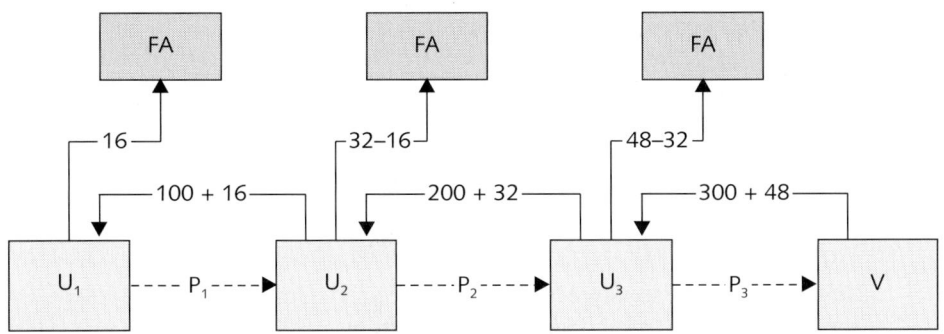

Abbildung 3.2.7: Wirkungsweise der Umsatzsteuer

Bemessungsgrundlage ist das Gesamtentgelt (ohne Steuer), das der Empfänger für den Erhalt der Leistung aufwendet. Das Unternehmen darf jedoch von seiner Steuerschuld die ihm in Rechnung gestellte Umsatzsteuer für die von ihm bezogenen Vorleistungen abziehen, so dass im Ergebnis nur der Nettoumsatz (Mehrwert) besteuert wird.

Abbildung 3.2.7 verdeutlicht in einer dreigliedrigen Leistungskette die Wirkungsweise der Umsatzsteuer.

Unternehmen U_1 liefert das Produkt P_1 an den Unternehmer U_2 zum Preis von 100 € und stellt ihm neben dem Kaufpreis 16 € Umsatzsteuer gesondert in Rechnung. Vom Gesamtbetrag (116 €) führt U_1 die Mehrwertsteuer an das Finanzamt ab. U_2, der das Produkt P_2 ohne oder mit Weiterverarbeitung zu einem Preis von 200 € zuzüglich 32 € Umsatzsteuer an U_3 liefert, kann von seiner Umsatzsteuerschuld die von ihm gezahlte Umsatzsteuer in Höhe von 16 € abziehen, so dass er lediglich die auf seinen Nettoumsatz (eigener Umsatz ./. Vorumsatz) entfallende Steuer abzuführen hat. In gleicher Weise wird U_3 hinsichtlich seines Umsatzes an den Verbraucher besteuert.

Die Umsatzsteuer wird als **allgemeine Verbrauchsteuer** angesehen, weil der Verbraucher über den Preis der Ware wirtschaftlich belastet wird, auch wenn erhebungstechnisch das Unternehmen Steuerschuldner ist. Dahinter verbirgt sich die Vorstellung, dass die Unternehmen die Umsatzsteuer im Preis auf die Verbraucher **überwälzen** können, so dass die Umsatzsteuer für sie lediglich einen durchlaufenden Posten darstellt.

Es ist zwar zutreffend, dass die Umsatzsteuer abrechnungstechnisch aus der Sicht des Unternehmens einen durchlaufenden Posten bildet. Daraus kann jedoch nicht geschlossen werden, dass die Umsatzsteuer bei den Unternehmen ergebnisneutral wirkt. Im Vergleich zu einer Situation ohne Umsatzsteuer, in der etwa das Umsatzsteueraufkommen durch eine zusätzliche Einkommensteuer abgedeckt wird, bringt die Einführung einer Umsatzsteuer über die daraus resultierenden Preiserhöhungen

Nachfrageverschiebungen und Beschäftigungsanpassungen mit sich, die zu einer höheren Einkommensminderung führen können als durch die vorher zu zahlende Einkommensteuer. Deshalb kann nicht generell behauptet werden, dass die Umsatzsteuer ausschließlich den Verbraucher belastet.

2.2.5.2 Steuergegenstand und Bemessungsgrundlage

Steuergegenstand der Umsatzsteuer sind folgende Umsätze (§ 1 Abs. 1 UStG):

1. **Lieferungen** und **sonstige Leistungen**, die ein Unternehmer im Inland gegen Entgelt im Rahmen seines Unternehmens ausführt,

...

4. die **Einfuhr** von Gegenständen aus einem **Drittland**,
5. der **innergemeinschaftliche Erwerb.**

Lieferungen und sonstige Leistungen gehören nur dann zu den steuerbaren Umsätzen, wenn sie von einem Unternehmer im Rahmen seines Unternehmens im Inland getätigt werden. Grundsätzlich ist die Unternehmereigenschaft auch bei Lieferungen von Gegenständen aus einem EU-Staat in das Inland erforderlich (innergemeinschaftlicher Erwerb). Einfuhren aus einem Nicht-EU-Staat (Drittland) sind dagegen auch steuerbar, wenn sie von einer Privatperson durchgeführt werden. Der umsatzsteuerliche Unternehmerbegriff ist weit gefasst.

Nach § 2 Abs. 1 UStG ist **Unternehmer,** wer eine gewerbliche oder berufliche Tätigkeit selbständig ausübt.

Gewerblich oder **beruflich** ist jede nachhaltige Tätigkeit zur Erzielung von Einnahmen. Gewinnerzielungsabsicht und eine Beteiligung am wirtschaftlichen Verkehr werden im Gegensatz zur Einkommen- und Gewerbesteuer nicht verlangt. Dem Umsatz muss eine Lieferung (Verschaffung der Verfügungsmacht über einen Gegenstand) oder sonstige Leistung (Unternehmensleistung, die keine Lieferung ist, z. B. Dienstleistungen) zugrunde liegen. Steuerbar sind auch die Leistungen eines Unternehmers an Arbeitnehmer aufgrund eines Dienstverhältnisses, für die der Empfänger kein oder ein geringeres Entgelt als üblich aufwendet (z. B. unentgeltliche Warenlieferungen). Werden Gegenstände durch einen Unternehmer aus seinem Unternehmen für Zwecke entnommen, die außerhalb des Unternehmens liegen, ist diese Leistung gleichfalls steuerbar. Die beiden letztgenannten Leistungen werden einer Lieferung gegen Entgelt gleichgestellt (§ 3 Abs. 1b Nr. 1 und 2 UStG). Nur eine gegen Entgelt ausgeführte Leistung ist ein steuerbarer Umsatz.

Entgelt ist der Betrag, den ein Leistungsempfänger aufwendet, um die Leistung zu erhalten.

Bei Lieferungen und Leistungen wird der Umsatz grundsätzlich nach dem vereinbarten Entgelt (ohne Umsatzsteuer) bestimmt (§ 10 Abs. 1 UStG). Die Umsatzsteuer entsteht bei Berechnung der Steuer nach vereinbarten Entgelten in dem (grundsätzlich monatlichen) Voranmeldungszeitraum, in dem die Leistungen vom Unternehmer ausgeführt werden (§ 13 Abs. 1 Nr. 1 UStG). In Ausnahmefällen kann die Umsatzsteuer auch nach vereinnahmten Beträgen (Ist-Besteuerung) ermittelt werden. Besteht die Gegenleistung nicht in Geld, werden Ersatzgrößen zur Ermittlung der Bemessungsgrundlage herangezogen (z. B. Einkaufspreis zuzüglich Nebenkosten oder Selbstkosten). Diese Größen sind auch als **Mindestbemessungsgrundlage** anzusetzen, wenn entgeltliche Leistungen an nahestehende Personen oder Arbeitnehmer erbracht werden, das gewährte Entgelt aber nicht die Mindestbemessungsgrundlage erreicht (§ 10 Abs. 5 UStG).

Bei einer nachträglichen Änderung der Bemessungsgrundlage ist eine Korrektur der Steuerschuld durch den Unternehmer, der den Umsatz bewirkt hat, vorzunehmen. In gleicher Weise muss der Unternehmer, an den der Umsatz ausgeführt wurde, seine abzugsfähige Vorsteuer anpassen.

Steuerbare Umsätze sind steuerpflichtig oder steuerbefreit.

Das UStG enthält einen Katalog von Befreiungstatbeständen, die überwiegend aus sozial-, kultur- und wirtschaftspolitischen Gründen eingerichtet wurden (z. B. Umsätze aus der Tätigkeit als Arzt).

Da nur der inländische Verbrauch mit Umsatzsteuer belastet werden soll, sind Exportumsätze wegen des **Bestimmungslandprinzips** von der inländischen Umsatzsteuer befreit.

2.2.5.3   Steuertarif und Steuerzahlung

Der **allgemeine Steuersatz** beträgt 16%. Daneben gibt es für bestimmte Erzeugnisse (z. B. Lebensmittel, Bücher) einen ermäßigten Steuersatz von 7% sowie ergänzend verschiedene Sonderregelungen (z. B. Durchschnittssätze für die Land- und Forstwirtschaft).

Die **Umsatzsteuerschuld** ergibt sich als Differenz zwischen der in Rechnung gestellten Umsatzsteuer für die ausgeführten Umsätze und der Vorsteuer aus den Rechnungen der Lieferanten für bezogene Leistungen.

Der **Vorsteuerabzug** ist für jene Vorleistungen ausgeschlossen, die für steuerfreie Umsätze verwendet werden. Für bestimmte steuerfreie Umsätze (z. B. Exportumsätze) besteht jedoch ein Vorsteuerabzugsrecht. Setzt sich der Gesamtumsatz des Unternehmens aus steuerpflichtigen und steuerfreien Umsätzen ohne Vorsteuerabzugsberechtigung zusammen, ist die Vorsteuer entsprechend aufzuteilen (§ 15 Abs. 4 und 5 UStG).

Bei **steuerfreien Umsätzen** mit Vorsteuerabzug ist eine vollständige Umsatzsteuerentlastung gegeben, da auf die Unternehmensleistung keine Umsatzsteuer erhoben wird, während die Steuerbelastung der bezogenen Vorleistungen durch den Vorsteuerabzug eliminiert wird. Für steuerfreie Umsätze ohne Vorsteuerabzug tritt eine Steuerermäßigung ein, da der Wegfall der Umsatzsteuer durch die Versagung des Vorsteuerabzugs teilweise kompensiert wird.

Bei steuerfreien Umsätzen ohne Vorsteuerabzug kann es für den Unternehmer zweckmäßig sein, auf die Umsatzsteuerbefreiung zu **verzichten**, wenn der Leistungsempfänger zum Vorsteuerabzug berechtigt ist. Aus seiner Sicht wirkt sich die gezahlte Umsatzsteuer nicht als Preiserhöhung aus. Gleichzeitig würde für das liefernde Unternehmen durch die Versteuerung seiner Umsätze die Möglichkeit des Vorsteuerabzuges eröffnet. Um wirtschaftliche Nachteile des liefernden Unternehmens aus Steuerbefreiungen zu vermeiden, ist deshalb für bestimmte Umsätze (Grundstücksvermietung an Unternehmen, Umsätze aus Geldverkehr, grunderwerbsteuerpflichtige Umsätze) ein Verzicht auf die Steuerbefreiung möglich (**Option** nach § 9 UStG). Die Verzichtserklärung kann auf einen einzelnen Umsatz beschränkt werden.

Unternehmer, deren Umsatz einschließlich Umsatzsteuer im vorangegangenen Kalenderjahr 17 500 € nicht überstiegen hat und im laufenden Kalenderjahr voraussichtlich 50 000 € nicht erreicht, müssen als **Kleinunternehmer** keine Umsatzsteuer entrichten (§ 19 Abs. 1 UStG). Kleinunternehmer sind zum Vorsteuerabzug nicht berechtigt und dürfen die Umsatzsteuer nicht gesondert in Rechnung stellen. Sie können jedoch für die Normalbesteuerung optieren.

2.3   Wirkungen des Steuersystems

2.3.1   Belastungs- und Gestaltungswirkungen

Das Steuersystem kann bei den Unternehmen verschiedene Wirkungen auslösen, die sich wie in Abb. 3.2.8 gezeigt systematisieren lassen.

(1) **Steuerliche Belastungswirkungen** sind die unmittelbare Folge des Steuersystems. Durch die wirtschaftlichen Aktivitäten des Unternehmens werden steuerliche Tatbestände verwirklicht, die Steuerzahlungen in bestimmter Höhe nach sich ziehen.

Neben den unmittelbaren steuerlichen Belastungswirkungen (Steuerzahlungen) führen Aufwendungen des Unternehmens aus steuergesetzlichen Verpflichtungen über die Ermittlung, Verwaltung und Abführung unternehmensbezogener und fremder Steuern zu **nicht-steuerlichen Belastungswirkungen** (Steuerverwaltungs-

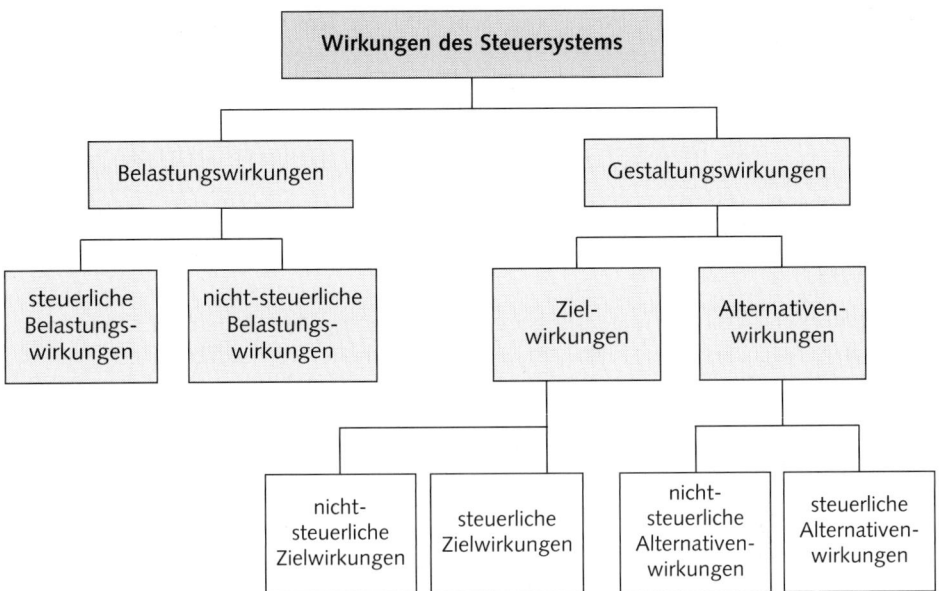

Abbildung 3.2.8: Wirkungsarten des Steuersystems

aufwendungen). Aufwendungen für Unternehmenssteuern resultieren aus steuerlichen Buchführungs- und Aufzeichnungspflichten (z. B. §§ 140 ff. AO) zur Ermittlung der Steuerbemessungsgrundlagen, aus Mitwirkungspflichten gegenüber den Finanzbehörden bei der Ermittlung steuerlicher Sachverhalte (§ 90 AO) sowie aus der Abgabe von Steuererklärungen. Daneben ergeben sich beim Lohnsteuererhebungsverfahren (§§ 38 ff. EStG) Aufwendungen für die Steuerpflicht Dritter (Arbeitnehmer).

(2) Vorgegebene Steuernormen oder Änderungen des Steuersystems können das wirtschaftliche Verhalten eines Steuersubjekts beeinflussen und damit **Gestaltungswirkungen** entfalten, die bei anderen steuerlichen Rahmenbedingungen nicht vorkommen würden. Derartige Gestaltungswirkungen lassen sich in Ziel- und Alternativenwirkungen unterteilen.

(a) Zielwirkungen

(aa) **Nicht-steuerliche Zielwirkungen** können auftreten, wenn sich als Folge einer höheren oder geringeren Steuerbelastung die Erwerbsinteressen der Unternehmensträger ändern. So können sich insbesondere bei Einzelunternehmen oder Personengesellschaften die Unternehmensträger bei einer steigenden Steuerbelastung veranlasst sehen, ihre finanziellen Zielvorstellungen (z. B. Einkommensstreben) zugunsten privater Interessen einzuschränken. Soweit jedoch das voraussichtlich verfügbare Einkommen wegen der höheren Besteuerung zur Deckung der geplanten Konsumausgaben nicht mehr ausreicht und der Konsumplan nicht angepasst wird, kommt dagegen eine stärkere Betonung des Erwerbsstrebens in Betracht. Entsprechende Reaktionen hinsichtlich der Neuorientierung des Verhältnisses zwischen finanziellen und privaten Zielen sind auch bei einer Verringerung der Steuerbelastung möglich. Derartige nicht-steuerliche Zielwirkungen lassen sich jedoch kaum verlässlich prognostizieren. Ein steuerlich bedingter Zielwandel dürfte jedoch bei Personenunternehmen eher und häufiger vorkommen als bei größeren Kapitalgesellschaften mit einer nicht aus Anteilseignern bestehenden Unternehmensleitung.

(bb) **Steuerliche Zielwirkungen** in Form eigenständiger Steuerziele (z. B. Minimierung der Steuerbelastung) entstehen durch steuerliche Wahlrechte, deren Ausfüllung unabhängig von der Planung in einzelnen Unternehmensbereichen erfolgen kann. Hierzu zählen z. B. Wahlrechte bei der Behandlung ausländischer Steuern, Wahlrechte bei der Versteuerung von Veräußerungsgewinnen sowie mit gewissen Einschränkungen die Steuerbilanzpolitik (Steuerbarwertminimierung als Zielfunktion) bei Personenunternehmen und personenbezogenen Kapitalgesellschaften. Bei diesen Wahlrechten handelt es sich um relativ autonome steuerliche Entscheidungsbereiche, deren Festlegung unter Zugrundelegung steuerlicher Zielvorstellungen erfolgt. Ohne derartige Wahlrechte entfiele die Notwendigkeit einer partiellen autonomen Steuerplanung mit speziellen steuerlichen Zielvorgaben.

(b) Alternativenwirkungen

(aa) **Steuerliche Alternativenwirkungen** umfassen die Möglichkeiten, ein bestehendes Wahlrecht in der einen oder anderen Weise auszunutzen sowie steuerliche Sachverhaltsgestaltungen. Letztere sind Maßnahmen, die auf die Festlegung steuerwirksamer wirtschaftlicher Sachverhalte gerichtet sind, deren Verwirklichung zu einer optimalen Steuerbelastung führt. Steuerliche Sachverhaltsgestaltungen sind keine autonomen steuerlichen Entscheidungen, sondern es geht hierbei um die Festlegung ökonomischer Parameter unter besonderer Berücksichtigung von Steuereinflüssen. Derartige Sachverhaltsgestaltungen können praktisch in allen betrieblichen Teilbereichen eine Rolle spielen (z. B. Beeinflussung von Ein- und Auszahlungen bei der Gewinnermittlung nach § 4 Abs. 3 EStG, Modalitäten von Kreditaufnahmen, Gestaltung von Kontokorrentkrediten aus gewerbeertragsteuerlichen Gründen, Aufnahme von Kindern als Gesellschafter wegen des progressiven ESt-Tarifs). Begrenzt wird die steuerliche Sachverhaltsgestaltung durch das Verbot des Missbrauchs von rechtlichen Gestaltungsmöglichkeiten (§ 42 AO).

(bb) **Nicht-steuerliche Alternativenwirkungen** liegen im Gegensatz zu den unmittelbar auf die Gestaltung der Steuerbelastung bezugnehmenden steuerlichen Alternativenwirkungen vor, wenn eine Entscheidung unter Berücksichtigung von Steuern (unabhängig von der Möglichkeit einer Gestaltung der Steuerbelastung) zu einem anderen Entscheidungsergebnis führt als eine Entscheidung ohne Einbeziehung des Steuereinflusses. Nicht-steuerliche Alternativenwirkungen führen demnach zu einer Änderung der relativen Vorteilhaftigkeit von zur Wahl stehenden Alternativen. Es lässt sich nachweisen, dass eine Gewinnbesteuerung die Vorteilhaftigkeit eines Investitionsobjekts beeinflussen und die Rangfolge von Investitionsalternativen gegenüber den Ergebnissen einer Investitionsplanung ohne Steuern ändern kann (Schneider [Investition] 173 ff., Wagner/Dirrigl [Steuerplanung] 33 ff.).

Bei einer **Finanzinvestition,** deren Vorteilhaftigkeit durch die Kapitalwertmethode ermittelt wird, ergibt sich je nach der zeitlichen Verteilung ihrer Zahlungsüberschüsse gegenüber der durch den Kalkulationszinssatz repräsentierten Alternativinvestition im Besteuerungsfall eine Erhöhung (Verschiebung der Steuerzahlungen in die Zukunft durch am Ende des Investitionszeitraumes steigende Zahlungsüberschüsse) oder eine Verminderung (Vorverlagerung der Steuerzahlung durch hohe Überschüsse am Anfang des Investitionszeitraums) des Kapitalwerts der betrachteten Finanzinvestition gegenüber dem Kapitalwert vor Steuern. Dabei ist ein Kalkulationszinssatz nach Steuern ($i_s = (1 - s)\ i$) anzusetzen.

Bei **Sachinvestitionen** stimmen die Zahlungssalden der Investition i. d. R. nicht mit der steuerlichen Bemessungsgrundlage «steuerpflichtiger» Gewinn überein (z. B. Investitionseinnahmen sind höher oder niedriger als der steuerpflichtige Ertrag, Investitionsausgaben sind geringer oder höher als der steuerlich abzugsfähige Aufwand). Durch die mangelnde Entsprechung von investitionsbedingten Zahlungssalden und steuerpflichtigem Gewinn treten Steuerent- und -belastungen auf, die auf die relative Vorteilhaftigkeit der Investitionsalternativen einwirken. Die Abweichungen in Bezug auf die relative Vorteilhaftigkeit der Investitionsalternativen werden durch unterschiedliche Gewinnsteuersätze (z. B. progressiver ESt-Tarif) modifiziert. Der Einfluss der Ertragsteuern auf die Vorteilhaftigkeit der Investitionsobjekte kann nicht generell bestimmt werden. Da aber Vorteilhaftigkeit und Reihenfolgebedingungen sich durch Besteuerungseinflüsse ändern können, müssen die Steuerwirkungen in die Investitionsrechnung einbezogen werden.

2.3.2   Ermittlung der steuerlichen Belastungswirkungen

Steuerzahlungen sind unmittelbar mit dem Finanzbereich des Unternehmens verbunden und deshalb in der Finanzplanung zu erfassen.

Die Höhe der Steuerzahlungen ist dabei abhängig von den Steuerwirkungen, die von den Entscheidungen in den einzelnen Planungsbereichen ausgehen. Da das Steuersystem nicht-steuerliche Alternativenwirkungen auf die wirtschaftlichen Entscheidungen ausüben kann, sind bereits in die Entscheidungsfindung mögliche steuerliche Belastungswirkungen einzubeziehen, soweit den Aktionsparametern sinnvollerweise steuerliche Konsequenzen zurechenbar sind. Die Ermittlung steuerlicher Belastungswirkungen kann entweder durch **Veranlagungssimulation** oder durch Anwendung der **Teilsteuerrechnung** erfolgen.

(1) Bei der **Veranlagungssimulation** werden für die verschiedenen unternehmens-politischen Aktionen getrennt nach Steuerarten Veranlagungen simuliert, die bei der Realisierung der jeweiligen Alternative durchgeführt würden. Durch die Summierung der Einzelsteuerbelastungen wird die Gesamtsteuerbelastung der betrachteten Alternativen ermittelt, so dass anschließend ein Vergleich der Gesamt-steuerbelastungen erfolgen kann. Diese Vorgehensweise ist **kasuistisch**, weil die Veranlagungssimulation auf das spezielle Entscheidungsproblem (z. B. Belastungs-vergleich alternativer Rechtsformen) verengt wird. Generelle Aussagen über Steuerwirkungen können aus der Veranlagungssimulation nicht gewonnen werden, weil ihr Resultat nur eine Summierung von Steuerartenlasten darstellt. Es können keine Folgerungen darüber gezogen werden, wie sich die Steuerwirkungen in Abhängigkeit von der Variation ökonomischer Größen (z. B. Ausschüttungshöhe, Leistungsvergütungen) ändern.

Der Vorteil der Methode liegt darin, dass sie zuverlässige Werte liefert und auch nicht-lineare Tarife (z. B. progressive Steuersätze) ohne größere Probleme erfassen kann. Bei einer Änderung einer Größe muss jedoch eine erneute Veranlagungs-simulation durchgeführt werden. Dies spielt aber infolge des Einsatzes der EDV keine Rolle mehr. Ein Nachteil ist allerdings, dass lediglich eine Steuerartenwir-kung präsentiert wird und gerade im Planungsstadium eine steuerliche Belastungs- oder Entlastungswirkung durch die Modifikation einer betriebswirtschaftlichen Größe ökonomisch aussagefähiger wäre.

(2) Die Methodik der **Teilsteuerrechnung** (Rose [Steuerlehre]) besteht darin, dass die Bemessungsgrundlagen der Steuerarten in unabhängige **wirtschaftliche Bezugs-größen** zerlegt und durch die Formulierung von **Steuerartengrundgleichungen** die Einflüsse aller Steuerarten auf die wirtschaftlichen Bezugsgrößen zusammengefasst werden. Anschließend werden die Steuerbelastungen der Bezugsgrößen in einer Gesamtbelastungsgleichung aggregiert. Schematisch lässt sich die Vorgehensweise der Teilsteuerrechnung wie folgt kennzeichnen (Abb. 3.2.9) (Rose [Steuerlehre] 38 ff., Siegel [Steuerwirkungen] 37 ff.):

Ausgehend von den rechtlichen Regelungen der Steuerarten $j = 1,\ldots, m$ mit ihren jeweiligen Bemessungsgrundlagen ($S_j = S_j (BM_j)$) erfolgt zunächst eine **Zerlegung der Bemessungsgrundlagen** in wirtschaftliche Bezugsgrößen (Bemessungsgrund-lagenteile T_i). Unter Berücksichtigung der Steuerarteninterdependenzen werden die Wirkungen der Steuerarten auf ein Bemessungsgrundlagenteil in einem steuerlichen **Multifaktor** (t_i) erfasst. Die **Gesamtsteuerbelastung** (S) ergibt sich dann aus der Summierung der Steuern auf die einzelnen Bezugsgrößen. Die bei der Darstellung der Ertragsteuerbelastung von Personen- und Kapitalgesellschaft verwendeten Gleichungen (22 bzw. 27) stellen die nach der Konzeption der Teilsteuerrechnung ermittelten Gesamtsteuerbelastungsgleichungen dar.

Durch die Bestimmung der zu den wirtschaftlichen Bezugsgrößen gehörenden steuerlichen Multifaktoren, die durch Einsetzen der geltenden Steuersätze die maß-geblichen Teilsteuersätze repräsentieren, werden einzelne Elemente der Gesamt-

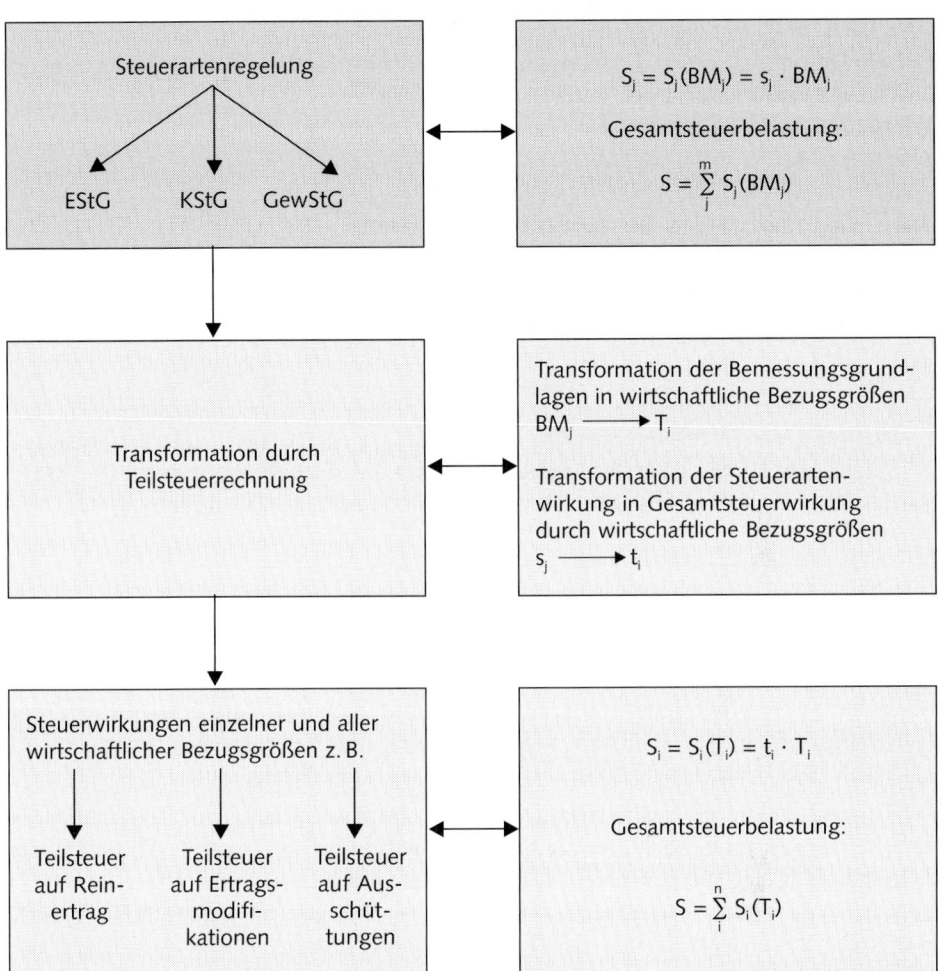

Abbildung 3.2.9: Methodik der Teilsteuerrechnung

steuerbelastung transparent gemacht. Durch die Aufspaltung der Gesamtsteuerbelastung in einzelne Elemente ist es möglich, die **Steuerwirkungen einer Vielzahl
von Entscheidungsalternativen zu ermitteln,** indem nur die jeweils veränderten
Belastungselemente ausgewechselt werden. Es entfällt dadurch die bei der Veranlagungssimulation notwendige Gesamtberechnung der Steuerwirkungen jeder
Entscheidungsalternative.

Die **Anwendbarkeit der Teilsteuerrechnung** ist praktisch auf lineare Steuertarifver-
läufe begrenzt. Obwohl die Teilsteuerrechnung auch im Progressionsbereich des
ESt-Tarifs prinzipiell einsetzbar ist, gehen dabei ihre Vorzüge weitgehend verloren

(Wagner/Dirrigl [Steuerplanung] 174 ff.). Allerdings kann häufig ohne wesentliche Einschränkungen unterstellt werden, dass die Ermittlungsproblematik der Steuerbelastungswirkungen in der unteren oder oberen Proportionalzone des ESt-Tarifs angesiedelt ist.

2.4   Grundzüge des Besteuerungsverfahrens

2.4.1   Feststellung von Besteuerungsgrundlagen

Die allgemeinen Vorschriften über die Steuererhebung sind in der Abgabenordnung (AO) geregelt.

> Während die Einzelsteuergesetze (EStG, KStG, GewStG usw.) das materielle Steuerrecht bilden, ist in der **Abgabenordnung** das formelle Steuerrecht (Recht des Besteuerungsverfahrens, insbesondere Steuerschuld- und Steuerstrafrecht) kodifiziert.

Die AO hat Gültigkeit für alle Steuern und ist somit eine Art «Mantelgesetz» für das gesamte Steuerrecht. Sie wird ergänzt durch die Finanzgerichtsordnung (FGO), in der das gerichtliche Rechtsbehelfsverfahren geregelt ist.

Für jeden Steuerpflichtigen und für jede relevante Steuerart sind entsprechend der vom Steuerpflichtigen realisierten Sachverhalte die Besteuerungsgrundlagen zu ermitteln. Die Ermittlung erfolgt durch das zuständige **Finanzamt**.

Man unterscheidet die örtliche und die sachliche Zuständigkeit der Finanzbehörden. Letztere ist im Gesetz über die Finanzverwaltung näher geregelt. Die **sachliche Zuständigkeit** betrifft den einer Behörde zugewiesenen Aufgabenkreis (z. B. das Bundesamt für Finanzen ist u. a. für die Mitwirkungen an bestimmten Außenprüfungen verantwortlich). Die **örtliche Zuständigkeit** (§§ 17–29 AO) regelt dagegen, welche von mehreren sachlich zuständigen Behörden zuständig ist. Sie knüpft dabei an Merkmale wie Wohnsitz oder Ort der Betriebsstätte an. Wichtig ist die Unterscheidung der Zuständigkeit u. a. im Zusammenhang mit der Beurteilung der Rechtswidrigkeit eines Verwaltungsaktes. Die örtliche Zuständigkeit ist für die verschiedenen Steuerarten unterschiedlich geregelt.

Die zuständigen Finanzbehörden müssen im Besteuerungsverfahren alle bedeutsamen Umstände des Einzelfalles berücksichtigen. Dabei sind die Steuerpflichtigen zur Mitwirkung verpflichtet (§ 90 AO). Insbesondere haben sie Steuererklärungen schriftlich auf amtlichen Vordrucken abzugeben, sowie Bücher und Aufzeichnungen zu führen (§§ 140 ff. AO) und aufzubewahren (z. B. Bilanzen und Buchungsbelege 10 Jahre, Handels- oder Geschäftsbriefe 6 Jahre).

Im Besteuerungsverfahren kann das Finanzamt **Beweismittel** heranziehen (§§ 92 ff. AO). So können Auskünfte jeder Art eingeholt, Grundstücke und Räume betreten und Akten eingesehen werden. Ein Auskunftsverweigerungsrecht steht dem Steuerpflichtigen grundsätzlich nicht zu.

Wegen dieser weitgehenden Offenlegungspflichten der Verhältnisse von Steuerpflichtigen gegenüber den Finanzbehörden ist eine besondere Schutzvorschrift zur Geheimhaltung der übermittelten Daten erforderlich. Nach § 30 AO wird der Amtsträger zur **Wahrung des Steuergeheimnisses** verpflichtet. Nur in bestimmten Fällen, die in § 30 Abs. 4 AO abschließend aufgezählt sind (z. B. Verfolgung schwerwiegender Wirtschaftsstraftaten), darf eine Durchbrechung erfolgen. Auch der frühere sog. **Bankenerlass,** der in § 30a AO geregelt ist, dient dem Schutz der Privatsphäre des Steuerpflichtigen. Nach dieser Vorschrift muss die Ausschreibung von Kontrollmitteilungen über Guthaben und Depots von Bankkunden anlässlich einer Außenprüfung von Kreditinstituten unterbleiben.

Im Rahmen des sog. «besonderen Besteuerungsverfahrens» können die Besteuerungsgrundlagen durch **Außenprüfung** beim Steuerpflichtigen ermittelt werden (§§ 193 ff. AO sowie Betriebsprüfungsordnung). Außenprüfungen werden bei komplexen besteuerungsrelevanten Sachverhalten nach dem Ermessen der Finanzbehörde angeordnet und durch speziell ausgebildete Beamte durchgeführt. Einen Überblick über die Arten von Außenprüfungen vermittelt Abb. 3.2.10.

Die **allgemeine Außenprüfung** wird bei Gewerbebetrieben, land- und forstwirtschaftlichen Betrieben und Freiberuflern größenabhängig vorgenommen (Maßstab: Umsatz oder Gewinn). Bei Großbetrieben werden fast immer alle Steuerarten zeit-

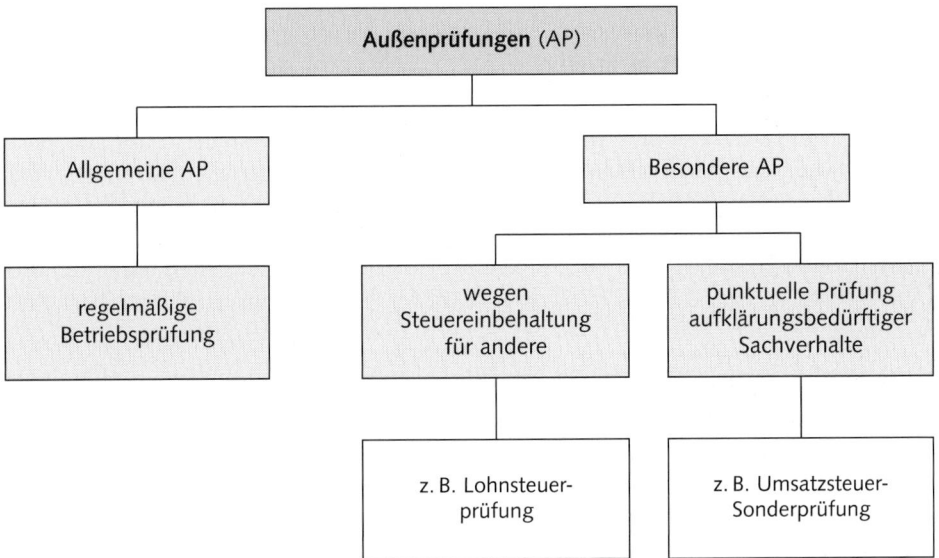

Abbildung 3.2.10: Arten von Außenprüfungen

lich lückenlos geprüft, deren Bemessungsgrundlagen Gewinn oder Umsatz bilden. Kleinere Betriebe werden dagegen üblicherweise in längeren Intervallen und weder sachlich noch zeitlich lückenlos geprüft. Eine Betriebsprüfung wird dem betroffenen Betrieb grundsätzlich vorher angekündigt. Dies gilt auch für **besondere Außenprüfungen**, wie Lohnsteuerprüfung und Umsatzsteuer-Sonderprüfung. Nach Abschluss der Außenprüfung wird ein Prüfungsbericht erstellt, auf dessen Grundlage das zuständige Finanzamt gegebenenfalls Berichtigungsbescheide erteilt.

Die Außenprüfungen im Rahmen eines Steuerermittlungsverfahrens sind nicht mit der **Steuerfahndung** zu verwechseln, deren Ziel die Aufdeckung von unbekannten Steuerfällen sowie von Steuerstraftaten und Steuerordnungswidrigkeiten ist. Entsprechend der umfassenderen Aufgabenstellung hat die Steuerfahndung neben den Ermittlungsbefugnissen besondere Befugnisse (§ 404 AO).

2.4.2   Steuerfestsetzung und Steuererhebungsverfahren

Nach Abschluss eines Steuerermittlungsverfahrens erfolgt die Steuerfestsetzung durch schriftlichen **Steuerbescheid** (§§ 155, 157 AO).

Im Normalfall ist der Steuerbescheid «endgültig». Sofern ein Steuerfall noch nicht vollständig geprüft wurde, kann auch ein «Steuerbescheid unter Nachprüfungsvorbehalt» (§§ 164, 168 AO) oder bei ungewissen Sachverhalten ein «vorläufiger Steuerbescheid» (§ 165 AO) erteilt werden. Beides sind Steuerbescheide mit eingeschränkter Bestandskraft, die einer Beschleunigung der Steuerfestsetzung dienen sollen. Trotz ihres vorläufigen Charakters ist die aufgrund solcher Bescheide geschuldete Steuer fristgerecht fällig.

Ein Steuerbescheid, der nicht vorläufig und nicht unter dem Vorbehalt der Nachprüfung erteilt wurde, kann (außer bei Zöllen und Verbrauchsteuern) nur geändert werden, wenn der Steuerpflichtige zustimmt oder seinem Antrag entsprochen wird (§ 172 Abs. 1 Nr. 2a AO). Eine Berichtigung ist auch möglich, wenn Tatsachen oder Beweismittel nachträglich bekannt werden, die zu einer höheren oder niedrigeren Steuer führen (§ 173 AO). Weitere Änderungsmöglichkeiten enthalten die §§ 172 Abs. 1, 174, 175 AO. Nach Ablauf der Festsetzungsverjährung ist keine Änderung möglich (Frist: 4 Jahre, bei Steuerhinterziehung 10 Jahre).

Wird eine Steuer nicht fristgerecht gezahlt, so sind **Säumniszuschläge** in Höhe von 1% der rückständigen Summe pro Monat zu zahlen (§ 240 AO).

Auf Antrag können die Finanzbehörden Steuern stunden, wenn ihre Einziehung eine erhebliche Härte für den Schuldner bedeuten würde und der Anspruch durch die Stundung nicht gefährdet erscheint (§ 222 AO). Für Stundungen werden in der Regel Zinsen erhoben (0,5% pro Monat).

Ergeben sich bei der Steuerfestsetzung Steuernachforderungen oder -erstattungen, so unterliegen diese nach § 233a AO der Verzinsung. Der Zinslauf beginnt 15 Monate nach Ablauf des Kalenderjahrs, in dem die Steuer entstanden ist. Die Verzinsung endet mit der Fälligkeit der Steuernachforderung oder -erstattung. Durch die **Vollverzinsung** soll eine wirtschaftliche Gleichstellung zwischen Steuerpflichtigen geschaffen werden, deren Steuern zeitnah festgesetzt werden und solchen, bei denen ein längerer Zeitraum bis zur Steuerfestsetzung verstreicht. Die Verzinsung erstreckt sich auf die Einkommen-, Körperschaft-, Umsatz- und Gewerbesteuer.

2.4.3   Rechtsbehelfe

Steuerermittlung und -festsetzung sind mit erheblichen Eingriffen in die private und wirtschaftliche Sphäre von Steuerpflichtigen verbunden. Zum Schutz der Interessen des Einzelnen gegenüber den Entscheidungen der Finanzbehörden sieht das Steuerrecht außergerichtliche und gerichtliche Rechtsbehelfe vor (Abb. 3.2.11).

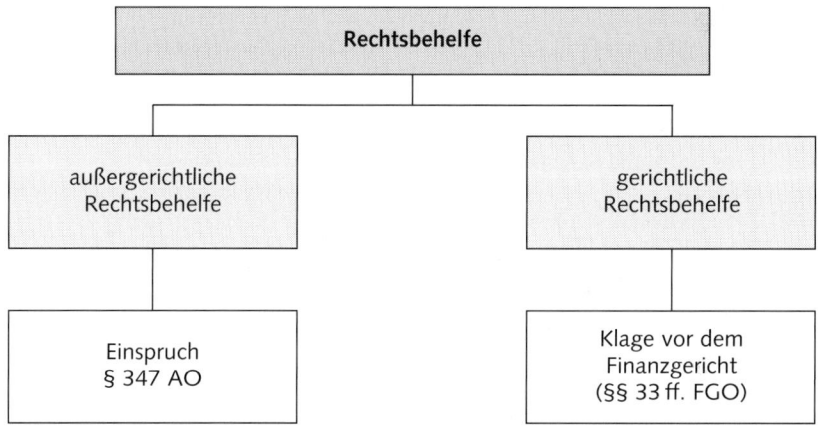

Abbildung 3.2.11: Rechtsbehelfe

Außergerichtliche Rechtsbehelfe können innerhalb einer Frist von 4 Wochen nach Bekanntmachung des Verwaltungsakts geltend gemacht werden. Der **Einspruch** ist insbesondere gegen Verwaltungsakte in Abgabenangelegenheiten, auf die die AO Anwendung findet, zulässig. Entsprechend § 1 AO betrifft der Anwendungsbereich der AO die Steuern und nicht etwa Abgaben aller Art. Über den Einspruch entscheidet die Behörde, die den Verwaltungsakt erlassen hat (Finanzamt). Bei der zur Entscheidungsfindung erforderlichen, erneuten Prüfung des zugrunde liegenden Sachverhalts ist eine Änderung des angefochtenen Bescheides zum Nachteil des Steuerpflichtigen (Verböserung) nach entsprechendem Hinweis und Anhörung möglich. Der Steuerpflichtige kann den Einspruch bis zur Bekanntgabe der Einspruchsentscheidung zurücknehmen, so dass eine Verböserung vermieden werden kann.

Waren außergerichtliche Rechtsbehelfe ganz oder teilweise erfolglos, so kann der betroffene Steuerpflichtige binnen 4 Wochen Klage beim zuständigen **Finanzgericht** erheben. Gegen das Urteil des Finanzgerichts steht den Beteiligten (Steuerpflichtiger und Finanzamt) die **Revision beim Bundesfinanzhof** (BFH) zu, sofern das Finanzgericht die Revision zulässt, weil dem Streitfall grundsätzliche Bedeutung zukommt, das Urteil von einer Entscheidung des BFH abweicht oder Verfahrensmängel vorliegen. Gerichtliche Rechtsbehelfe sind grundsätzlich kostenpflichtig. Die Kostenentscheidung erfolgt im Urteil über die Klage oder Revision oder durch Beschluss, wenn das Verfahren anderweitig beendet worden ist (§ 143 FGO).

Abkürzungsverzeichnis

AO	Abgabenordnung	GewStDV	Gewerbesteuer-Durchführungs-verordnung
AP	Außenprüfung		
AStG	Außensteuergesetz	GewStG	Gewerbesteuergesetz
BFH	Bundesfinanzhof	GewStR	Gewerbesteuerrichtlinien
DBA	Doppelbesteuerungs-abkommen	GG	Grundgesetz
		GrESt	Grunderwerbsteuer
ErbSt	Erbschaft- und Schenkung-steuer	GrSt	Grundsteuer
		KfzSt	Kraftfahrzeugsteuer
ErbStDV	Erbschaftsteuer-Durch-führungsverordnung	KiSt	Kirchensteuer
		KSt	Körperschaftsteuer
ErbStG	Erbschaftsteuer- und Schenkungsteuergesetz	KStG	Körperschaftsteuergesetz
		KStR	Körperschaftsteuerrichtlinien
ErbStR	Erbschaftsteuerrichtlinien	OECD	Organisation for Economic Development
ESt	Einkommensteuer		
EStDV	Einkommensteuer-Durchführungsverordnung	SolZG	Solidaritätszuschlaggesetz
		USt	Umsatzsteuer
EStG	Einkommensteuergesetz	UStDV	Umsatzsteuer-Durchführungs-verordnung
EStR	Einkommensteuerrichtlinien		
FGO	Finanzgerichtsordnung	UStG	Umsatzsteuergesetz
GewSt	Gewerbesteuer	UStR	Umsatzsteuerrichtlinien
		VersSt	Versicherungsteuer

Literaturhinweise

Birk, Dieter: Steuerrecht I. Allgemeines Steuerrecht. 2. Aufl., München 1994.

Crezelius, Georg: Steuerrecht II. Die einzelnen Steuerarten. 2. Aufl., München 1994.

Jacobs, Otto H.: Unternehmensbesteuerung und Rechtsform. 3. Aufl., München 2002.

Jacobs, Otto H.: [Internationale] Unternehmensbesteuerung. 5. Aufl., München 2002.

Jakob, Wolfgang: Einkommensteuer. 3. Aufl., München 2003.

Kupsch, Peter, Frank Achtert, Britta Göckeritz: [Unternehmungsbesteuerung]. München 1997.

Kußmaul, Heinz: Betriebswirtschaftliche Steuerlehre. 3. Aufl., München 2003.

Rose, Gerd: Betriebliche [Steuerplanung]. In: angewandte Planung 1977, S. 57–69.

Rose, Gerd: Betriebswirtschaftliche [Steuerlehre]. Eine Einführung für Fortgeschrittene. 3. Aufl., Wiesbaden 1992.

Rose, Gerd: Betrieb und Steuer. Grundlagen zur Betriebswirtschaftlichen Steuerlehre. Band 1: Ertragsteuern, 18. Aufl., Berlin 2004; Band 2: Umsatzsteuer, 15. Aufl., Bielefeld 2002; Band 3: Erbschaftsteuer, 11. Aufl., Bielefeld 2002; Band 4: Abgabenordnung, 4. Aufl., Bielefeld 2003; Band 5: Grundzüge des Internationalen Steuerrechts, 5. Aufl., Bielefeld 2003.

Scheffler, Wolfram: Besteuerung von Unternehmen. Band I: Ertrag-, Substanz- und Verkehrsteuern, 6. Aufl., Heidelberg 2003; Band II: Steuerbilanz und Vermögensaufstellung, 2. Aufl., Heidelberg 2002.

Schneider, Dieter: [Investition], Finanzierung und Besteuerung. 7. Aufl., Wiesbaden 1992.

Schneider, Dieter: Grundzüge der [Unternehmensbesteuerung]. 6. Aufl., Wiesbaden 1994.

Schneider, Dieter: Steuerlast und Steuerwirkung. München, Wien 2002.

Siegel, Theodor: [Steuerwirkungen] und Steuerpolitik in der Unternehmung. Würzburg, Wien 1982.

Tipke, Klaus, Joachim Lang: [Steuerrecht]. 17. Aufl., Köln 2002.

Wagner, Franz W., Hans Dirrigl: Die [Steuerplanung] der Unternehmung. Stuttgart, New York 1980.

Wellisch, Dietmar: Besteuerung von Erträgen. München 2002.

3 Unternehmensordnung*

Elmar Gerum

3.1 Begriff und Inhalt der Unternehmensordnung

Wie bereits dargelegt, müssen überall dort, wo gewirtschaftet wird, **Entscheidungen** der verschiedensten Art getroffen werden (vgl. S. 310 ff.): Was soll produziert und/oder vertrieben werden? Wie – etwa mit welchen technischen Hilfsmitteln – sollen die Herstellung und der Absatz erfolgen? Wie sollen die Arbeitsbedingungen und der Arbeitsablauf gestaltet werden? Wie sollen die Früchte der gemeinsamen Arbeit verteilt werden?

Solche und viele ähnliche Fragen gilt es zu entscheiden und die Entscheidungen in die Wirklichkeit umzusetzen. Solange all diese Entscheidungen in ihren Auswirkungen nur eine Person allein betreffen – die Lehrbuchsituation der Robinson-Wirtschaft – wird ihre Vorbereitung, Autorisierung und Realisierung nicht zu einem besonderen Ordnungsproblem. Es sind keine Ziele und Handlungen mit anderen Personen abzustimmen. Das ist jedoch anders, wenn **arbeitsteilig** gewirtschaftet wird. In diesem Falle sind immer mehrere Menschen betroffen. In hoch entwickelten Industriegesellschaften mit ihren Großunternehmen können das sogar hunderttausende sein, die als Aktionäre, Arbeitnehmer, Kunden oder als Lieferanten in ihren Interessen von ökonomischen Entscheidungen tangiert werden.

Die Ordnungsprobleme, die in einer arbeitsteiligen Wirtschaft auftreten, lassen sich auf verschiedene Art und Weise institutionell regeln. Die notwendigen Abstimmungen der Ziele und Handlungen werden im Idealtyp der Zentralverwaltungswirtschaft durch **zentrale** staatliche Planung, Weisung und Kontrolle zu erreichen versucht. Im Idealtyp einer dezentral gesteuerten Wirtschaft, der Marktwirtschaft, liegt die Planungs-, Entscheidungs- und Kontrollkompetenz dagegen bei den Haushalten und produzierenden Einzelwirtschaften (Unternehmen). Die Abstimmung und Korrektur der **dezentral** getroffenen Handlungsdispositionen erfolgt dort über den Markt. Je nachdem, welcher dieser beiden Ordnungstypen gewählt wird, ergeben sich unterschiedliche institutionelle Ordnungsprobleme auf einzelwirtschaftlicher Ebene. Hier wird im Folgenden auf den Idealtyp der **Marktwirtschaft** abgestellt, da die Entscheidungsautonomie von Haushalt und Unternehmung das charakteristische Merkmal westlicher Industrienationen und auch ehemaliger sozialistischer Länder ist (vgl. S. 165 ff.).

---

* bis zur 6. Auflage mit Horst Steinmann

Für die institutionelle Ordnung der den Unternehmen zugeordneten **Entscheidungsautonomie** stellen sich Fragen der folgenden Art:

Wer darf die Entscheidungen treffen (und wer soll dann gehorchen)?

Wie sollen die Entscheidungen zweckmäßigerweise vorbereitet werden?

Von wem und wie werden die Durchführung der Entscheidungen und ihre Ergebnisse kontrolliert?

Wer ist über die Unternehmenssituation wie und wann zu informieren?

Bei diesen Fragen geht es also nicht um die Gestaltung des Prozesses der Gütererstellung und -verteilung (Realgüterprozess), sondern um Vorkehrungen, die der Steuerung des Realgüterprozesses dienen. Gegenstand der **Unternehmensordnung** ist diese Steuerungsproblematik, d. h. der **Managementprozess** mit den Führungsaufgaben Planung, Organisation, Personaleinsatz, Leitung und Kontrolle. Für den Managementprozess gilt es, die von der Wirtschaftsordnung her notwendigen institutionellen Rahmenbedingungen zu entwerfen.

Statt von Unternehmensordnung spricht man in der rechts- und wirtschaftswissenschaftlichen Literatur auch synonym von **Unternehmensverfassung** oder neuerdings von **Corporate Governance** (Gerum [Corporate Governance]).

Die Unternehmensordnung zielt dabei nicht auf eine totale Vorregelung des ganzen Führungsprozesses ab. Allerdings impliziert auch die Absicht, eine dem marktwirtschaftlichen System adäquate Ordnungsstruktur in den Unternehmen zu verankern, dass nicht alles der Beliebigkeit des einzelnen Unternehmens überlassen bleiben kann. Ohne gewisse allgemeinverbindliche **Mindestregelungen** lässt sich

Tabelle 3.3.1: Grundfragen der Unternehmensordnung

1. Welche Interessen sollen die Zielsetzung und Politik des Unternehmens bestimmen? (Legitimationsfrage)
2. Wie ist die formale Entscheidungsstruktur des Unternehmens interessenkonform zu gestalten? (Organisationsfrage)

Aspekte		
	● Entscheidungsgremien:	Art, Zusammensetzung, Wahl, Kompetenzen
	● Entscheidungsprozess:	Vorsitzende, Ausschüsse, Teilnahme- und Beschlussmodalitäten
	● Informationssystem:	Planungs- und Kontrollinformationen für Entscheidungsträger und Interessengruppen

eine gewollte Ordnung nicht stiften und aufrecht erhalten. Solche Regelungen werden grundsätzlich rechtlich kodifiziert, so dass – wie noch zu zeigen sein wird – sich die geltende Unternehmensordnung eines Landes aus dem jeweiligen Recht, insbesondere dem Handels-, Gesellschafts- und Arbeitsrecht, rekonstruieren lässt. Mindestregelungen in diesem Sinne müssen sich auf die folgenden **zwei grundlegende Fragen** beziehen (Steinmann [Großunternehmen] 1 f.):

(1) Was die **Legitimationsfrage** anbetrifft, so kann man formal zwischen interessenmonistischen, interessendualistischen und interessenpluralistischen Unternehmensordnungen unterscheiden. Eine **interessenmonistische** Unternehmensordnung liegt vor, wenn nur ein Interesse, etwa das der Kapitaleigner oder der Arbeitnehmer, für die Steuerung der Unternehmenstätigkeit verbindlich ist. Ganz entsprechend kann man dann von einer interessendualistischen bzw. **interessenpluralistischen** Grundstruktur der Unternehmensordnung sprechen, wenn zwei oder mehrere Interessen verfassungsmäßig verankert werden und die Zielsetzung der Unternehmung (gleichrangig) bestimmen sollen. Von einer in diesem Sinne interessendualistischen (-pluralistischen) Unternehmensordnung kann man z. B. bei der Montanmitbestimmung sprechen. Die ausgewählten Interessen sollen als **verfassungskonstituierende Interessen** bezeichnet werden.

(2) Die **Organisationsfrage** bezieht sich auf das Problem, wie prinzipiell die (dauernde) Ausrichtung der Unternehmensentscheidungen auf die verfassungskonstituierenden Interessen sichergestellt werden kann. Dazu müssen Regelungen über **Entscheidungsgremien**, den **Entscheidungsprozess** in diesen Gremien und über diejenigen **Informationen** getroffen werden, die einerseits der Entscheidungsvorbereitung dienen sollen (Planungsinformationen) und wodurch andererseits die Entscheidungen und die Tätigkeit der Repräsentanten von Interessengruppen einer Kontrolle unterworfen werden können (Kontrollinformationen). Die späteren Ausführungen werden deutlich machen, um was es hier im Einzelnen geht.

Um nun die Legitimationsfrage klären zu können, muss man zunächst wissen, mit welchen Interessen man es im Rahmen des wirtschaftlichen Geschehens überhaupt zu tun hat. Dies sind die «**verfassungsrelevanten**» Interessen. Aus ihnen sind dann nach ordnungsleitenden Gesichtspunkten die «**verfassungskonstituierenden**» Interessen des Unternehmens auszuwählen. Genau darum geht es bei der wissenschaftlichen und politischen Diskussion: **Shareholder** versus **Stakeholder**.

3.2 Die Interessen im Wirtschaftsprozess

Bei der Frage, mit welchen Interessen man es im Rahmen des wirtschaftlichen Geschehens überhaupt zu tun hat, handelt es sich um eine Grundlagenfrage der ökonomischen Wissenschaften. Man sollte deshalb meinen, dass sie bereits geklärt und besonders gut begründet beantwortet worden ist. Gerade im Schrifttum, das sich um ein «interessenpluralistisches Verständnis» des Unternehmens (Stakeholder-Ansatz) bemüht, herrscht keineswegs Einmütigkeit.

Für die nachfolgenden Überlegungen werden vier ordnungsrelevante **Interessen** bzw. **Interessengruppen** unterschieden:

- das Interesse der **Konsumenten** (Endverbraucher),
- das Interesse der **Arbeitnehmer** (Produzenten),
- das Interesse der **Kapitaleigner** und
- das **öffentliche Interesse.**

Die Bestimmung dieser (unternehmensverfassungsrelevanten) Interessen lässt sich über eine genetische Betrachtung einsichtig machen (Steinmann/Gerum [Reform] 53 ff.). Wir knüpfen an den bereits erwähnten einfachsten Fall wirtschaftlichen Handelns, die Robinson-Wirtschaft, an. Hier arbeitet eine Person allein, um sich die Güter für die Befriedigung ihrer lebensnotwendigen Bedürfnisse zu beschaffen. Sie ist zugleich «Konsument», nämlich insoweit, wie sie Güter im Prozess der Bedürfnisbefriedigung «vernichtet», und «Produzent» (Arbeiter), soweit sie diese Güter durch Arbeit hervorbringt. Wenn die «Rolle» als Konsument und als Produzent in einer Person zusammenfallen, stellt sich ein Problem der Interessenformulierung, -begründung, -abgrenzung, kurz der Interessenordnung, noch gar nicht. Wieviel Zeit für Arbeit und Muße aufgewendet werden soll, auf welche Güter die Arbeitsanstrengungen gerichtet werden sollen, wieviel heute oder morgen konsumiert werden soll, all diese und ähnliche Probleme sind von dem isoliert wirtschaftenden Individuum für sich allein zu beantworten. Wirtschaften kann hier als «Privatsache» begriffen werden; die handelnde Person – und nur sie – ist von ihren Entscheidungen betroffen.

(1)/(2) Konsumenteninteresse und Produzenteninteresse

Dies wird jedoch sofort anders, wenn man zur Verbesserung der Bedürfnisbefriedigung aller zur **Arbeitsteilung** übergeht. Wenn etwa Berufe entstehen, wird auch der einheitliche Handlungszusammenhang von Produktion und Konsumtion, wie er für die Robinson-Wirtschaft charakteristisch war, aufgehoben. Die Rollen von Konsumenten und Produzenten fallen nun zwangsläufig auseinander. Es ist deshalb sinnvoll, von eigenständigen **Produzenteninteressen** und **Konsumenteninteressen** zu sprechen. Die Produzenten haben in ihrer Rolle ein Interesse an der Realisierung möglichst günstiger Arbeitsbedingungen; die Konsumenten wollen auf ein für die Bedürfnisbefriedigung optimales Güterangebot hinwirken.

Es ist offensichtlich, dass Produzenten- und Konsumenteninteressen wechselseitig aufeinander bezogen sind: die Arbeit ist die Voraussetzung für Konsum und der Konsum die Voraussetzung für die Notwendigkeit und zugleich auch die Möglichkeit von Arbeit. Man kann hier von einer elementaren **Grundrelation** wirtschaftlichen Handelns sprechen. Dabei werden sich – wie auch die Alltagserfahrung lehrt – zwischen beiden Interessen Konflikte ergeben. Reduktion von Arbeitszeit etwa führt ceteris paribus zu einer Verschlechterung der Güterversorgung; ein Rückgang der Nachfrage zieht geringere Arbeitsmöglichkeiten nach sich. Diese Konflikte können jetzt nicht mehr als Privatsache begriffen werden, sondern werden zu Konflikten zwischen Gruppen und damit **gesellschaftlich**. Es bedarf deshalb in der arbeitsteiligen Wirtschaft institutioneller Vorkehrungen zur wechselseitigen **Interessenabstimmung**, umso zu einer gewaltfreien gesellschaftlichen Konfliktlösung zu kommen. Bezogen auf die beiden genannten Interessen von Produzenten und Konsumenten sind derartige Vorkehrungen in jeder arbeitsteiligen Wirtschaft erforderlich, ganz unabhängig davon, ob man es mit marktwirtschaftlichen oder zentralverwaltungswirtschaftlichen Ordnungsformen des Wirtschaftens zu tun hat. Man kann deshalb die Produzenten- und die Konsumenteninteressen auch als **systemindifferente** und insoweit **originäre** Interessen des Wirtschaftens bezeichnen.

(3) Kapitalinteresse

Aus diesen Überlegungen wird bereits deutlich, dass das **Kapitalinteresse** nicht denknotwendiger Bestandteil der elementaren Grundrelation wirtschaftlichen Handelns ist. Es ist vielmehr Ausfluss einer spezifischen historischen Organisationsform des Wirtschaftens, nämlich des kapitalistischen Wirtschaftssystems und insofern aus ihm abgeleitet und an dieses System gebunden. Ist die aufgezeigte elementare Grundrelation noch dadurch gekennzeichnet, dass die Produzenten als Träger der Arbeit zugleich über die Produktionsmittel verfügen, so konstituiert sich ein eigenständiges Kapitalinteresse erst mit der Entstehung des unbeschränkten Eigentums an Produktionsmitteln in Verbindung mit einer Wettbewerbswirtschaft, in der dann dem Kapitalinteresse eine spezifische Funktion für diese Art der Wirtschaftsordnung zugewiesen wird. Es soll mittels der erwerbswirtschaftlichen Motivation der Kapitaleigner (Gewinnmaximierung) die optimale Wohlfahrt aller am Wirtschaftsprozess Beteiligten bewirken. Man kann deshalb das Kapitalinteresse bzw. das erwerbswirtschaftliche Prinzip als systembezogenen Tatbestand kennzeichnen (Gutenberg [Grundlagen] 455). Dieser systembezogene Charakter dokumentiert sich auch darin, dass andere Wirtschaftsordnungen der Vergangenheit wie Gegenwart ein Kapitalinteresse als eigenständige Größe gar nicht kennen. Man denke etwa an die frühere jugoslawische Arbeiterselbstverwaltung.

Will man den unterschiedlichen Status des Kapitalinteresses hervorheben, so kann man im Gegensatz zu den systemindifferenten, originären Interessen der Konsumenten und Arbeitnehmer hier von einem **systembezogenen, historisch-derivativen** Interesse sprechen.

(4) Öffentliches Interesse

Besonders umstritten und unklar ist schließlich das vierte Interesse, das «öffentliche Interesse». Dieser Begriff wird entweder zur Kennzeichnung von partikularen Interessen verwendet – so, wenn von einem «öffentlichen Interesse» an humanen Arbeitsplätzen, billigen Grundnahrungsmitteln – oder an der Stützung sterbender

Branchen die Rede ist. Dann meint er aber letztlich Arbeitnehmer-, Kapitaleigner- oder Konsumenteninteressen und ist insofern überflüssig. Oder man will mit diesem Begriff das inhaltliche Wohl einer den einzelnen Interessengruppen übergeordneten Gesamtheit ansprechen; dann aber fehlt regelmäßig eine Konkretisierung dessen, was denn nun diese übergeordnete Gesamtheit sei. Der Begriff bleibt inhaltsleer und insofern eine Leerformel.

Gleichwohl lässt sich dem öffentlichen Interesse eine sinnvolle Bedeutung in doppelter Hinsicht zuschreiben. Einmal ist zu bedenken, dass als Folge der gesellschaftlichen Arbeitsteilung **institutionelle** Vorkehrungen zur Lösung der Interessenabstimmung getroffen werden müssen, weil nur so der notwendige Zusammenhang der arbeitsteilig ablaufenden wirtschaftlichen Handlungen aller Individuen und Interessengruppen (gewaltfrei) hergestellt werden kann. Solche institutionellen Vorkehrungen sind etwa heute das Tarifvertragssystem oder das Wettbewerbsrecht. Zum anderen ist zu sehen, dass es, wenn auch historisch in der Sache wandelbar, immer gewisse **materielle** Voraussetzungen gemeinsamen Lebens und Wirtschaftens gibt, deren Sicherstellung Bedingung für die Bedürfnisbefriedigung aller ist. Insbesondere ist hier heute auf die Erhaltung bzw. Wiederherstellung eines funktionsfähigen Ökosystems zu verweisen, eine Problematik, die sich (in dieser Dringlichkeit) etwa vor 100 Jahren nicht stellte.

Es ist sinnvoll, in beiden Fällen von einem öffentlichen Interesse an gemeinsamen Institutionen der Interessenkoordination und gemeinsamen materiellen Voraussetzungen der Bedürfnisbefriedigung zu sprechen, und zwar aus zwei **Gründen**:

- Die Träger der genannten drei Interessen müssen schon selbst ein Interesse an einer funktionsfähigen Koordination aller einzelnen Interessen und Handlungen und an der Sicherung ihrer materiellen Grundlagen haben, weil sie in einer arbeitsteiligen Wirtschaft notwendige Bedingungen für die Verwirklichung der eigenen Interessen sind;
- Gleichzeitig ist aber eine vollständige Reduzierung dieser institutionellen und materiellen Interessenbezüge auf die anderen drei Interessen unmöglich. Sie stellen nämlich auf die Beziehung zwischen diesen Interessen ab.

So gesehen begründet sich dann die Einführung eines speziellen Begriffs des **öffentlichen Interesses**. Es ist ein **funktionales**, nämlich auf die erfolgreiche Koordination der Aktivitäten der Wirtschaftssubjekte und die Sicherung ihrer gemeinsamen materiellen Grundlagen gerichtetes Interesse, das von allen verfolgt werden muss. Da es nicht an spezifische Wirtschaftsordnungen gebunden ist, kann man es auch als **systemindifferent** und **originär** bezeichnen.

Es bleibt also festzuhalten, dass als prinzipiell verfassungsrelevante Interessen hier die Interessen der Konsumenten, der Arbeitnehmer und der Kapitaleigner sowie das öffentliche Interesse anzusehen sind. Soweit in der Diskussion um die erste Grundfrage der Unternehmensordnung noch weitere separate «Interessen»-Gruppen genannt werden, etwa in der Unterscheidung von Arbeitern, Angestellten und

Leitenden Angestellten (Managern) oder von Klein- und Groß- bzw. Spekulations- und Daueraktionären, handelt es sich bloß um (z. T. auch noch wenig trennscharfe) Ausdifferenzierungen der Interessengruppen von Arbeitnehmern und Kapital- eignern.

Das Verhältnis der vier verfassungsrelevanten Interessen im Rahmen der kapitalis- tischen Unternehmensordnung gilt es nachfolgend zu zeigen.

3.3   Das Verhältnis der verfassungsrelevanten Interessen zur kapitalistischen Unternehmensordnung

3.3.1   Die Verfassungsregelungen des Gesellschaftsrechts

Das Gesellschaftsrecht (Überblick in Kübler [Gesellschaftsrecht]) in den westeuro- päischen Staaten stammt in seinen Grundideen und in der rechtstechnischen Aus- gestaltung überwiegend aus der Mitte des 19. Jh. Für Deutschland wurde es im All- gemeinen Deutschen Handelsgesetzbuch (ADHGB) von 1861 kodifiziert. Während sich das Recht der **Personengesellschaften** (OHG, KG) im heute gültigen HGB von 1900 wiederfindet, entwickelte sich das Recht der **Kapitalgesellschaften** in den letz- ten hundert Jahren fort. Das Recht der AG wurde mehrfach – nicht zuletzt im Gefolge von Wirtschaftskrisen und Finanzskandalen – reformiert. Die GmbH wurde ohne geschichtliches Vorbild als Rechtsfigur erst 1892 geschaffen. Man hat sie treffend als «Mittelklassemodell» der AG bezeichnet.

3.3.1.1   Die Legitimationsfrage

Für Personen- wie Kapitalgesellschaften gilt gleichermaßen, dass die Entscheidung des Gesetzgebers, was die Legitimationsfrage anbetrifft, von Anfang an unverän- dert beibehalten wurde. Es waren und sind allein Kapitaleigner, die (zum Betreiben eines Unternehmens) eine Gesellschaft gründen und beherrschen können. Dies gilt unbeschadet, ob sie mit ihrem ganzen (Privat-)Vermögen haften (OHG-Gesell- schafter, Komplementäre der KG) oder ob ihre Haftung sich auf den Kapitalanteil beschränkt (Aktionär der AG, GmbH-Gesellschafter, Kommanditist der KG).

Von den Kapitaleignern leitet sich also alle Entscheidungsbefugnis ab, die bei der Führung eines Unternehmens zur Ausübung kommt. Das **Eigentum legitimiert** die Herrschaft im Unternehmen. So obliegt es bei OHG und KG den Gesellschaftern, durch die Gestaltung des Gesellschaftsvertrages (§§ 109, 163 HGB) wie durch gemeinsame Beschlussfassung (§ 119 HGB) den Rahmen für die Unternehmens- führung bezüglich Zielsetzung und Unternehmenspolitik abzustecken. Ebenso bil- det in der AG und der GmbH die Versammlung der Aktionäre (Hauptversamm- lung) bzw. der GmbH-Gesellschafter (Gesellschafterversammlung) die oberste Legitimationsinstanz.

3.3.1.2   Die Organisationsfrage

3.3.1.2.1   Personengesellschaften

Was das Organisationsproblem anbetrifft, also die Ausgestaltung der Gremien, die Entscheidungsprozesse und Informationssysteme, so ist sie bei den Personengesellschaften (im HGB) relativ einfach gelöst. Der Gesetzgeber ist hier von der Vorstellung ausgegangen, dass die Eigentümer zugleich als Unternehmer (Geschäftsführer) tätig sind. Durch die so gegebene personale Einheit von Interessenvertretung und Interessendurchsetzung (**Selbstorganschaft**) erübrigen sich differenziertere institutionelle Vorkehrungen, um die dauernde Ausrichtung und Kontrolle der Unternehmensentscheidungen auf die Interessen der Kapitaleigner sicherzustellen.

Für die OHG schreibt das HGB als Regelfall nur vor, dass zur Geschäftsführung (Innenverhältnis der Gesellschaft) und zur Vertretung der Gesellschaft (nach außen) alle Gesellschafter berechtigt und verpflichtet sind (§§ 114 Abs. 1, 125 Abs. 1), wobei zur Wahrung der Interessen der Gesellschaftergemeinschaft Widerspruchs- und Abstimmungsmechanismen bestehen. Jeder Gesellschafter hat – auch wenn er kraft Gesellschaftsvertrag von der Geschäftsführung ausgeschlossen ist – zu Kontrollzwecken jederzeit das Recht der persönlichen Unterrichtung und Büchereinsicht (§ 118). Die Einheit von Interessenvertretung und Interessendurchsetzung in den Personen der Gesellschaft bewirkt hier, dass nähere Regelungen des Informationssystems nicht erforderlich sind. Soweit sie vorliegen (Handelsbücher, Recht zur Büchereinsicht), sind sie ausschließlich an den privaten Interessen der Kapitaleigner orientiert und nicht veröffentlichungspflichtig.

Wie auf S. 372 dargelegt, kennt die KG gegenüber der OHG zwei Typen von Gesellschaftern; die (vollhaftenden) **Komplementäre** und die (nur mit ihrer Kapitaleinlage haftenden) **Kommanditisten**. Die Kommanditisten sind im Regelfall von der Geschäftsführung und Vertretung der Gesellschaft ausgeschlossen (§§ 164, 170). Für Kontrollzwecke hat der Kommanditist das Recht, eine Jahresbilanz zu verlangen und unter Büchereinsicht auf ihre Richtigkeit zu überprüfen (§ 166 Abs. 1). Das Informationssystem der KG ist also ebenfalls allein auf die Bedürfnisse der Kapitaleigner zugeschnitten. Die Koordination der Unternehmensführung zwischen den Komplementären erfolgt nach den Spielregeln der OHG (§ 161 Abs. 2).

3.3.1.2.2   Kapitalgesellschaften

3.3.1.2.2.1   Aktiengesellschaft

3.3.1.2.2.1.1   Die Entwicklung der Organisationsfrage

Im Gegensatz zu den Personengesellschaften wird die Unternehmensordnung bei den Kapitalgesellschaften, insbesondere bei der AG, zum institutionellen Problem. Als juristische Person muss die AG nämlich durch **Organe** handeln. Gleichzeitig können wegen der meist großen Zahl von Aktionären diese eben nicht alle selbst die Geschäftsführung und Vertretung der Gesellschaft wahrnehmen. Erforderlich ist also eine institutionelle Lösung, die die **Interessenvertretung** einerseits und die **Interessendurchsetzung** andererseits **arbeitsteilig** organisiert. Diese organisatorische Lösung muss aber gleichzeitig so beschaffen sein, dass die Herrschaft der Kapitaleigner (letztlich) erhalten bleibt.

Als Lösung dieses **Problems** bildete sich im deutschen Aktienrecht des 19. Jahrhunderts (Aktienrechtsnovellen 1870/1884) eine dreiteilige **Organstruktur** heraus:

- die **Generalversammlung** als Entscheidungs- bzw. Willensorgan,
- der **Vorstand** als Ausführungsorgan und
- der **Aufsichtsrat** als Kontrollorgan.

Die Generalversammlung war dabei das oberste Organ der Unternehmensführung, in dem die zentralen Entscheidungen fielen, sich der Unternehmenswille bildete und von dem sich letztlich alle Herrschaftsbefugnis (kraft von ihr erlassener Satzung) in der AG ableitete. Der Vorstand konnte jederzeit von Generalversammlung oder Aufsichtsrat abberufen werden. Über seine Bestellung entschied die Satzung; regelmäßig lag sie in den Händen des Aufsichtsrates als Repräsentativorgan der Generalversammlung. Die Generalversammlung konnte die Vertretungsbefugnisse des Vorstandes beschränken und beschloss über die Gewinnverteilung. Der Aufsichtsrat konnte mit qualifizierter Mehrheit jederzeit von der Generalversammlung abberufen werden. Leitidee des gesetzlichen Organisationsschemas war also das Prinzip der Souveränität der Generalversammlung; dieses Prinzip hatte auch im damaligen französischen und englischen Aktienrecht Gültigkeit (Steinmann [Großunternehmen] 16 ff.).

Im Gegensatz zu den Personengesellschaften erforderte die Arbeitsteilung zwischen den Organen der AG, vor allem zwischen Generalversammlung und Vorstand, explizite Regelungen zum Informationssystem. Besonders hervorzuheben ist hier die Bilanzveröffentlichungspflicht nach § 239 ADHGB von 1870. Sie bezweckte eine Unterrichtung der (Publikums-)Aktionäre und Gläubiger, war also allein auf das Interesse von Kapitalgebern gerichtet.

Es ist für die ganze weitere Entwicklung und aktuelle Diskussion der Unternehmensordnung, deren Prototyp die Verfassung der AG ist, von entscheidender Bedeutung, dass diese klassische Lösung des Organisationsproblems nicht aufrecht erhalten werden konnte. In der Verfassungsrealität rückte bald der Vorstand als Initiativzentrum in die Rolle der Generalversammlung ein (Wiethölter [Interessen] 82 ff.). Die Machtverhältnisse kehrten sich also faktisch gegenüber der gesetzgeberischen Absicht um. Die Aktienrechtsreformen von 1937 und 1965 haben diese faktische Entwicklung aufgegriffen. Als sozialtechnisches Lösungsmuster für die Organisationsfrage wurde – ohne dadurch natürlich die kapitalorientierte Grundstruktur der Verfassung aufgeben zu wollen (Legitimationsfrage) – nun die **Fremd-organschaft** gewählt. Der Vorstand (angestellte Manager), also nicht die Kapital-eigner in der Hauptversammlung selbst, leitet die AG in eigener Verantwortung (§ 76 Abs. 1 AktG 1965). Der damit gewährte Handlungsspielraum für die Unter-nehmensführung steht unter der präventiven Kontrolle des Aufsichtsrates. Dessen Mitglieder werden von der Hauptversammlung gewählt. Als Fazit dieser Entwick-lung lässt sich konstatieren: An die Stelle des unmittelbaren tritt ein eher mittel-barer Einfluss der Aktionäre. Der kapitalistische Charakter der AG bleibt gewahrt.

3.3.1.2.2.1.2   Das rechtliche Modell

Die wichtigsten Regelungen zur Organisationsfrage lassen sich für die (große) AG wie folgt zusammenfassen:

(1) Entscheidungsgremien

a) Der **Vorstand** besteht nach dem gesetzlichen Regelfall bei einem Grundkapital der AG von mehr als drei Millionen € aus mindestens zwei Personen (§ 76 Abs. 2). Die Vorstandsmitglieder werden vom Aufsichtsrat für höchstens 5 Jahre bestellt; Wiederwahl ist möglich. Bei wichtigem Grund (grobe Pflichtverletzung, Unfähig-keit zu ordnungsgemäßer Geschäftsführung, Vertrauensentzug durch die Haupt-versammlung) kann der Vorstand vorzeitig durch den Aufsichtsrat abberufen wer-den (§ 84). Der Vorstand vertritt die Gesellschaft nach außen (§ 78) und führt ihre Geschäfte unter eigener Verantwortung (§ 76 Abs. 1). Er stellt zusammen mit dem Aufsichtsrat den Jahresabschluss fest (§ 172).

b) Der **Aufsichtsrat** besteht aus mindestens drei Mitgliedern, sofern nicht die Sat-zung eine bestimmte höhere Zahl (je nach Höhe des Grundkapitals bis zu 21 Per-sonen) vorschreibt (§ 95). Die Mitglieder des Aufsichtsrats werden von der Haupt-versammlung auf höchstens 4 Jahre gewählt (§§ 101, 102) und können von dieser auch unter speziellen Voraussetzungen abberufen werden (§ 103); Wiederwahl ist zulässig.

Kompetenzen des Aufsichtsrats:
- **Bestellung und Abberufung** des Vorstandes (§ 84),
- **Überwachung der Geschäftsführung** des Vorstandes (§ 111 Abs. 1),
- **Erteilung des Prüfungsauftrages** an den **Abschlussprüfer** (§ 111 Abs. 2),
- **Ausübung** des **Zustimmungsvorbehalts** für einzelne Arten von Geschäften («zustimmungspflichtige Geschäfte») im Sinne einer «vorbeugenden» Kon-trolle (§ 111 Abs. 4 S. 2),
- **Prüfung des Jahresabschlusses** (§ 171),
- **Feststellung des Jahresabschlusses** zusammen mit dem Vorstand (§ 172).

c) Die **Hauptversammlung** ist die Versammlung der Aktionäre, die dort ihre Rechte durch die Ausübung des Stimmrechts wahrnehmen (§ 118).

Kompetenzen der Hauptversammlung (§ 119):

- Die **Wahl des Aufsichtsrats** und die **Entlastung von Vorstand und Aufsichtsrat**,
- Die **Verwendung** des (von Vorstand und Aufsichtsrat) festgestellten **Bilanzgewinns**,
- Bestellung der **Abschlussprüfer**,
- **Satzungsänderungen** und Maßnahmen der **Kapitalbeschaffung**,
- **Auflösung** der Gesellschaft.

Über Fragen der Geschäftsführung kann die Hauptversammlung nur entscheiden, wenn der Vorstand es verlangt (§ 119 Abs. 2).

(2) Entscheidungsprozess

a) Für den Vorstand gilt das Prinzip der **Gesamtgeschäftsführung** (§ 77 Abs. 1 S. 1), d. h., das Vetorecht eines einzelnen Vorstandsmitgliedes verhindert eine geplante geschäftliche Maßnahme. Dieses Prinzip ist durch die Satzung oder die Geschäftsordnung des Vorstandes abdingbar und wird auch i. d. R. abbedungen. Ausgeschlossen aber ist das sog. «Generaldirektorenprinzip» (§ 77 Abs. 1 S. 2).

b) Der **Aufsichtsrat** entscheidet als **Kollegium gleichberechtigter Mitglieder** durch Mehrheitsbeschluss (§ 108 Abs. 1). Es können (entscheidungsbefugte) Aufsichtsratsausschüsse eingerichtet werden (§ 107 Abs. 3).

c) Die Entscheidungen in der **Hauptversammlung** werden im Regelfall mit Mehrheit der abgegebenen Stimmen gefällt (§ 133); Satzungsänderungen (z. B. Kapitalbeschaffung oder -herabsetzungen) bedürfen einer Mehrheit, die mindestens ¾ des anwesenden Grundkapitals umfasst. (§ 179). Das Stimmrecht wird nicht nach Köpfen, sondern nach Aktiennennbeträgen ausgeübt; es gilt der Grundsatz «1 Aktie = 1 Stimme» (§§ 12, 134). Das Stimmrecht kann bei schriftlicher Vollmachterteilung von Kreditinstituten ausgeübt werden (**Depotstimmrecht**, § 135).

Was das Zusammenwirken der Entscheidungsgremien bei bestimmten Entscheidungen angeht (z. B. zustimmungspflichtige Geschäfte, Feststellung des Jahresabschlusses), so sind die wichtigsten Fälle bereits bei der Behandlung der Kompetenzen von Vorstand, Aufsichtsrat und Hauptversammlung genannt worden.

(3) Informationssystem

a) Der **Vorstand** hat als das zuständige Organ für die Unternehmensführung kraft Amtes die Pflicht, alle für eine ordnungsgemäße Geschäftsführung (§ 93 Abs. 1) erforderlichen Planungs- und Kontrollinformationen selbst zu beschaffen.

b) Die zentralen Instrumente und Verfahrensweisen zur Information des **Aufsichts-rates** als Kontrollorgan der AG sind in den §§ 90, 170, 171 geregelt.

Der Vorstand der AG hat nach § 90 dem Aufsichtsrat – gegebenenfalls unter Einbezug von Konzernangelegenheiten – regelmäßig zu berichten über

* die beabsichtigte **Geschäftspolitik** und andere grundsätzliche Fragen der Unternehmensplanung;
* die **Rentabilitäts- und Liquiditätssituation** der Gesellschaft;
* das laufende Geschäft, insbesondere die **Umsatzentwicklung**.

Mit dem ersten Bericht erhält der Aufsichtsrat die Planungs- und Kontrollinformationen über die **langfristige** Perspektive der Unternehmenspolitik, während die beiden anderen mehr der **kurzfristigen** Planungs- und Kontrollaufgabe des Aufsichtsrates dienen. Wenn der Aufsichtsrat über zustimmungspflichtige Geschäfte entscheiden muss, sichern ihm die genannten Rechte die notwendigen Rahmeninformationen für die Entscheidungsvorbereitung. Über diese laufende Information hinaus können der Aufsichtsrat bzw. einzelne seiner Mitglieder jederzeit vom Vorstand Sonderberichte über die Lage der Gesellschaft anfordern (§ 90 Abs. 3). Außerdem hat der Vorstand bei wichtigen Anlässen den Aufsichtsratsvorsitzenden von sich aus zu informieren.

Die zweite wichtige Informationsbasis für die Aufsichtsratsarbeit bildet der **Jahresabschluss,** der **Lagebericht,** der **Prüfungsbericht** des Wirtschaftsprüfers (§ 170) und der **Gewinnverwendungsvorschlag.** Der Aufsichtsrat hat in Erfüllung seiner Kontrollpflicht diese Unterlagen zu prüfen und über das Ergebnis der Prüfung schriftlich an die Hauptversammlung zu berichten sowie zum Ergebnis der Prüfung des Jahresabschlusses durch den Wirtschaftsprüfer Stellung zu nehmen (§ 171). Abgesehen von diesem Zweck bildet der Jahresabschluss natürlich eine eigenständige Grundlage für die zukünftigen Planungs- und Kontrollaktivitäten des Aufsichtsrates gegenüber der Unternehmensführung.

c) Der reduzierten Stellung der **Hauptversammlung** im Einflussgefüge der AG entspricht der Umfang der ihr regelmäßig zugehenden Informationen: Die Hauptinformationsquellen bilden der bereits angesprochene Jahresabschluss, der Lagebericht, der Bericht des Aufsichtsrats und der Vorschlag des Vorstandes für die Verwendung des Bilanzgewinns. Diese Unterlagen liegen vor der Hauptversammlung zur Einsicht «in dem Geschäftsraum der Gesellschaft» aus; jeder Aktionär kann eine Abschrift der Vorlage verlangen (§ 175 Abs. 2). Neben dieser Information des Gesellschaftsorgans «Hauptversammlung» hat jeder Aktionär das individuelle Recht, in der Hauptversammlung vom Vorstand weitere Auskünfte zu einzelnen Tagesordnungspunkten zu verlangen (§ 131). Nach der Hauptversammlung ist der festgestellte Jahresabschluss bekanntzumachen (§ 325 HGB). Hier ist die **Publizitätspflicht** der AG festgehalten. Ihre Adressaten sind (nach wie vor) in erster Linie Anteilseigner und Gläubiger.

Ferner haben Vorstand und Aufsichtsrat von börsennotierten Aktiengesellschaften den Aktionären gegenüber jährlich zu erklären, ob und inwieweit sie den Empfehlungen der Regierungskommission «**Deutscher Corporate Governance Kodex**» entsprochen haben (§ 161 AktG). Es wird empfohlen, diese **Entsprechenserklärung** im Zusammenhang mit dem Jahresabschluss zu veröffentlichen (zu diesem Kodex siehe unten näher in Abschnitt 3.6.3.3).

3.3.1.2.2.1.3   Unternehmenswirklichkeit

Bereits de jure ist der Vorstand das Initiativzentrum in der AG. Fraglich ist, ob und wie der Aufsichtsrat seine Aufgaben in der Realität wahrnimmt. Die Personalhoheit, das heißt die Bestellung und Abberufung des Vorstandes (Legitimationsfunktion), ist rechtlich zwingend. Was die Kontrollfunktion anbelangt, so hängt der Einfluss des Aufsichtsrates faktisch ganz wesentlich von der Existenz und Ausgestaltung der zustimmungspflichtigen Geschäfte (**unternehmenspolitische Kompetenz**) ab. Hier ist im Jahr 2002 eine bemerkenswerte Änderung erfolgt. Während bis dahin die Kreierung zustimmungspflichtiger Geschäfte den Unternehmen freigestellt war, «hat» nun die Satzung oder der Aufsichtsrat «zu bestimmen, dass bestimmte Arten von Geschäften nur mit seiner Zustimmung vorgenommen werden dürfen» (§ 111 Abs. 4 Satz 2). Welche Geschäfte zustimmungspflichtig werden sollen, bleibt weiter den einzelnen Unternehmen überlassen.

Für die Zeit vor dieser Rechtsänderung ergab eine Analyse großer Aktiengesellschaften (mit mehr als 2000 Arbeitnehmern), dass nur in knapp zwei Drittel der AG (63%) der Aufsichtsrat über dieses formale Einflusspotenzial verfügte (Gerum/Steinmann/Fees [Aufsichtsrat] 72). Wenn Kataloge zustimmungspflichtiger Geschäfte existierten, so dominierten eher traditionelle Vorstellungen kaufmännischer Kontrolle (Liquidität, Rentabilität) oder juristisches Denken (formgebundene Rechtsgeschäfte) vor einer Kontrolle der Unternehmensstrategie (Produkt-Markt-Konzept), wie Tabelle 3.3.2 zeigt. Daraus resultierte eine **große Entscheidungsautonomie** des **Vorstandes**. Ob und inwieweit sich diese strukturelle Schwäche des Aufsichtsrates von Aktiengesellschaften bei unternehmenspolitischen Fragen geändert hat, ist mangels neuer empirischer Befunde offen.

Ein repräsentatives Bild der Einflussbeziehungen in AG vor 2002 vermittelt eine Typologie der Vorstand-Aufsichtsrat-Beziehungen (**Aufsichtsratstypen**), die auf der Basis einer Vollerhebung der großen unabhängigen privaten AG (N = 62) empirisch überprüft wurde (Gerum [Aufsichtsratstypen]). Die Verteilung der einzelnen Aufsichtsratstypen zeigt Tabelle 3.3.3.

(1) Der **Leitungsaufsichtsrat** (13%): Hier bildet der Aufsichtsrat das Aktionszentrum, da die Eigentümer nicht nur die Mehrzahl der Sitze innehaben, sondern auch regelmäßig den Aufsichtsratsvorsitzenden stellen und über die (relativ) hoch aufgeladene unternehmenspolitische Kompetenz des Gremiums durch die zustimmungspflichtigen Geschäfte den Vorstand in all seinen Aktivitäten ex ante voll-

Tabelle 3.3.2: Häufigste zustimmungspflichtige Geschäfte in der großen AG
(Gerum/Steinmann/Fees [Aufsichtsrat] 78)

Geschäftsart	Große AG (N = 281)
• Beteiligungen	54%
• Grundstücksangelegenheiten	51%
• Zweigniederlassungen	38%
• Anleihen	36%
• Kreditaufnahme	31%
• Prokura	30%
• Bürgschaften	29%
• General-/Handlungsvollmacht	23%
• Tochtergesellschaften	21%
• Produkt-Markt-Konzept	20%

Tabelle 3.3.3: Aufsichtsratstypen in der Unternehmensrealität
(Gerum [Aufsichtsratstypen] 729)

Personelle Zusammensetzung \ Unternehmenspolitische Kompetenz	Hoch	Niedrig
Aktionärsdominanz	Leitungsaufsichtsrat 13% (N = 8)	Kontrollaufsichtsrat 23% (N = 14)
Nicht-Beteiligtendominanz	Unternehmenspolitischer Aufsichtsrat 37% (N = 23)	Repräsentations- aufsichtsrat 27% (N = 17)

ständig kontrollieren und steuern können. Die aktienrechtlich gedachte Geschäftsführungsautonomie des Vorstandes ist hier eine Fiktion.

(2) Der **Kontrollaufsichtsrat** (23%): Anders verhält es sich formal betrachtet, wenn der Aufsichtsrat bestenfalls in nebensächlichen Angelegenheiten seine Zustimmung erteilen muss. Dann ergibt sich die traditionelle Funktionsaufteilung wie im Aktienrecht gedacht. Dem Vorstand obliegt die Geschäftsführung. Die Kapitaleigner im Aufsichtsrat verzichten – trotz gegenteiliger Möglichkeit – auf ihre Mitentscheidungsfunktion in der Unternehmenspolitik. Dem Aufsichtsrat verbleibt eine ex post – Kontrolle der Geschäftsführung bei der Feststellung des Jahresabschlusses.

(3) Der **Repräsentations-** bzw. **Beratungsaufsichtsrat** (27%): Der Vorstand steuert mangels funktionsfähiger Kapitaleigner das Unternehmen nach eigenen Gutdünken. Bei diesen spezifischen Eigentumsverhältnissen haben die nicht am Kapital beteiligten die Mehrzahl der Aufsichtsratssitze inne und stellen dementsprechend auch regelmäßig den Aufsichtsratsvorsitzenden. Die Kontakte, das Wissen und die Erfahrungen der hier faktisch vom Vorstand erkorenen Aufsichtsratsmitglieder sollen seine Pläne und Aktivitäten fördern und schützen. Für eine effektive Mitentscheidung oder ex ante – Kontrolle durch den Aufsichtsrat fehlt mangels (relevanter) Vorbehaltsgeschäfte der systematische Zugriff.

(4) Der **unternehmenspolitische Aufsichtsrat** (37%): Der Aufsichtsrat ist zwar einerseits vom Vorstand kooptiert, andererseits zugleich (von diesem) mit zustimmungspflichtigen Geschäften wohl ausgestattet. Die Teilhabe an der Unternehmenspolitik und ihre Absicherung nach außen ist die zentrale Funktion des Aufsichtsrates.

Im Ergebnis dominierten also klar die Realtypen, in denen die klassische Funktionsteilung zwischen Geschäftsführung und Kontrolle aufgehoben ist. Bemerkenswert ist weiter: In fast zwei Drittel der Fälle, nämlich beim unternehmenspolitischen Aufsichtsrat und beim Repräsentationsaufsichtsrat, steht die Kontrolllogik der deutschen Führungsorganisation in den mitbestimmten Aktiengesellschaften gleichsam auf dem Kopf. Der **Aufsichtsrat** ist zum **Steuerungsinstrument des Vorstandes** geworden. Weitere empirische Analysen ergaben, dass sowohl die **Wahl** der **Aufsichtsratsgestalt** als auch ihr **Wandel** im Grundsatz und im Detail sich am besten durch die **Unternehmensstrategie** erklären lassen und nicht etwa durch die Eigentümerstruktur (Gerum [Führungsorganisation]).

Ob und inwieweit die pflichtgemäße Einführung zustimmungspflichtiger Geschäfte die Einflussbeziehungen zwischen Vorstand und Aufsichtsrat verändert hat, bleibt abzuwarten. Es gibt gute Gründe zu vermuten, dass eine erhebliche Varianz zwischen den Aufsichtsräten bestehen bleibt. Ferner könnte man eine Verschiebung in Richtung auf den unternehmenspolitischen Aufsichtsrat erwarten.

3.3.1.2.2.2   GmbH

Betrachtet man die Regelungen zum Organisationsproblem bei der GmbH, so kann man sagen, dass nach dem GmbH-Gesetz die Kompetenzverteilung zwischen den Entscheidungsgremien dieser Rechtsform der Zuständigkeitsordnung der klassischen AG des 19. Jh. nahekommt.

Die GmbH kennt zwei zwingend vorgeschriebene und ein fakultatives **Entscheidungsgremium**:
- die **Gesellschafterversammlung** und
- die **Geschäftsführung** jeweils obligatorisch;
- einen **Aufsichtsrat**, soweit ihn der Gesellschaftsvertrag vorsieht.

Den Unterschied zwischen AG und GmbH im organisatorischen Aufbau wie in der Kompetenzabgrenzung der Organe zeigt Abb. 3.3.1.

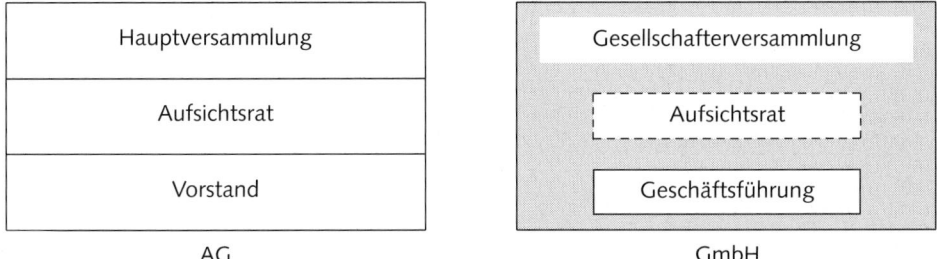

AG   GmbH

Abbildung 3.3.1: Organisatorischer Aufbau und Kompetenzabgrenzung in AG und GmbH

Entscheidend für das Verständnis der Einflussstruktur in der GmbH ist die **Durchgriffsmöglichkeit der Gesellschafter** auf **alle Unternehmensaktivitäten** (§§ 45, 46, 37 Abs. 1 GmbHG), wie sie im Grundsatz der alten Generalversammlung der AG auch zustand. Soweit – was in der Praxis gar nicht selten ist – die Gesellschafter als Geschäftsführer fungieren (Gesellschaftergeschäftsführer), entsteht eine personelle Einheit von Interessenvertretung und Interessendurchsetzung. Die GmbH ist dann – organisatorisch betrachtet – eine «Personengesellschaft mit beschränkter Haftung». Im anderen Extremfall kann sich die GmbH in ihrer Einflussstruktur der modernen AG annähern. Was die Regelung von Entscheidungsgremien, Entscheidungsprozessen und Informationssystem anbetrifft, so ist im Gegensatz zur AG für die GmbH charakteristisch, dass hier ein relativ weiter Gestaltungsspielraum für den Gesellschaftsvertrag besteht. Das GmbH-Recht ist insoweit dispositiv.

3.3.1.2.3   Unternehmensverbindungen, insbesondere Konzernierung

3.3.1.2.3.1   Rechtliche Grundlagen

Die institutionelle Problematik der Interessendurchsetzung bei Kapitalgesellschaften verkompliziert sich noch im Fall von Unternehmensverbindungen, die durch kapitalmäßige Verflechtungen zwischen Unternehmen entstehen. Die schwächste Form der Verbindung liegt bei einer Minderheitsbeteiligung (Kapitalanteil > 25 % und < 50 %) vor. Diese gewährt eine Sperrminorität und damit ökonomischen Einfluss bei bestimmten Entscheidungen der Hauptversammlung. Mit dem Tatbestand des «verbundenen Unternehmens» (§ 15 AktG) werden alle Unternehmensverbindungen vom einfachen Mehrheitsbesitz bis hin zum Konzern erfasst. (Zu den einzelnen Formen vgl. auch S. 401 ff.) Dabei kommt dem **Konzern** eine besondere Bedeutung zu; ca. 75 % aller AG gelten als konzerniert (Ordelheide [Konzern]). § 18 AktG unterscheidet **zwei Grundtypen:**

(1) den **Unterordnungskonzern** (§ 18 Abs. 1 AktG) als Regelfall. Die unternehmenspolitische Ausrichtung des Konzerns bestimmt sich in diesem Fall weitgehend nach der Interessenlage des herrschenden Unternehmens (Muttergesellschaft).

(2) den **Gleichordnungskonzern**, bei dem die einzelnen Konzernunternehmen einheitlich geleitet werden, ohne dass jedoch ein Abhängigkeitsverhältnis vorliegt (§ 18 Abs. 2 AktG). Die Konzernpolitik ist hier das Ergebnis eines Interessenausgleichs auf der Basis der Gleichordnung der Konzernglieder. In der Wirtschaftspraxis ist dieser Konzerntyp von geringerer Bedeutung.

Die Interessendurchsetzung im faktisch vorherrschenden Unterordnungskonzern verkompliziert sich nun dadurch, dass die Kapitalinteressen in Ober- und Untergesellschaft möglicherweise divergieren, weil im Tochterunternehmen Minderheitsaktionäre existieren. Man spricht daher vom Spannungsverhältnis zwischen **Einheit** (der Leitung) und **Vielheit** (der Interessenlagen) im Konzern. Die Durchsetzungsmöglichkeit einer inhaltlichen Konzernpolitik durch die Mutter variiert mit der Ausgestaltung des **Unterordnungskonzerns**:

a) Im **Eingliederungskonzern** (§§ 319, 320 AktG) steht dem Vorstand der Hauptgesellschaft ein unbeschränktes Weisungsrecht gegenüber dem Vorstand des eingegliederten Unternehmens zu (§ 323 Abs. 1 AktG). Widerstände aus Kapitalbesitz entfallen hier, da gesetzliche Voraussetzung für die Eingliederung die 100%ige Beteiligung bildet.

b) Der **Vertragskonzern** entsteht durch den Abschluss eines Beherrschungsvertrages zwischen Ober- und Untergesellschaft (§ 291 Abs. 1 AktG). Die Organisation der Interessendurchsetzung bzw. den Entscheidungsprozess für den Vertragskonzern zeigt Abb. 3.3.2 (vgl. zum Folgenden Gerum/Richter/Steinmann [Unternehmenspolitik] 350 ff.).

Wie aus dem Ablaufdiagramm hervorgeht, beginnt der Entscheidungsprozess mit der Formulierung der Unternehmenspolitik durch den Vorstand der Muttergesellschaft. Dies ergibt sich aus § 76 Abs. 1 AktG, wonach der Vorstand die Gesellschaft in eigener Verantwortung zu leiten hat. Die entworfene Unternehmenspolitik unterliegt dann nach Maßgabe von Umfang und Qualität der **zustimmungspflichtigen Geschäfte** (§ 111 Abs. 4 Satz 2 AktG) der Einwirkung durch den Aufsichtsrat der Obergesellschaft. Hier liegt – neben der Personalhoheit des Aufsichtsrates – das wichtigste **formale Potenzial**, um den Einfluss der Kapitaleigner auf die Unternehmenspolitik der Obergesellschaft und damit des Konzerns zur Geltung zu bringen.

Das zentrale rechtliche Instrument, um diese Unternehmenspolitik im Vertragskonzern durchzusetzen, ist dann das **Weisungsrecht** des Vorstandes der Obergesellschaft an den Vorstand des abhängigen Unternehmens (§ 308 Abs. 1 AktG). Weisungen des Vorstandes der Mutter müssen, auch wenn sie für die Tochter nachteilig sind, von deren Vorstand befolgt werden. Die Durchsetzung der Konzernpolitik kann allerdings dann verzögert werden, wenn das angewiesene Geschäft

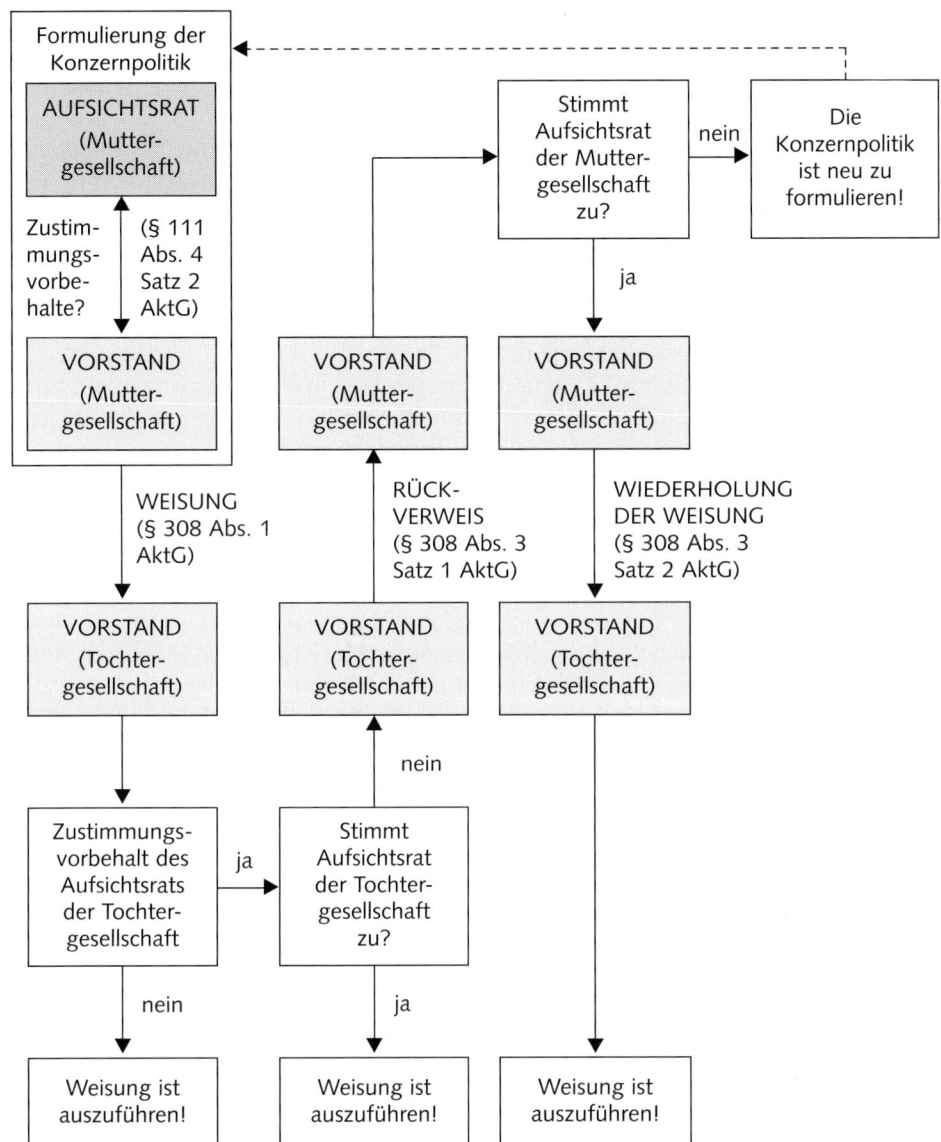

Abbildung 3.3.2: Entscheidungsprozess im Vertragskonzern

durch Satzung oder Aufsichtsratsbeschluss bei der Tochter zu einem Vorbehaltsgeschäft erklärt worden ist. Ist das nicht der Fall, so ist die Weisung vom Vorstand
der Tochter auszuführen. Andernfalls muss die Zustimmung des Aufsichtsrates der
Tochter eingeholt werden. Erfolgt diese Zustimmung, so ist die Weisung auszuführen. Verweigert der Tochter-Aufsichtsrat die Zustimmung, so erfolgt ein Rück-

verweis an den Aufsichtsrat der Mutter, der nun nach § 308 Abs. 3 AktG um seine Zustimmung zu fragen ist. Stimmt der Aufsichtsrat der Obergesellschaft zu, so kann die Weisung durch den Vorstand des herrschenden Unternehmens wiederholt werden. Diese zweite **Weisung** ist dann vom Vorstand der Tochter auszuführen. Verweigert der Mutter-Aufsichtsrat die Zustimmung, so ist die ursprüngliche Weisung nicht auszuführen. Im Ergebnis wird das zu einer Neuformulierung der Unternehmenspolitik durch den Vorstand der Mutter führen müssen.

Diesem Verfahren kommt für die Interessenwahrung im Konzern besondere Bedeutung zu, und zwar speziell für die Interessen der Minderheitsaktionäre der Untergesellschaft. Es kann nämlich sein, dass die angestrebte Konzernpolitik von ihren Wirkungen her deren **Interessen widerspricht.** Der Rückverweis letztlich an den Aufsichtsrat des herrschenden Unternehmens ermöglicht es, die Existenz von Interessenkonflikten zu signalisieren und formell die Chance zu einem Interessenabgleich zwischen Mutter- und Tochtergesellschaft zu eröffnen.

Das Spannungsverhältnis zwischen «Einheit und Vielheit» hat im **Vertragskonzern** durch die beschriebenen rechtlichen Regelungen also eine Lösung zugunsten der Einheit erfahren. Daneben und die institutionelle Lösung unterstützend können die **personellen Verflechtungen** als Ausfluss der Kapitalrechte treten. Potenzielle Widerstände im Vorstand und Aufsichtsrat der Untergesellschaft gegen angewiesene Geschäfte lassen sich auf diese Weise entschärfen. Kraft ihrer Mehrheitsbeteiligung kann die Konzernmutter durch eine entsprechende Beschlussfassung in der Hauptversammlung der Tochter die Sitze im Aufsichtsrat – und insbesondere den Aufsichtsratsvorsitz – mit Personen ihres Vertrauens besetzen. So kann entscheidender Einfluss auf die Bestellung der Vorstandsmitglieder der Tochter genommen werden. Es entstehen dadurch für die Konzernführung günstigere atmosphärische Voraussetzung.

c) Im **faktischen Konzern,** der sich durch die bloß tatsächliche Ausübung der einheitlichen Leitung konstituiert, existiert – im Gegensatz zum Vertragskonzern – kein gesetzlich oder vertraglich legitimiertes Weisungsrecht. Der Vorstand des abhängigen Unternehmens ist in seiner Leitungsaufgabe nicht dem Konzerninteresse, sondern de jure ausschließlich dem Wohl der eigenen Gesellschaft verpflichtet. Aufgrund dieser schwächeren rechtlichen Bindung kommt es für die Durchsetzung einer einheitlichen Unternehmenspolitik entscheidend auf die laufende Herstellung von **Konsens** statt Weisung zwischen Ober- und Untergesellschaft an. Das entscheidende Mittel dazu ist die Besetzung des Aufsichtsrats der Tochter mit Personen des eigenen Vertrauens, also die personelle Verflechtung. Die **personellen Verflechtungen** erhalten damit für die Durchsetzung der Unternehmenspolitik im faktischen Konzern eine strategische Bedeutung. Im Gegensatz zum Vertragskonzern ist hier der Tochter-Aufsichtsrat der «Ort der Macht». Die Möglichkeit zur Durchsetzung der einheitlichen Geschäftspolitik im faktischen Konzern wächst mit der Qualität der zustimmungspflichtigen Geschäften für den Tochter-Aufsichtsrat (Gerum/Richter/Steinmann [Unternehmenspolitik] 353 ff.).

3.3.1.2.3.2   Empirische Befunde zum Konzern

Untersuchungen bei großen AG zeigen, dass in der Praxis der faktische Konzern mit ca. ⅔ der Fälle klar dominiert. Der **Vertragskonzern** ist mit ⅓ der Fälle deutlich unterrepräsentiert (vgl. zum Folgenden Gerum/Richter/Steinmann [Unternehmenspolitik] 348 ff.). Für eine genauere Einschätzung des (formalen) Einflusspotenzials kommt es jedoch auf die faktische Ausformung der rechtlichen Grundlagen des Entscheidungsprozesses in beiden Konzernarten an. Es geht daher um die zustimmungspflichtigen Geschäfte (§ 111 Abs. 4 Satz 2 AktG), die personellen Verflechtungen sowie um die «anderen Unternehmensverträge» (z. B. Betriebspacht- und Überlassungsverträge).

Die folgenden empirischen Befunde charakterisieren die Verhältnisse bis zum Jahr 2002 (ohne die Pflicht zu Vorbehaltsgeschäften für den Aufsichtsrat). Es bleibt abzuwarten, ob sich die Einflusschancen der Beteiligten – entgegen dieser Tradition – systematisch verschieben:

(1) Im **Vertragskonzern** existierten bei der Konzernmutter nur in ca. 60% der Unternehmen **zustimmungspflichtige Geschäfte**, bei den Töchtern sogar nur in rund 40%. Sofern Vorbehaltsgeschäfte existierten, lässt sich feststellen: Die betriebswirtschaftliche Substanz dieser Geschäfte liegt bei den Konzernmüttern eher unterhalb des Durchschnitts der großen AG (vgl. oben Tab. 3.3.2). Bei den Konzerntöchtern gilt jedoch, sofern Geschäfte existierten, tendenziell das Gegenteil. Der Aufsichtsrat der Konzernmutter hatte also keine ins Gewicht fallende Einwirkungsmöglichkeit auf die vom Konzernvorstand formulierte Unternehmenspolitik. Für die Durchsetzung dieser Konzernpolitik ist das Defizit an Vorbehaltsgeschäften bei der überwiegenden Zahl der Konzerntöchter (60%) zwar günstig, den Minderheitsaktionären der Untergesellschaften jedoch steht kein Widerstandspotenzial gegen die Weisung des Konzernvorstandes zur Verfügung. Nachteilig für sie ist ferner das hohe Maß an **personeller Verflechtung** (Organverflechtung) zwischen Ober- und Untergesellschaften. Typisch dabei ist, dass Konzernvorstände als Aufsichtsräte bei ihren Töchtern tätig sind. In ca. 85% der Fälle haben sie sogar den Aufsichtsratsvorsitz inne und dadurch die Durchsetzung der Konzernpolitik abgesichert. «Andere Unternehmensverträge» finden sich in der Praxis nicht; sie sind wohl auch zur Herstellung der einheitlichen Leitung nicht erforderlich.

(2) Im **faktischen Konzern** wird das für die Durchsetzung der einheitlichen Leitung besonders wichtige Instrument der **personellen Verflechtungen** in 96% der Untergesellschaften angewendet. Dabei dominierte wieder die Vorstands-Aufsichtsrats-Verflechtung; in 85% wurde dabei auch der Aufsichtsratsvorsitz von einem Konzernvorstand wahrgenommen. Dieser Befund stützt für den faktischen Konzern die Behauptung: «In konzernabhängigen Unternehmen ist der Aufsichtsrat der Vorstand!» Was die **zustimmungspflichtigen Geschäfte** im faktischen Konzern anbetrifft, so ergaben sich keine wesentlichen Unterschiede zum Vertragskonzern. «Andere Unternehmensverträge» (§ 292 AktG) zu stärkeren Anbindung der abhängigen Gesellschaften wurden nicht abgeschlossen.

3.3.1.3   Europäische Aktiengesellschaft

Ausgehend von der gewachsenen Vielfalt der nationalen Unternehmungsverfassungen in Europa versucht die EU-Kommission deren Harmonisierung seit über
30 Jahren voranzutreiben (Lutter [Unternehmensrecht], Gerum [Europa]). Das
klassische Beispiel hierfür und für die Schwierigkeiten der Harmonisierung sind
die **Entwürfe zur Europäischen Aktiengesellschaft** (EAG) seit 1970. Die zentralen
Problempunkte bildeten die Führungsorganisation und die Mitbestimmung. Ging
die EG-Kommission ursprünglich vom deutschen Aufsichtsrat-System und der Aufsichtsratsmitbestimmung als Referenzmodell aus, so standen Mitte der 90er Jahre
wieder die traditionellen Organisationsmodelle, das deutsche Aufsichtsrat-System
und das angelsächsische Board-System, zur Debatte. Ebenso wurde die gesamte
Palette der europäischen Sozialtechniken zur Mitarbeiterbeteiligung, Repräsenta-
tion, Kooptation, selbständige Arbeitnehmervertretung und Tarifvertrag, in Board
und Aufsichtsrat diskutiert und für sinnvoll gehalten. Umso überraschender war es,
dass im Dezember 2000 ein Kompromiss erzielt und 2001 die Verordnung für eine
Europäische Aktiengesellschaft erlassen wurde, die Ende 2004 in Kraft tritt.

Die Europäische Aktiengesellschaft ist das europäische Modell der **kapitalistischen
Unternehmensverfassung** (Handick [Societas Europaea], Theisen/Wenz [Aktien-
gesellschaft]). Dementsprechend besitzen die Kapitaleigner alle Verfügungsrechte
(**Legitimationsproblem**). Das Organisationsmodell ist trotz des Einheitsrechts durch
eine Varianz in den Organisationsstrukturen gekennzeichnet.

Merkmale des **Organisationsmodells** der Europäischen Aktiengesellschaft sind:

- Das **dualistische System** mit einem «Leitungsorgan» und mit einem «Aufsichtsorgan» gilt als **gleichwertige** Option zum **monistischen System** mit einem «Verwaltungsorgan».
- Durch die Satzung oder einen ergänzungsfähigen **Mindestkatalog** kraft Gesetz
  können **zustimmungspflichtige Geschäfte** für das Aufsichtsorgan oder beschluss-
  fähige Geschäfte für das Verwaltungsorgan geschaffen werden.
- Im Aufsichtsorgan und auch im Verwaltungsorgan erfolgt die **Beschlussfassung
  gemeinsam** mit der Mehrheit der Anwesenden, sofern die Satzung nicht davon
  abweicht.
- Bei **Unternehmensmitbestimmung** steht im Pattfall dem Vorsitzenden des Auf-
  sichtsorgans bzw. Verwaltungsorgans ein **Zweitstimmrecht** zu. Der Vorsitzende
  wird dabei von den **Kapitaleignern** bestellt.

Im Ergebnis scheint nicht Konvergenz, sondern Varianz das Motto für die Europäische Unternehmensverfassung zu sein.

3.3.2   Die Rechtsbeziehungen von Konsumenten, Arbeitnehmern und dem öffentlichen Interesse zum Eigentümerverband

Nachdem gezeigt wurde, dass die Personen- und Kapitalgesellschaften als reine Eigentümerverbände verfasst sind, stellt sich die Frage, wie der für die Erzeugung und Verteilung von Gütern erforderliche notwendige **Handlungszusammenhang** mit den übrigen ökonomischen Interessen hergestellt wird. Das Instrument hierfür ist der **Vertrag** als Vereinbarung von – der Idee nach – gleich mächtigen Personen (§ 305 BGB).

(1) Um den Handlungszusammenhang für die Erzeugung von Gütern herzustellen, steht der (individuelle) **Arbeitsvertrag** (in § 611 BGB als Dienstvertrag bezeichnet) zur Verfügung. Die Eigentümer von Produktionsmitteln schließen als Arbeitgeber mit Personen, die ihre Arbeitskraft gegen Entgelt anbieten (Arbeitnehmer), einen Vertrag. Für die Dauer des Arbeitsvertrages ist der Arbeitnehmer verpflichtet, den Weisungen des Arbeitgebers Folge zu leisten (Direktionsbefugnis des Arbeitgebers).

(2) Für die Verteilung der produzierten Güter kennt das Recht als zentrales Instrument den **Kaufvertrag** (§ 433 BGB). Mit seinem Abschluss verpflichtet sich der Verkäufer, die vereinbarte Ware zu übergeben und das Eigentum daran dem Käufer zu verschaffen; der Käufer ist verpflichtet, den vereinbarten Kaufpreis zu zahlen und die Ware abzunehmen.

(3) Es bleibt nun noch zu klären, in welchem Verhältnis das **öffentliche Interesse** zum Eigentümerverband steht. Das öffentliche Interesse ist nach liberalem Verständnis im Wesentlichen auf die Koordination des gesamten ökonomischen Handlungszusammenhangs gerichtet; das heißt, hier steht der institutionelle und weniger der materielle Aspekt des oben dargelegten Verständnisses vom öffentlichen Interesse im Vordergrund. Für die Funktionsfähigkeit des so verstandenen Handlungszusammenhangs ist wesentlich, dass in ihm Sicherheit und Verlässlichkeit herrschen. Dieser «Verkehrssicherheit» soll im Zusammenhang mit der (klassischen) kapitalistischen Unternehmensordnung die **Handelsregisterpublizität** dienen.

> Das **Handelsregister** ist ein amtliches Verzeichnis von Tatsachen, die für den Geschäftsverkehr rechtlich bedeutsam sind, z. B. Name und Ort der Firma, Namen der Gesellschafter, Vertretungsbefugnisse, Kapitalverhältnisse, Satzungen.

Diese (rechtsformspezifischen) Tatsachen müssen von Einzelkaufleuten sowie Personen- und Kapitalgesellschaften zur Eintragung ins Handelsregister gemeldet werden. Bei der AG ist ferner noch auf die bereits erwähnte Bilanzpublizität hinzuweisen.

Die ins Handelsregister eingetragenen Tatsachen werden im Bundesanzeiger und in wenigstens einer weiteren Zeitung bekanntgegeben (§ 10 HGB). Außerdem ist die

Einsicht in das Handelsregister jedem gestattet (§ 9 HGB). Durch diese Regelungen können alle am Wirtschaftsprozess Beteiligten sich Informationen über (potenzielle) Geschäftspartner verschaffen, insbesondere Lieferanten, Abnehmer, Kapitalgeber. Das trägt mit dazu bei, die Risiken im Geschäftsverkehr kalkulierbar zu halten.

Zur Handelsregisterpublizität kamen später weitere rechtliche Regelungen hinzu, die dem erwähnten Koordinationsinteresse dienen sollten. Die Beziehungen des Eigentümerverbandes zu den Arbeitnehmern wurden durch das System der **Tarifverhandlungen** und **Tarifverträge** weiter formalisiert und dadurch stabilisiert. Der Koordination der Aktivitäten der in Konkurrenz und im Warenaustausch (Lieferanten, Abnehmer) stehenden Eigentümerverbände diente das **Wettbewerbsrecht** (Gesetz gegen Wettbewerbsbeschränkungen, GWB). Nutznießer dieser Regelung sollte letztlich der Konsument sein, der auf diese Weise vor der Marktmacht von Anbietern geschützt werden sollte.

3.3.3   Zur ökonomischen Begründung des Vertragsmodells des Unternehmens

Nachdem die rechtlichen Regelungen der klassischen kapitalistischen Unternehmensordnung dargestellt worden sind, muss es nun darum gehen, sie zu verstehen, d. h. ihren Sinn (Leitidee) aus der ökonomischen Theorie zu erschließen. Als Fazit aus den bisherigen Darlegungen ergibt sich das **Vertragsmodell des Unternehmens** als ein System von wirtschaftlichen Verkehrsakten (Verträgen) verschiedenster Art. Das Unternehmen als produktives System kommt aus einer Vielzahl von Verträgen zwischen Individuen zustande. Den Kern bilden die Vertragsbeziehungen der Kapitaleigner untereinander (Gesellschaftsverträge); hierdurch entsteht die «Gesellschaft» als Interessenordnung der Eigentümer. Die Verträge des Eigentümerverbandes mit den Arbeitnehmern schaffen dann die Voraussetzungen, um das «Unternehmen» als produktives System aufbauen zu können. Sofern Lieferanten für die Gütererstellung erforderlich sind, werden zu ihnen vom Eigentümerverband ebenfalls Vertragsbeziehungen hergestellt. Die Verteilung der produzierten Güter erfolgt über Kaufverträge mit Abnehmern und Konsumenten.

Begründungsbedürftig ist in diesem **Vertragsmodell** des Unternehmens die normative Grundentscheidung, dass die Kapitaleigner allein die Ziele und Politik des Unternehmens bestimmen sollen (Legitimationsproblem). Hinter dieser Grundentscheidung steht letztlich das **Gesellschaftsmodell des Wirtschaftsliberalismus** (vgl. Steinmann/Gerum [Reform] 5 ff.). Danach wird die Gesellschaft – im Gegensatz zum Feudalismus – als eine Vereinigung gleicher und freier Bürger (als Konsumenten, Arbeitnehmer, Eigentümer-Unternehmer) postuliert, die ihre ökonomischen Interessen allein und unbeeinflusst (autonom) vertreten und miteinander im Markt abgleichen. Der Wirtschaftsprozess wird vom **souveränen Konsumenten** gesteuert. Alles dies erfordert, dass innerhalb der menschlichen Gesellschaft keine Zusammenballungen von Macht und Herrschaft existieren und zustande kommen dürfen und der Staat in das Geschehen von Wirtschaft und Gesellschaft nicht direkt (interventionistisch) eingreift («Nachtwächterstaat»).

> Das **Privatrecht** als das Recht der gleichgeordneten Bürger, die ihre individuellen Rechtsbeziehungen untereinander regeln, hat die rechtlichen Institute und Instrumente für die Funktionsfähigkeit dieses Modells einer Wirtschaftsgesellschaft zur Verfügung gestellt:
>
> - das (unbeschränkte) **Eigentum** auch an **Produktionsmitteln** einschließlich freier Vererbung,
> - die **Vertragsfreiheit**,
> - die **Gewerbefreiheit**,
> - die **Freiheit der Berufswahl**,
> - die **Freizügigkeit** und
> - das **Koalitionsverbot** (Verbot des Zusammenschlusses zu Interessengruppen, wie Wirtschaftsverbände oder Gewerkschaften).

Während das Koalitionsverbot den machtfreien Zustand der Gesellschaft als Ansammlung von Individuen garantieren sollte, sollten Gewerbefreiheit, Freiheit der Berufswahl und Freizügigkeit die Möglichkeit zur unternehmerischen Betätigung und den freien Marktzutritt sichern. Das Privateigentum und der Vertrag (einschließlich Gesellschaftsvertrag) sollten unmittelbar der Organisation des freien Warenaustausches im Markt dienen.

Von der Realisierung dieses Gesellschaftsmodell erwartete man, dass es die Interessen von Konsumenten, Arbeitnehmern und Kapitaleignern gleichermaßen berücksichtigen und im Markt zum Ausgleich bringen würde. Es wurde also die erfolgreiche Koordination der Einzelinteressen und damit die Erfüllung des öffentlichen Interesses behauptet; die genannten Rechtsinstitute waren als Koordinationsinstrumente Ausdruck des öffentlichen Interesses.

Als Erfolgsbedingung für den Interessenausgleich musste allerdings die alleinige Auszeichnung der Kapitaleignerinteressen (interessenmonistische Unternehmensordnung) gewährleistet sein. Denn das Funktionieren des freien Marktes erforderte eine **erwerbswirtschaftliche Motivation** des Unternehmers (Gewinnmaximierung). Diese würde – so nahm man an – durch das Eigentum an den Produktionsmitteln veranlasst, mit dessen Hilfe die **Einheit von Risiko, Kontrolle und Gewinn** gesichert wurde (Steinmann [Großunternehmen] 10). Derjenige, der sein Eigentum im Wirtschaftsprozess riskiert, soll alle wirtschaftlichen Entscheidungen im Unternehmen kontrollieren und die Konsequenzen aus diesen Entscheidungen in Form von Gewinn oder Verlust tragen. So verstanden ist die **Herrschaft** der **Kapitaleigner** im Unternehmen nicht willkürlich gewählt, sondern **funktional** für die **Wohlfahrt aller** im Wirtschaftsprozess beteiligten Interessengruppen und insofern legitimiert. Dieses ist der Sinn der klassischen kapitalistischen Unternehmensordnung (zu einer

Interpretation aus Sicht der Theorie der Verfügungsrechte vgl. Picot [Verfügungs-rechte], Gerum [Verfügungsrechte]). Dass die Wohlfahrt aller unter diesen Bedingungen erreichbar wäre, versuchte die Nationalökonomie unter der Annahme wirkungsvollen Wettbewerbs auf allen Märkten (Güter-, Faktormärkten) nachzuweisen.

3.4   Entwicklungen in Wirtschaft und Recht als Kritik der kapitalistischen Unternehmensordnung

Im vorhergehenden Abschnitt wurde die **kapitalistische Unternehmensordnung** in ihrer **ursprünglichen reinen Gestalt** entwickelt und ihre Begründung expliziert. Das Bild, das die Unternehmensordnung in der ökonomischen Realität der Gegenwart vermittelt, entspricht nun aber nicht mehr dem klassischen Entwurf. Ein Blick in die wirtschafts- und gesellschaftspolitische Tagesdiskussion zeigt wichtige Tatbestände, die im Konzept der kapitalistischen Unternehmensordnung nicht auftauchen. Dazu gehören etwa die Mitbestimmung der Arbeitnehmer, Probleme des Verbraucherschutzes, die Vermachtung des Wirtschaftsprozesses durch Großunternehmen, Konzerne, Preiskartelle, Gewerkschaften und Arbeitgeberverbände. Ferner ist zu denken an die Eingriffe des Staates in das Wirtschaftsgeschehen und auch an Forderungen nach einer Grundsatzreform des (interessenmonistischen) Gesellschaftsrechts auf ein (interessenpluralistisches) Unternehmensrecht hin.

Um die Diskussion zur Unternehmensordnung zu verstehen, müssen einige wesentliche Entwicklungen in Wirtschaft und Recht nachgezeichnet werden, die zugleich explizit oder implizit eine **Kritik** an der **kapitalistischen Unternehmensordnung** darstellen. Sie stehen im Zusammenhang mit den vier verfassungsrelevanten Interessen der Konsumenten, der Arbeitnehmer, der Kapitaleigner und dem öffentlichen Interesse.

3.4.1   Verbraucherschutzpolitik

Als fundamental für das Verständnis der kapitalistischen Unternehmensordnung hat sich – wie gezeigt – die Annahme erwiesen, dass die Konsumenten am Markt **gleich mächtig** wie die Anbieter (Unternehmer) auftreten. Wenn derartige Verhältnisse am Markt herrschen, bedarf es keiner staatlichen Schutzmaßnahmen für die eine oder andere Seite. Tatsächlich sind aber die Konsumenten in allen wesentlichen Industrienationen der Marktgegenseite meistens unterlegen, worauf die Gesetzgebung in diesen Ländern mit einer Vielzahl rechtlicher Maßnahmen zum Schutze des Verbrauchers reagiert hat (zum Überblick Nieschlag/Dichtl/Hörschgen [Marketing] 32 ff.; speziell zu den rechtlichen Restriktionen Ahlert/Schröder [Grundlagen]; zur internationalen Situation vgl. v. Hippel [Verbraucherschutz] 5 ff. und 281 ff.).

Es lassen sich u. a. folgende **Ursachen** für die schwache Position des Endverbrauchers nennen:

- zunehmende **Unternehmenskonzentration** (Fusionierung, Konzernierung);
- **wettbewerbsbeschränkende Vereinbarungen und Verhaltensweisen** (Preis-, Konditionen-, Rabattkartelle etc.);
- verwirrende **Vielfalt an Gütern und Dienstleistungen** (Qualität, Preis, Lieferkonditionen etc.);
- **technische Komplexität der Produkte** (neue Werkstoffe und Fertigungsmethoden);
- **intensive Werbung** (suggestive Beeinflussung statt Sachinformationen);
- **asymmetrische Vertragsgestaltungen** (Allgemeine Geschäftsbedingungen: «Kleingedrucktes»);
- **mangelnde Organisierbarkeit der Verbraucher**.

Die **Maßnahmen** zum Schutz des Verbrauchers setzen bei dieser Problemlage hauptsächlich an vier Punkten des Marktzusammenhangs an:

- auf der **Anbieterseite**,
- auf der **Nachfragerseite**,
- am **Produkt**,
- am **Austauschprozess**.

(1) Die Übermacht der **Anbieterseite** sucht der Gesetzgeber heute durch das Gesetz gegen Wettbewerbsbeschränkungen (GWB) abzubauen oder ihr Entstehen zu verhindern (vgl. ausführlich S. 170 ff.).

(2) Als Reaktion auf die Dominanz der Anbieter im Markt entstanden auf der **Nachfragerseite** zahlreiche Organisationen mit dem Ziel, die Verbraucherinteressen – letztlich durch die Bildung von Gegenmacht – zu schützen. Teils entstanden diese Vereinigungen aus Eigeninitiative und in Selbstfinanzierung durch die Verbraucher, die in ihnen ihre Interessen selbst artikulieren, im Kollektiv aushandeln und in gemeinsamen Aktivitäten zu realisieren versuchen oder direkt Repräsentanten mit ihrer Interessenvertretung beauftragen. Als Beispiele für solche Selbstorganisationen können etwa Verbrauchervereine, Mietervereine oder Automobilclubs gelten. Daneben wurden auf Anregung und mit finanzieller Unterstützung durch staatliche Organe oder andere Verbände verbraucherpolitische Institutionen zur Stärkung der Verbraucherinteressen gegründet (Fremdorganisationen). Die Arbeitsgemeinschaft der Verbraucher (AGV), die Verbraucherzentralen und Verbraucherbeiräte oder die Stiftung Warentest wären hier zu nennen.

(3) Um den Verbraucher vor gefährlichen oder defekten **Produkten** zu schützen, hat der Gesetzgeber einen ganzen Kanon von rechtlichen Instrumenten zur Verfügung gestellt, um deren Verbesserung man ständig bemüht ist (vgl. v. Hippel [Verbraucherschutz] 46 ff.). So drohen den Unternehmen, wenn sie bei der Konstruk-

tion oder Fabrikation ihrer Waren nicht sorgfältig verfahren oder den Benutzer über mit dem Produkt verbundenen Gefahren nicht informieren, erhebliche Schadenersatzpflichten. Das Produkthaftungsgesetz geht sogar vom Grundsatz der verschuldensunabhängigen Haftung aus und dehnt den Kreis der Haftungsadressaten auch auf Quasi-Hersteller, Lieferanten, Importeure und Händler aus. Neben dem Recht der Produzenten- und Produkthaftung schuf der Gesetzgeber in fast allen westlichen Industrienationen administrative Kontrollsysteme, die dem **präventiven Verbraucherschutz** dienen sollen. Hier ist sowohl an das Lebensmittel- und Arzneimittelrecht zu denken als auch an die Verwaltungskontrolle technischer Arbeitsmittel (Arbeits- und Kraftmaschinen, Werkzeuge, Arbeitsgeräte, Haushaltsgeräte, Sport- und Bastelgeräte, Spielzeug), wie sie das sog. «Maschinenschutzgesetz» vorsieht. Nach diesem Gesetz darf der Hersteller oder Importeur nur solche Produkte auf den Markt bringen, die den «allgemein anerkannten Regeln der Technik» (DIN-Normen) sowie den Arbeitsschutz- und Unfallverhütungsvorschriften genügen.

(4) Schließlich versucht der Gesetzgeber die **Asymmetrien** des **Austauschprozesses** im Markt zugunsten der Konsumenten zu korrigieren, wie sie insbesondere durch unlautere **Allgemeine Geschäftsbedingungen** (AGB) und unlautere Werbung entstehen (vgl. Ahlert/Schröder [Grundlagen] 102 ff.; v. Hippel [Verbraucherschutz] 94 ff. und 118 ff.).

Die **AGB** dienen zwar einerseits der rationellen Abwicklung von Massenverträgen (Kauf-, Abzahlungs-, Kredit-, Versicherungs-, Reiseverträgen etc.), bieten den Unternehmern unter Berufung auf die Vertragsfreiheit aber auch die Möglichkeit, Risiken auf den Kunden abzuwälzen. Der Verbraucher steht den umfangreichen, undurchsichtigen und einseitig gestalteten Klauselwerken meist hilflos gegenüber. Selbst wenn der Kunde sie in ihrer Nachteiligkeit durchschaut, ist er oft ohne Handlungsalternative, wenn dieselben AGB branchenweit Verwendung finden. Dieser systematischen Schlechterstellung des Letztverbrauchers sucht vor allem das AGB-Gesetz vorzubeugen. Es enthält neben zwei Katalogen unzulässiger Vertragsklauseln insbesondere eine Ermächtigung der Wirtschafts- und Verbraucherverbände, auf Unterlassung unzulässiger AGB zu klagen. Durch die Möglichkeit der **Verbandsklage** soll das Prozessrisiko vom einzelnen Konsumenten genommen werden.

Während Gesetzgebung und Rechtsprechung zu den AGB den Verbraucher durch eine Inhaltskontrolle der Verträge zu schützen suchen, sind die Aktivitäten gegen die **unlautere Werbung** darauf gerichtet, den Konsumenten vor irreführenden oder bloß suggestiven Werbemaßnahmen der Anbieter zu bewahren. Der Verbraucher soll nicht gegen seine wohlverstandenen Interessen Käufe tätigen. Rechtlich gesprochen geht es darum, die Freiheit der Nachfrager zum Vertragsabschluss (Abschlussfreiheit) wieder herzustellen. Dem Verbraucherschutz soll hier zum einen die Selbstkontrolle der Werbewirtschaft dienen, die sich aber bisher als wenig effektiv erwies. Als nicht hinreichend zeigte sich auch das Gesetz gegen unlauteren Wettbewerb (UWG), demzufolge unlautere Werbung ja eigentlich immer schon verboten war (§§ 1, 3 ff.) und das auch den Verbraucherverbänden ein Klagerecht gegen unlautere Werbung einräumte (§ 13 Abs. 1). Um dieses Defizit abzubauen, werden verschiedene Möglichkeiten der Staatskontrolle diskutiert, die von der Einführung der Klagebefugnis für Behörden (Staatsanwalt), der Einsetzung eines Verbraucher-Ombudsmann, wie er in Schweden existiert, bis zur Schaffung einer Verbraucherschutzbehörde reichen.

3.4.2   Entwicklung des Arbeitsrechts

Wie dargestellt (Abschn. 3.3.2) werden die Beziehungen zwischen dem Eigentümerverband und jedem einzelnen Arbeitnehmer durch den Arbeitsvertrag hergestellt. Im 19. Jh. enthielt das Privatrecht nur sehr rudimentäre Bestimmungen über das durch diesen Vertrag begründete Arbeitsverhältnis (§§ 611 ff. BGB, §§ 59 ff. HGB, GewO 1869). Diese Vorschriften beschränkten sich auf eine knappe Präzisierung der Rechte und Pflichten der Vertragspartner. Dies erklärt sich aus der auch für den Arbeitsmarkt als gültig angesehenen Prämisse, dass hier autonome und **gleichstarke** Vertragspartner schon selbst ihre Interessen wahrnähmen («Richtigkeitsgewähr» des Vertrages). Die mangelnde Berücksichtigung der tatsächlichen sozialen Verhältnisse im Recht war mit einer der entscheidenden Gründe für die Entstehung der aus der Sozialgeschichte bekannten «**Sozialen Frage**» (Kinderarbeit, 16-Stundentag, fehlende Absicherung bei Krankheit und im Alter etc.). Dieses Elend der Arbeitnehmer wurde insbesondere von *Karl Marx* angeprangert.

Vergleicht man den von der Idee der reinen Privatautonomie geprägten früheren Rechtszustand mit der Gegenwart, so lässt sich in der rechtlichen Ausformung der Arbeitgeber-Arbeitnehmer-Beziehungen ein bedeutsamer Wandel registrieren. Im Verlauf der letzten hundert Jahre ist eine solche Fülle von Regelungen entstanden, dass heute das Arbeitsrecht zu einem eigenständigen Rechtsgebiet mit großer wirtschaftlicher und sozialer Relevanz geworden ist. Im Hinblick auf die ursprüngliche Konzeption des Gesetzgebers stellt das Arbeitsrecht eine Kritik am liberalen **Vertragsmodell** des Unternehmens dar.

Die wesentlichen **arbeitsrechtlichen Regelungen** sind:

Kollektives Arbeitsrecht

- Tarifvertrag- und Arbeitskampfrecht;
- Betriebsverfassungsgesetz 1972; Gesetz über Sprecherausschüsse der leitenden Angestellten; Personalvertretungsgesetze des öffentlichen Dienstes;
- Mitbestimmung im Unternehmen (Montanmitbestimmungsgesetz 1951; Mitbestimmungsgesetz 1976; Drittelbeteiligungsgesetz 2004);
- Europäische Betriebsräte 1994.

Individualarbeitsrecht
- Kündigungsschutzgesetz
- Arbeitszeitordnung
- Bundesurlaubsgesetz
- Konkursordnung
- Gesetz über Arbeitnehmererfindungen
- Mutterschutzgesetz
- Jugendarbeitsschutzgesetz
- Berufsbildungsgesetz
- Schwerbeschädigtengesetz

Konfrontiert man das geltende Arbeitsrecht mit den Prämissen, wie sie dem liberalen **Vertragsmodell** des Unternehmens zugrunde liegen, so ist inzwischen eine weitgehende Vorregelung der zentralen interessenrelevanten Bestandteile individueller Arbeitsverträge durch **gesetzliche** oder **tarifvertragliche Vorschriften** erfolgt bzw. üblich geworden. Lohn, Arbeitszeit, Urlaub, Kündigungsfristen sowie die sonstigen allgemeinen Arbeitsbedingungen werden nicht mehr vom einzelnen Arbeitnehmer und Arbeitgeber, sondern von Gewerkschaften und Arbeitgeberverbänden – gegebenenfalls in Arbeitskämpfen mit Streik und Aussperrung – ausgehandelt. Das ursprüngliche Koalitionsverbot und die Idee der Machtfreiheit des Arbeitsmarktes hat sich in das Gegenteil verkehrt. Die Fiktion gleichstarker Vertragspartner am Arbeitsmarkt konnte nicht aufrechterhalten werden. Die faktische Übermacht der Arbeitgeberseite ließ die Gewerkschaften als Interessenverband der Arbeitnehmer entstehen und machte gesetzliche Vorschriften von seiten des Staates zum Schutze der Arbeitnehmer erforderlich.

Aus dem Schutzgedanken resultiert auch das **Betriebsverfassungsgesetz**, das die Direktionsbefugnis der Arbeitgeber zahlreichen Beschränkungen durch Mitwirkungs- und Mitbestimmungsrechte der Betriebsrats in sozialen, personellen und wirtschaftlichen Angelegenheiten unterworfen hat. In der Tendenz ähnlich, jedoch schwächer ausgeprägt gilt dies für das Gesetz über Sprecherausschüsse der leitenden Angestellten. Die Mitbestimmungsgesetze schließlich erweiterten die Einflussmöglichkeiten der Arbeitnehmerseite von der betrieblichen Ebene, auf die das Betriebsverfassungsgesetz im Kern abstellt, auf die Entscheidungen der obersten Führungsebene (Unternehmensebene); man spricht hier auch von «Aufsichtsratsmitbestimmung». Jüngst hinzugekommen sind die «Europäischen Betriebsräte», die der Wahrung von Arbeitnehmerinteressen in grenzüberschreitend tätigen Unternehmen dienen. (Näheres zur Mitbestimmung in Betrieb, Unternehmen und grenzüberschreitend siehe unten Abschn. 3.5).

3.4.3   Die Trennung von Eigentum und Verfügungsgewalt

Die Entfaltung des Verbraucherschutzes und die dargestellte Entwicklung des Arbeitsrechts haben die fundamentale Grundannahme der kapitalistischen Unternehmensordnung in Frage gestellt, dass die Konsumenten- und Arbeitnehmerinte-ressen zwangsläufig und ausreichend über Verträge zwischen gleichstarken Part-nern im Markt berücksichtigt werden. Als eine ähnlich fundamentale Kritik ist die These von der «Trennung von Eigentum und Verfügungsgewalt» zu werten, die bereits von *Adam Smith* und *Karl Marx*, aber insb. seit 1930 in den westlichen Industriestaaten immer wieder diskutiert wird (vgl. für die USA: Berle/Means [Corporation] und für Deutschland: Pross [Manager]). Hierbei geht es um die empirische Feststellung, in der Praxis seien die Kapitaleigner großenteils schon gar nicht mehr – wie es die Konstruktionsidee der kapitalistischen Unternehmensord-nung fordert – gleichzeitig auch die Entscheidungsträger (die «Unternehmer»). Vielmehr seien es angestellte Manager, die, ohne Eigentümer zu sein, relativ auto-nom die Verfügungsgewalt über die Produktionsmittel ausübten. Die funktions-notwendige «Einheit von Risiko, Kontrolle und Gewinn» sei damit aufgehoben, das Eigentumatom in seine beiden Bestandteile der «Nutzung der Früchte» (Divi-dende) und der «Verfügungsgewalt» aufgespalten.

Für die Trennung von Eigentum und Verfügungsgewalt werden insbesondere zwei **Gründe** verantwortlich gemacht:
- die **Professionalisierung des Managements** und
- die **Inaktivität und Inkompetenz der (Klein-)Aktionäre**.

(1) Mit der **Professionalisierung des Managements** ist gemeint, dass die Aufgabe, ein (Groß-) Unternehmen zu führen, in hochentwickelten und stark arbeitsteiligen Industriegesellschaften längst zum «Beruf» geworden ist in dem Sinne, dass zu ihrer erfolgreichen Wahrnehmung eine systematische Ausbildung und ein spezieller beruflicher Werdegang erforderlich sind. Der Kapitalbesitz allein reicht dem-nach als Qualifikationsnachweis für die Führung großer Unternehmungen nicht mehr aus. Diese Feststellung birgt nicht nur die Gefahr einer «Entkoppelung» von (erwerbswirtschaftlicher) Motivation und unternehmerischem Handeln in sich. Sie stellt zugleich auch die **Legitimationsbasis** der kapitalistischen Unternehmens-ordnung **in Frage**. In dem Maße, wie die Berechtigung zur Unternehmensführung durch Hinweis auf die berufliche Eignung erbracht werden muss, verliert das Eigentum als legitimatorische Grundlage an Kraft.

(2) Während das Argument von der Professionalisierung des Managements für alle Großunternehmen gültig ist, zielt der zweite Grund speziell auf die Rechtsform der AG, deren Grundkapital breit gestreut ist (**Publikums-AG**). Nicht selten haben solche Gesellschaften hunderttausende von Anteilseignern. Aktionäre sind hier etwa Hausfrauen, Rentner, kleine Gewerbetreibende und Handwerker, Arbeiter und Angestellte, kurz **Kleinaktionäre**, die von ihrer Ausbildung her nicht fähig oder von ihrer geringen Kapitalbeteiligung her nicht motiviert sind, ihre Eigentümer-interessen wahrzunehmen, dies weder direkt in der Hauptversammlung noch indi-rekt durch Vertreter im Aufsichtsrat. In einer solchen Situation ist es das Manage-

ment, welches das Unternehmen führt und die Richtlinien der Unternehmenspolitik bestimmt. Das Aktieneigentum ist «entmachtet» und vermag keine Verfügungsgewalt mehr auszuüben. Man spricht dann davon, dass ein derartiges Unternehmen «**managerkontrolliert**» ist im Gegensatz etwa zu einem Unternehmen, das zu 100% oder wenigstens 75% einer Privatperson (z. B. einem Großaktionär) gehört und dann als «**eigentümerkontrolliert**» bezeichnet wird.

Eine Untersuchung der 300 größten deutschen Unternehmen für 1986 zeigt, dass nach dem Umsatz 70% als managerkontrolliert einzustufen sind. Bei den 100 größten Industrieunternehmen gilt dies für 68% der Fälle (nach Umsatz 79%). Noch höher liegen die Werte bei den 25 größten Banken (100%) und Versicherungen (84%) zugunsten der Managerkontrolle (vgl. Schreyögg [Trennung] S. 165 f.) Die Managerkontrolle in Deutschland und in den anderen hochentwickelten Industrienationen hat ein Ausmaß erreicht, das es rechtfertigt, von einem Auseinanderfallen von «Idee» und «Wirklichkeit» der kapitalistischen Unternehmensordnung zu sprechen (vgl. Gerum [Manager]).

Im Rahmen der «Theorie der Verfügungsrechte» wird allerdings die These vertreten, dass die konstatierte Trennung von Eigentum und Verfügungsgewalt nicht zur Kritik der kapitalistischen Unternehmensordnung tauge, sondern ganz im Gegenteil unter Effizienzgesichtspunkten eine sinnvolle Weiterentwicklung dieser Verfassung darstelle (vgl. Ridder-Aab [Aktiengesellschaft]). Ferner entschärfe sich das Problem der Managerherrschaft durch die verstärkte Orientierung am **Shareholder-Value-Ansatz** (kritisch dazu Schmidt/Maßmann [Missverständnisse]).

3.4.4   Öffentliches Interesse

3.4.4.1   Entwicklung der Publizität

Das öffentliche Interesse als Koordinationsinteresse fand im Rahmen der kapitalistischen Unternehmensordnung durch die Einrichtung des **Handelsregisters** seine Berücksichtigung, in dem Merkmale über die Firma erfasst und jedermann zugänglich gemacht werden. Ziel dieser Regelung war und ist es, die Sicherheit und Verlässlichkeit im wirtschaftlichen Tauschverkehr zu gewährleisten. Alle sonstigen Informationen, die der Wahrung und Abstimmung der am Wirtschaftsprozess beteiligten Interessen hätten dienen können (Daten zur wirtschaftlichen und sozialen Lage einer Unternehmung), bleiben prinzipiell auf den Kreis der Eigentümer (sowie bei der AG: der Gläubiger) beschränkt. Sie haben insofern rein privaten Charakter. Dieses privatistische Verständnis der Informationshandhabung ist – wie gezeigt – integraler Bestandteil des **Vertragsmodell** des Unternehmens.

Die Einsicht in die vielfältigen Wirkungen der wirtschaftlichen Aktivitäten von (großen) Unternehmen auf die Interessen von Konsumenten und Arbeitnehmern sowie das öffentliche Interesse haben heute zu einer Abkehr von der am Privatinteresse der Eigentümer orientierten Informationshandhabung der Unternehmen geführt (siehe näher Schredelseker/Kopetsch/Maybüchen [Publizität]). Dies dokumentiert sich:

- in der Verabschiedung des Publizitätsgesetzes (PublG) durch den Gesetzgeber im Jahre 1969,
- im Erlass des Bilanzrichtliniengesetzes im Jahre 1985 und
- in der Bereitschaft mancher Unternehmen zu einer freiwilligen «gesellschaftsbezogenen Rechnungslegung» (Sozialbilanz).

(1) Das **Publizitätsgesetz** hat die Pflicht zur Rechnungslegung (§ 1) und Bekanntmachung des Jahresabschlusses (§ 10) an die Größe des Unternehmens gebunden.

Größenmerkmale sind nach § 1 PublG:

- die **Bilanzsumme** (mehr als 65 Mio. €),
- die **Umsatzerlöse** pro Jahr (mehr als 130 Mio. €),
- die **Beschäftigungszahl** (mehr als 5000 Arbeitnehmer).

Mindestens zwei dieser **drei Kriterien** müssen erfüllt sein, damit ein Unternehmen unter die Publizitätspflicht fällt. Die Orientierung am ökonomischen Tatbestand der Unternehmensgröße und nicht an der Rechtsform bringt den Wandel von einem privatistischen zu einem **gesellschaftlich-politischen** Verständnis der Informationspflichten des Unternehmens zum Ausdruck. Das wird besonders aus der Begründung zum Regierungsentwurf des PublG deutlich:

«Die Geschicke eines Großunternehmens beeinflussen nicht nur den privaten Bereich seiner Eigentümer. Sie berühren vielmehr die Interessen zahlreicher Dritter und oft auch ihre Existenz. Die Lage eines Großunternehmens ist z. B. für die Investitionsentscheidungen vieler anderer Unternehmen als Lieferanten oder Abnehmer wesentlich. Von ihr hängen die Arbeitsplätze so vieler Arbeitnehmer ab, dass eine Entwicklung zum Guten oder Schlechten von wesentlicher Bedeutung jedenfalls für den regionalen und manchmal sogar für den allgemeinen Arbeitsmarkt ist. Expansion und Niedergang solcher Unternehmen beeinflussen die Struktur und Finanzlage ganzer Städte; sie schaffen nicht selten Bedingungen, an denen auch die staatliche Wirtschaftspolitik nicht vorübergehen kann. Bei Unternehmen dieser Größenordnung muss ein berechtigtes Interesse der Beteiligten – als Sammelbegriff für die gegenwärtigen und künftigen Lieferanten und Abnehmer, Arbeitnehmer, Geldgeber und alle Stellen, die wirtschafts- und sozialpolitische Entscheidungen mit Auswirkungen auf das Unternehmen zu treffen haben – anerkannt werden, sich über den Stand und die Entwicklung des Unternehmens unterrichten zu können. Denn das Interesse dieser Beteiligten und damit der Allgemeinheit, Unterlagen für die Beurteilung des Unternehmens zu erhalten, wiegt schwerer als etwa dagegen sprechende Belange seiner Eigentümer» (abgedruckt bei Biener [Gesetz] 2 f.).

(2) Das 1986 in Kraft getretene **Bilanzrichtliniengesetz** soll den am unternehmerischen Geschehen Interessierten einen verbesserten und erleichterten Einblick bieten. Als «Grundgesetz der Rechnungslegung» schreibt es mit der Änderung des HGB den Jahresabschluss materiell und formell für Unternehmen aller Rechtsformen vor. Inhalt und Gliederung von Bilanz und GuV-Rechnung werden vorgegeben; für alle Kaufleute – mit Sondervorschriften für die Kapitalgesellschaften – werden Bewertungsrecht, Prüfungsrecht und Offenlegung abschließend geregelt. Vgl. dazu die Darstellung des Rechnungswesens in Band 2.

(3) Wenn Unternehmen über die gesetzlichen Pflichten hinaus dazu übergehen, in einer **Sozialbilanz** auch den Informationsbedarf von Arbeitnehmern, Konsumenten, Abnehmern und Lieferanten zu befriedigen, so liegt dies ebenfalls im öffentlichen Interesse mit dem Ziel einer verbesserten Abstimmung aller wirtschaftlichen Handlungen. Informationen, die in Sozialbilanzen auftauchen, beziehen sich etwa auf Angaben über Ausgaben für Aus- und Weiterbildung der Mitarbeiter und für die Sicherheit am Arbeitsplatz, auf die Beschäftigung von gesellschaftlichen Randgruppen, auf Maßnahmen zur Verbesserung der Produktsicherheit, auf Investitionen zur Luftreinhaltung etc.

3.4.4.2   Umweltschutzpolitik

Ebenso wie die Entwicklung der Publizität stellt die Umweltschutzpolitik implizit eine Kritik an der kapitalistischen Unternehmensordnung dar. Während die Publizitätsproblematik dabei auf den institutionellen Aspekt des öffentlichen Interesses abstellt, zielen Regelungen zum Umweltschutz auf die **materielle** Komponente des **öffentlichen Interesses**. Es geht dabei etwa um Umweltgüter wie Wasser, Boden und Luft, Landschaftsbild, Ruhe, wildlebende Pflanzen und Tiere. Der Regelungsbedarf ergibt sich hier bereits aus immanenten markttheoretischen Überlegungen, da für solche Umweltgüter wegen externer Effekte die Preise, die die bestehenden Knappheitsverhältnisse anzeigen, verzerrt sind oder sich nicht bzw. nicht rechtzeitig bilden (vgl. ausführlich Fritsch/Wein/Ewers [Marktversagen]). Die am Wirtschaftsprozess beteiligten Personen und Interessengruppen werden so nicht zur Wahrung ihrer gemeinsamen materiellen Lebensgrundlagen angehalten (vgl. Hartkopf/Bohne [Umweltpolitik]).

Die **Instrumente**, mit denen Umweltpolitik betrieben werden kann, sind vielfältig. Zu nennen sind:

- ordnungsrechtliche **Ge- und Verbote**;
- wirtschaftliche **Anreize**, z. B. Emissionsgutschriften, Umweltabgaben oder Finanzierungshilfen, Steuern;
- **Umweltplanung**;
- **Absprachen** zwischen Staat und Wirtschaft bzw. Unternehmen.

Diese Instrumente haben bereits in den zentralen Bereichen des Umweltschutzes teilweise in Gesetzen und Rechtsverordnungen ihren Niederschlag gefunden, nämlich bei Umweltchemikalien, der Wasser- und der Abfallwirtschaft. Relevante **Gesetze** sind etwa das

- Bundes-Immissionsschutzgesetz,
- Wasserhaushaltsgesetz,
- Pflanzenschutzgesetz,
- Chemikaliengesetz,
- Abfallbeseitigungsgesetz,
- Umwelthaftungsgesetz.

Die Umweltproblematik führte in der betrieblichen Praxis zu einer gewissen Sensibilisierung. Umweltfragen wurden in strategische Überlegungen mit einbezogen (vgl. Kreikebaum [Unternehmensplanung], Wagner [Umweltökonomie]) und haben auch in der Figur des **Umweltschutzbeauftragten** institutionelle Konsequenzen gefunden. Ferner wird die Einrichtung eines Umweltdirektors diskutiert (Rehbinder [Umweltschutzdirektor]). Einen neuen positiven Schub soll der Umweltschutz durch die von der EG-Kommission vorgelegte und seit 1995 umzusetzende [Verordnung] über die freiwillige Beteiligung gewerblicher Unternehmen an einem Gemeinschaftssystem für das Umweltmanagement und die Umweltbetriebsprüfung erhalten. Die **Öko-Audits** stellen keine ordnungsrechtlichen Eingriffe dar, sondern setzen Anreize, um das Eigeninteresse der Unternehmen an der Institutionalisierung von Umweltmanagementsystemen zu stärken (Wagner/Janzen [Umwelt-Auditing], Waskow [Umweltmanagement]). Als Anreizmechanismus wirkt dabei die Möglichkeit, ein Öko-Audit-Zertifikat zu erwerben und als Audit-Zeichen für die Öffentlichkeitsarbeit zu verwenden. Den Prozess des Öko-Audits zeigt Abb. 3.3.3. Zum Verhältnis von Umweltschutz und Unternehmensordnung siehe unten weiter Abschnitt 3.6.3.2.

Publizitätsgesetzgebung, gesellschaftsbezogene Rechnungslegung wie auch Umweltschutzaktivitäten lassen sich nun aber nicht nur als im öffentlichen Interesse liegend verstehen. In ihnen deutet sich vielmehr auch ein **Wandel in der Zielfunktion** großer Unternehmen an von einer interessenmonistischen zu einer interessenpluralistischen Orientierung. In diesem Wandel findet die Kritik an der kapitalistischen Unternehmensordnung ihren sinnfälligen Ausdruck.

3.5 Das mitbestimmte Unternehmen

3.5.1 Entwicklung zur Mitbestimmung

Unter den vielfältigen Reaktionen auf die Unzulänglichkeiten der kapitalistischen Unternehmensordnung ist die Mitbestimmungsforderung der Arbeitnehmer von besonderer Qualität. Sie zielt nämlich auf die institutionalisierte Teilhabe an den im Unternehmen zu treffenden Entscheidungen und damit auf eine **unmittelbare**

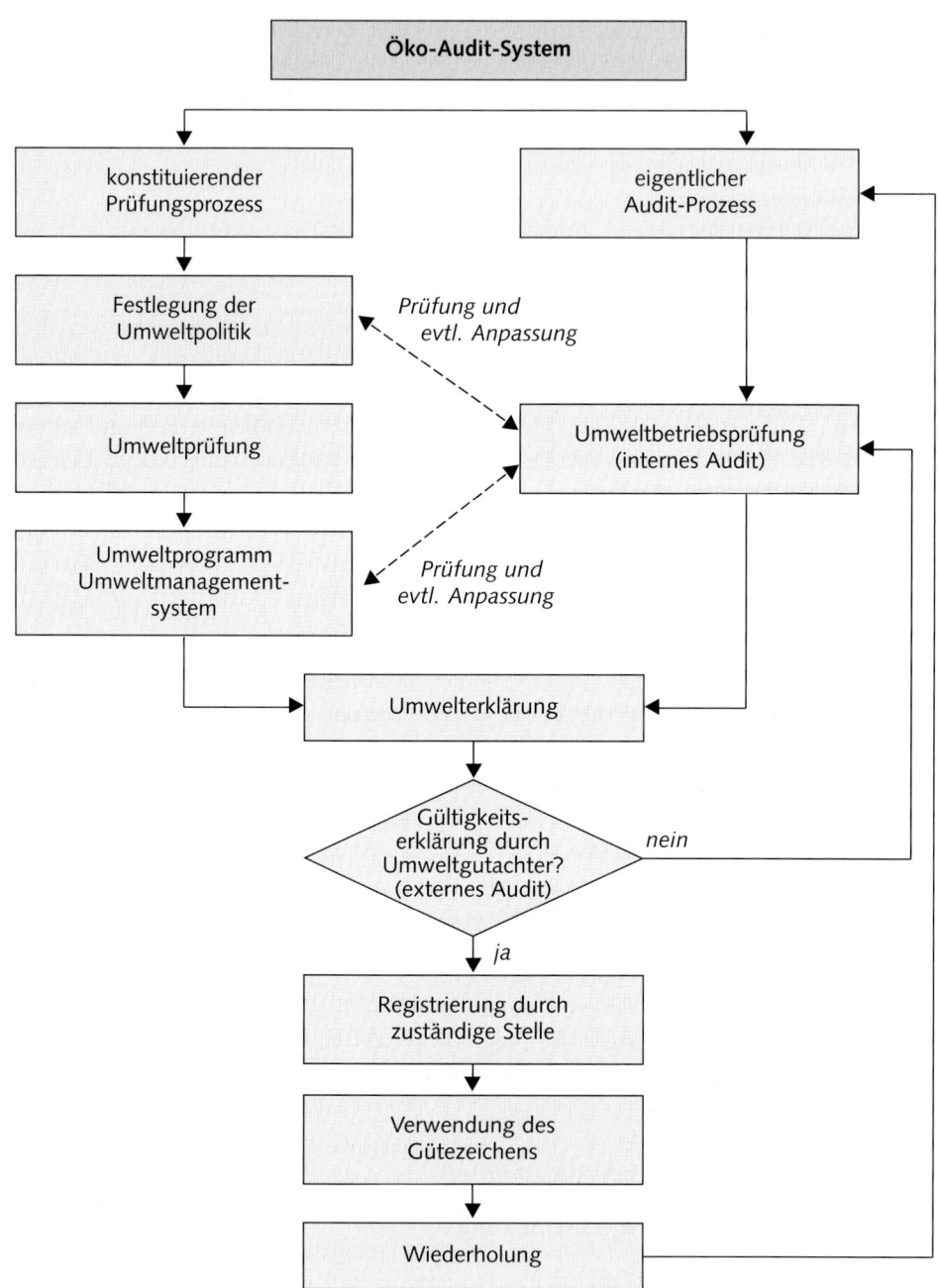

Abbildung 3.3.3: Schritte des EG-Öko-Audits (Sieler/Sekul [Verordnung])

Reform der Unternehmensordnung. Damit steht sie im Gegensatz etwa zur Verbraucherschutzpolitik, die durch gesetzliche Regelungen den Entscheidungsspielraum des Eigentümerverbandes **von außen** einengen will und die institutionelle Ordnung des Unternehmens selbst unberührt lässt.

(1) Begründungen zur Mitbestimmung

Die Wurzeln der Mitbestimmungsforderung reichen für Deutschland bis zur Mitte des 19. Jh. zurück. Getragen wurde und wird dieses Postulat natürlich von der Arbeiterbewegung (Gewerkschaften), ferner aber auch von Vertretern der katholischen Soziallehre und der evangelischen Sozialethik. Die **Begründungen zur Mitbestimmung** sind allerdings keineswegs gleichlautend. Den Kern der Begründungsversuche bilden die folgenden klassischen Argumentationsstücke (vgl. Mitbestimmungskommission [Mitbestimmung] 18 ff.; zu neueren ökonomietheoretischen Begründungen vgl. Gerum [Mitbestimmung] 46 ff.):

- Regelmäßig findet sich ein Hinweis auf die **Würde des Menschen** und seine Entfaltungsfreiheit (**Selbstbestimmung**). Mitbestimmung sei das geeignete Mittel, um den Arbeitnehmer aus seiner (fremdbestimmten) Objektstellung, die mit der Menschenwürde nicht verträglich sei, in die erforderliche Subjektstellung zu versetzen, da er sich nur in ihr als selbstverantwortliche und selbstbestimmte Persönlichkeit seiner Menschenwürde gemäß entfalten könne. Die Verbindlichkeit der Normen «Menschenwürde» und «Selbstbestimmung» wird dabei sowohl aus den Grundrechten (Art. 1 Abs. 1, 2 Abs. 1, 20 Abs. 2, 38 GG) wie auch aus der christlichen Lehre abgeleitet.

- Als Begründung der Mitbestimmung wird weiter die als geboten angenommene **Gleichberechtigung von Kapital und Arbeit** angeführt. Beide Produktionsfaktoren seien zur Erreichung des Produktionserfolges aufeinander angewiesen; beide seien für das einzelne Unternehmen und die Wirtschaft unentbehrlich und beide trügen auch gleichwertige Risiken. All dies erfordere eine institutionalisierte Beteiligung des Faktors Arbeit am Willensbildungs- und Entscheidungsprozess in Betrieb und Unternehmen.

- Grundlegend für eine Mitbestimmung der Arbeitnehmer sei ferner das **Demokratieprinzip**, das es auch im wirtschaftlichen Bereich zu verwirklichen gelte. Das Demokratieprinzip besagt, dass das oberste Entscheidungsgremium einer Institution aus gleichen Wahlen ihrer Mitglieder hervorgeht. Nur dadurch sei die Machtausübung gegenüber den Betroffenen legitimiert. Zwar gelte dieses Prinzip bisher nur für den politischen Bereich. Da aber moderne Großunternehmen soziale Gebilde von gesellschaftspolitischer Relevanz darstellten, sei auch hier die Anwendung dieses Prinzips geboten.

- Schließlich bilde die Mitbestimmung der Arbeitnehmer ein notwendiges und geeignetes Mittel zur **Kontrolle wirtschaftlicher Macht**. Wirtschaftliche Macht bringe nämlich auch politische Macht über die Einwirkung auf den politischen Willensbildungsprozess und die Parteienfinanzierung mit sich.

(2) Gesetzliche Verankerung der Mitbestimmung

Diese Argumentation fand im politischen Raum zunehmend Resonanz und führte in den letzten 50 Jahren zur gesetzlichen Verankerung der Mitbestimmung der Arbeitnehmer. Lässt man die öffentliche Verwaltung außer acht (Personalvertretungsgesetze), so geschah dies durch:

- Das **Mitbestimmungsgesetz von 1976** (MitbestG), das die großen Kapitalgesellschaften mit mehr als 2000 Beschäftigten erfasst;
- das **Montanmitbestimmungsgesetz von 1951** (Montan-MitbestG), das Kapitalgesellschaften der Montanindustrie mit mehr als 1000 Beschäftigten betrifft;
- das **Drittelbeteiligungsgesetz von 2004** (DrittelbG, entspricht **Betriebsverfassungsgesetz 1952**), das sich im Kern auf kleine Kapitalgesellschaften mit mehr als 500 Beschäftigten bezieht;
- das **Betriebsverfassungsgesetz von 1972** (BetrVG), das für alle Betriebe mit mindestens 5 ständig beschäftigten Arbeitnehmern Geltung hat;
- das **Sprecherausschussgesetz von 1989** (SprAuG), das für alle Betriebe mit mindestens 10 leitenden Angestellten gilt.

(3) Bedeutung der Mitbestimmungsgesetzgebung

Um die Bedeutung der Mitbestimmungsgesetzgebung für die Legitimationsfrage, also wer im Unternehmen (letztlich) entscheiden und wessen Interessen damit die Unternehmensaktivitäten bestimmen sollen, einschätzen zu können, gilt es, die folgenden Aspekte zu klären:

- Welche Entscheidungen bzw. Entscheidungsebenen unterliegen der Mitbestimmung der Arbeitnehmer unmittelbar bzw. durch deren Repräsentanten?
- Mit welcher Intensität können die Arbeitnehmer auf diese Entscheidungen Einfluss nehmen (Partizipationsintensität)?
- In welchem Umfang werden Unternehmen von der Mitbestimmungsgesetzgebung erfasst (Verbreitungsgrad)?

(a) Die Frage, welche **Entscheidungen** die Arbeitnehmer mitbestimmen können, zielt auf das Gewicht, die Reichweite und die Bedeutsamkeit dieser Entscheidungen für die Unternehmen. Dieser Aspekt der Mitbestimmung kann anhand der Hierarchie der Entscheidungen und ihrer organisatorischen Verankerung gezeigt werden.

Das Entscheidungssystem eines Unternehmens lässt sich gedanklich in drei Stufen hierarchisch wie folgt gliedern:

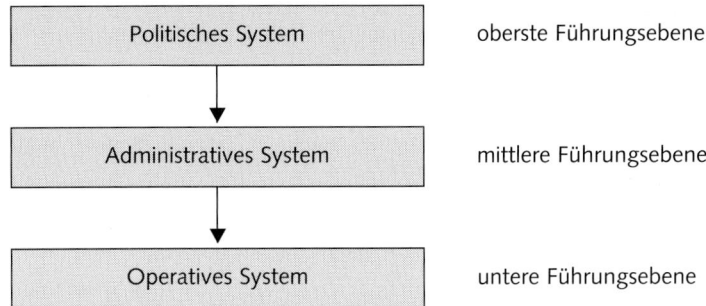

Abbildung 3.3.4: Entscheidungssystem und Unternehmenshierarchie

Das «**politische System**» – bei der AG durch Vorstand, Aufsichtsrat, Hauptversammlung gebildet – trifft die Entscheidungen über die langfristige Zielsetzung und die strategischen Maßnahmen zur Zielerreichung (Unternehmensstrategie) sowie über solche Einzelfälle, die für die Existenz des Unternehmens besonders bedeutungsvoll sind (wichtige Personalentscheidungen, Reorganisation des Gesamtunternehmens). Die Entscheidungen der obersten Führungsebene begrenzen den Entscheidungsspielraum des «**administrativen Systems**» (Hauptabteilungen, Betriebe). Hier werden die in der mittel- und kurzfristigen (taktischen) Planung zu treffenden Programmentscheidungen (Absatz-, Produktions-, Einkaufsprogramm etc.) getroffen. Entscheidungen im nachgelagerten «**operativen System**» zielen auf die Umsetzung der Handlungsprogramme in den unmittelbaren Handlungsvollzug.

Auf die Aufbauorganisation einer AG bezogen, ergibt sich nach den geltenden Mitbestimmungsregelungen für die Entscheidungsteilhabe der Arbeitnehmer das in Abb. 3.3.5 skizzierte Bild.

Wie aus Abb. 3.3.5 deutlich wird, ist es durch die Mitbestimmungsgesetzgebung den Arbeitnehmern möglich geworden, sowohl im politischen System (**Unternehmensmitbestimmung**) als auch administrativen und operativen System (**betriebliche Mitbestimmung**) der Unternehmung ihre Interessen einzubringen und die dort zu fällenden Entscheidungen zu beeinflussen.

(b) Für die **Intensität der Einflussnahme** der Arbeitnehmer auf den Entscheidungsprozess ist deren formale Position in den Entscheidungsgremien bzw. im Entscheidungsprozess von Bedeutung. Betrachtet man den Aufsichtsrat als das Organ, in dem sich die Unternehmensmitbestimmung vollzieht, so erhält man, gemessen an der Sitzverteilung zwischen Kapital und Arbeit und der Verteilung der **Stimmrechte**, das folgende Ergebnis:

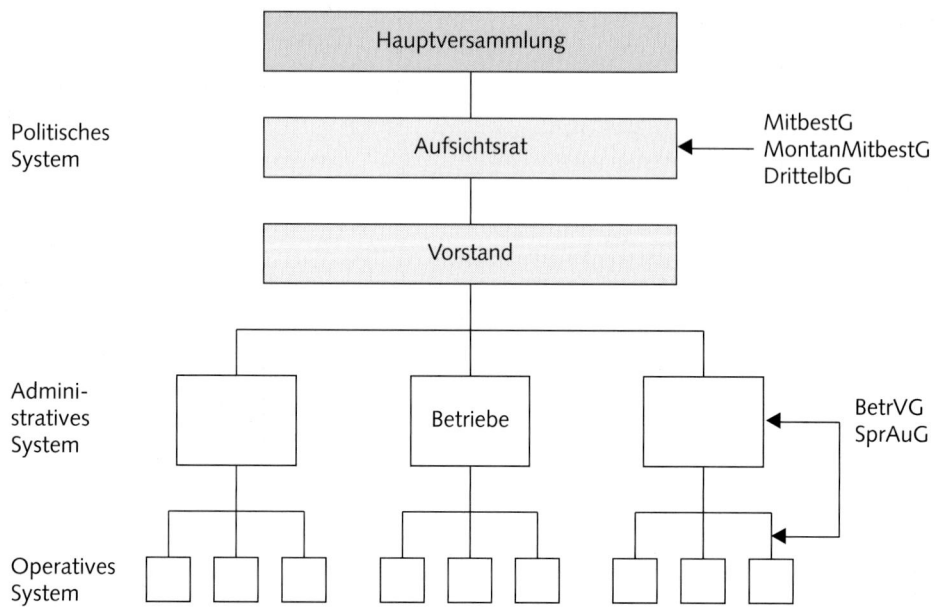

——▶ = zentrale Ansatzpunkte der Mitbestimmung und Mitwirkung

Abbildung 3.3.5: Organisatorische Ansatzpunkte der Mitbestimmungsregeln

- **Mitbestimmungsgesetz**: Arbeitnehmereinfluss knapp unterparitätisch;
- **Montan-Mitbestimmungsgesetz**: paritätische Mitbestimmung;
- **Drittelbeteiligungsgesetz** (entspricht BetrVG 1952): Arbeitnehmereinfluss deutlich unterparitätisch.

Die Tendenz zur unterparitätischen Mitbestimmung im politischen System findet ihre Fortsetzung in der betrieblichen Mitbestimmung. So stehen dem Betriebsrat als Mitbestimmungsträger der Arbeitnehmerschaft im administrativen und operativen System neben einem umfangreichen Spektrum von reinen Mitwirkungsrechten (Information, Anhörung etc.) nur in einer begrenzten Anzahl von Sachverhalten Mitbestimmungsrechte zu, bei denen er den gleichen Einfluss wie der Arbeitgeber hat. Diese Mitbestimmungsrechte beschränken sich auf die «sozialen» und «personellen» Angelegenheiten der Arbeitnehmer; die von ihrer Wirkung her bedeutsameren «wirtschaftlichen» Sachverhalte sind dabei ausgeklammert (zur betrieblichen Mitbestimmung vgl. ausführlich unten S. 278 ff.).

(c) Was schließlich den **Verbreitungsgrad** der Mitbestimmung in der Privatwirtschaft anbetrifft, so ergibt eine Gegenüberstellung von Rechtsformen und Mitbestimmungsregelungen (vgl. Tab. 3.3.4), dass die Unternehmensmitbestimmung

Tabelle 3.3.4: Rechtsformen und Mitbestimmungsregelungen

Rechtsformen / Mitbestimmungsregelungen	MitbestG	Montan-mitbestG	DrittelbG	BetrVG (beschäftigtenabhängig)	SprAuG (beschäftigtenabhängig)
Einzelfirma				X	X
OHG, KG				X	X
KG auf Aktien	X	X	X	X	X
GmbH	X	X	X	X	X
AG	X	X	X	X	X

(primär) rechtsformabhängig ist. In Personengesellschaften und Einzelunternehmen haben die Arbeitnehmer keinen Zugriff auf die unternehmenspolitischen Entscheidungen. Die betriebliche Mitbestimmung ist nicht durch die Rechtsform beschränkt; sie kommt zum Zuge, sofern im Betrieb mindestens 5 Arbeitnehmer ständig beschäftigt sind (beschäftigungsabhängig).

Der Überblick über die drei Teilaspekte der Mitbestimmung (Entscheidungsebenen, Partizipationsintensität, Verbreitungsgrad) lässt sich – was die Legitimationsfrage anbetrifft – zu folgendem Urteil verdichten: Die Mitbestimmungsgesetzgebung hat die Entscheidungsautonomie der Kapitaleigner (des Eigentümerverbandes) zwar in erheblichem Umfang eingeengt, der Wandel geht jedoch nicht soweit, dass man hier schon von einer vollentwickelten interessendualistischen Unternehmensordnung im Sinne einer gleichberechtigten Einflussnahme von Kapital und Arbeit sprechen kann. Diese Einschätzung wird durch die folgenden Darlegungen zum Organisationsproblem im Einzelnen verdeutlicht.

3.5.2   Organisation der Mitbestimmung

3.5.2.1   Unternehmensebene: Aufsichtsratsmitbestimmung

Das Problem, für die dauernde Übereinstimmung der Unternehmensaktivitäten mit den Interessen von Kapitaleignern und Arbeitnehmern systematisch Vorsorge zu treffen, ist auf Unternehmensebene in Deutschland durch die Einbeziehung der Arbeitnehmer in den Aufsichtsrat gelöst worden. Man spricht daher von «**Aufsichtsratsmitbestimmung**». Im Folgenden werden die drei Organisationsmodelle zur Aufsichtsratsmitbestimmung (MitbestG, Montan-MitbestG, DrittelbG) vornehmlich am Beispiel der AG vorgestellt, da diese Rechtsform den Prototyp des mitbestimmten Unternehmens bildet. Für die Darstellung bilden wieder die Gesichtspunkte «Entscheidungsgremium», «Entscheidungsprozess» und «Informationssystem» den Leitfaden; hierbei wird dann aber nur auf Veränderungen abgestellt, wie sie die Mitbestimmungsgesetzgebung gegenüber dem Aktienrecht (vgl. oben S. 233 ff.) gebracht hat.

3.5.2.1.1 Organisationsmodell nach dem MitbestG

3.5.2.1.1.1 Konzernfreie Aktiengesellschaft

Das MitbestG erfasste Anfang 2004 785 Unternehmen mit mehr als 2000 Arbeitnehmern; davon entfallen auf die in §§ 1 und 4 aufgezählten Rechtsformen:

- 391 Aktiengesellschaften,
- 1 AG & Co oHG,
- 7 Kommanditgesellschaften auf Aktien,
- 3 AG & Co KGaA,
- 1 GmbH & Co KGaA,
- 375 Gesellschaften mit beschränkter Haftung,
- 2 GmbH & Co. KG,
- 5 Erwerbs- und Wirtschaftsgenossenschaften.

Ausgenommen sind vom MitbestG Unternehmen der Montanindustrie (siehe unten S. 268 ff.) und Tendenzunternehmen (§ 1 Abs. 4).

Einen Überblick über das Organisationsmodell der mitbestimmten AG vermittelt Abb. 3.3.6.

(1) Entscheidungsgremium

a) Der **Aufsichtsrat** besteht aus mindestens 12 Mitgliedern; ihre Zahl erhöht sich in Abhängigkeit von der Unternehmensgröße, bemessen nach Beschäftigtenzahl (§ 7). Zur gesetzlichen Zusammensetzung nach §§ 7, 15 Abs. 1 S. 2 siehe im Einzelnen Tab. 3.3.5; für die tatsächliche Zusammensetzung des mitbestimmten Aufsichtsrates vgl. die Befunde bei *Gerum/Steinmann/Fees* ([Aufsichtsrat] 46 ff.).

Für die Wahl und Abberufung der Anteilseignervertreter (§ 8) gilt das Aktienrecht, für die der Arbeitnehmer das MitbestG. Danach werden in Unternehmen mit bis zu 8000 Arbeitnehmern deren Vertreter in der Regel direkt gewählt (Urwahl). In größeren Unternehmen gilt als Regelfall die Wahl durch Delegierte (vgl. Abb. 3.3.6). Eine Entscheidung durch die Arbeitnehmer für den jeweils anderen Wahlmodus ist zulässig (§ 9).

Tab. 3.3.5 macht deutlich, dass die Arbeitnehmer des Unternehmens gegenüber den Vertretern der Gewerkschaften dominieren. Die Leitenden Angestellten genießen eine Vorzugsstellung. Unabhängig vom Wahlverfahren muss dem Auf-

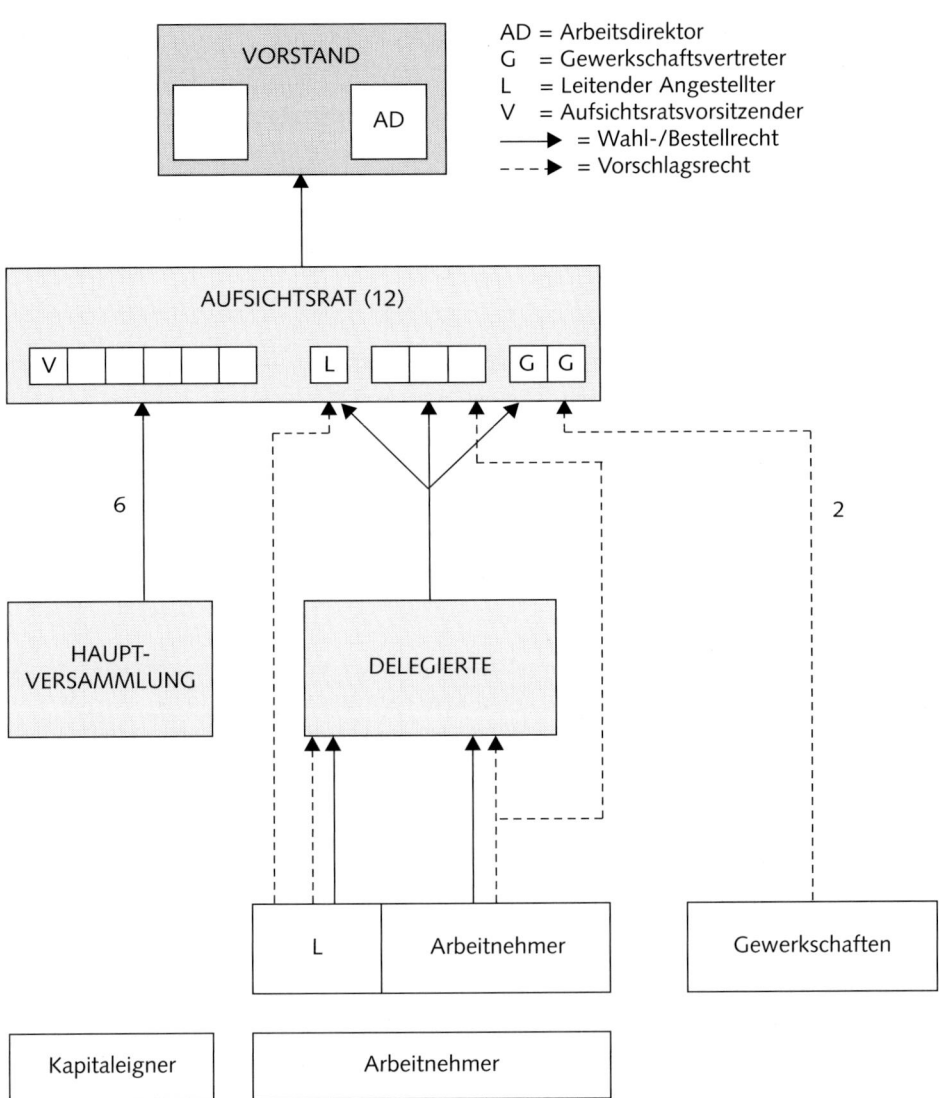

Abbildung 3.3.6: Modell der mitbestimmten AG nach dem MitbestG

sichtsrat ein leitender Angestellter angehören (§§ 15 Abs. 1 S. 2, 18 S. 3). Die Vertreter der Gewerkschaften im Aufsichtsrat werden von allen Arbeitnehmern bzw. den Delegierten gewählt. Die Wähler sind dabei an die Wahlvorschläge der im Unternehmen vertretenen Gewerkschaften gebunden (§ 16). Die Abberufung der Arbeitnehmervertreter erfolgt jeweils durch diejenigen, die sie gewählt haben (§ 23).

Tabelle 3.3.5: Zusammensetzung des Aufsichtsrates (MitbestG)

Unternehmensgröße (Beschäftigtenzahl)		> 2.000 bis 10.000	> 10.000 bis 20.000	> 20.000
Aufsichtsratsgröße Repräsentanten		12	16	20
Kapitaleigner		6	8	10
Arbeitnehmer		6	8	10
davon	Unternehmensangehörige	3	5	6
	Ltd. Angestellte	1	1	1
	Gewerkschaften	2	2	3

b) Der **Vorstand** besteht wie nach Aktienrecht im Regelfall aus mindestens 2 Mitgliedern. Durch das MitbestG ist vorgeschrieben, dass (davon) ein gleichberechtigtes Vorstandsmitglied für das Personalressort (**Arbeitsdirektor**) zuständig sein muss (§ 33).

c) Was die **Hauptversammlung** anbetrifft, so haben sich ihre Funktionen nur im Zusammenhang mit der Wahl der Aufsichtsratsmitglieder verändert. Wie bereits erwähnt, ist sie nur noch für die Wahl der Hälfte der Aufsichtsratsmitglieder, nämlich der Kapitaleignervertreter, zuständig.

(2) Entscheidungsprozess und Informationssystem

Die innere Ordnung des **Aufsichtsrates** hat durch das MitbestG erhebliche Änderungen erfahren (zur Empirie vgl. Gerum/Steinmann/Fees [Aufsichtsrat] 97 ff.). Für die Wahl des Aufsichtsratsvorsitzenden und seines (einen) Stellvertreters ist ein besonderes Verfahren vorgesehen (§ 27), das im Konfliktfall der Kapitaleignerseite den Aufsichtsratsvorsitz sichert. Im ersten Wahlgang ist für die Wahl der beiden Vorsitzenden eine ⅔-Mehrheit der Soll-Mitgliederzahl des Aufsichtsrats erforderlich; wird sie nicht erreicht, wählen im zweiten Wahlgang die Anteilseignervertreter den Aufsichtsratsvorsitzenden und die Arbeitnehmerrepräsentanten den (einen) Stellvertreter jeweils mit der Mehrheit der abgegebenen Stimmen. Diese Regelung ist für die Gesamteinschätzung der formalen Einflussverteilung zwischen Kapital und Arbeit von entscheidender Bedeutung, da dem Aufsichtsratsvorsitzenden bei Pattsituationen ein Zweitstimmrecht zusteht. Das bedeutet, dass im Konfliktfall das Kapitaleignerinteresse dominieren kann. Das gilt sowohl für die Bestellung des Vorstandes (einschließlich Arbeitsdirektor) und deren Widerrufung (§ 31) sowie für allgemeine Sachentscheidungen von der Art etwa der zustimmungspflichtigen Geschäfte (§ 29).

Der Entscheidungsprozess in **Vorstand** und **Hauptversammlung** bleibt vom MitbestG unberührt. Auch das Informationssystem hat sich für keines der drei Organe verändert.

Mit dem Organisationsmodell der mitbestimmten AG ist der zentrale Gehalt des MitbestG erfasst. Von der Mitbestimmung werden allerdings auch Unternehmen in der Rechtsform der GmbH in beträchtlichem Umfang erfasst (2004: 375 Unternehmen). Deshalb sei noch auf die entscheidende rechtsformabhängige Besonderheit der mitbestimmten GmbH hingewiesen. Die **mitbestimmte GmbH** hat entsprechend der mitbestimmten AG nun zwingend einen Aufsichtsrat. Da aber, wie bei der nicht mitbestimmten GmbH, die omnipotente Durchgriffsmöglichkeit der Gesellschafter (Kapitaleigner) mittels der Gesellschafterversammlung auf alle Unternehmensaktivitäten weiterbesteht (vgl. oben S. 238 ff.), kann der mitbestimmte Aufsichtsrat faktisch zu einem einflusslosen Organ gemacht werden. Die Arbeitnehmermitbestimmung auf Unternehmensebene läuft dann leer (vgl. Theisen [Aufgabenverteilung], Gerum/Steinmann/Fees [Aufsichtsrat]).

3.5.2.1.1.2   Mitbestimmung im Konzern

Praktisch sehr relevant ist die Mitbestimmung im Konzern, da ca. 90% der vom MitbestG 1976 erfassten AG konzerniert sind. Um die Einwirkungsmöglichkeiten der Arbeitnehmer auf die Unternehmenspolitik abschätzen zu können, ist an die obige Darstellung (Abschn. 3.3.1.2.3.1) zum Entscheidungsprozess im Vertragskonzern und im faktischen Konzern anzuknüpfen. Grundsätzlich gilt, dass die Mitbestimmung im Konzern nicht weiter reichen kann als das Einflusspotenzial der Aufsichtsräte in der Ober- und der Untergesellschaft (vgl. zum Folgenden Gerum/Richter/Steinmann [Unternehmenspolitik] 350 ff. sowie Richter [Aktiengesellschaftskonzern]).

(1) Einen ersten Ansatzpunkt, die Arbeitnehmerinteressen im **Vertragskonzern** zur Geltung zu bringen (vgl. Abb. 3.3.2.) bieten in der Konzernmutter neben der Personalhoheit des Aufsichtsrates vor allem die zustimmungspflichtigen Geschäfte. Eine weitere Möglichkeit könnte sich bei der Konzerntochter ergeben, wenn durch die Weisung des Vorstands der Mutter (§ 308 Abs. 1 AktG) ein Vorbehaltsgeschäft des Aufsichtsrats der Tochter betroffen ist. Verweigert der Tochter-Aufsichtsrat die Zustimmung, so erfolgt ein Rückverweis an die Konzernmutter (§ 308 Abs. 3 AktG). Der Rückverweis letztlich an den mitbestimmten Aufsichtsrat des herrschenden Unternehmens ermöglicht es, die Existenz von Interessenkonflikten zu signalisieren. Unter dem Mitbestimmungsaspekt können sich solche Interessenkonflikte z. B. bei Stilllegungen, Betriebsstättenverlagerungen oder Rationalisierungsinvestitionen ergeben.

Man wird allerdings nicht davon ausgehen können, dass eine Zustimmungsverweigerung durch den Aufsichtsrat der abhängigen Gesellschaft in der Regel auch zu einer Ablehnung im Aufsichtsrat des herrschenden Unternehmens führen wird.

Das aus zwei Gründen: Einmal wird – auch nach dem MitbestG 1976 – der Aufsichtsrat der Obergesellschaft mehrheitlich vom Kapitalinteresse beherrscht. Ferner wird man oft nicht davon ausgehen können, dass die Interessenlagen der Arbeitnehmer in Ober- und Untergesellschaft immer identisch sind. Somit kann dann auch nicht zwangsläufig ein gleichlautendes Votum der Arbeitnehmervertreter in beiden Aufsichtsräten erwartet werden. Das beschriebene Verfahren wird somit häufig eher eine **aufschiebende** und nicht eine aufhebende Wirkung haben. Die Folge davon mag natürlich sein, dass sich der Interessenkonflikt dann auf der betriebsverfassungsrechtlichen Ebene (vgl. unten S. 278 ff.) in Form von Widerständen gegen die Durchsetzung der Konzernpolitik in der Tochter fortsetzen wird.

(2) Im **faktische Konzern** ist – wie oben erläutert – der Tochter-Aufsichtsrat entscheidend, um die Konzernpolitik durchzusetzen. Die personellen Verflechtungen zwischen Mutter und Tochter müssen das fehlende Weisungsrecht ersetzen. In dem Umfang, wie der Tochter-Aufsichtsrat zur Durchsetzung der Konzernpolitik mit Vorbehaltsgeschäften ausgestattet ist, wächst gleichzeitig den Arbeitnehmervertretern ein Potenzial zur Interessenwahrung zu. Mit der Möglichkeit eines «angewiesenen» und gleichzeitig für den Aufsichtsrat der Tochter zustimmungspflichtigen Geschäfts hat dieser eine Chance, die Durchsetzung der Konzernpolitik zu verhindern. Damit wird die «Janusköpfigkeit» des Instruments der Vorbehaltsgeschäfte deutlich. Allerdings besteht die Möglichkeit weiter, die Zustimmung des Aufsichtsrates durch einen Beschluss der Hauptversammlung der Tochter, in der der Vorstand des herrschenden Unternehmens mittels der Beteiligungsmehrheit dominiert, nach § 111 Abs. 4 Satz 3 und 4 AktG zu ersetzen.

3.5.2.1.2 Montanmitbestimmung

Das Montan-MitbestG von 1951 und das Mitbestimmungsergänzungsgesetz von 1956 erfassen zur Zeit ca. 50 Firmen, die gemäß § 1 Montan-MitbestG als Unternehmen des Bergbaus und der eisen- und stahlerzeugenden Industrie zu qualifizieren sind, i. d. R. mehr als 1000 Arbeitnehmern beschäftigen und die betrieben werden in der **Rechtsform** einer

• Aktiengesellschaft oder
• Gesellschaft mit beschränkter Haftung.

Liegt der vom Montan-MitbestG geforderte überwiegende Montananteil in der Geschäftätigkeit des Unternehmens nicht mehr vor oder fehlt es an der Arbeitnehmerzahl, so entfällt die Montanmitbestimmung erst, wenn die gesetzlichen Voraussetzungen in 6 aufeinanderfolgenden Geschäftsjahren nicht mehr vorgelegen haben (§ 1 Abs. 3 Montan-MitbestG). Für Konzernobergesellschaften bleibt (nach der Novellierung des Mitbestimmungsergänzungsgesetzes von 1988) die Montanmitbestimmung bestehen, wenn die unter das Montan-MitbestG fallenden Konzernunternehmen und abhängigen Unternehmen insgesamt mindestens 20% aller Konzernumsätze erzielen (§ 3 Abs. 2 Satz 1 MitbErgG).

Abb. 3.3.7 gibt einen Überblick über das Organisationsmodell.

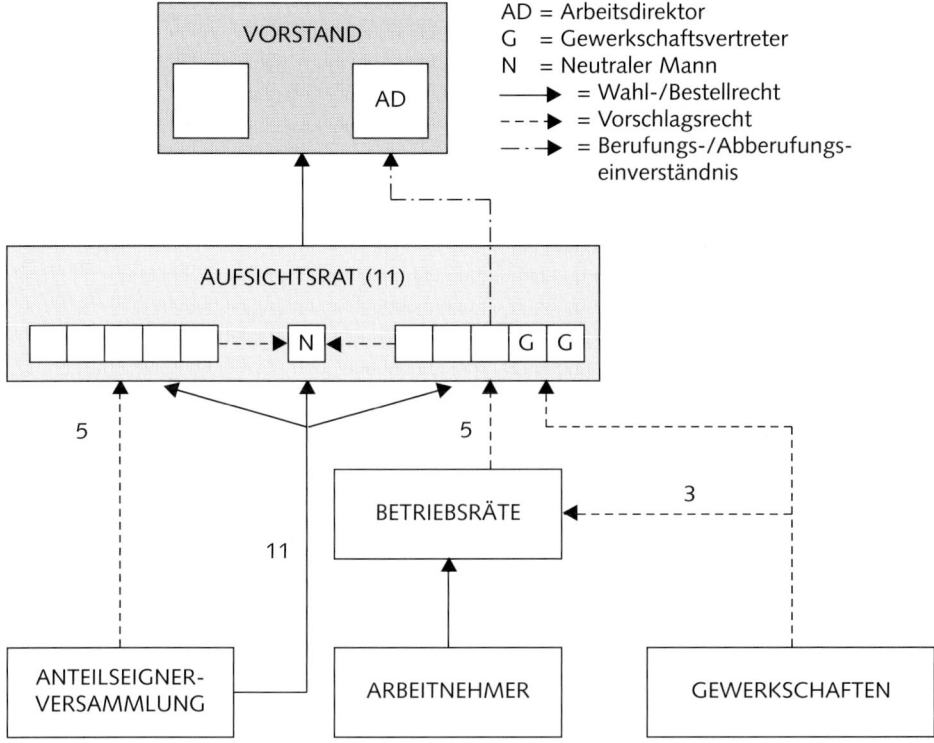

Abbildung 3.3.7: Modell der Montanmitbestimmung

(1) Entscheidungsgremien

a) Der **Aufsichtsrat** besteht aus mindestens 11 Mitgliedern; ihre Zahl kann mit steigendem Nennkapital (als Maß für die Unternehmensgröße) erhöht werden (§§ 4 Abs. 1, 9). Tab. 3.3.6 unterrichtet im Einzelnen über die Zusammensetzung. Für die dem MitbErgG unterliegenden Konzernobergesellschaften gelten hinsichtlich der Zusammensetzung der Arbeitnehmerbank und der Vertretung im Aufsichtsrat spezielle Regelungen (§§ 5, 6 MitbErgG).

Für die Wahl und Abberufung der Repräsentanten der Kapitaleigner gilt das Aktienrecht (§§ 5, 11 Abs. 1 Montan-MitbestG).

Für die Wahl der Arbeitnehmervertreter (vgl. Abb. 3.3.7) findet das Montan-MitbestG in Verbindung mit dem Aktienrecht Anwendung (§ 6 Montan-MitbestG). Alle Arbeitnehmervertreter werden durch die Betriebsräte (des Unternehmens) der Hauptversammlung (als Wahlorgan) vorgeschlagen. Die Aktionärs-

Tabelle 3.3.6: Zusammensetzung des Aufsichtsrates (Montan-MitbestG)

Aufsichtsratsgröße / Repräsentanten		11	15	21
Kapitaleigner		5	7	10
davon	«originäre» Mitglieder	4	6	8
	«weitere» Mitglieder	1	1	2
Arbeitnehmer		5	7	10
davon	Unternehmensangehörige	2	3	4
	Gewerkschaften	2	3	4
	«weitere» Mitglieder	1	1	2
Neutraler		1	1	1

versammlung ist allerdings bei der Wahl an diese Vorschläge gebunden. Der Vorschlag für die «unternehmensangehörigen» Arbeitnehmervertreter erfolgt nach Beratung mit den im Unternehmen vertretenen Gewerkschaften und deren Spitzenorganisationen (§ 6 Abs. 1). Die «Gewerkschaftsvertreter» sowie das «weitere» Mitglied werden den Betriebsräten von den Spitzenorganisationen nach vorheriger Beratung mit den im Betrieb vertretenen Gewerkschaften vorgeschlagen. Die Betriebsräte (Vollkonferenz) wählen daraus die Kandidaten für ihren Vorschlag an die Hauptversammlung aus (§ 6 Abs. 3–5). Unter den Repräsentanten der Arbeitnehmer müssen sich je nach Größe des Aufsichtsrats mindestens 2, 3 bzw. 4 Vertreter befinden, die im Unternehmen beschäftigt sind (§§ 6 Abs. 1, 9 Abs. 2 und 3).

Im Gegensatz dazu müssen die sog. «**weiteren**» Aufsichtsratsmitglieder der Arbeitnehmer und Kapitaleigner Externe sein. Sie dürfen darüber hinaus nicht i. S. von § 4 Abs. 2 «interessengebunden» (z. B. kein Angestellter einer Gewerkschaft) sein. Die Abberufung aller Arbeitnehmervertreter kann nur auf Vorschlag der jeweils für ihre Wahl vorschlagsberechtigten Gruppe durch die Hauptversammlung erfolgen (§ 11 Abs. 2).

Der sog. «**Neutrale**» (oder 11. Mann) im Aufsichtsrat wird auf gemeinsamen Vorschlag der gewählten Aufsichtsratsmitglieder von Kapital und Arbeit von der Hauptversammlung gewählt. Kommt ein gemeinsamer Vorschlag nicht zustande, so entscheiden letztlich die Kapitaleigner in der Hauptversammlung (§ 8 Abs. 3). Seine Abberufung kann nur aus wichtigem Grund durch Gericht erfolgen (§ 11 Abs. 3).

b) Der **Vorstand** setzt sich aus mindestens 2 Personen zusammen; einer davon muss der **Arbeitsdirektor** sein (§§ 2, 13). Er kann nicht gegen die Mehrheit der Stimmen der Arbeitnehmer im Aufsichtsrat bestellt und abberufen werden. Diese Bindung an die Arbeitnehmerseite ändert aber nichts daran, dass der Arbeitsdirektor als Vorstandsmitglied bei seiner Tätigkeit dem Wohl des Gesamtunternehmens verpflichtet bleibt.

c) Die Funktionen der **Hauptversammlung** nach dem AktG sind formal gleichgeblieben, materiell aber, was die Wahl der Aufsichtsratsmitglieder betrifft, entleert worden. Die Wahl der Arbeitnehmerrepräsentanten durch sie ist – wie gezeigt – ein rein äußerlicher Vorgang.

(2) Entscheidungsprozess und Informationssystem

Die Entscheidungsprozesse in Vorstand und Hauptversammlung haben bei der AG durch das Montan-MitbestG keine Änderung erfahren. Für den Aufsichtsrat gilt abweichend, dass er nur dann beschlussfähig ist, wenn mindestens die Hälfte seiner Mitglieder (nach Gesetz oder Satzung) an der Beschlussfassung teilnimmt (§ 10 Montan-MitbestG). Durch die Existenz des Neutralen Mannes ist Vorsorge getroffen, dass Pattsituationen auflösbar sind. Das aktienrechtliche Informationssystem bleibt vom Montan-MitbestG unberührt.

3.5.2.1.3   Drittelbeteiligungsgesetz

Das Gesetz über Drittelbeteiligung der Arbeitnehmer im Aufsichtsrat (DrittelbG), das seit 2004 das BetrVG 1952 ersetzt, ohne den bisherigen Geltungsbereich und Inhalt des Gesetzes zu verändern, erfasst nach Schätzungen derzeit ca. 2500 Unternehmen. Es unterstellt nach § 1 Unternehmen mit i. d. R. mehr als 500 Beschäftigten der Aufsichtsratsmitbestimmung, sofern sie in einer der folgenden **Rechtsformen** betrieben und nicht Tendenzunternehmen sind:

- Aktiengesellschaft,
- Kommanditgesellschaft auf Aktien,
- Gesellschaft mit beschränkter Haftung,
- Erwerbs- und Wirtschaftsgenossenschaft,
- Versicherungsverein auf Gegenseitigkeit.

Handelt es sich dabei um eine Konzernmutter, so nehmen auch die Arbeitnehmer von Konzernunternehmen an der Aufsichtsratswahl für das herrschende Unternehmen teil (§ 2 Abs. 1). Hat die Konzernmutter selbst weniger als 500 Arbeitnehmer, so werden die Arbeitnehmer eines Konzernunternehmens der Konzernmutter zugerechnet, wenn ein Beherrschungsvertrag besteht oder das abhängige Unternehmen in das herrschende eingegliedert wurde (§ 2 Abs. 2).

Abb. 3.3.8 informiert über das Organisationsmodell am Beispiel einer AG mit 9 Aufsichtsratsmitgliedern.

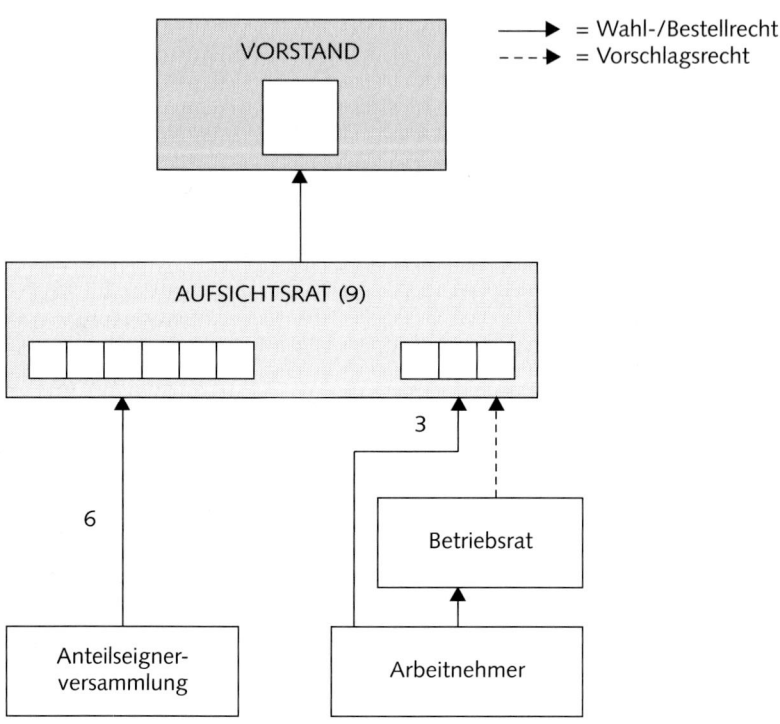

Abbildung 3.3.8: Modell der Aufsichtsratsmitbestimmung nach dem DrittelbG (Beispiel)

(1) Entscheidungsgremien

a) Der **Aufsichtsrat** besteht aus mindestens 3 und höchstens 21 Personen in Abhängigkeit von der Unternehmensgröße, gemessen am Grund- und Stammkapital (§ 4 Abs. 1 i.V.m. § 95 AktG). Die Zusammensetzung geht aus Tab. 3.3.7 hervor.

Die **Repräsentanten der Kapitaleigner** (²⁄₃ der Sitze) werden nach den Vorschriften des Aktienrechts gewählt und abberufen. Die **Vertreter der Arbeitnehmer** im Aufsichtsrat (¹⁄₃ der Sitze) werden durch alle Arbeitnehmer des Unternehmens direkt gewählt (Urwahl, § 5). Vorschläge hierfür können sowohl der Betriebsrat als auch die Belegschaft selbst machen. Was die Herkunft der Arbeitnehmervertreter angeht, so müssen der erste bzw. die ersten beiden Repräsentanten aus dem Unternehmen selbst stammen; die weiteren Vertreter können auch Externe oder leitende Angestellte sein. Nach § 4 Abs. 4 sollen unter den Aufsichtsratsmitgliedern der Arbeitnehmer Frauen und Männer entsprechend ihrem zahlenmäßigen Verhältnis

Tabelle 3.3.7: Zusammensetzung des Aufsichtsrates (DrittelbG)

Unternehmensgröße (Grundkapital)	≤ 1,5 Mio. Euro	> 1,5 bis 10 Mio. Euro	> 10 Mio. Euro
Aufsichtsratsgröße / Repräsentanten	max. 9	max. 15	max. 21
Kapitaleigner	6	10	14
Arbeitnehmer	3	5	7
davon — unternehmensintern	≥ 2	≥ 2	≥ 2
davon — unternehmensintern oder -extern	≤ 1	≤ 3	≤ 5

vertreten sein. Die Abberufung der Arbeitnehmervertreter kann mit ¾ der abgegebenen Stimmen durch die Gesamtbelegschaft erfolgen; antragsberechtigt sind der Betriebsrat oder 20% der Arbeitnehmer.

b) Das DrittelbG berührt den **Vorstand** nicht; d. h., es existiert auch kein Arbeitsdirektor. Die **Hauptversammlung** kann nur noch ⅔ der Aufsichtsratsmitglieder (Kapitaleigner) bestimmen.

(2) Entscheidungsprozess und Informationssystem

Hier haben sich keine Änderungen gegenüber dem Aktienrecht ergeben.

3.5.2.1.4 Diskussion der Organisationsmodelle – Ausgewählte Aspekte

Nach Darstellung der verschiedenen organisatorischen Lösungsmuster für die Aufsichtsratsmitbestimmung sollen einige ausgewählte, häufig strittige Aspekte der Mitbestimmung im Aufsichtsrat kurz diskutiert werden. Es handelt sich dabei um die Gewerkschaftsvertreter und die leitenden Angestellten sowie das Entscheidungsverfahren bei Stimmengleichheit im Aufsichtsrat.

(1) Die Berücksichtigung von **Gewerkschaftsvertretern** als Arbeitnehmerrepräsentanten zielt auf das qualitative Niveau der Interessenvertretung der Arbeitnehmer (Mitbestimmungskommission [Mitbestimmung] 107). Es dient einer Stärkung der Arbeitnehmerbank gegenüber den Kapitaleignern, die ihre Interessen i. d. R. durch hochqualifizierte Bankenvertreter oder Vorstände anderer Unternehmen wahrnehmen lassen. Wären die Arbeitnehmer für die Wahl ihrer Repräsentanten allein auf die Belegschaft ihres Unternehmens verwiesen und ihnen damit der Zugang zum gewerkschaftlichen Intelligenzpotenzial verwehrt, so würden dadurch weniger günstige Ausgangsbedingungen für die Verwirklichung eines Gleichgewichts der Kräfte geschaffen. Die bisherigen Erfahrungen mit der Mitbestimmung zeigen

nämlich, dass diese ihre volle Wirksamkeit erst durch die gewerkschaftliche Initiative (Schulung, Beratung, Vertretung) entfalten kann. Bedeutsam erscheint darüber hinaus, dass die Gewerkschaften aufgrund ihrer Übersicht über größere Wirtschaftsbereiche und die gesamtwirtschaftliche Entwicklung in der Lage sind, diejenigen Gesichtspunkte richtig vorzubringen, die für die Arbeitnehmerinteressen des Unternehmens wichtig sind, aber aus einer unternehmensbezogenen Sicht nicht oder nicht rechtzeitig erkannt werden.

(2) Es könnte nun gefragt werden, ob nicht gerade der Vertreter der **leitenden Angestellten** geeignet ist, das argumentative Defizit der Arbeitnehmerbank im Mitbestimmungsmodell 1976 zu kompensieren (zur Mitbestimmungsrealität vgl. Bamberg u. a. [Mitbestimmungsgesetz]). Aufgrund seiner besonderen Sachkunde wäre er dazu zweifellos in der Lage. Streitfrage ist jedoch, ob die leitenden Angestellten von ihrer Interessenlage her überhaupt zur Arbeitnehmerbank gerechnet werden können. Formale Stellung sowie faktisches Handeln in Unternehmen und Gesellschaft lassen Zweifel aufkommen (vgl. Pross/Boetticher [Manager]). Als **Indizien** hierfür können z. B. angeführt werden:

- Die leitenden Angestellten üben in den Betrieben die Arbeitgeberrolle aus (§ 5 Abs. 3 BetrVG) und befinden sich insofern in einer Interessenpolarität zur sonstigen Arbeitnehmerschaft.

- Die leitenden Angestellten verfügen mit den «Sprecherausschüssen» über eine eigenständige, deutlich von übrigen Arbeitnehmern distanzierte Interessenvertretung auf Betriebsebene (vgl. S. 288 f.).

- Die leitenden Angestellten bzw. Manager sind der Gruppe der Eigentümer soziologisch wahlverwandt, sie denken wie diese und empfinden sich ihnen sozial zugehörig.

Bei dieser Sachlage wird auch verständlich, warum die Gewerkschaften schon von daher das Montanmodell gegenüber dem (latent) unterparitätischen MitbestG 1976 favorisieren. Als weiterer, ganz prinzipieller und nicht vom Paritätsdenken herkommender Kritikpunkt gegen die Repräsentanz von leitenden Angestellten im Aufsichtsrat ist hinzuzufügen, dass es der Logik eines Kontrollgremiums widerspricht, wenn die zu kontrollierende Leitungsgruppe der Managementhierarchie selbst im Kontrollgremium vertreten ist.

(3) Das Entscheidungsverfahren bei Stimmengleichheit (**Patt-Auflösung**) nimmt in der Organisation des Entscheidungsprozesses eine herausragende Stellung ein, da damit festgeschrieben ist, wer im Konfliktfall letztlich entscheidet. Der gewählte Patt-Auflösungsmechanismus wirkt darüber hinaus auch in die Auseinandersetzungen im Vorfeld von Entscheidungen hinein. Sie fördern z. B. Lösungen, die auf Einigungszwang angelegt sind, die Kooperation und den argumentativ gestützten Kompromiss. Ein solches Patt-Auflösungsverfahren ist in der Montan-Mitbestimmung mit dem neutralen 11. Mann gefunden worden. Im MitbestG gibt der Aufsichtsratsvorsitzende, der faktisch ein Vertreter der Kapitaleignerseite ist, durch

seine Zweitstimme bei Stimmengleichheit den Ausschlag. Die Anteilseigner können somit im Zweifelsfall immer ihre Interessen vor denen der Arbeitnehmer zur Geltung bringen.

Es ist nun allerdings fraglich, ob dieser Patt-Auflösungsmodus unter **Legitimations**- wie auch unter **Motivationsaspekten** klug gewählt ist. Dort, wo schlichte (Stimm-) Macht das überzeugende Argument ersetzen kann, droht nicht nur die Qualität der Entscheidungen tendenziell zu leiden, sondern geht über kurz oder lang auch das Vertrauen in die Gerechtigkeit des Interessenausgleichs verloren. Das wiederum wird die gesetzliche Führungsorganisation als Quelle «legitimer» Entscheidungen diskreditieren und nach aller Erfahrung die Motivation negativ beeinflussen. Unter dem Effizienzgesichtspunkt kommt hinzu, dass dort, wo die rechtlichen Machtgrundlagen versagen, die faktischen Machtgrundlagen zum Zuge kommen. Wenn die Interessen der unterlegenen Gruppen nur hinreichend tangiert werden, wird es zu Widerstandshandlungen und Verzögerungen mit entsprechenden Folgekosten kommen. Nur beiläufig sei darauf hingewiesen, dass es genau diese Argumente sind, die ja immer wieder von Vorstandsmitgliedern angeführt werden, wenn ihre Praxis einstimmiger Beschlüsse (im Vorstand) verständlich zu machen versucht wird. Interessant ist in diesem Zusammenhang der empirische Befund, dass die Handlungsfähigkeit von Unternehmen im Sinne der Entscheidungs- und der Implementationsfähigkeit mit zunehmender Intensität der Mitbestimmung sogar steigen soll (vgl. Kirsch/Scholl [Mitbestimmung] 550).

3.5.2.1.5   Empirische Befunde

Die Reichweite der Mitbestimmung in der Unternehmensrealität lässt sich an Indikatoren festmachen. Dies sind die zustimmungspflichtigen Geschäfte (unternehmenspolitische Kompetenz) und die Ausgestaltung des Entscheidungsprozesses, aus denen sich das Mitbestimmungspotenzial des Aufsichtsrates ergibt.

(1) Eine Untersuchung der Satzungen und Geschäftsordnungen von Aufsichtsrat und Vorstand für die 281 AG, die 1979 dem MitbestG unterlagen, und für die 29 Montan-mitbestimmten AG ergab eine (deutliche) Differenz zugunsten des Montanmodells (vgl. näher Gerum/Steinmann/Fees [Aufsichtsrat] 71 ff.). Während in 90% der Montanunternehmen **zustimmungspflichtige Geschäfte** existierten, war dies nur bei 63% der dem MitbestG unterliegenden AG der Fall. Diese Differenz müsste sich seit 2002 durch die Pflicht zu zustimmungspflichtigen Geschäften nivelliert haben. Bemerkenswert ist weiter der inhaltliche Vergleich der zustimmungspflichtigen Geschäfte. Danach war die Unternehmensstrategie (Produkt-Markt-Konzept) bei Montanunternehmen in 52% der Fälle ein Vorbehaltsgeschäft, im Gegensatz zu nur 20% bei den anderen mitbestimmten Unternehmen (vgl. oben Tabelle 3.3.2). Ob und inwieweit sich dies in der Aufsichtsratspraxis zwischenzeitlich geändert hat, bleibt abzuwarten. Traditionen sind hier erfahrungsgemäß sehr wirkungsmächtig.

(2) Die organisatorische **Ausgestaltung** des **Entscheidungsprozesses** des mitbestimmten Aufsichtsrates in den Unternehmensstatuten gibt Aufschluss über gewollte Machtverschiebungen. Beim MitbestG 1976 können hierfür als Indikatoren gelten:

- die Bestellung eines zweiten von der Anteilseignerseite gestellten Stellvertreters des Aufsichtsratsvorsitzenden;
- die Errichtung von Ausschüssen, die ausschließlich oder übergewichtig mit Anteilseignervertretern zu besetzen sind;
- die Möglichkeit des Nachschiebens von Tagesordnungspunkten im Ermessen des Aufsichtsratsvorsitzenden;
- die Verschärfung der Beschlussfähigkeit des Aufsichtsrates durch einseitig die Anteilseigner bevorteilende Bestimmungen;
- die Möglichkeit der Vertagung der Beschlussfassung bei Abwesenheit des Vorsitzenden;
- der zwingende Einsatz der Zweitstimme des Vorsitzenden;
- die grundsätzliche Verschärfung der Verschwiegenheitspflicht.

Tabelle 3.3.8: Indikatoren zum Entscheidungsprozess im Aufsichtsrat (Gerum/Steinmann/Fees [Aufsichtsrat] 119)

Regelungsintensität	AG N = 281	GmbH N = 174
0 Regelungen	126 (45%)	87 (50%)
1 Regelungen	80 (28%)	55 (32%)
2 Regelungen	42 (15%)	21 (12%)
3 Regelungen	29 (10%)	11 (6%)
4 Regelungen	4 (1%)	–

Wie Tabelle 3.3.8 zeigt, fanden sich in mehr als der Hälfte der AG Regelungen, die das Mitbestimmungspotenzial der Arbeitnehmer beschneiden; bei der GmbH war das in der Hälfte der Unternehmen der Fall. Die Analyse der montanmitbestimmten AG zeigte, dass hier kaum (diskriminierende) Regelungen zum Entscheidungsprozess existierten.

(3) Das **Mitbestimmungspotenzial des Aufsichtsrates** von AG ergibt sich schließlich aus der Verknüpfung und Bewertung seiner materiellen Kompetenzen insbesondere zur Unternehmenspolitik und der Regelungen zum Entscheidungsprozess (vgl. Gerum/Steinmann/Fees [Aufsichtsrat] 121 ff.) Für die Bewertung wurde eine Skala von 0–9 zugrundegelegt. Wie Tabelle 3.3.9 zeigt, liegen sowohl der Median (4,0) als auch das arithmetische Mittel (3,7) nicht nur weit unter dem maximal möglichen Einflusswert (9), sondern sogar noch unter dem Eichwert des «neutralen

Tabelle 3.3.9: Mittleres Mitbestimmungspotenzial des Aufsichtsrates von AG – MitbestG 1976 (Gerum/Steinmann/Fees [Aufsichtsrat] 124 ff.)

Statistische Kennwerte / Einflussgrößen	Arithmetisches Mittel	Median
Untersuchungsgesamtheit	3,7	4,0
Konzernobergesell./Konzernfreie Unternehmen	3,5	3,0
Konzernuntergesellschaften	3,9	4,0
Montan-Töchter	5,3	6,0
Private Unternehmen	3,4	3,0
Öffentliche Unternehmen	4,8	5,0
Eigentümer-Unternehmen	3,3	3,0
Manager-Unternehmen	3,9	4,0
Inländische Unternehmen	3,8	4,0
Ausländische Unternehmen	3,1	3,0
Aufsichtsratsgröße		
– 12er Aufsichtsrat	3,4	3,0
– 16er Aufsichtsrat	4,0	4,0
– 20er Aufsichtsrat	4,1	4,0
Gewerkschaftszuständigkeit		
– IG Metall	3,4	3,0
– IG Chemie	4,0	4,0
– HBV	2,7	3,0
– ÖTV	5,2	5,0

Falles» (4,5). Dieses Ergebnis bringt plastisch das schwache Einflusspotenzial der Arbeitnehmer zum Ausdruck, wie es sich aus den Unternehmensstatuten der mitbestimmten AG ergibt. Es verdankt sich weniger diskriminierenden Regelungen zum Entscheidungsprozess, als vielmehr der **allgemeinen Machtlosigkeit** des **Aufsichtsrates** in Fragen der Unternehmenspolitik. Dies tangiert zugleich auch das Einflusspotenzial der Kapitaleigner im Aufsichtsrat und demonstriert die **Entscheidungsautonomie** des **Management**.

Die Befunde der verhaltenswissenschaftlichen Studie von *Kirsch/Scholl/Paul* ([Mitbestimmung]), die sowohl für das MitbestG 1976 als auch die Montan-Mitbestimmung den tatsächlichen Einfluss der Unternehmensleitungen sowie der Anteilseigner und Arbeitnehmer im Aufsichtsrat untersuchten, bestätigten global betrachtet das formale Einflussgefälle zwischen dem Montanmodell und dem 76er Bereich. Im Einzelnen wird dies durch die Befunde zur Wahl des Arbeitsdirektors (S. 153 ff.) und die Mitbestimmungspraxis bei der Investitions- und Personalplanung (S. 312 ff., S. 377 ff.) untermauert. Diesen Befunden zufolge muss von einem gleichen (mittleren) Einfluss von Anteilseignern und Arbeitnehmern in den Montan-Aufsichtsräten ausgegangen werden.

(4) Was die **Mitbestimmung im Konzern** anbetrifft, so zeigt Tab. 3.3.9 das noch schwächere Mitbestimmungspotenzial bei den Konzernmüttern (3,5). Eine Detailanalyse machte weiter deutlich, dass spezielle Zustimmungsvorbehalte für die Angelegenheiten bei den Konzerntöchtern fast völlig fehlten (Gerum/Steinmann/ Fees [Aufsichtsrat] 75 f.). Dies mag sich in Folge des Gesetzes zur Kontrolle und Transparenz im Unternehmensbereich von 1998 (KonTraG) geändert haben, das vom Vorstand ein konzernweites «Risikomanagement» und den Aufbau eines entsprechenden Überwachungssystems verlangt (§ 91 Abs. 2 AktG). Insoweit dürften auch die Aufsichtsräte von Konzernmüttern sensibilisiert sein. Ferner könnte dies zu einer Ausweitung der Vorbehaltsgeschäfte bei den Konzerntöchtern führen, was (zugleich) der Mitbestimmung dort und damit dem Widerstandspotenzial gegenüber Weisungen des Konzernvorstandes zugute käme.

3.5.2.2   Betriebliche Ebene

3.5.2.2.1   Betriebsratsmitbestimmung

Geht man davon aus, dass die Entscheidungen im politischen System des Unternehmens den Handlungsrahmen für das administrative und operative System abstecken, dann kommt die Mitbestimmung auf betrieblicher Ebene typischerweise in dem Spielraum zum Zuge, den die Aufsichtsratsmitbestimmung durch ihre unternehmenspolitischen Entscheidungen belässt (vgl. nochmals Abb. 3.3.5). Die Interessenvertretung der Arbeitnehmer – ohne leitende Angestellte – erfolgt im gesetzlichen Regelfall auf der Betriebsebene durch den Betriebsrat. Seine Rechte und der Entscheidungsprozess zwischen ihm und dem Arbeitgeber sind im BetrVG 1972/2001 geregelt.

Es ist hier auf einen wichtigen Unterschied zwischen Aufsichtsrats- und Betriebsratsmitbestimmung hinzuweisen. Die Mitbestimmung auf Unternehmensebene ist in einem gesellschaftsrechtlichen Organ verankert. Dies hat zur Konsequenz, dass sie sich **innerhalb** des unternehmerischen Entscheidungsprozesses vollzieht. Demgegenüber ist der Betriebsrat nicht Bestandteil des gesellschaftsrechtlichen Entscheidungssystems und kann deshalb auf die Entscheidungen nur gleichsam **von außen** einwirken. Diese Position des Betriebsrates ist Ausfluss des **Vertragsmodells** des Unternehmens (vgl. oben S. 245 ff.), in dem die Beziehungen zwischen Eigentümerverband und Arbeitnehmern durch den Arbeitsvertrag hergestellt werden.

Das BetrVG und damit der Betriebsrat haben dann den Sinn, die **Direktionsbefugnis des Arbeitgebers** im (durch den Arbeitsvertrag begründeten) Arbeitsverhältnis **einzuschränken** bzw. zu **kontrollieren** und damit die Interessen der Arbeitnehmer zu schützen (hierzu und zur historischen Entwicklung der Betriebsverfassung siehe näher Gerum [Betriebsverfassung]).

3.5.2.2.1.1 Organisationsmodelle nach dem BetrVG

Das BetrVG erfasst alle Betriebe mit mindestens 5 ständig beschäftigten Arbeitnehmern (§ 1). Unter «**Betrieb**» im arbeitsrechtlichen Sinne ist dabei die organisatorische Zusammenfassung von persönlichen, sachlichen und immateriellen Mitteln zur fortgesetzten Verfolgung eines arbeitstechnischen Zweckes zu verstehen, der über die Eigenbedarfsdeckung hinausgeht.

Private Haushalte und Dienststellen der öffentlichen Verwaltung sind in diesem Sinne keine Betriebe. Nach § 4 gelten auch als selbständige Betriebe solche Betriebsteile, die die Voraussetzungen des § 1 erfüllen und entweder hinreichend weit vom Hauptbetrieb entfernt sind oder durch Aufgabenbereich und Organisation eigenständig sind. Deshalb kann ein Unternehmen, d. h. eine unter einheitlicher Leitung stehende autonome Wirtschaftseinheit, durchaus mehrere Betriebe und damit mehrere Betriebsräte (als Gremien) haben.

Innerhalb des so definierten **sachlichen Geltungsbereichs** genießen den Schutz des BetrVG (§ 5) nur diejenigen Beschäftigten (**persönlicher Geltungsbereich**), die nicht

- Vorstandsmitglieder, Geschäftsführer anderer juristischer Personen und Personengesellschaften sind oder
- eine Stellung als leitende Angestellte innehaben (zur Einstellung und Entlassung berechtigt; Generalbevollmächtigte; Prokuristen; für Bestand und Entwicklung des Betriebes besonders gewichtige Aufgaben; weitere formale Kriterien nach § 5 Abs. 4).

Der Grund für den Ausschluss der genannten Personengruppen ist darin zu sehen, dass sie im Unternehmen die Arbeitgeberrolle ausüben und deshalb natürlich gerade nicht zur Gruppe der schutzbedürftigen Arbeitnehmer gehören können (**Grundsatz der Gegnerfreiheit**).

3.5.2.2.1.1.1 Gesetzliches Basismodell

Das gesetzliche Basismodell für das Zusammenwirken der Arbeitgeber- und Arbeitnehmerseite auf Betriebsebene verdeutlicht Abb. 3.3.9.

(1) Entscheidungsgremien

Aus den einleitenden Überlegungen zur Betriebsratsmitbestimmung ergibt sich bereits, dass hier nicht wie bei der Aufsichtsratsmitbestimmung ein einheitliches, beide Interessengruppen (Parteien) umfassendes Entscheidungsgremium als organisatorisches Grundmuster in Frage kommen kann. Es geht vielmehr um die Bildung **interessenhomogener Organe**, die dann als solche zur Erzielung eines Interessenausgleichs interagieren (informieren, beraten, verhandeln, entscheiden):

Arbeitgeberseite

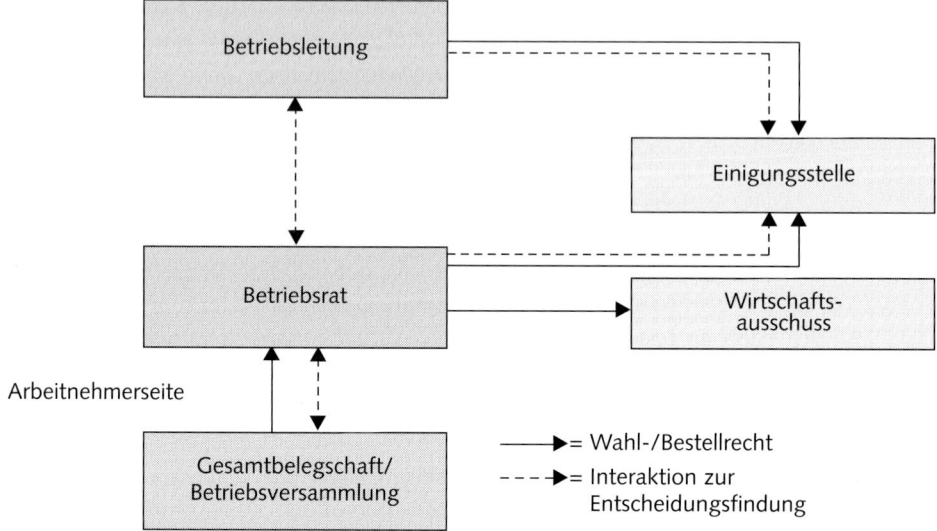

Arbeitnehmerseite

Abbildung 3.3.9: Das gesetzliche Organisationsmodell der Betriebsratsmitbestimmung

- Betriebsrat,
- Wirtschaftsausschuss,
- Betriebsversammlung,
- Einigungsstelle.

a) Die Größe des **Betriebsrates** richtet sich nach der Zahl der im Betrieb i. d. R. beschäftigten wahlberechtigten Arbeitnehmer (z. B. bei 5–20 Arbeitnehmern: 1 Betriebsrat, bei 51–100: 5, bei 401–700: 11 usw.; § 9 BetrVG). In der personellen Zusammensetzung soll der Betriebsrat die Organisationsbereiche, Beschäftigungsarten und Geschlechter widerspiegeln (§ 15). Seine Wahl erfolgt durch die Gesamtheit der Belegschaft auf 4 Jahre (§§ 13 ff.). Der Betriebsrat ist also nicht – wie manchmal angenommen – ein Organ der gewerkschaftlich organisierten Arbeitnehmer. Eine vorzeitige Abwahl des Betriebsrates ist nicht möglich. Auf Antrag von ¼ der wahlberechtigten Arbeitnehmer, des Arbeitgebers oder einer im Betrieb vertretenen Gewerkschaft kann jedoch vom Arbeitsgericht wegen grober Verletzung seiner gesetzlichen Pflichten ein Betriebsratsmitglied ausgeschlossen oder der Betriebsrat als Ganzes aufgelöst werden (§ 23 Abs. 1).

Zum Schutz der Arbeitnehmerinteressen sind dem Betriebsrat genau umschriebene **Kompetenzen** eingeräumt, die in verschiedenen sachlichen Bereichen mit einer unterschiedlichen Einflussintensität ausgestattet sind.

Die **sachlichen** Bereiche hat der Gesetzgeber unterschieden in:

- soziale Angelegenheiten (§§ 87–89 sowie §§ 90, 91),
- personelle Angelegenheiten (§§ 92–105),
- wirtschaftliche Angelegenheiten (§§ 106–113).

Die **Intensität der Einflussmöglichkeiten** auf Entscheidungen durch den Betriebsrat lässt sich im Sinne zunehmender Bedeutung wie folgt ordnen:

Mitwirkungsrechte

- Recht auf Information (einschließlich Einsicht in Unterlagen),
- Recht auf Anhörung,
- Recht auf Beratung und Verhandlung,
- Recht auf Widerspruch (mit aufschiebender Wirkung).

Mitbestimmungsrechte

- Aufhebungsanspruch,
- Zustimmung oder Vetorecht,
- Initiativrecht.

Erst auf der höchsten Intensitätsstufe, nämlich beim Initiativrecht, ist der Betriebsrat von seinen Aktionsmöglichkeiten dem Arbeitgeber gleichgestellt; die Ausübung der Zustimmungs- bzw. Vetorechte ist bloße Reaktion. In Tab. 3.3.10 findet sich eine Aufgliederung der sachlichen Bereiche nach der Intensität der Einflussrechte des Betriebsrates (wesentliche Vorschriften).

Um die Koordination zwischen den Betrieben einer Unternehmung bzw. eines Konzerns zu ermöglichen, ist vom Gesetz die Einrichtung eines (obligatorischen) **Gesamtbetriebsrates** (§§ 47 ff.) und eines (fakultativen) **Konzernbetriebsrates** (§§ 54 ff.) vorgesehen. In beiden Fällen ist entscheidend, dass die Kompetenzen der einzelnen Betriebsräte (als Gremien) voll erhalten bleiben. Die beiden genannten übergeordneten Gremien haben also nur abgeleitete Befugnisse, die unterschiedlich weit von Informations- bis zu Entscheidungsrechten reichen können (§§ 50, 58).

b) Ein zweites wichtiges Gremium (allerdings ohne Entscheidungsbefugnis) auf Betriebsebene ist der **Wirtschaftsausschuss.** Er ist in allen Unternehmen mit i. d. R. mehr als 100 ständig beschäftigten Arbeitnehmern zu bilden (§ 106 Abs. 1). Seine Größe kann zwischen mindestens 3 und höchstens 7 Mitgliedern, darunter mindestens ein Betriebsratsmitglied, schwanken. Die Mitglieder des Wirtschaftsausschusses werden vom Betriebsrat bestellt; sie müssen alle aus dem Unternehmen stammen und können auch leitende Angestellte (§§ 5 Abs. 3) sein (§ 107). Aufgabe des Wirtschaftsausschusses ist es, wirtschaftliche Angelegenheiten mit dem Unternehmer zu beraten und den Betriebsrat zu unterrichten.

Tabelle 3.3.10: Synopse der Beteiligungsrechte des Betriebsrates

MITWIRKUNGSRECHTE	MITBESTIMMUNGSRECHTE
Recht auf Information über	**Anspruch auf Aufhebung von**
– § 90: Planungen zur Gestaltung von Arbeitsplatz, Arbeitsablauf und Arbeitsumgebung	– § 98 Abs. 2: Bestellung eines betrieblichen Ausbilders
– § 92 Abs. 1: Personalplanung	– §§ 99 Abs. 1, 100 Abs. 2, 101: personellen Einzelmaßnahmen
– § 99 Abs. 1: personelle Einzelmaßnahmen (Einstellung, Eingruppierung, Umgruppierung, Versetzung)	**Zustimmungs- oder Vetorecht bei**
– § 106 Abs. 2: wirtschaftliche Angelegenheiten (Wirtschaftsausschuss)	– § 87 Abs. 2: sozialen Angelegenheiten
– § 111 Abs. 2: Betriebsänderungen, z. B. Stilllegungen	– § 94: Inhalt von Personalfragebögen und Beurteilungsgrundsätzen
Recht auf Anhörung zu	– § 95: Auswahlrichtlinien
– § 102 Abs. 1: Kündigungen	– § 97 Abs. 2: Fort- und Weiterbildung
Recht auf Beratung und Verhandlung bei	– § 98 Abs. 2: Bestellung eines betrieblichen Ausbilders
– § 90, 92 Abs. 1, 106 Abs. 1, 111 Abs. 1 (s. o.)	**Initiativrechte bei**
– § 92a Abs. 2: Beschäftigungssicherung	– § 87 Abs. 2: sozialen Angelegenheiten
– § 96 Abs. 1: Förderung der Berufsbildung	– § 91 S. 1: nicht menschengerechten Arbeitsplätzen
– § 97 Abs. 1: Einrichtungen und Maßnahmen der Berufsbildung	– § 95 Abs. 2: Personalauswahlrichtlinien
Recht auf Widerspruch bei	– § 98 Abs. 4: Durchführung betrieblicher Berufsbildungsmaßnahmen und der Teilnahme bestimmter Arbeitnehmer
– §§ 99, 102: s. o.	– § 112 Abs. 4: Aufstellung eines Sozialplans
– § 103: außerordentliche Kündigung	

c) Ein weiteres interessenhomogenes Gremium der Arbeitnehmer auf Betriebs-ebene ist die **Betriebsversammlung** (Abteilungsversammlung) (§ 42). Sie besteht aus den Arbeitnehmern des Betriebes (der Abteilung). Sie kann alle die Arbeitneh-mer und den Betrieb berührenden Fragen, insbesondere solche tarif- und sozial-politischer sowie wirtschaftlicher Art, behandeln, dem Betriebsrat Anträge unter-breiten und zu seinen Beschlüssen Stellung nehmen (§ 45). Es handelt sich hier also nicht um ein Gremium, das Entscheidungen fällt, sondern diese höchstens interes-senmäßig vorbereitet und nachträglich «überprüft».

d) Aus der Notwendigkeit heraus, im Konfliktfalle letztlich zu einer Entscheidung zu kommen, können Betriebsleitung (Arbeitgeber) und Betriebsrat eine **Einigungs-stelle** einrichten (§ 76). Sie setzt sich aus einer gleichen Anzahl von Vertretern der beiden Parteien und einem unparteiischen Vorsitzenden zusammen, auf den sich beide Seiten einigen müssen. Ihre Funktion ist es, die Nicht-Einigung zwischen den betrieblichen Parteien durch Entscheidung zu ersetzen.

(2) Entscheidungsprozess

Da Wirtschaftsausschuss und Betriebs- bzw. Abteilungsversammlung keine Ent-scheidungsgremien im eigentlichen Sinn sind, genügt es, auf den Entscheidungs-prozess in Betriebsrat und Einigungsstelle einzugehen.

a) Für die innere Ordnung des **Betriebsrates** ist entscheidend, dass alle Mitglieder gleichberechtigt sind. Der Betriebsratsvorsitzende und sein Stellvertreter genießen keine Sonderstellung. Nach § 26 Abs. 3 vertreten sie den Betriebsrat im Rahmen der von ihm gefassten Beschlüsse («Sprachrohrfunktion») und sind berechtigt, für diesen Erklärungen entgegen zunehmen («Hörrohrfunktion»). Der Betriebsrat kann zur besseren Bewältigung seiner Aufgaben (auch entscheidungsbefugte) Ausschüsse bilden (§ 28). Ferner kann er Vertreter der Gewerkschaften zu seiner Beratung hinzuziehen (§§ 2 Abs. 2, 31). Die Beschlussfassung im Betriebsrat erfolgt mit einfacher Mehrheit der anwesenden Mitglieder; zur Beschlussfähigkeit ist erfor-derlich, dass an der Beschlussfassung mindestens die Hälfte seiner Mitglieder teilnimmt (§ 33). Bei seinen Beschlüssen ist er in keiner Form – weder von der Belegschaft noch von den Gewerkschaften – weisungsabhängig.

b) Der Entscheidungsprozess zwischen **Betriebsleitung** und **Betriebsrat** bewegt sich – wie bereits erläutert – nicht im Rahmen eines gemeinsamen Gremiums. Die Aktions- bzw. Reaktionsmöglichkeiten der Parteien und damit ihre Verhandlungs-macht sind bei umfassendem Direktionsrecht des Arbeitgebers durch die jeweiligen Befugnisse des Betriebsrates (Mitwirkungs- oder Mitbestimmungsrechte) determi-niert. In diesem Rahmen sollen Betriebsrat und Arbeitgeber **vertrauensvoll zusam-menarbeiten** und bei ihren Entscheidungen sowohl das **Wohl** der **Arbeitnehmer** wie auch des **Betriebes** (Arbeitgeber) verfolgen (§ 2 Abs. 1). Den betrieblichen Parteien sind ferner Maßnahmen des Arbeitskampfes (Streik, Aussperrung) untersagt (§ 74 Abs. 2). Mit diesen Verhaltensmaximen will der Gesetzgeber den Konflikt zwischen Kapital und Arbeit so kanalisieren, dass einerseits umfassende Grundsatzkonflikte außerhalb des Betriebes in den Tarifverhandlungen ausgetragen werden und anderseits das verbleibende Konfliktpotenzial die produktive Funktion des Betriebes nicht beeinträchtigt. Konsequenz dieser Leitlinien ist bei der gegebenen Disparität der Einflussverteilung im betrieblichen Willensbildungsprozess, dass die formale Verhandlungsposition des Betriebsrates eher geschwächt zu werden droht.

Im Regelfall soll sich in dem Verhandlungsprozess ein gemeinsamer Wille bilden, der in einer **Betriebsvereinbarung** seinen Niederschlag findet (§ 77). Falls diese Einigung nicht erzielt werden kann, kommt bei den Mitbestimmungsrechten die **Einigungsstelle** als Konfliktlösungsmechanismus zum Zuge (§ 76). Der Spruch der Einigungsstelle ersetzt dann die Einigung zwischen Arbeitgeber und Betriebsrat. Die Beschlüsse der Einigungsstelle werden mit Stimmenmehrheit gefällt; eine eventuelle Pattsituation wird in einem zweiten Abstimmungsgang durch die Stimme des (neutralen) Vorsitzenden aufgelöst.

(3) Informationssystem

Das Informationsproblem auf Betriebsebene konzentriert sich auf die Arbeitnehmerrepräsentanten (Betriebsrat) und auf die Belegschaft selbst, da ja der Arbeitgeber kraft seiner Unternehmerrolle zu allen entscheidungsrelevanten Informationen Zugang hat.

Der Betriebsrat erhält die zur Durchführung seiner Aufgaben und Wahrnehmung seiner Einzelrechte notwendigen Informationen vom Arbeitgeber (Generalklausel § 80 Abs. 2). Von besonderer Bedeutung ist hier der **Wirtschaftsausschuss**. Durch ihn gewinnt der Betriebsrat die erforderlichen Rahmeninformationen über die **wirtschaftliche Lage des Unternehmens** sowie die sich daraus ergebenden Auswirkungen für die **Personalplanung**.

Die **Unterrichtung** durch den Unternehmer im **Wirtschaftsausschuss** umfasst die folgenden **Angelegenheiten** (§§ 106 Abs. 3, 108 Abs. 5):

- die wirtschaftliche und finanzielle Lage des Unternehmens (einschließlich Jahresabschluss);
- die Produktions- und Absatzlage;
- das Produktions- und Investitionsprogramm;
- Rationalisierungsvorhaben;
- Fabrikations- und Arbeitsmethoden, insbesondere die Einführung neuer Arbeitsmethoden;
- die Einschränkung oder Stillegung von Betrieben oder von Betriebsteilen;
- die Verlegung von Betrieben oder Betriebsteilen;
- den Zusammenschluss von Betrieben;
- die Änderung der Betriebsorganisation oder des Betriebszwecks sowie
- sonstige Vorgänge und Vorhaben, welche die Interessen der Arbeitnehmer des Unternehmens wesentlich berühren können.

Diese wie alle sonstigen im BetrVG einzeln erwähnten Planungs- und Kontroll-informationen (vgl. oben Tab. 3.3.10) müssen vom Arbeitgeber rechtzeitig und umfassend gegeben werden. Er hat allerdings bei (wirtschaftlichen) Angelegen-heiten aus Wettbewerbsgründen ein Informationszurückbehaltungsrecht, insoweit wie er Betriebs- und Geschäftsgeheimnisse gefährdet sieht (§ 106 Abs. 2). Wird der Betriebsrat über solche Sachverhalte unterrichtet, so ist er zur **Geheimhaltung** ver-pflichtet (§ 79).

Diese Geheimhaltungspflicht, die sich regelmäßig ja auf besonders gewichtige Fragen beziehen wird, steht einer umfassenden Information der Arbeitnehmer durch den Betriebsrat – etwa in der Betriebsversammlung – im Wege und kann so zu Misstrauen, Konflikten und Entfremdung zwischen Repräsentierten und Repräsentanten führen. Wenn die Arbeitnehmer mindestens einmal jährlich vom Unternehmer über die wirtschaftliche Lage und Entwicklung des Unternehmens zu unterrichten sind (§ 110), so bedeutet dies natürlich keine grundsätzliche Verbes-serung der Informationsposition der Belegschaft.

3.5.2.2.1.1.2   Verhandelte Betriebsverfassung

Das gesetzliche Organisationsmodell der Betriebsverfassung geht implizit von einer funktionalen Organisationsstruktur aus und wird so der Vielfalt der intra- und interorganisationalen Organisationsformen in der Unternehmenspraxis nicht gerecht (Gerum [Wandel] S. 185 ff.; Sydow [Mitbestimmung]). Die **Varianz** der **Organisationsstrukturen** und **Betriebstypen** wird weiter durch die Konzerndimen-sion überlagert und gesteigert. Aus Effizienzgründen werden ferner zunehmend prozessorientierte Produktionsstrukturen mit teamorientierter Arbeitsorganisation realisiert, wodurch die Forderung nach Mitbestimmung am Arbeitsplatz und damit die Ausdifferenzierung der Arbeitsbeziehungen im Betrieb zur Debatte steht. Aus-druck der Prozessorientierung sind ferner die sich an der Wertschöpfungskette orientierenden interorganisationalen Kooperationen in Form von «logistischen Ketten», die den Rahmen der gesetzlich organisierten Betriebsverfassung sprengen.

Um die Betriebsratsorganisation an die Entscheidungsstrukturen in Unternehmen, Konzern und Netzwerk flexibel anpassen zu können, ist es erforderlich, die zwin-gende Verbindung von Betrieb und Betriebsrat zur Disposition zu stellen und Arbeitgeber und Arbeitnehmervertretern nach dem schwedischen Modell der «verhandelten Mitbestimmung» (Gerum/Steinmann [Unternehmensordnung]) das Recht zur Vereinbarung **alternativer Betriebsratsorganisationen** einzuräumen. Diese Problemlösung hat der Gesetzgeber mit dem BetrV-ReformG 2001 realisiert:

(1) Nach § 3 können durch Tarifvertrag, subsidiär durch Betriebsvereinbarung, vom Gesetz abweichende Regelungen vereinbart werden. Dadurch ergeben sich als Gestaltungsoptionen etwa: 1 Unternehmen = 1 Betriebsrat, Regionalbetriebsräte, Spartenbetriebsräte (betriebs-, unternehmens-, konzernübergreifend), vereinfachte Betriebsratsorganisation im Mittelstandskonzern, Konzernbetriebsrat im Gleich-

ordnungskonzern oder übergreifende Betriebsräte und Arbeitsgemeinschaften bei Netzwerkstrukturen (just-in-time, fraktale Fabrik, Shop-in-Shop).

(2) Ferner können nach § 28a durch eine «Rahmenvereinbarung» zwischen Betriebsrat und Arbeitgeber Aufgaben des Betriebsrates an Arbeitsgruppen in Betrieben mit mehr als 100 Arbeitnehmern delegiert werden. Eine Übertragung kommt insbesondere bei Gruppenarbeit im Sinne von § 87 Abs. 1 Nr. 13 in Frage, aber auch bei sonstiger Team- und Projektarbeit.

Diese organisatorischen Öffnungsklauseln bieten Personalmanagement und Betriebsrat die Möglichkeit zu einer effektiven und effizienten Ausgestaltung der Betriebsverfassung und Handhabung der betrieblichen Entscheidungsprozesse.

3.5.2.2.1.2   Modell und Wirklichkeit

Für eine Einschätzung der Betriebsratsmitbestimmung sollen wieder empirische Befunde herangezogen werden, die Auskunft geben über die soziale Effektivität und die ökonomischen Wirkungen der Betriebsverfassung.

3.5.2.2.1.2.1   Soziale Effektivität

Ein repräsentatives Bild von der sozialen Effektivität des BetrVG vermitteln die Studien von *Kotthoff* ([Bürgerstatus]), die als Längsschnittuntersuchungen angelegt sind und auch die in der Praxis dominierenden Klein- und Mittelbetriebe mit erfassen. Die Einzelbefunde wurden in einer **Typologie der Partizipationsmuster** zwischen Betriebsrat und Betriebsleitung zusammengefasst (Tab. 3.3.11), die jeweils kurz erläutert werden sollen:

Tabelle 3.3.11: Partizipationstypen in der Betriebsverfassung im Zeitvergleich

Partizipationstypen	Häufigkeit in %	
	1975	1990
(1) Der ignorierte Betriebsrat	9	4
(2) Der isolierte Betriebsrat	25	17
(3) Der Betriebsrat als Organ der Geschäftsleitung	31	12
(4) Der standfeste Betriebsrat	13	36
(5) Der Betriebsrat als konsolidierte Ordnungsmacht	20	21
(6) Der Betriebsrat als aggressive Gegenmacht	0	6
(7) Der Betriebsrat als kooperative Gegenmacht	2	4

(1) Der **ignorierte Betriebsrat**: Der Betriebsrat wird vom Arbeitgeber als nicht existent betrachtet. Es handelt sich hier i. d. R. um Kleinbetriebe, die vom Eigentümer selbst geleitet werden.

(2) Der **isolierte Betriebsrat**: Der Betriebsrat befindet sich durch Repressionen vonseiten der Arbeitgeber in einer Isolation von der Belegschaft. Hierbei handelt es sich typischerweise um größere Mittelbetriebe, in denen überwiegend der Eigentümer auch die Unternehmensführung ausübt.

(3) Der **Betriebsrat als Organ der Geschäftsleitung**: Der Betriebsratsvorsitzende wird frühzeitig in den betrieblichen Entscheidungsprozess einbezogen und als Vermittlungs- und Durchsetzungsinstanz «umfunktionalisiert». Dieser Partizipationstypus ist betriebsgrößenunabhängig.

(4) Der **standfeste Betriebsrat**: Der Betriebsrat orientiert sich strikt an seinen Amtspflichten und besteht auf der formellen und materiellen Einhaltung der gesetzlichen Regelungen. Hier handelt es sich häufig um größere Mittelbetriebe, die von Managern geleitet werden.

(5) Der **Betriebsrat als konsolidierte Ordnungsmacht**: Die Geschäftsleitung und der Betriebsrat als Co-Manager, insbesondere der Betriebsratsvorsitzende, «machen gemeinsame Sache» bei gleichzeitiger Aufrechterhaltung ihrer getrennten Funktion und ihrer eigenen Identität. Diese Situation findet sich in größeren Managerunternehmen.

(6) Der **Betriebsrat als aggressive Gegenmacht**: Einer mitbestimmungsfeindlichen und repressiven Geschäftsleitung, die den Betriebsrat isolieren will, steht ein offensives, kalt strategisches und öffentliches Machthandeln des Betriebsrates gegenüber, der ein breites Kampfrepertoire von der generellen Verweigerung von Überstunden bis hin zum Streik einsetzt. Hierbei handelt es sich um Niederlassungen großer Unternehmen bzw. von Konzernen.

(7) Der **Betriebsrat als kooperative Gegenmacht**: Die Betriebsräte zeichnen sich hier insbesondere durch eine sehr hohe fachliche Kompetenz aus, die sie neben ihrer sozialen Macht in den Verhandlungsprozess mit dem Arbeitgeber einfließen lassen. Dieser Typus findet sich in managergeleiteten Großunternehmen.

Bemerkenswert ist hier die Entwicklung im Zeitablauf. Während sich 1975 nur in $1/3$ der Betriebe eine wirksame betriebliche Interessenvertretung (Typen 4, 5, 6 und 7) fand, hat sich das Verhältnis von wirksamer zu defizienter Interessenvertretung 15 Jahre später 1990 genau umgekehrt. Nunmehr sind es $2/3$ der Betriebe, die über effiziente, d. h. sowohl konflikt- als auch kooperationsfähige Betriebsräte verfügen. Die Ursache für diesen bemerkenswerten Wandel waren nicht primär Konflikte um materielle Arbeitsbedingungen, sondern ein Kampf um die moralische Anerkennung der Arbeitnehmer als Vollmitglieder im Betrieb («**betriebliches Bürgerrecht**»). Vor diesem Hintergrund lässt sich vermuten, dass das früher mangelhafte Informationsverhalten des Managements gegenüber dem Betriebsrat sich verbessert hat (so auch Osterloh [Mitbestimmungsforschung]).

Deuten diese Befunde auf eine **gesteigerte soziale Effektivität** des BetrVG hin, so erlitt es andererseits durch die massiven Änderungen in der Aufbau- und Ablauforganisation von Unternehmen einen gravierenden «**Realitätsverlust**». Dem will das BetrV-ReformG 2001 abhelfen. Empirische Befunde zur Effektivität der verhandelten Mitbestimmung liegen bislang nicht vor.

3.5.2.2.1.2.2   Ökonomische Wirkungen

Die Errichtung der Institutionen des BetrVG (Betriebsräte, Betriebsversammlungen, Wirtschaftsausschuss, Einigungsstelle) und deren Arbeit (Infrastruktur, Freistellung, Weiterbildung, Verfahrenskosten) verursachen **Kosten**. Diese gesetzlich induzierten Kosten können nur vermieden werden, wenn kein Betriebsrat existiert oder seine Einrichtung verhindert wird. Eine solche Verhinderungsstrategie verursacht jedoch ebenfalls Kosten, die durch den offenen oder versteckten Widerstand der Arbeitnehmer entstehen und durch die Verhandlungen und Anreize, um die Belegschaft zum Verzicht auf einen Betriebsrat zu bewegen. Produktive Arbeitsbeziehungen sind in keinem Fall kostenlos.

Zum Einfluss der Betriebsratsmitbestimmung auf **Produktivität, Profitabilität** und **Investitionsverhalten** bieten die empirischen Studien zum BetrVG 1972 nur schwach signifikante und widersprüchliche Ergebnisse (Sadowski [Mitbestimmung] 53 ff., Hübler [Betriebsräte]). Unabhängig davon werden der Mitbestimmung als Collective-Voice-Institution aufgrund theoretischer Überlegungen und empirischer Befunde als Wirkung zugesprochen: Verbesserung des Kommunikationsflusses und der Entscheidungsqualität, erleichterte Durchsetzung getroffener Entscheidungen, Human-Ressource-Management und Verlängerung des Planungshorizonts, Verringerung von Fehlzeiten und arbeitnehmerseitigen Beschwerden sowie eine optimierte Implementation von regulativen Gesetzen.

Ob diese **Kooperationsrenten** erzielt werden, hängt jedoch von der von den Unternehmen verfolgten Produktionsstrategie und der Existenz und dem Verhalten der Betriebsräte als situativen Einflussgrößen ab (Sadowski [Mitbestimmung] 72 ff.). Hängt die Höhe des Outputs insbesondere von der Einsatzbereitschaft und Flexibilität der Arbeitnehmer ab (Produktionsstrategie), existiert ein Betriebsrat und verfolgt dieser eine aktive, auf Kooperation zielende Strategie, dann werden die für beide Seiten vorteilhaften Kooperationsrenten entstehen. Bei einer Konfliktstrategie dagegen ist dies nicht zu erwarten.

3.5.2.2.2   Sprecherausschüsse der leitenden Angestellten

Die leitenden Angestellten der Betriebe sind wegen ihrer Sonderstellung aus dem persönlichen Geltungsbereich des BetrVG ausgenommen. In der Praxis hatten sich seit längerem auf vertraglicher Basis so genannte **Sprecherausschüsse** der leitenden Angestellten gebildet. Mit dem Gesetz über Sprecherausschüsse der leitenden Angestellten von 1988 (SprAuG) wurde die Repräsentativvertretung der leitenden

Angestellten nach dem Vorbild der Betriebsverfassung institutionalisiert. Es erfasst nach Schätzungen ca. 400 000 leitende Angestellte.

Sprecherausschüsse werden in Betrieben mit in der Regel mindestens 10 leitenden Angestellten gebildet (§ 1), wenn die Mehrzahl der leitenden Angestellten sich dafür ausspricht. Ihre Mitglieder werden zeitgleich mit den (regelmäßigen) Betriebsratswahlen auf 4 Jahre gewählt. Das Gremium besteht je nach Zahl der leitenden Angestellten aus 1–7 Personen (§ 4). Wer als leitender Angestellter anzusehen ist, bestimmt sich nach § 5 Abs. 3 und 4 BetrVG. Nach dem Muster der Betriebsverfassung ist ein Gesamtsprecherausschuss zu bilden, wenn in einem Unternehmen mit mehreren Betrieben mehrere (Betriebs-) Sprecherausschüsse bestehen (§ 16); ferner besteht die Möglichkeit, einen Konzernsprecherausschuss zu wählen (§ 21). Alternativ zu den Betriebs- und Gesamtsprecherausschüssen können die leitenden Angestellten eines Unternehmens auch einen Unternehmenssprecherausschuss wählen. Die Wahl eines Unternehmenssprecherausschusses ist im Übrigen auch möglich, wenn keinem Betrieb, aber dem Unternehmen insgesamt mindestens 10 leitende Angestellte angehören. Die Organisation der Interessenvertretung soll so den jeweiligen Bedingungen flexibler als in der Betriebsverfassung angepasst werden können.

Im Gegensatz zum Betriebsrat besitzt der Sprecherausschuss der leitende Angestellten **kein Mitbestimmungsrecht**, sondern lediglich einige wenige Informations-, Anhörungs- und Beratungsrechte bei Fragen der Arbeitsbedingungen und Beurteilungsgrundsätze (§ 30), bei personellen (§ 31) und bei wirtschaftlichen Angelegenheiten (§ 32). Als bedeutsam wird die Möglichkeit eingeschätzt, dass Sprecherausschuss und Arbeitgeber (nach dem Muster der freiwilligen Betriebsvereinbarung) Richtlinien über den Inhalt, den Abschluss oder die Beendigung von Arbeitsverhältnissen der leitende Angestellten vereinbaren können (§ 28 Abs. 1). Der Inhalt dieser Richtlinien gilt für die Arbeitsverhältnisse der leitenden Angestellten aber nur unmittelbar und zwingend, soweit Arbeitgeber und Sprecherausschuss dies ausdrücklich bestimmen (§ 28 Abs. 2). Den zentralen Mitwirkungsgegenstand sieht man darin, dass der Sprecherausschuss vor jeder Kündigung eines leitenden Angestellten zu hören ist; eine ohne diese Anhörung ausgesprochene Kündigung ist unwirksam (§ 31). Die leitenden Angestellten selbst bzw. ihre Verbände betonen die Wichtigkeit der Informationsrechte über wirtschaftliche Angelegenheiten, die unter Verweis auf die Mitwirkung des Wirtschaftsausschusses in der Betriebsverfassung geregelt sind (§ 32). Im Einzelnen siehe Bauer ([Sprecherausschussgesetz]).

3.5.2.3   Mitbestimmung nach europäischem Recht

3.5.2.3.1   Mitbestimmung in der Europäischen Aktiengesellschaft

Parallel zur Europäischen Aktiengesellschaft wurde im Jahr 2001 eine «Richtlinie des Rates zur Ergänzung des Statuts der Europäischen Gesellschaft hinsichtlich der Beteiligung der Arbeitnehmer» verabschiedet, die den einzelnen Mitgliedstaaten die mitbestimmungsrechtliche Ausgestaltung der neuen Gesellschaftsform bis Ende 2004 überlässt. Dadurch entsteht das **Modell** einer **mitbestimmten Unternehmung** in **Europa**. Die Richtlinie basiert auf zwei Grundsätzen:

- Es wird von **keinem einheitlichen** europäischen Modell der Arbeitnehmerbeteiligung ausgegangen.
- Es gilt das **Vorher-Nachher-Prinzip**, d. h. die erworbenen Rechte der Arbeitnehmer bleiben unangetastet.

Zur Herstellung einer Arbeitnehmerbeteiligung verfolgt die Richtlinie eine **Kombination** von **Gesetzesstrategie** und **Verhandlungslösung**. Die Elemente dieses Ansatzes sind:

- Die Richtlinie konstituiert ein gesetzliches Recht der Arbeitnehmer auf «Beteiligung».
- Die Richtlinie regelt gesetzlich das Verfahren zum Abschluss einer Vereinbarung über die Beteiligung.
- Bei Nicht-Einigung existiert eine gesetzliche Auffangregelung.

Eine Vereinbarung über die Beteiligung der Arbeitnehmer verhandelt das Aufsichts- bzw. Verwaltungsorgan mit einem so genannten «besonderen Verhandlungsgremium» der Arbeitnehmerseite. Die Verhandlungsparteien sind bezüglich der organisatorischen, personellen und kompetenzmäßigen Ausgestaltung autonom. So könnte etwa zwischen den folgenden **Strukturalternativen** gewählt werden:

- Mitbestimmter Aufsichtsrat nach deutschem Muster mit 33%–50% Arbeitnehmervertretern.
- Mitbestimmter Board mit 33%–50% Arbeitnehmern vertreten als nichtgeschäftsführende Mitglieder;
- Kooptation in den Aufsichtsrat oder den Board nach holländischem Muster, wobei $\frac{1}{3}$ der Sitze auf die Arbeitnehmer entfallen;
- Selbständige Arbeitnehmervertretung neben Aufsichtsrat und Board wie im französischen Modell;
- Tarifvertrag über Mitbestimmung für Aufsichtsrat oder Board, wie es in Schweden der Fall ist.

Im Ergebnis kann also an den landesspezifisch historisch gewachsenen Mustern der Arbeitsbeziehungen festgehalten werden.

3.5.2.3.2   Europäische Betriebsräte

Die nach 20-jähriger Diskussion Ende 1994 verabschiedete EG-Richlinie [Europäische Betriebsräte] will sicherstellen, dass Arbeitnehmer in **grenzüberschreitend tätigen Unternehmen** über für sie relevante länderübergreifende Tatbestände **informiert** und **konsultiert** werden. Dies gilt insbes. für Entscheidungen, die sich auf sie auswirken und außerhalb des Landes, in dem sie beschäftigt sind, getroffen werden.

Anwendungsvoraussetzung der Richtlinie ist, dass

- ein gemeinschaftsweit operierendes Unternehmen bzw. eine gemeinschaftsweit operierende Unternehmensgruppe
- mindestens 1000 Vollzeit- oder Teilzeitbeschäftigte
- in mindestens 2 Mitgliedsstaaten der Europäischen Union hat und
- in mindestens 2 Betrieben bzw. Unternehmen verschiedenen Mitgliedsstaaten jeweils mindestens 150 Arbeitnehmer beschäftigt werden.

Die Richtlinie schreibt nicht vor, in welcher Form die Information und Konsultation erfolgen muss. Vielmehr sollen die **Unternehmen selbst mit** ihren **Arbeitnehmern** die im konkreten Fall angemessene Struktur der Information und Konsultation **aushandeln.** Jedes Verhandlungsergebnis, das nach den von der Richtlinie vorgegebenen Verfahrensregeln zustande kommt, wird als rechtsgültig betrachtet. Sollte es jedoch zu keiner Einigung zwischen Arbeitnehmervertretern und Unternehmensleitung kommen, schreibt die Richtlinie zwingend die Einrichtung eines bei der zentralen Unternehmensleitung angesiedelten Europäischen Betriebsrates vor.

Der **Europäische Betriebsrat** ist zu **informieren** über:

- die Struktur des Unternehmens,
- die wirtschaftliche und finanzielle Situation,
- die voraussichtliche Entwicklung der Geschäfts-, Produktions-, Absatz- und Beschäftigungslage,
- Investitionen,
- grundlegende Änderungen der Organisation,
- die Einführung neuer Arbeits- und Fertigungsverfahren,
- die Verlagerung der Produktion,
- Fusionen, Verkleinerungen, Schließung von Unternehmen, Betrieben oder wichtigen Betriebsteilen sowie
- über Massenentlassungen.

Nach Schätzungen werden durch die Richtlinie ca. 4,5 Mio. Arbeitnehmer und 1200 Unternehmen und Konzerne erfasst. Die Studie von *Marginson* u. a. ([Verhandlungen]) konnte 1998 386 Europäische Betriebsräte analysieren. Die meisten Abkommen existieren danach in der Metallindustrie, gefolgt von der Chemie- und der Nahrungsmittelindustrie. Vergleichsweise wenige Fälle finden sich im Dienstleistungssektor (Handel, Finanzen, Verkehr). Fallstudien deuten auf 4 Typen Europäischer Betriebsräte hin: der symbolische, der dienstleistende, der projektorientierte und der beteiligungsorientierte Europäische Betriebsrat (vgl. näher Platzer/Rüb [Betriebsräte]).

Die Richtlinie ist ein bedeutender Schritt hin zu einem einheitlichen europäischen

Betriebsverfassungsrecht. Sie erinnert in ihrer **Konstruktion** stark an den **Wirtschaftsausschuss** nach dem **BetrVG**. Ihre strategische Bedeutung für die deutsche Mitbestimmung liegt darin, dass hier erstmals die Möglichkeit eröffnet wurde, durch **Kollektivvereinbarungen situationsgerechte Mitbestimmungsstrukturen** herzustellen (zu dieser Problematik vgl. genauer Gerum/Steinmann [Unternehmensordnung]). Genau diese Option zu einer «verhandelten Betriebsverfassung» wurde vom deutschen Gesetzgeber der Praxis mit dem BetrV-ReformG 2001 eröffnet (vgl. oben Abschnitt 3.5.2.2.1.1.2).

3.6   Entwicklungsperspektiven zur Unternehmensordnung

Die Entwicklung der Unternehmensordnung in Deutschland dürfte insbesondere von zwei Triebkräften beeinflusst werden: dem Wettbewerb der nationalen Corporate Governance-Systeme und den Harmonisierungsaktivitäten der EU-Kommission. Unabhängig davon spielen in der deutschen Diskussion traditionell die «Partnerschaftsidee», aber auch der Umweltschutz eine Rolle. Ferner wird versucht, die Reform der Unternehmensordnung sowohl im nationalen als auch im internationalen Kontext durch Corporate Governance-Kodices voranzutreiben und die Unternehmensverfassung durch eine Unternehmensethik zu ergänzen.

3.6.1   Corporate Governance-Systeme im Wettbewerb

Die wissenschaftliche und politische Diskussion zu Corporate Governance hat seit 1989 einen bemerkenswerten Wandel erfahren. Zum einen hat die Debatte um die Unternehmensordnung an Bedeutung gewonnen. Der **Systemwettbewerb** hat sich von der Ebene der Wirtschaftsordnung auf die der Unternehmensordnung verschoben (Gerum [Corporate Governance]). Zum anderen hat der Systemwettbewerb im Gegensatz zur früheren, auch (offen) normativ geführten ordnungspolitischen Debatte, wenn man etwa an die Mitbestimmungsdiskussion denkt, heute eher technische Züge. Die Leitfrage lautet: «Welches ist das zweckmäßigste Corporate Governance-System in einer kapitalistischen Marktwirtschaft?» Dabei wird allerdings stillschweigend und ganz selbstverständlich unterstellt, dass das **zweckmäßigste System** auch realisiert werden soll. Insoweit geht es beim internationalen Vergleich – zumeist implizit – immer auch um die normative Begründung von Corporate Governance. Mit anderen Worten: Die Diskussion zum Systemwettbewerb ist immer zugleich ein Wettbewerb um die tragfähigsten Argumente zum **Legitimationsproblem** von Corporate Governance.

Für die Beschreibung, den Vergleich und die Bewertung nationaler Corporate Governance-Systeme finden sich die unterschiedlichsten Ansätze in der Literatur. Diese beziehen sich, mit differenzierendem Fokus und Gewicht, auf die Legitimationsfrage und/oder die Organisations- und Kontrollproblematik von Corporate

Governance (zum Überblick vgl. Gerum [Vergleich]). Hierbei werden als **ganzheit-liche Analysekonzepte** – in Anlehnung an *Hirschman* ([Abwanderung]) – Exit, Voice und Loyalty herangezogen. Damit verbunden ist die These, dass diese Kontrollphilosophien als Paradigmen das wirtschaftlich relevante Rechtssystem und die Handlungsmuster der Akteure in Unternehmen und Märkten ganzheitlich prägen. Insoweit reduzieren die Kontrollphilosophien die Komplexität in der Comparative Corporate Governance-Debatte und formulieren klar umrissene Alternativen für den Systemwettbewerb (Gerum [internationaler Vergleich]):

(1) Als **Exit**-geprägte Corporate Governance-Systeme werden regelmäßig das **britische** und das **US-amerikanische** interpretiert. Dort obliegt dem Board of Directors neben der Management- auch eine Treuhänderfunktion gegenüber den Aktionären. Die Geschäftsführungs- und die Kontrollfunktion sind in einem Gremium zusammengefasst (Vereinigungsmodell). Das Management wird über die Exit-Option am Kapitalmarkt (Markt für Unternehmenskontrolle) kontrolliert. Die Exit-Option ist auch leitend für die Institutionen und Mechanismen am Arbeitsmarkt. Ein schwacher Kündigungsschutz (hire and fire) und keine Beteiligung der Arbeitnehmer an den Unternehmensentscheidungen stärken die Bedeutung des externen Arbeitsmarkts und seine Flexibilität.

(2) Als klassisches Beispiel für die Kontrolle durch **Voice** gilt dagegen die **deutsche** Unternehmensordnung. Mit dem Aufsichtsrat und seinen Informations-, Kontroll- und Widerspruchsrechten wird die Möglichkeit zum organisationsinternen Widerspruch gegenüber den Plänen und Aktivitäten des Vorstands institutionalisiert. Geschäftsführung und Kontrolle sind hier organisatorisch separiert (Trennungsmodell). Damit korrespondiert das Universalbankensystem, das durch personelle Verflechtungen Voice-Optionen eröffnet. Die Voice-Logik der deutschen Corporate Governance spiegelt sich auch in den institutionellen Verhältnissen des Arbeitsmarkts wider. Ein starker Kündigungsschutz, die Mitbestimmung in Unternehmung und Betrieb sowie die ausgeprägte Präferenz für interne Arbeitsmärkte sind dort charakteristische Merkmale.

(3) Kontrolle durch **Loyalty** ist der Schlüssel zum Verständnis des **japanischen** Corporate Governance-Systems. Selbstbindung durch Loyalität und informelle Regeln prägen die Handlungsmuster von Manager, Banken und Mitarbeitern. In den Entscheidungs- und Kontrollgremien herrscht eine starke Konsenskultur. Kontrolle findet auch nicht am Kapitalmarkt wegen des hohen Ausmaßes von Überkreuzbeteiligungen der Unternehmen (interlocking shareholding) statt. In den japanischen Arbeitsbeziehungen repräsentieren die Garantie lebenslanger Beschäftigung und unternehmensbezogener Gewerkschaften die Loyalitätsphilosophie.

Von zentraler Bedeutung in der Vergleichsdebatte und ökonomietheoretisch umstritten ist die Frage, ob mit einer Konvergenz der Corporate Governance-Systeme zu rechnen ist oder ob sich die Systeme nachhaltig unterscheiden werden. Es wird argumentiert, dass durch Globalisierung ein verschärfter Wettbewerb zwischen den Ländern zu einer **Konvergenz** auf ein effizientes institutionelles Arrangement führen werde. In der Regel wird dann ein Exit-geprägtes Corporate Governance-System anglo-amerikanischen Typs erwartet (Witt [Governance-Systeme]). Dagegen wird jedoch eingewendet, dass Systemwettbewerb zu Marktversagen und zur Herausbildung ineffizienter Institutionen führen könne und so die Funktionsfähigkeit der gewachsenen, konsistenten Corporate Governance-Systeme in Frage gestellt werde. Hierbei wird insbesondere auf die **Pfadabhängigkeit** von Corporate Governance-Systemen verwiesen. Unternehmensordnungen stellen Systeme institutioneller Komplementaritäten dar, von deren Konsistenz die Funktionsfähigkeit der Systeme abhängt. Man könne Corporate Governance-Strukturen eben nicht beliebig zu Mischsystemen kombinieren, ohne in die Krise zu geraten.

In der deutschen und internationalen Diskussion zur Entwicklung der Unternehmensordnung konkurrieren insbesondere die Kontrollphilosophien Exit und Voice bzw. die entsprechenden Corporate Governance-Systeme.

3.6.2   Europäische Unternehmensverfassung

In der europäischen Unternehmensverfassung wurde – wie bei der Europäischen Aktiengesellschaft gezeigt – die Konkurrenz zwischen den Kontrollphilosophien **Exit** und **Voice** nicht aufgelöst. Vielmehr stehen die aus diesen Kontrollphilosophien resultierenden Konzepte zur Legitimationsfrage und zur Organisationsproblematik beide weiterhin zur **Wahl**. Unabhängig davon verfolgt die EU-Kommission weiterhin das Projekt einer Harmonisierung der nationalen Unternehmensordnungen, wie sie es seit mehr als 30 Jahren voranzutreiben versucht (vgl. Lutter [Unternehmensrecht], Gerum [Handbuch]). Als strategische Optionen zur Harmonisierung stehen der EU-Kommission zwei Wege zur Verfügung:

- **Rechtsangleichung:** Hier erlässt die EU-Kommission eine Richtlinie, die dann von den Ländern in nationales Recht umzusetzen ist. Beispiele hierfür sind die Bilanz- und die Konzernbilanzrichtlinie, die Kapitalrichtlinie, die Verschmelzungs- und die Spaltungsrichtlinie, die Entwürfe zur fünften EG-Richtlinie über die Struktur der Aktiengesellschaft sowie die Richtlinie über die Beteiligung der Arbeitnehmer in der europäischen Aktiengesellschaft von 2001.

- **Einheitsrecht:** Hier erlässt die EU-Kommission eine Verordnung, die dann europaweit unmittelbar und direkt Rechtsgeltung hat. Hier sind insbesondere zu nennen: Der Fall der Europäischen Wirtschaftlichen Interessenvereinigung und die Europäische Aktiengesellschaft.

Wie die Beispiele deutlich machen, verfolgte die EU-Kommission von Anfang an eine Doppelstrategie, um über Rechtsangleichung und Gemeinschaftsrecht zugleich die Harmonisierung der nationalen Unternehmensordnungen voranzutreiben. Man kann nicht sagen, dass die Harmonisierung prinzipiell in sachlicher oder in rechtstechnischer Hinsicht zu einer Verbesserung des deutschen Corporate Governance-Systems führte, da es sich regelmäßig um Kompromisse handelt. Im Jahr 2003 hat die EU-Kommission einen «Aktionsplan zur Modernisierung des Gesellschaftsrechts und zur Verbesserung der Corporate Governance» vorgelegt. Sie kündigt darin zahlreiche Maßnahmen an, die dann notwendigerweise auch die deutsche Unternehmensordnung prägen würden.

3.6.3   Die deutsche Diskussion

In der deutschen Diskussion, die auf eine lange Tradition von interessenpluralistischen Vorschlägen zur Unternehmensordnung zurückblicken kann (vgl. Nell-Breuning [Unternehmensverfassung]; Boettcher u. a. [Unternehmensverfassung]; Steinmann [Großunternehmen]), spielt typischerweise die Idee der «Partnerschaft von Kapital und Arbeit» als Ausfluss der Kritik an der traditionellen Unternehmensordnung eine spezifische Rolle. Hinzugekommen ist im Zuge der Umweltschutzdiskussion die Frage, ob die Unternehmensordnung ein umweltpolitisches Instrument darstellen kann. Prägend für die Entwicklung der Unternehmensordnung wird schließlich der im Jahr 2002 erstmals veröffentlichte «Deutsche Corporate Governance Kodex» sein.

3.6.3.1   Partnerschaftsidee

Die Partnerschaftsidee entstand nach dem Zweiten Weltkrieg als Folge der gemeinsamen Kriegserlebnisse und der engen Zusammenarbeit von Arbeitgebern und Arbeitnehmern in den ersten Wiederaufbaujahren. Sie steht in der Tradition von katholischer Soziallehre, evangelischer Sozialethik und wirtschaftsliberalen Grundhaltungen. Es sollte ein «**dritter Weg**» zwischen Kapitalismus und Sozialismus im Betrieb selbst («Betriebsgemeinschaft») gefunden und entwickelt werden. Die Partnerschaftsidee ist durch zwei Kerngedanken gekennzeichnet:

- die **Änderung der Entscheidungsstruktur** im Unternehmen durch die «Mitwirkung» und «Mitbestimmung» der Arbeitnehmer und
- die **Änderung der Eigentums- und/oder Erfolgsverteilungsstruktur** durch die Beteiligung der Arbeitnehmer am gemeinsam erwirtschafteten Erfolg und/oder Kapital des Unternehmens.

Heute existieren etwa 500 (meist mittelständische) Unternehmen, die der Partnerschaftsidee nahestehen und zumeist Mitglied der «Arbeitsgemeinschaft zur Förderung der Partnerschaft in der Wirtschaft e.V.» (AGP) sind. Wegen der finanzwirtschaftlichen Vorteile dominieren in der Praxis ganz **überwiegend** Unternehmen, die bei nur geringfügigen Änderungen der Entscheidungsstrukturen primär auf die **materielle** Beteiligungskomponente abstellen.

Für die Zukunft scheint eine **Zunahme der Partnerschaftsunternehmen** nicht ausgeschlossen, da seit 1984 die betriebliche Kapitalbeteiligung der Arbeitnehmer in besonderem Maße staatlich gefördert wird, um die Liquidität und (Eigen-) Kapitalausstattung der Unternehmen zu verbessern und durch die Bildung von Produktivvermögen in Arbeitnehmerhand die Wirtschaftsordnung zu stabilisieren.

Die Diskussion um den Ausbau der privaten Altersvorsorge bzw. der betrieblichen Rente könnte zu weiteren Gewinnbeteiligungsmodellen anregen. *Weitzman* ([Share Economy]) z. B. verbindet damit den Anspruch bzw. die Voraussage, dass durch die alleinige Indexierung der Arbeitnehmerentgelte an die Unternehmenserlöse Arbeitslosigkeit und Inflation gleichzeitig wie mit einem Handstreich beseitigt werden könnten. Die Bedeutung der Partnerschaftsunternehmen liegt vor allem in der Rolle als Sozialexperimente für die Entwicklung der Unternehmensordnung.

3.6.3.2   Die Unternehmensordnung als umweltpolitisches Instrument

Die Sicherung und Wiederherstellung eines funktionsfähigen Ökosystems liegt – wie oben dargelegt – im **öffentlichen Interesse**. Strittig sind gleichwohl die geeigneten Instrumente einer Umweltpolitik. Auf der Suche nach dem optimalen Instrumentenmix wurde neben den klassischen marktwirtschaftlichen Instrumenten auch die Unternehmensordnung als Instrument zur Wahrung von Umweltinteressen diskutiert. Die Vorschläge in der politischen Debatte (DIE GRÜNEN) und in der wissenschaftlichen Literatur (Rehbinder [Umweltschutzdirektor], Gerum [Umweltdirektor]) konzentrieren sich im Wesentlichen auf fünf Aspekte:

- Die Wahl von Vertretern des Umweltinteresses in den **Aufsichtsrat**, wobei unter anderem ein Kooptationsverfahren analog zu dem «Weiteren» in der Montanmitbestimmung vorgeschlagen wird. Für diese Repräsentanten solle «Sachkunde» spezielle Eignungsvoraussetzung sein und der Vorrang des Umweltinteresses das Entscheidungskriterium bilden.
- Bestellung eines **Umweltdirektors** auf der Geschäftsführungsebene, wobei teilweise postuliert wird, dass diese nicht gegen die Mehrheit der Vertreter des Umweltinteresses im Aufsichtsrat erfolgen dürfe.
- Bestellung eines/einer **Umweltbeauftragten**, zum Beispiel durch die Gewerbeaufsicht.
- Einrichtung eines obligatorischen **Umweltausschusses**, der sich – so ein Vorschlag – hälftig aus Umweltbeauftragten und Mitgliedern des Betriebsrates zusammensetzen solle.
- Eine obligatorische **Umweltberichterstattung**, etwa in Form eines Umweltberichts und einer Ökobilanz.

Die Einschätzungen darüber, ob und inwieweit diese Vorschläge zur Verankerung des Umweltinteresses in der Unternehmensordnung wohlbegründet und zielführend sind, gehen naturgemäß auseinander. Zum Teil können sie sicher als eine sinnvolle Ergänzung des umweltpolitischen Instrumentariums gelten. Der Schwerpunkt effizienter Umweltpolitik dürfte jedoch weiter auf die Nutzung externer Instrumente, wie das Ordnungsrecht und marktlicher Anreize (Umweltzertifikate), gerichtet bleiben.

3.6.3.3   Der Deutsche Corporate Governance Kodex

Im Jahr 2000 setzte die Bundesregierung eine Kommission «Corporate Governance – Unternehmensführung, Unternehmenskontrolle, Modernisierung des Aktienrechts» ein. Diese empfahl in ihrem Abschlussbericht (Baums [Bericht]) die Einsetzung einer weiteren Kommission zur Ausarbeitung eines einheitlichen Deutschen Corporate Governance Kodex. 2001 wurde vom Bundesministerium der Justiz die so genannte **Kodexkommission** eingerichtet, die sich aus Vertretern der Wirtschaft, der Wissenschaft und des öffentlichen Lebens zusammensetzt. Dadurch sollte der deutschen Wirtschaft die Möglichkeit eröffnet werden, durch «**Selbstorganisation**» einen Kodex zu entwickeln. Die erste Fassung des Kodex wurde am 26. 02. 2002 der Justizministerin übergeben und gleichzeitig veröffentlicht. Zu Inhalt und Ziel heißt es in der Präambel:

«Der vorliegende Deutsche Corporate Governance Kodex (der «Kodex») stellt wesentliche gesetzliche Vorschriften zur Leitung und Überwachung deutscher börsennotierter Gesellschaften (Unternehmensführung) dar und enthält international und national anerkannte Standards guter und verantwortungsvoller Unternehmensführung. Der Kodex soll das deutsche Corporate Governance System transparent und nachvollziehbar machen. Er will das Vertrauen der internationalen und nationalen Anleger, der Kunden, der Mitarbeiter und der Öffentlichkeit in die Leitung und Überwachung deutscher börsennotierter Aktiengesellschaften fördern.»

Um der beabsichtigten **Kommunikationsfunktion** und **Ordnungsfunktion** gerecht zu werden, trifft der Kodex Aussagen zu den Themenfeldern (im Einzelnen vgl. Ringleb/Kremer/Lutter/v. Werder [Kodex]):

- Aktionäre und Hauptversammlung,
- Zusammenwirken von Vorstand und Aufsichtsrat,
- Vorstand,
- Aufsichtsrat,
- Transparenz sowie
- Rechnungslegung und Abschlussprüfung.

Der Kodex unterscheidet Empfehlungen und Anregungen. **Empfehlungen** des Kodex sind im Text durch die Verwendung des Wortes «**soll**» gekennzeichnet. Die Gesellschaften können hiervon abweichen, sind dann aber verpflichtet, dies jährlich offen zu legen und zu begründen («comply or explain»). Die Idee dieser Regelung ist, dass der Kapitalmarkt Unternehmen, die sich nicht an den Kodex halten, entsprechend sanktionieren wird. Ferner enthält der Kodex **Anregungen**, von denen ohne Offenlegung abgewichen werden kann. Hierfür werden die Begriffe «**sollte**» oder «**kann**» verwendet. Der Kodex soll in der Regel einmal jährlich vor dem Hintergrund nationaler und internationaler Entwicklungen überprüft und bei Bedarf angepasst werden (zu ersten empirischen Befunden vgl. v. Werder/Talaulicar/Kolat [Akzeptanz]). Insoweit ist er für die Entwicklung der deutschen Unternehmensordnung von besonderer Bedeutung.

3.6.4   Unternehmensordnung, Unternehmensethik und Kodices

Im Kontext von Unternehmensordnung werden regelmäßig, wenn es um deren Kritik und Reformalternativen geht, Konzepte wie die «Gesellschaftliche Verantwortung der Unternehmensführung» oder «Unternehmensethik» diskutiert, die dann häufig in Vorschläge zu Kodices münden. In neuerer Zeit hinzugekommen ist auch die von der OECD geförderte Debatte um Kodices zu Corporate Governance. In der Wirtschaftspraxis verschwimmen nicht selten diese Ansätze und die Schlüsselbegriffe, Leitideen und Instrumente geraten durcheinander.

3.6.4.1   Die Idee der gesellschaftlichen Verantwortung der Unternehmensführung

Die Idee bzw. das Konzept der «Gesellschaftlichen Verantwortung der Unternehmensführung» als Reaktion auf Kritik an der kapitalistischen Unternehmensordnung, hat bereits eine hundertjährige Geschichte. Mit der Entstehung marktmächtiger Großunternehmen in den USA wurde schon vor dem ersten Weltkrieg die Forderung nach «**Corporate Social Responsibility**» laut (Steinmann [Großunternehmen] 48 ff.). Dies setzte sich nach dem zweiten Weltkrieg in den sechziger und siebziger Jahren fort, als die Forderung nach Mitbestimmung in allen westlichen Industrienationen laut wurde. Als Reaktion darauf wurde auf dem Europäischen Management-Symposium 1973 das so genannte «Davoser Manifest» verabschiedet, das einen Verhaltenskodex für Manager darstellt und als Prototyp eines Kodex der gesellschaftlichen Verantwortung der Unternehmensführung gelten darf.

Nach 1989, dem Ende des Kalten Kriegs, der Demokratisierung und der Öffnung der Weltmärkte gerieten insbesondere die multinationalen Unternehmen und ihre Topmanager ins Visier von Non-Governmental Organisations (NGO), die lautstark Proteste und Forderungen nach Corporate Social Responsibility artikulierten. Anlass boten vor allem Umweltprobleme, Kinderarbeit und die AIDS-Epidemie in Afrika. Deshalb kam es in der Folge – wieder in Davos – zu Gesprächen zwischen NGOs und Topmanagern im Rahmen des World Economic Forums, die in Vorschläge zu entsprechenden Kodices mündeten. 2002 wurde die Forderung nach gesellschaftlicher Verantwortung auch von der EU-Kommission aufgegriffen (zu dieser Entwicklung Gerum [Corporate Governance]).

Im Davoser Manifest und in diversen, im Internet präsentierten Kodices von deutschen und ausländischen Großunternehmen wird programmatisch gefordert, dass es die Aufgabe der Unternehmen und des **Managements** sei, Kunden, Mitarbeitern, Geldgebern und der Gesellschaft zu dienen und deren widerstreitende **Interessen** zum **Ausgleich** zu bringen. Hier wird – prima facie – vom Unternehmen als interessenpluralistischer Institution ausgegangen. An die Stelle des an den Eigentümerinteressen orientierten erwerbswirtschaftlichen Prinzips soll das Prinzip der «gesellschaftlichen Verantwortung» treten. Der Gewinn ist in diesem Konzept Mittel zum Zweck und nicht das letztes Ziel, an dem sich das Management ausschließlich

Davoser Manifest

A. «Berufliche Aufgabe der Unternehmensführung ist es, Kunden, Mitarbeitern, Geldgebern und der Gesellschaft zu dienen und deren widerstreitende Interessen zum Ausgleich zu bringen.

B. 1. Die Unternehmensführung muss den Kunden dienen. Sie muss die Bedürfnisse der Kunden bestmöglich befriedigen. Fairer Wettbewerb zwischen den Unternehmen, der größte Preiswürdigkeit, Qualität und Vielfalt der Produkte sichert, ist anzustreben. Unternehmensführung muss versuchen, neue Ideen und technologischen Fortschritt in marktfähige Produkte und Dienstleistungen umzusetzen.

2. Die Unternehmensführung muss den Mitarbeitern dienen, denn Führung wird von den Mitarbeitern in einer freien Gesellschaft nur dann akzeptiert, wenn gleichzeitig ihre Interessen wahrgenommen werden.
Die Unternehmensführung muss darauf abzielen, die Arbeitsplätze zu sichern, das Realeinkommen zu steigern und zu einer Humanisierung der Arbeit beizutragen.

3. Unternehmensführung muss den Geldgebern dienen. Sie muss ihnen eine Verzinsung des eingesetzten Kapitals sichern, die höher ist als der Zinssatz auf Staatsanleihen. Diese höhere Verzinsung ist notwendig, weil eine Prämie für das höhere Risiko eingeschlossen werden muss. Die Unternehmensführung ist Treuhänder der Geldgeber.

4. Die Unternehmensführung muss der Gesellschaft dienen. Die Unternehmensführung muss für die zukünftigen Generationen eine lebenswerte Umwelt sichern. Die Unternehmensführung muss das Wissen und die Mittel, die ihr anvertraut sind, zum Besten der Gesellschaft nutzen.
Sie muss der wissenschaftlichen Unternehmensführung neue Erkenntnisse erschließen und den technischen Fortschritt fördern. Sie muss sicherstellen, dass das Unternehmen durch seine Steuerkraft dem Gemeinwesen ermöglicht, seine Aufgabe zu erfüllen. Das Management soll sein Wissen und seine Erfahrungen in den Dienst der Gesellschaft stellen.

C. Die Dienstleistung der Unternehmensführung gegenüber Kunden, Mitarbeitern, Geldgebern und der Gesellschaft ist nur möglich, wenn die Existenz des Unternehmens langfristig gesichert ist. Hierzu sind ausreichende Unternehmensgewinne erforderlich. Der Unternehmensgewinn ist daher ein notwendiges Mittel, nicht aber Endziel der Unternehmensführung.» (abgedruckt bei Steinmann [Lehre] 472 f.)

orientieren soll. Das Davoser Manifest und verwandte Kodices ändern jedoch die rechtliche Verfassung des kapitalistischen Unternehmensordnung nicht.

Genau hier setzt eine Kritik an: Es handele sich um ein **ideologisches Konzept,** das die bestehenden Machtstrukturen in Wirtschaft und Unternehmen und die um ihre Erhaltung notwendigen Maßnahmen rechtfertigt und die sozialen Konsequenzen der Machtausübung, einschließlich des Machtmissbrauchs, verschleiert. Ferner wird aus ganz anderer Perspektive kritisch betont, dass das Konzept der Corporate Social Responsibility **marktwirtschaftsfeindlich** sei, da der Ausgleich zwischen den widerstreitenden Interessen der Bezugsgruppen den Unternehmens durch das Management und nicht durch den Markt als Interessenausgleichsmechanismus erfolgen soll.

3.6.4.2   Unternehmensethik

3.6.4.2.1   Anlass, Gegenstand und Ziel

Unternehmensethik bezieht sich auf das Verhältnis von Ökonomie, Ethik und Recht von und in Unternehmen. **Ethik** zielt dabei auf die Umsetzung der Prinzipien des gerechten und effizienten Wirtschaftens im täglichen Geschäftsgebaren und durch das Management. Die Gründe für die Forderung nach Unternehmensethik sind die gleichen Problemfelder, die den Anstoß zur Idee der gesellschaftlichen Verantwortung der Unternehmensführung bzw. zu Corporate Responsibility gegeben hatten. Dies sind insbesondere die Aktivitäten multinationaler Unternehmen in den Entwicklungsländern, Umweltschutzprobleme, Korruption und Insiderhandel und Fragen des Konsumentenschutzes. Gemeinsam ist diesen Anlässen, dass es sich um Konflikte zwischen den Unternehmen und wirtschaftlichen bzw. gesellschaftlichen Interessengruppen handelt, zu deren Lösung Unternehmensethik einen Beitrag leisten soll (zur Diskussion vgl. Steinmann/Löhr [Unternehmensethik], De George [Ethics], Ulrich [Wirtschaftsethik]).

Als systematische **Gründe** für die Notwendigkeit von Unternehmensethik können drei Problemfelder gelten (Gerum [Unternehmensführung] S. 254 ff.): die negativen externen Effekte des Wirtschaftens bzw. des Marktprozesses mit den entsprechenden sozialen und ökologischen Kosten, die begrenzte Steuerungs- und Koordinationsfähigkeit von Recht (rechtstechnische Probleme, Präventions- und Vollzugsdefizite) sowie das grundsätzliche Spannungsverhältnis von Recht und Ethik. Das, was rechtlich nicht verboten oder erlaubt und marktlich möglich ist, muss nicht notwendigerweise auch gerecht sein.

Insoweit stellt **Unternehmensethik** eine notwendige **Ergänzung** und ein **Korrektiv** zum Markt und zum Recht und damit auch zur Unternehmensordnung dar. Unternehmensordnung und Unternehmensethik dienen beide der Interessenabstimmung und Konfliktregelung. Zweckmäßig erscheint die folgende Arbeitsteilung (Gerum [Unternehmensführung] S. 260 ff.): Gegenstand der **Unternehmensordnung** ist die

Internalisierung von strukturell bedingten und deshalb generalisierbaren **Dauer-konflikten** zwischen den verfassungsrelevanten Interessen, soweit diese nicht bereits durch andere Koordinationsmechanismen der Wirtschaftsordnung absorbiert sind. Ein klassisches Beispiel hierfür ist die Mitbestimmung in Unternehmen und Betrieb. Die **Unternehmensethik** dagegen soll **Ad-hoc-Konflikte** thematisieren, die sich auf einzelne Unternehmen (Branchen) beziehen und deshalb nicht oder noch nicht generalisierbar sind. Deshalb kann Unternehmensethik dann immer auch nur durch freiwillige Vereinbarung zustande kommen und zielt auf eine **Selbstbindung** der Beteiligten ab.

Unternehmensethik zielt auf eine **Begrenzung** des **Gewinnprinzips** in solchen Situationen, wo das Streben nach Gewinn zu einem ethisch verwerflichen Tun führt oder führen kann. Das Prinzip als solches wird dabei keineswegs als unethisch diskriminiert. Leitend ist vielmehr die Einsicht, dass das Gewinnprinzip im Allgemeinen ein geeignetes und notwendiges Instrument ist, um die komplexen Steuerungsprobleme einer Volkswirtschaft im Wege der Dezentralisation und Übertragung von Entscheidungsautonomie an die Einzelwirtschaften erfolgreich zu lösen. Da das Gewinnprinzip aber formaler Natur ist, sind mit ihm eben auch materielle Mittelwahlen vereinbar, die zwar die Erreichung der Gewinnziele ermöglichen, aber ethisch nicht gerechtfertigt werden können. Da die Umsetzung der Gewinnziele im konkreten Einzelfall durch Entscheidungen auf Unternehmensebene geschieht, ist dort auch der Ort, wo die Unternehmensethik situationsgerecht im Sinne einer Gewinnbegrenzung ansetzen muss.

Um Unternehmensethik im Wirtschaftsalltag praktisch werden zu lassen, sind neben organisatorischen Vorkehrungen wie die Beauftragten für Umwelt- oder Konsumentenschutz bzw. Sicherheitsfragen vor allem **Kodices** geeignete Instrumente für unternehmensethische Regelungen, um Verhaltensmaßstäbe und Ziele für problematische Außenbeziehungen von Unternehmen, aber auch in deren Binnenverhältnissen, zu regeln. In gravierenden Fällen kann es sinnvoll und erforderlich sein, **Ethikkommissionen** als Foren und neutrale Kontrollinstanzen einzurichten. Der Unterschied zu der Idee der gesellschaftlichen Verantwortung der Unternehmensführung ist, dass hier nicht das Management allein über den Interessenausgleich befindet, sondern es bei der Unternehmensethik um eine argumentative Verständigung zwischen den Unternehmen und den von einer Entscheidung betroffenen Interessengruppen geht.

3.6.4.2.2   Zur Reichweite von Unternehmensethik

Die Aufforderung an Entscheidungsträger von Unternehmen, in einem konkreten Konfliktfall ethisch fundierten Lösungsvorschlägen zuzustimmen, unterstellt, dass für die Unternehmen auch ein entsprechender **Handlungsspielraum** besteht: «Sollen» impliziert «können». Es ist also noch erforderlich, die Reichweite der ethischen Begründungsfragen weiter zu präzisieren, die im Kontext von Unternehmensethik sinnvollerweise gestellt und beantwortet werden können.

Negativ lässt sich hier zunächst feststellen, dass fundamental kritische Diskussionen über Systemimperative wie das Gewinnprinzip in einer Unternehmensethik systematisch falsch verortet sind. Auf der Ebene des Subsystems Unternehmen ist es wenig sinnvoll, über die Rechtfertigbarkeit des erwerbswirtschaftlichen Prinzips zu räsonieren. Das (wirtschaftliche) Gesamtsystem integrierende Sozialprinzipien stehen nämlich regelmäßig nicht zur Disposition einzelner Systemelemente. Zweckmäßiger erscheint es daher, die ethischen Grundlagen von Wirtschaftsordnungen im Rahmen einer «**Wirtschaftsethik**» zu thematisieren. Im Ergebnis wird damit für den Zusammenhang von Unternehmensordnung und Unternehmensethik ein mehrstufiges Rechtfertigungsmodell vorgeschlagen, für das eine Interdependenz der Beziehungen charakterisiert ist (vgl. Abb. 3.3.10). So gilt einerseits, dass die ethischen Grundlagen der Wirtschaftsordnung jeder materialen Unternehmensethik Grenzen setzen. Andererseits darf aber nicht übersehen werden, dass Forderungen nach Unternehmensethik (zumindest implizit) auch eine Kritik der herrschenden Wirtschaftsethik beinhalten (können). Fragen des Umweltschutzes z. B., wie sie vielfach als ethische Herausforderung für Unternehmen postuliert werden, können letztlich auf eine Verankerung des öffentlichen Interesses in der Unternehmensordnung hinauslaufen und insofern auch eine Modifikation der Wirtschaftsordnung bewirken.

Das mehrstufige Rechtfertigungsmodell entlastet zwar einerseits die Unternehmensethik von «Systemfragen», befreit aber andererseits die Unternehmensführung nicht von der Verpflichtung zur ethischen Reflexion ihrer Aktivitäten und deren Folgen nach Maßgabe bestehender Handlungsspielräume. Ob und inwieweit in gegebenen Situationen tatsächlich Handlungsspielräume bestehen, ist nicht nur

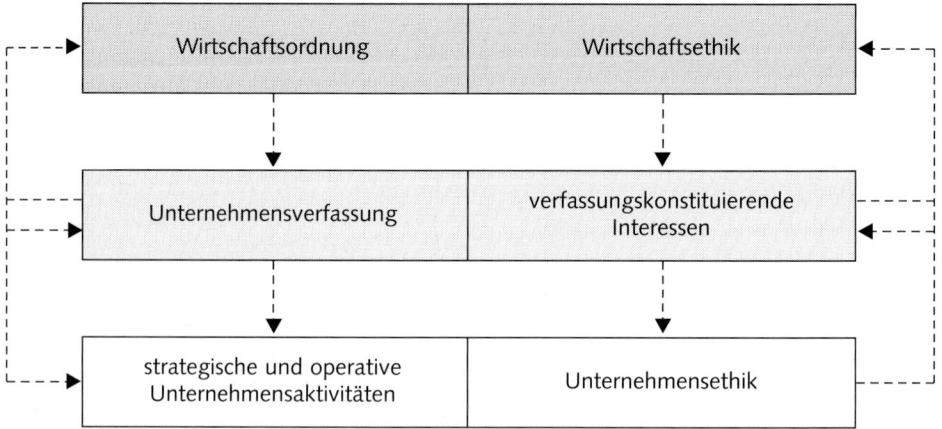

Abbildung 3.3.10: Wirtschaftlicher Ordnungs- und Handlungszusammenhang und ethische Begründungsprobleme (Gerum [Unternehmensführung] 263)

Gegenstand des operativen Managements. Dies gilt es, vor allem im Rahmen von **unternehmensstrategischen** Entscheidungen zu prüfen. Ziel strategischer Unternehmensführung ist es nämlich, dem Unternehmen durch aktives Handeln eine möglichst günstige Wettbewerbsposition in der Zukunft zu sichern. Mit den Instrumenten der Branchen- und Konkurrentenanalyse wird hier versucht, den strategischen Möglichkeitsraum mit seinen Chancen und Risiken zu bestimmen. In diesem Möglichkeitsraum ist dann über die gebotenen und gewünschten Strategien, Produkt-Markt-Konzepte und Ergebnisvorstellungen nach allgemeinen normativen Prinzipien wie auch den persönlichen Wertvorstellungen der Entscheidungsträger zu befinden. Ethische Fragen stellen sich demnach für das einzelne Unternehmen nicht nur bei der Wahl der Sachziele und der Mittel zu ihrer Realisierung. Vielmehr ist – je nach Wettbewerbskonstellation – auch zu prüfen, in welchem Umfang und mit welcher Intensität das Gewinnziel selbst verfolgt werden muss.

Unternehmensethik ist also nicht modisches Beiwerk moderner Unternehmensführung oder für moralisch besonders engagierte Unternehmer reserviert, sondern **integraler Bestandteil unternehmenspolitischer Entscheidungsprozesse.**

3.6.4.3   Corporate Governance-Kodices

Für die Entwicklung der Unternehmensordnung haben in den letzten Jahren so genannte «Corporate Governance-Kodices» sehr an Bedeutung gewonnen. Typischerweise handelt es sich dabei um nationale Kodices oder internationale Standards und nicht um firmenindividuelle Regelungen wie im Zusammenhang mit der Idee der gesellschaftlichen Verantwortung der Unternehmensführung oder als Ausfluss unternehmensethischer Postulate.

Den Ausgangspunkt nahm diese Bewegung mit dem «Cadbury-Report on the Financial Aspects of Corporate Governance» von 1992. Die Cadbury Kommission war eine Veranstaltung des Financial Reporting Council, der London Stock Exchange und von Vertretern der Wirtschaftsprüfer, also privater Organisationen und Institutionen (Schneider-Lenné [Board-System]). Die Generierung dieses **nationalen** Corporate Governance-Kodex fand in Europa mehrfach Nachahmer. In Deutschland entstand in der Folge der bereits oben behandelte «Deutsche Corporate Governance Kodex» (Abschnitt 3.6.3.3), der allerdings im Unterschied zum Cadbury-Report – entsprechend der deutschen Tradition – eine «halbstaatliche» Veranstaltung darstellt.

Auf **internationaler** Ebene wurde durch die Globalisierung und die Asienkrise ein politischer Prozess angestoßen, der auf die Harmonisierung der Corporate Governance-Systeme durch allgemein anerkannte Mindeststandards zielt (*Berrar* [Entwicklung]). Ausdruck dieses Bemühens sind die 1999 verabschiedeten **«OECD-Principles of Corporate Governance».** Diese sind allerdings nicht verbindlich; sie sollen als Richtschnur für die nationale Gesetzgebung und Maßstab für die nationalen Kodices dienen.

Die **OECD-Grundsätze** beziehen sich auf fünf Themenfelder:

- Die **Rechte der Aktionäre,** wobei es insbesondere um die Wahl des Aufsichtsrates, den Unternehmensgewinn, die Mitwirkung an zentralen Entscheidungen und den Markt für Unternehmensübernahmen geht.

- Die **Gleichbehandlung der Aktionäre,** die sich gegen Insider Trading und Insich-Geschäfte richtet.

- Die Rolle der **Stakeholder,** für die, über die Anerkennung ihrer gesetzlich verankerten Rechte hinaus, die aktive Zusammenarbeit zwischen Unternehmen und Stakeholdern postuliert wird.

- **Offenlegung und Transparenz,** wobei es vor allem um die Eigentumsverhältnisse und die externe, unabhängige Prüfung und Veröffentlichung der Vermögens-, Ertrags- und Finanzlage geht.

- **Pflichten des Aufsichtrates** bzw. **Boards,** bei denen die Überwachung des Managements und die Rechenschaftspflicht der Verwaltung gegenüber den Aktionären hervorgehoben werden.

Für die Würdigung der nationalen und internationalen Aktivitäten, Vorschläge und existierenden Corporate Governance-Kodices bieten wieder die beiden Grundfragen der Unternehmensordnung, das **Legitimationsproblem** und die **Organisationsfrage,** den Maßstab. Hierbei ist insbesondere bedeutsam die interessenmäßige Zusammensetzung der Gremien, die diese Vorschläge generieren und verabschieden. Wenn es sich, wie nicht selten der Fall, um Aktivitäten privater Institutionen handelt, und diese ihre Vorschläge mit dem Anspruch auf Allgemeinverbindlichkeit auf das jeweilige nationale Corporate Governance-System beziehen, so fehlt es hier an der Legitimation. Das Spannungsverhältnis zwischen solchen «Private Governance Regimes», die Partialinteressen repräsentieren, und der Ordnungsfunktion von Unternehmensverfassung, die im öffentlichen Interesse liegt, ist offenkundig (Gerum [Corporate Governance]).

Literaturhinweise

Ahlert, Dieter und *Hendrik Schröder*: Rechtliche Grundlagen des Marketing. 2. Aufl., Stuttgart, Berlin, Köln 1997.

Albach, Horst (Hrsg.): Corporate Governance. Zeitschrift für Betriebswirtschaft – Ergänzungsheft 2000, 1. Wiesbaden 2000.

Albach, Horst (Hrsg.): Konzernmanagement: Corporate Governance und Kapitalmarkt. Wiesbaden 2001.

Albach, Horst und *Renate Albach*: Das Unternehmen als Institution. Wiesbaden 1990.

Bamberg, Ulrich u. a.: Aber ob die Karten voll ausgereizt sind … 10 Jahre [Mitbestimmungsgesetz] 1976 in der Bilanz. Köln 1987.

Bauer, Jobst-Hubertus: [Sprecherausschußgesetz] mit Wahlordnung. 2. Aufl., München 1990.

Baums, Theodor (Hrsg.): [Bericht] der Regierungskommission «Corporate Governance». Köln 2001.

Berle, Adolf A. und *Gardiner C. Means*: The Modern [Corporation] and Private Property. New York 1932.

Berrar, Carsten: Die [Entwicklung] der Corporate Governance in Deutschland im internationalen Vergleich. Baden-Baden 2001.

Bertelsmann-Stiftung und *Hans-Böckler-Stiftung* (Hrsg.): Mitbestimmung und neue Unternehmenskulturen – Bilanz und Perspektiven. Empfehlungen der Mitbestimmungskommission. Gütersloh 1998.

Biener, Herbert (Hrsg.): [Gesetz] über die Rechnungslegung von bestimmten Unternehmen und Konzernen (PublG) mit Regierungsbegründung. Düsseldorf 1973.

Bleicher, Knut, Diethard Leberl und *Herbert Paul*: Unternehmensverfassung und Spitzenorganisation. Wiesbaden 1989.

Bleicher, Knut und *Herbert Paul*: Das amerikanische Board-Modell im Vergleich zur deutschen Vorstands-/Aufsichtsratsverfassung. In: Die Betriebswirtschaft (46) 1986, S. 263–288.

Boettcher, Erik u. a.: [Unternehmensverfassung] als gesellschaftspolitische Forderung. Ein Bericht. Berlin 1968.

Bohr, Kurt u. a. (Hrsg.): Unternehmensverfassung als Problem der Betriebswirtschaftslehre. Berlin 1981.

Breisig, Thomas u. a. (Hrsg.): [Handbuch] Arbeitsbeziehungen in Europa. Wiesbaden 1993.

Brinkmann-Herz, Dorothea: [Entscheidungsprozesse] in den Aufsichtsräten der Montanindustrie. Berlin 1972.

Bundesministerium der Justiz (Hrsg.): [Bericht] über die Verhandlungen der Unternehmensrechtskommission. Köln 1980.

Chmielewicz, Klaus: Grundstrukturen der Unternehmensverfassung. In: Zukunftsaspekte der anwendungsorientierten Betriebswirtschaftslehre. Hrsg. von Eduard Gaugler, Hans G. Meissner und Norbert Thom. Stuttgart 1986, S. 3–21.

De George, R. T.: Business [ethics]. 5. Aufl., Upper Saddles River, NJ 1999.

Eichhorn, P. (Hrsg.): Unternehmensverfassung in der privaten und öffentlichen Wirtschaft. Baden-Baden 1989.

Emmerich, Volker und *Jürgen Sonnenschein*: Konzernrecht. 7. Aufl., München 2001.

Fees, Werner: Multinationale Unternehmen und Mitbestimmung. Frankfurt a. M., Bern, New York 1986.

Fitting, Karl, Fritz Auffahrt, Heinrich Kaiser und *Friedrich Heither*: Betriebsverfassungsgesetz. Handkommentar. 21. Aufl., München 2002.

Fitting, Karl, Otfried Wlotzke und *Hellmut Wissmann*: Mitbestimmungsgesetz. Kommentar. 3. Aufl., München 1995.

Frese, Erich, Helmut Mensching und *Axel v. Werder*: Unternehmensführung. Landsberg/L. 1987.

Fritsch, Michael, Thomas Wein und *Hans Jürgen Ewers*: [Marktversagen] und Wirtschaftspolitik. 3. Aufl., München 2003.

Gaul, Björn: Die Einrichtung Europäischer Betriebsräte. In: Neue Juristische Wochenschrift (48) 1995, S. 228–232.

Gerum, Elmar: [Aufsichtsratstypen] – Ein Beitrag zur Theorie der Organisation der Unternehmensführung. In: Die Betriebswirtschaft (51) 1991, S. 719-731.

Gerum, Elmar: [Betriebsverfassung]. In: Handwörterbuch des Personalwesens. Hrsg. von Eduard Gaugler, Walter Oechsler und Wolfgang Weber. 3. Aufl., Stuttgart 2004, Sp. 605–613.

Gerum, Elmar: Betriebsverfassung im [Wandel] – Strukturprobleme und Reformansätze. In: Zeitschrift für Personalforschung (11) 1997, S. 183–194.

Gerum, Elmar: Corporate Governance in [Europa]: Konvergenz trotz Varianz. In: Auf dem Weg zur Europäischen Unternehmensführung. Hrsg. von Roland Berger und Ulrich Steger. München 1998, S. 87–101.

Gerum, Elmar: Corporate Governance, internationaler [Vergleich]. In: Handwörterbuch Unternehmensführung und Organisation. Hrsg. von Georg Schreyögg und Axel v. Werder. 4. Aufl., Stuttgart 2004.

Gerum, Elmar: Ein [Umweltdirektor] in die mitbestimmte Unternehmensverfassung? In: Die Mitbestimmung (40) 1994, S. 45–46.

Gerum, Elmar: [Führungsorganisation], Eigentümerstruktur und Unternehmensstrategie. In: Die Betriebswirtschaft (55) 1995, S. 359–379.

Gerum, Elmar (Hrsg.): [Handbuch] Unternehmung und Europäischen Recht. Stuttgart 1993.

Gerum, Elmar: [Information] und Unternehmensverfassung. In: Information und Wirtschaftlichkeit. Hrsg. von Wolfgang Ballwieser und Karl-Heinz Berger. Wiesbaden 1985, S. 747–775.

Gerum, Elmar: Kann [Corporate Governance] Gerechtigkeit schaffen? In: Managementforschung (14) 2004, S. 1–45.

Gerum, Elmar: [Manager-] und Eigentümerführung. In: Handwörterbuch der Führung. Hrsg. von Alfred Kieser, Gerhard Reber und Rolf Wunderer. 2. Aufl., Stuttgart 1995, Sp. 1457–1468.

Gerum, Elmar: [Mitbestimmung] und Corporate Governance. Gütersloh 1998.

Gerum, Elmar: Organisation der Unternehmensführung im [internationalen Vergleich] – insbesondere Deutschland, USA und Japan. In: Organisation im Wandel der Märkte. Hrsg. von Horst Glaser, Ernst Schröder und Axel v. Werder. Wiesbaden 1998, S. 135–153.

Gerum, Elmar: [Unternehmensführung] und Ethik. In: Wirtschaft und Ethik. Hrsg. von Hans Lenk und Matthias Maring. Stuttgart 1992, S. 253–267.

Gerum, Elmar: Unternehmensverfassung und Theorie der [Verfügungsrechte]. In: Betriebswirtschaftslehre und Theorie der Verfügungsrechte. Hrsg. von Dietrich Budäus, Elmar Gerum und Gebhard Zimmermann. Wiesbaden 1988, S. 21–43.

Gerum, Elmar: Unternehmungsverfassung. In: Handwörterbuch der Organisation. Hrsg. von Erich Frese. 3. Aufl., Stuttgart 1992, Sp. 2480–2502.

Gerum, Elmar, Bernd Richter und *Horst Steinmann*: [Unternehmenspolitik] im mitbestimmten Konzern. In: Die Betriebswirtschaft (41) 1981, S. 345–360.

Gerum, Elmar und *Horst Steinmann*: [Unternehmensordnung] und tarifvertragliche Mitbestimmung. Berlin 1984.

Gerum, Elmar, Horst Steinmann und *Werner Fees*: Der mitbestimmte [Aufsichtsrat]. Stuttgart 1988.

Großfeld, Bernhard: Internationales und Europäisches Unternehmensrecht. 2. Aufl., Heidelberg 1996.

Gutenberg, Erich: Funktionswandel des Aufsichtsrates. In: Zeitschrift für Betriebswirtschaft (40) 1970, Erg.-Heft, S. 1–10.

Gutenberg, Erich: [Grundlagen] der Betriebswirtschaftslehre. Band 1: Die Produktion. 17. Aufl., Berlin, Heidelberg, New York 1970.

Hanau, Peter und *Klaus Adomeit*: Arbeitsrecht. 12. Aufl., Frankfurt a. M. 2000.

Handick, C.: Gesellschaftsrecht: [Societas Europaea] (SE) – die Europäische Gesellschaft eine Unternehmensverfassung nach dem Gemeinschaftsrecht. In: Steuer und Wirtschafts-kartei (77) 2002, S. 33 ff.

Hansen, Ursula und *Ingo Schoenheit* (Hrsg.): Verbraucherabteilungen im privaten und öffentlichen Unternehmen. Frankfurt/New York 1985.

Hartkopf, Günter und *Eberhard Bohne*: [Umweltpolitik]. Opladen 2000.

Hippel, Eike v.: [Verbraucherschutz]. 3. Aufl., Tübingen 1986.

Hirschman, Albert O.: [Abwanderung] und Widerspruch. Tübingen 1974.

Hommelhoff, Peter: Die Konzernleitungspflicht. Köln, Berlin, Bonn, München 1982.

Hommelhoff, Peter, Klaus J. Hopt und *Axel v. Werder* (Hrsg.): [Handbuch] Corporate Governance. Stuttgart 2003.

Hopt, Klaus J. u. a. (Hrsg.): Comparative Corporate Governance. Oxford 1998.

Hopt, Klaus J. und *Gunther Teubner* (Hrsg.): Corporate Governance and Directors' Liabilities. Berlin, New York 1985.

Hübler, Olaf: Fördern oder behindern [Betriebsräte] die Unternehmensentwicklung? In: Perspektiven der Wirtschaftspolitik (4) 2003, S. 379–397.

Kirsch, Werner und *Wolfgang Scholl*: Was bringt die [Mitbestimmung]: Eine Gefährdung der Handlungsfähigkeit und/oder Nutzen für die Arbeitnehmer. In: Die Betriebswirtschaft (43) 1983, S. 541–562.

Kirsch, Werner, Wolfgang Scholl und *Günther Paul*: [Mitbestimmung] in der Unternehmens-praxis. München 1984.

Köstler, Roland: Das steckengebliebene Reformvorhaben. Köln 1987.

Köstler, Roland, Michael Kittner, Ulrich Zachert und *Matthias Müller*: Aufsichtsratspraxis. 7. Aufl., Frankfurt a. M. 2003.

Kotthoff, Hermann: Betriebsräte und [Bürgerstatus]. München 1994.

Kreikebaum, Hartmut: Strategische [Unternehmensplanung]. 6. Aufl., Stuttgart, Berlin, Köln, Mainz 1997.

Kübler, Friedrich: [Gesellschaftsrecht]. 5. Aufl., Heidelberg, Karlsruhe 1999.

Küpper, Hans-Ulrich: Grundlagen einer Theorie der betrieblichen Mitbestimmung, Berlin 1974.

Küpper, Hans-Ulrich: Verantwortung in der Wirtschaftswissenschaft. In: Zeitschrift für betriebswirtschaftliche Forschung 40 (1988), S. 318–339.

Lutter, Marcus: Europäisches [Unternehmensrecht]. 4. Aufl., Berlin, New York 1996.

Lutter, Marcus: Mitbestimmung im Konzern. Köln, Berlin, Bonn, München 1975.

Marginson, Paul u. a.: [Verhandlungen] zur Einsetzung Europäischer Betriebsräte. Luxem-burg 1999.

Mestmäcker, Ernst-Joachim und *Peter Behrens* (Hrsg.): Das Gesellschaftsrecht der Konzerne im internationalen Vergleich. Baden-Baden 1991.

Michaelis, Elke und Arnold Picot: Zur ökonomischen Analyse von Mitarbeiterrechten. In: Mitarbeiterbeteiligung und Mitbestimmung im Unternehmen. Hrsg. von Felix R. FitzRoy und Kornelius Kraft. Berlin 1987, S. 83–127.

Mitbestimmungskommission: [Mitbestimmung] im Unternehmen. BT-Drucksache VI/334.

Nell-Breuning, Oswald v.: [Unternehmensverfassung]. In: Das Unternehmen in der Rechts-ordnung. Hrsg. von Kurt H. Biedenkopf, Helmut H. Coing und Ernst-Joachim Mest-mäcker. Karlsruhe 1967, S. 47–77.

Nieschlag, Robert, Erwin Dichtl und *Hans Hörschgen*: [Marketing]. 19. Aufl., Berlin 2002.

Ordelheide, Dieter: Der [Konzern] als Gegenstand betriebswirtschaftlicher Forschung. In: Betriebswirtschaftliche Forschung und Praxis 38 (1986), S. 293–312.

Osterloh, Margit: Interpretative Organisations- und [Mitbestimmungsforschung]. Stuttgart 1993.

Ott, Claus: Recht und Realität der Unternehmenskorporation. Tübingen 1977.

Picot, Arnold: Der Beitrag der Theorie der [Verfügungsrechte] zur ökonomischen Analyse von Unternehmungsverfassungen. In: Unternehmungsverfassung als Problem der Betriebswirtschaftslehre. Hrsg. von Kurt Bohr u. a. Berlin 1981, S. 153–197.

Platzer, Hans-Wolfgang und *Stefan Rüb*: Europäische [Betriebsräte]: Genese, Form und Dynamiken ihrer Entwicklung – Eine Typologie. In: Industrielle Beziehungen (6) 1999, S. 393–426.

Projektgruppe im WSI: Vorschläge zum Unternehmensrecht. Köln 1981.

Pross, Helge: [Manager] und Aktionäre in Deutschland. Frankfurt a. M. 1965.

Pross, Helge und *Karl W. Boetticher*: [Manager] im Kapitalismus. Frankfurt a. M. 1971.

Rehbinder, Eckard: Ein [Umweltschutzdirektor] in der Geschäftsführung der Großunternehmen? In: Festschrift für Ernst Steindorff zum 70. Geburtstag. Hrsg. von Jürgen F. Baur u. a. Berlin/New York 1990, S. 214–228.

Richter, Bernd: Der mitbestimmte [Aktiengesellschaftskonzern]. Köln 1983.

Richtlinie 94/45/EG des Rates vom 22. 11. 1994 über die Einsetzung eines [Europäischen Betriebsrates] oder die Schaffung eines Verfahrens zur Unterrichtung und Anhörung der Arbeitnehmer in gemeinschaftsweit operierenden Unternehmen und Unternehmensgruppen (Richtlinie Europäische Betriebsräte). In: ABl. EG Nr. L 254 v. 30. 09. 1994, S. 64–72.

Ridder-Aab, Christa-Maria: Die [Aktiengesellschaft] im Lichte der Theorie der Eigentumsrechte. Frankfurt, New York 1980.

Ringleb, Henrik-Michael, Thomas Kremer, Marcus Lutter und *Axel v. Werder*: Kommentar zum Deutschen Corporate Governance [Kodex]. München 2003.

Sadowski, Dieter: [Mitbestimmung] – Gewinne und Investitionen. Gütersloh 1997.

Schmidt, Reinhard H. und *Jens Maßmann*: Drei [Mißverständnisse] zum Thema «Shareholder Value». In: Unternehmensethik und die Transformation des Wettbewerbs. Hrsg. von Brij N. Kumar, Margit Osterloh und Georg Schreyögg. Stuttgart 1999, S. 125–154.

Schneider, Dieter: Regulierungen zur Gewaltenteilung in Unternehmensverfassungen als Teil einer Ordnungspolitik unter Unsicherheit? In: Ordnungspolitik. Hrsg. von Dieter Cassel u. a. München 1988, S. 185–205.

Schneider-Lenné, Ellen Ruth: Das anglo-amerikanische [Board-System]. In: Corporate Governance. Hrsg. von Eberhard Scheffler. Wiesbaden 1995, S. 27–55.

Schredelseker, Klaus, Gerd Kopetsch und *Bernd Maybüchen*: [Publizität] und Unternehmensverfassung. Frankfurt, New York 1986.

Schreyögg, Georg: Der Aufsichtsrat als Instrument des Vorstandes. In: Die Aktiengesellschaft (28) 1983, S. 278–283.

Schreyögg, Georg: Noch einmal: zur [Trennung] von Eigentum und Verfügungsgewalt. In: Unternehmensethik und die Transformation des Wettbewerbs. Hrsg. von Brij N. Kumar, Margit Osterloh und Georg Schreyögg. Stuttgart 1999, S. 159–181.

Schwalbach, Joachim (Hrsg.): Corporate Governance. 2. Aufl., Berlin 2003.

Sieler, Carina und *Stefan Sekul*: Die EG-Öko-Audit-[Verordnung]. In: Wirtschaftswissenschaftliches Studium 24 (1995), S. 253–255.

Steger, Ulrich (Hrsg.): Handbuch des integrierten Umweltmanagements. München 1997.

Steinmann, Horst: Das [Großunternehmen] im Interessenkonflikt. Stuttgart 1969.

Steinmann, Horst: Zur [Lehre] von der «Gesellschaftlichen Verantwortung der Unternehmensführung«. In: Wirtschaftswissenschaftliches Studium (2) 1973, S. 467–473.

Steinmann, Horst und *Elmar Gerum*: [Reform] der Unternehmensverfassung. Köln, Berlin, Bonn, München 1978.

Steinmann, Horst und *Elmar Gerum*: [Unternehmenspolitik] in der Mitbestimmten Unternehmung. In: Die Aktiengesellschaft (25) 1980, S. 1–10.

Steinmann, Horst und *Albert Löhr*: Grundlagen der [Unternehmensethik]. Stuttgart 1992.

Sydow, Jörg: [Mitbestimmung] und neue Unternehmungsnetzwerke. Gütersloh 1997.

Theisen, Manuel R.: Der [Konzern]. 2. Aufl., Stuttgart 2000.

Theisen, Manuel R.: Die [Aufgabenverteilung] in der mitbestimmten GmbH. Königstein/Ts. 1980.

Theisen, Manuel R.: Überwachung der Unternehmensführung. Stuttgart 1987.

Theisen, Manuel R. und *Martin Wenz* (Hrsg.): Die Europäische [Aktiengesellschaft]. Stuttgart 2002.

Ulrich, Peter: Die Großunternehmung als quasi-öffentliche Institution. Stuttgart 1977.

Ulrich, Peter: Integrative [Wirtschaftsethik]. 3. Aufl., Bern, Stuttgart, Wien 2001.

Vogel, C. Wolfgang: Aktienrecht und Aktienwirklichkeit. Baden-Baden 1980.

Vogl, Josef, Anton Heigl und *Kurt Schäfer* (Hrsg.): [Handbuch] des Umweltschutzes. 3. Aufl., Landsberg 1992.

Wächter, Hartmut: Mitbestimmung. München 1983.

Wächter, Hartmut und *Thomas Metz*: Industrielle Beziehungen. In: Handbuch Unternehmung und Europäisches Recht. Hrsg. von Elmar Gerum. Stuttgart 1993, S. 125–156.

Wagner, Gerd Rainer (Hrsg.): Betriebswirtschaftliche Umweltökonomie. 2. Aufl., Stuttgart 1997.

Wagner, Gerd Rainer und *Horst Janzen*: [Umwelt-Auditing] als Teil des betrieblichen Umwelt- und Risikomanagement. In: Betriebswirtschaftliche Forschung und Praxis 46 (1994), S. 573–604.

Waskow, Siegfried: Betriebliches [Umweltmanagement]. Heidelberg 1997.

Weitzman, Martin L.: The [Share Economy]. Cambridge/Mass. 1984.

Wendeling-Schröder, Ulrike: Divisionalisierung, Mitbestimmung und Tarifvertrag. Köln, Berlin, Bonn, München 1984.

Werder, Axel v.: Organisationsstruktur und Rechtsnorm. Wiesbaden 1986.

Werder, Axel v. und *Till Talaulicar* und *Georg L. Kolat*: Kodex Report 2003: Die [Akzeptanz] der Empfehlungen des Deutschen Corporate Governance Kodex. In: Der Betrieb (56) 2003, S. 1857–1863.

Wiedemann, Herbert: Gesellschaftsrecht. Band 1: Grundlagen. München 1980.

Wiethölter, Rudolf: [Interessen] und Organisation der Aktiengesellschaft im amerikanischen und deutschen Recht. Karlsruhe 1961.

Witt, Peter: Corporate Governance-Systeme im Wettbewerb. Wiesbaden 2003.

Witte, Eberhard: Das [Einflußsystem] der Unternehmung in den Jahren 1976 und 1981. Empirische Befunde im Vergleich. In: Schmalenbachs Zeitschrift für betriebswirtschaftliche Forschung (34) 1982, S. 416–434.

Witte, Eberhard und *Rolf Bronner*: Die Leitenden Angestellten. Eine empirische Untersuchung. München 1974.

Entscheidungen des Unternehmens Kapitel **4**

Franz Xaver Bea

Im vorangehenden Kapitel wurden die wichtigsten Rahmenbedingungen des Wirtschaftens und damit der unternehmerischen Entscheidungen erörtert. Nunmehr sollen die Entscheidungen selbst diskutiert werden. Dabei gehen wir folgendermaßen vor:

In einem ersten Abschnitt werden die entscheidungstheoretischen Grundlagen beschrieben. Die **Entscheidungstheorie** setzt sich u. a. zur Aufgabe, Modelle zur Lösung von Entscheidungsproblemen bereitzustellen. Es soll daher zunächst untersucht werden, was unter einem Entscheidungsproblem zu verstehen ist. Anschließend werden die Aufgaben und die Struktur von Entscheidungsmodellen sowie Lösungsverfahren für Entscheidungsmodelle erörtert.

In einem zweiten Abschnitt befassen wir uns mit dem **Inhalt** betrieblicher Entscheidungen. Die Auseinandersetzung mit einem Entscheidungsproblem hängt sehr stark von dessen Beschaffenheit ab. Folgende **Arten von Entscheidungen** lassen sich u. a. unterscheiden:

Bezugszeitraum: kurz-, mittel- und langfristige Entscheidungen
Funktionsbereiche: Beschaffungs-, Fertigungs-, Absatz-, Finanzierungsentscheidungen usw.
Planungshierarchie: strategische, taktische, operative Entscheidungen
Zeitliche Reichweite: konstitutive und laufende Entscheidungen

In diesem Band, der sich mit den Grundfragen der Allgemeinen Betriebswirtschaftslehre befasst, werden ausschließlich die **konstitutiven Entscheidungen** erörtert. Sie stehen insbesondere bei der Gründung eines Betriebes im Vordergrund der Betrachtung. Laufende Entscheidungen, wie z. B. Beschaffungs-, Fertigungs- und Absatzentscheidungen, fallen bei der Abwicklung des Leistungsprozesses an. Sie werden daher im dritten Band, der sich mit dem Leistungsprozess befasst, ausführlich dargelegt.

1 Entscheidungstheoretische Grundlagen

1.1 Entscheidungsproblem

> Ein **Entscheidungsproblem** liegt dann vor, wenn unter bestimmten Umwelt-zuständen (Daten) aus mehreren Handlungsalternativen diejenige Alternative zu wählen ist, die am besten zur Zielerfüllung beiträgt.

Entscheidungsprobleme setzen sich aus folgenden drei **Elementen** zusammen:

- Umweltzustände (Daten),
- Alternativen,
- Ziele.

Diese Aussage soll in einer ersten Annäherung mit Hilfe eines einfachen Entschei-dungs**beispiels** erläutert werden: Ein Student steht vor dem Problem, wie er das nächste freie Wochenende verbringen soll. Zunächst sind die dem Entscheidungs-träger bekannten aber von ihm nicht beeinflussbaren **Umweltzustände** als Grenzen des Entscheidungsspielraums zu beachten. In unserem Beispiel sind dies etwa der Wetterbericht für das Wochenende, feststehende Examenstermine, das Theater-, Konzert- und Sportprogramm sowie die zur Verfügung stehenden finanziellen Mittel.

Diese Beschränkungen reduzieren die Zahl der möglichen **Alternativen**; so kann etwa aufgrund der sehr engen Budgetbeschränkung die Alternative «Abendessen plus anschließender Theaterbesuch» ausscheiden.

Um die möglichen Alternativen bewerten zu können, muss Klarheit über die Ziele des Entscheidungsträgers geschaffen werden. In unserem Beispiel sind mögliche Ziele etwa das Bestehen einer Klausur, die Verbesserung der sportlichen Leistun-gen, die Erholung.

Die Auswahl der besten Alternative bereitet selbst in diesem einfachen Beispiel große Schwierigkeiten. Denn die Ziele sind nicht nur konfliktär, sie sind außerdem unterschiedlich wichtig. Da schließlich die Umweltzustände nicht immer exakt – wie etwa bezüglich der Wetterlage –, z. T. überhaupt nicht bekannt sind, können auch die Zielbeiträge der Alternativen nicht immer präzise bestimmt werden.

Die **Entscheidungstheorie** hilft, das Entscheidungsproblem zu erkennen, zu formu-lieren, zu strukturieren und zu lösen. Je nachdem, auf welche dieser Aufgaben das Schwergewicht gelegt wird, lässt sich zwischen einer normativen (auch präskrip-tiven) und einer deskriptiven Entscheidungstheorie differenzieren. Normativ kann mit «vorschreibend» und deskriptiv mit «beschreibend» übersetzt werden.

Die **normative Entscheidungstheorie** beruht im Wesentlichen auf der **Entschei-dungslogik**. Sie liefert Regeln für die Antwort auf die Frage, wie sich ein Entschei-dungsträger unter bestimmten Prämissen verhalten **muss**, wenn er die subjektiv beste Lösung realisieren will.

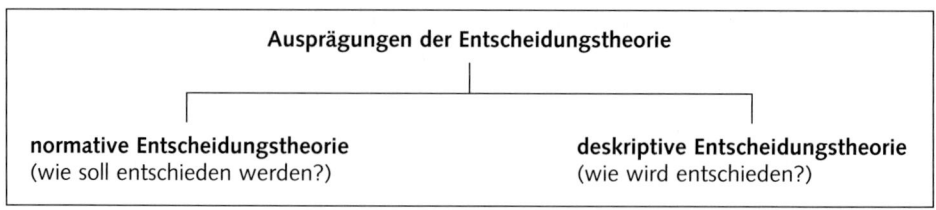

Die **deskriptive Entscheidungstheorie** geht nicht von gegebenen Entscheidungsprämissen aus, sondern fragt vielmehr, wie sich das Verhalten der Entscheidungsträger in der Praxis abspielt. Beispiel: Wie werden in einer Gruppe, etwa einem Projektteam, Probleme gelöst? Eine Antwort auf diese Frage verlangt u. a. eine Beschäftigung mit den Machtverhältnissen, den Konflikten und Informationsbeziehungen in einer Gruppe.

Im Folgenden gehen wir vom Ansatz der normativen Entscheidungstheorie aus. Fragen der deskriptiven Entscheidungstheorie stehen in Band 2 zur Diskussion, der sich mit der Führung und insofern mit der Einbettung der Entscheidung in den Führungsprozess auseinander setzt.

1.1.1   Elemente eines Entscheidungsproblems

Die Elemente eines Entscheidungsproblems werden nunmehr anhand eines – betriebswirtschaftlichen – Fall-**Beispiels** näher analysiert: Ein Pkw-Hersteller hat in der abgelaufenen Hochkonjunkturphase beträchtliche Gewinne erzielt, die zum großen Teil in kurzfristig veräußerbaren Wertpapieren am Kapitalmarkt angelegt worden sind. Zu entscheiden ist nun, wie diese Mittel langfristig investiert werden sollen und – damit zusammenhängend – wie sich die langfristige Unternehmensentwicklung gestalten lässt. Denkbare Umweltzustände, Entscheidungsalternativen und Zielsetzungen sollen im Folgenden diskutiert werden.

1.1.1.1   Umweltzustände

Umweltzustände (auch Daten genannt) sind reale Sachverhalte, die durch den Entscheidungsträger innerhalb des Planungshorizontes nicht beeinflussbar bzw. kontrollierbar sind.

Die Menge aller Umweltzustände wird als **Zustandsraum** bezeichnet.

Sind Umweltzustände für das Entscheidungsproblem relevant, **schränken sie den Handlungsspielraum ein** und **beeinflussen die Ergebnisse** der wählbaren Alternativen. Art und Umfang der Umweltzustände hängen von der jeweiligen Entscheidungssituation, insbesondere vom Entscheidungshorizont ab. So ist etwa der Standort eines Unternehmens für kurzfristige Entscheidungen (etwa absatzpolitische Maßnahmen) ein unveränderbares bekanntes Datum, das die Handlungsmöglichkeiten einschränkt, für langfristige Entscheidungen (etwa wachstumspolitische Maßnahmen) jedoch eine disponible Größe, eine Handlungsvariable.

Umweltzustände sind i. d. R. nicht für alle Zeit konstant, sondern verändern sich im Zeitablauf. Diese Änderung kann einmal autonomer Natur, d. h. von den Handlungen des Entscheidungsträgers unabhängig sein. Zu denken ist hierbei an Änderungen des Verbraucherverhaltens, an politische Entwicklungen, an den technischen Fortschritt. Zum anderen werden Umweltveränderungen aber auch durch Handlungen des Entscheidungsträgers (ex post) ausgelöst, wobei dem Entscheidungsträger jedoch Art, Ausmaß und Eintrittszeitpunkt der durch seine Aktionen (mit-)beeinflussten Datenänderungen nicht bekannt sind. Von besonderer Bedeutung sind in diesem Zusammenhang Änderungen des Verhaltens der Konkurrenten, aber auch des Staates als Reaktion auf Aktionen der Entscheidungsträger. So kann etwa das Wettbewerbsrecht als Reaktion auf die zunehmende Konzentration in einer Branche verschärft werden. Da der Entscheidungsträger diese autonomen oder induzierten Änderungen der Umwelt nicht mit Sicherheit vorhersagen kann, ist auch das Ergebnis der Entscheidung unsicher. Wir können Folgendes festhalten: Das **Entscheidungsrisiko** hat seine Ursache in der Ungewissheit über die Umweltzustände.

Die Umweltzustände lassen sich nach verschiedenen Kriterien klassifizieren. Häufig werden folgende **Daten unterschieden:**

- betriebsinterne,
- betriebsexterne.

(1) Betriebliche Entscheidungen in der Vergangenheit können zu **betriebsinternen** Daten führen, die kurzfristig nicht revidierbar sind. In unserem Beispiel eines Pkw-Herstellers ist etwa an den Umfang von verfügbaren Finanzmitteln zu denken, der durch die Ertragskraft und damit die Geschäftspolitik der Vergangenheit bestimmt ist. Ferner kann dem Unternehmen der Export von Pkw in die USA deshalb verschlossen sein, weil die Entwicklung von Motoren, die den amerikanischen Umweltschutzbedingungen entsprechen, vernachlässigt wurde.

(2) Mit dem Hinweis auf den Export ist auch schon eine zweite Gruppe von Umweltzuständen angesprochen, die **betriebsexternen** Daten. Neben Vorschriften des Arbeitsrechts und des Steuerrechts haben in jüngster Zeit vor allem die genannten umweltrechtlichen Bestimmungen sowie wettbewerbsrechtliche Normen eine starke Bedeutung für Entscheidungen gewonnen: Dem Pkw-Hersteller kann etwa aufgrund des Gesetzes gegen Wettbewerbsbeschränkungen ein geplanter Aufkauf eines Konkurrenten durch das Bundeskartellamt untersagt werden.

(3) Die einzelnen Umweltzustände sind i. d. R. nicht isoliert voneinander, sondern befinden sich in einer **Abhängigkeitsbeziehung.** Zwischen einzelnen Umweltdaten sind etwa **sachliche Verknüpfungen** festzustellen: Für eine Auslandsinvestition relevante Daten, wie das allgemeine Preisniveau, das Zinsniveau (für zur Investition

notwendige Kredite) sowie das Arbeitskräfteangebot sind wechselseitig voneinander abhängig. Ferner sind bei der Entwicklung der Umweltzustände im Zeitablauf – wie auch bei den Handlungsalternativen – **zeitliche Verknüpfungen** festzustellen: Hat sich ein für Auslandsinvestitionen geeignetes Land im Zeitpunkt t_0 für eine restriktive Konjunkturpolitik entschieden, sind im Zeitpunkt t_1 andere Entwicklungen der o. a. Daten (Preise, Zinsen etc.) zu erwarten als bei einer Entscheidung für eine expansive Konjunkturpolitik.

1.1.1.2   Alternativen

Eine **Alternative** (auch Aktion genannt) ist eine unabhängige Vorgehensweise zur Erreichung eines angestrebten Ziels.

Ein Entscheidungsproblem ist nur dann gegeben, wenn der Entscheidungsträger zwischen mehreren Alternativen wählen kann. In der Regel besteht eine Alternative aus einer Kombination von Einzelaktivitäten. Beabsichtigt z. B. der Pkw-Hersteller, in zwei Jahren ein Zweigwerk für 100 Mio. Euro in den USA zu errichten, so sind durch diese Alternative die Einzelmaßnahmen «Standort» (USA), «Investitionszeitpunkt» (im 2. Jahr), «Investitionsumfang» (100 Mio.) und «Investitionsart» (Pkw-Zweigwerk) festgelegt.

Die Menge aller zulässigen (realisierbaren) Alternativen wird als **Alternativenraum** oder Lösungsbereich bezeichnet. In unserem Beispiel soll gelten, dass kleine Zweigwerke für 50 Mio. Euro und große Zweigwerke für 100 Mio. im Inland und im Ausland errichtet werden können. Die **maximale** Investitionssumme betrage 200 Mio. Zur **Vereinfachung** sei angenommen, dass in keinem der beiden Märkte (In- und Ausland) zwei oder mehr gleichartige Zweigwerke (bei 200 Mio. wären in einem Markt bis zu vier kleine oder zwei große Zweigwerke möglich) errichtet werden können. Unter diesen Annahmen ergeben sich für den Entscheidungsträger folgende Alternativen:

a_1:   Zweigwerk im Inland mit 50 Mio.

a_2:   Zweigwerk im Inland mit 100 Mio.

a_3:   Zweigwerk im Ausland mit 50 Mio.

a_4:   Zweigwerk im Ausland mit 100 Mio.

a_5:   Zweigwerk im Inland mit 50 Mio. und im Ausland mit 50 Mio.

a_6:   Zweigwerk im Inland mit 100 Mio. und im Ausland mit 100 Mio.

a_7:   Zweigwerk im Inland mit 100 Mio. und im Ausland mit 50 Mio.

a_8:   Zweigwerk im Inland mit 50 Mio. und im Ausland mit 100 Mio.

a_9:   Zweigwerk im Inland mit 100 Mio. und im Inland mit 50 Mio.

a_{10}:   Zweigwerk im Ausland mit 100 Mio. und im Ausland mit 50 Mio.

a_{11}:   Keine Investition

Bei Berücksichtigung **unterschiedlicher Zeitpunkte,** zu denen die Aktionen realisiert werden können, würde sich der Alternativenraum erweitern: Bei zwei Zeitpunkten von 11 auf 33 Alternativen – aus a_1 bis a_4 würden jeweils zwei Alternativen, aus a_5 bis a_{10} jeweils vier Alternativen.

Unterstellt wurde bei der Definition des Alternativenraumes, dass die Handlungsvariablen – Investitionsart, Investitionssumme und Investitionszeitpunkt – völlig **frei kombinierbar** sind. Dies trifft in der Realität selten zu. Oft können etwa bestimmte Einzelaktionen nicht gemeinsam vorgenommen werden: Soll beispielsweise das Investitionsvolumen im Inland bzw. Ausland jeweils 100 Mio. nicht übersteigen, schrumpft der Alternativenraum von 11 auf 9 Alternativen (Wegfall von a_9 und a_{10}).

Auch in zeitlicher Hinsicht kann der Alternativenraum durch Abhängigkeiten beschränkt sein: Handelt es sich bei a_2 und a_4 um Investitionen zur Errichtung eines Zweigwerkes, bei a_1 und a_3 um Investitionen zum Ausbau des Zweigwerkes, liegen **kombinierte (bedingte)** Alternativen vor: a_1 bedingt die gleichzeitige bzw. vorherige Durchführung von a_2, a_3 die Investition von a_4. In diesem Fall reduziert sich der Aktionenraum von 33 auf 15 Alternativen.

Die zeitliche Folge von Alternativen lässt sich anschaulich in Form eines **Entscheidungsbaumes** darstellen (Abb. 4.1). Er besteht aus Aktivitätskanten a und Entscheidungsknoten (Kreise), welche die Entscheidungssituation zu jeweils unterschiedlichen Zeitpunkten t wiedergeben.

Mit Hilfe eines derartigen Entscheidungsbaumes kann der optimale Weg durch die verschiedenen Alternativen (etwa mit Verfahren der dynamischen Programmierung) ermittelt werden.

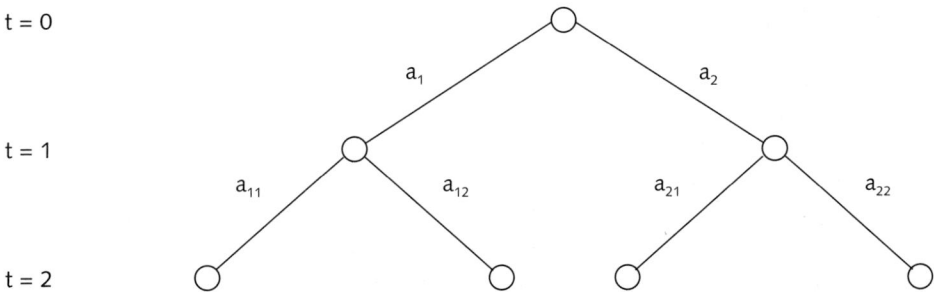

Abbildung 4.1: Entscheidungsbaum

1.1.1.3 Ziele

1.1.1.3.1 Begriff des Zieles

Ziele stellen Aussagen über erwünschte Zustände dar, die als Ergebnisse von Entscheidungen eintreten sollen.

Jedes Ziel ist durch den Zielinhalt, den Zeitbezug, den sachlichen Geltungsbereich und das Zielausmaß gekennzeichnet (Heinen [Einführung] 98 ff.).

Der **Zielinhalt** ist die Größe, die durch die Alternativenwahl beeinflusst werden soll. Sie kann durch ein einzelnes Merkmal (z. B. Gewinn, Umsatz, Kosten), die Veränderung eines Merkmals (z. B. Umsatzsteigerung) oder den Quotienten zweier Merkmale (z. B. Rentabilität $= \dfrac{\text{Gewinn}}{\text{Kapital}}$) definiert sein.

Der **Zeitbezug** legt fest, in welcher Periode ein Ziel verwirklicht werden soll und definiert damit den zeitlichen Geltungsbereich des Zielinhaltes. So wird etwa zwischen kurzfristigen und langfristigen Zielen unterschieden.

Der **sachliche Geltungsbereich** konkretisiert den Zielinhalt hinsichtlich des Betätigungsfeldes, für welches das Ziel realisiert werden soll. So lassen sich etwa Gesamtunternehmensziele und Bereichsziele (z. B. für ein Werk als profit center) unterscheiden.

Das **Zielausmaß** (auch Zielkriterium, Entscheidungskriterium oder Zielvorschrift genannt) legt das gewünschte Ausmaß des Zielinhaltes fest. Es gibt Antwort auf die Frage: Wie stark soll der Zielinhalt verändert werden? Denkbar sind die Extremierung (z. B. Gewinnmaximierung, Kostenminimierung), die Fixierung (z. B. Umsatzsteigerung um 10%) und die Begrenzung bzw. Satisfizierung (z. B. Kosten dürfen einen bestimmten Betrag nicht übersteigen).

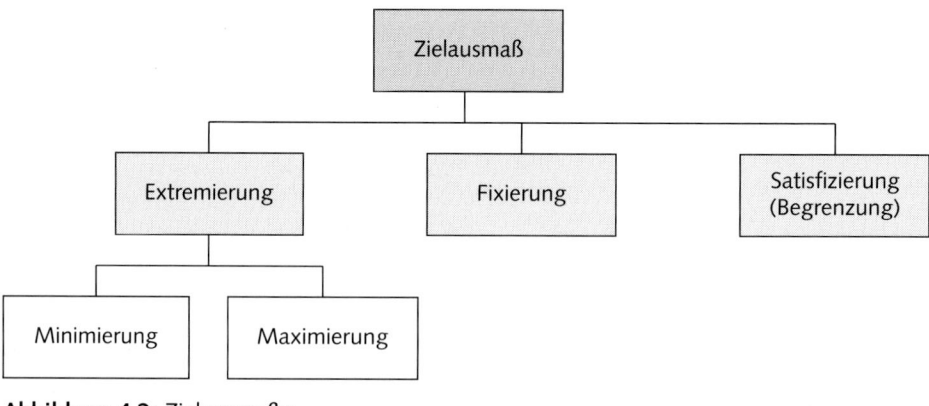

Abbildung 4.2: Zielausmaße

Von Satisfizierung spricht man dann, wenn ein befriedigendes Ausmaß angestrebt wird. Weitere Zielmerkmale, die bei einem mehrdimensionalen Zielsystem und bei Ungewissheit zu beachten sind, werden auf S. 325 ff. erörtert.

Im Rahmen der Lösung eines Entscheidungsproblems übernehmen die Ziele die Funktion von **Entscheidungskriterien** für die Bewertung der einzelnen Alternativen. Anders ausgedrückt: Die Alternativen werden daraufhin überprüft, in welchem Umfang sie zur Erfüllung von Zielen beitragen, und dann im Hinblick auf diese Zielerfüllung bewertet. Dieser Bewertungsvorgang erfolgt mit Hilfe von **Entscheidungsmodellen.**

Die in unserem obigen Beispiel erörterten Alternativen können im Rahmen eines Entscheidungsmodells u. a. daraufhin überprüft und bewertet werden, wie sie zur Veränderung der Liquidität, des Umsatzes und der Gewinnsituation des Unternehmens in den nächsten 15 Jahren beitragen.

1.1.1.3.2   Beziehungen zwischen Zielen

Zwischen den Zielen bestehen verschiedene **Abhängigkeitsbeziehungen.** Es lassen sich unterscheiden (vgl. Kupsch [Unternehmungsziele] 26 ff.):

* Interdependenzrelationen,
* Instrumentalrelationen und
* Präferenzrelationen.

(1) **Interdependenzrelationen** geben an, ob und in welcher Form die Realisierung eines Zieles die Verwirklichung anderer Ziele beeinflusst. Wir unterscheiden:

* komplementäre,
* konkurrierende und
* neutrale Ziele.

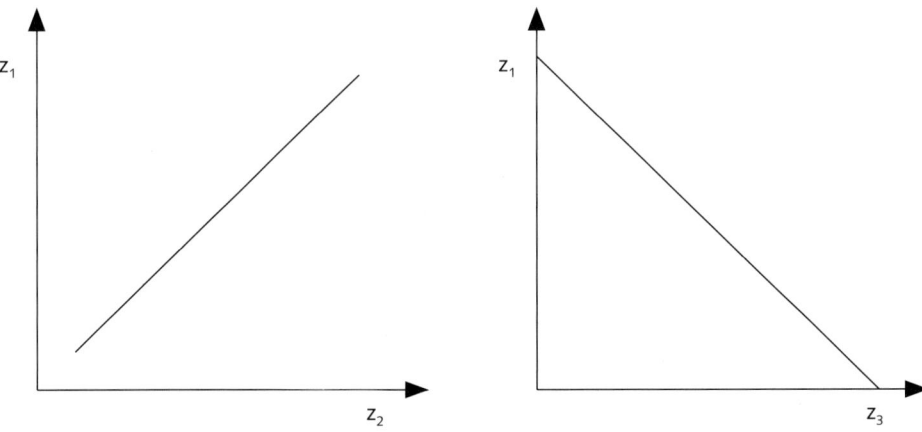

Abbildung 4.3: Komplementäre Ziele   **Abbildung 4.4:** Konkurrierende Ziele

Besteht **Zielkomplementarität,** so fördern sich die Ziele gegenseitig (Abb. 4.3). Zwischen den Zielsetzungen «Erhaltung von Arbeitsplätzen im Inland» (z_1) und «Erhaltung eines hohen Qualitätsstandards» (z_2) besteht etwa dann eine derartige positive Zielbeziehung, wenn der Qualitätsstandard der Produkte bei Auslandsinvestitionen (in Niedriglohnländern) geringer als bei Inlandsinvestitionen ist. Negativ beeinflusst allerdings die «Erhaltung von Arbeitsplätzen im Inland» (z_1) das «Rentabilitätsziel» (z_3) des Unternehmens, wenn im Ausland das Kostenniveau niedriger als im Inland ist. Eine derartige Zielbeziehung wird als **Zielkonkurrenz** (bzw. Zielkonflikt) bezeichnet (Abb. 4.4). In der Volkswirtschaftslehre werden Zielkonflikte u. a. als magische Dreiecke bezeichnet.

Bestehen keine Zielbeziehungen, spricht man von **Zielneutralität.** In Abb. 4.5 beeinflusst im Fall (1) die Verwirklichung von z_4 jene von z_5 nicht, und im Fall (2) gilt dies für das Verhältnis von z_5 zu z_4. Eine solche Zielbeziehung ist etwa zwischen den Zielen «Sicherung der Liquidität» und «Erhaltung eines guten Betriebsklimas» zu erwarten.

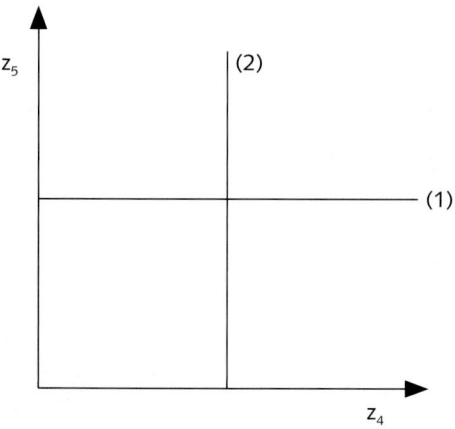

Abbildung 4.5: Neutrale Ziele

(2) **Instrumentalrelationen** begründen ein Ziel-Mittel-Verhältnis zwischen Zielen. **Unterziele** sind Mittel zur Erreichung von **Oberzielen.** Im sog. Du Pont-Kennzahlensystem stellen die Umsatzrentabilität und der Kapitalumschlag Unterziele des Oberzieles «Return on Investment» (RoI) dar. Der Return on Investment ergibt sich als Multiplikation von Umsatzrentabilität und Kapitalumschlag.

Die in Abb. 4.6 dargestellten **Kennzahlen** können als Steuerungsinstrumente im Rahmen der Führung von Unternehmen und Konzernen eingesetzt werden. Der amerikanische Chemiekonzern Du Pont gilt als Pionier in dieser Hinsicht.

(3) **Präferenzrelationen** stellen Aussagen dar, ob und in welchem Umfang ein Ziel der Erreichung eines anderen Zieles vorgezogen oder nachgeordnet wird. Es wird also die Rangfolge der Wichtigkeit von Zielen festgelegt. So kann ein Entschei-

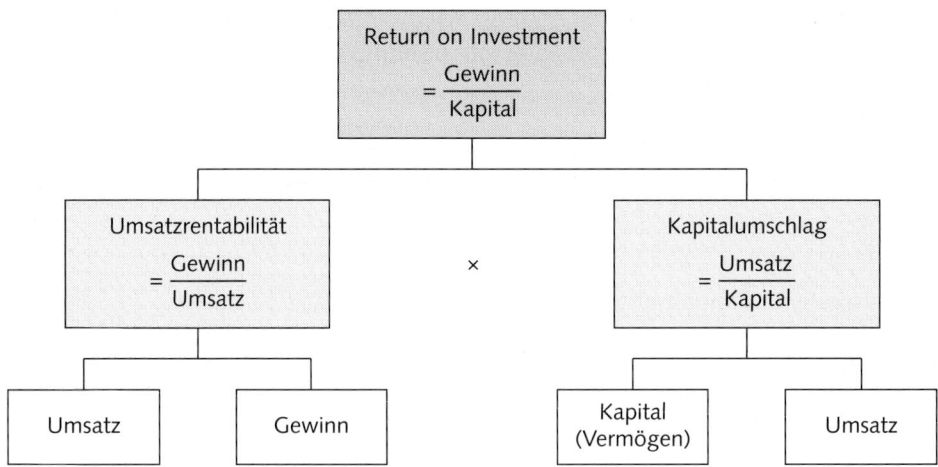

Abbildung 4.6: Du Pont-Kennzahlensystem

dungsträger für das Ziel «Bewahrung der Selbständigkeit» eine höhere Präferenz aufweisen als für das – evtl. zu einer Eingliederung in einen Konzern führende – Expansionsziel. Als Folge unterschiedlicher Präferenzen werden die Ziele mit unterschiedlichen Gewichten (**Zielgewichten**) versehen. Wichtige Ziele werden als **Hauptziele**, weniger gewichtige als **Nebenziele** bezeichnet.

1.1.1.3.3   Zielsysteme der Praxis

Betrachten wir die **Zielsysteme der Praxis**, so finden wir dort eine beachtliche Vielfalt vor, deren einzelne Elemente sich mit Hilfe der genannten Merkmale von Zielen charakterisieren lassen. Die obersten Ziele werden häufig als **strategische Ziele** bezeichnet. Sie sind Ausdruck einer bestimmten Unternehmensphilosophie. Gelegentlich ist auch von der unternehmerischen Vision die Rede.

Strategische Ziele sind i. d. R. allgemein gehalten.

Beispiele für strategische Ziele:

- Steigerung der Ertragskraft,
- Verbesserung der Marktposition,
- Erweiterung der heimischen Absatzmärkte um ausländische Märkte,
- Verteidigung der Marktführerschaft,
- Übernahme gesellschaftlicher Verantwortung,
- Sicherung der Unabhängigkeit des Familienunternehmens.

Aus den strategischen Zielen lassen sich als Unterziele die Sachziele und die Formalziele ableiten. Die **Sachziele** beziehen sich unmittelbar auf den Leistungsprozess des

Unternehmens (Beschaffung, Fertigung, Absatz). **Formalziele** beziehen sich auf Maßnahmen, die den Unternehmenserfolg beeinflussen sollen.

Beispiele für Sachziele:

- Erhöhung des Produktionsvolumens,
- Verbesserung der Produktqualität,
- Ausbau des Distributionssystems,
- Umstellung auf ökologiegerechte Produkte und Produktionsverfahren.

Beispiele für Formalziele:

- Gewinnmaximierung,
- Kostensenkung,
- Erhöhung der Umsatzrentabilität $\left(= \dfrac{\text{Gewinn}}{\text{Umsatz}} \right)$,
- Erhöung der Eigenkapitalrentabilität $\left(= \dfrac{\text{Gewinn}}{\text{Eigenkapital}} \right)$,
- Steigerung des Shareholder Value.

In welchem Abhängigkeitsverhältnis die genannten Ziele zueinander stehen, d. h. welchen Zielen Vorrang einzuräumen ist, hängt u. a. von den Motiven der Entscheidungsträger und vom Wirtschaftszweig ab, in dem sich ein Unternehmen betätigt. So dürfte sich etwa das Zielsystem eines in kommunaler Hand befindlichen Nahverkehrsunternehmens beträchtlich vom Zielsystem eines privaten Automobilunternehmens unterscheiden. Die Ermittlung empirisch gehaltvoller Zielsysteme ist Aufgabe der **Zielforschung**.

1.1.2   Ergebnismatrix

Kennt der Entscheidungsträger seine Alternativen und ist er über die potenziellen Umweltzustände informiert, so kann er für alle Kombinationen von Alternativen und Umweltzuständen die **Auswirkungen** auf die Ziele (**Ergebnisse, Zielerträge**) ermitteln. Gehen wir zunächst davon aus, dass lediglich **ein Ziel** beachtet wird, jedoch m Alternativen und n Umweltzustände möglich sind, so erhalten wir die in Abb. 4.7 dargestellte Ergebnismatrix (auch Zielertragsmatrix genannt). Diese Matrix wird auch als **Grundmodell der Entscheidungstheorie** bezeichnet.

Die Elemente e_{ij} informieren über die Ergebnisse bei Kombination der Alternativen a_i mit den Umweltzuständen u_j.

Lässt sich der Entscheidungsträger von **mehreren Zielen** leiten, so muss die Ergebnismatrix entsprechend erweitert werden. Legen wir unser Beispiel zugrunde: Die Alternative a_1 bestehe in der Errichtung eines Pkw-Zweigwerkes im Ausland. Diese Alternative werde bezüglich ihrer Wirkung auf folgende Ziele überprüft: Rentabilität des Unternehmens (z_1), Erhaltung von Arbeitsplätzen im Inland (z_2), Ab-

Alter-nativen \ Umwelt-zustände	u_1	u_2	...	u_n
a_1	e_{11}	e_{12}	...	e_{1n}
a_2	e_{21}	e_{22}	...	e_{2n}
⋮	⋮	⋮		⋮
a_m	e_{m1}	e_{m2}	...	e_{mn}

Abbildung 4.7: Ergebnismatrix bei einem Ziel

hängigkeitsgrad von Außenhandelsbestimmungen (z_3). Es werden zwei Umweltzustände prognostiziert: keine Reaktion der Konkurrenten auf dem ausländischen Markt (u_1), Reaktion der Konkurrenten auf dem ausländischen Markt in Form verstärkter Marketingaktivitäten (u_2). In diesem Fall erhalten wir die erste Zeile der Ergebnismatrix der Abb. 4.8. Der obere Index der Elemente bezeichnet die Zielgröße, der erste untere Index die Alternative und der zweite untere Index die Umweltzustände.

Wird eine weitere Alternative a_2 diskutiert, etwa statt der Errichtung eines ausländischen Zweigwerkes ein forcierter Ausbau des Händlernetzes im Ausland, so ist die Ergebnismatrix entsprechend (in Abb. 4.8 um die zweite Zeile) zu erweitern.

Das bisher beschriebene Grundmodell der Entscheidungstheorie enthält zwar die wesentlichen Elemente einer Entscheidungssituation, ist aber noch unter zwei Aspekten ergänzungsbedürftig:

Zum einen ist noch nichts darüber gesagt, wie die Tatsache zu beurteilen ist, dass Umweltzustände mehrwertig sein können, also mit dem Phänomen der Ungewissheit zu rechnen ist. Zum anderen ist das Präferenzsystem nur unvollständig erfasst.

Mit beiden Aspekten werden wir uns im Rahmen der Diskussion der Entscheidungsmodelle im folgenden Abschnitt beschäftigen.

Alternativen \ Ziele / Umweltzustände	z_1		z_2		z_3	
	u_1	u_2	u_1	u_2	u_1	u_2
a_1	e_{11}^1	e_{12}^1	e_{11}^2	e_{12}^2	e_{11}^3	e_{12}^3
a_2	e_{21}^1	e_{22}^1	e_{21}^2	e_{22}^2	e_{21}^3	e_{22}^3

Abbildung 4.8: Ergebnismatrix bei drei Zielen

1.2   Entscheidungsmodelle

1.2.1   Aufgaben von Entscheidungsmodellen

Entscheidungsmodelle bilden das aus den Umweltzuständen, den Alternativen und den Zielen bestehende Entscheidungsproblem ab und erleichtern damit die Problemerkennung und Problemlösung.

Die Formulierung eines Entscheidungsmodells beruht häufig auf einem **Erklärungsmodell** (einer Theorie), das Aussagen über Ursache-Wirkungs-Zusammenhänge enthält. Beispiel: Das Nachfrageverhalten in Abhängigkeit vom Preis eines Gutes.

Modelle sind Abbilder der Realität. Abbildungsmittel für Modelle ist in aller Regel die Sprache der Mathematik. Mit dem Abbildungsvorgang wird das Realproblem durch **Abstraktion** auf die für die Erfassung des Problems wesentlichen Informationen reduziert (abstrahieren (lat.) = abziehen; die unwesentlichen Merkmale weglassen). Die Mathematik liefert dabei wertvolle Dienste, denn mit ihrer Hilfe lässt sich das reduzierte Problem exakt und nachprüfbar darstellen.

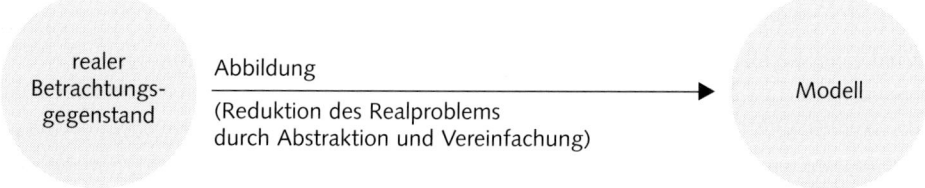

Abbildung 4.9: Modellbildung

Mit der Entwicklung von Entscheidungsmodellen befasst sich das **Operations Research**. Es wird üblicherweise als «Unternehmensforschung» ins Deutsche übersetzt. Das OR ist hauptsächlich in den USA während des Zweiten Weltkrieges im Zusammenhang mit der Lösung militärischer Aufgaben, wie etwa der Optimierung von Transportproblemen (z. B. Zusammenstellung von Schiffskonvois), entwickelt worden.

1.2.2   Struktur und Arten von Entscheidungsmodellen

In Abb. 4.7 sind wesentliche Elemente eines Entscheidungsproblems abgebildet. Die Darstellung in Abb. 4.8 stellt insofern eine Erweiterung des Grundmodells der Entscheidungstheorie dar, als mehrere Ziele unterstellt wurden. Damit ist zwar zum Ausdruck gebracht, welche Ziele grundsätzlich bevorzugt werden; das **Präferenzsystem** des Entscheidungsträgers ist hiermit jedoch noch nicht vollständig erfasst. Es besteht aus folgenden Präferenzen (Bamberg/Coenenberg [Entscheidungslehre] 29 f.):

1. **Zeitpräferenz:** Präferenz hinsichtlich unterschiedlicher Eintrittszeitpunkte der einzelnen Zielerträge;
2. **Höhenpräferenz:** Präferenz hinsichtlich unterschiedlicher Zielausmaße bei jeder einzelnen Zielart;
3. **Sicherheitspräferenz:** Präferenz bezüglich unterschiedlicher Eintrittswahrscheinlichkeiten der einzelnen Zielerträge;
4. **Artenpräferenz:** Präferenz bezüglich der einzelnen Zielarten für den Fall, dass mehrere Ziele gleichzeitig verfolgt werden.

Auf der Basis dieser Präferenzen werden die alternativen Zielerträge der Abb. 4.7 bzw. 4.8 bewertet: Ist eines der Ziele etwa das Rentabilitätsziel, so werden bei einer monoton steigenden **Höhenpräferenz** solche Alternativen, die zu höheren Rentabilitäten führen, denjenigen mit geringeren Rentabilitäten vorgezogen. Die **Zeitpräferenz** könnte sich in diesem Beispiel darin ausdrücken, dass gegenwärtig zu erzielende Rentabilitäten künftigen Rentabilitäten vorgezogen werden. In der Regel wird diese Präferenz über die Diskontierung berücksichtigt. Welche Konsequenzen aus der **Artenpräferenz** und **Sicherheitspräferenz** resultieren, wird in den nächsten Abschnitten (über Entscheidung bei Sicherheit und Ungewissheit) ausführlich erörtert.

Durch die Bewertung der Zielerträge entstehen die **Zielwerte.** Über eine Aggregation der mit den Zielgewichten multiplizierten Zielwerte einer Alternative kann der **Gesamtzielwert** dieser Alternative ermittelt werden.

Welche Alternative schließlich realisiert wird, ist von dem angestrebten Ausmaß der aggregierten Zielwerte abhängig. Lässt sich der Entscheidungsträger vom Zielkriterium der Maximierung leiten, führt er die Aktion mit dem **höchsten Gesamtzielwert** durch. Denkbar ist auch, dass der Entscheidungsträger Mindestzielwerte für alle Zielgrößen anstrebt (Satisfizierungskriterium).

Soll ein Entscheidungsproblem in einem Entscheidungsmodell wirklichkeitsgetreu abgebildet werden, entsteht i. d. R. ein Modell mit hoher Komplexität: Das Zielsystem ist mehrdimensional, die Umweltzustände sind mehrwertig, Ziele und Handlungsmöglichkeiten sind zeitbezogen definiert. Um jedoch Entscheidungsmodelle überschaubar und vor allem lösbar zu formulieren, wird der Komplexitätsgrad bei der Abbildung des Entscheidungsproblems häufig beträchtlich reduziert. Damit muss allerdings der Nachteil in Kauf genommen werden, dass die Lösung des Modells nur unter den (eventuell wirklichkeitsfremden) **Prämissen** für die Realität verwertbar ist.

Je nachdem, welche Prämissen gesetzt werden, lassen sich u. a. folgende **Arten von Entscheidungsmodellen** unterscheiden (vgl. Schweitzer [Industriebetriebslehre] 52 ff.): Nach

1. der **zeitlichen Stufung:** statische und dynamische Entscheidungsmodelle;
2. der **Anzahl der berücksichtigten Ziele:** Entscheidungsmodelle mit einem Ziel und Entscheidungsmodelle mit mehreren Zielen;

3. dem **Zielausmaß:** Extremierungsmodelle, Satisfizierungsmodelle und Fixierungsmodelle;
4. dem **Lösungsverfahren:** exakte Optimierungsmodelle und heuristische Entscheidungsmodelle;
5. der **Vollkommenheit der Information:** deterministische (mit einem Umweltzustand) und nicht-deterministische (= stochastische) Entscheidungsmodelle (mit mehreren Umweltzuständen).

Die Frage, wie – ausgehend von einer bestimmten Artenpräferenz und Sicherheitspräferenz des Entscheidungsträgers – eine mehrfache Zielsetzung sowie die Ungewissheit im Entscheidungsmodell berücksichtigt werden können, soll in den folgenden Abschnitten erörtert werden.

1.2.3   Entscheidung bei Sicherheit

In unserem Grundmodell der Entscheidungstheorie (Abb. 4.7) sind wir davon ausgegangen, dass der Entscheidungsträger mit verschiedenen Umweltzuständen rechnen muss. In diesem Fall liegt **unvollkommene Information**, also eine **nicht-deterministische Entscheidungssituation** vor.

Eine Entscheidung bei **vollkommener Information**, also **Sicherheit**, ist dann zu treffen, wenn der Entscheidungsträger nur von einem einzigen Umweltzustand auszugehen hat, also die Ergebnisse der einzelnen Alternativen genau vorausgesagt werden können. Das Grundmodell der Entscheidungstheorie der Abb. 4.7 wird auf eine einzige Umweltspalte reduziert. Der Entscheidungsträger wählt dann, wenn er sich vom Zielkriterium der Maximierung leiten lässt, die Alternative mit dem höchsten Zielwert aus. In Abb. 4.10 seien die Alternativen verschiedener Investitionsmöglichkeiten, die unterschiedliche Zielbeiträge für die angestrebte Kapitalwertmaximierung (z) liefern, dargestellt. Die Entscheidung fällt auf a_2.

In Abb. 4.10 ist ein recht einfaches Entscheidungsproblem dargestellt: Es wird von vollkommener Information und lediglich von einem einzigen Ziel ausgegangen. Im Folgenden soll die Entscheidung bei **mehrfacher Zielsetzung** erörtert werden. Wir gehen von einer Entscheidung mit 3 Zielen und 3 Alternativen aus (vgl. Abb. 4.11).

(1) Nach dem Verfahren der **Lexikographischen Ordnung** werden die Ziele ihrem Rang entsprechend geordnet, so wie in einem Lexikon die einzelnen Begriffe nach dem Alphabet. Erfüllt eine Alternative das wichtigste Ziel besser als alle anderen

Alternativen	z
a_1	20
a_2	25
a_3	−2

Abbildung 4.10: Entscheidung bei Sicherheit

Ziele	z_1	z_2	z_3	Summe der Produkte aus Gewicht und Ergebnis
Zielgewicht g / Alternativen	0,5	0,3	0,2	
a_1	26	10	16	19,2
a_2	26	8	10	17,4
a_3	–2	40	20	15

Abbildung 4.11: Entscheidung bei mehrfacher Zielsetzung

Alternativen, so wird diese Alternative ausgewählt. Die nächstwichtigen Ziele sind nur dann relevant, wenn mindestens zwei Alternativen bezüglich des wichtigsten Zieles indifferent sind. Liefert auch die Überprüfung der Alternativen anhand des zweitwichtigsten Zieles kein eindeutiges Optimum, wird der Vergleich der Alternativen anhand der Ziele so lange fortgesetzt, bis eine Alternative überlegen ist.

In Abb. 4.11 sind a_1 und a_2 indifferent bezüglich des wichtigsten Zieles z_1. Das zweitwichtigste Ziel z_2 muss also zur Entscheidung herangezogen werden; a_1 wird gewählt.

Die Entscheidung nach der Lexikographischen Ordnung dürfte immer dann relevant sein, wenn ein bestimmtes Ziel sehr wichtig ist und die übrigen Ziele als relativ unbedeutend einzustufen sind.

(2) Bei der **Zielgewichtung** werden von vornherein – im Gegensatz zur Lexikographischen Ordnung – alle Ziele entsprechend ihrer (subjektiv festgelegten) Gewichtung berücksichtigt. Die Ergebnisse der einzelnen Alternativen werden mit dem jeweiligen Zielgewicht g multipliziert und die Produkte aus Gewicht und Ergebnis addiert. Es ist die Alternative mit dem höchsten Summenwert auszuwählen; in Abb. 4.11 ist dies Alternative a_1. Die **Nutzwertanalyse**, ein Verfahren zur Lösung von Entscheidungsmodellen bei mehrfacher Zielsetzung, geht von der beschriebenen Zielgewichtung aus. Auf S. 353 ist deren Anwendung am Beispiel einer Standortwahl beschrieben.

1.2.4 Entscheidung bei Ungewissheit

Muss der Entscheidungsträger mit mehreren Umweltzuständen rechnen, haben wir es mit dem Fall der **Ungewissheit** zu tun. Sind die Wahrscheinlichkeiten für das Eintreten der Umweltzustände bekannt, so liegt **Risiko** vor. Sind die Wahrscheinlichkeiten dagegen nicht bekannt, so haben wir es mit dem Fall der **Unsicherheit** zu tun.

Gelegentlich wird dieser Sachverhalt auch als formales Risiko bezeichnet, während unter dem materiellen Risiko die Verlustgefahr verstanden wird.

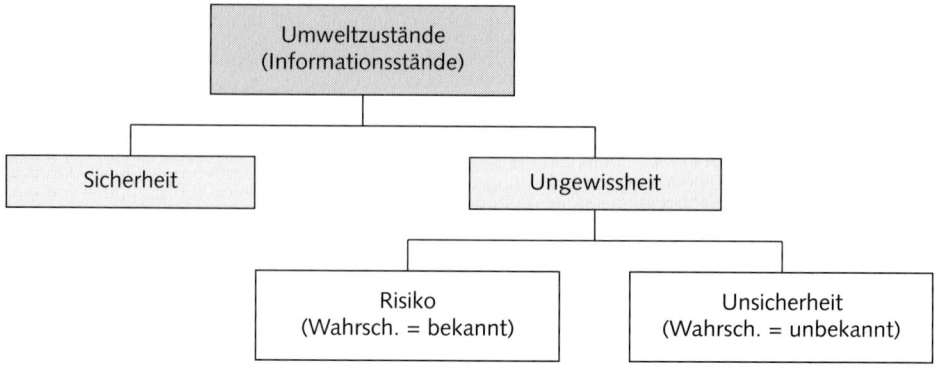

Es sei darauf hingewiesen, dass in der Literatur stellenweise auch andere Definitionen zu finden sind.

1. **Entscheidung bei vollkommener Information** (auch **Sicherheit** genannt) liegt dann vor, wenn der Entscheidungsträger nur mit einem einzigen Umweltzustand rechnen muss, also die Ergebnisse der einzelnen Alternativen genau vorausgesagt werden können. Die Entscheidung bei Sicherheit ist im vorausgehenden Abschnitt beschrieben worden.

2. Für die **Entscheidung bei Risiko** ist in der Literatur eine Reihe sog. **Entscheidungsregeln** entwickelt worden. Sie sind jeweils Ausdruck einer bestimmten Sicherheitspräferenz, also einer gewissen (optimistischen bzw. pessimistischen) Einstellung zur Ungewissheit.

Folgende **Regeln** sollen erörtert werden:

- die Bayes-Regel (μ-Prinzip),
- das (μ, σ)-Prinzip und
- das Bernoulli-Prinzip.

Wir gehen von folgender **Ergebnismatrix** (mit einer Zielgröße) aus (vgl. Abb. 4.12):

Umwelt-zustände Alternativen	u_1	u_2	u_3	μ	σ	$\mu-2\sigma$
w	0,3	0,5	0,2			
a_1	90	110	150	112	20,9	70,2
a_2	95	105	120	105	8,7	87,6

Abbildung 4.12: Entscheidung bei Risiko

(a) Bei der **Bayes-Regel** (benannt nach dem englischen Statistiker *Thomas Bayes*, 1702–1761) wird das bei einem Umweltzustand u_j erwartete Ergebnis e_{ij} der Alternative a_i mit der jeweiligen Wahrscheinlichkeit w_j gewichtet; die daraus gewonnenen Produkte werden addiert. Die Summe ergibt den **Erwartungswert** μ:

$$\mu = E(e_i) = \sum_j e_{ij} \cdot w_j.$$

Es wird nun diejenige Alternative ausgewählt, die den höchsten Erwartungswert aufweist, in unserem Beispiel der Abb. 4.12 trifft dies für die Alternative a_1 zu.

Ein Entscheidungsträger, der nach der Bayes-Regel handelt, entscheidet **risikoneutral**, da die Streuung der Ergebnisse nicht berücksichtigt wird. Dies ist anders beim (μ, σ)-Prinzip.

(b) Bei dem (μ, σ)**-Prinzip** ist die Entscheidung neben dem Erwartungswert μ noch von der **Standardabweichung** σ abhängig

$$\sigma_i = \sqrt{\sum_j w_j \, (e_{ij} - \mu_i)^2},$$

die als Maß für die Streuung der Wahrscheinlichkeitsverteilung zu werten ist.

Handelt der Entscheidungsträger nach der individuell festzulegenden Nutzenfunktion $N = \mu - 2\sigma \rightarrow$ max!, so wählt er in Abb. 4.12 die Alternative a_2. Eine derartige Nutzenfunktion bringt zum Ausdruck, dass der Entscheidungsträger **risikoavers** ist, da die Standardabweichung den Nutzwert negativ beeinflusst. Bei einer Nutzenfunktion der Form $N = \mu + \sigma$ läge ein **risikofreudiges** Verhalten vor; a_1 wäre optimal.

(c) Beim **Bernoulli-Prinzip** wird die Ergebnismatrix der Abb. 4.12 in eine **Nutzenmatrix** überführt. Das heißt, jedem einzelnen Ergebnis e_{ij} wird ein Nutzen $n\,(e_{ij})$ zugeordnet. Entschieden wird dann nach dem Erwartungswert des Nutzens:

$$E(n[e_i]) = \sum_j n(e_{ij}) \cdot w_j$$

Ob Risikoneutralität, Risikoaversion oder Risikofreude vorliegt, hängt vom **Verlauf der Nutzenfunktion** $n\,(e_{ij})$ ab (vgl. Bamberg/Coenenberg [Entscheidungslehre] 82 ff.).

3. Auch für die **Entscheidung bei Unsicherheit** hat die Literatur eine Reihe von **Entscheidungsregeln** entwickelt. Erörtert werden sollen:

- die Minimax-Regel,
- die Maximax-Regel,
- die Hurwicz-Regel,

Umwelt-zustände Alter-nativen	u_1	u_2	u_3	Zeilen-minima	Zeilen-maxima
a_1	2	1	9	1	9
a_2	8	0	7	0	8
a_3	3	6	5	3	6

Abbildung 4.13: Entscheidung bei Unsicherheit

- die Laplace-Regel und
- die Savage-Niehans-Regel.

Wir gehen von folgender **Ergebnismatrix** aus (Abb. 4.13):

(a) Bei der **Minimax-Regel (auch als Maximin**-Regel oder als **Wald-Regel** bezeichnet) wählt der Entscheidungsträger diejenige Alternative, die beim jeweils ungünstigsten Umweltzustand noch zum besten Ergebnis führt (= Minimierung des maximal möglichen Verlustes). Es wird die Alternative mit dem **höchsten Zeilenminimum** ausgewählt, in Abb. 4.13 also a_3.

Entscheidungsträger, die nach der Minimax-Regel handeln, sind äußerst **risikoavers**, extrem pessimistisch; das Ergebnis wird sozusagen nach unten abgesichert. Diese Regel wird z. B. angewandt, wenn ein rationaler Gegenspieler (ein Konkurrenzunternehmen) Einfluss auf den Umweltzustand nehmen und so das resultierende Ergebnis der Alternativen zum Nachteil des Entscheidungsträgers beeinflussen kann.

Derartige Situationen, bei denen der eigene Gewinn nicht nur von den eigenen Handlungen, sondern auch den Handlungen eines rationalen Gegenspielers abhängt, werden im Rahmen der **Spieltheorie** untersucht. Sie wurde von den Ökonomen *Oskar Morgenstern* (1902–1977) und *John von Neumann* (1903–1952) in die Wirtschaftswissenschaften eingeführt und zwar mit dem im Jahre 1944 erschienenen Werk «Spieltheorie und wirtschaftliches Verhalten». Im Jahre 1994 erhielt *Reinhard Selten* als erster Deutscher den Nobelpreis für Wirtschaftswissenschaften für seine Arbeiten auf dem Gebiet der Spieltheorie.

Eine bekannte und gleichzeitig einfache Form eines spieltheoretischen Problems stellt das sog. **Gefangenendilemma** dar. Zwei rationale Gegenspieler sehen sich dabei folgender Auszahlungsmatrix gegenüber (vgl. Axelrod [Kooperation] 7 ff.):

Spieler B

Spieler A		kooperativ	unkooperativ
	kooperativ	3/3	0/5
	unkooperativ	5/0	1/1

Abbildung 4.14: Spieltheorie

Die erste Zahl ist jeweils die Auszahlung des A, die zweite die des B. Beide Spieler (Unternehmen) können sich dem anderen gegenüber jeweils kooperativ oder unkooperativ verhalten. Das Dilemma besteht nun darin, dass es für beide Spieler unabhängig vom Verhalten des Gegenspielers aus individueller Sicht rational ist, sich unkooperativ zu verhalten, dass sich beide bei gegenseitig unkooperativem Verhalten jedoch schlechter stellen (jeweils Auszahlung von 1) als bei gegenseitig kooperativem Verhalten (jeweils Auszahlung von 3). Die kollektive Rationalität steht somit im Widerspruch zur individuellen Rationalität.

Ausgangspunkt dieser Erläuterungen war die Überlegung, warum es sinnvoll sein kann, diejenige Alternative zu wählen, die beim jeweils ungünstigsten Umweltzustand noch zum besten Ergebnis führt. In obiger Auszahlungsmatrix hat sich A zwischen zwei Alternativen zu entscheiden (kooperativ und unkooperativ). Da das resultierende Ergebnis dieser Alternativen von Spieler B durch sein Verhalten beeinflusst werden kann und dieser das für ihn vorteilhaftere unkooperative Verhalten wählen wird, wird A ebenfalls unkooperatives Verhalten wählen, da hierbei noch ein besserer schlechtester Wert (1) erreicht werden kann als bei kooperativem Verhalten (0). Das Gefangenendilemma stellt somit eine Situation dar, in der die Anwendung der Minimax-Regel sinnvoll sein kann.

(b) Bei der **Maximax-Regel** wählt der Entscheidungsträger diejenige Alternative, die beim Eintreten der jeweils günstigsten Umweltsituation zum besten Ergebnis führt. Es wird die Alternative mit dem **höchsten Zeilenmaximum** ausgewählt, in Abb. 4.13 also a_1. In der Wahl dieser Regel drückt sich eine starke **Risikofreude** aus.

(c) Bei der **Hurwicz-Regel** (auch als Pessimismus-Optimismus-Regel bezeichnet) findet eine Kombination der Minimax- und Maximax-Regel statt. Das beste Ergebnis einer Zeile (Zeilenmaximum) wird mit dem **Faktor λ,** das schlechteste Ergebnis (Zeilenminimum) mit dem Faktor $1-\lambda$ multipliziert. Addiert man beide Produkte, erhält man den Nutzen einer Alternative. Die Alternative mit dem höchsten Wert wird dann ausgewählt. Der Faktor λ ist ein Ausdruck für die Einstellung zur Unsicherheit. Ist $\lambda = 1$, so liegt Risikofreude vor (= Maximax-Regel), ist $\lambda = 0$, so liegt Risikoaversion vor (= Minimax-Regel). Wird in Abb. 4.13 für $\lambda = 0{,}7$ gewählt, so ergibt sich in Abb. 4.15, dass a_1 optimal ist.

Zeilenextremwerte \ Alternativen	Zeilenmaxima · λ	Zeilenminima · (1−λ)	Summe
a_1	9 · 0,7 = 6,3	1 · 0,3 = 0,3	6,3 + 0,3 = 6,6
a_2	8 · 0,7 = 5,6	0 · 0,3 = 0	5,6 + 0 = 5,6
a_3	6 · 0,7 = 4,2	3 · 0,3 = 0,9	4,2 + 0,9 = 5,1

Abbildung 4.15: Vorgehensweise bei der Hurwicz-Regel

(d) Bei der **Laplace-Regel** unterstellt der Entscheidungsträger, dass alle Umweltzustände mit **gleicher Wahrscheinlichkeit** zu erwarten sind. Gewählt wird diejenige Alternative, die zur größten Summe der mit den Wahrscheinlichkeiten gewichteten Zielerträge führt.

(e) Bei der **Savage-Niehans-Regel** (auch als Regel des kleinsten Bedauerns bezeichnet) wird der **maximale Nachteil**, der aufgrund einer falschen Einschätzung der Umweltzustände erwartet werden muss, **minimiert**. Hierzu sind zunächst die Spaltenmaxima der einzelnen Umweltzustände zu ermitteln. Danach wird für jeden Wert der Matrix der Opportunitätsverlust (das **Bedauern**) durch Differenzenbildung des jeweiligen Spaltenmaximums zum jeweiligen Wert ermittelt, woraus dann der maximale Nachteil jeder Alternative abgeleitet wird. Dieser ist schließlich zu minimieren. Abb. 4.16 verdeutlicht, auf den Werten in Abb. 4.13 aufbauend, die Vorgehensweise.

Umweltzustände \ Alternativen	u_1	u_2	u_3	maximaler Nachteil
a_1	6	5	0	6
a_2	0	6	2	6
a_3	5	0	4	5

Abbildung 4.16: Matrix des «Bedauerns» bei der Savage-Niehans-Regel

Alternative a_3 ist optimal, da hier maximal ein Nachteil von 5 zu bedauern ist, der gegenüber dem Spaltenmaximum beim Umweltzustand u_1 bei Alternative a_2 eintreten würde. Bei der Wahl der Alternative a_2 würde der Entscheidungsträger hingegen bei Eintreten des Umweltzustandes u_2 einen Verlust von 6 (gegenüber a_3) zu beklagen haben, bei a_1 im Falle des Eintretens von u_1 einen Verlust von ebenfalls 6 gegenüber a_2.

Die Entscheidung nach dieser Regel zeigt – ähnlich wie die Minimax-Regel – eine **stark risikoaverse** Einstellung.

In der Literatur werden die erörterten Entscheidungsregeln gelegentlich einer Kritik unterzogen. Dies ist aber nicht gerechtfertigt, da deren Wahl ausschließlich von subjektiven Erwägungen abhängt. Einem extremen Pessimismus anzuhängen und aufgrund dessen die Minimax-Regel zu wählen, kann nicht falsch, sondern nur subjektiv akzeptabel (bzw. nicht akzeptabel) sein.

1.2.5   Lösung von Entscheidungsmodellen

Im Rahmen der Lösung von Entscheidungsmodellen wird die im Sinne der Zielerfüllung günstigste Alternative ausgewählt. Wie dabei prinzipiell vorgegangen werden kann, ist bei der vorausgehenden Diskussion des Grundmodells der Entscheidungstheorie bereits erörtert worden. Im Folgenden sollen die verschiedenen Verfahren der Lösung von Entscheidungsmodellen systematisch analysiert werden.

Wir unterscheiden grundsätzlich zwei **Typen von Lösungsverfahren:**

- exakte Optimierungsverfahren,
- heuristische Verfahren.

1.2.5.1   Exakte Optimierungsverfahren

Exakte Optimierungsverfahren sind dadurch gekennzeichnet, dass sie nach einer endlichen Zahl systematischer Rechenschritte immer zur optimalen Lösung führen.

Ein Merkmal, das diese Verfahren von den heuristischen Lösungsmethoden unterscheidet, besteht darin, dass sie die **optimale Lösung** des Entscheidungsproblems ermitteln, sofern eine solche Lösung existiert. Voraussetzung für ein Optimum ist häufig, dass ein Bündel von **Prämissen** gesetzt wird, die zu einer Vereinfachung des Modelles führen. Dazu gehört u. a., dass einzelne Einflüsse dadurch von der Betrachtung ausgeklammert werden, dass sie konstant gehalten werden. Man bezeichnet diesen Vorgang als Anwendung der **Ceteris-Paribus-Klausel** (ceteris paribus (lat.) = alles Übrige bleibt gleich).

Die wichtigsten **Beispiele** für exakte Optimierungsverfahren sind:

- Marginalanalyse,
- kapitaltheoretische Modelle,
- Lineare Programmierung,
- Nutzwertanalyse.

(1) Voraussetzung für den Einsatz der **Marginalanalyse** ist, dass sich das Entscheidungsproblem durch differenzierbare Funktionen abbilden lässt. Die optimale Lösung wird dann durch die **Differenzialrechnung**, also die erste Ableitung der Zielfunktion gefunden. Ein Beispiel stellt das in Band 3, Kap. 2 beschriebene Modell der **optimalen Bestellmenge** im Rahmen der Lagerhaltung dar. Die kostenminimale Bestellmenge wird dadurch gefunden, dass die erste Ableitung der Kostenfunktion – bestehend aus Bestellkosten und Lagerkosten – ermittelt und gleich Null gesetzt wird.

(2) **Kapitaltheoretische Modelle** bilden das Entscheidungsproblem in Form von Zahlungsströmen, die aus Entscheidungen resultieren, ab. Als Entscheidungskriterium dient der Barwert. Der **Barwert** wiederum ist der auf einen bestimmten Zeitpunkt diskontierte Wert von Zahlungsreihen, die in einer Planungsperiode anfallen. Kapitaltheoretische Modelle gehören demzufolge zu den **dynamischen** Modellen. Sie können insofern für die Vorbereitung von **Entscheidungen** eingesetzt werden, als die Höhe der Barwerte ein Ausdruck für die Vorteilhaftigkeit einer Alternative ist. Ein Beispiel für die Anwendung eines kapitaltheoretischen Modells stellt die in Band 3, Kap. 5 beschriebene Bestimmung der Vorteilhaftigkeit einer **Investitionsalternative** dar. Es wird von drei Investitionsalternativen ausgegangen, deren auf den Planungszeitraum von 5 Jahren entfallenden Einnahmen und Ausgaben mit Hilfe eines Kalkulationszinssatzes auf die Gegenwart diskontiert werden. Die dadurch ermittelten **Kapitalwerte** werden verglichen; die Investitionsalternative mit dem höchsten Kapitalwert wird dann ausgewählt.

(3) Die **Lineare Programmierung** stellt ein Lösungsverfahren dar, das ein Entscheidungsmodell mit folgenden **Bedingungen** voraussetzt:

(a) Eine **lineare Zielfunktion** mit Optimierungskriterium (z. B. Minimierung der Kosten, Maximierung des Gewinnes, Maximierung des Deckungsbeitrages).

(b) Einen Komplex von **linearen Nebenbedingungen** (z. B. Kapazitätsrestriktionen, Nicht-Negativitätsbedingungen).

(c) Einen **Lösungsraum** (zulässiger Bereich = Menge der zulässigen Alternativen).

In Band 3, Kap. 3 ist ein Entscheidungsmodell beschrieben, das folgendes Entscheidungsproblem abbildet: Die Fertigung der beiden Produkte x_1 und x_2 soll so auf die vorhandene Kapazität verteilt werden, dass ein maximaler Gewinn (Deckungsbeitrag) erzielt werden kann. Lässt sich für Produkt x_1 ein Stückgewinn (Stückdeckungsbeitrag) von 10 und für x_2 ein Stückgewinn von 20 Geldeinheiten erzielen, so lautet die **Zielfunktion**:

$$G = 10\ x_1 + 20\ x_2 \rightarrow max!$$

Beide Produkte werden auf 3 Maschinen gefertigt, deren Maximalkapazität (gemessen in Fertigungsstunden) mit 280 für Maschine I, mit 1000 für Maschine II und mit 480 für Maschine III anzusetzen ist.

Die Kapazitätseinheiten (Fertigungsstunden), die eine Einheit der beiden Produktarten bei den einzelnen Maschinen in Anspruch nimmt, sind in folgender Tabelle festgehalten:

Produkt / Maschine	1	2	Kapazitäts-grenze
I	1	4	280
II	10	10	1000
III	6	2	480

Die **Beschränkungen**, denen dieses Unternehmen im Produktionsbereich unterworfen ist, sowie die Bedingungen, dass nur positive Ausbringungsmengen realisierbar sind (**Nicht-Negativitätsbedingungen**), lassen sich in folgendem System von Ungleichungen ausdrücken:

I: $x_1 + 4 x_2 \leq 280$
II: $10 x_1 + 10 x_2 \leq 1000$
III: $6 x_1 + 2 x_2 \leq 480$

Nicht-Negativitätsbedingungen: $x_1 \geq 0$
$x_2 \geq 0.$

Aus der Zielfunktion und dem System von Nebenbedingungen kann nun die optimale Absatzmengenkombination für die beiden Produkte ermittelt werden. Als Rechenverfahren steht die **Simplexmethode** zur Verfügung. Zu welcher Lösung des Entscheidungsproblems dieses Verfahren führt, lässt sich in Band 3, Kap. 3 nachlesen.

(4) Das Verfahren der **Nutzwertanalyse** (auch als **Scoring-Modell** bezeichnet) bietet sich dann an, wenn bei der Lösung des Entscheidungsproblems von einem Zielsystem auszugehen ist, das aus mehreren Zielen besteht, die z.T. darüber hinaus qualitativer Natur sind (Zangemeister [Nutzwertanalyse]).

Ausgangspunkt einer Nutzwertanalyse ist das für das jeweilige Entscheidungsproblem relevante Zielsystem. Dieses Zielsystem sollte möglichst so detailliert sein, dass die Zielerfüllung der Alternativen eindeutig an den durch Zerlegung der Oberziele gewonnenen Unterzielen gemessen werden kann.

Stehen die verfügbaren Alternativen fest, ist zu ermitteln, welche **Zielerträge** diese Alternativen erbringen (vgl. dazu Abb. 4.8). Mit Hilfe von Nominal-,

Ordinal- bzw. Kardinalskalen können die Präferenzordnungen der Entscheidungsträger erfasst und damit die Zielerträge jeweils in **Zielwerte** transformiert werden. Um aus den einzelnen Zielwerten den **(Gesamt-)Nutzwert** einer bestimmten Alternative ermitteln zu können, muss ein zweiter Bewertungsvorgang, die **Gewichtung** der Ziele, erfolgen. Multipliziert man nun die Einzelzielwerte mit den relativen Zielgewichten und aggregiert die Produkte (Wertsynthese), erhält man den Gesamtzielbeitrag, den Nutzwert einer Alternative. Bei mehreren Alternativen wird diejenige ausgewählt, welche die Zielfunktion, etwa die **Maximierung des Nutzwertes**, erfüllt.

Die Wahl der optimalen Rechtsform stellt ein Entscheidungsproblem dar, das mit keinem der bisher beschriebenen exakten Verfahren gelöst werden kann. Hier bietet sich die Nutzwertanalyse an, denn wir haben bei der Rechtsformentscheidung mehrere Ziele zu beachten, die teilweise (wie etwa die Publizität) qualitativer Natur sind. Wie das Lösungsverfahren der Nutzwertanalyse bei der Standortwahl und bei der Wahl der optimalen Rechtsform eingesetzt werden kann, ist auf S. 353 und 394 ff. beschrieben.

1.2.5.2　Heuristische Verfahren

Heuristische Verfahren unterscheiden sich von den exakten Optimierungsverfahren dadurch, dass sie i. d. R. nicht die optimale Lösung eines Entscheidungsproblems liefern, sondern lediglich eine Näherungslösung.

«Heuristisch» stammt von dem altgriechischen Wort «heuriskein» und bedeutet so viel wie «finden».

Gründe dafür, dass heuristische Verfahren **kein exaktes Optimum** liefern, können in Folgendem liegen:

1. Das **Entscheidungsproblem** ist **unvollständig erfasst.** Diese Aussage trifft zwar – wie bereits festgestellt – für jedes Modell zu. Die Abbildung wird aber bei heuristischen Verfahren bewusst verkürzt und/oder findet intuitiv, d. h. für Dritte nicht nachvollziehbar statt. Ein Beispiel wäre etwa eine Personalentscheidung, bei der von vornherein nur Bewerber unter 40 Jahren in die engere Wahl genommen werden, «weil erfahrungsgemäß junge Leute leistungsfähiger sind». Die Heuristik wird also – streng genommen – bei der Abbildung der Alternativen angewandt, nicht bei der Bewertung der Alternativen.

2. Für die Lösung eines Entscheidungsproblems ist **kein exaktes Optimierungsverfahren** vorhanden bzw. dessen Einsatz wäre unwirtschaftlich. Man begnügt sich daher mit einem suboptimalen Verfahren, also einem Näherungsverfahren.

Im Folgenden sollen zwei heuristische Verfahren diskutiert werden:

- heuristische Regeln,
- die Simulation.

(a) **Heuristische Regeln** stellen Faustformeln bzw. Verhaltensregeln dar, die bei ähnlichen Entscheidungsproblemen in der Vergangenheit zu befriedigenden Ergebnissen geführt haben. Heuristische Regeln treten in der Realität in vielgestaltiger Form auf. Nach dem Geltungsumfang reichen sie von sog. Managementprinzipien (z. B. Management by Objectives) bis zu einfachen Handlungsregeln (z. B. Festlegung von Verschuldungsgrenzen). Nach der den heuristischen Regeln zugrunde liegenden Basis der Erkenntnisgewinnung lassen sich systematische und intuitive heuristische Regeln unterscheiden. Die systematischen heuristischen Regeln beruhen auf Berechnungen. Ein Beispiel sind etwa die mit Hilfe der Simulation getesteten Prioritätsregeln für die Maschinenbelegungsplanung. Im Gegensatz dazu ist die Quelle der Erkenntnis bei den intuitiven heuristischen Regeln die Plausibilität aufgrund der Erfahrung. Ein Beispiel ist etwa die Kapitalanlageregel «$1/3$ Gold, $1/3$ Immobilien, $1/3$ Wertpapiere».

(b) Das Charakteristische der **Simulation** besteht darin, dass mit Hilfe eines das Entscheidungsproblem abbildenden **Simulationsmodelles** durch **Experimente** die Wirkungen einzelner Alternativen auf die Zielerreichung untersucht werden. Aus der Verhaltensweise des Simulationsmodells werden dann Schlüsse auf die Lösung des tatsächlichen Entscheidungsproblems gezogen. Insofern ist die Simulation ein heuristisches Verfahren.

Aus dieser Beschreibung der Simulation ergibt sich, dass die Ergebnisse der Simulation nur dann Rückschlüsse auf die zu untersuchende Entscheidungsproblematik zulassen, wenn das Modell die relevanten Eigenschaften und Beziehungen der Wirklichkeit **isomorph** (= wirklichkeitsgetreu) abbildet. Die Bildung eines wirklichkeitsgetreuen Modells ist deshalb die wichtigste Aufgabe für eine erfolgreiche Simulation.

Die Simulation führt aber i. d. R. nicht zu einem optimalen Ergebnis, weil normalerweise nicht alle Alternativen durchgespielt werden (können).

Gründe für den Einsatz der Simulation können einmal darin liegen, dass eine Vielzahl von Restriktionen und/oder das Phänomen der Ungewissheit analytisch nicht erfasst werden können. Zum anderen ist die Simulation häufig einfacher zu handhaben als exakte Verfahren. Das Durchspielen von Alternativen, die Analyse von Wirkungen, kennzeichnet die alltägliche Entscheidungssituation i. d. R. recht gut.

1.2.6   Anforderungen an Entscheidungsmodelle

Die wichtigsten Anforderungen, die an Entscheidungsmodelle zu stellen sind, ergeben sich unmittelbar aus der Aufgabe von Entscheidungsmodellen. Zum einen sollen Entscheidungsmodelle die **reale Entscheidungssituation abbilden**, d. h. das Entscheidungsproblem erfassen, zum zweiten das Entscheidungsproblem einer

Lösung zuführen. Hinzu kommt eine dritte Bedingung, die **Wirtschaftlichkeit** von Entscheidungsmodellen.

Wenn ein Entscheidungsmodell zur Lösung einer Entscheidungssituation geeignet sein soll, muss es die Entscheidungssituation vollständig, d. h. isomorph abbilden. **Vollständigkeit** bedeutet nun allerdings nicht, dass **alle** die reale Entscheidungssituation kennzeichnenden Informationen verarbeitet werden. Erforderlich ist die Berücksichtigung der für die Problemlösung **wesentlichen** Faktoren. Nur durch eine solche Abstrahierung, eine Reduktion der Komplexität durch die Nichtberücksichtigung irrelevanter oder nur wenig wichtiger Informationen, lässt sich bei schwierigen Entscheidungssituationen ein lösbares Entscheidungsmodell bilden.

Die Art des Entscheidungsproblems und die subjektiven Anforderungen des Entscheidungsträgers an die Lösungsqualität bedingen i. d. R. eine bestimmte Kombination von Entscheidungsmodell und **Lösungsmethode**. Viele Entscheidungsprobleme sind jedoch so komplex, dass sie einer exakten Lösungsmethode kaum zugänglich sind. Aber auch in den Fällen, wo ein Algorithmus zur Lösung des Entscheidungsproblems zur Verfügung steht, wird der Entscheidungsträger auf die Verwendung dieses Algorithmus dann verzichten, wenn dessen Anwendung unwirtschaftlich, d. h. zu zeitaufwändig und zu teuer oder zu kompliziert ist und deswegen vom Entscheidungsträger nicht akzeptiert wird (**Akzeptanzproblematik**). Anstelle eines exakten Verfahrens bietet sich in einem solchen Fall die Verwendung einer heuristischen Problemlösungsmethode an; denn Modelle, die von Praktikern nicht akzeptiert werden, sind allenfalls in der Lehre zur Denkschulung fruchtbar.

Unter der Wirtschaftlichkeit einer Problemlösung wird das Verhältnis zwischen dem **Nutzen** und den **Kosten** verstanden. Die Kosten der Problemlösung treten auf in Form von **Personalkosten** (Kosten für die Bearbeitung des Entscheidungsproblems, Ausbildungskosten) und **Materialkosten** (Hardware- und Software-Kosten bei EDV-unterstützten Problemlösungen) bei der Entwicklung, Einführung, Anwendung sowie einer evtl. zu einem späteren Zeitpunkt notwendigen Modifikation des Entscheidungsverfahrens.

Entwicklungs- und vor allem **Einführungskosten** werden wesentlich von der Integrationsfähigkeit des Entscheidungsmodells in die Betriebsorganisation und die bestehenden Informationssysteme der Unternehmung bestimmt: Weist ein Entscheidungsverfahren große Ähnlichkeiten mit einem bereits eingeführten Verfahren auf, so überfordert es die vorhandene Lernkapazität des Personals nicht; kann es bestehende Informationen im Betrieb verwerten, so können die Entwicklungs- und Einführungskosten gering gehalten werden. Die **Anwendungskosten** werden von der Lösungszeit (bei EDV-gestützten Entscheidungsmodellen der Programmierzeit, der Rechenzeit, der Zugriffszeit) und der Schwierigkeit des Entscheidungsmodells beeinflusst. Die **Anpassungsfähigkeit** und damit künftige Entwicklungs- und Implementierungskosten werden beeinflusst durch die Einsatzbreite von Modellen hinsichtlich unterschiedlicher Entscheidungssituationen, die vor allem auch durch einen modularen Aufbau des Modells (Baukastensystem) erreichbar ist.

Literaturhinweise

Adam, Dietrich: Planung und Entscheidung. 4. Aufl., Wiesbaden 1996.

Axelrod, Robert: Die Evolution der [Kooperation]. München 1987.

Backhaus, Klaus und *Wulff Plinke*: Rechtseinflüsse auf betriebswirtschaftliche Entscheidungen. Stuttgart 1986.

Bamberg, Günter und *Adolf Coenenberg*: Betriebswirtschaftliche [Entscheidungslehre]. 10. Aufl., München 2000.

Domschke, Wolfgang und *Andreas Drexl*: Einführung in Operations Research. 5. Aufl., Berlin u. a. 2002.

Heinen, Edmund: [Einführung] in die Betriebswirtschaftslehre. 8. Aufl., Wiesbaden 1982.

Kirsch, Werner: Entscheidungsprozesse. Bd. I, II, III, Wiesbaden 1970/71.

Kruschwitz, Lutz: Investitionsrechnung. 9. Aufl., München, Wien 2003.

Kupsch, Peter: [Unternehmungsziele]. Stuttgart, New York 1979.

Laux, Helmut: Entscheidungstheorie. 5. Aufl., Berlin u. a. 2003.

Meyer, Roswitha: Entscheidungstheorie. 2. Aufl., Wiesbaden 2000.

Müller-Merbach, Heiner: Operations Research. 3. Aufl., München 1973.

Neus, Werner: Einführung in die Betriebswirtschaftslehre. 3. Aufl., Tübingen 2003.

Pfohl, Hans-Christian und *Günther E. Braun*: Entscheidungstheorie. Landsberg a. L. 1981.

Runzheimer, Bodo: Operations Research. Bd. I u. II, 7. Aufl., Wiesbaden 1999.

Schweitzer, Marcell (Hrsg.): [Industriebetriebslehre]. 2. Aufl., München 1994.

Sieben, Günter und *Thomas Schildbach*: Betriebswirtschaftliche Entscheidungstheorie. 4. Aufl., Düsseldorf 1994.

Zangemeister, Christof: [Nutzwertanalyse] in der Systemtechnik. 4. Aufl., München 1976.

2 Konstitutive Entscheidungen

2.1 Arten konstitutiver Entscheidungen

Im vorherigen Abschnitt wurden die allgemeinen Merkmale von Entscheidungsproblemen und deren Lösung durch Entscheidungsmodelle beschrieben. Es sollen nun die Ergebnisse dieser Diskussion anhand konkreter Entscheidungssituationen von Unternehmen verwertet werden.

Wie bereits dargelegt (vgl. S. 310), kann grundsätzlich zwischen konstitutiven und laufenden Entscheidungen differenziert werden. Bei den **laufenden Entscheidungen** handelt es sich um Entscheidungen über die optimale Gestaltung von Leistungsprozessen in den Funktionsbereichen, d.h. im Beschaffungsbereich, im Fertigungsbereich, im Marketing, im Investitions- und Finanzierungsbereich sowie im Personalbereich. Der dritte Band dieser Einführung beschäftigt sich ausschließlich mit diesen Entscheidungen.

Konstitutive Entscheidungen befassen sich mit Aufbauproblemen von Unternehmen im Gründungsstadium sowie mit grundlegenden Entscheidungen im Leben einer Unternehmung.

Zu denken ist hier zunächst an die Gründung eines Unternehmens. Mit ihr verbunden ist die Wahl des Standortes, der Rechtsform, der Aufbauorganisation, des Produktionsprogramms, der Produktionsverfahren. Da die Entscheidungen über das Produktionsprogramm und die Produktionsverfahren eng mit den laufenden Entscheidungen im Absatz- und Fertigungsbereich zusammenhängen, werden sie dort mit behandelt (vgl. 3. Bd., 3. und 4. Kap.). Die Organisation wiederum ist ein Führungsinstrument, so dass sie im zweiten Band, der sich mit der Unternehmensführung befasst, dargestellt wird (vgl. 2. Bd., 2. Kap.).

Grundlegende Entscheidungen im Leben eines Unternehmens sind Entscheidungen über Zusammenschlüsse mit anderen Unternehmen, die Sanierung und die Liquidation eines Unternehmens.

Wir behandeln – nach sachlichen und methodischen Gesichtspunkten gegliedert – folgende **konstitutive Entscheidungen**:

• Gründung, Sanierung, Liquidation,
• Standortentscheidung,
• Rechtsformentscheidung sowie
• Entscheidung über Unternehmenszusammenschlüsse.

2.2   Gründung, Sanierung, Liquidation

In den letzten Jahren hat die Bereitschaft zur Gründung von Unternehmen ständig zugenommen. Im Jahre 2004 haben sich in Deutschland ca. 500 000 Personen um eine selbständige Existenz bemüht. Heute ist in Deutschland jeder zehnte Erwerbstätige sein eigener Chef. Dennoch liegt diese Quote weit unter dem Durchschnitt aller OECD-Staaten. Dieser Rückstand dürfte in den kommenden Jahren aufgeholt werden, denn die junge Generation zeigt eine zunehmende Bereitschaft, sich auf dem Felde der sog. New Economy (z. B. Informationstechnologie, Biotechnologie, Neue Medien) eine eigene Existenz aufzubauen. Auch an den Universitäten und Fachhochschulen werden zunehmend Lehrstühle für «Unternehmensgründung/ entrepreneurship» eingerichtet.

Parallel mit der Zunahme von Gründungen ist allerdings auch die Zahl der Liquidationen und Sanierungen gestiegen. Dieser Trend dürfte sich in Zukunft fortsetzen.

2.2.1   Gründung

Als **Gründung** ist die Gesamtheit jener Maßnahmen zu verstehen, die im Zusammenhang mit der Errichtung eines neuen Unternehmens ergriffen werden müssen.

Die Gründung umfasst demzufolge u. a. folgende Einzelmaßnahmen:

- Wahl des Unternehmensgegenstandes (Bestimmung des Produktionsprogramms),
- Ermittlung des Kapitalbedarfs und die Kapitalbeschaffung,
- Wahl der Rechtsform,
- Wahl des Standortes,
- Erledigung von Formalitäten wie die Anmeldung zur Eintragung in das Handelsregister, Anzeige des Gewerbes bei der zuständigen Ortsbehörde, evtl. Einholung einer Erlaubnis (z. B. bei der Eröffnung einer Gaststätte), Abschluss eines Gesellschaftsvertrages,
- Einholung öffentlicher Finanzierungs- und Beratungshilfen (z. B. ERP-Existenzgründungsdarlehen, Inanspruchnahme staatlicher Bürgschaften, Einholung von Informationen bei den Industrie- und Handelskammern),
- Aufstellung eines Businessplanes (Geschäftsplanes). Er beschreibt das unternehmerische Gesamtkonzept und besteht aus folgenden Elementen: Entwicklungskonzeption (Meilensteine), Marktanalyse, Unternehmensanalyse, Risikoanalyse.

Arten der Gründung lassen sich u. a. unterscheiden nach:

- den Modalitäten der Kapitalbeschaffung,
- der gewählten Rechtsform und
- den Merkmalen des Unternehmensgründers.

(1) Nach den **Modalitäten der Kapitalbeschaffung** lassen sich die in Abb. 4.17 dargestellten Gründungsarten unterscheiden (vgl. Eisele [Technik] 860 ff.).

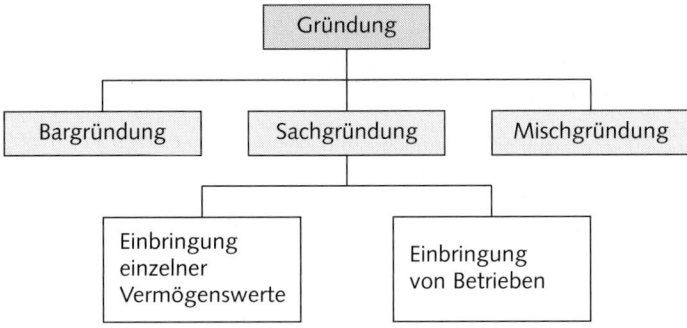

Abbildung 4.17: Arten der Gründung

Bei der **Bargründung** wird das Kapital als Bargeld, also in liquider Form, dem Unternehmen zur Verfügung gestellt. Beispiel: Erwerb von Aktien einer neu zu gründenden AG.

Eine **Sachgründung** liegt dann vor, wenn die Einlagen in Form von Sachen erfolgen, entweder einzelner Vermögensgegenstände (z. B. eines Grundstückes) oder eines ganzen Betriebes.

Bei der **Mischgründung** wird das Kapital sowohl in Form von Sachen wie auch von Bargeld zur Verfügung gestellt.

(2) Der Gründungsvorgang ist in starkem Maße von der gewählten **Rechtsform** abhängig:

a) Bei der **Einzelfirma** und den **Personengesellschaften** (OHG und KG) ist der Gründungsvorgang in geringem Maße an Formalitäten gebunden. So ist beispielsweise der Gesellschaftsvertrag zur Gründung einer OHG formfrei. OHG und KG müssen zur Eintragung in das **Handelsregister** angemeldet werden (§ 106 HGB-OHG; § 162 HGB-KG). Diese Anmeldung hat zu enthalten:

   1. Den Namen, Vornamen, Geburtsdatum und Wohnort jedes Gesellschafters;
   2. die Firma der Gesellschaft und den Ort, wo sie ihren Sitz hat;
   3. den Zeitpunkt, mit welchem die Gesellschaft begonnen hat;
   4. die Vertretungsmacht der Gesellschafter.

b) **Kapitalgesellschaften** (AG und GmbH) entstehen als juristische Person durch die Eintragung ins Handelsregister. Der Gründungsvorgang der **AG** besteht aus mehreren Stufen:

   1. Feststellung der Satzung. Sie enthält u. a. Angaben über die Firma (= Handelsname) der Gesellschaft, den Firmensitz, die Höhe des Grundkapitals, den Gegenstand des Unternehmens.
   2. Übernahme der Aktien durch die Gründer. Mit der Übernahme aller Aktien durch die Gründer ist die AG gegründet. Die Gründer haben einen schriftlichen Bericht über den Hergang der Gründung zu verfassen (Gründungsbericht). Ebenso ist eine Gründungsbilanz aufzustellen, welche die Vermögens- und Kapitalverhältnisse am Gründungsbilanzstichtag darstellt.
   3. Die AG ist beim Registergericht ihres Sitzes von allen Gründern und Mitgliedern des Vorstandes und des Aufsichtsrates zur Eintragung in das Handelsregister anzumelden (§ 36 AktG).

(3) Nach den **Merkmalen des Unternehmensgründers** können Tochtergründungen und Existenzgründungen unterschieden werden:

a) **Tochtergründungen** liegen dann vor, wenn ein bereits bestehendes Unternehmen ein neues Unternehmen gründet. Beispiele sind die Errichtung einer Vertriebsgesellschaft oder einer Produktionsstätte (etwa im Ausland).

b) **Existenzgründungen** (auch als **Start-ups** bezeichnet) finden dann statt, wenn durch die Gründung eines Unternehmens der Schritt in die berufliche und wirtschaftliche Selbständigkeit gewagt wird. Beispiele sind etwa die Eröffnung einer Boutique, die Gründung eines Taxiunternehmens, einer Versicherungsagentur, eines IT-Dienstleisters, einer Unternehmensberatung.

Eine Sonderform der Existenzgründung stellt das sog. **Management buy out** dar. In diesem Falle übernehmen Mitarbeiter eines Unternehmens bisherige Teile dieses Unternehmens und bringen sie in ein neues Unternehmen ein, das von den ehemaligen Mitarbeitern nunmehr als Unternehmensleiter betrieben wird. Anlass des Management buy out ist meist ein bevorstehender Verkauf oder eine drohende Schließung des Unternehmens bzw. eines Unternehmensteils.

Beim **Spin-off** wird ein Unternehmensteil aus dem Gesamtverbund eines Unternehmens herausgelöst und rechtlich verselbständigt.

2.2.2   Sanierung

Ein Unternehmen gerät dann in eine bedrohliche Phase, wenn die Verluste solche Ausmaße annehmen, dass sie durch außergewöhnliche Maßnahmen ausgeglichen werden müssen. In einem derartigen Fall spricht man von der Sanierung.

> Eine **Sanierung** umfasst sämtliche Maßnahmen, die geeignet erscheinen, ein Not leidendes Unternehmen durch Wiederherstellung seiner Zahlungsfähigkeit und Ertragsfähigkeit vor dem drohenden Zusammenbruch zu bewahren.

Die **Maßnahmen** lassen sich in zwei Gruppen einteilen:

* finanzielle Sanierung zur Wiederherstellung der Zahlungsfähigkeit und
* leistungswirtschaftliche Sanierung zur Wiederherstellung der Ertragsfähigkeit.

(1) Finanzielle Sanierung

Bei der finanziellen Sanierung lassen sich zwei Varianten unterscheiden (Eisele [Technik] 981 ff.): Finanzielle Sanierung ohne Zuführung neuer Finanzierungsmittel und finanzielle Sanierung mit Zuführung neuer Finanzierungsmittel.

Bei der Sanierung ohne Zuführung neuer Finanzierungsmittel kann das Nominalkapital herabgesetzt werden (zum Ausgleich des Verlustes). Tragen die Fremdkapitalgeber die Sanierungslasten, so ist dies in Form eines Forderungsverzichts, etwa im Rahmen eines Vergleichs (= Forderungsverzicht durch die Gläubiger), möglich. Eine buchmäßige Sanierung durch Herabsetzung des Eigenkapitals führt jedoch dem sanierungsbedürftigen Unternehmen keine neuen Finanzierungsmittel zu. Dies geschieht nur dann, wenn eine Herabsetzung des Nominalkapitals mit einer anschließenden Kapitalerhöhung stattfindet.

(2) Leistungswirtschaftliche Sanierung

Mit der finanziellen Sanierung sind lediglich die finanziellen Voraussetzungen für die Gesundung eines Unternehmens geschaffen. Entscheidend ist jedoch auch, dass eine Analyse der Ursachen für den Weg in die Krise stattfindet. Diese Ursachen müssen im Rahmen eines **Sanierungskonzeptes** beseitigt werden. So ist etwa ein unrentabler Betriebsteil stillzulegen, das bisherige Produktionsprogramm zu bereinigen oder die Unternehmensorganisation zu modernisieren. In diesem Zusammenhang spricht man auch von der **Restrukturierung.**

In der Praxis werden i. d. R. finanzwirtschaftliche und leistungswirtschaftliche Sanierungsmaßnahmen kombiniert, um einen **Turn-Around** in die Wege zu leiten.

2.2.3   Liquidation

Eine **Liquidation** beendet die Erwerbstätigkeit eines Unternehmens.

Die Liquidation kann freiwillig oder im Rahmen eines Insolvenzverfahrens erfolgen. Bei einer **freiwilligen** Liquidation werden die Vermögenswerte eines Unternehmens verflüssigt und anschließend ausgeschüttet. Der Verkaufserlös dient zunächst der Befriedigung von Verbindlichkeiten gegenüber den Gläubigern; die verbleibende Masse wird den Teilhabern entsprechend ihrem Anteil zugewiesen. Für die Liquidation ist dann, wenn sie offen erfolgt, eine Reihe von gesetzlichen Vorschriften einzuhalten. So ist beispielsweise in §§ 262 ff. AktG geregelt, welche Auflösungsgründe vorliegen können, welche Aufgaben die Abwickler (Liquidatoren) wahrzunehmen haben und wie die Rechnungslegung durch die Abwickler (z. B. Liquidationsbilanz) stattfinden muss.

Die Beendigung eines Unternehmens durch **Insolvenz** regelt die Insolvenzordnung vom 1. 1. 1999. Sie löst die Konkursordnung von 1877 und die Vergleichsordnung von 1935 ab. Die **Ziele** des Insolvenzverfahrens sind in § 1 der Insolvenzordnung genannt: «Das Insolvenzverfahren dient dazu, die Gläubiger eines Schuldners gemeinschaftlich zu befriedigen, indem das Vermögen des Schuldners verwertet und der Erlös verteilt oder in einem Insolvenzplan eine abweichende Regelung insbesondere zum Erhalt des Unternehmens getroffen wird. Dem redlichen Schuldner wird Gelegenheit gegeben, sich von seinen restlichen Verbindlichkeiten zu befreien.»

Für die Verwirklichung dieser Ziele sieht das Gesetz **drei Alternativen** vor (vgl. Eisele [Technik] 1115 ff.):

1. **Liquidation des Vermögens,** d. h. Veräußerung des Vermögens und Befriedigung der Gläubiger.
2. **Sanierung des Unternehmens,** d. h. Wiederherstellung der Zahlungsfähigkeit und Ertragsfähigkeit eines Unternehmens.

3. **Übertragende Sanierung,** d. h. ein überlebensfähiges Unternehmen wird auf einen anderen Rechtsträger übertragen und der erzielte Veräußerungserlös zur Befriedigung der Gläubiger verwendet.

Mit der Eröffnung des Insolvenzverfahrens gehen die Verwaltungs- und Verfügungsrechte des bisherigen Untenehmers auf den **Insolvenzverwalter** über.

Betrachtet man die **Insolvenzstatistik,** so fällt auf, dass die Insolvenzzahlen in den letzten Jahren stark angestiegen sind. Im Jahre 2003 gab es in Deutschland ca. 40 000 Insolvenzfälle. Aus der Insolvenzstatistik lassen sich Hinweise auf die Insolvenzanfälligkeit bestimmter Wirtschaftszweige und Rechtsformen entnehmen. Danach weisen das **Baugewerbe** und Unternehmen mit der Rechtsform der **GmbH** die höchsten Insolvenzhäufigkeiten auf.

Gliedert man die Insolvenzen nach dem **Alter,** so springt ins Auge, dass insbesondere junge Unternehmen gefährdet sind. Untersuchungen in den USA haben gezeigt, dass 10 Jahre nach der Gründung nur noch ca. 35% der gegründeten Unternehmen existierten. Im Jahre 2003 hatten in Deutschland nur etwa 20% der insolventen Unternehmen ein Alter von 8 und mehr Jahren.

Literaturhinweise

Eisele, Wolfgang: Gründung. In: Handwörterbuch der Betriebswirtschaft. Hrsg. von Waldemar Wittmann u. a., 5. Aufl., Stuttgart 1993, Sp. 1550–1562.
Eisele, Wolfgang: [Technik] des betrieblichen Rechnungswesens. 7. Aufl., München 2002.
Faltin, Günter u. a.: Entrepreneurship. München 1998.
Weber, Helmut Kurt: Industriebetriebslehre. 3. Aufl., Berlin u. a. 1999.

2.3   Standortentscheidung

2.3.1   Entscheidungsproblem

Die Standortentscheidung hat in den letzten Jahren an Bedeutung gewonnen. Insbesondere seitdem die politischen Veränderungen die Grenzen zwischen Staaten durchlässig gemacht (z. B. Osterweiterung der EU) und die Verbesserung der Transportsysteme und Informationssysteme (z. B. Fax, Internet) Kontakte zwischen verschiedenen Standorten erleichtert haben, stehen den heutigen Unternehmen weltweite Standortalternativen zur Verfügung. Auf der anderen Seite wird mit jeder Standortentscheidung auch über Arbeitsplätze entschieden.

Der **Standort** des Unternehmens ist der geographische Ort, an dem Produktionsfaktoren eingesetzt werden, um Leistungen zu erstellen.

Ursache des Standortproblems ist die fehlende natürliche und ökonomische Homogenität der Fläche, d. h. nicht jeder Standort hat den gleichen Einfluss auf die unternehmerischen Ziele: Die unterschiedliche Verteilung der Ressourcen, die Unterschiede in den Rechtsnormen (z. B. Steuerrecht), die unvollkommene Faktormobilität und die Transportkosten bewirken, dass unterschiedliche Orte verschiedene Eignungsgrade besitzen.

Die **Aufgabe** der Standortentscheidung kann folgendermaßen charakterisiert werden:

Es sind solche Standorte zu bestimmen, bei denen die Anforderungen an den Standort und die Bedingungen des Standortes aufeinander abgestimmt sind. Dabei ist aufgrund der **langfristigen Wirkung** einer Standortentscheidung der künftigen Entwicklung des Unternehmens Rechnung zu tragen.

Standortentscheidungen lassen sich nach verschiedenen Kriterien klassifizieren. Das Ergebnis ist eine Vielzahl abgegrenzter Entscheidungstypen. Gehen wir vom Anlass für die Standortentscheidung aus, lassen sich folgende **Typen der Standortwahl** unterscheiden:

- die Gründung eines Unternehmens,
- die Verlagerung eines Unternehmens,
- die Verlagerung von Teilbereichen eines Unternehmens (z. B. Errichtung einer Filiale, eines Auslieferungslagers).

(1) Der schwierigste Typ der Standortentscheidung dürfte die **Gründung eines Unternehmens** sein. Der Unternehmensgründer steht einer Vielzahl unbekannter Variablen gegenüber. Erschwerend wirkt der Umstand, dass sein Informationsstand im Vergleich zu jenem bei den anderen Entscheidungstypen relativ schwach ist. Die Unsicherheit bezüglich der Unternehmensentwicklung fällt hier schwerer ins Gewicht. Zudem sind die Informationsbeschaffungsmöglichkeiten bei Gründungen – v. a. bei den sog. Existenzgründungen – beschränkt. Infolgedessen treffen Existenzgründer selten eine echte Standortwahl, sondern beschränken sich darauf, den Wohnort zum Standort ihres Unternehmens zu machen (Fürst/Zimmermann [Standortwahl] 52). Allenfalls werden 1 bis 2 Standortalternativen erwogen.

(2) Grund für die **Verlagerung des Unternehmens** ist oftmals das Fehlen eines Erweiterungsgrundstücks, aber auch eine Änderung von Absatz- und Beschaffungsmarktbedingungen, häufig auch die Absicht, Kostenvorteile und steuerliche Vorteile (im Ausland) wahrzunehmen. Gegenüber der Neugründung entfällt bei der Verlagerung das Risiko des «Sichselbständigmachens», allerdings kann das Standort-Risiko insofern trotzdem hoch sein, als u. U. alte Geschäftsverbindungen abgebrochen werden müssen.

(3) Die **Verlagerung von Teilbereichen eines Unternehmens** kann verschiedene Ursachen haben. Sie können einmal in den Nachteilen des bisherigen Standortes bestehen, beispielsweise im Platzmangel, im Mangel an «billigen» Arbeitskräften. In diesem Fall bietet sich evtl. die Errichtung eines Zweigwerkes in einer struktur-

schwachen Region an. Zum anderen können sie aus dem Vorteil eines anderen Standortes erwachsen, beispielsweise aus der größeren Kundennähe (z. B. Errichtung einer Zweigstelle durch eine Bank in einem neuen Wohngebiet), den niedrigeren Produktionskosten (z. B. Errichtung einer Produktionsstätte in Südostasien).

Sowohl die Verlagerung des ganzen Unternehmens wie auch von Teilbereichen dürfte in Zukunft an Bedeutung gewinnen. Viele Unternehmen verstehen sich heute schon als «global player», die nicht nur beim Export, sondern auch bei der Standortwahl international agieren.

2.3.2   Standortalternativen

Alternativen im Rahmen von Standortentscheidungen sind die **Standorte**, die sich für eine Ansiedlung anbieten, sowie alternative **Gestaltungsformen** einer solchen Ansiedlung. Denkbare Standorte sind alle geographischen Orte, deren Wählbarkeit nicht durch gesetzliche Bestimmungen (z. B. aufgrund des Bebauungsplanes einer Gemeinde) oder technische Voraussetzungen (z. B. wegen der Beschaffenheit eines Geländes) ausgeschlossen ist. In diesem Entscheidungsfeld kann zur Diskussion stehen, ob ein nationaler oder ein **ausländischer** Standort in Frage kommt, ob ein **einziger** Standort gewählt oder ob das Unternehmen auf **mehrere** Standorte verteilt werden soll und – sind diese Fragen geklärt – für welche Orte man sich schließlich entscheiden soll.

Bei der Gestaltungsform eines bestimmten Standortes ist etwa zu denken an Entscheidungen über Pacht, Kauf, Miete oder Leasing sowie die Entscheidung über Art und Umfang der auf einen Standort zu übertragenden Unternehmensaktivitäten (evtl. nur Verlagerung der Produktion ins Ausland).

2.3.3   Daten für die Standortentscheidung

Die Daten für die Standortentscheidung engen die Zahl der wählbaren Standortalternativen ein. Anders ausgedrückt: Die Unternehmen sind bei der Standortentscheidung nicht frei, sondern an eine Reihe von Restriktionen gebunden:

(1) **Unternehmensinterne Daten** können einmal in den finanziellen Restriktionen für die Abdeckung der mit einer Standortwahl verbundenen Ausgaben bestehen. Zum anderen ist es möglich, dass aufgrund persönlicher Einstellungen bestimmte Standortalternativen von vornherein ausscheiden. So kann beispielsweise die Tatsache, dass ein Unternehmen über Generationen mit einem Ort verbunden ist, den Unternehmensinhaber veranlassen, auf Kostenvorteile aus einer Standortverlagerung zu verzichten.

(2) **Unternehmensexterne Daten** werden häufig durch die Rechtsordnung gesetzt. So können beispielsweise baurechtliche Vorschriften (etwa Bebauungspläne) und umweltrechtliche Vorschriften (etwa Bundesnaturschutzgesetz, Wasserhaushalts-

gesetz) eine Industrieansiedlung verbieten (vgl. Backhaus/Plinke [Rechtseinflüsse] 60 ff.). Die natürlichen Merkmale eines Standortes (Klima, Bodenbeschaffenheit) können darüberhinaus die Wahl eines Standortes von vorneherein verbieten. Zu denken ist hier insbesondere an landwirtschaftliche Betriebe. Aber auch für Industriebetriebe ist dieses Datum relevant. So bietet beispielsweise für eine Chipproduktion oder die Erzeugung von Atomstrom ein Erdbebengebiet keine günstigen Voraussetzungen. Aufgrund politischer Restriktionen schließlich ist es möglich, dass ganze Regionen als potenzielle Standorte ausfallen. So gibt es einzelne Staaten, die für Ausländer die Möglichkeit einer unternehmerischen Aktivität grundsätzlich nicht vorsehen (z. B. Nordkorea). Gelegentlich ist das politische Risiko zu hoch.

Auf der anderen Seite müssen Direktinvestitionen vorgenommen werden, wenn der ausländische Staat Importschranken setzt.

2.3.4   Standortfaktoren

Jeder Standort verursacht standortspezifische Aufwendungen (z. B. Grundstücksaufwendungen) und erbringt standortspezifische Erträge (z. B. Absatzvorteile). Das **Oberziel** der Standortwahl kann demnach i. d. R. als Maximierung der Differenz zwischen den standortspezifischen Erträgen und Aufwendungen definiert werden. Dieses Oberziel ist solange in Unterziele zu zerlegen, bis operationale Kriterien gefunden sind, an denen die Vor- und Nachteile von Standorten gemessen werden können. Wie eine Systematik derartiger Kriterien aussehen könnte, kann den sog. Standortfaktorenkatalogen entnommen werden.

Standortfaktorenkataloge enthalten eine Zusammenstellung aller Kriterien, die für die Standortwahl entscheidungsrelevant sein können.

Welche Faktoren überhaupt und mit welchem Gewicht beachtet werden, hängt von den Präferenzen des Entscheidungsträgers und von der Art des standortsuchenden Unternehmens ab. So wird beispielsweise behauptet, dass für Medienunternehmen und Werbegesellschaften das «Flair» einer Stadt besonders attraktiv sei, für einen standortsuchenden Automobilzulieferer dürften dagegen eher die Produktionskosten im Vordergrund stehen.

Im Rahmen der Standorttheorie sind viele Versuche unternommen worden, Standortfaktorenkataloge zu entwerfen. Stellvertretend sollen die Klassifizierungsvorschläge von *A. Weber* und *K. Ch. Behrens* dargestellt werden.

2.3.4.1   Standortfaktoren nach Weber

Auf *Alfred Weber* geht die erste systematische Behandlung der – von ihm so genannten – Standortfaktoren zurück (1909). Sie hat viele Jahrzehnte die Standortlehre maßgeblich geprägt. *Weber* unterteilt die Standortfaktoren nach drei Gesichtspunkten (vgl. Weber [Standort] 18 ff.):

(1) Nach ihrem **Geltungsbereich** in

- generelle Standortfaktoren, «die für jede Industrie, wie sie auch sei, in Betracht kommen ...» (Transportkosten, Arbeitskosten usw.), und in
- spezielle Standortfaktoren, die nur bei bestimmten Industriezweigen ins Gewicht fallen (Verderblichkeit von Rohstoffen, Abhängigkeit von fließendem Wasser usw.).

(2) Nach ihrer **räumlichen Wirkung** in

- Regionalfaktoren, die die Industrie an bestimmte Regionen auf der Erdoberfläche ziehen (z. B. Rohstoffvorkommen), und in
- Agglomerativfaktoren, die eine räumliche Konzentration bewirken (z. B. Absatzmärkte in Ballungsgebieten), sowie schließlich in
- Deglomerativfaktoren, die eine räumliche Dezentralisation bewirken (z. B. niedrige Löhne auf dem Lande).

(3) Nach der **Art ihrer Beschaffenheit** in

- natürlich-technische Standortfaktoren (z. B. Bodenbeschaffenheit) und
- gesellschaftlich-kulturelle Standortfaktoren (z. B. Kulturniveau einer Stadt).

Weber versteht unter einem **Standortfaktor** «einen seiner Art nach scharf abgegrenzten Vorteil. Einen ‹Vorteil›, d. h. eine Ersparnis an ‹Kosten› und also für die Standortslehre der Industrie eine Möglichkeit, dort ein bestimmtes Produkt mit weniger Kostenaufwand als an anderen Plätzen herzustellen». Durch die Einengung der «Vorteile» auf «Kostenvorteile» wird die Untersuchung *Webers* reduziert auf Einflüsse, die von bestimmten Kosten auf die Standortentscheidung ausgehen. Er berücksichtigt insbesondere Transportkosten, Roh- und Kraftstoffkosten sowie Kosten für Arbeitskräfte.

Die ausschließlich **kostenorientierte Betrachtungsweise** des Standortproblems sowie die Vernachlässigung der Standortfaktoren der Absatzseite wurden häufig kritisiert. Diese Mängel hat *Behrens* beseitigt.

2.3.4.2 Standortfaktoren nach Behrens

Während bei *Weber* die Standortproblematik eher auf makroökonomischer, hoch aggregierter Ebene angegangen wird, macht *Behrens* die Standortentscheidungen von **Unternehmungen** zum Untersuchungsgegenstand. Die Problemstellung liegt bei ihm in der Ermittlung des Standortes, «der die Verwertung eines vorgegebenen Leistungsprogramms und seine Erstellung ... in optimaler Weise ermöglicht.» (Behrens [Standortbestimmungslehre] 34).

Dieser **betriebswirtschaftliche Ansatz** von *Behrens* kommt vor allem darin zum Ausdruck,

(1) dass die relevanten Standortfaktoren nicht zu einer einzigen quantifizierbaren Größe aggregiert, sondern aus einem mehrdimensionalen, auch nicht-quantifizierbare Variablen umfassenden Zielsystem abgeleitet werden, und

(2) als Klassifizierungskriterium der Standortfaktoren deren Bedeutung für die Zielerfüllung zugrunde gelegt wird.

Behrens knüpft bei seiner Einteilung der Standortfaktoren an die drei grundlegenden betrieblichen **Funktionsbereiche** Beschaffung, Fertigung und Absatz an und untersucht deren Einflüsse auf die Standortwahl. Als Beurteilungskriterium verwendet er den **Rentabilitätsgrad**. Danach wird ein Standort umso günstiger, je größer die Rentabilität ist. Dieses Kriterium wird umso eher erfüllt, je besser einerseits der Einsatz der für die Leistungserstellung benötigten Güter, andererseits der Absatz der Betriebsleistungen gewährleistet ist. Deshalb sind die Standortfaktoren zu untersuchen, die auf die genannten Funktionsbereiche Einfluss nehmen:

(1) Standortfaktoren, welche die **Beschaffung** von Einsatzgütern beeinflussen, sind das Beschaffungspotenzial und die Beschaffungskontakte.

(a) Das **Beschaffungspotenzial** wird dann zu einem wichtigen Standortfaktor, wenn das Unternehmen einen Bedarf an nichttransportablen oder transportempfindlichen Beschaffungsgütern (z. B. Grundstücke, Anlagegüter, Arbeitsleistungen, Fremddienste, Kredit und Leistungen der Gebietskörperschaften) hat. Bei nichttransportablen Gütern ist das Unternehmen an einen Standort und sein Potenzial an Beschaffungsgütern gebunden. Bei transportempfindlichen Gütern steht dem Unternehmen ein bestimmtes Gebiet offen, dessen Ausdehnung von den herrschenden Transportverhältnissen und der Transportempfindlichkeit des Gutes bestimmt ist. Die Transportempfindlichkeit ihrerseits wird durch die Beschaffungszeit und die Beschaffungskosten für das betreffende Gut determiniert.

Wird nun der Standortfaktor Beschaffungspotenzial für verschiedene Alternativen beurteilt, sind dabei zwei Gesichtspunkte maßgeblich:

- Die Quantität und die Qualität der am Ort verfügbaren nicht-transportablen sowie der innerhalb des Einzugsgebietes vorhandenen transportempfindlichen Einsatzgüter. So hat z. B. das Potenzial an Arbeitskräften einen erheblichen Einfluss auf die Standortwahl. Es muss zunächst geprüft werden, ob überhaupt am Ort und innerhalb einer gewissen Pendelzone genügend und den Anforderungen adäquat ausgebildete Arbeitskräfte vorhanden sind.

- Die Kosten der Beschaffungsgüter. Für die Beurteilung des Arbeitskräftepotenzials ist schließlich auch das Lohnniveau der verschiedenen Alternativen ausschlaggebend.

(b) Eine vorteilhafte Beschaffung von Einsatzgütern hängt nun auch davon ab, inwieweit es dem Unternehmen gelingt, ein gegebenes Beschaffungspotenzial auszunutzen. Dies wird durch die Existenz von **Beschaffungskontakten** erleichtert. Vermittler solcher Beschaffungskontakte sind Einrichtungen wie Wirtschaftsbehörden, Arbeitsvermittlungszentralen, Ausstellungen, Zeitungen, Börsen.

(2) Von der **Fertigung** wird die Standortwahl dann beeinflusst, wenn bestimmte natürliche oder technische Gegebenheiten die Fertigung in entscheidendem Maße begünstigen oder überhaupt erst ermöglichen und zudem örtlich gebunden sind. Als Beispiele nennt *Behrens* geologische Bedingungen (z. B. Landwirtschaft, Bergbau, Erdölgewinnung), klimatische Verhältnisse (z. B. Landwirtschaft) und die technische Kooperation von Betrieben.

(3) Die Standortentscheidung wird von der **Absatzseite** besonders stark beeinflusst, wenn das Absatzgut nicht transportabel oder das Absatzgebiet begrenzt ist. Die Größe des Absatzgebietes wird bestimmt durch die Transportfähigkeit der Absatzgüter und die bestehenden Transportverhältnisse. *Behrens* geht also auf der Absatzseite analog vor wie auf der Beschaffungsseite. Entsprechend unterscheidet er auch als Standortfaktoren auf der Absatzseite das Absatzpotenzial und die Absatzkontakte.

Das regionale **Absatzpotenzial** wird durch Quantität und Preis der absetzbaren Güter beurteilt. Bestimmungsfaktoren für dieses Potenzial sind der Bedarf (Zahl der Bedarfsträger und Bedarfsintensität), die Kaufkraft, die Absatzkonkurrenz, die Absatzagglomeration, der Herkunftsgoodwill und die staatlichen Absatzhilfen in dieser Region.

Inwieweit dieses Potenzial realisiert wird, hängt von den **Absatzkontakten** ab. Dazu tragen u. a. Banken, Makler, Ausstellungen, Werbeagenturen bei.

2.3.4.3   Wesentliche Standortfaktoren

Fassen wir die bisherigen Erörterungen zusammen, so kommen wir zu folgender Gliederung wesentlicher **Standortfaktoren**:

1. Beschaffungsorientierte Standortfaktoren

- Grundstücke: Beschaffenheit, Anschaffungspreis bzw. Miethöhe.
- Roh-, Hilfs- und Betriebsstoffe: Preise, Transportkosten.
- Arbeitskräfte: Arbeitskräftepotenzial (in Abhängigkeit von der Zahl der Bevölkerung und der Lebensqualität eines Standortes), Lohnniveau, Qualifikation, Erfahrung und Teamgeist der Arbeitskräfte.
- Energie: Verfügbarkeit, Energiekosten.
- Verkehr: Verkehrsinfrastruktur, wie z. B. Autobahnanschluss, Nähe zum Flughafen, Transportkosten.

2. Fertigungsorientierte Standortfaktoren

- Natürliche Gegebenheiten: Beschaffenheit des Bodens, des Klimas.
- Technische Gegebenheiten: Räumliche Nähe kooperationsbereiter Unternehmen, so z. B. Autozulieferer zur Realisierung einer Just-in-Time-Logistik für die Automobilindustrie.

3. Absatzorientierte Standortfaktoren

- Absatzpotenzial: Bevölkerungsstruktur, Kaufkraft, Konkurrenz.
- Herkunftsgoodwill: Ein Standort hat aufgrund der Qualität der dort erzeugten Produkte ein hohes Image. Beispiele: Schinken aus Bayonne (F), York (GB), Parma (I), Serano (E), Schwarzwald (D).
- Kontakte zu Abnehmern: Unternehmen, die dort produzieren, wo der Kunde wohnt, sind näher an den Kundenwünschen; z. B. Mercedes-Benz und BMW produzieren in USA. Diesen Unternehmen folgen die Automobilzulieferer.
- Verkehr: Verkehrsanbindung, Transportkosten.
- Kontakte zu Absatzhilfen wie Makler, Messen, Werbeagenturen

4. Staatlich festgelegte Standortfaktoren

- Steuern: Bei der Standortwahl innerhalb Deutschlands ist vor allem die Höhe des Hebesatzes bei der Gewerbesteuer relevant. So gab es im Jahre 2002 die niedrigsten Gewerbesteuerhebesätze in Mecklenburg-Vorpommern (312 %). Im Stadtstaat Hamburg lag der Hebesatz mit 470 % am höchsten.

  Bei der internationalen Standortwahl nehmen insbesondere die gewinnabhängigen Steuern (Körperschaftsteuer, Einkommensteuer) Einfluss auf die Standortwahl. Steuerlich besonders günstig sind die sog. Steueroasen wie Schweiz und Liechtenstein.
- Grenzüberschreitende Regelungen: Zölle, Außenhandelsgesetze mit der Folge einer Benachteiligung des Exports und damit einer Begünstigung des ausländischen Standortes.
- Wirtschaftsordnung: Wirtschaftsrechtliche Bestimmungen wie Wettbewerbsgesetze, Mitbestimmung sowie Risiken einer Änderung der Wirtschaftsordnung aufgrund politischer Instabilität (z. B. Beschränkungen des Kapitalverkehrs, Enteignungen).
- Staatliche Regulierungen: Genehmigungsverfahren, etwa im Bereich der Gentechnologie.
- Umweltschutzmaßnahmen: Auflagen zur Reduktion von Umweltbelastungen, Aktivitäten von Bürgerinitiativen.
- Staatliche Hilfen: Förderprogramme in Form von Investitionshilfen für strukturschwache Regionen, Existenzgründungshilfen, Förderung von Forschungs- und Entwicklungsvorhaben an bestimmten Standorten.

Dieser Katalog enthält eine Aufzählung derjenigen Standortfaktoren, die **grundsätzlich** bei der Standortwahl entscheidungsrelevant sein können. Ob ein Standortfaktor überhaupt und – wenn ja – mit welchem **Gewicht** zu berücksichtigen ist, hängt von der jeweiligen Entscheidungssituation ab. Für Unternehmen beispielsweise, die energieintensiv sind (etwa Aluminiumwerke), stehen die Kriterien der Verfügbarkeit von Energie und der Energiekosten im Vordergrund. Der Herkunftsgoodwill dürfte keine Rolle spielen. Bei Unternehmen, die hoch qualifiziertes Personal benötigen (etwa in der Informationstechnologie), dürfte die Standortwahl auch oder vor allem an der Lebensqualität eines Wohnortes ausgerichtet werden, da attraktive Wohnorte (z. B. Berlin, München) das benötigte Personal anlocken. Dies trifft auch auf die Anwerbung ausländischer Spezialisten zu (vgl. Blue- und Green-Card-Diskussion). Transportkosten für Rohstoffe dürften jedoch im Standortkalkül von untergeordneter Bedeutung sein.

Die zunehmende Bedeutung des sog. **E-Business** dürfte entscheidenden Einfluss auf die Relevanz von Standortfaktoren nehmen. Zum einen ist die Standortentscheidung von Internetfirmen von den klassischen Standortfaktoren weitgehend unabhängig. Zum anderen beeinflusst das Internet die Standortentscheidungen von Handelsunternehmungen und Herstellerunternehmungen dergestalt, dass besonderer Wert auf günstige Voraussetzungen für die Abwicklung der Logistik gelegt wird. Auch trägt das Internet mehr und mehr zur Aufhebung nationaler Grenzen der Standortwahl bei.

2.3.5 Modelle der Standortentscheidung

Eine konkrete Standortwahl findet nun in der Weise statt, dass geprüft wird, inwiefern die zur Diskussion stehenden Standortalternativen die für die Entscheidung relevanten Zielkriterien erfüllen.

Dieser Prüfvorgang findet im Rahmen von Entscheidungsmodellen statt. Im Folgenden sollen die drei wichtigsten **Standortentscheidungsmodelle** vorgestellt werden:

* Transportkostenmodell von Weber,
* Nutzwertanalyse und
* Checkliste.

Diese Modelle unterscheiden sich im Umfang der Entscheidungsproblematik, die jeweils im Modell abgebildet wird.

2.3.5.1 Transportkostenmodell von Weber

A. *Weber* hat bereits im Jahre 1909 das Standortproblem mit Hilfe eines Modells gelöst (vgl. Weber [Standort]). Er geht von folgenden Prämissen aus: Das Territorium ist homogen, d. h. für alle Standorte gelten die gleichen Bedingungen. Entscheidungsrelevant sind lediglich die **Transportkosten**. Diese wiederum sind proportional zur Entfernung.

Die **Problemstellung** lautet: Gegeben sind n Absatz- oder Beschaffungsorte P_i mit den Koordinaten (x_i/y_i). Die Entfernung dieser Punkte P_i zum gesuchten Standort S mit den Koordinaten (x/y) beträgt jeweils r_i. Gegeben sind weiterhin die zwischen S und P_i zu transportierenden Mengen a_i und die pro Entfernungseinheit und pro Mengeneinheit konstanten Transportkosten c. Gesucht ist der Standort S (x/y), bei dem die Transportkosten K minimal sind:

$$K = c(a_1 \cdot r_1 + a_2 \cdot r_2 + \ldots + a_n \cdot r_n) \to \text{min!}$$

Die jeweiligen Entfernungen r_i im Koordinatenkreuz betragen nach dem Satz des Pythagoras

$$r_i = \sqrt{(x - x_i)^2 + (y - y_i)^2}$$

Hieraus lassen sich die Transportkosten als Funktion der Koordinaten (x/y) des Standortes S ausdrücken:

$$K(x,y) = c \sum_{i=1}^{n} a_i \sqrt{(x - x_i)^2 + (y - y_i)^2}$$

Diese Funktion ist zu minimieren. Die Lösung, d. h. der Wert der Koordinaten x und y des Standortes S, wird dadurch gefunden, dass nach x und y partiell abgeleitet wird. In der Regel lässt sich das Optimum allerdings nur näherungsweise bestimmen.

In Abb. 4.18 sind zur Verdeutlichung des Lösungsproblems ein Beschaffungsort P_1 und zwei Absatzorte P_2 und P_3 gegeben. Gesucht ist der optimale (= kostenminimale) Standort S. Die Entfernung r_1 zwischen S und P_1 wird mit Hilfe des Satzes von Pythagoras bestimmt. Sie beträgt

$$r_1 = \sqrt{(x - x_1)^2 + (y - y_1)^2}.$$

Entsprechend werden r_2 und r_3 ermittelt. Nach den Annahmen *Webers* ist die Summe aus r_1, r_2 und r_3 zu minimieren.

Die von *Weber* unterstellte Zielfunktion mag zur damaligen Zeit (1909) realistisch gewesen sein, heute ist für die Standortwahl i. d. R. eine **Vielzahl von Kriterien** entscheidungsrelevant. Es soll daher im Folgenden ein Standortentscheidungsmodell vorgestellt werden, das von der Nutzwertanalyse ausgeht.

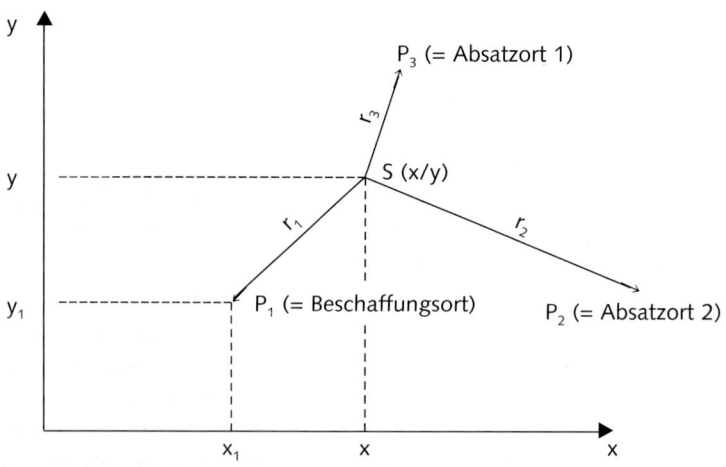

Abbildung 4.18: Transportkostenmodell von Weber

2.3.5.2   Nutzwertanalyse

Wie bereits dargelegt, bietet sich die Nutzwertanalyse (Scoring-Modell) dann an, wenn von einem Zielsystem auszugehen ist (S. 333 f.). Nehmen wir an, dass 3 Ziele (= Standortfaktoren) entscheidungsrelevant sind: Die Transportkosten, das Absatzpotenzial und der Hebesatz bei der Gewerbesteuer (vgl. Abb. 4.19).

Z	Z_1 Transportkosten	Z_2 Absatzpotenzial	Z_3 Hebesatz	Σ
a ⟍ g	0,5	0,3	0,2	1,0
S_1	5	6	1	4,5
S_2	8	2	10	6,6

Abbildung 4.19: Standortentscheidung mit Nutzwertanalyse

Zu wählen sei zwischen 2 Alternativen a: dem Standort S_1 und dem Standort S_2. Die Erträge der einzelnen Standorte im Hinblick auf die Erfüllung der Ziele seien mit Hilfe eines kardinalen Punkteschemas (von 0 bis 10 Punkten) erfasst. In Abb. 4.19 ist die Zielgewichtung angegeben; die Summe der Zielgewichte ergibt 1. Multipliziert man nun die Einzelzielwerte mit den Zielgewichten g und summiert die Produkte horizontal, so erhält man den Gesamtzielbeitrag, den Nutzwert einer Alternative. Bei mehreren Alternativen wird diejenige ausgewählt, welche die Zielfunktion, nämlich die Maximierung des Nutzwertes, erfüllt. In Abb. 4.19 trifft dies für den Standort S_2 zu.

Das Verfahren der Nutzwertanalyse wird noch einmal im Zusammenhang mit der Lösung von Rechtsformentscheidungen beschrieben (vgl. S. 394 ff.).

2.3.5.3   Checkliste

Wegen der großen Anzahl relevanter Zielgrößen und der Schwierigkeit, die Zielerträge der Alternativen zu quantifizieren, scheidet der Einsatz differenzierter Modelle zur Lösung von Standortproblemen oft von vornherein aus. Die Entscheidungsfindung erfolgt in diesem Fall meist auf der Grundlage detaillierter Checklisten. Mit Hilfe solcher **Checklisten** wird überprüft, inwieweit die alternativen Standorte den gestellten Anforderungen in etwa genügen. Dabei wird folgendermaßen vorgegangen:

Der Entscheidungsträger vergleicht die Eigenschaften eines potenziellen Standortes mit einem standardisierten Faktorenkatalog, der – branchenorientiert – Gewichtungen der einzelnen Standortfaktoren enthält. Anders ausgedrückt: In diesem Standortfaktorenkatalog wird von Experten gesagt, welche Standortbedingungen für ein Unternehmen in einer bestimmten Branche wichtig und welche unbedeutend sind. So sind beispielsweise für den Standort eines Supermarktes die Standortfaktoren «Absatzpotenzial» und «Grundstücksgröße» wichtig, während der Faktor «Qualifikation der Arbeitskräfte» nicht so sehr ins Gewicht fällt. Ein Vergleich dieses Katalogs von Idealanforderungen mit den jeweiligen Eigenschaften des untersuchten Standortes liefert **Anhaltspunkte** für die Standortentscheidung. Es wird also sowohl bei der Gewichtung der Zielgrößen wie auch bei der Bewertung der Alternativen auf eine exakte Quantifizierung verzichtet. Im Rahmen eines mehrstufigen Entscheidungsverfahrens werden einige wenige Standortalternativen herausgefiltert, die den gestellten Anforderungen in Bezug auf die wichtigsten Ziele **am ehesten** genügen.

Literaturhinweise

Backhaus, Klaus und *Wulff Plinke*: [Rechtseinflüsse] auf betriebswirtschaftliche Entscheidungen. Stuttgart 1986.

Bankhofer, Udo: Industrielles Standortmanagement. Wiesbaden 2001.

Behrens, Karl Christian: Allgemeine [Standortbestimmungslehre]. 2. Aufl., Opladen 1971.

Bittner, Hanspeter: Standort und Steuer. Univ.Diss. Bayreuth 1997.

Domschke, Wolfgang und *Andreas Drexl*: Logistik: Standorte. 4. Aufl., München 1996.

Fürst, Dietrich und *Klaus Zimmermann*: [Standortwahl] industrieller Unternehmen. Bonn 1973.

Gritzka, Christoph: Anwendung der heuristischen Systemanalyse bei [Standortentscheidungen]. München 1976.

Haberstock, Lothar: Der Einfluss der Besteuerung auf Rechtsform und Standort. 2. Aufl., Hamburg 1984.

Hansmann, Karl-Werner: Entscheidungsmodelle zur Standortplanung der Industrieunternehmen. Wiesbaden 1974.

Heinen, Edmund: [Industriebetriebslehre]. 9. Aufl., Wiesbaden 1991.

Liebmann, Hans-Peter: Die Standortwahl als Entscheidungsproblem. Würzburg, Wien 1971.

Lüder, Klaus: Standortwahl. In: Industriebetriebslehre. Hrsg. von Herbert Jacob. 3. Aufl., Wiesbaden 1986, S. 24–100.

Schweitzer, Marcell (Hrsg.): [Industriebetriebslehre]. 2. Aufl., München 1994.

Weber, Alfred: Über den [Standort] der Industrien. 2. Aufl., Tübingen 1922.

2.4   Rechtsformentscheidung

2.4.1   Entscheidungsproblem

Als **Rechtsform** wird die rechtliche Organisation, der rechtliche Rahmen oder das «Rechtskleid» eines Unternehmens bezeichnet. Durch die Rechtsform wird ein Teil der rechtlichen Beziehungen innerhalb des Unternehmens (z. B. zwischen Gesellschaftern) und zwischen Unternehmen und Umwelt (z. B. Publizitätsvorschriften) geregelt.

Anlass für das Entscheidungsproblem «Wahl der Rechtsform» kann die Gründung einer Unternehmung, der Rechtsformwechsel und der Zusammenschluss von Unternehmen sein.

(1) In der **Gründungsphase** stellt die Rechtsformwahl eine langfristig wirkende Entscheidung mit konstitutivem Charakter dar. Eine Änderung dieser Entscheidung ist nur mit erheblichen Kosten (Gebühren, Steuern) möglich. Der Gründungsvorgang ist auf S. 339 ff. ausführlich beschrieben.

(2) Dennoch dürfte ein **Rechtsformwechsel** in Form der Umwandlung bzw. Umgründung immer dann erfolgen, wenn sich die Verhältnisse wesentlich geändert haben und der Gestaltungsspielraum bei den Gesellschaftsverträgen für eine Anpassung nicht mehr ausreicht. Solche Änderungen können z. B. bei einer OHG dadurch bewirkt werden, dass die Kinder der Unternehmensgründer nicht als Gesellschafter in Frage kommen. Auch die Änderung von Gesetzesvorschriften kann eine Umwandlung veranlassen, so z. B. die Verschärfung der Prüfungs- und Publizitätsvorschriften (wie nach dem Bilanzrichtlinien-Gesetz für die GmbH). Auch kann ein erhöhter Kapitalbedarf die Umwandlung einer GmbH in eine AG nahe legen, um damit die Voraussetzung für einen «Gang an die Börse» zu schaffen.

Ein Wechsel der Rechtsform kann schließlich seine Ursache auch in einer Änderung von Steuergesetzen haben. Der Wechsel selbst löst jedoch i. d. R. auch **steuerliche Konsequenzen** aus, die nicht selten eine Änderung der Rechtsform verhindern. So wird etwa bei der häufigsten Form des Rechtsformwechsels, nämlich der Übertragung des Vermögens und der Schulden einer Personengesellschaft auf eine Kapitalgesellschaft, durch den Übertragungsvorgang die Zahlung von Verkehrsteuern (Grunderwerbsteuer und ggfs. Umsatzsteuer) ausgelöst. Dazuhin kann es zur Realisierung von Wertsteigerungen einzelner Wirtschaftsgüter (Auflösung stiller Reserven) kommen, mit der Folge hoher Ertragsteuerzahlungen.

Die finanziellen Auswirkungen der verschiedenen Formen des Rechtsformwechsels (Gerichts- und Notariatsgebühren, Steuern) hängen von deren rechtlichen Regelung (Umwandlungsgesetz 1994, Umwandlungssteuergesetz 1994) ab. In die Entscheidungsfindung ist aber auch die laufende steuerliche Belastung für die Zukunft einzubeziehen, wenn für die geplante neue Rechtsform andere Steuerarten, -tarife oder Ermittlungsvorschriften für Bemessungsgrundlagen als bisher gelten. Die Entscheidung für oder gegen den Rechtsformwechsel verlangt also einen umfassenden Steuerbelastungsvergleich in einem Investitionskalkül, bei dem die Steuermehr- den Steuerminderzahlungen gegenübergestellt werden.

(3) Weitere rechtsformspezifische Probleme entstehen, wenn Unternehmen es zweckmäßig finden, sich **zusammenzuschließen**. Auch hier steht eine Fülle von Alternativen zur Verfügung. So kann die Umwandlung einer OHG in eine GmbH zweckmäßig sein, an der sich ein anderes Unternehmen mehrheitlich beteiligt. Auf die Unternehmenszusammenschlüsse wird auf S. 398 ff. noch näher eingegangen.

Dass in all diesen Fällen ein **Entscheidungsproblem** vorliegt, hat folgenden Grund: Die Rechtsordnung hat eine Anzahl verschiedener Rechtsformen entwickelt. In der Praxis entstanden darüber hinaus noch einige rechtlich zulässige Mischformen. Da nur in ganz wenigen Fällen bestimmte Rechtsformen zwingend vorgeschrieben sind, kann ein Unternehmen aus diesem Angebot i. d. R. **eine Alternative auswählen.** Das Entscheidungsproblem ergibt sich also aus dem weitgehend dispositiven Charakter der Rechtsordnung.

Nur in einigen Fällen hat der Gesetzgeber diese **Wahlfreiheit eingeschränkt:** Bei

- Hypothekenbanken (§ 2 Hypothekenbankgesetz),
- bestimmten Versicherungen (§ 7 Abs. 1 Gesetz über die Beaufsichtigung der privaten Versicherungsunternehmen (VAG)),
- Schiffspfandbriefbanken (§ 2 Abs. 1 Gesetz über Schiffspfandbriefbanken),
- Kapitalanlagegesellschaften (§ 1 Abs. 3 Gesetz über Kapitalanlagegesellschaften) und
- Wohnungsunternehmen (§ 2 Gesetz über die Gemeinnützigkeit im Wohnungswesen)

ist die Rechtsformwahl in den angegebenen Paragraphen des jeweiligen Gesetzes geregelt. So dürfen z. B. Hypothekenbanken nur in der Rechtsform der AG und der KGaA betrieben werden, Kapitalanlagegesellschaften nur in der Rechtsform der AG und GmbH.

Andererseits können bestimmte Rechtsformen nur **unter bestimmten Voraussetzungen** gewählt werden:

- Die Rechtsform des Versicherungsvereins auf Gegenseitigkeit steht nur den Versicherungen offen (§ 15 VAG),
- die Rechtsform der Genossenschaft setzt als Erfolgsziel die Förderung des Erwerbs oder der Wirtschaft ihrer Mitglieder mittels gemeinsamen Geschäftsbetriebs voraus (§ 1 Gesetz betreffend die Erwerbs- und Wirtschaftsgenossenschaften (GenG)).

Aber auch in jenen Fällen, in denen Wahlmöglichkeiten für die geeignete Rechtsform bestehen, sind bestimmte Daten zu beachten.

2.4.2   Daten für die Rechtsformentscheidung

(1) Die Daten für die Rechtsformwahl ergeben sich zunächst aus den Regelungen im **Gesellschaftsrecht.** Die gesellschaftsrechtlichen Vorschriften sind jedoch nicht einheitlich kodifiziert. Die maßgeblichen Bestimmungen finden sich u. a. im BGB, HGB und in einer Reihe von Spezialgesetzen wie dem Aktiengesetz (AktG), dem GmbH-Gesetz (GmbHG), dem Genossenschaftsgesetz (GenG), dem Mitbestimmungsgesetz und dem Umwandlungsgesetz.

Der Grundsatz der Vertragsfreiheit (§ 311 BGB) ist im Gesellschaftsrecht dadurch eingeschränkt, dass der Gesetzgeber einen beschränkten Rechtsformenkatalog zur

Verfügung stellt. Es herrscht jedoch kein Typenzwang, vielmehr weit gehende Gestaltungsfreiheit durch zumeist dispositives Recht im Innenverhältnis, insbes. bei Personengesellschaften, und die Möglichkeit zur Vermischung der Grundformen (z. B. GmbH & Co KG).

Eine weitere Einschränkung erfährt das Entscheidungsfeld durch das **Steuerrecht**. Mit der Wahl einer Rechtsform sind meist zwingende steuerliche Konsequenzen verbunden, auf die der Entscheidende keinen Einfluss hat. So unterliegen beispielsweise Kapitalgesellschaften der Körperschaftsteuer (vgl. S. 207).

(2) Neben diesen externen Beschränkungen des Entscheidungsfeldes durch die Gesetzgebung sind auch **unternehmensinterne** Sachverhalte denkbar, die von vorneherein die Rechtsformwahl einschränken. Beispielsweise entfällt für eine Unternehmung mit einem Eigenkapital von weniger als 50 000 € die Alternative der AG oder für eine Unternehmung mit mehreren Gesellschaftern die Rechtsform des Einzelunternehmens.

Bei den Daten für die Rechtsformentscheidung muss das Problem der **Unsicherheit** beachtet werden. Mögliche künftige Änderungen im Bereich des Wirtschafts- oder des Steuerrechts sowie das Ausscheiden von Gesellschaftern können das Entscheidungsfeld erheblich verändern.

Die Vorschriften des Wirtschafts- und insbesondere des Steuerrechts unterliegen einem **ständigen Wandel**. Zu denken ist dabei im Bereich des Wirtschaftsrechts an die Änderungen des Aktiengesetzes (AktG) im Jahre 1994 durch das Gesetz für kleine Aktiengesellschaften und zur Deregulierung des Aktienrechts sowie im Jahre 1998 durch das Gesetz über die Zulassung von Stückaktien (Stückaktiengesetz) und das Gesetz zur Kontrolle und Transparenz im Unternehmensbereich (KonTraG). Im Bereich der Steuergesetzgebung sind folgende Beispiele für Änderungen zu erwähnen: Aufgrund des Beschlusses des BVerfG vom 22. 6. 1995 kann die Vermögensteuer wegen ihrer teilweisen Verfassungswidrigkeit ab 1997 nicht mehr erhoben werden. Das Körperschaftsteuergesetz wurde durch das Steuerbereinigungsgesetz 1999 geändert, das Einkommensteuergesetz durch das sog. Steuerentlastungsgesetz 1999/2000/2002. Dabei wurden sowohl der Einkommensteuertarif wie auch der Körperschaftsteuertarif geändert. Änderungen erfahren Steuergesetze auch durch den Umstand, dass Steuern als kurzfristiges Instrument der Konjunktur-, Sozial- und Verteilungspolitik eingesetzt werden.

Rechtsformentscheidungen, die stark auf die Person eines Gesellschafters ausgerichtet sind, müssen mit dem Tod dieses Gesellschafters wieder revidiert werden. Z. B. kann die Entscheidung für die Rechtsform einer KG aufgrund der Geschäftsführungsqualitäten des persönlich haftenden Gesellschafters mit dessen Tod eine Rechtsformänderung zugunsten einer GmbH erfordern, wenn die Erben diese Fähigkeiten nicht besitzen und deshalb einen Nichtgesellschafter als Geschäftsführer einsetzen wollen.

Diese Unsicherheitsproblematik muss bei der Wahl mitberücksichtigt werden, denn schließlich soll eine Rechtsformentscheidung nicht nur für heute, sondern für einen längeren Zeitraum getroffen werden.

2.4.3 Ziele

Jede Rechtsformalternative ist durch eine Reihe charakteristischer Merkmale gekennzeichnet. Bei der Wahl der Rechtsform muss der Entscheidungsträger eine Aussage darüber machen, welche Merkmalsausprägungen er vorzieht, d. h. er muss seine Ziele im Hinblick auf die Rechtsformwahl durch bestimmte Anforderungen an die Merkmalsausprägungen konkretisieren.

Eine präzise Zielbeschreibung verlangt insbesondere Angaben über die Zielinhalte (= Kriterien der Entscheidung) und die Zielgewichtung (= Gewichtung der Kriterien). Beide Eigenschaften der Zielvorstellung werden im Folgenden besprochen.

2.4.3.1 Zielkriterien der Rechtsformentscheidung

Als **Zielkriterien** bei der Rechtsformwahl kommen in Frage:

• Haftung	H
• Finanzierungsmöglichkeiten	F
• Leitungsbefugnis	L
• Gewinn- und Verlustbeteiligung	G
• Rechnungslegung und Publizität	P
• Steuerbelastung	S
• rechtsformabhängige Aufwendungen	A
• Unternehmenskontinuität (Gesellschafterwechsel)	K

(1) Der Umfang der **Haftung** (H) hängt von den rechtlichen Regelungen ab. Hat ein Inhaber bzw. der Gesellschafter für die Verbindlichkeiten des Unternehmens mit seinem Gesamtprivatvermögen zu haften, so spricht man von **unbeschränkter Haftung**. Müssen Inhaber bzw. Gesellschafter jedoch nur mit dem Verlust der übernommenen Kapitaleinlagen, zuzüglich evtl. vereinbarter Nachschüsse rechnen, spricht man von **beschränkter Haftung**. Entsprechend ist das Risiko der Eigenkapitalgeber größer oder kleiner. Die Eigenkapitalgeber dürften daher i. d. R. eine Minimierung des Haftungsumfangs anstreben. Umgekehrt verhält es sich jedoch mit dem Risiko der Fremdkapitalgeber, so dass die Kreditwürdigkeit einer Unternehmung mit der Strenge der Haftungsverpflichtung steigt.

(2) Unter dem Kriterium **Finanzierungsmöglichkeiten** (F) werden die rechtsformspezifischen Möglichkeiten der Eigenfinanzierung und Fremdfinanzierung verstanden. Dazu zählen die Vorschriften über die Eigenkapitalausstattung der verschiedenen Rechtsformen und die Eigenkapitalbeschaffungsmöglichkeiten. Beides beeinflusst die Kreditwürdigkeit und somit auch die Fremdkapitalbeschaffung.

(3) Die **Leitungsbefugnis** (L) ist insbesondere bei Personen- und Kapitalgesellschaften unterschiedlich geregelt. Bei Personengesellschaften werden mit der Leitung des Unternehmens diejenigen Personen beauftragt, die unbeschränkt haften. Bei Kapitalgesellschaften sind für die Leitung besondere Geschäftsführungsorgane vorgesehen. Die Geschäftsführung wird in diesem Fall durch Kontrollorgane der Gesellschaft, den Aufsichtsrat und die Hauptversammlung bei der AG und die Gesellschafterversammlung (und eventuell einen Beirat oder einen Aufsichtsrat) bei der GmbH, überwacht. Für den Geltungsbereich der Mitbestimmungsgesetzgebung haben außerdem die Arbeitnehmer ein Mitspracherecht (vgl. S. 257 ff.). Das Interesse an der Leitungsbefugnis dürfte je nach Gesellschafter verschieden sein. Bei Familienunternehmen könnte beispielsweise deshalb eine Kapitalgesellschaft gewählt werden, weil die Familienmitglieder an der Unternehmensleitung nicht interessiert oder untereinander zerstritten sind.

(4) Die **Gewinn- und Verlustbeteiligung** (G) orientiert sich vornehmlich an der Höhe der Haftungsverpflichtung und der Eigenkapitalanteile. Die Regelung dieses Sachverhaltes stellt bei den meisten Gesellschaften dispositives Recht dar und findet daher im Gesellschaftsvertrag statt. Bei den Kapitalgesellschaften (z. B. AG) sind in den Bilanzierungsbestimmungen etliche Vorschriften über **Ausschüttungsbeschränkungen** (Gläubigerschutz), aber auch über **Mindestausschüttungen** (Aktionärsschutz) zu finden. Dieses Kriterium hat Einfluss auf die Eigenkapital- aber auch Fremdkapitalbeschaffungsmöglichkeiten. Das gewünschte Zielausmaß dürfte wieder je nach Gesellschafter verschieden sein. Ein Mehrheitsgesellschafter wird einen größeren Dispositionsspielraum, ein Minderheitsgesellschafter wird Regelungen in Richtung Mindestausschüttung vorziehen.

(5) Strenge **Anforderungen an Rechnungslegung, Prüfung und Publizität** (P) verbessern den Informationsstand von Gläubigern, Eigenkapitalgebern und auch der Öffentlichkeit. Allerdings verursachen sie auch erhebliche Aufwendungen und können Konkurrenten unerwünschte Informationen liefern. Handels- und gesellschaftsrechtliche Tatsachen, die für den Geschäfts- und Rechtsverkehr bedeutsam sind (z. B. Name und Ort der Firma, Namen der Gesellschafter, Vertretungsbefugnisse) sind im **Handelsregister** zu publizieren (§§ 8–16 HGB). Von dieser Bestimmung dürfte kein Einfluss auf die Wahl der Rechtsform ausgehen. Dies ist anders bei den rechtsformabhängigen Publizitätsvorschriften. So sieht das HGB in §§ 264 ff. eine erweiterte Publizität für **Kapitalgesellschaften** vor. Der Umfang der Publizität ist von der Größe der Kapitalgesellschaft abhängig. Die Größenklassen werden nach § 267 HGB folgendermaßen gebildet (wobei mindestens zwei der drei genannten Merkmale erfüllt sein müssen):

Unternehmens-kategorien	kleine Kapital-gesellschaft	mittelgroße Kapital-gesellschaft	große Kapital-gesellschaft
Abgrenzungs-merkmale			
– Bilanzsumme	≤ 3,438 Mio. €	> 3,438 Mio. € ≤ 13,75 Mio. €	> 13,75 Mio. €
– Umsatzerlöse	≤ 6,875 Mio. €	> 6,875 Mio. € ≤ 27,5 Mio. €	> 27,5 Mio. €
– Arbeitnehmer	≤ 50	> 50 ≤ 250	> 250

Abbildung 4.20: Größenklassen von Kapitalgesellschaften

Der Jahresabschluss großer und mittelgroßer Kapitalgesellschaften ist von einem **Wirtschaftsprüfer** zu prüfen.

Schließlich sind auch die von der Größe der Unternehmung abhängigen Publizitätsvorschriften des **Publizitätsgesetzes** vom 15. 08. 1969 zu beachten: Bei Überschreiten bestimmter Größenmerkmale werden auch hinsichtlich der Rechtsform nicht publizitätspflichtige Unternehmen (z. B. eine Einzelfirma) **publizitätspflichtig**. Größenmerkmale sind nach § 1 PublG die Bilanzsumme (mehr als 65 Mio. €), die Umsatzerlöse pro Jahr (mehr als 130 Mio. €), die Beschäftigtenzahl (mehr als 5000 Arbeitnehmer). Mindestens zwei dieser Merkmale müssen erfüllt sein (vgl. auch S. 254 ff.).

Als gewünschtes Zielausmaß dürften wiederum Großaktionäre und Alleingesellschafter einen großen Spielraum bei der Rechnungslegung, Kleinaktionäre und Minderheitsgesellschafter hingegen strenge Vorschriften vorziehen.

(6) Die **Steuerbelastung** (S) reduziert die Einkünfte aus Unternehmertätigkeit. Da sich die Besteuerung der einzelnen Rechtsformen erheblich unterscheidet, hat dieses Kriterium einen starken Einfluss auf die Wahl der Rechtsform. Hinsichtlich des Zielausmaßes dürfte in der erwünschten Maximierung des Einkommens nach Abzug der Steuern Einigkeit zwischen den Gesellschaftern bestehen. Die Besteuerung von Unternehmen ist ausführlich auf S. 180 ff. beschrieben.

(7) **Rechtsformabhängige Aufwendungen** (A) ergeben sich zunächst einmal aus den unterschiedlichen Rechnungslegungs-, Prüfungs- und Publizitätsvorschriften. Unterschiede liegen auch in den Gründungsaufwendungen und in den Organisationskosten (etwa Vergütungen für den Aufsichtsrat, Kosten für die Durchführung der Hauptversammlung oder Gesellschafterversammlung). Hinsichtlich des Zielausmaßes dürfte eine Minimierung dieser Aufwendungen im Interesse der Gesellschafter liegen.

(8) Probleme der **Unternehmenskontinuität** (K) ergeben sich hauptsächlich bei Personengesellschaften. Durch den starken Zuschnitt dieser Gesellschaften auf die Person des Gesellschafters sind hier die Fragen der Erbfolge und des Gesellschafterwechsels von weit größerer Bedeutung als bei den Kapitalgesellschaften. So wird z. B. die OHG beim Tod eines Gesellschafters aufgelöst, sofern im Gesellschaftsvertrag nichts anderes geregelt ist. Beim Ziel der Unternehmenskontinuität dürfte der Entscheidungsträger nach der jeweiligen Situation an einer möglichst problemlosen Regelung der Erbfolge und des Gesellschafterwechsels oder aber an einer restriktiven Regelung (z. B. falls er selbst keine Erben hat und auch keine neuen Gesellschafter wünscht) interessiert sein.

Zwischen den genannten Kriterien der Rechtsformentscheidung bestehen z. T. **konkurrierende Beziehungen.** So steht das Ziel «Haftungsbeschränkung» (nur bei Kapitalgesellschaften) in einem konkurrierenden Verhältnis zum Ziel «möglichst wenig Publizität» (nur bei Personengesellschaften). Dieser Konflikt ist darauf zurückzuführen, dass der Gesetzgeber einen Ausgleich zwischen den gegensätzlichen Interessen (hier der Eigner und der Gläubiger) herbeiführen will und ein erwünschter Kompromiss eine einseitige, etwa nur auf die Interessen der Anteilseigner eingehende Zielkombination verbietet. Dieser Gedanke kommt sehr deutlich im Aktiengesetz zum Ausdruck.

2.4.3.2   Zielgewichte

Nicht alle Zielkriterien gehen mit dem gleichen Gewicht in die Entscheidung ein. Es erfolgt vielmehr eine **Gewichtung** dieser Kriterien nach den individuellen Vorstellungen. So kann die Haftungsbeschränkung als eine unabdingbare Voraussetzung der Entscheidung angesehen werden oder aber kann die Publizitätspflicht verschiedene Alternativen bei der Entscheidung ausschließen. Bei einer so starken Gewichtung nehmen diese Ziele die Form von unabdingbaren Forderungen an die Alternative an. Dadurch erfolgt eine gewisse **Vorauswahl** unter den Rechtsformalternativen. Ist etwa das Ziel «Haftungsbeschränkung» eine unabdingbare Voraussetzung, so scheiden z. B. das Einzelunternehmen und die OHG von vornherein als Alternativen aus. Bestehen solche Nebenbedingungen nicht, kann anhand einer einzigen Zielart keine Alternativenauswahl bzw. Vorauswahl getroffen werden. Die optimale Rechtsformalternative lässt sich in diesem Fall nur durch eine Berücksichtigung aller gewichteten Zielbeiträge ermitteln.

Es wurde schon kurz darauf hingewiesen, dass an der Rechtsformentscheidung i. d. R. mehrere Entscheidungsträger mit unterschiedlichen Präferenzen hinsichtlich der Zielart und der Zielgewichtung beteiligt sind. Eine besondere Bedeutung hat in den letzten Jahren die zunehmende **Beteiligung der Arbeitnehmer** an Unternehmensentscheidungen erlangt. Es soll deshalb kurz darauf eingegangen werden, wie die Zielgewichte von den Arbeitnehmern gesetzt werden könnten.

Wichtige Ziele der Arbeitnehmer sind die Erhaltung der Arbeitsplätze, die Sicherung der Einkommen und die optimale Arbeitsplatzgestaltung. Inwieweit die Arbeitnehmer die Möglichkeit zur Durchsetzung dieser Ziele haben, hängt von rechtlichen Regelungen ab. Gegenwärtig werden die Interessen der Arbeitnehmer durch betriebsverfassungsrechtliche Vorschriften sichergestellt.

Im BetrVerfG, Montan-MitbestG und MitbestG sind Vorschriften über den «Betriebsrat», «Wirtschaftsausschuss» und die «Arbeitnehmervertreter im Aufsichtsrat» als Interessenvertreter der Arbeitnehmer zu finden. Dabei ist nur die Institution der «Arbeitnehmer im Aufsichtsrat» rechtsformabhängig. So verlangt das MitbestG 1976 für die AG, KGaA, GmbH u. a. mit mehr als 2000 Beschäftigten eine paritätische Besetzung des Aufsichtsrates durch Anteilseigner- und Arbeitnehmervertreter (vgl. S. 264 ff.). Daraus könnte ein Interesse der Arbeitnehmer an solchen Kapitalgesellschaften abgeleitet werden. Allerdings ist auch denkbar, dass Arbeitnehmer eine Personengesellschaft deshalb bevorzugen, weil aufgrund des höheren Haftungskapitals eine Sicherung der Arbeitsplätze eher gewährleistet ist.

2.4.4   Rechtsformalternativen

2.4.4.1   Bedeutung in der Praxis

Im Rahmen des gesetzlich vorgegebenen Datenkranzes steht den Unternehmen eine Reihe von Wahlmöglichkeiten offen. Wie diese Alternativen in der Vergangenheit genutzt wurden, lässt sich der Statistik entnehmen.

Die neuesten Ergebnisse zur **Statistik** der Rechtsformen in der Bundesrepublik Deutschland stammen aus der Umsatzsteuerstatistik, deren Werte für 2001 in der Tabelle auf S. 363 wiedergegeben sind.

Das Einzelunternehmen ist die häufigste Rechtsform. Allerdings handelt es sich hier durchweg um sehr kleine Unternehmen.

Unter den Kapitalgesellschaften kommt die Rechtsform der GmbH am häufigsten vor. Die Zahl der **Aktiengesellschaften** ist zwar heute noch sehr niedrig, der Trend zur AG hat sich aber in den letzten Jahren kontinuierlich fortentwickelt: So gab es im Jahre 1998 lediglich ca. 3000 AGs, während heute fast 7000 Unternehmen in der Rechtsform der AG geführt werden. Die Rechtsform der AG hat heute auch für mittelständische Unternehmen entscheidende Vorteile. Vor allem die Möglichkeiten der flexibleren Unternehmensfinanzierung (über den Kapitalmarkt), der Mitarbeiterbeteiligung und die Attraktivität für qualifizierte Führungskräfte, etwa durch Aktienoptionspläne, sprechen für diese Rechtsform.

Die Bedeutung der AG wird auch daran deutlich, dass (nach der Zahl der Beschäftigten gemessen) 9 der 10 größten Industrieunternehmungen Deutschlands in dieser Rechtsform geführt werden. Die Ausnahme stellt die Robert Bosch GmbH dar. Sie hatte im Jahre 2003 einen Umsatz von 35 Mrd. € und 225 897 Beschäftigte.

Rechtsform	Zahl der Steuerpflichtigen 2001		Steuerbarer Umsatz[1]	
	absolut	in %	absolut in Mio. €	in %
Einzelunternehmen	2 041 786	69,90	509 095	11,91
OHG[2]	262 457	8,99	253 791	5,94
KG[3]	106 147	3,63	986 505	23,09
AG[4]	6 856	0,23	832 024	19,47
GmbH	451 262	15,45	1 442 427	33,76
Erwerbs- und Wirtschafts-genossenschaften	6 068	0,21	54 031	1,26
Untern. gewerbl. Art von Körperschaften d. öff. Rechts	5 870	0,20	28 949	0,68
Sonstige Rechtsformen	40 537	1,39	166 063	3,89
Insgesamt	2 920 983	100	4 272 885	100

[1] Umsätze der Unternehmen, ohne Umsatzsteuer
[2] Einschl. Gesellschaften des bürgerlichen Rechts u. ä.
[3] Einschl. GmbH & Co. KG
[4] Einschl. KGaA und bergrechtliche Gewerkschaften

Quelle: Statistisches Bundesamt (Verfügbarkeitsdatum: 12. April 2004)

Es sei noch einmal darauf hingewiesen, dass die vorausgehende Tabelle über die Verteilung der Rechtsformen aus der **Umsatzsteuerstatistik** stammt. Diese Statistik unterscheidet sich (teilweise erheblich) von den Ergebnissen der **Arbeitsstättenzählung**. Die Differenzen sind auf Unterschiede in der Aufbereitung des statistischen Materials zurückzuführen.

2.4.4.2 Arten von Rechtsformen

Das Angebot an Rechtsformen kann zunächst einmal aufgeteilt werden in Formen des privaten und des öffentlichen Rechts. Die **öffentlich-rechtlichen** Unternehmungen werden untergliedert in verwaltungsintegrierte Rechtsformen ohne Rechtspersönlichkeit (reine Regiebetriebe, verselbständigte Regiebetriebe oder autonome Wirtschaftseinheiten) und in verwaltungsgelöste Rechtsformen mit eigener Rechtspersönlichkeit (Körperschaft, Anstalt, Stiftung).

Die wichtigsten **Grundtypen des privaten Rechts** sind das Einzelunternehmen, die Personengesellschaften und Kapitalgesellschaften sowie die Genossenschaften. Der Wirtschaftliche Verein (z. B. TÜV, Taxizentrale), der Versicherungsverein auf

Gegenseitigkeit (VVaG) und die Reedereien werden hier aufgrund ihrer geringen Bedeutung nicht weiter berücksichtigt. Dagegen sollen zwei neu geschaffene Rechtsformen des Europäischen Gesellschaftsrechts erörtert werden: Die Europäische Wirtschaftliche Interessenvereinigung (EWIV) und die Societas Europea (SE) (vgl. S. 391 f.). Außerdem wird die speziell für die Freien Berufe geschaffene Partnerschaftsgesellschaft vorgestellt (vgl. S. 370 f.). Einen Überblick über die in der Realität am häufigsten vorkommenden Rechtsformen gibt Abb. 4.21.

I. Rechtsformen des privaten Rechts

1. Einzelunternehmen
2. Personengesellschaften
   a) Gesellschaft des bürgerlichen Rechts (BGB-Gesellschaft)
   b) Partnerschaftsgesellschaft
   c) Offene Handelsgesellschaft (OHG)
   d) Kommanditgesellschaft (KG)
   e) Stille Gesellschaft
3. Kapitalgesellschaften
   a) Aktiengesellschaft (AG)
   b) Kommanditgesellschaft auf Aktien (KGaA)
   c) Gesellschaft mit beschränkter Haftung (GmbH)
   d) Bergrechtliche Gewerkschaft
4. Mischformen von Personen- und Kapitalgesellschaften
   a) GmbH & Co. KG
   b) Doppelgesellschaft
5. Genossenschaften
6. Stiftung des privaten Rechts

II. Rechtsformen des öffentlichen Rechts

1. Ohne eigene Rechtspersönlichkeit
   a) Reine Regiebetriebe
   b) Verselbständigte Regiebetriebe (Eigenbetriebe, Sondervermögen, autonome Wirtschaftskörper)
2. Mit eigener Rechtspersönlichkeit
   a) Körperschaft des öffentlichen Rechts
   b) Anstalt des öffentlichen Rechts
   c) Stiftung des öffentlichen Rechts

Abbildung 4.21: Rechtsformen

Die wichtigsten systematischen Unterschiede bestehen zwischen Personen- und Kapitalgesellschaften. Bevor die einzelnen Rechtsformen erörtert werden, sollen die wesentlichen Merkmale der Abgrenzung zwischen diesen beiden Grundtypen dargestellt werden.

2.4.4.3   Unterschiede zwischen Personen- und Kapitalgesellschaften

Die Unterschiede zwischen einer Personen- und einer Kapitalgesellschaft lassen sich mit Hilfe einer Reihe von Abgrenzungsmerkmalen aufzeigen:

(1) Personengesellschaften sind stark auf die **Person** der jeweiligen Gesellschafter bezogen und besitzen – im Gegensatz zu den Kapitalgesellschaften – keine eigene Rechtspersönlichkeit. Deshalb ist eine Kapitalbeteiligung nicht unbedingt erforderlich, wenn sie auch die Regel darstellt. Die Verpflichtungen des Gesellschafters einer Personengesellschaft bestehen in der Übernahme der unbeschränkten persönlichen **Haftung** und der Führung der Geschäfte. Die Befugnisse der **Geschäftsführung** und Vertretung der Gesellschaft entspringen aus der Übernahme des persönlichen Haftungsrisikos.

Bei der Kapitalgesellschaft steht dagegen die **Kapitalbeteiligung** im Vordergrund. Die Kapitaleinlage der Gesellschafter ist unerlässlich. Mit dieser Verpflichtung ist aber gleichzeitig eine **Haftungsbeschränkung** verbunden, d. h. es besteht keine persönliche Haftung der Gesellschafter für die Gesellschaftsschulden. Auch kann die **Geschäftsführung** durch Nichtgesellschafter als gesetzliche Vertreter (Vorstand oder Geschäftsführer) ausgeübt werden.

(2) Die starke Bindung an die Person erschwert bei Personengesellschaften den **Gesellschafterwechsel** und bewirkt, dass der Bestand der Gesellschaft von dem Vorhandensein der Gesellschafter abhängig ist. Der Tod, das Ausscheiden oder der Konkurs eines persönlich haftenden Gesellschafters haben deshalb die Auflösung der Gesellschaft zur Folge, falls im Gesellschaftsvertrag nicht eine andere Regelung getroffen ist. Dagegen ist bei den Kapitalgesellschaften der Gesellschafterwechsel ohne besondere Vorkehrung möglich.

Kapitalgesellschaften rechnen zu den Körperschaften. **Körperschaften** sind unabhängig vom Wechsel ihrer Mitglieder, stellen rechtsfähige Einheiten (juristische Personen) dar und werden durch Organe (Vorstand, Geschäftsführer) vertreten.

(3) Ein weiteres Charakteristikum der Personengesellschaft ist das ihr eigene **Einstimmigkeitsprinzip**. Dies besagt, dass bei allen Beschlüssen grundsätzlich sämtliche Gesellschafter, ohne Rücksicht auf die Höhe ihrer Kapitalbeteiligung und ungeachtet dessen, ob sie geschäftsführend tätig sind oder nicht, mitwirken müssen. Bei Abstimmungen in Kapitalgesellschaften sind hingegen die Kapitalanteile maßgeblich; es besteht kein Vetorecht einzelner Gesellschafter.

(4) Auch in der **Besteuerung** bestehen wesentliche Unterschiede zwischen einer Personen- und einer Kapitalgesellschaft. Grundsätzliche Unterschiede sind in der Ertragsbesteuerung (Einkommensteuer, Körperschaftsteuer, Kirchensteuer) und der Gewerbesteuerbelastung festzustellen.

(a) Unterschiede in der **Ertragsteuerbelastung** sind im Wesentlichen auf die Anwendung der Mitunternehmergrundsätze auf die Personengesellschaft und die selbständige subjektive Körperschaftsteuerpflicht der Kapitalgesellschaft zurückzuführen. Folgende Einzelmerkmale charakterisieren die wichtigsten **Unterschiede** in der ertragsteuerlichen Behandlung:

(aa) Unterschiede in der einkommensteuerlichen Erfassung der **Gewinnanteile**: Die Gewinne einer Personengesellschaft unterliegen in voller Höhe den individuellen Einkommensteuersätzen der Gesellschafter.

Dagegen unterliegt bei Kapitalgesellschaften das Einkommen zunächst als Ganzes der Körperschaftsteuer. Im Jahr 2000 wurde die Besteuerung von Kapitalgesellschaften mit Wirkung zum 1. 1. 2001 grundlegend reformiert, v. a. wurde der Körperschaftsteuersatz geändert. Während er vor der Reform 40% bei Thesaurierung (= Nichtausschüttung) der Gewinne und 30% bei Ausschüttung betrug, werden die Gewinne deutscher Kapitalgesellschaften heute mit einem einheitlichen niedrigeren Steuersatz von 25% belastet. Bei Ausschüttung sind die Gewinne auf der Ebene der Gesellschafter erneut zu versteuern, d. h. sie unterliegen dann dem individuellen Einkommensteuersatz des einzelnen Gesellschafters.

Vor der Reform fand hier das sog. **Anrechnungsverfahren** Anwendung: Die vom Unternehmen bereits entrichtete Körperschaftsteuer wurde auf der Ebene des Anteilseigners entsprechend wie eine Steuervorauszahlung angerechnet.

Dieses Verfahren wurde im Zuge der Reform durch das sog. **Halbeinkünfteverfahren** ersetzt. Die Körperschaftsteuer ist auf der Ebene des Gesellschafters nicht mehr anrechenbar; dafür sind Dividenden, Gewinnausschüttungen und Veräußerungsgewinne von Anteilen an Kapitalgesellschaften für den Gesellschafter nur zur Hälfte steuerpflichtig. Entsprechende Werbungskosten können somit ebenfalls lediglich zur Hälfte bei der Einkommensermittlung geltend gemacht werden.

Folgende Abbildung gibt einen Überblick über die unterschiedliche Steuerbelastung bei Kapital- und Personengesellschaften:

	KapitalGes		PersonenGes
	Einbehaltene Eink.teile	Ausgeschüttete Eink.teile	Einbehaltene und ausgeschüttete Eink.teile
Steuer-belastung	25% Körperschaftsteuer		16–45%[1] Einkommensteuer (abhängig von der Höhe der Gesamteinkünfte des Gesellschafters)
	–	16–45%[1] Einkommensteuer auf die Hälfte der Gewinnausschüttung (Halbeinkünfteverfahren)	

[1] Spitzensteuersatz sinkt ab 2005 auf 42%

Abbildung 4.22: Belastung von Gesellschaften mit Steuern vom Einkommen (bb) Unterschiede in der Behandlung von **Tätigkeitsvergütungen**: Während bei Personengesellschaften Vergütungen für die Geschäftsführung und Pensionszusagen den Gewinn nicht mindern dürfen und bei den Gesellschaftern zu den Einkünften aus Gewerbebetrieb zählen, sind diese Vergütungen bei Kapitalgesellschaften als Betriebsausgabe abzugsfähig.

(b) Unterschiede in der **Gewerbesteuerbelastung** ergeben sich durch die **Gewerbeertragsteuer**. Da der Gewerbeertrag am Einkommen anknüpft, wirkt sich hier der schon angesprochene Sachverhalt aus, dass die bei Kapitalgesellschaften abzugsfähigen Leistungs- und Tätigkeitsvergütungen gewerbeertragsteuermindernd sind. Den Personengesellschaften steht dagegen ein Freibetrag in Höhe von 24 500 € zu. Außerdem steigt bei ihnen die Steuermesszahl in Abhängigkeit von der Höhe des Gewerbeertrages in Stufen von jeweils 12 000 € um 1% auf 5%. Bei Kapitalgesellschaften beträgt die Steuermesszahl durchweg 5%.

(c) Diese Ausführungen zeigen, dass die Personen- und Kapitalgesellschaften in der steuerlichen Behandlung jeweils spezifische Vor- und Nachteile aufweisen, so dass eine pauschale Aussage über die steuerlich besser gestellte Gesellschaftsform nicht möglich ist. Eine genaue Aussage ist nur aufgrund eines individuellen Steuerbelastungsvergleichs zulässig.

Bei der Einteilung in Personen- und Kapitalgesellschaften ist zu beachten, dass die Praxis eine Vielzahl von Zwischenformen bzw. Ausgestaltungen hervorgebracht hat, die zwischen der Publikumsaktiengesellschaft und der OHG als jeweils typische Formen liegen. Beispiele dafür sind die Familienkapitalgesellschaft, die Einmanngesellschaft oder auch die GmbH & Co. KG. Die Gründe für diese Mischformen können steuerlicher, wirtschaftlicher, rechtlicher oder persönlicher Natur sein.

Aus den Erörterungen der Unterschiede zwischen Personen- und Kapitalgesellschaften geht hervor, dass eine pauschale Aussage über den «besseren» Grundtyp nicht möglich ist. Ebenso wenig gibt es die «beste» Rechtsform. Jede Rechtsform weist Vor- und Nachteile auf. Im Folgenden sollen daher für die wichtigsten Rechtsformalternativen die Zielerträge im Hinblick auf die beschriebenen Kriterien der Rechtsformentscheidung erörtert werden. Eine Übersicht bietet Abb. 4.23.

2.4.4.4   Einzelunternehmen

Einzelunternehmen werden von einer Einzelperson, einem Kaufmann, gebildet. Rechtsgrundlage für das Einzelunternehmen ist das HGB (§§ 1–104).

Der Einzelunternehmer betreibt seine Geschäfte unter einer Firma. Die **Firma** ist der Handelsname eines Kaufmanns. Unter diesem Namen kann er Geschäfte betreiben, klagen und verklagt werden (§ 17 HGB). Das Einzelunternehmen besitzt jedoch keine eigene Rechtspersönlichkeit.

(H, L, G, K) **Leitungsbefugnis**, unbeschränkte **Haftung** mit dem gesamten Privat-

Rechtsform	Rechts-grundlage	Haftung	Leitung	Gewinn- und Verlustbeteiligung	Steuerbelastung
Einzel-unternehmen	§§ 1–104 HGB	unbeschränkt	Inhaber allein	Inhaber allein	je nach Höhe der persönlichen Gesamt-einkünfte 16–45% Einkommensteuer
OHG	§§ 105–160 HGB	unbeschränkt und solidarisch	grundsätzlich alle Gesellschafter; Aus-nahmen im Gesell-schaftsvertrag	Gewinn: 4% Vorab-verzinsung, Rest nach Köpfen; Verlust: nach Köpfen	
KG	§§ 161–177a §§ 105–160 HGB	Komplementär unbeschränkt; Kommanditist beschränkt	Komplementär	Gewinn: wie OHG, «Rest» jedoch nach Kapitalanteilen Verlust: nach Kapital-anteilen	Begünstigung bei der Gewerbesteuer
Stille Gesellschaft	§§ 230–236 HGB	Inhaber allein	Inhaber allein	angemessen	
AG	AktG	beschränkt	Organe: Vorstand, Aufsichtsrat, Hauptversammlung	im Verhältnis der Zahl der Aktien zur Ge-samtzahl der ausge-gebenen Aktien	25% Körperschaft-steuer auf Gewinne (Unternehmensebene);
GmbH	GmbHG	beschränkt	Organe: Geschäfts-führer, Gesellschafter-versammlung, evtl. Aufsichtsrat	im Verhältnis der Geschäftsanteile	16–45%[1] Einkommen-steuer auf die Hälfte der Gewinnausschüttung (Gesellschafterebene)
e. Gen.	GenG	beschränkt	Organe: Vorstand, Aufsichtsrat Generalversammlung	im Verhältnis der Geschäftsguthaben	

[1] Spitzensteuersatz sinkt ab 2005 auf 42%

Abbildung 4.23: Merkmale wichtiger Rechtsformen

vermögen sowie die **Gewinn- und Verlustbeteiligung** fallen bei dieser Rechtsform allein dem Eigentümer zu. Aus dieser Personengebundenheit können **Nachfolgeprobleme** resultieren, z. B. bei plötzlichem Tod des Inhabers, welche die Existenz des Unternehmens gefährden.

(F) Dem Einzelunternehmer stehen vergleichsweise wenig **Finanzierungsquellen** zur Verfügung. Die Eigenkapitalzuführung erfolgt durch die Einlage des Inhabers in beliebiger Höhe. Möglichkeiten der Veränderung des Eigenkapitals bestehen durch Entnahmen, Einzahlungen, Verluste und Gewinne. Die Gewinnthesaurierung stellt eine wichtige Finanzierungsquelle (Selbstfinanzierung) dar. Die Fremdkapitalaufnahme wird begrenzt durch die Möglichkeiten des Inhabers zur Absicherung der Kredite mit seinem Privatvermögen.

(P) Die **Rechnungslegungsvorschriften** dieser Rechtsform sind wenig streng, **Publizitäts- und Prüfungspflichten** gibt es nicht, außer bei solchen Großunternehmen, die dem Geltungsbereich des Publizitätsgesetzes unterliegen. Jeder Kaufmann ist jedoch verpflichtet, einen **Jahresabschluss** aufzustellen (§§ 238 ff. HGB). Die Handelsbilanz ist die wesentliche Grundlage für die Steuerbilanz (§ 5 EStG).

(S) Die **Steuerbelastung** des Einzelunternehmers ergibt sich im Wesentlichen aus der Einkommensteuer und der Gewerbesteuer. Bemessungsgrundlage für die Einkommensteuer und die Gewerbesteuer ist der Steuerbilanzgewinn.

(A) Laufende **rechtsformspezifische Aufwendungen** fallen in geringem Umfang an. Einmalige Aufwendungen entstehen für die Anmeldung bei den Behörden (z. B. Gewerbeanmeldung).

Es sei noch darauf hingewiesen, dass das Einzelunternehmen streng zu trennen ist von der **Einmanngesellschaft**. Eine Einmanngesellschaft wird dadurch ermöglicht, dass sämtliche Anteile einer Kapitalgesellschaft von einem Anteilseigner übernommen werden (z. B. bei der Einmann-GmbH). Inzwischen ist auch eine Einmann-AG zulässig. Bei Personengesellschaften ist eine Einmanngesellschaft dagegen nicht möglich.

2.4.4.5   Personengesellschaften

2.4.4.5.1   Gesellschaft des bürgerlichen Rechts (BGB-Gesellschaft)

Rechtliche Grundlage für die Gesellschaft des bürgerlichen Rechts (GbR) sind die §§ 705 ff. BGB. Dort ist nur von **der** Gesellschaft die Rede, da das BGB nur **eine** Form der Gesellschaft kennt. Die GbR ist eine auf einem Vertrag beruhende Personenvereinigung ohne Rechtsfähigkeit, bei der sich die Gesellschafter zur Förderung eines gemeinsamen Zweckes zusammenschließen. Sie findet eine vielseitige Verwendung, da die gesetzlichen Vorschriften einen **großen Dispositionsspielraum** gewähren. Beispiele für BGB-Gesellschaften in der Praxis sind die Sozietät von Rechtsanwälten und die Gemeinschaftspraxis von Ärzten, Lotteriegemeinschaften,

aber auch Kartelle, Interessengemeinschaften, Arbeitsgemeinschaften, Erbenge-
meinschaften. Wenn die BGB-Gesellschaft nur für kurzfristige Dauer gegründet
wird, bezeichnet man sie auch als «Gelegenheitsgesellschaft» (z. B. Arbeitsgemeinschaft im Baugewerbe).

(H) Für die Gesellschaftsschulden **haften** das Gesellschaftsvermögen sowie die Gesellschafter persönlich als Gesamtschuldner mit ihrem gesamten Privatvermögen.

(F) Zur **Finanzierung** stehen der BGB-Gesellschaft vor allem die Einlagen der Gesellschafter zur Verfügung.

(L) Die **Leitungsbefugnis** steht allen Gesellschaftern gemeinschaftlich zu.

(G) Alle Gesellschafter sind – falls nichts anderes vereinbart worden ist – gleich-
mäßig am **Gewinn und Verlust beteiligt** (§ 722 BGB).

(P, A) **Rechnungslegungs-, Prüfungs- und Publizitätspflichten** fallen nicht an, ebenso wenig **rechtsformbezogene Aufwendungen**.

(S) Die BGB-Gesellschaft ist – wie alle Personengesellschaften – **nicht selbständig
einkommensteuerpflichtig.**

2.4.4.5.2   Partnerschaftsgesellschaft

Die Rechtsform der Partnerschaftsgesellschaft wurde im Jahre 1994 speziell für die
Freien Berufe (z. B. Ärzte, Steuerberater, Architekten, Unternehmensberater) geschaffen. Gesetzliche Grundlage ist das Partnerschaftsgesellschaftsgesetz (PartGG)
vom 25. 7. 1994, das am 1. 7. 1995 in Kraft getreten ist.

Die Partnerschaftsgesellschaft ist als Personengesellschaft konzipiert. Sie ist weder
Kaufmann noch hat sie eine Firma. Sie führt jedoch einen Namen mit firmenähn-
lichem Charakter (§ 2 PartGG), so dass die firmenrechtlichen Grundsätze des HGB
entsprechende Anwendung finden. Die Partnerschaftsgesellschaft lehnt sich zwar
großteils an die BGB-Gesellschaft an, hat aber im Vergleich dazu eine festere Innen-
struktur und kann daher für die Freien Berufe als Pendant zur gewerblichen OHG
angesehen werden. Die Gesellschaft ist bei den Registergerichten in ein eigens
errichtetes Partnerschaftsregister, das weitgehend dem Handelsregister entspricht,
einzutragen. Die Partnerschaftsgesellschaft firmiert unter dem Namen mindestens
eines Partners mit dem Zusatz «und Partner» oder «Partnerschaft».

(H) Für Verbindlichkeiten der Gesellschaft **haften** das Partnerschaftsvermögen sowie grundsätzlich die einzelnen Partner als Gesamtschuldner. Allerdings enthält das
PartGG auch die Möglichkeit einer Haftungskonzentration auf einen oder einzelne
Partner. Nach § 8 Abs. 2 PartGG kann die Haftung durch vorformulierte Ver-
tragsbedingungen auf denjenigen Partner, der für die berufliche Leistung maßgeblich verantwortlich ist, beschränkt werden.

(L) Die Partner sind einzeln zur **Geschäftsführung** und Vertretung befugt und verpflichtet (§ 7 Abs. 3 PartGG i. V. m. § 125 HGB).

(K) Voraussetzung für die Mitgliedschaft ist die aktive Berufsausübung in der Partnerschaft. Im Interesse einer Strukturverfestigung der Gesellschaft wählt das Gesetz beim Tod eines Partners das Prinzip «Ausscheiden» unter Fortführung durch die Verbleibenden statt «Auflösung».

2.4.4.5.3 Offene Handelsgesellschaft

Die gesetzliche Grundlage für die OHG bilden die §§ 105–160 HGB; ergänzend gelten die allgemeinen Vorschriften des BGB über die Gesellschaft (§§ 705 ff. BGB). Die OHG entsteht durch einen Gesellschaftsvertrag, für den große Gestaltungsspielräume bestehen. Es sind mindestens zwei Gesellschafter (natürliche oder juristische Personen) notwendig. Die spezifischen Merkmale der OHG verlangen von den Partnern hohes gegenseitiges Vertrauen.

(H) Die Gesellschafter einer OHG **haften** für die Verbindlichkeiten der Gesellschaft als Gesamtschuldner **persönlich**, also auch mit ihrem **Privatvermögen** (§ 128 HGB).

(F) **Finanzierungsmöglichkeiten** für eine OHG bestehen zunächst in der Gewinnthesaurierung und in der Überführung von Privat- in Gesellschaftsvermögen. Eine weitere Möglichkeit wäre die Aufnahme neuer Gesellschafter, was aber aufgrund des stark personenbezogenen Charakters erhebliche Schwierigkeiten mit sich bringen kann. Die OHG genießt eine hohe Kreditwürdigkeit, doch findet die Fremdkapitalaufnahme ihre Grenzen in den Möglichkeiten der Gesellschafter zur Absicherung der Kredite durch Privatvermögen.

Für die Eigenkapitaleinlagen der Gesellschafter ist keine bestimmte Höhe vorgeschrieben. Die Art der Einlage kann in Geld, Sachwerten oder in der Leistung von Diensten bestehen. Veränderungsmöglichkeiten der Eigenkapitalausstattung bestehen durch Entnahmen, Einzahlungen, Gewinne und Verluste.

(S) Die Gewinnanteile der einzelnen Gesellschafter unterliegen der individuellen **Einkommensteuer** der Gesellschafter.

(L) Zur **Leitung** des Unternehmens sind nach § 114 HGB «alle Gesellschafter berechtigt und verpflichtet». Der Gesellschaftsvertrag kann allerdings die Geschäftsführung auf bestimmte Gesellschafter übertragen. Die übrigen Gesellschafter sind dann von der Geschäftsführung ausgeschlossen.

(G) Jeder Gesellschafter darf jährlich, soweit im Gesellschaftsvertrag nichts anderes vereinbart wurde, bis zu 4% seines Kapitalanteils entnehmen. Die Vorschriften über **Gewinn- und Verlustbeteiligung** sind ebenfalls dispositiver Natur. Sofern im Gesellschaftsvertrag nichts anderes geregelt ist, kommt § 121 HGB zur Anwendung. Danach werden zunächst die Kapitalanteile mit 4% verzinst, der Rest des Gewinns wird nach Köpfen verteilt. Verluste werden ebenfalls nach Köpfen verteilt.

(P) Die **Rechnungslegungsvorschriften** sind wenig streng, Prüfungs- und Publizitätspflichten bestehen nur für die Großunternehmen, die in den Geltungsbereich des Publizitätsgesetzes fallen. Ansonsten ist die OHG nicht publizitätspflichtig.

(A) Laufende **rechtsformspezifische Aufwendungen** fallen nicht ins Gewicht.

(K) Der Tod, das Ausscheiden oder der Konkurs eines Gesellschafters führen zur **Auflösung** der OHG, falls im Gesellschaftsvertrag keine andere Vereinbarung getroffen wurde.

2.4.4.5.4   Kommanditgesellschaft

Gesetzliche Grundlage für die KG sind die §§ 161–177a HGB, ergänzend gelten die Vorschriften für die OHG und somit auch für die BGB-Gesellschaft. Charakteristisch für die KG ist die Existenz zweier **Typen von Gesellschaftern**: Komplementär und Kommanditist.

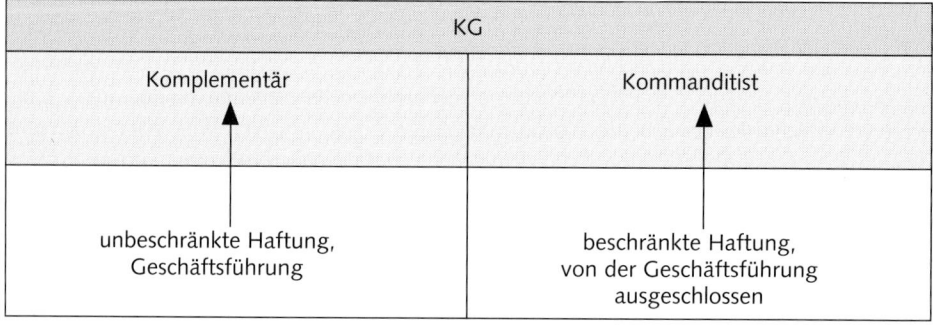

Abbildung 4.24: KG

(H, L) Bei der KG **haftet** mindestens ein Gesellschafter unbeschränkt (= **Komplementär**), während bei den **Kommanditisten** die Haftung auf die Vermögenseinlage – die in Geld- oder Sachwerten erfolgen kann – beschränkt ist. Entsprechend sind die Kommanditisten von der **Geschäftsführung** grundsätzlich ausgeschlossen (dispositives Recht), sie haben nur ein Kontrollrecht (§ 166 HGB) und ein Widerspruchsrecht (bei außergewöhnlichen Geschäften) (§ 164 HGB). Eine KG entsteht durch einen Gesellschaftsvertrag, für den große Gestaltungsspielräume bestehen, zwischen mindestens einem Komplementär und mindestens einem Kommanditisten.

(F) Durch die Kommanditisten stehen einer KG zusätzliche **Eigenfinanzierungsmöglichkeiten** offen. Es können viele kleinere Kapitalanteile gesammelt werden, durch welche die grundsätzlichen Entscheidungskompetenzen der Komplementäre nicht eingeschränkt werden. Allerdings ist zu beachten, dass derartige Kapitalanteile nicht sehr fungibel (= handelbar) sind und für sie auch ein organisierter Markt (etwa eine Börse) fehlt.

(G) Bezüglich der Eigenkapitaleinlage und der Entnahmerechte gilt für die Komplementäre die gleiche Regelung wie für die Gesellschafter einer OHG. Für die Kommanditisten gilt eine feste, vertraglich zu vereinbarende Einlage. Auf die Auszahlung des Gewinnanteils haben die Kommanditisten nur Anspruch, solange ihr Kapitalanteil nicht unter der bedungenen Einlage liegt. Die **Gewinn- und Verlustbeteiligung** richtet sich nach dem Gesellschaftsvertrag. Bei fehlenden Bestimmungen sieht das HGB (§ 168) eine Verzinsung der Kapitalanteile mit 4% vor. Der Rest wird nicht nach Köpfen, wie bei der OHG, sondern in einem angemessenen Verhältnis der Anteile verteilt.

(P, A) Bezüglich der **Rechnungslegungs-, Publizitäts-** und **Prüfungsvorschriften** sowie der **rechtsformabhängigen Aufwendungen** gilt dasselbe wie bei der OHG.

2.4.4.5.5   Stille Gesellschaft

Gesetzliche Grundlage für die stille Gesellschaft sind die §§ 230 bis 236 HGB; ergänzend gelten die Vorschriften zur BGB-Gesellschaft.

Eine stille Gesellschaft liegt vor, wenn sich jemand am Handelsgewerbe eines anderen mit einer in dessen Vermögen übergehenden Einlage beteiligt. Der stille Gesellschafter hat also eine feste Einlage im Unternehmen. Die Beteiligung am Verlust durch den stillen Gesellschafter kann ausgeschlossen werden, nicht jedoch die Beteiligung am Gewinn.

Die stille Gesellschaft ist keine Handelsgesellschaft, sondern eine reine **Innengesellschaft**. Dabei bleibt sowohl der stille Gesellschafter als auch das Vorliegen eines Gesellschaftsverhältnisses nach außen verborgen. Als Geschäftsinhaber sowie als stiller Gesellschafter kommen natürliche Personen, Personen- und Kapitalgesellschaften in Frage.

(H, L) Der stille Gesellschafter **haftet** nur mit seiner Einlage. Er hat **keine Mitspracherechte** bei der Geschäftsführung, lediglich gewisse Einsichtsrechte und Kontrollrechte (§ 233 HGB). Die Gesellschaftsrechte sind grundsätzlich nicht übertragbar. Veräußert der Geschäftsinhaber sein Geschäft, ist zur Fortsetzung des Gesellschaftsverhältnisses die Zustimmung des stillen Gesellschafters erforderlich. Auch der stille Gesellschafter braucht zur Übertragung seiner Einlage die Zustimmung des Geschäftsinhabers.

(F) Die stille Gesellschaft ist für nahezu alle Rechtsformen eine interessante Variante der **Kapitalbeschaffung**. Der Geschäftsinhaber wird in seiner Entscheidungskompetenz durch den stillen Gesellschafter nicht beeinträchtigt, für den Kapitalgeber ist diese Beteiligungsform wegen der Haftungsbeschränkung attraktiv. Er hat im Vergleich zu einem Kreditgeber auch mehrere Mitspracherechte im Unternehmen und er ist am Gewinn beteiligt.

(P, A) Die **Rechnungslegungsvorschriften** sind wenig streng, **Prüfungs-** und **Publizitätspflicht** sowie **rechtsformabhängige Aufwendungen** fallen nicht an.

2.4.4.6 Kapitalgesellschaften

Zu den Kapitalgesellschaften gehören die AG, die KGaA, die GmbH und die Bergrechtliche Gewerkschaft.

2.4.4.6.1 Aktiengesellschaft

Rechtliche Grundlage für die Aktiengesellschaft ist das **Aktiengesetz**. Die AG ist eine Gesellschaft mit eigener Rechtspersönlichkeit, deren Grundkapital in Aktien zerlegt ist und die den Gläubigern nur mit dem Gesellschaftsvermögen haftet (§ 1 AktG).

Sie ist eine typische Rechtsform für Großunternehmen, da mit dieser Gesellschaftsform ein großer Kapitalbedarf durch eine Vielzahl von Kapitalgebern, deren Risiko begrenzt ist und die lose mit der Gesellschaft verbunden sind, gedeckt werden kann. So hat beispielsweise der Bayer-Konzern über 400 000 Aktionäre in 140 Ländern, der Siemens-Konzern über 600 000 Aktionäre in 140 Ländern. An der Deutschen Telekom sind 3 Millionen Aktionäre beteiligt. Dieses Unternehmen ist auch weltweit das Unternehmen mit den meisten Aktionären außerhalb seines Heimatlandes. Von den ca. 7000 AGs in Deutschland sind etwa 1000 börsennotiert (Stand April 2004).

Dem **Gründungsvorgang** hat der Gesetzgeber in den §§ 23–53 AktG besondere Beachtung geschenkt. Zwingende Vorschriften legen den Ablauf der Gründung und die Voraussetzungen im Einzelnen fest. Mit dem Gesetz für kleine Aktiengesellschaften wurde seit dem Beginn des Jahres 1995 die alte Regelung von bürokratischem Ballast befreit und die Umwandlung mittelständischer Unternehmen in kleine AGs erleichtert. An der Gründung müssen sich eine oder mehrere Personen beteiligen, welche die Aktien gegen Einlagen übernehmen (§ 2 AktG). Bis zum Jahre 1994 war fünf die Mindestzahl der Gründer. Das **Grundkapital** muss mindestens 50 000 € betragen (§ 7 AktG).

Die **Aktien** können entweder als Nennbetragsaktien oder als Stückaktien ausgegeben werden. Nennbetragsaktien müssen auf mindestens einen Euro lauten. Stückaktien lauten auf keinen Nennbetrag. Der Anteil am Grundkapital bestimmt sich bei Nennbetragsaktien nach dem Verhältnis ihres Nennbetrags zum Grundkapital, bei Stückaktien nach der Zahl der Aktien (§ 7 AktG). Mit der Umstellung auf den Euro haben viele Aktiengesellschaften die Nennwertaktie durch die nennwertlose (Stückaktie) ersetzt, denn der Wert einer europäischen Währungseinheit beträgt 1,95583 DM, so dass bei der Umrechnung der DM-Nennwerte in Euro zwangsläufig ungerade Zahlen herauskämen.

Aktien sind Wertpapiere, die das Mitgliedschaftsrecht an der AG verbriefen. Die Übertragung von Aktien ist leicht zu praktizieren. Sie erfolgt i. d. R. an der Börse zu einem durch Angebot und Nachfrage bestimmten **Kurs**. Jede Aktie gewährt das **Stimmrecht**. Vorzugsaktien können als Aktien ohne Stimmrecht ausgegeben werden. Mehrstimmrechte sind unzulässig (§ 12 AktG).

Eine AG darf **eigene Aktien** nur unter ganz bestimmten Voraussetzungen erwerben, z. B. um einen schweren, unmittelbar bevorstehenden Schaden von der Gesellschaft abzuwenden, um Belegschaftsaktien auszugeben, aufgrund eines Beschlusses der Hauptversammlung zur Einziehung nach den Vorschriften über die Herabsetzung des Grundkapitals oder aufgrund einer Ermächtigung der Hauptversammlung zum Erwerb eigener Aktien bis zu insgesamt zehn Prozent des derzeitigen Grundkapitals (§ 71 AktG). Ein Beispiel aus der Praxis (vgl. Unternehmensbericht 2003 der BASF): «Im Jahre 2003 hat die BASF 13,67 Millionen Aktien zu einem durchschnittlichen Kurs von 36,55 für insgesamt 500 Millionen Euro über die Börse zurückgekauft. Das Grundkapital wurde durch diese Maßnahme um 2,4% reduziert. Ziel des Aktienrückkaufs ist es, die Kapitalkosten zu senken und das Ergebnis je Aktie zu erhöhen.»

Nach den Möglichkeiten der **Übertragung** von Aktien (Fungibilität) sind zu unterscheiden:

- **Inhaberaktien** sind in Deutschland die Regel. Sie berechtigen den Inhaber und können durch Einigung und Übergabe übertragen werden. Sie eignen sich besonders für den Börsenhandel.

- **Namensaktien** werden auf den Namen der Berechtigten ausgestellt und in ein Aktienbuch eingetragen. Sie werden durch Indossament und Übergabe übertragen. Ein Indossament ist eine auf die Rückseite («in dorso») des Wertpapiers geschriebene Übertragungserklärung.
  Große Aktiengesellschaften gehen zurzeit mehr und mehr dazu über, Inhaberaktien in Namensaktien umzuwandeln, um u. a. den Kontakt mit den Aktionären zu intensivieren (Investor Relations) und auch um Informationen über drohende feindliche Übernahmen zu bekommen.

- **Vinkulierte Namensaktien** können nur mit Zustimmung der Gesellschaft übertragen werden (wie bei GmbH). Durch sie soll eine «Überfremdung» der Gesellschaft verhindert werden. So lässt sich bei einer Familien-AG sicherstellen, dass familienfremde Aktionäre fern gehalten werden (vinculum (lat.) = Bindung, Schranke).

Nach dem Umfang der **verbrieften Rechte** der Aktionäre sind zu unterscheiden:

- **Stammaktien**
  - Recht auf Anteil am Gewinn (Dividende),
  - Recht auf Anteil am Liquidationserlös,
  - Recht auf Information (Auskunftsrecht),
  - Stimmrecht auf der Hauptversammlung,
  - Bezugsrecht.

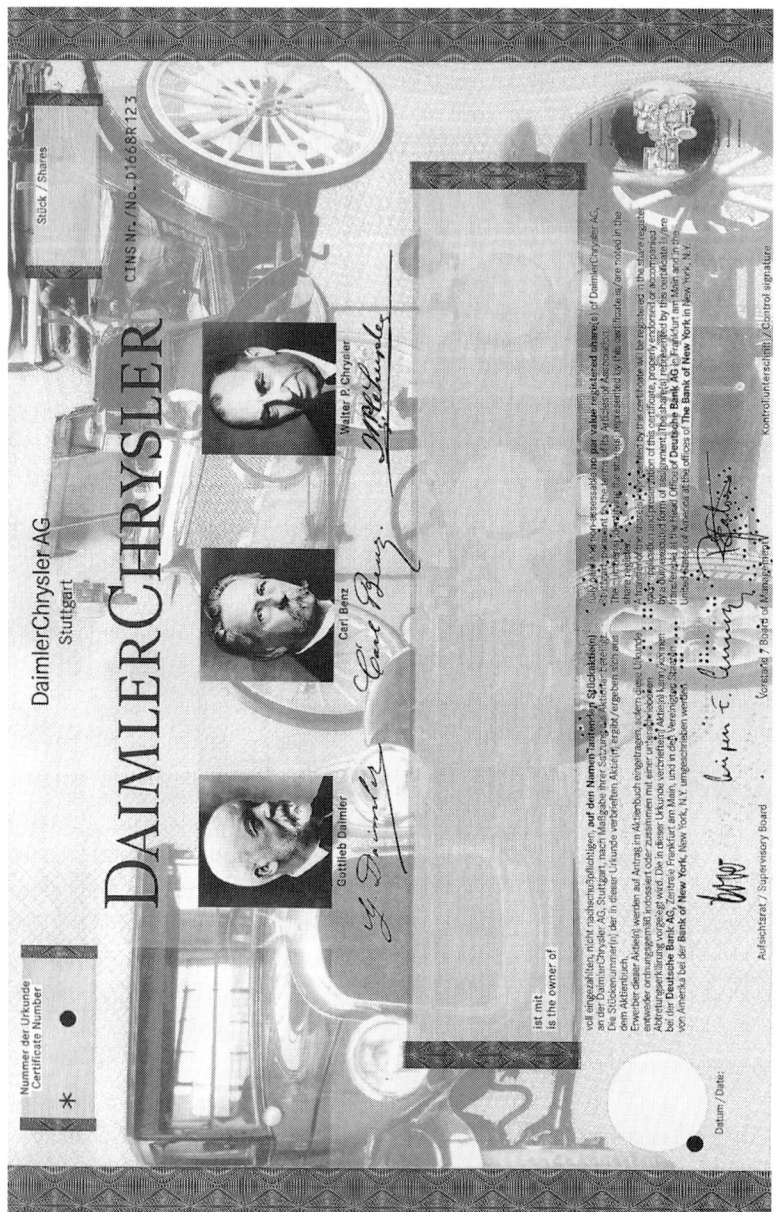

Abbildung 4.25: Stammaktie der DaimlerChrysler AG

- **Vorzugsaktien** mit vorrangigen Rechten bei Dividende und/oder Liquidationserlös. Der Vorzug bei der Dividende kann darin bestehen, dass eine Mindestrendite festgesetzt oder eine – im Vergleich zu den Stammaktien – erhöhte Dividende bezahlt wird. Häufig sind Vorzugsaktien stimmrechtslos. Vorzugsaktien stellen ein Auslaufmodell dar, da sie dem Grundsatz «one share, one vote» widersprechen. Gerade institutionelle Anleger wollen sich nicht zu Aktionären zweiter Klasse degradieren lassen und auf der Hauptversammlung auf ihr Stimmrecht verzichten.

Zur Bedeutung der Aktien als **Finanzierungsmittel** vgl. 3. Band, 6. Kap. Dort wird auf Begriffe wie «Bezugsrecht», «Kapitalerhöhung gegen Einlagen», «Kapitalerhöhung aus Gesellschaftsmitteln», «Gratisaktien», «Berichtigungsaktien» usw. eingegangen.

(F) AGs besitzen äußerst günstige **Finanzierungsmöglichkeiten.** Durch die Stückelung des Grundkapitals in Aktien können bei der Gründung wie auch bei Kapitalerhöhungen viele Kapitalgeber als Anteilseigner gewonnen werden und für eine breite Eigenkapitalbasis sorgen. Positiv wirkt sich dabei die leichte Übertragbarkeit (Fungibilität) der Aktien aus. Mit dem Verkauf der Aktie (i. d. R. an der Börse) ist die Beteiligung an der AG beendet.

Eine weitere Möglichkeit der Eigenkapitalzufuhr ist die Bildung von Rücklagen durch Einbehaltung von Gewinn (= Selbstfinanzierung).

Daneben stehen v. a. den börsenfähigen AGs sämtliche Möglichkeiten der langfristigen Fremdfinanzierung wie die Ausgabe von Schuldverschreibungen (= **Industrieobligationen**) und Wandelschuldverschreibungen zur Verfügung. Beide Wertpapiere können an der Börse gekauft und verkauft werden und sind daher für den Inhaber jederzeit verwertbar. Die AG gilt auch aufgrund der strengen Gläubigerschutzvorschriften sowie der Prüfungs- und der Publizitätspflicht als kreditwürdig.

(L) Für die AG verlangt das AktG drei **Organe**, deren Aufgabenbereiche gesetzlich weitgehend zwingend vorgeschrieben sind; d. h. die Gestaltungsmöglichkeiten durch die Satzung sind verhältnismäßig eng. Diese Organe der AG sind

- der Vorstand,
- der Aufsichtsrat und
- die Hauptversammlung.

Der **Vorstand** wird vom Aufsichtsrat auf höchstens 5 Jahre bestellt. Eine Wiederholung ist zulässig. Ihm obliegen die Geschäftsführung und die Vertretung der Gesellschaft nach außen. Der Vorstand stellt zusammen mit dem Aufsichtsrat den Jahresabschluss fest.

Der **Aufsichtsrat** hat den Vorstand zu bestellen, zu überwachen und abzuberufen. Für die Überwachungsfunktion hat er ein weit gehendes Informations- und Prüfungsrecht. Er besteht aus drei bis 21 Personen (§ 95 AktG). Bei Aktiengesell-

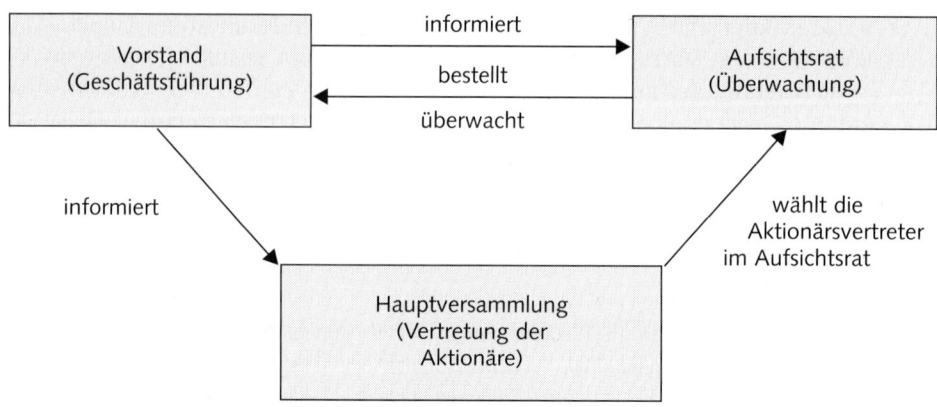

Abbildung 4.26: Aufbau einer Aktiengesellschaft

schaften, die dem Mitbestimmungsgesetz von 1976 unterliegen, besteht der Aufsichtsrat je zur Hälfte aus Vertretern der Anteilseigner und der Arbeitnehmer (= paritätische Mitbestimmung). Die Vertreter der Aktionäre werden von der Hauptversammlung gewählt, die Arbeitnehmervertreter von der Belegschaft (vgl. S. 264 ff.).

Die **Hauptversammlung** als oberstes Organ der Gesellschaft ist die Versammlung der Aktionäre. Die Kompetenzen der HV sind in § 119 AktG festgelegt. Sie umfassen u. a. die Bestellung der Aktionärsvertreter im Aufsichtsrat, die Verwendung des Bilanzgewinns, die Satzungsänderungen, die Entlastung des Vorstandes und des Aufsichtsrates und die Wahl des Abschlussprüfers. Das **Stimmrecht der Aktionäre** bemisst sich nach der Zahl ihrer Aktien. Der Aktionär kann das Stimmrecht persönlich ausüben oder durch einen Bevollmächtigten, i. d. R. eine Bank (**Depotstimmrecht** der Bank), ausüben lassen. Hat der Aktionär dem Kreditinstitut keine Weisung erteilt, so hat das Kreditinstitut das Stimmrecht entsprechend seinen eigenen, den Aktionären mitgeteilten Vorschlägen auszuüben. Die Vollmacht ist jederzeit widerruflich (§ 135 AktG).

Wie der Entscheidungsprozess in den Organen der AG abläuft und welche Informationsrechte und -pflichten ihnen zukommen, ist auf S. 233 ff. beschrieben. Die Mitbestimmung der Arbeitnehmer wird auf S. 263 ff. ausführlich erörtert.

Fragen der Organstruktur von Unternehmen, der Regelungen für den Entscheidungsprozess in und zwischen Organen und von Verhaltensrichtlinien für Organe sowie von internen und externen Kontroll- und Überwachungsmechanismen werden zurzeit intensiv unter dem Stichwort **Corporate Governance** diskutiert.

(G) Die **Gewinn- und Verlustbeteiligung** erfolgt entsprechend der Beteiligung am Grundkapital. Bemessungsgrundlage für die Ausschüttung (**Dividende**) ist der nach Bildung der offenen Rücklagen verbleibende Bilanzgewinn. Eine Beschlussfassung der Hauptversammlung über die Verwendung des Bilanzgewinnes könnte beispielsweise lauten: Ausschüttung einer Dividende von 1 € je Stammaktie; Ausschüttung einer Dividende von 1,10 € je Vorzugsaktie. Eventuelle Verluste werden mit den ausgewiesenen Rücklagen verrechnet.

Gelegentlich wird an die Aktionäre ein **Bonus** ausgeschüttet. Er stellt eine einmalige Vergütung bei außerordentlichen Gewinnen oder bei Firmenjubiläen dar.

(P) Die **Rechnungslegungsvorschriften** der AG sind relativ streng im Aktiengesetz und im HGB festgelegt. Doch bestehen in gewissem Rahmen Ansatz- und Bewertungswahlrechte (vgl. 2. Bd., 4. Kap., Abschn. 3). Alle **großen** AGs (zu den Größenkriterien vgl. S. 360) unterliegen der Prüfungs- und Publizitätspflicht. Neben dem Jahresabschluss, bestehend aus Bilanz, GuV und Anhang, müssen sie noch einen Lagebericht veröffentlichen, in dem über den Geschäftsverlauf, die Lage der Gesellschaft und über Vorgänge von besonderer Bedeutung zu berichten ist. Außerdem soll im Lagebericht auf die voraussichtliche Entwicklung der Gesellschaft sowie auf den Bereich Forschung und Entwicklung eingegangen werden (§§ 264, 289, 316 HGB).

Für die **kleine** und die **mittelgroße** AG, deren Aktien nicht börsennotiert sind, kommen erhebliche Erleichterungen zum Zuge: So braucht die kleine AG ihren Jahresabschluss nicht prüfen zu lassen und die GuV nicht zu veröffentlichen. Mittelgroße Gesellschaften können einen verkürzten Jahresabschluss publizieren. Die AGs gelten stets als groß, wenn ihre Aktien an der Börse gehandelt werden (§§ 267, 316, 326, 327 HGB).

In den letzten Jahren hat die Bedeutung **internationaler Rechnungslegungsstandards** für deutsche Unternehmen stark zugenommen. Dies ist insbesondere auf den erhöhten Kapitalbedarf international agierender Unternehmen zurückzuführen, der meist auf den heimischen Kapitalmärkten nicht ausreichend gedeckt werden kann und daher ein Engagement auf den internationalen Kapitalmärkten nach sich zieht. Im Augenblick haben börsennotierte Muttergesellschaften laut § 292a HGB die Wahl, ihren Konzernabschluss statt nach HGB-Vorschriften mit befreiender Wirkung nach international anerkannten Rechnungslegungsgrundsätzen aufzustellen.

Als erstes deutsches Unternehmen sah sich 1993 Daimler-Benz im Zuge seines Börsenganges an die New Yorker Stock Exchange mit neuen Anforderungen bezüglich der Rechnungslegung konfrontiert und fertigte auf Anweisung der amerikanischen Börsenaufsichtsbehörde SEC (Security and Exchange Commission) entsprechende Überleitungsrechnungen an. Die Unterschiede zwischen einer Rechnungslegung nach dem deutschen HGB und den US-amerikanischen **US-GAAP** (United States General Accepted Accounting Principles) zeigen sich an diesem Beispiel deutlich:

Im Abschluss nach HGB wies Daimler-Benz 1993 einen Gewinn in Höhe von ca. 615 Mio. DM aus, während sich im Rahmen der Rechnungslegung nach US-GAAP ein Verlust von ca. 1,839 Mrd. DM ergab (vgl. Heyd [Rechnungslegung] 1).

Diese Spannbreite kann auf grundlegende Unterschiede in den Rechnungslegungszielen, der Rechnungslegungskultur und der daraus abgeleiteten Methodik zurückgeführt werden:

Bei der US-amerikanischen Rechnungslegung steht die Bereitstellung von entscheidungsrelevanten Informationen für die **Kapitalgeber** im Vordergrund (Grundsatz der «Decision Usefulness»). Die Berichterstattung soll daher insbesondere so ausgestaltet sein, dass bestehenden und potenziellen Kapitalgebern die Antizipation künftiger Cash flows ermöglicht wird. Dafür müssen die Jahresabschlussinformationen sowohl entscheidungsrelevant als auch zuverlässig sein (Grundsätze der «Relevance» und der «Reliability»). Diese Grundsätze bilden die Basis für die Ansatz-, Bewertungs- und Ausweisprinzipien im Rahmen der konkreten Rechnungslegung (zu den Grundsätzen, den Vorschriften im Einzelnen und/oder vergleichenden Betrachtungen der verschiedenen Rechnungslegungsstandards vgl. entsprechende Lehrbücher z. B. von Heyd, Pellens oder Buchholz [Rechnungslegung]).

Im Bemühen um eine internationale Harmonisierung der Rechnungslegung entstand in Europa ein zweiter international relevanter Rechnungslegungsstandard, die **IAS** (International Accounting Standards). Auch der IAS-Abschluss ist auf die Bereitstellung von entscheidungsrelevanten Informationen für die **Kapitalgeber** ausgerichtet. Zudem steht das «Performance Measurement» zur Beurteilung der Leistungen des Managements im Mittelpunkt (vgl. IAS Framework Ziff. 12, 14). Nach der EU-Verordnung vom 19. 7. 2002 sind ab 1. 1. 2005 alle kapitalmarktorientierten Unternehmen dazu verpflichtet, **IAS-Konzernabschlüsse** zu erstellen und zu veröffentlichen. Dies könnte für Unternehmen, die bisher aufgrund ihres Engagements an US-amerikanischen Börsen nach US-GAAP bilanziert haben, zu einem relativ hohen Aufwand führen, da sie eventuell zusätzlich entweder einen zweiten Konzernabschluss nach IAS oder entsprechende Überleitungsrechnungen erstellen müssten.

(A) Einmalige **rechtsformabhängige Aufwendungen** fallen für Vertragsabschlüsse (z. B. Gewinnabführungsverträge), Anmeldungen bei Behörden und für die Emission von Aktien an. Laufende Aufwendungen entstehen für die Organe, die Rechnungslegung, die Prüfungs- und Publizitätsverpflichtungen, die Durchführung der Hauptversammlung.

2.4.4.6.2   Kommanditgesellschaft auf Aktien

Eine Sonderform der AG ist die **Kommanditgesellschaft auf Aktien**. Gesetzliche Grundlage für die KGaA sind die §§ 278–290 AktG und die Bestimmungen des HGB für die KG. Insofern stellt sie eine Kombination von einer Personengesellschaft mit einer Kapitalgesellschaft dar. Die KGaA ist eine Gesellschaft mit eigener

Rechtspersönlichkeit, bei der mindestens ein Gesellschafter den Gläubigern unbeschränkt haftet (**Komplementär**) und die Übrigen an dem in Aktien zerlegten Grundkapital beteiligt sind, ohne persönlich für die Verbindlichkeiten zu haften (**Kommanditaktionäre**). Von wenigen Ausnahmen abgesehen, gelten weitgehend die Vorschriften für die AG. Vertretung und Geschäftsführung liegen in Händen der Komplementäre. Ihre Aufgaben sind identisch mit denen des Vorstandes einer AG. Die Hauptversammlung ist das Organ der Kommanditisten, die Komplementäre sind nur dann vertreten, wenn sie gleichzeitig Kommanditisten sind. Das Stimmrecht ist ihnen in gewissen Fällen entzogen, um Interessenkollisionen zu vermeiden. Ein Beispiel dafür ist die Wahl des Aufsichtsrates, der die Geschäftsführung überwachen soll und deshalb nicht von dem Geschäftsführer mit gewählt werden kann.

2.4.4.6.3   Gesellschaft mit beschränkter Haftung

Rechtsgrundlage für die GmbH ist das GmbHG von 1892. Reformbestrebungen sind schon längere Zeit im Gange, eine größere Gesetzesänderung ist 1994 erfolgt.

Die GmbH ist eine **Gesellschaft mit eigener Rechtspersönlichkeit**. Sie wurde ursprünglich für mittlere und kleinere Unternehmen geschaffen als einfachste und am wenigsten aufwändige Form der Kapitalgesellschaft. Sie hat heute eine sehr große Bedeutung auch für große Unternehmen (z. B. Robert Bosch GmbH mit einem Umsatz im Jahre 2003 von 35 Mrd. € und 225 897 Beschäftigten). Das GmbH-Recht ist im Allgemeinen weit mehr dispositiver Natur als das Aktienrecht, d. h. die Gesellschafter können mehr eigenständige Regelungen treffen im Rahmen des Gesellschaftsvertrages.

Die Gesellschaft kann durch eine oder mehrere Personen errichtet werden, die eine **Stammeinlage** übernehmen müssen. Ist nur ein einziger Gründer vorhanden, so entsteht eine sog. Ein-Mann-GmbH. Die Summe der Stammeinlagen muss ein **Stammkapital** von mindestens 25 000 € ergeben. Die Stammeinlage jedes Gesellschafters muss mindestens 100 € betragen. Vor Anmeldung der GmbH zur Eintragung in das Handelsregister müssen bestimmte Mindesteinlagen erbracht werden. Auf jede Stammeinlage ist mindestens ein Viertel einzuzahlen. Insgesamt muss auf das Stammkapital mindestens so viel eingezahlt sein, dass der Gesamtbetrag der eingezahlten Geldeinlage zuzüglich des Gesamtbetrags der Stammeinlagen, für die Sacheinlagen zu leisten sind, die Hälfte des Mindeststammkapitals erreicht (§ 7 Abs. 2 GmbHG).

Die Stammeinlage wird i. d. R. in Geld erbracht (Bargründung); sie kann aber auch in Form von Sacheinlagen geleistet werden (Sachgründung). Das zur Erhaltung des Stammkapitals erforderliche Vermögen der Gesellschaft darf an die Gesellschafter nicht ausgeschüttet werden (§ 30 GmbHG).

Die **Gründung** unterliegt keinen so strengen Regelungen wie bei der AG (§§ 1–12 GmbHG).

Der **Geschäftsanteil** jeden Gesellschafters bestimmt sich nach dem Betrage der von ihm übernommenen Stammeinlage (§ 14 GmbHG). Die Geschäftsanteile sind veräußerbar und vererblich. Zur Veräußerung von Geschäftsanteilen bedarf es eines in notarieller Form geschlossenen Vertrages. Das Statut sieht darüber hinaus häufig vor, dass die Veräußerung von den übrigen Gesellschaftern zu genehmigen ist (§§ 15, 16 GmbHG).

(L) **Organe** der GmbH sind grundsätzlich nur der oder die **Geschäftsführer** und die **Gesellschafterversammlung**. Für eine GmbH mit mehr als 500 Arbeitnehmern muss nach dem Drittelbeteiligungsgesetz, das seit 2004 das BetrVerfG 1952 ersetzt, und für eine mitbestimmte GmbH (mehr als 2000 Arbeitnehmer) nach dem MitbestG 1976 ein **Aufsichtsrat** gebildet werden (vgl. dazu auch S. 264 ff. und 271 ff.).

Der **Geschäftsführer** leitet die GmbH. Er muss nicht Gesellschafter sein. Bei kleineren GmbHs ist dies häufig der Fall; man spricht dann vom Geschäftsführer-Gesellschafter.

(H) Bezüglich der **Haftung** ergibt sich bei der GmbH ein gewisser Unterschied zur AG. Zwar haftet in voller Höhe nur das Gesellschaftsvermögen, doch kann das Statut – im Gegensatz zur AG, bei der das ausgeschlossen ist – eine **Nachschusspflicht** vorsehen (§§ 26–28 GmbHG). Ist der Nachschussbetrag nicht auf eine bestimmte Höhe fixiert, sondern unbeschränkt, hat der Gesellschafter ein Abandon-Recht (Preisgaberecht), d. h. er kann den Geschäftsanteil der Gesellschaft zur Verfügung stellen.

(F) Diese Nachschusszahlungen bilden für die GmbH eine Möglichkeit der **Eigenkapitalbeschaffung**. Eine weitere ist die Aufnahme neuer Gesellschafter. Eine solche Kapitalerhöhung stößt aber auf gewisse Schwierigkeiten. Zum einen fehlt ein organisierter Markt (ein sog. zweiter Börsenmarkt), zum anderen ist die Übertragung von GmbH-Anteilen formgebunden und bedarf der notariellen Beurkundung. Die Bildung von Rücklagen kann im Gesellschaftsvertrag vorgesehen werden. Die **Kreditwürdigkeit** bei der Beschaffung von Fremdkapital kann erhöht werden durch die Absicherung der Kredite mit dem Privatvermögen der Gesellschafter.

(G) Die **Gewinn- und Verlustbeteiligung** erfolgt nach dem Verhältnis der Geschäftsanteile, sofern im Gesellschaftsvertrag nichts anderes vereinbart wurde.

(P) Die **Rechnungslegungsvorschriften** sind durch das Bilanzrichtliniengesetz strenger geworden. Die GmbH ist hinsichtlich der Rechnungslegung der AG und KGaA gleichgestellt, d. h. sie unterliegt der Prüfungspflicht – ausgenommen die kleine GmbH – und der Publizitätspflicht. Die große GmbH muss also den vollständigen Jahresabschluss und einen Lagebericht veröffentlichen. Für die kleine und mittelgroße GmbH gelten die schon bei der AG besprochenen Erleichterungen (§§ 267, 316, 326, 327 HGB).

Im Bereich der Rechnungslegung, Prüfungs- und Publizitätspflicht musste die GmbH somit wesentliche Verschärfungen hinnehmen, zumal die Größenmerkmale des Publizitätsgesetzes durch die neuen Regelungen deutlich unterschritten worden sind.

(A) Einmalige **rechtsformabhängige Aufwendungen** ergeben sich für Vertrags-abschlüsse und die Anmeldung bei Behörden. Laufende Aufwendungen fallen für Organe und für die Rechnungslegungs-, Prüfungs- und Publizitätspflicht an.

2.4.4.6.4 Bergrechtliche Gewerkschaft

Die Bergrechtliche Gewerkschaft ist eine Vereinigung von Miteigentümern eines **Bergwerks**. Die Bedeutung dieser Kapitalgesellschaft ist jedoch stark zurückge-gangen. Auch im Bergbau wählt man mehr und mehr die Rechtsform der Aktien-gesellschaft.

Die Bergrechtliche Gewerkschaft wurde nach den Bestimmungen des Bundesberg-gesetzes von 1980 zwar abgeschafft, doch ist den noch existierenden Gesellschaf-ten immer wieder eine «Gnadenfrist» eingeräumt worden.

Zur Gründung einer Bergrechtlichen Gewerkschaft sind mindestens zwei Beteiligte notwendig. Die Mitglieder der Gewerkschaft werden **Gewerken** genannt, der Gewerkschaftsanteil wird als **Kux** bezeichnet.

Die Gewerken haben nicht – wie z. B. die Aktionäre – eine einmalige Kapitaleinlage zu leisten, sondern sind je nach Bedarf auf Anordnung der **Gewerkenversammlung** zur Zahlung von **Zubußen** verpflichtet. Die Gewerken können sich von dieser Verpflichtung befreien durch Rückgabe der Kuxe an das Unternehmen (Abandon). Die Beteiligung der Gewerken an Gewinn und Verlust richtet sich nach dem Ver-hältnis ihrer Kuxe; die Dividende wird als **Ausbeute** bezeichnet. Die Organe der Gewerkschaft sind die **Gewerkenversammlung** (= Mitgliederversammlung) sowie ein Repräsentant oder **Grubenvorstand** (= Leitungsorgan). Nicht notwendig ist ein Aufsichtsrat, er kann aber durch Statut eingesetzt werden.

2.4.4.7 Mischformen von Personen- und Kapitalgesellschaften

In der betrieblichen Praxis hat sich eine Reihe von Mischformen zwischen den Grundtypen Personengesellschaft und Kapitalgesellschaft herausgebildet, die recht-lich (noch) nicht kodifiziert sind. Für diese Mischformen sind verschiedene Gründe ausschlaggebend. Es wird jeweils versucht, spezifische Vorteile der Grundtypen miteinander zu verbinden. Die wichtigsten Motive sind die Kombination der Haf-tungsvorteile der Kapitalgesellschaften mit bestimmten steuerlichen Vorteilen von Personengesellschaften. Aus der Vielzahl der in der Praxis vorkommenden Misch-formen werden die wichtigsten, die GmbH & Co. KG und die Doppelgesellschaft, im Folgenden beschrieben.

Es sei darauf hingewiesen, dass die Kommanditgesellschaft auf Aktien (KGaA) im Prinzip auch eine Mischform zwischen einer Personengesellschaft und einer Kapitalgesellschaft darstellt, denn der Komplementär haftet voll und der Kommanditist haftet nur mit seiner Einlage.

2.4.4.7.1 GmbH & Co. KG

Eine Sonderform der KG ist die GmbH & Co. KG. Für sie bestehen keine besonderen Rechtsvorschriften, es gelten die Regelungen für die KG und für die GmbH. Unterschiede zu der Mischform **AG & Co. KG** sind im Unterschied zwischen GmbH und AG zu sehen.

(H) Die GmbH & Co. KG ist eine Personengesellschaft, nämlich eine KG, an der als Komplementär eine GmbH beteiligt ist. Diese Gesellschaftsform baut auf der Tatsache auf, dass an einer Personengesellschaft auch juristische Personen als Gesellschafter beteiligt sein können. Durch diese Konstruktion wird die volle persönliche **Haftung** aller beteiligten natürlichen Personen ausgeschlossen, obwohl eine Personengesellschaft vorliegt. Auch der Gesellschafterwechsel ist erleichtert, da der Wechsel von Kommanditisten und GmbH-Gesellschaftern wesentlich einfacher ist als jener von Komplementären oder OHG-Gesellschaftern.

Die Gesellschafter der Komplementär-GmbH und die Kommanditisten können dieselben Personen sein (GmbH & Co. KG **im engeren Sinne**).

In der Regel sind die Beteiligungsquoten gleich (vgl. Abb. 4.27).

Im Extremfall ist eine Einmanngesellschaft denkbar, bei der der Kommanditist zugleich der einzige Gesellschafter der GmbH ist. Es ist aber auch denkbar, dass Kommanditisten und Gesellschafter der Komplementär-GmbH verschiedene Personen sind (GmbH & Co. KG **im weiteren Sinne**). Eine weitere Abart ist die **dreistufige** GmbH & Co. KG, bei der als Komplementär der KG keine GmbH, sondern wiederum eine GmbH & Co. KG fungiert.

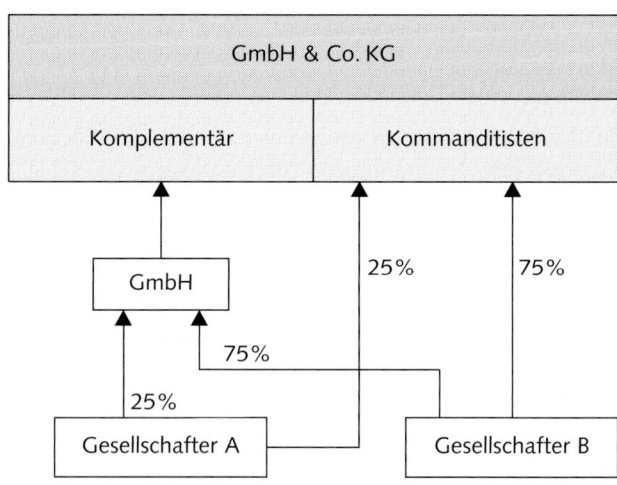

Abbildung 4.27:
GmbH & Co. KG

(L) Die **Geschäftsführung** der GmbH & Co. KG liegt bei der Komplementär-GmbH, die ihrerseits einen Geschäftsführer bestellt. Es kann also ein qualifizierter Unternehmensleiter eingesetzt werden, ohne dass er in die Familien-Gesellschaft aufgenommen werden muss. So hat die GmbH & Co KG Vorteile bei der Leitung eines Unternehmens und damit verbunden auch bei der Lösung der Nachfolgeproblematik.

(P) Entgegen dem ursprünglichen Regierungsentwurf wurden die verschärften **Rechnungslegungs- und Prüfungsvorschriften** für die GmbH nicht auf die GmbH & Co. KG ausgedehnt. Lediglich die Komplementär-GmbH unterliegt den neuen Vorschriften, die KG ist dagegen nicht prüfungs- und publizitätspflichtig. Insofern bietet die GmbH & Co. KG die Möglichkeit, der Publizität teilweise zu entgehen und dennoch den Vorteil der beschränkten Haftung wahrzunehmen.

(S) Das Hauptargument zugunsten der GmbH & Co. KG dürften **steuerliche** Überlegungen sein. Wie schon erwähnt, haben Personen- und Kapitalgesellschaften jeweils spezifische steuerliche Vorteile. Es liegt deshalb nahe, Kombinationen aus Personen- und Kapitalgesellschaften zu konstruieren. Ist die Einkommensteuer-Belastung der Gesellschafter geringer als der Körperschaftsteuer-Satz, kann durch eine geringe Gewinnzuteilung an die GmbH ein Steuerentlastungseffekt bei den Ertragsteuern erreicht werden.

2.4.4.7.2 Doppelgesellschaft

Sie liegt dann vor, wenn eine Unternehmung aus zwei rechtlich selbständigen Gesellschaften besteht. Eine Doppelgesellschaft kann bei der Gründung zweier von vornherein rechtlich selbständiger Gesellschaften entstehen, sie kann aber auch aus einer **Betriebsaufspaltung** hervorgehen, d.h. aus der Aufspaltung eines Unternehmens in zwei oder mehrere rechtlich unabhängige Gesellschaften.

Die am häufigsten anzutreffende Form ist die Aufspaltung in eine Personengesellschaft und in eine Kapitalgesellschaft. Dabei sind **zwei typische Konstruktionen** zu unterscheiden (vgl. Abb. 4.28):

1. Besitzpersonengesellschaft und Betriebskapitalgesellschaft
2. Produktionspersonengesellschaft und Vertriebskapitalgesellschaft

Die erste Form gilt als der klassische Fall der Betriebsaufspaltung. Dabei werden die Funktionen Beschaffung, Fertigung und Absatz mit entsprechenden Leitungs- und Verwaltungsbefugnissen aus der Personengesellschaft ausgegliedert und der neu zu gründenden Kapitalgesellschaft übertragen. Das Anlagevermögen bleibt Eigentum der Personengesellschaft, die diese Gegenstände an die Kapitalgesellschaft verpachtet und dafür Pachtzinsen erhält.

Bei der Aufspaltung in Produktionspersonengesellschaft und Vertriebskapitalgesellschaft wird die Absatzfunktion aus der Personengesellschaft ausgegliedert. Die Produktionspersonengesellschaft verkauft die hergestellten Produkte zu Verrechnungspreisen an die Vertriebskapitalgesellschaft.

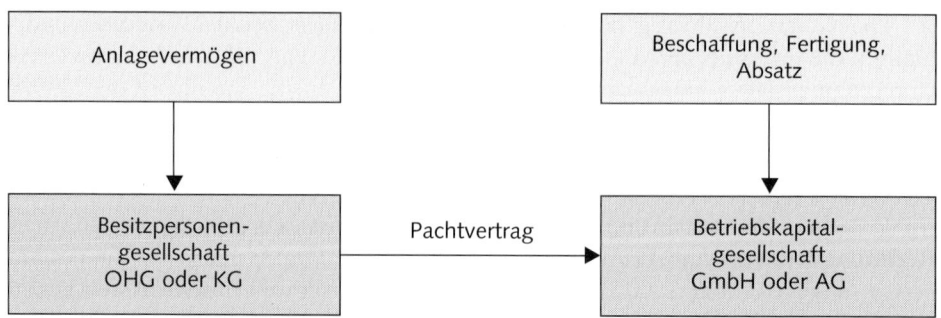

Abbildung 4.28: Doppelgesellschaft aus Besitzpersonengesellschaft und Betriebskapital-gesellschaft

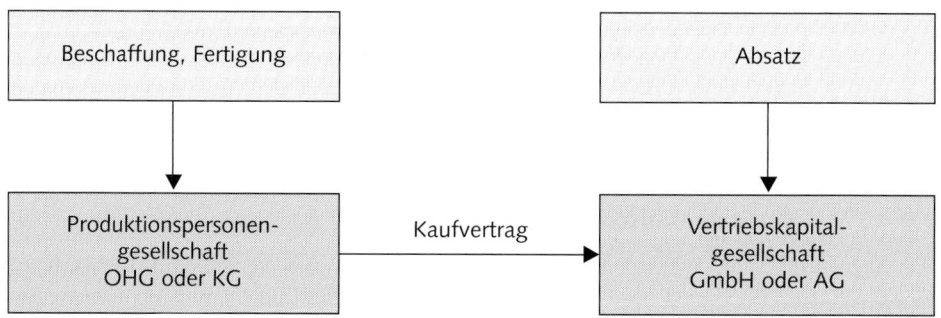

Abbildung 4.28: Doppelgesellschaft aus Produktionsgesellschaft und Vertriebskapital-gesellschaft

(H) Durch die Aufspaltung in Besitzpersonen- und Betriebskapitalgesellschaft wird das wertvolle Anlagevermögen (Grundstücke, Gebäude) aus der **Haftung** der Betriebskapitalgesellschaft, die das größere Risiko trägt, herausgenommen. In der Realität muss dieses Vermögen dann jedoch meist zur Absicherung von Krediten verwendet werden. Bei der Aufspaltung in Produktionspersonengesellschaft und Vertriebskapitalgesellschaft wird der Produktionsbetrieb von der Haftung für große Vertriebsrisiken freigestellt.

(L) Durch die Betriebsaufspaltung entfällt das **Geschäftsführungsproblem** der Personengesellschaften. Bei der Kapitalgesellschaft kann ein Nichtgesellschafter als Geschäftsführer eingesetzt werden. Die Besitzpersonengesellschaft verpachtet nur noch Vermögensgegenstände und sieht sich dabei keinen besonderen Führungsaufgaben gegenübergestellt.

Auch **Erbfolgeprobleme** sind dadurch zu lösen: Söhne und Töchter, die nicht in die Unternehmensführung berufen werden sollen, können Gesellschafter der Besitzgesellschaft werden. Durch eine Betriebsaufspaltung können die Mitbestimmungsrechte der Arbeitnehmer, die durch das BetrVerfG und das MitbestG geregelt sind, in bestimmten Fällen umgangen werden. Da diese Gesetze an Größenmerkmalen ansetzen, ist durch eine Aufspaltung des Unternehmens eine Verwässerung möglich.

(S) Bezüglich der **Besteuerung** sind Parallelen zu der GmbH & Co. KG festzustellen. Auch hier wird durch Ausnutzung bestimmter spezifischer Vorteile der Personen- und Kapitalgesellschaften eine gegenüber den «reinen» Rechtsformen steuerlich besser gestellte Mischform konstruiert: Die steuerlichen Vorteile der Personengesellschaft werden mit denen der Kapitalgesellschaft kombiniert. Ein großer Vorteil der Betriebsaufspaltung liegt darin, dass bei der Betriebsgesellschaft die Gesellschafter-Geschäftsführerbezüge steuerlich abzugsfähig sind.

Die Doppelgesellschaft ist auch ein Instrument einer **internationalen Steuerverlagerung**. Durch zwei Betriebe in verschiedenen Ländern kann das internationale Steuergefälle ausgenutzt werden, indem Gewinne über Verrechnungspreise, Darlehenszinsen etc. in das steuerlich günstigere Land transferiert werden.

Auch innerhalb der Bundesrepublik kann eine Steuerverlagerung durch Betriebsaufspaltung zur Ausnutzung der **unterschiedlichen Hebesätze** im Rahmen der Gewerbebesteuerung in Frage kommen.

2.4.4.8 Eingetragene Genossenschaft

Die Genossenschaft ist weder eine Personengesellschaft noch eine Kapitalgesellschaft. Wie die Kapitalgesellschaft besitzt jedoch auch die eingetragene Genossenschaft (eG) eine eigene Rechtspersönlichkeit; sie ist daher **juristische Person**. Die gesetzliche Grundlage für die Genossenschaft ist das **Genossenschaftsgesetz** (GenG).

Bei der Gründung von Genossenschaften lassen sich drei **Stufen** unterscheiden:

- Feststellung des Statuts (= Gesellschaftsvertrag) durch mindestens sieben Gründer,
- Bestellung der Organe (Vorstand, Aufsichtsrat, Generalversammlung),
- Anmeldung zur Eintragung in das Genossenschaftsregister.

Genossenschaften sind Gesellschaften von nicht geschlossener Mitgliederzahl, welche die **Förderung des Erwerbs oder der Wirtschaft ihrer Mitglieder** mittels gemeinschaftlichen Geschäftsbetriebes bezwecken (§ 1 GenG). «Nicht geschlossene Mitgliederzahl» heißt, dass ein freier Wechsel im Mitgliederbestand stattfinden kann. Man unterscheidet u. a. Produktivgenossenschaften, Förderungsgenossenschaften, Kreditgenossenschaften und Baugenossenschaften. Die Mitglieder zeichnen einen Geschäftsanteil und leisten die Pflichteinzahlung, wodurch das Eigenkapital der Genossenschaft aufgebracht wird.

(F) Der **Geschäftsanteil** bei einer Genossenschaft ist ein in der Satzung festzulegender Betrag, mit dem sich ein Genosse mit Einlagen an der Genossenschaft beteiligen kann (§ 7 Nr. 1 GenG). Der einzelne Genosse kann mehrere Geschäftsanteile übernehmen. Der Geschäftsanteil, für den das GenG weder eine Grenze nach unten noch nach oben festlegt, muss für alle Genossen gleich sein. Auf diesen Geschäftsanteil hat jeder Genosse eine Mindesteinlage (Pflichteinlage) zu leisten. Sie beträgt 10% des Geschäftsanteils. Die tatsächliche Beteiligung eines Genossen zu einem bestimmten Zeitpunkt bezeichnet man als **Geschäftsguthaben**.

(H) Für Verbindlichkeiten **haftet** den Gläubigern nur das Vermögen der Genossenschaft. Im Statut kann allerdings geregelt sein, ob die Mitglieder beim Konkurs keine, beschränkte oder unbeschränkte Nachschüsse zur Konkursmasse zu leisten haben.

(L) **Organe** der Genossenschaft sind die **Generalversammlung** (= Mitgliederversammlung), der **Aufsichtsrat** und der **Vorstand**. Der Aufsichtsrat kontrolliert den Vorstand, dem die Geschäftsführung obliegt; die Generalversammlung wählt im Gegensatz zur AG sowohl den Aufsichtsrat als auch den Vorstand und entlastet diese beiden Organe für das jeweils abgeschlossene Geschäftsjahr. Die Generalversammlung beschließt über den Jahresabschluss und die Verteilung des Gewinns. Grundsätzlich hat jeder Genosse **eine** Stimme in der Generalversammlung.

Bei Genossenschaften mit mehr als 1500 Mitgliedern kann das Statut bestimmen, dass die Generalversammlung aus Vertretern der Genossen (Vertreterversammlung) besteht (§ 43a GenG).

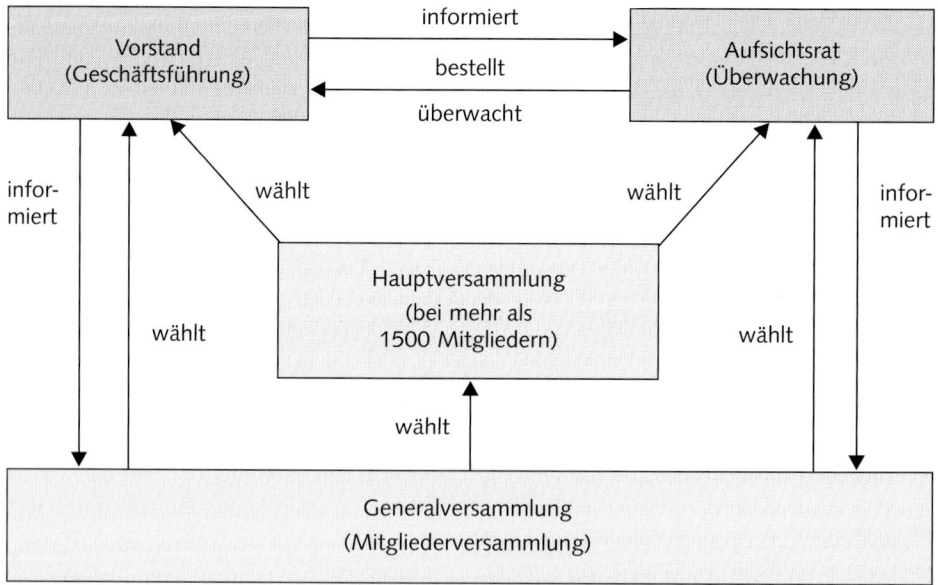

Abbildung 4.29: Aufbau einer eingetragenen Genossenschaft

(G) Die **Gewinn- und Verlustbeteiligung** erfolgt nach dem Verhältnis der Geschäftsguthaben.

(P) Die **Rechnungslegungsvorschriften** sind verhältnismäßig streng; ähnlich wie bei den Kapitalgesellschaften gibt es aber für kleine und mittelgroße Genossenschaften Erleichterungen bei der Prüfungs- und Publizitätspflicht. Zu beachten sind auch hier die Änderungen, die das Bilanzrichtliniengesetz gebracht hat. Im neuen Dritten Buch des HGB sind im 3. Abschnitt die ergänzenden Rechnungslegungsvorschriften für eingetragene Genossenschaften wiedergegeben (§§ 336–339).

(S) Die **steuerliche Belastung** ist mit der von Kapitalgesellschaften vergleichbar.

2.4.4.9   Stiftung des privaten Rechts

Rechtsgrundlage für die rechtsfähige Stiftung des privaten Rechts sind §§ 80 ff. BGB (vgl. dazu auch die Stiftung des öffentlichen Rechts, S. 390). Die rechtsfähige Stiftung des privaten Rechts ist eine selbständige Einrichtung, die vom Stifter zur Verfolgung eines **bestimmten Zweckes** geschaffen worden ist. Sie ist mit Vermögen ausgestattet. Es kann u. a. in einer Kapitalbeteiligung oder im vollen Eigentum an einem Unternehmen bestehen. Damit verbunden ist häufig der Stiftungszweck, die Existenz der «Stiftungsunternehmen» zu sichern (Unternehmenskontinuität). So soll beispielsweise die Bertelsmann-Stiftung die Kontinuität des Unternehmens unabhängig von den Zielen der Familie sicherstellen.

Das Besondere an der Stiftung ist, dass sie niemandem gehört. Neben der Haftungsbeschränkung und der Publizitätsvermeidung liegen die Vorteile der Stiftung insbesondere auf dem Gebiet der Besteuerung: Gemeinnützige Stiftungen unterliegen weder der Erbschaftsteuer noch der Körperschaft- und Gewerbesteuer. Ein Beispiel für eine Stiftung des privaten Rechts ist die Carl-Zeiss-Stiftung, der die Stiftungsunternehmen «Carl Zeiss» und «Schott Glaswerke» gehören.

2.4.4.10   Öffentliche Betriebe

Öffentliche Betriebe sind Betriebe, die ganz oder teilweise im **Eigentum** der öffentlichen Hand (Bund, Länder, Gemeinden) stehen. Die Beteiligung der öffentlichen Hand führt häufig zu einer **gemeinwirtschaftlichen Zielsetzung**.

Die wirtschaftliche und rechtliche Struktur der öffentlichen Betriebe weist eine große Vielfalt auf:

(1) In **wirtschaftlicher** Hinsicht ist vor allem die **Zielsetzung** öffentlicher Betriebe von Interesse. Danach können

- Erwerbsbetriebe,
- kostendeckende Betriebe und
- Zuschussbetriebe unterschieden werden.

Erwerbsbetriebe sind in ihrer Zielsetzung mit Privatbetrieben vergleichbar, sie orientieren sich am Gewinnziel und dienen der öffentlichen Hand als Erwerbsquelle. Zu ihnen kann man einzelne Berg- und Hüttenwerke, Elektrizitätswerke und Banken rechnen.

Betriebe, die nach dem **Kostendeckungsprinzip** arbeiten, haben einerseits die Deckung eines Kollektivbedarfs zur Aufgabe, andererseits sollen Verluste vermieden bzw. in ihrer Höhe begrenzt werden. Zu ihnen zählen z. B. kommunale Einrichtungen.

Zuschussbetriebe haben ebenfalls die Deckung des Kollektivbedarfs zur Aufgabe, die Leistungen werden jedoch unentgeltlich oder gegen ein geringes Entgelt (Schutzgebühr) abgegeben. Zu ihnen rechnen z. B. Hochschulen und Theater.

Da sowohl die Betriebe, die nach dem Kostendeckungsprinzip arbeiten, als auch die Zuschussbetriebe primär auf die Deckung des Kollektivbedarfs ausgerichtet sind, wird ihre Zielsetzung auch als **gemeinwirtschaftlich** bezeichnet.

(2) Auch die **rechtliche Struktur** der öffentlichen Betriebe ist sehr vielfältig. Sie können entweder in öffentlich-rechtlicher oder privatrechtlicher Form betrieben werden. Unter den Rechtsformen des **Privatrechts** werden vor allem die AG, die GmbH und die Genossenschaft gewählt. Ein Beispiel für öffentliche Betriebe in privatrechtlicher Form sind die Stuttgarter Straßenbahnen AG. Hält die öffentliche Hand Beteiligungen an einem Unternehmen, das z. T. auch in privatem Eigentum ist, so liegt eine **gemischtwirtschaftliche** Unternehmung vor. Ein Beispiel ist die Deutsche Post AG, an der der Bund mit ca. 70 % beteiligt ist; der Rest befindet sich im Streubesitz.

Bei den **öffentlich-rechtlichen Formen** kann weiter unterteilt werden in Betriebe **mit** eigener Rechtspersönlichkeit und Betriebe **ohne** eigene Rechtspersönlichkeit (vgl. S. 33 ff.). Zu den Betrieben **mit eigener Rechtspersönlichkeit** zählen die Körperschaft, die Anstalt und die Stiftung:

- Eine **Körperschaft** des öffentlichen Rechts entsteht durch ein Gesetz, das die Aufgabe dieser Körperschaft festlegt (z. B. Gemeindeverbände, Wasserverbände, Zweckverbände). Körperschaften haben Mitglieder.

- **Anstalten** des öffentlichen Rechts unterscheiden sich von den Körperschaften dadurch, dass Anstalten keine Mitglieder, sondern Träger haben. Beispiele für Anstalten sind auf Bundesebene die Bundesanstalt für Finanzdienstleistungsaufsicht (BuFin), auf Landesebene die öffentlich-rechtlichen Rundfunkanstalten und für den Bereich der Kommunen die Krankenhäuser.

- Die öffentlich-rechtliche **Stiftung** ist ein Vermögensbestand mit eigener Rechtspersönlichkeit. Sie ist streng an einen vom Stifter festgesetzten Zweck gebunden. Ein Beispiel ist die Stiftung Preußischer Kulturbesitz. Ihr Auftrag ist, die kulturellen Sammlungen des ehemaligen Staates Preußen (Museen, Bibliotheken) zu betreuen.

Zu den öffentlich-rechtlichen **Betrieben ohne eigene Rechtspersönlichkeit** gehören die **Regiebetriebe**. Diese werden unterteilt in die reinen Regiebetriebe und die verselbständigten Regiebetriebe, welche in der Form von Sondervermögen und Eigenbetrieben auftreten (vgl. Thiemeyer [Wirtschaftslehre]):

- **Reine Regiebetriebe** sind Teile der öffentlichen Verwaltung. Sie sind also weder organisatorisch noch rechtlich selbständig. Beispiele sind die städtische Müllabfuhr, Stadtbibliotheken.

- **Verselbständigte Regiebetriebe** sind im Vergleich zu den reinen Regiebetrieben mit mehr Entscheidungskompetenz ausgestattet. Dies gilt insbesondere für die **Eigenbetriebe** (z. B. städtische Elektrizitätswerke, städtische Verkehrsbetriebe).

Die Deutsche Bundesbahn und die Deutsche Bundespost gehörten zu den größten Betrieben, die in einer Rechtsform des öffentlichen Rechts geführt wurden. Sowohl die Deutsche Bundesbahn wie auch die Deutsche Bundespost sind inzwischen in **Aktiengesellschaften** umgewandelt und an die Börse gebracht worden. Nach dem Postverfassungsgesetz des Jahres 1989 wurde die Bundespost neu strukturiert. Sie bestand damals aus drei einzelnen Unternehmen, dem Postdienst, der Postbank und der Telekom. Seit 1. 1. 1995 ist die Telekom eine Aktiengesellschaft. Damit erhält sie den unternehmerischen Handlungsspielraum, den sie braucht, um in dem rasant wachsenden Telekommunikationsmarkt bestehen zu können. Mit dem Gang an die Börse wurden die Voraussetzungen für die Beschaffung von Kapital geschaffen, um neue Märkte zu erschließen und in innovative Technologien zu investieren. Die Postbank AG ging am 23. 6. 2004 an die Börse.

2.4.4.11   Rechtsformen des Europäischen Gesellschaftsrechts

(1) Europäische Aktiengesellschaft (SE)

Die Schaffung einer Europäischen Aktiengesellschaft (Societas Europea) wurde 1959, also ca. 2 Jahre nach Unterzeichnung der Römischen Verträge zur Gründung der Europäischen Wirtschaftsgemeinschaft (EWG), zum ersten Mal konkret gefordert (vgl. Theisen/Wenz [Grundkonzeption] 28 f.). Seitdem wurde die Ausgestaltung dieser supranational-europäischen Rechtsform lange und kontrovers diskutiert, bis Ende 2000 eine völlig unerwartete Einigung im Europäischen Rat erzielt werden konnte.

Am 8. Oktober 2004 tritt die Verordnung über das Statut der SE in Kraft; ab diesem Zeitpunkt ist es also Unternehmen möglich, alternativ zu den Rechtsformen nationalen Rechts diese neue staatenübergreifende Gesellschaftsform zu wählen. Mit Hilfe dieser Rechtsform soll es Unternehmen im europäischen Binnenmarkt erleichtert werden, sich über die mitgliedstaatlichen Grenzen hinweg neu zu organisieren, z. B. im Rahmen von grenzüberschreitenden Unternehmenszusammenschlüssen oder durch die Verlegung des Unternehmenssitzes.

Das **gezeichnete Kapital** einer SE muss mindestens 120 000 € betragen. Als **Organe**

der SE sind die Hauptversammlung der Aktionäre sowie wahlweise ein Leitungs-
und ein hiervon getrenntes Aufsichtsorgan (dualistisches System) oder ein einziges
Verwaltungsorgan (monistisches System) vorgesehen. Beim monistischen Board-
System wählt das Verwaltungsorgan aus seiner Mitte die geschäftsführenden Mitglieder, während die übrigen Mitglieder Aufsichtsfunktionen übernehmen.

Die Verordnung wird ergänzt durch eine Richtlinie, die Fragen der **Mitbestimmung
der Arbeitnehmer** regelt. Diese Richtlinie muss bis zum 8. Oktober 2004 von den
Mitgliedsstaaten in nationales Recht umgesetzt werden. Die Entscheidung für ein
passendes Mitbestimmungsmodell stellte einen zentralen Streitpunkt auf dem Weg
zur Europäischen Aktiengesellschaft dar, denn innerhalb der Europäischen Gemeinschaft existiert eine große Bandbreite von Regelungen. Im erarbeiteten Kompromiss werden Verhandlungen zwischen der Geschäftsführung und den Arbeitnehmern über ein Mitbestimmungsmodell in der SE favorisiert. Erst bei Scheitern
der Verhandlungen kommt eine Auffanglösung zum Tragen (zur Mitbestimmung
in der SE vgl. S. 289 f.).

(2) Europäische Wirtschaftliche Interessenvereinigung (EWIV)

Die Europäische Wirtschaftliche Interessenvereinigung stellt die erste durch EG-
Verordnung geschaffene europäische Rechtsform dar. Sie bietet eine flexible Gesellschaftsform für Unternehmen, die gemeinsam bestimmte Tätigkeiten grenzüberschreitend ausüben wollen, ohne einen engen Zusammenschluss herbeizuführen
oder eine gemeinsame Tochtergesellschaft zu errichten. Sie ist insbesondere für die
grenzüberschreitende Kooperation mittelständischer Unternehmen gedacht.

Die Gründung der EWIV erfolgt durch Vertrag und Eintragung in das jeweils
zuständige nationale Handelsregister. Zur Gründung ist kein besonderes Kapital
erforderlich. **Organe** der Vereinigung sind die Mitgliederversammlung und die Geschäftsführung. Die Bestellung der Geschäftsführer erfolgt durch den Gründungsvertrag oder einen Beschluss der Mitglieder. Der Gründungsvertrag kann weitere
Organe vorsehen.

Die Gesellschaft selbst hat keinen eigenen Erwerbszweck, sondern dient dazu, die
wirtschaftliche Tätigkeit ihrer Mitglieder zu verbessern (Art. 3 Abs. 1 EWIV-VO).
Gewinne aus der Tätigkeit der Vereinigung gelten als Gewinne der Mitglieder und
werden von diesen versteuert. Für die **Verbindlichkeiten** der EWIV haften die einzelnen Mitglieder unbeschränkt und gesamtschuldnerisch.

Die EWIV ist ein bewusst einfach gehaltenes Gesellschaftsmodell, das etwa mit der
OHG deutschen Rechts verglichen werden kann. Den Mitgliedern bleibt ein sehr
weiter Gestaltungsspielraum. Die Bedeutung der EWIV als einziges supranatio-
nales, «neutrales» Instrument für grenzüberschreitende Kooperationen ist in den
letzten Jahren gewachsen. Im Jahre 2000 sind über 800 derartige Vereinigungen
in höchst unterschiedlichen Bereichen tätig – eine beachtliche Zahl, wenn man
bedenkt, dass EWIV erst seit dem 1. Juli 1989, dem Datum des Inkrafttretens der
Verordnung, gegründet werden können.

Das wohl bekannteste Beispiel für eine EWIV ist der Deutsch-Französische Fernseh-Kulturkanal ARTE.

2.4.5   Modelle der Rechtsformentscheidung

Die besonderen Schwierigkeiten des Entscheidungsproblems «**Wahl der optimalen Rechtsform**» liegen darin, dass

1. mehrere Ziele relevant sind und
2. die meisten Entscheidungsziele nicht-monetärer Natur, d. h. nicht in Geldgrößen ausdrückbar sind. In monetären Größen zu beziffern sind unter den genannten Entscheidungszielen nur die «Steuerbelastung» und die «rechtsformabhängigen Aufwendungen».

Für die Auswahl der Rechtsform unter ausschließlich **steuerlichen Aspekten** ist eine Vielzahl von Modellen entwickelt worden. Hier soll die Methode der **Teilsteuerrechnung** kurz skizziert werden. Im Anschluss daran wird dann ein Totalmodell, das auf der Grundlage der **Nutzwertanalyse** formuliert wird, entwickelt. Totalmodelle erfassen im Gegensatz zu Partialmodellen sämtliche Entscheidungskriterien.

2.4.5.1   Teilsteuerrechnung

Eine Berechnung der Steuerbelastung kann für jede einzelne in Frage kommende Rechtsform getrennt nach den einzelnen Steuerarten durchgeführt werden. Es erfolgt also etwa eine getrennte Berechnung der Einkommensteuer- und Gewerbesteuerbelastung z. B. bei der Rechtsformalternative OHG. Die Addition dieser steuerartenbezogenen Belastungen ergibt die Gesamtbelastung für eine Alternative, die dann mit der Belastung der anderen Alternative verglichen wird. Diese kasuistische **Veranlagungssimulation** ist jedoch sehr umständlich und Zeit raubend, zumal zusätzlich die Abzugsfähigkeit einzelner Steuerbelastungen bei den Bemessungsgrundlagen anderer Steuerarten berücksichtigt werden muss. So ist z. B. die Gewerbesteuer bei der Einkommensteuer und der Körperschaftsteuer und auch bei der eigenen Bemessungsgrundlage als Betriebsausgabe abzugsfähig.

Zur Vermeidung einer solchen umständlichen fallbezogenen Veranlagungssimulation wurde von *Rose* die **Teilsteuerrechnung** entwickelt (vgl. Rose [Steuerbelastung]). Grundlage für das Verfahren der Teilsteuerrechnung sind zwei maßgebliche Eigenarten unseres Steuersystems: Zum einen sind Bestandteile der Bemessungsgrundlagen bei den einzelnen Steuerarten identisch (Bemessungsgrundlageninterdependenz), zum anderen bestehen die schon erwähnten Interdependenzen zwischen den Steuerarten.

Auf dieser Grundlage kann das Teilsteuersystem in **Stufen** abgeleitet werden:

1. Zunächst sind die juristisch definierten Bemessungsgrundlagen in einzelne Bestandteile zu zerlegen. Eine solche ertragsteuerliche Basisgröße ist der Rein-

ertrag der Unternehmung, der unter Berücksichtigung steuerlicher Besonderheiten aus dem handelsrechtlichen Jahreserfolg abgeleitet wird. Zur Ermittlung der Körperschaftsteuerbelastung müssen zusätzlich zu dieser **Basisgröße** spezifische körperschaftsteuerliche Bemessungsgrundlagenteile (körperschaftsteuerliche **Modifikationen**), zur Ermittlung der Gewerbeertragsteuerbelastung spezifische gewerbeertragsteuerliche Bemessungsgrundlagenteile (gewerbeertragsteuerliche Modifikationen) berücksichtigt werden. Dabei sind die Bemessungsgrundlagenidentitäten zwischen den einzelnen Steuerarten zu beachten und solche Bemessungsgrundlagenteile abzuleiten, die in Bezug auf die Besteuerung jeweils gleiche Eigenschaften besitzen.

2. Danach muss für jede Steuerart eine **Grundgleichung** aufgestellt werden, aus der sich die Höhe der Steuerzahlung für diese Steuerart errechnet als Summe der Produkte von Bemessungsgrundlagenteilen mit – aus den Steuertarifen abgeleiteten – Steuerfaktoren. Die Steuerarteninterdependenzen werden hierbei berücksichtigt.

3. Schließlich werden die Grundgleichungen für alle zu berücksichtigenden Steuerarten zusammengefasst. Für die einzelnen Bemessungsgrundlagenteile können die dafür jeweils anfallenden Einzelsteuersätze zu einer Größe zusammengefasst werden (Teilsteuersatz). Dieser Teilsteuersatz gibt also an, wie hoch die Gesamtsteuerbelastung für diesen Bemessungsgrundlagenteil ist. Die Steuerlast nennt man «Teilsteuer».

Durch das Verfahren der Teilsteuerrechnung werden explizit die Abhängigkeiten zwischen der Gesamtsteuerbelastung einer Alternative und den die Steuerbelastung bestimmenden Ausgangsgrößen erfasst. Diese Vorgehensweise ermöglicht eine unmittelbare Analyse der Auswirkungen einer Variation von Entscheidungsparametern (etwa der jährlichen Gewinnausschüttungen an die Gesellschafter) oder von steuerrechtlichen Daten (etwa der zulässigen Abschreibungssätze) auf die Gesamtsteuerbelastung. Zur näheren Beschreibung der Teilsteuerrechnung vgl. S. 216 ff.

2.4.5.2   Nutzwertanalyse

Für die Gesamtanalyse des Entscheidungsproblems «Wahl der Rechtsform» sind zwei Aspekte zu berücksichtigen: Zunächst umfasst dieses Entscheidungsproblem nicht nur die eigentliche Wahl der Rechtsform, sondern damit verbunden ist auch die optimale Ausgestaltung der gesetzlichen Spielräume innerhalb der einzelnen Rechtsformalternativen. Einen dispositiven Charakter haben vor allem die Regelungen des HGB. Die denkbaren Ausgestaltungen des Innenverhältnisses sind mit Hilfe der erörterten Ziele zu beurteilen und simultan mit der eigentlichen Rechtsformwahl festzulegen. Des Weiteren wird die Gesamtanalyse nie alle denkbaren Rechtsformen umfassen. Diese Einschränkung des Gesamtangebots an Rechtsformen ist einmal aufgrund gesetzlicher Vorschriften möglich, zum anderen können aufgrund konkreter Vorstellungen bestimmte Rechtsformalternativen von vornherein als ungeeignet ausscheiden.

Für die Wahl der Rechtsform eignet sich als Entscheidungsmodell die **Nutzwert-analyse (NWA)** insofern gut, als bei diesem Entscheidungsproblem einmal viele Ziele beachtet werden müssen, zum zweiten einzelne Ziele nicht in monetären Größen ausdrückbar sind und schließlich i. d. R. mehrere Entscheidungsträger mit-wirken.

Das Verfahren der NWA – auch als **Scoring-Modell** bezeichnet – soll im Folgenden in den wesentlichen Zügen skizziert werden. Zur Verdeutlichung der Aussagen gehen wir von einer konkreten Entscheidungssituation aus: Ein Unternehmen, das bisher in der Rechtsform der OHG betrieben wurde, steht vor der Frage einer Umwandlung in eine Kapitalgesellschaft. Folgende Schritte sind zu unternehmen (vgl. auch Zangemeister [Nutzwertanalyse]):

(1) Bevor mit Hilfe der NWA die optimale Rechtsformalternative ermittelt wird, empfiehlt es sich, im Rahmen einer Vorauswahl das relevante **Entscheidungsfeld** abzugrenzen. Hier gehen wir davon aus, dass die Gesellschafter lediglich über ein Eigenkapital von 25 000 € verfügen, so dass unter den Kapitalgesellschaften ledig-lich die Rechtsform der GmbH in Frage kommt, da die Mindesthöhe des Grund-kapitals bei der AG 50 000 € beträgt (KO-Kriterium).

(2) Ist durch diese Vorentscheidung das Entscheidungsfeld abgegrenzt, so ist im Rahmen der ersten Phase der NWA das **Zielsystem** aufzustellen. Als Ergebnis erhalten wir die Ziele Z_1, Z_2, ..., Z_n.

(3) Für alle diese Ziele sind nun die **Zielerträge** der Entscheidungsalternativen fest-zustellen (vgl. Abb. 4.30). Die einzelnen Zielerträge können sowohl quantitativ wie auch verbal beschrieben werden: Für das Ziel Z_3 (Steuerbelastung) lässt sich bei-spielsweise – wenn auch unter großen Schwierigkeiten – feststellen, wie groß die Steuerbelastung der GmbH im Vergleich zu jener der OHG ausfällt. Beim Ziel der Haftung dagegen kann zunächst nur festgestellt werden, ob eine beschränkte oder eine unbeschränkte Haftung vorliegt.

Die so ermittelte Zielertragsmatrix gibt das für die Entscheidungsträger relevante Entscheidungsfeld wieder: Um hieraus die optimale Entscheidungsalternative ab-

Z	Z_1 Haftung	Z_2 Finanzierung	Z_3 Steuer-belastung	Z_4 Unternehmens-kontinuität	Σ
a \ g	0,3	0,2	0,4	0,1	1
oHG	2	5	9	2	5,4
GmbH	9	7	2	9	5,8

Abbildung 4.30: Rechtsformwahl mit Hilfe der Nutzwertanalyse

leiten zu können, müssen die Zielerträge anhand des Präferenzsystems der Entscheidungsträger bewertet werden.

(4) Die Bewertung einer Alternative über alle Ziele hinweg setzt voraus, dass die Zielerträge in **Zielwerte** transformiert werden. In Abb. 4.31 sind wir von einer **kardinalen** Zielwertskala ausgegangen: Den Zielerträgen wird eine zwischen 0 und 10 liegende Punktzahl zugeordnet, wobei mit ansteigender Punktzahl der Wert zunimmt.

Neben dieser kardinalen Zielwertskala gibt es noch die ordinale oder nominale Skalierung. Eine **ordinale** Skalierung bedeutet, dass für die Zielerträge eine – von den Präferenzen des Entscheidungsträgers bestimmte – Rangordnung (1. Platz, 2. Platz usw.) festgelegt wird. Ist auch die Ermittlung einer solchen Rangordnung nicht möglich, verbleibt nurmehr eine nominale Skalierung der Zielwerte. Eine **nominale** Zielwertskala könnte etwa aus zwei Wertebereichen bestehen: Dem Wertebereich Null (der angestrebte Zielwert ist nicht erreicht) und dem Wertebereich 1 (der angestrebte Zielwert ist erreicht).

(5) Die Bedeutung der Ziele ist für den Entscheidungsträger i. d. R. unterschiedlich. Es müssen daher **Zielgewichte** g festgelegt werden, die die unterschiedliche Bedeutung der einzelnen Ziele für den Entscheidungsträger zum Ausdruck bringen sollen. In unserem Beispiel wird das Ziel Z_1 mit 0,3, das Ziel Z_2 mit 0,2, das Ziel Z_3 mit 0,4 und das Ziel Z_4 mit 0,1 gewichtet. Die Summe der Gewichte muss immer 1 ergeben.

(6) Sind die relativen Zielgewichte ermittelt, können aus der Zielwertmatrix, die für jede Zielvariable Z_j die unterschiedlichen Zielwerte der Alternativen wiedergibt, die Nutzwerte N_i der Alternativen, die den Gesamtzielwert wiedergeben, abgeleitet werden. Dieser Vorgang wird als **Wertsynthese** bezeichnet. Auf welche Art eine solche Wertsynthese vorgenommen werden kann, hängt von der Skalierung der Zielwerte ab. Bei einer kardinalen Skalierung aller Zielwerte, etwa durch die o. a. Vergabe von Punkten für die unterschiedlichen Zielwerte, könnte der Nutzwert N_i einer Alternative a_i durch die Aufsummierung der Produkte aus den Zielwerten n_{ij} der Alternative a_i und den relativen Zielgewichten g_j über alle j Zielarten abgeleitet werden:

$$N_i = \sum_j n_{ij} \cdot g_j$$

Für unser Beispiel gilt:

OHG: $0{,}3 \cdot 2 + 0{,}2 \cdot 5 + 0{,}4 \cdot 9 + 0{,}1 \cdot 2 = 5{,}4$

GmbH: $0{,}3 \cdot 9 + 0{,}2 \cdot 7 + 0{,}4 \cdot 2 + 0{,}1 \cdot 9 = 5{,}8$

Die Alternative a_2 hat den höchsten Nutzwert $N = 5{,}8$.

Das gleiche Verfahren könnte bei ordinaler Skalierung angewandt werden, wobei anstelle von Punktwerten bei den einzelnen Zielgrößen Rangplätze der Alternativen der Wertsynthese zugrunde gelegt werden. Beide Verfahren der Wertsynthese führen allerdings nur unter bestimmten Voraussetzungen zu präzisen, dem Präferenzsystem der Entscheidungsträger gemäßen Ergebnissen.

(7) Bei einer Vielzahl der in die NWA eingehenden Größen besteht für den Entscheidungsträger ein mehr oder weniger **großer Beurteilungsspielraum**: Weder die Zielerträge können i. d. R. bei allen Zielvariablen exakt prognostiziert werden – die Steuerbelastung der Rechtsformalternativen etwa ist abhängig vom zukünftigen Unternehmenswachstum, der Entwicklung des Steuerrechts etc. – noch sind die Zielgewichtung und die Bewertung der Zielerträge eindeutig möglich. Eine Berücksichtigung der Unsicherheit der Entscheidungssituation durch Wahrscheinlichkeitsfunktionen bzw. Unsicherheitsintervalle bei allen unsicheren Größen des Modells würde dazu führen, dass das Modell aufgrund der hohen Komplexität nicht mehr lösbar wäre. In der Praxis wird deshalb i. d. R. nur untersucht, wie sich das Lösungsergebnis bei Variation einiger für die Entscheidung besonders wichtiger und/oder besonders unsicherer Größen ändert. Durch eine solche **Sensitivitätsanalyse** kann vor allem auch festgestellt werden, bei welchen Ausprägungen einer Größe (etwa bei welchem Spitzensteuersatz des Einkommensteuertarifs) sich die ursprüngliche Rangordnung der Alternativen (= der Nutzwerte) ändert. So liegen in unserem Beispiel die Nutzwerte sehr eng beieinander. Eine kleine Änderung der Zahlen kann die errechnete Vorteilhaftigkeit der GmbH zunichte machen. In diesem Fall zeigt die Sensitivitätsanalyse, welche Annahmen des Modells eine genauere Prüfung verlangen.

(8) Mit Hilfe der NWA wird die Entscheidungsfindung bei der Rechtsformwahl systematisiert und damit verbessert. Ein Vorteil dieser Methode ist in der Tatsache zu sehen, dass das Entscheidungsproblem in einzelne Schritte zerlegt und die einzelnen Schritte der Entscheidung, insbesondere die Werturteile, **transparent** gemacht werden. So ist die Vorgehensweise für Dritte nachvollziehbar und kontrollierbar. Der beschränkten menschlichen Informationsverarbeitungskapazität kommt die NWA dadurch entgegen, dass sie das Gesamtproblem in einfachere und überschaubare Teilaspekte aufspaltet.

Literaturhinweise

Backhaus, Klaus und *Wulff Plinke*: [Rechtseinflüsse] auf betriebswirtschaftliche Entscheidungen. Stuttgart 1986.
Berger, Michael: Quantifizierung, Bewertung und Bestgestaltung von Rechtsformen. Krefeld 1986.
Buchholz, Rainer: Internationale [Rechnungslegung]: die Vorschriften nach IAS, HGB und US-GAAP im Vergleich. 3. Aufl., Bielefeld 2003.
Drukarczyk, Jochen: Finanzierung. 9. Aufl., Stuttgart 2003.
Heyd, Reinhard: Internationale [Rechnungslegung]. Stuttgart 2003.

Jacobs, Otto H. und *Wolfram Scheffler*: Steueroptimale Rechtsform: eine Belastungsanalyse für mittelständische Unternehmen. 2. Aufl., München 1996.

Klunzinger, Eugen: Grundzüge des Gesellschaftsrechts. 12. Aufl., München 2002.

Kübler, Friedrich: Gesellschaftsrecht. 5. Aufl., Heidelberg 1999.

Pellens, Bernhard: Internationale [Rechnungslegung]. 4. Aufl., Stuttgart 2001.

Rose, Gerd: Die [Steuerbelastung] der Unternehmung. Wiesbaden 1973.

Schünemann, Wolfgang B.: Wirtschaftsprivatrecht. 4. Aufl., Stuttgart 2002.

Stehle, Heinz und *Anselm Stehle*: Die rechtlichen und steuerlichen Wesensmerkmale der verschiedenen Gesellschaftsformen. 16. Aufl., Stuttgart u. a. 1995.

Theisen, Manuel R. und *Martin Wenz*: Hintergründe, historische Entwicklung und [Grundkonzeption]. In: Die Europäische Aktiengesellschaft: Recht, Steuern und Betriebswirtschaft der Societas Europaea (SE). Hrsg. von Manuel R. Theisen und Martin Wenz. Stuttgart 2002, S. 1–50.

Thiemeyer, Theo: [Wirtschaftslehre] öffentlicher Betriebe. Reinbek bei Hamburg 1975.

Wöhe, Günter: Einführung in die Allgemeine Betriebswirtschaftslehre. 21. Aufl., München 2002.

Zangemeister, Christof: [Nutzwertanalyse] in der Systemtechnik. München 1976.

2.5   Entscheidung über Unternehmenszusammenschlüsse

2.5.1   Entscheidungsproblem

Unternehmer verfolgen i. d. R. das Ziel, den Bestand des Unternehmens langfristig zu sichern. Als Instrument zur Erhaltung des Erfolgspotenzials, aber auch als eigenständiges Ziel, sind die Unternehmen i. d. R. am **Wachstum** orientiert. So ergab beispielsweise die Befragung eines repräsentativen Querschnitts der Unternehmen in Baden-Württemberg, dass mehr als 70% danach streben, ihren Marktanteil zu vergrößern; 50% sind bereit, zugunsten eines größeren Marktanteils auf möglichst hohen Gewinn zu verzichten (Nebbeling [Preisverhalten] 21 f.).

Es gibt grundsätzlich **zwei Strategien des Wachstums**:

- internes Wachstum,
- externes Wachstum.

Internes Wachstum lässt sich durch den Einsatz solcher Instrumente realisieren, die das Eigenpotenzial einer Unternehmung aktivieren. Im Prinzip sind alle Unternehmungsbereiche als Träger von Wachstumsaktivitäten geeignet; als besonders wachstumsträchtig hat sich jedoch die Förderung der Forschung und Entwicklung sowie der Absatzwirtschaft erwiesen. Während die Aktivitäten im Absatzbereich im Allgemeinen auf eine kurzfristige Steigerung des Wachstums ausgerichtet sind, wird die Forschung und Entwicklung i. d. R. als längerfristig wirksames Wachstumsinstrument konzipiert; sie stellt gewissermaßen eine Wachstumsinvestition dar.

Externes Wachstum liegt dann vor, wenn ein bestehendes Unternehmen sich ein anderes selbständiges Unternehmen oder Teile davon angliedert. Kurz ausgedrückt:

Externes Wachstum findet über Unternehmenszusammenschlüsse (engl.: mergers and acquisitions) statt.

> Ein **Unternehmenszusammenschluss** ist die Vereinigung bestehender Unternehmen mit dem Zweck gemeinschaftlicher Aufgabenerfüllung.

Maßnahmen des externen Wachstums sind die **Konzernierung** und die **Fusionierung**. Andere Formen von Unternehmenszusammenschlüssen, wie etwa die Bildung von Strategischen Allianzen, lassen sich als eine Vorstufe für externes Wachstum ansehen.

In diesem Abschnitt sollen nun die Entscheidungen über Unternehmenszusammenschlüsse analysiert werden. Wir werden uns insbesondere mit den verschiedenen Alternativen von Unternehmenszusammenschlüssen beschäftigen. Die Wahl einer Alternative wiederum hängt u.a. vom Ziel ab, das mit einem Unternehmenszusammenschluss verfolgt werden soll. Mit der Zielproblematik wollen wir uns zunächst auseinander setzen.

2.5.2   Ziele von Unternehmenszusammenschlüssen

(1) Wie bereits dargelegt, dienen Unternehmenszusammenschlüsse der Förderung des Wachstums von Unternehmen. Die Förderung des Wachstums wiederum ist ein geeigneter Weg, um Voraussetzungen für die **Befriedigung von persönlichen Interessen von Managern** zu schaffen. Topmanager eines großen Unternehmens zu sein, dürfte mit mehr Prestige, persönlicher Macht und höherem Gehalt verbunden sein als die Leitung eines kleinen Unternehmens. Verschiedene Untersuchungen haben gezeigt, dass Topmanager ein starkes Bedürfnis nach abwechslungsreicher Tätigkeit an den Tag legen, das mit der Herausforderung eines Unternehmenszusammenschlusses eher befriedigt werden kann als mit einer Politik, die sich auf das Verharren bei dem Erreichten beschränkt (Kieser [Weg] 53).

(2) Ein häufig genanntes Ziel von Unternehmenszusammenschlüssen ist der sog. **Synergieeffekt.** Man versteht darunter die Tatsache, dass die Zusammenfassung bisher getrennter Bereiche mehr wert ist als die Summe der Teile. Verdeutlicht wird dieses Phänomen auch mit der «Formel» 2 + 2 = 5. Es soll damit zum Ausdruck gebracht werden, dass ein Unternehmenszusammenschluss zusätzliche Verbundeffekte bewirkt, die über die bloße Addition der bisher getrennt geführten Bereiche hinausgeht. Solche Synergieeffekte können im Bereich der Beschaffung (gemeinsamer Einkauf), der Fertigung (Fixkostendegression), des Absatzes (Ergänzung des Absatzprogramms) und der Finanzierung (finanzielle Unterstützung durch einen Partner) auftreten. Diese Effekte werden im Folgenden im Einzelnen analysiert.

(3) Unternehmenszusammenschlüsse innerhalb einer Branche (z. B. Handelsunternehmen) führen zu einer Vergrößerung des **Beschaffungsvolumens** und verbessern

dadurch die Machtposition gegenüber Lieferanten. Daraus können Verbesserungen der Beschaffungskonditionen resultieren. Zu ihnen rechnen: Mengenrabatte, günstige Lieferfristen und günstige Lieferungs- und Zahlungsbedingungen.

Ein **vertikaler Zusammenschluss** mit Lieferanten (etwa Automobilhersteller und Zulieferer) trägt dazu bei, dass die Beschaffung gesichert und die Anforderungen an die zu beschaffenden Güter besser durchgesetzt werden können.

(4) Bereits das von *Karl Bücher* im Jahre 1910 entwickelte «**Gesetz der Massenproduktion**» bringt sehr deutlich zum Ausdruck, dass sich mit Unternehmenszusammenschlüssen prinzipiell die Chance bietet, die Vorteile der **Fixkostendegression (economies of scale)** im Bereich der **Fertigung** wahrzunehmen. Zur Darstellung des Gesetzes der Massenproduktion vgl. S. 414 f. Die positiven Effekte aus der Fixkostendegression sind umso stärker, je besser eine Kapazität durch Unternehmenszusammenschlüsse genutzt werden kann. Zu erwähnen sind in diesem Zusammenhang u. a. die verstärkte Nutzung von Produktionsanlagen und von Forschungs- und Entwicklungseinrichtungen sowie des im Forschungs- und Entwicklungsbereich vorhandenen Know-How. Die Ausnutzung der Kapazität lässt sich auch durch eine aus dem Unternehmenszusammenschluss evtl. resultierende **Spezialisierung** verstärken. Unternehmenszusammenschlüsse können zu einem **technischen Verbund** führen. So lassen sich evtl. Abfallprodukte, die nicht transport- und lagerfähig sind (z. B. Abwärme), nutzen. Auch lassen sich Lager- und Transportkosten einsparen.

(5) Ziele von Unternehmenszusammenschlüssen sind häufig **absatzwirtschaftlicher** Natur. Über einen Unternehmenszusammenschluss kann die Angebotsmacht gesteigert werden. Denkbar ist auch, dass sich auf dem Wege eines Unternehmenszusammenschlusses der Vertriebsapparat und die Marktforschungskapazität ausbauen lassen. Außerdem lässt sich erst ab einer bestimmten Unternehmensgröße die Werbung wirkungsvoll einsetzen. Beispiel: Nur Großbrauereien können sich eine bundesweite Fernsehwerbung leisten. Schließlich können Unternehmenszusammenschlüsse dazu beitragen, die Produktpalette zu erweitern (Diversifikation) und damit die Synergieeffekte eines breiteren Absatzprogramms zu nutzen.

(6) Ein wesentliches Wachstumshemmnis ist häufig der Kapitalmangel. Der Zusammenschluss mit einem anderen Unternehmen kann dazu beitragen, dass günstigere Voraussetzungen für die **Finanzierung** des Wachstums einer Unternehmung geschaffen werden. Insbesondere kleine Unternehmungen können durch einen Zusammenschluss mit einem großen Partner die Eigenkapitalbasis verbreitern. So haben kleine und mittelständische Unternehmen (z. B. in der Rechtsform der GmbH) keinen Zugang zur Börse. Um diesen Nachteil auszugleichen, bietet sich der Zusammenschluss mit einer AG an. Auch dürfte mit dem Zusammenschluss die Kreditwürdigkeit steigen.

(7) Über einen Zusammenschluss kann ein **Potenzial erworben** werden, das sich gemeinsam nutzen lässt. So kann der Erwerb eines Unternehmens beispielsweise

von der Absicht geleitet sein, den Facharbeiterstamm, den Kundenstamm, technisches Know-How, Patente zu übernehmen («Intelligenz kann man kaufen»).

In diesem Zusammenhang sind auch die sog. **strategischen Allianzen** zu nennen, die einen Kompetenztransfer (**economies of scope**) zwischen den verbundenen Unternehmen erlauben. Beispiele sind die Kooperationen zwischen Industrieunternehmen und Softwarehäusern sowie zwischen Chemieunternehmen und Pharmaunternehmen.

(8) Unternehmenszusammenschlüsse können auch darauf ausgerichtet sein, **Vorteile steuerlicher Art** wahrzunehmen. Eine Förderung der Unternehmenskonzentration durch die Besteuerung ging vor allem von der durch die Mehrwertsteuer inzwischen abgelösten Allphasen-Brutto-Umsatzsteuer aus. Aber auch heute enthält das Steuersystem eine Reihe von Regelungen, die sich positiv auf einen Unternehmenszusammenschluss auswirken. Zu nennen sind insbesondere verschiedene **Abschreibungsvergünstigungen**, deren Vorteile mit dem Umfang des Vermögens wachsen, die steuerliche Begünstigung der Bildung von **Pensionsrückstellungen**, die vor allem den Unternehmen mit zahlreichen Betriebsangehörigen für die Finanzierung von Investitionen jahrelang, teilweise jahrzehntelang zur Verfügung stehen. Auch sind die sog. **Konzernsteuerrechtsinstitute** wie die Organschaft und das Schachtelprivileg zu nennen. Schließlich kann durch einen Zusammenschluss mit einem sanierungsbedürftigen Unternehmen dessen steuerlicher Verlustvortrag genutzt werden. So verfügen z. Zt. die Klöckner-Werke über einen Verlustvortrag von 1 Mrd. €. Dieses Unternehmen ist daher immer wieder Gegenstand von Übernahmespekulationen.

2.5.3   Alternativen von Unternehmenszusammenschlüssen

Einen Unternehmenszusammenschluss haben wir als Vereinigung bestehender Unternehmen mit dem Zweck gemeinschaftlicher Aufgabenerfüllung definiert.

Die Ausprägungen von Unternehmenszusammenschlüssen lassen sich nach verschiedenen **Kriterien** klassifizieren. Hier seien folgende Kriterien näher untersucht:

• Richtung des Zusammenschlusses,
• Grad der Bindungsintensität.

(1) Nach der **Richtung des Zusammenschlusses** lassen sich

• horizontale,
• vertikale und
• konglomerate

Unternehmenszusammenschlüsse unterscheiden.

Bei den **horizontalen** Zusammenschlüssen findet eine Integration auf derselben Produktions- bzw. Absatzstufe statt (z. B. zwei Brauereien schließen sich zusammen), bei **vertikalen** Zusammenschlüssen eine Integration mit vor- oder nachgelagerten Stufen (z. B. eine Restaurantkette erwirbt eine Brauerei = Rückwärtsintegration; im umgekehrten Fall handelt es sich um eine Vorwärtsintegration). Liegt weder ein horizontaler noch vertikaler Zusammenschluss vor, etwa beim Erwerb einer Brauerei durch eine Bank, so spricht man von einem **konglomeraten (diagonalen** oder **lateralen) Zusammenschluss.**

(2) Nach dem **Grad der Bindungsintensität** wird das Ausmaß der Gemeinsamkeit zum Einteilungskriterium. Danach lassen sich zwei **Grundformen** unterscheiden: die Kooperation und die Integration.

(a) Unter einer **Kooperation** versteht man die Zusammenarbeit zwischen mehreren Unternehmen, bei der die wirtschaftliche Selbständigkeit lediglich in den von der Kooperation betroffenen Bereichen für die Dauer der Kooperation eingeschränkt wird. Zu den Kooperationen rechnen u. a.:

- Arbeitsgemeinschaft (Konsortium),
- Gemeinschaftsunternehmen (Joint Venture),
- Strategische Allianz,
- Strategische Netzwerke,
- Franchising,
- Virtuelles Unternehmen,
- Kartell,
- Unternehmensverband.

Die in dieser Kooperation zusammengeschlossenen Unternehmungen verlieren lediglich einen Teil ihrer wirtschaftlichen Selbständigkeit und zwar denjenigen Teil, auf dem kooperiert wird. So wird beispielsweise im Rahmen eines Preiskartells ausschließlich die Preisfestsetzung gemeinsam geregelt, in den übrigen Entscheidungsbereichen sind die zusammengeschlossenen Unternehmungen frei.

(b) Bei der **Integration** werden alle Funktionen der zusammengeschlossenen Unternehmen gemeinsam erfüllt. Zu ihr rechnen:

- Konzern,
- Fusion.

In beiden Fällen von Unternehmenszusammenschlüssen verlieren die einzelnen Unternehmen ihre wirtschaftliche Selbständigkeit. Es entsteht ein **verbundenes Unternehmen.**

Im Folgenden werden die einzelnen Alternativen von Unternehmenszusammenschlüssen besprochen.

2.5.3.1   Kooperationen

2.5.3.1.1   Arbeitsgemeinschaft (Konsortium)

Eine **Arbeitsgemeinschaft** ist eine Kooperation von Unternehmen, die das Ziel verfolgt, eine zeitlich befristete und inhaltlich abgegrenzte Aufgabe gemeinsam zu lösen.

Zum Wesen dieser Kooperation gehört es, dass sie nach Erfüllung dieser gemeinsamen Aufgabe wieder aufgelöst wird. Sie wird i. d. R. in der Rechtsform der BGB-Gesellschaft geführt. Sie wird wegen der zeitlichen Befristung auch als Gelegenheitsgesellschaft bezeichnet.

Ein Beispiel ist die Kooperation von Handwerkern zur gemeinsamen Durchführung eines großen Bauprojektes (etwa «Arge Neubau Stadthalle»). Gelegentlich wird eine Arbeitsgemeinschaft auch als **Konsortium** bezeichnet. Dieser Begriff wird insbesondere dann verwendet, wenn sich Banken zur Wahrnehmung einer gemeinsamen Aufgabe zusammenschließen. Man spricht dann vom Bankenkonsortium. Ein **Bankenkonsortium** kann beispielsweise die Aufgabe haben, eine Wertpapieremission gemeinsam durchzuführen. Auch im internationalen Sprachgebrauch wird der Begriff «Konsortium» verwendet (z. B. Airbuskonsortium).

2.5.3.1.2   Gemeinschaftsunternehmen (Joint Venture)

Ein **Gemeinschaftsunternehmen (Joint Venture)** entsteht durch Kooperation mehrerer Unternehmen in Form der Gründung einer Gesellschaft, an der die kooperierenden Unternehmen gemeinsam beteiligt sind. Die Risikoteilung ist i. d. R. der Hauptzweck.

In der Regel sind die kooperierenden Unternehmen mit jeweils 50 % am Gemeinschaftsunternehmen beteiligt. Das Ziel solcher Unternehmen besteht darin, einzelne Aufgaben (etwa Forschung, Absatz, Einkauf) gemeinsam wahrzunehmen. Ein Beispiel ist die Deutsche Automobilgesellschaft mbH, Hannover, an der die Daimler-Chrysler AG und die Volkswagenwerk AG je zur Hälfte beteiligt sind. Aufgaben dieses Gemeinschaftsunternehmens sind Forschungs- und Entwicklungsarbeiten auf den Gebieten Elektrotechnik und elektrochemische Speichersysteme (Industriebatterien). Ein Beispiel für ein internationales Joint Venture ist «Shanghai-Volkswagen». Seine Aufgabe ist die Herstellung eines «Volkswagens» für den chinesischen Markt. Chinesische Institutionen und die Volkswagen AG sind jeweils zu 50 % beteiligt.

Die Gesellschaftsunternehmen entscheiden i. d. R. kollegial über die Unternehmenspolitik des Gemeinschaftsunternehmens. Umstritten ist, ob Gemeinschaftsunternehmen mit den bzw. dem Gesellschaftsunternehmen einen Konzern bilden.

2.5.3.1.3   Strategische Allianz

Eine **strategische Allianz** ist eine vertragliche Vereinbarung von Unternehmen auf derselben Wertschöpfungsstufe mit dem Ziel, durch Bündelung einzelner Potenziale die künftige Wettbewerbssituation der beteiligten Unternehmen zu stärken.

Es handelt sich also um eine horizontale Kooperation. Die Bündelung der Potenziale kann auf vielen strategisch relevanten Wettbewerbsfeldern stattfinden, so etwa bei der Forschung und Entwicklung und beim Absatz.

Beispiel für den Bereich Forschung und Entwicklung: Zusammenarbeit von Siemens und IBM bei der Entwicklung einer neuen Chip-Generation. Durch den damit verbundenen Technologietransfer soll ein Synergieeffekt entstehen.

Beispiel für den Absatzbereich: Die Lufthansa hat in den letzten Jahren ein weltweites Partnerschaftsnetz vertraglich vereinbart. Ziel der Vereinbarungen ist u. a. das sog. code sharing, d. h. es werden Gemeinschaftsflüge über eine einzige Flugnummer angeboten. Zu den Partnern der «Star Alliance» gehören Air Canada, Air New Zealand, ANA, Asiana Airlines, Austrian, bmi, LOT Polish Airlines, Lufthansa, SAS, Singapore Airlines, Spanair, Thai Airways International, United und VARIG. Inzwischen hat sich unter der Bezeichnung «One World» eine Gegenallianz gebildet. Sie umfasst Aer Lingus, American Airlines, British Airways, Cathay Pacific, Finnair, Iberia, LAN und Qantas.

2.5.3.1.4   Franchising

Franchising ist eine vertragliche Vereinbarung von Unternehmen auf verschiedenen Wertschöpfungsstufen, in der festgelegt wird, dass der Franchisenehmer gegen ein Entgelt bestimmte Dienstleistungen und Rechte des Franchisegebers in Anspruch nehmen kann.

Der Franchisegeber erhält Lizenzgebühren, die entweder umsatz- oder stückbezogen sind.

Franchising stellt also eine vertikale Kooperation dar, bei der ein Hersteller den Absatz der Produkte auf Vertragspartner überträgt. Der Inhalt des Franchisevertrages kann sich u. a. auf die Benutzung eines Firmennamens, einer Marke, eines Produktionsverfahrens beziehen.

So werden beispielsweise McDonalds-Filialen und Benetton-Läden im Franchise-System betrieben. Die Inhaber der Benetton-Läden sind selbständig, tragen also das Risiko; sie befinden sich jedoch unter dem Dach einer gemeinsamen Marke und Werbung.

2.5.3.1.5 Strategische Netzwerke

Strategische Netzwerke sind langfristige, institutionelle Arrangements der Prozessoptimierung entlang der Wertschöpfungskette, bei denen ein führendes Unternehmen die Koordination einer relativ großen Zahl rechtlich selbständiger, wirtschaftlich aber tendenziell abhängiger Zulieferer übernimmt.

Netzwerkarrangements können sowohl horizontaler als auch vertikaler und konglomerater Natur sein; der Begriff des strategischen Netzwerkes wird jedoch primär vertikal verstanden. Die beteiligten Unternehmen lassen sich treffend als Wertschöpfungspartner bezeichnen. Klassische Beispiele sind die Zulieferer-Hersteller-Netzwerke in der Automobilindustrie.

2.5.3.1.6 Virtuelle Unternehmen

Ein **Virtuelles Unternehmen** ist ein zeitlich begrenzt kooperierendes Netzwerk rechtlich selbständiger Unternehmen, die ihre jeweiligen Kernkompetenzen in die gemeinsame Organisation einbringen.

Die kooperierenden Unternehmen bedienen sich zur Abstimmung jener Spielregeln, die auf dem Markt gelten und greifen auf modernste informations- bzw. kommunikationstechnologische Infrastrukturen zurück.

In Virtuellen Unternehmen werden Projekte bearbeitet. Für jedes neue Projekt werden neue organisatorische Strukturen gebildet. Insofern unterscheidet sich die Virtuelle Unternehmung vom Strategischen Netzwerk und dem Joint Venture, die auf einer stabileren Situation aufbauen. Ein Beispiel für ein Projekt, das virtuell organisiert ist, stellt die Entwicklung des Betriebssystems «Linux» dar.

2.5.3.1.7 Kartell

Ein **Kartell** ist ein Zusammenschluss von Unternehmen, dessen Zweck die Beeinflussung des Marktes durch Wettbewerbsbeschränkung ist.

Die einzelnen Erscheinungsformen von Kartellen lassen sich nach verschiedenen Kriterien klassifizieren.

(1) Nach dem **Gegenstand** des Zusammenschlusses, also danach, was gemeinsam geregelt wird, können unterschieden werden:

1. **Preiskartelle**
Sie regeln die Preisgestaltung in Form von Festpreis-, Höchstpreis- oder Mindestpreisvereinbarungen.

Schließen sich Unternehmungen zusammen, um bei öffentlichen Ausschreibungen (etwa öffentlicher Vergabe eines Kindergartens) Vereinbarungen über den Angebotspreis zu treffen, so spricht man von einem **Submissionskartell**.

2. Rabattkartelle

Sie regeln die Festsetzung einer gemeinsamen Rabattpolitik, insbesondere die Festsetzung eines einheitlichen Rabattsatzes.

3. Konditionenkartelle

Sie führen zu Vereinbarungen über Geschäfts-, Lieferungs- und Zahlungsbedingungen, d. h. u. a. über die Art der Garantieleistungen, die Art der Lieferung (z. B. frei Haus), die Gewährung von Zahlungszielen, die Einräumung von Skonti.

4. Normen- und Typenkartelle

Sie führen zu einer Vereinheitlichung von Produktteilen (Normung) und von Endprodukten (Typung). Das Normenkartell regelt etwa die Abmessung von Teilen (z. B. DIN-Norm), das Typenkartell etwa die Typenbeschränkung.

5. Spezialisierungskartelle

Findet im Rahmen eines Kartells eine Aufteilung von Produkttypen auf Unternehmungen statt, liegt ein Spezialisierungskartell vor. Beispiel: Unternehmen A, B und C vereinbaren, dass die Herstellung von Autozubehör nach PKW-Typen auf die Unternehmen aufgeteilt wird. Man spricht in diesem Zusammenhang gelegentlich auch vom **Rationalisierungskartell**, weil sich mit der Aufteilung der Produkte auf verschiedene Unternehmungen Kostenvorteile erwirtschaften lassen.

6. Quotenkartelle

Sie regeln die Verteilung der Produktionsquoten auf die zusammengeschlossenen Unternehmen. Eine derartige Vereinbarung ist erforderlich, wenn Produktionsüberschüsse vermieden werden sollen.

Beispiel: Opec

7. Gebietskartelle

Sie stellen Absprachen über die Aufteilung der Absatzmärkte dar.

Ein Beispiel wäre eine Vereinbarung zweier Handelsunternehmen über eine örtliche Abgrenzung oder von Energieversorgern über die Stromabsatzgebiete.

8. Exportkartelle und Importkartelle

Absprachen zur Regelung von Außenhandelsaktivitäten.

9. Syndikate

Sie verpflichten die im Syndikat zusammengeschlossenen Unternehmungen, den Absatz bzw. die Beschaffung über eine gemeinsame Verkaufs- bzw. Einkaufseinrichtung abzuwickeln. Bei Syndikaten ist der höchste Grad der Kartellierung erreicht.

(2) Nach dem **Umfang der Vereinbarung** können Kartelle unterschieden werden in:

- Kartelle niederer Ordnung und
- Kartelle höherer Ordnung.

Bei **Kartellen niederer Ordnung** werden solche Vereinbarungen getroffen, die den Marktmechanismus nur wenig beeinflussen (z. B. Konditionenkartelle, Rabattkartelle).

Bei **Kartellen höherer Ordnung** liegen Vereinbarungen zwischen Unternehmen vor, die den Marktmechanismus auf wichtigen Feldern außer Kraft setzen. Zu nennen sind etwa das Preiskartell und das Syndikat.

Nach dem **Gesetz gegen Wettbewerbsbeschränkungen** sind Kartelle zwar grundsätzlich verboten, es werden jedoch verschiedene Ausnahmen zugelassen (z. B. Normen- und Typenkartelle oder Konditionenkartelle, vgl. § 2 GWB).

2.5.3.1.8   Unternehmensverband

Ein **Unternehmensverband** ist ein Zusammenschluss von Unternehmungen zur Wahrnehmung gemeinsamer Interessen und zur Erfüllung gemeinsamer Aufgaben.

Die Interessen von Unternehmen sind vielfältig. Dementsprechend verschieden organisiert und orientiert sind die Unternehmensverbände. Wir unterscheiden drei **Typen von Unternehmensverbänden:**

- Arbeitgeberverbände,
- Wirtschaftsverbände,
- Kammern.

Diese drei Typen von Unternehmensverbänden sind auf S. 173 ff. beschrieben.

2.5.3.2   Integration

Die Integration von Unternehmen führt zu **Zusammenschlüssen unter einheitlicher Leitung.** Sie wird i. d. R. durch eine Akquisition, also den Erwerb eines anderen Unternehmens herbeigeführt. Zu erörtern sind der Konzern und die Fusion.

2.5.3.2.1   Konzern

Das Aktiengesetz, in dem einzelne Unternehmenszusammenschlüsse geregelt sind, geht in § 15 vom **verbundenen Unternehmen** aus. Dieser Begriff wird nicht definiert, sondern durch eine Aufzählung der zum Kreis der verbundenen Unternehmen gehörenden Zusammenschlüsse geklärt:

1. Im Mehrheitsbesitz stehende Unternehmen und mit Mehrheit beteiligte Unternehmen (§ 16 AktG);
2. Abhängige und herrschende Unternehmen (§ 17 AktG);

3. Konzernunternehmen (§ 18 AktG);
4. Wechselseitig beteiligte Unternehmen (§ 19 AktG);
5. Vertragsteile eines Unternehmensvertrags (§§ 291, 292 AktG).

Die wichtigste Form der verbundenen Unternehmen ist zweifellos der Konzern. Etwas mehr als zwei Drittel aller Aktiengesellschaften sind Mitglied eines Konzerns.

(1) Begriff des Konzerns

Der Konzern ist in § 18 AktG definiert. Danach sind zwei Merkmale für den Konzernbegriff konstituierend:

1. Der **Konzern** umfasst mehrere **rechtlich selbständige** Unternehmen.
2. Die Unternehmen sind unter **einheitlicher Leitung** zusammengefasst.

Im Rahmen eines Konzerns sind also die einzelnen Konzerngesellschaften trotz ihrer rechtlichen Selbständigkeit einer von der Konzernleitung ausgehenden **einheitlichen Unternehmenspolitik** unterworfen. Es kommt zwar keine rechtliche, jedoch eine wirtschaftliche Einheit zustande.

(2) Arten des Konzerns

Nach der **Richtung des Zusammenschlusses** lassen sich

* horizontale,
* vertikale und
* konglomerate Konzerne (Mischkonzerne) unterscheiden.

Das **Aktiengesetz** kennt nach dem Verhältnis der einzelnen Konzernunternehmen zueinander folgende **Konzernarten:**

(a) **Gleichordnungskonzern** (§ 18 Abs. 2). Bei ihm stehen mehrere rechtlich selbständige Unternehmen unter einheitlicher Leitung, ohne dass das eine Unternehmen vom anderen abhängig ist. Die einheitliche Leitung kann dadurch zustande kommen, dass sich unabhängige Unternehmen zur Wahrnehmung gemeinsamer Interessen einem Gemeinschaftsorgan unterwerfen.

(b) **Unterordnungskonzern** (§ 18 Abs. 1). Bei ihm sind ein herrschendes und ein oder mehrere abhängige Unternehmen unter der einheitlichen Leitung des herrschenden Unternehmens zusammengefasst. Es muss also ein Abhängigkeitsverhältnis vorliegen.

Die Art der Ausgestaltung des Unterordnungskonzerns kann zu verschiedenen **Varianten des Unterordnungskonzerns** führen:

(aa) **Eingliederungskonzern** (§§ 319 bis 327). Herrschendes und abhängiges Unternehmen sind wirtschaftlich völlig integriert, ohne dass die rechtliche Selbständigkeit des abhängigen Unternehmens aufgegeben wird.

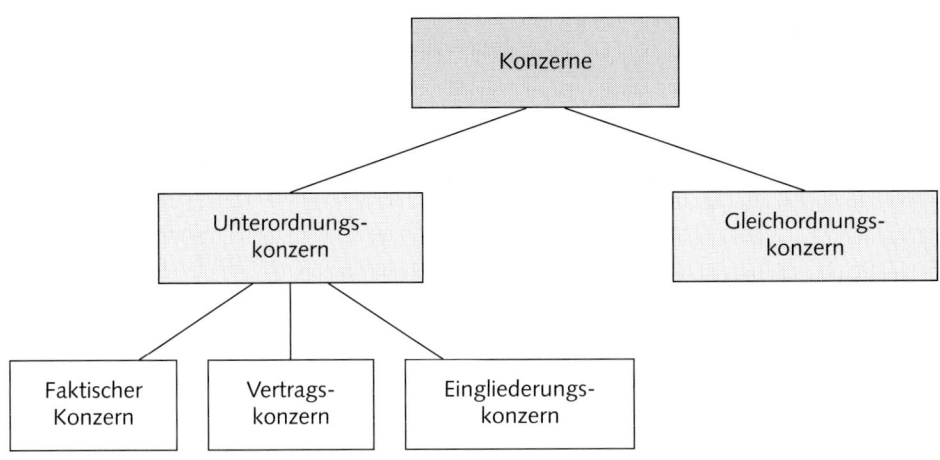

Abbildung 4.31: Arten des Konzerns

(bb) **Vertragskonzern** (§ 291 Abs. 1). Er entsteht durch Abschluss eines Beherr-schungsvertrages. Er regelt die organisatorischen Beziehungen zwischen Mutter- und Tochtergesellschaft dergestalt, dass er die Leitungsbefugnis des herrschenden Unternehmens bestimmt. So hieß es beispielsweise in § 1 des **Beherrschungs- und Gewinnabführungsvertrages** zwischen Daimler-Benz und AEG: «AEG unterstellt die Leitung ihrer Gesellschaft Daimler-Benz. Der Vorstand von Daimler-Benz ist berechtigt, dem Vorstand von AEG hinsichtlich der Leitung der Gesellschaft Weisungen zu erteilen.»

Im Gewinnabführungsvertrag verpflichtet sich die Tochtergesellschaft, ihren Gewinn an die Muttergesellschaft abzuführen.

(cc) **Faktischer Konzern** (§§ 311 bis 318). Er entsteht durch tatsächliche Beherr-schung auf dem Wege der **Beteiligung**. Es bestehen keine vertraglichen Beziehun-gen so wie beim Vertragskonzern; jedoch muss eine einheitliche Leitung vorliegen. Die faktische Leitungsmacht kommt dadurch zustande, dass die Konzernspitze über die personelle Besetzung von Aufsichtsrat und Vorstand der Tochtergesell-schaft ihre Interessen geltend macht.

Der faktische Konzern kommt in der Praxis am häufigsten vor.

Wie groß die Beteiligung sein muss, damit eine tatsächliche Beherrschung ausgeübt werden kann, hängt davon ab, wie weit die restlichen Anteile gestreut sind. Bei einer geringen Streuung reicht die einfache Mehrheit der Anteile (mehr als 50% und weniger als 75%) allein nicht zur Begründung einer völligen Beherrschung aus, da eine qualifizierte Minderheit (**Sperrminorität**) in diesem Fall entscheidende Beschlüsse (wie z. B. Satzungsänderungen) verhindern kann.

Im Folgenden soll am **Beispiel** der «mg technologies ag» (früher: Metallgesell-schaft) der Aufbau eines Konzerns kurz skizziert werden (Abb. 4.32)

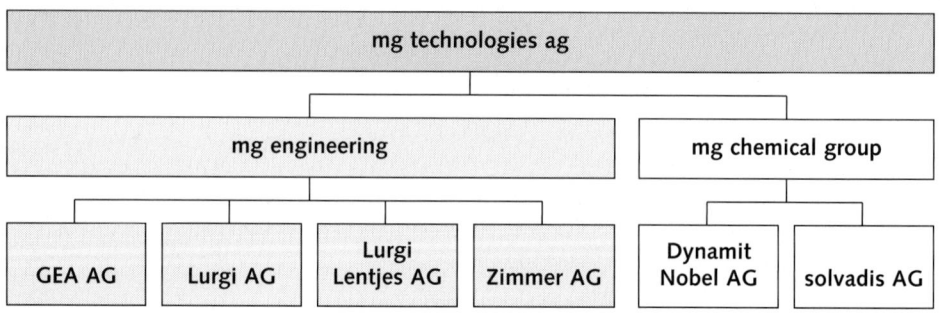

Abbildung 4.32: Konzernstruktur der «mg technologies ag»

Die meisten Konzerne sind heute nach dem **Holding-Konzept** aufgebaut, so z. B. der Daimler-Chrysler-Konzern, der E.ON-Konzern, der Metro-Konzern.

> Hat die Obergesellschaft lediglich die Funktion, Beteiligungen an den Tochtergesellschaften auf Dauer zu halten («to hold»), übt sie selbst also keine produktionswirtschaftliche Tätigkeit aus, so wird diese Obergesellschaft als **Holding** oder **Holdinggesellschaft** bezeichnet.

Nach dem Schwerpunkt der Holdingtätigkeit lassen sich Finanzholdings und Managementholdings unterscheiden:

1. **Finanzholding**

Die Beteiligungspolitik einer Finanzholding hat den Charakter einer Kapitalanlage und dient in erster Linie der Finanzierung der Tochtergesellschaften. Die Beteiligungsquote spielt dabei keine Rolle; entscheidend ist vielmehr, dass die Obergesellschaft den rechtlich selbständigen Beteiligungen eine weitestgehende Autonomie hinsichtlich ihrer unternehmerischen Entscheidungen einräumt. Ergänzende Funktionen der Holding sind Verwaltungs- und Kontrolltätigkeiten.

2. **Managementholding**

Bei der Managementholding übernimmt die Holding die einheitliche Leitung der rechtlich selbständigen Konzerngesellschaften. Der Begriff kennzeichnet also eine konzernleitende Obergesellschaft. Das Bestehen eines Unterordnungskonzerns i. S. des § 18 Abs. 1 AktG ist deshalb Voraussetzung. Hierfür bietet sich ein durch Beherrschungs- und Gewinnabführungsverträge gebildeter Vertragskonzern an, mit dem auch die Vorteile einer steuerlichen Organschaft verbunden sind. Zwar lässt sich die Leitung auch auf der Basis eines (qualifizierten) faktischen Konzerns realisieren, doch greift hier die Pflicht zum Nichtnachteilsausgleich für die Tochtergesellschaft.

Die Managementholding übernimmt die **strategische Führung** und delegiert die operativen Aufgaben und Zuständigkeiten an die Verbundglieder. Bei der Managementholding findet also eine Vereinigung von zentralen Elementen durch die strategische Führung der Holdingleitung und dezentralen Elementen infolge der Autonomie der Holding-Gesellschaften statt.

Die Metro AG ist eine Managementholding. In Abb. 4.33 ist die Struktur dieser Holding skizziert. Sie soll gewährleisten, dass der drittgrößte Handelskonzern der Welt auf der einen Seite zwar straff geführt wird, auf der anderen Seite aber seine Flexibilität und Dynamik behält. Hierbei übernehmen so genannte Querschnittsgesellschaften konzernweit übergreifende Dienstleistungen wie z. B. Beschaffung, Logistik, Werbung, Finanzierung oder Informatik.

Für Konzerne sieht das Aktiengesetz spezielle Vorschriften zur **Rechnungslegung** vor; sie sind im 2. Band, 4. Kap., Abschn. 2 beschrieben. Zu beachten sind hier insbesondere die Regelungen nach dem Bilanzrichtliniengesetz (§§ 290–315 HGB), die auf Konzernabschlüsse für das nach dem 31. 12. 1989 beginnende Geschäftsjahr erstmals zwingend anzuwenden sind. Außerdem gelten für Konzerne besondere Regelungen bezüglich der **Mitbestimmung**; sie sind auf S. 267 ff. beschrieben.

Im angelsächsischen Sprachgebrauch wird häufig der Begriff «**Trust**» verwendet, um Gebilde zu beschreiben, die im Deutschen als Konzerne bezeichnet werden; so etwa, wenn von der Antitrustgesetzgebung die Rede ist. Im deutschen Sprachgebrauch verwendet man den Begriff «Trust» i. d. R. dann, wenn ein **Konzern mit Monopolstellung** vorliegt.

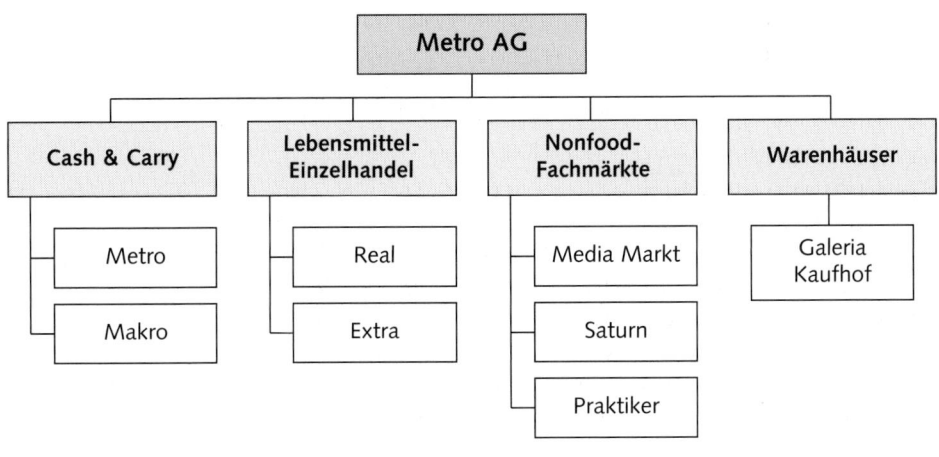

Querschnittsgesellschaften

Abbildung 4.33: Die Holding-Struktur der Metro AG

2.5.3.2.2   Fusion (Verschmelzung)

Eine **Fusion** liegt dann vor, wenn die sich verbindenden Unternehmen nicht nur ihre wirtschaftliche, sondern auch ihre rechtliche Selbständigkeit verlieren.

Die Fusion wird auch als **Verschmelzung** bezeichnet. Zwei **Arten der Fusion** können unterschieden werden (§ 2 UmwG):

1. Fusion durch Aufnahme:
Ein oder mehrere Unternehmen werden von einem anderen Unternehmen aufgenommen, indem deren Vermögen auf dieses aufnehmende Unternehmen übertragen wird.

Beispiel: Die PAG Pharma-Holding-AG in Frankfurt/Main hat im Jahre 1996 ihr Vermögen als Ganzes auf die Andreae-Noris Zahn AG (Anzag) in Frankfurt/Main übertragen. Die Aktionäre der PAG erhalten Aktien der Anzag im Verhältnis 1 : 1,07.

2. Fusion durch Neugründung:
Mehrere Unternehmen werden zu einer neu gegründeten Unternehmung zusammengefasst. Das Vermögen zweier oder mehrerer Unternehmen wird als Ganzes

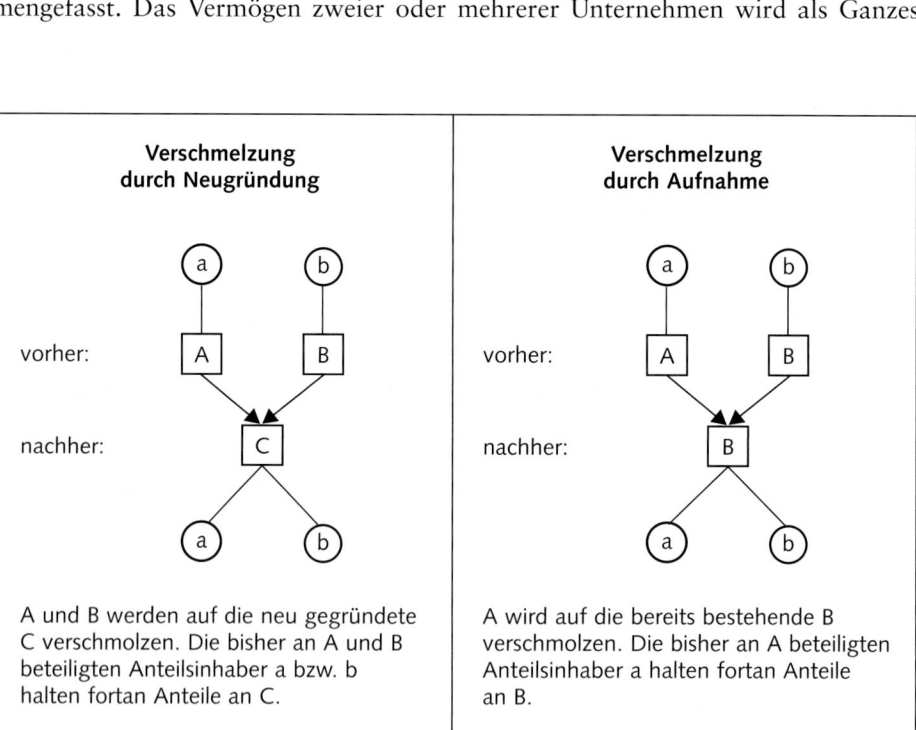

Abbildung 4.34: Arten der Fusion (Eisele [Technik] 867)

auf ein neues, von ihnen gegründetes Unternehmen übertragen. Man spricht in diesem Zusammenhang auch von einer Fusion unter Gleichen (merger of equals).

Beispiele: Die Schweizerischen Pharmaunternehmen Ciba Geigy und Sandoz haben eine Fusion durch Neugründung des Unternehmens «Novartis», Daimler und Chrysler durch Neugündung von «Daimler-Chrysler», Veba und Viag durch Neugründung von E.ON beschlossen.

2.5.4   Gesetz gegen Wettbewerbsbeschränkungen

Wichtige Daten (Restriktionen) für Unternehmenszusammenschlüsse ergeben sich aus der **Rechtsordnung**, insbesondere dem **Gesetz gegen Wettbewerbsbeschränkungen** (GWB). Dieses Gesetz trat am 1. 1. 1958 in Kraft, um den freien Wettbewerb zu garantieren. Zuletzt hat das Gesetz am 7. 5. 1998 eine grundlegende Reform seiner Systematik erhalten. Nach dem GWB sind **Kartellverträge grundsätzlich verboten.** Jedoch werden wesentliche **Ausnahmen** vom Kartellverbot gemacht. Dies gilt z. B. für die Normen- und Typenkartelle (§ 2 Abs. 1 GWB) sowie die Konditionenkartelle (§ 2 Abs. 2 GWB).

Weiterhin enthält das GWB seit der Novelle von 1973 eine **Zusammenschlusskontrolle** (§§ 35–43). Danach sind unter bestimmten Voraussetzungen Zusammenschlüsse vor dem Vollzug beim Bundeskartellamt anzumelden. Ein Zusammenschluss, von dem zu erwarten ist, dass er eine **marktbeherrschende Stellung** begründet oder verstärkt, ist vom Bundeskartellamt zu untersagen, es sei denn, die beteiligten Unternehmen weisen nach, dass durch den Zusammenschluss auch Verbesserungen der Wettbewerbsbedingungen eintreten und dass diese Verbesserungen die Nachteile der Marktbeherrschung überwiegen (§ 36 Abs. 1 GWB).

Der Bundesminister für Wirtschaft kann eine durch das Bundeskartellamt ausgesprochene Untersagung eines beantragten Zusammenschlusses aufheben. Eine derartige **Ministererlaubnis** ist möglich, «wenn im Einzelfall die Wettbewerbsbeschränkung von gesamtwirtschaftlichen Vorteilen des Zusammenschlusses aufgewogen wird oder der Zusammenschluss durch ein überragendes Interesse der Allgemeinheit gerechtfertigt ist» (§ 42 Abs. 1 GWB). Die Erlaubnis kann mit Bedingungen und Auflagen verbunden sein (§ 42 Abs. 2 GWB). Gemäß diesen Bestimmungen ist der vom Bundeskartellamt wegen Entstehens einer marktbeherrschenden Stellung in den Bereichen Wehrtechnik, Luft- und Raumfahrt untersagte Zusammenschluss von Daimler-Benz und MBB mit zahlreichen Auflagen genehmigt worden.

2.5.5   Modelle der Entscheidung über Unternehmenszusammenschlüsse

Entscheidungsmodelle bilden bekanntlich das aus den Umweltzuständen, den Alternativen und den Zielen bestehende Entscheidungsproblem ab und erleichtern damit die Problemlösung. Entsprechend der Beschaffenheit des abzubildenden

Realproblems müssen **Modelle der Entscheidung** über Unternehmenszusammenschlüsse

- ein mehrdimensionales Zielsystem enthalten,
- alle Unternehmensbereiche umfassen und
- Risikosituationen berücksichtigen.

Auf ein diesen Anforderungen entsprechendes Modell, ein dynamisches und stochastisches Totalmodell mit mehrdimensionalem Zielsystem, wird im nächsten Abschnitt eingegangen. Zuvor sollen kurz einige Partialmodelle vorgestellt werden.

2.5.5.1   Partialmodelle des Unternehmenswachstums

Partialmodelle, die speziell das Problem der Unternehmenszusammenschlüsse abbilden, sind kaum entwickelt worden. Demgegenüber gibt es eine Reihe von Partialmodellen des Unternehmenswachstums, die Aussagen über wachstumsrelevante Größen und wachstumspolitische Gestaltungsmöglichkeiten in den einzelnen Funktionsbereichen der Unternehmung ermöglichen. Da Unternehmenszusammenschlüsse als wachstumspolitische Maßnahme, speziell des externen Wachstums, zu interpretieren sind, lassen sich diese **Wachstumsmodelle** als Grundlage für Entscheidungen über Unternehmenszusammenschlüsse verwenden. Die wichtigsten sollen daher im Folgenden erörtert werden:

(1) Gesetz der Massenproduktion

Als ein Wachstumsmodell des Produktionsbereichs der Unternehmung kann das von *Bücher* 1910 entwickelte «**Gesetz der Massenproduktion**» interpretiert werden (vgl. Abb. 4.35).

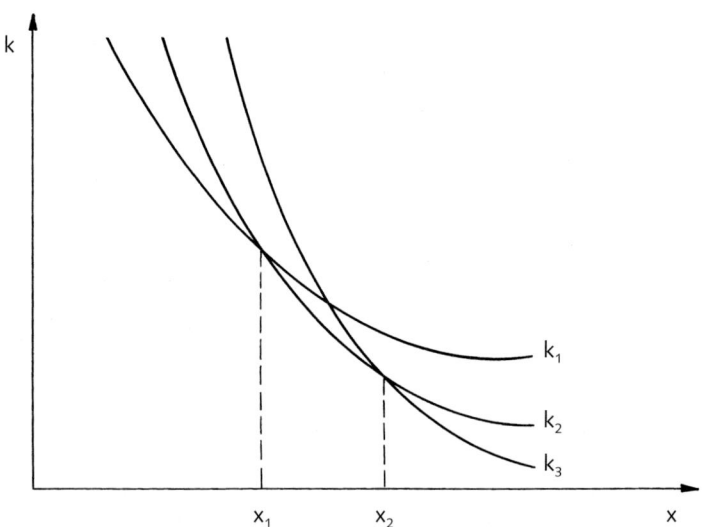

Abbildung 4.35: Gesetz der Massenproduktion

Es enthält folgende Aussagen:

- Kapazitätsausnutzung: Mit zunehmender Ausbringungsmenge nehmen die Stückkosten aufgrund der **Fixkostendegression** bei einem bestimmten (etwa durch den Kostenverlauf k_1 repräsentierten) Fertigungsverfahren ab.

- Verfahrensauswahl: Mit zunehmender Ausbringungsmenge wird eine bestimmte «kritische» **Ausbringungsmenge** erreicht (x_1 bzw. x_2), bei der ein Wechsel von arbeitsintensiven Verfahren (mit relativ hohen variablen und relativ geringen fixen Kosten) zu kapitalintensiven Verfahren (mit relativ geringen variablen und relativ hohen fixen Kosten) zu einer weiteren Stückkostensenkung führt.

(2) Optimale Betriebsgröße

Die im Rahmen des Gesetzes der Massenproduktion unterstellte Stückkostendegression bei steigender Ausbringungsmenge würde für den Fall, dass sie nicht nur für den Produktionsbereich, sondern auch für die Gesamtunternehmung gültig wäre, bedeuten, dass ein Unternehmen unter Kostengesichtspunkten eine maximale Ausbringung, eine maximale Betriebsgröße, anzustreben hätte. Diese mit realen Erfahrungen nicht zu vereinbarende Hypothese ist der Ausgangspunkt einer zweiten Klasse von Partial-Modellen des Unternehmenswachstums, den Modellen der Ermittlung der optimalen Betriebsgröße. Untersucht wird hierbei, inwieweit die tendenzielle (Stück-)Kostendegression im Produktionsbereich einer wachsenden Unternehmung durch Stückkostendegressionen in anderen Unternehmensbereichen verstärkt bzw. durch Stückkostenprogressionen abgeschwächt bzw. überkompensiert wird. Als Faktoren, die zu einer Stückkostensenkung («economies of scale») beitragen können, werden angeführt:

- Im **Beschaffungsbereich** Preisvorteile durch Mengenrabatte und verbesserte Konditionen dank einer stärkeren Machtposition großer Unternehmungen,

- im **Absatzbereich** Vorteile bei den Distributionskosten und den Werbekosten sowie abnehmende Unternehmensrisiken aufgrund einer Streuung der Unternehmensaktivitäten (Diversifikation),

- im **Finanzierungsbereich** Kostenvorteile bei der Kapitalbeschaffung aufgrund des höheren Vertrauens in die Bonität von Großunternehmungen bei Banken und potenziellen Eigenkapitalgebern sowie Großunternehmungen vorbehaltenen Finanzierungsformen (Aktienemission, Ausgabe von Obligationen),

- im Bereich der **Unternehmensorganisation** Vorteile aus einem höheren Spezialisierungsgrad.

Zu einer Erhöhung der Stückkosten bei wachsenden Unternehmungen («diseconomies of scale») können hingegen im **Beschaffungsbereich** steigende Personalkosten (etwa bei Unternehmungen, die auf Spezialisten angewiesen sind), im **Absatzbereich** steigende Marktwiderstände sowie vor allem im **Organisationsbereich** mangelnde Führungskapazitäten und Schwierigkeiten des Managements bei der Bewältigung der im Zuge des Unternehmenswachstums steigenden Anforderungen (hinsichtlich der Delegation von Managementaufgaben, der Informationsverarbeitung, insbesondere bei der Koordination der Unternehmensbereiche, sowie der Effizienzkontrolle der Organisation) beitragen. Es wird nun oft unterstellt, dass sich aus dieser gegenläufigen Entwicklung der Kosten im Zuge des Unternehmenswachstums ein U-förmiger Durchschnittskostenverlauf ergibt, in dessen Minimum die **optimale Betriebsgröße** liegt. Diese Hypothese konnte allerdings durch empirische Untersuchungen bisher nicht ausreichend gestützt werden.

(3) Lohmann-Ruchti-Effekt

Sowohl das Gesetz der Massenproduktion als auch das Modell der optimalen Betriebsgröße gehen vom Verlauf der **Kosten** als wachstumsinduzierende Größe aus. Solche eindimensionalen Erklärungsmodelle des Unternehmenswachstums wurden auch für den Finanzierungs- und Absatzbereich entwickelt.

Im **Finanzierungsbereich** wird der Kapazitätserweiterungseffekt (*Lohmann/Ruchti*-Effekt) als wachstumsverursachende Größe angesehen. Die Grundaussage des Kapazitätserweiterungseffektes ist, dass eine Unternehmung unter bestimmten Prämissen aus dem Kapitalrückfluss durch am Markt verdiente Abschreibungen eine **Erweiterung der Periodenkapazität** (= der pro Periode erzielbaren Ausbringungsmenge) finanzieren kann.

(4) Produkt-Lebenszyklus-Konzept

Absatzbezogene Erklärungsansätze des Unternehmenswachstums werden oft aus dem empirisch beobachteten Produkt-Lebenszyklus abgeleitet: Der sich aus einer Einführungs-, Wachstums-, Reife- und Degenerationsphase zusammensetzende Lebenszyklus eines Produkts ist durch einen S-förmigen Verlauf der Absatzmenge in Abhängigkeit von der Zeit darstellbar (vgl. 3. Bd., 4. Kap.). Dieser Produkt-Lebenszyklus spiegelt dann die Gesamtentwicklung der Unternehmung wider, wenn es dem Management nicht gelingt, der Absatzstagnation (in der Sättigungsphase) durch geeignete Strategien (Produktentwicklung oder Erweiterung des Absatzprogramms durch Fremdbezug) zuvorzukommen.

Mit Hilfe der **Portfolio-Analyse** lässt sich dieser Zusammenhang darstellen. In Abb. 4.37 ist ein Unternehmensportfolio nach dem von der Boston Consulting Group (einer Unternehmensberatungsgruppe) konzipierten Muster dargestellt. In einer Matrix mit den zwei Dimensionen «relativer Marktanteil» und «Marktwachstum» werden die Produkte eingezeichnet. Die Größe der Kreise signalisiert die quantitative Bedeutung eines Produktes im Vergleich zu den anderen Produkten (jeweils gemessen nach dem Umsatz).

Die Verteilung der Produkte im Portfolio gibt Auskunft darüber, ob ein Unternehmen über die Entwicklung von Nachwuchsprodukten am Marktwachstum partizipiert und mit Starprodukten reüssiert bzw. statt zu investieren, mit Cash-Produkten «Kasse macht» oder gar den Marktaustritt (mit Auslaufprodukten) in

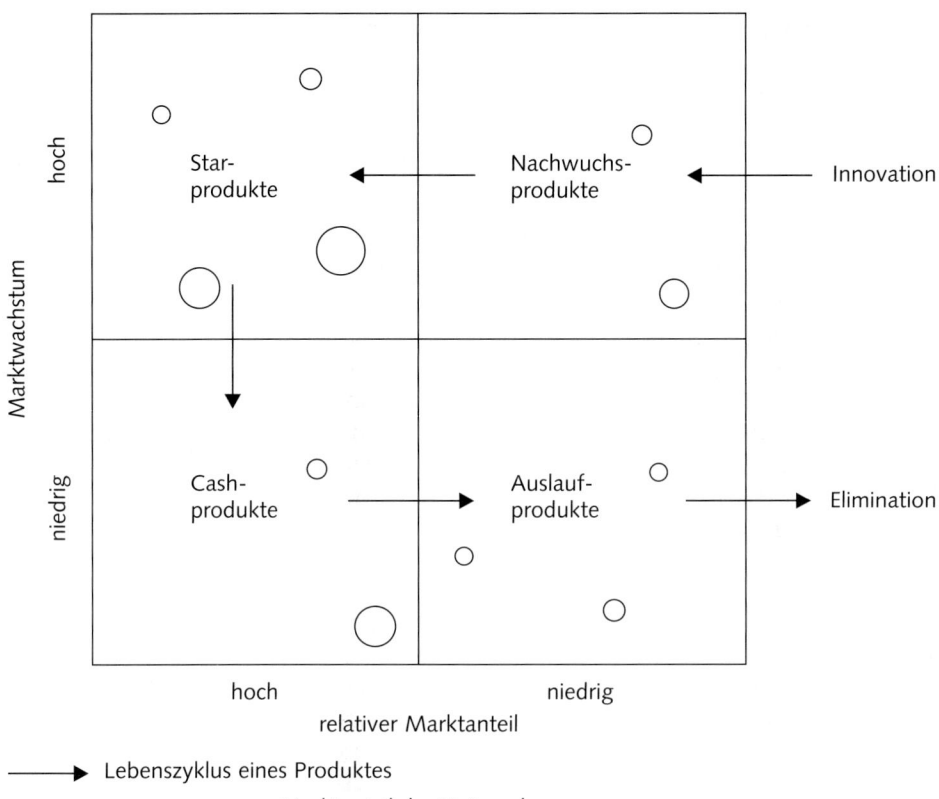

Abbildung 4.36: Portfolio

Erwägung zu ziehen hat. Ein Portfolio ist dann wachstumsorientiert, wenn die Starprodukte dominieren, d. h. diejenigen Produkte das Angebotsprogramm bestimmen, die sich im Produktlebenszyklus in der Wachstumsphase befinden. Ein Unternehmen stagniert, wenn Produkte der Reifephase (die sog. Cash-Produkte) zu stark im Portfolio vertreten sind. Ein **Portfolio ist ausgeglichen**, wenn die gewinnträchtigen Cash-Produkte die Entwicklung der wachstumsträchtigen Starprodukte finanzieren können. In Abb. 4.36 ist der Verlauf des Produktlebenszyklus durch Pfeile dargestellt (vgl. Bea/Haas [Management] 131 ff.).

Ist ein Unternehmen von sich aus nicht in der Lage, Nachwuchsprodukte zu entwickeln, so können sie durch Kauf von Unternehmen erworben werden. So hat sich beispielsweise Mannesmann durch Kauf von Unternehmen die Kompetenz im Bereich «Mobilfunk» angeeignet. Vodafone wiederum hat diese Kompetenz durch den Kauf von Mannesmann erworben.

2.5.5.2   Simulationsmodell

Unternehmenszusammenschlüsse wirken sich langfristig auf sämtliche Unternehmensbereiche aus. Eine Entscheidung für eine optimale Gestaltung eines Unternehmenszusammenschlusses ist daher in aller Regel nur im Rahmen eines **dynamischen Totalmodells** der Unternehmung möglich. Da Optimierungsmodelle relativ schnell an die Grenzen der Verarbeitung entscheidungsrelevanter Variablen stoßen, eignen sich hierfür insbesondere **Simulationsmodelle,** wenn einmal von intuitiven Problemlösungen – etwa mittels Erfahrungswerten – abgesehen wird.

Ein Simulationsmodell, mit dessen Hilfe die Wirkungsweise verschiedener wachstumspolitischer Aktivitäten auf einzelne unternehmerische Zielsetzungen analysiert werden kann, ist von *Zahn* entwickelt worden. Im Rahmen dieses Simulationsmodells werden auch die Wirkungen des Erwerbs anderer Unternehmungen analysiert und so Anhaltspunkte für Entscheidungen über Unternehmenszusammenschlüsse gewonnen.

Wie wir auf S. 335 f. festgestellt haben, ist die Bildung eines wirklichkeitsgetreuen Modells die wichtigste Aufgabe für eine erfolgreiche Simulation. Wie ein derartiges **Simulationsmodell** aussehen könnte, ist in Abb. 4.37 dargestellt. Das dort skizzierte Totalmodell geht von folgenden **Sektoren** eines Unternehmens aus (Zahn [Wachstum] 120):

(1) Der **Nachfragesektor** veranschaulicht, wie das Unternehmen mit Hilfe bestimmter Aktivitäten potenzielle Nachfrage schafft und wie der Markt darauf reagiert;

(2) der **Produktionssektor** beschreibt den eigentlichen Produktionsprozess, die sich daran anschließende Lagerung der Fertigerzeugnisse und die Verkaufsabwicklung;

(3) der **Kapazitätssektor** macht Aussagen über die Investitionspolitik und die Entwicklung der Kapazität des Unternehmens;

(4) der **Personalsektor** besteht aus den Subsektoren Arbeiter, Wissenschaftler, Ingenieure und Manager und beschreibt die Personalpolitik des Unternehmens;

(5) der **Allokationssektor der Managementkapazität** veranschaulicht, wie bestimmte Managementaktivitäten die potenzielle Nachfrage beeinflussen;

(6) der **Forschungs- und Entwicklungssektor** beschreibt den F + E-Prozess im Unternehmen vom Konzipieren neuer Ideen bis zum Hervorbringen marktfähiger Erzeugnisse;

(7) der **Finanzsektor** repräsentiert die finanzielle Sphäre des Unternehmens;

(8) der **Erfolgssektor** gibt Aufschluss über den Erfolg des Unternehmens;

(9) mit dem **Wachstumssektor** soll demonstriert werden, wie die Entscheidungen der Unternehmensführung das Wachstum beeinflussen können;

(10) der **exogene Sektor** soll die Bedeutung von Zufallseinflüssen wiedergeben;

(11) der **Konkurrenzsektor** soll das Bestehen von Marktschranken verdeutlichen.

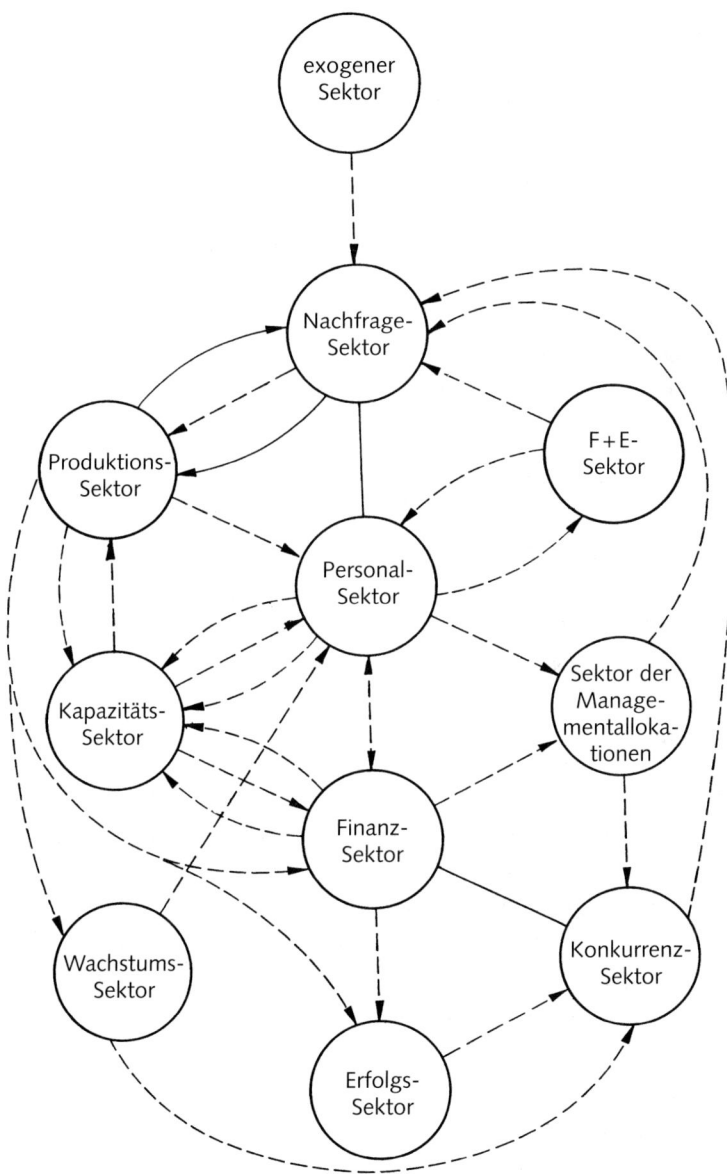

Abbildung 4.37: Sektoren eines Wachstumsmodells

Der in den Konkurrenzsektor integrierte **Konzentrationssektor** soll die Wirkungen von «Akquisitions- und Fusionsbemühungen des Unternehmens» auf die übrigen Sektoren analysieren (Zahn [Wachstum] 243). Konkret: Es werden verschiedene Möglichkeiten von Unternehmenszusammenschlüssen im Modell **durchgerechnet (simuliert)**. Durch Beobachtung des Modellverhaltens (insbesondere des Wachstumssektors, des Finanzsektors und des Erfolgssektors) kann schließlich ermittelt werden, welche Form des Unternehmenszusammenschlusses optimal ist.

Die Brauchbarkeit der Aussagen bezüglich einer Entscheidung über die günstigste Form des Unternehmenszusammenschlusses hängt wesentlich davon ab, wie gut das **Modell die Realität abzubilden** vermag. Es besteht kein Zweifel, dass in dieser Beziehung Simulationsmodelle Schwächen aufweisen. Andererseits stellt sich die Frage, welche anderen Techniken der Entscheidungsvorbereitung bei diesem komplexen Problem mehr leisten könnten. Die in der Realität häufig anzutreffende Entscheidung «nach dem Gefühl» stellt sicherlich keine ernst zu nehmende Alternative dar.

Literaturhinweise

Backhaus, Klaus und *Wulff Plinke*: [Rechtseinflüsse] auf betriebswirtschaftliche Entscheidungen. Stuttgart 1986.

Bea, Franz Xaver und *Elisabeth Göbel*: Organisation. 2. Aufl., Stuttgart 2002.

Bea, Franz Xaver und *Jürgen Haas*: Strategisches [Management]. 3. Aufl., Stuttgart 2000.

Eisele, Wolfgang: [Technik] des betrieblichen Rechnungswesens. 7. Aufl., München 2002.

Grochla, Erwin: [Betriebsverbindungen]. In: Handwörterbuch der Betriebswirtschaft. Hrsg. von Erwin Grochla und Waldemar Wittmann. 4. Aufl., Stuttgart 1974, Sp. 654–670.

Herdzina, Klaus: [Wettbewerbspolitik]. 5. Aufl., Stuttgart 1999.

Kieser, Alfred: [Unternehmungswachstum] und Produktinnovation. Berlin 1970.

Kieser, Alfred u. a.: Auf dem [Weg] zu einer empirisch fundierten Theorie des Unternehmungswachstums. In: Management International Review (17) 1977, S. 47–69.

Kübler, Friedrich: Gesellschaftsrecht. 5. Aufl., Heidelberg 1999.

Schubert, Werner und *Karlheinz Küting*: Unternehmenszusammenschlüsse. München 1981.

Schünemann, Wolfgang B.: Wettbewerbsrecht. München, Wien 1989.

Theisen, Manuel R.: Der Konzern. 2. Aufl., Stuttgart 2000.

Wied-Nebbeling, Susanne: Das [Preisverhalten] in der baden-württembergischen Industrie. Tübingen 1984.

Zahn, Erich: Das [Wachstum] industrieller Unternehmen. Wiesbaden 1971.

Wirtschafts- und Unternehmensethik Kapitel 5

Peter Koslowski

1 Ethik, Recht, Ökonomie

Die richtige Entscheidung und das richtige Handeln sind die Aufgabe des Menschen in allen Bereichen der Gesellschaft. Zur Unterstützung der richtigen Entscheidung und des richtigen Handelns hat man Wissensformen und Normen geschaffen, die sich im Besonderen um die Findung der richtigen Entscheidung und Unterstützung der richtigen Handlung bemühen: die Ökonomie, die Ethik und das Recht. Diese **drei Wissensformen** versuchen alle Entscheidungs- und Handlungsbereiche des Menschen zu verstehen, zu durchleuchten und durch die Analyse der Entscheidung zu besseren Entscheidungen und Handlungen zu gelangen.

Die Wirtschaft ist eine der zentralen Handlungsbereiche der menschlichen Gesellschaft, vielleicht aufgrund des Anwachsens der menschlichen Produktion und des menschlichen Austauschs heute der entscheidende Kulturbereich. Es ist daher verständlich, dass sich die **Ökonomie** als Theorie der Effizienz von Entscheidungen und Handlungen, die **Ethik** als Theorie der Sittlichkeit der Entscheidungen und Handlungen und das **Recht** als Theorie der Angemessenheit der Entscheidungen und der Handlungen zu den Normen des Rechts und den Zwecken der Gesetzgebung vor allem auch auf die Wirtschaft und die Unternehmung beziehen. Die allgemeine Theorie der Effizienz menschlicher Handlungen als ökonomische Theorie geht über den Bereich der Wirtschaft hinaus, weil auch die nichtwirtschaftlichen Kulturbereiche des Menschen wie Kultur und Politik eine ökonomische Seite aufweisen und unter der Forderung der Effizienz stehen.

Ökonomie, Ethik und Recht beziehen sich alle auf die Regeln und Institutionen der Wirtschaft und damit auf die Grundsätze, denen sowohl die allgemeinen Regeln der Wirtschaft als auch die einzelnen unternehmerischen und persönlichen Entscheidungen in der Wirtschaft folgen sollen. Im Folgenden geht es um die **ethischen und rechtlichen Normen** des Wirtschaftens und des Unternehmens. Ökonomische Überlegungen werden jedoch ständig bei der Begründung der Normen für die Sachgebiete mit hineinspielen.

2   Unternehmensethik und Zweifelsfragen richtigen Unternehmenshandelns

Die **Unternehmensethik** muss sich den konkreten Entscheidungsnöten von Unternehmen stellen. Sie muss auch Entscheidungshilfen für das Handeln in Grauzonen geben. Gleichzeitig lassen sich aus der Analyse der Grauzonen wirtschaftlichen Handelns Aufschlüsse für die Bestimmung der Normen der klaren Zonen gewinnen. Der Wirtschaftsethiker ist nicht Spezialist für Grauzonen und die Wirtschaftsethik hat auch nicht die Aufgabe, den allzu cleveren Unternehmer oder Wirtschaftler noch in diesen Bereichen die nötige Schlauheit zu vermitteln, um möglichst ungeschoren mit an sich nicht ganz vertretbaren Handlungen durchzukommen. Die Anwendung der Wirtschaftsethik auf Streitfragen ist vielmehr deshalb von Interesse, weil sich die Grauzonen, in denen nicht von vornherein klar ist, was richtiges Handeln ist, auch für denjenigen ergeben, der die gute Absicht, die intentio recta, mitbringt. Ein Unternehmer, der sich vor das Problem gestellt sieht, im Ausland einen Auftrag im Wettbewerb mit Mitbewerbern zu erhalten, die alle Schmiergeld einsetzen, gerät in Entscheidungsnot nicht deshalb, weil er Korruption gutheißt und unterstützen will, sondern weil ihm unter Umständen zur Sicherung des Weiterbestandes seines Unternehmens und der Beschäftigung in ihm gar nichts anderes übrigbleibt, als sich an eine «verkommene» Praxis in seiner Branche im Verhältnis etwa zu ausländischen Auftraggebern anzupassen.

3   Bedeutung der richtigen Absicht in Wirtschaftsethik und Wirtschaftsrecht

Die Wirtschaftsethik steht in einem engen Zusammenhang mit dem Wirtschaftsrecht. Die Wirtschaftsethik ist zugleich die Vorbereitung und Hinführung zum Wirtschaftsrecht. Ethische und rechtliche Aspekte der Unternehmensführung können nicht getrennt werden. Die Ethik bereitet neue Gesetze vor, prüft sie und «überredet» zur Einhaltung von bestehenden Gesetzen. Ethik und Recht wirken in der Bestimmung dessen, was gerechte Gesetze sind, zusammen. Die **Wirtschaftsethik** fordert und fördert auch die Aufmerksamkeit und die Wahrnehmung für die Prinzipien des gerechten und effizienten Geschäftsgebarens, die Aufmerksamkeit gegenüber den Regeln und Üblichkeiten des richtigen Wirtschaftens, und sie verlangt und stärkt die Intention und Neigung, diesen Prinzipien zu folgen, die *intentio recta*. Sie zielt auf die richtige Absicht, die Absicht, richtiges Wirtschaften, faires Geschäftsgebaren und gutes Management zu realisieren.

Die richtige Absicht spielt eine zentrale Rolle im Geschäftsgebaren und in der

Praxis aller Berufe. Die handelnde Person, in unserem Fall also der Unternehmer, Manager oder Mitarbeiter, muss die Intention haben, sein Wissen und sein Expertentum sachgemäß einzusetzen, da der Fachmann mehr Kenntnisse über den möglichen **Missbrauch seines Wissens** hat als der Laie. Auch hier gilt der alte lateinische Grundsatz: *Corruptio optimi pessimum*, «Die ethische Korruption des Besten und desjenigen, der der beste Fachmann ist, ist das Schlimmste, was passieren kann.»

Bereits 1928 schrieb *Oswald von Nell-Breuning* als Motto über seine *Grundzüge der Börsenmoral*: «Es kommt alles auf die Wirtschaftsgesinnung an.» Die Gesinnung ist jedoch von außen per Gesetz nicht nachprüfbar. Gesetze können nur das äußere Verhalten regeln, nicht die **inneren Motive**. Da für das menschliche Handeln jedoch die Absicht und die inneren Motive entscheidend sind, ist die Ethik von größter Bedeutung und kann nicht durch das Recht ersetzt werden.

Nach dem Rechtsphilosophen *H. Kantorowicz* repräsentiert das **Recht** die Gesamtheit der sozialen Normen, die äußeres Verhalten vorschreiben und die gerichtsfähig sind. Gerichtsfähig sind jene Normen, die von einem Organ der Rechtsprechung in einem Rechtsprozess angewandt werden können. Die Wirtschaftsethik dagegen formuliert Normen, welche auch die inneren Motive formen, und sie beinhaltet Normen, die zwar gelten, aber nicht gerichtsfähig sind, die also vor Gericht nicht geltend gemacht werden können, und somit das allgemeine Recht und das Wirtschaftsrecht transzendieren. So kann z. B. ein bestimmtes gutes und branchenübliches Verhalten, das ein Mitbewerber gerade hat vermissen lassen, obgleich er sich im Rahmen der Gesetze bewegt hat, in einem Prozess nicht gegen ihn als Norm geltend gemacht werden.

Die Wirtschaftsethik bildet eine Ordnung der Verpflichtung von inneren und nichtgerichtsfähigen Pflichten, die zwischen den Normen des wirtschaftlichen «Spiels», also den Normen des Marktes und der wirtschaftlichen Effizienz, den ökonomischen Spielregeln, und den Regeln des Wirtschaftsrechts liegen. Nicht alles, was nicht gerichtsfähig ist, ist damit auch erlaubt und akzeptiert und im freien Ermessen der handelnden Personen stehend. Das Recht weiß jedoch, dass es nur ein **ethisches Minimum** vorschreiben kann, das durch die ethisch richtigen Praktiken und Haltungen in der Wirtschaft, durch die Wirtschaftsethik, ergänzt werden muss. Die Nötigung des Rechts, sich auf ein ethisches Minimum zu beschränken, bedeutet nicht, dass der Gesetzgeber damit die Erwartung und Billigung ausspricht, dass sich die Handelnden in der Wirtschaft nur auf das ethische Minimum beschränken.

Bereits *Plato* hat in seinem Alterswerk *Die Gesetze* geschrieben, dass es zwei Arten von Gesetzen gibt: das Gesetz im eigentlichen Sinn und das Prooemium oder die Hinführung zum Gesetz. Das erstere, das **Gesetz im strengen Sinn,** ist eine durchaus tyrannische Vorschrift, das Letztere, die **Hinführung zum Gesetz** durch die ethischen Regeln, wird dagegen durch Sätze und Vorschläge der Überzeugung und Überredung gebildet, die versuchen, durch die Ethik zur freien Annahme und Einhaltung der Regeln und Tugenden zu überreden.

4   Aufgaben der Wirtschaftsethik

Um zu klären, was richtiges Entscheiden und Handeln im Unternehmen bedeuten, ist es zunächst notwendig, herauszufinden, welches die in diesen Bereichen geltenden **Normen** sind, ob diese wohlbegründet sind und welches die Absicht dieser Rechtsnormen ist. Es hat wenig Sinn, über Bereiche zu moralisieren, deren Sachnormen einem nicht bekannt sind.

Nehmen wir das Problem der Nutzung von Insider-Wissen, insbesondere in der Form des Insider-Trading an der Börse. Die Nutzung von Insider-Wissen bedeutet, dass eine Person die Kenntnis ihr vertraulich mitgeteilter Tatsachen zum eigenen Vorteil und zur Erzielung von Gewinn ausnützt. Das schweizerische Strafgesetzbuch drückt diesen Sachverhalt sehr präzise in Artikel 161 mit dem Titel «Ausnützen der Kenntnis vertraulicher Tatsachen» aus (vgl. Schmid [Insiderstrafrecht]). Insider-Trading an der Börse ist nur das bekannteste und vielleicht spektakulärste Ausnützen von Insider-Wissen, bei dem es um große Geldsummen geht. Der **Missbrauch von Insider-Wissen** ist jedoch nicht nur auf die Börse und die Finanzinstitutionen beschränkt. Es ist ein Problem, das alle Felder ökonomischen Entscheidens und Handelns, im privaten wie im öffentlichen Sektor, betrifft. In allen Branchen und in allen ökonomischen Handlungsbereichen streben die Menschen nach überlegenem Wissen, nach der Art von Wissen, das nur sie haben und das nur sie als Unternehmer dieses Wissens für die Bildung von Vermögen ausnützen können. Man kann daher sagen, dass ein gewisses Insider-Wissen anzustreben durchaus legitim ist. Der Unternehmer muss nach dem Wissen streben, das nur er hat, z. B. die Fertigungsweise, das Patent, den Markennamen, den nur er spezifisch hat und auf den er ein Recht und über den er ein Insider-Wissen hat. Es ist also gar nicht so einfach und umso notwendiger, die Grenzlinie zwischen dem legitimen und dem unethischen und unrechtlichen oder illegalen Streben nach Insider-Wissen und seiner Ausbeutung zu ziehen.

Wie schwierig dies im Einzelnen in **Grauzonen** sein kann, wird daran deutlich, dass es innerhalb der Rechts- und Wirtschafswissenschaften über die Frage, ob Insider-Trading, also das Ausnutzen von Insider-Informationen an der Börse, ökonomisch schädlich oder sogar nützlich ist, keinen eindeutigen Konsens gibt. Es gibt Ökonomen, die vielmehr sogar die Ansicht vertreten, Insider-Trading müsse zugelassen werden, weil es eine ökonomisch wichtige Funktion der Informationsverbreitung besitze, während andererseits die meisten Rechtswissenschaftler sagen, dass Insider-Trading gegen das Prinzip der Rechtsgleichheit verstößt und daher verboten werden muss. Wie man sieht, liegt eine Grauzone hier schon bei der Frage vor, was überhaupt als Rechtsnorm im Handlungsbereich der Börse gelten soll. Wie ist eine solche rechtliche Grauzone aufzuhellen? Wenn schon in der Rechtsbegründung unter Ökonomen und Juristen Uneinigkeit besteht, wie soll dann der einzelne Unternehmer oder Manager die Grenzen zwischen dem, was noch richtige Wirtschaftspraxis ist und dem, was bereits unethisch und illegal ist, ziehen?

Es ist erkennbar, dass man in der Unternehmensethik um die Frage nach der **Begründung der Normen** nicht herumkommt. Um die Entscheidungssituation des Unternehmers und Managers aufzuhellen, ist es nötig, zu erkennen, was die Norm ist, welche für die in Frage stehenden Handlungsfelder gilt und was die Absicht der Norm ist. Der Wirtschaftende, der Unternehmer und Manager, muss an den Zweck und die Absicht der Norm anschließen und in ihr einen Leitstern seines Handelns finden können.

Die Wirtschaftsethik hat **zwei Aufgaben**.

1. Sie muss in Zusammenarbeit und im Dialog mit der Wirtschaftspraxis herausfinden, was die richtigen Regeln des Wirtschaftens und gute Wirtschaftspraxis sind.

2. Sie muss dem Unternehmer und Manager konkrete Entscheidungshilfen zur Hand geben, wie er oder sie die individuelle Entscheidung wirtschaftlich optimal und zugleich wirtschaftsethisch und wirtschaftsrechtlich korrekt fällen kann.

Die Wirtschaftsethik hat also eine gesetzgeberische Aufgabe, die sie mit dem Wirtschaftsrecht teilt, und eine kasuistische oder auf die konkrete persönliche Entscheidungssituation bezogene Seite. Beide Seiten, die **gesetzgeberische** und die **unternehmensethisch-kasuistische Frage,** sind nicht ineinander überführbar, aber auch nicht voneinander trennbar. Wirtschaftsnormen, die sich nicht als legitim und konsensfähig erweisen, werden kaum die nötige Achtung der Wirtschaftenden gewinnen, weil diese den Sinn und Zweck dieser Normen nicht einsehen und teilen, und umgekehrt werden Unternehmer und Manager, die den Sinn des Wirtschaftsrechts und der Witschaftsethik nicht verstehen und auch für sich selbst als verbindlich ansehen, weder in ihren eigenen Entscheidungen noch in jenen ihrer Mitarbeiter die notwendige «compliance», die nötige Einhaltung der Regeln, verwirklichen. Auch um als Unternehmer oder Manager die durchaus wichtige Vorbildfunktion gegenüber den Mitarbeitern wahrnehmen zu können, ist es wichtig, dass man den Sinn der Normen versteht und für sich selber akzeptiert.

4.1   Grundlagen aus der allgemeinen Ethik

Die allgemeine ethische Theorie analysiert die Haltungen, Vorzugshandlungen und Regeln für die Koordination von Handlungen und macht präskriptive, normative Aussagen über die **Gesolltheit** von Haltungen, Präferenzen und Regeln. Sie zielt ab auf die Klärung und Verbesserung der Gewohnheiten der Individuen, ihrer Präferenzen und der Regeln, durch die sie ihre Handlungen mit denen anderer koordinieren.

Seit der stoischen Ethik der Antike umfasst die **ethische Theorie**

- die Tugendlehre,
- die Güterlehre und
- die Pflichtenlehre.

Tugenden zielen auf die Haltungen und den Habitus handelnder Personen. **Güter** benennen die Wertqualitäten an den Dingen, welche die Wertqualitäten tragen und welche die handelnden Personen schätzen und bevorzugen beziehungsweise bevorzugen sollten. **Pflichten** schließlich beziehen sich auf die Verpflichtungen, sich an diejenigen Regeln zu halten, die vernünftigerweise die zwischenmenschliche Interaktion bestimmen sollten.

Tugenden, Güter und Pflichten bilden die Grundbegriffe der allgemeinen Ethik. Die **angewandte Wirtschaftsethik** analysiert, kritisiert und formuliert diejenigen Tugenden, Güter oder Präferenzen für Güter und Werte sowie Pflichten, die für Menschen gelten sollten, die in der Wirtschaft und in Wirtschaftsunternehmen arbeiten.

4.2 Begründung der Normen des Wirtschaftens und der Unternehmensführung

Das Grundprinzip der Wirtschaftsethik ist das **Prinzip der Sachgerechtigkeit**. Das Ethische ist nicht ein Gegensatz zum Effizienten und Zweckmäßigen, sondern es ist die Integration der Aspekte des Wirtschaftlichen im Sinne des Effizienten, des Gerechten oder Gesetzeskonformen und des Guten. Das Ethische ist das umfassende Verständnis des Guten im Sinne der Bestimmung einer umfassend guten Entscheidung und Handlung. Die Wirtschaftsethik ist nicht ein zusätzlicher Aspekt zu den ökonomischen und soziologischen Aspekten des Wirtschaftens, sondern sie ist die integrierende und ethische Beurteilung der Totalität der Argumente, nach denen menschliches Handeln beurteilt wird. Die Verpflichtung entsteht deshalb aus der Natur der Sache, aus dem Zweck des Handlungsbereichs, in dem wir tätig sind, und den Funktionsgesetzen dieses Bereiches.

Die Wirtschaftsethik hilft den in den Unternehmen Tätigen, Sachgerechtigkeit und Tauschgerechtigkeit in der Wirtschaft zu realisieren. Sie ist nicht ein abstrakter Gegensatz eines moralischen Sollens gegenüber wirtschaftlichen Sachargumenten. Deshalb entstehen auch die Normen und Pflichten, denen die Akteure in der Wirtschaft unterstehen, nicht aus abstrakten Prinzipien, sondern aus der **Natur der Sache**.

4.2.1   Verpflichtung aus der Natur der Sache

Die Normen und Kriterien des richtigen Entscheidens und Handelns entstehen bei den Problemfeldern der Unternehmensentscheidungen aus der **Natur der Sache** – beim Insider-Wissen aus der Natur der Sache der treuhänderischen Beziehung etwa von Anteilseignern und Börsenmaklern, die es ausschließt, dass der Börsenmakler Insider-Wissen für seine persönliche Bereicherung verwendet. Oder sie entsteht beim Bankgeheimnis aus der Natur der Sache und der Aufgabe der Banken, dem Kunden eine sichere und diskrete Wertaufbewahrung zu geben. Oder sie entsteht im Beispiel der Waffenexporte aus der Natur der Sache von Waffen und Landesverteidigung, dem Schutz von Territorien, nicht aber dem Anheizen von Konflikten und der Unterstützung von kriegerischer Aggression zu dienen.

Das Prinzip, dass die Verpflichtung aus der Natur der Sache entsteht, gilt sowohl für das Recht wie für die Ethik. Für das Recht entsteht die Verpflichtung des Gesetzes, für die Ethik entsteht die ethische oder persönliche Verpflichtung aus der Natur der Sache. Das Prinzip des Ursprungs der Verpflichtung aus der Natur der Sache wird in drei **Unterprinzipien** aufgeteilt:

Eine Pflicht oder Verpflichtung ist abgeleitet aus dem Zweck oder der **Teleologie der Institution** oder des Handlungsbereiches, um den es geht, aus der **Idee der Gerechtigkeit als Rechtsgleichheit** und aus den **Forderungen der Rechtssicherheit**. Das dritte Prinzip berührt stärker das Wirtschaftsrecht als die Wirtschaftsethik, obgleich die Rechtssicherheit als Element des Gemeinwohls auch eine ethische Forderung ist.

(1) Der **Zweck** der Kulturachbereiche und Rechtsbereiche – etwa der Börse, des Bankgeheimnisses und des Waffenexportes – bestimmt die in ihnen geltenden Normen.

(2) Die **Idee der Gerechtigkeit** fordert – insbesondere als formale Gerechtigkeit – die Rechtsgleichheit aller in diesem Bereich Tätigen.

(3) Das Prinzip der **Rechtssicherheit** schließlich verlangt, dass die in diesem Bereich Tätigen konstante Erwartungen bilden können in bezug auf die Fortdauer des Rechts und die Kontinuität der Rechtsprechung. Ohne Erwartungskonstanz in bezug auf Rechtsnormen ist keine effiziente und freie Wirtschaft möglich. Wenn die Wirtschaftssubjekte annehmen müssen, dass die Normen, denen der Wirtschaftsbereich unterliegt, ständig geändert werden, können sie nicht langfristig planen und langfristige Erwartungen über die Rahmenbedingungen ihres Handelns bilden.

Mit dem Prinzip der Begründung der Verpflichtung aus der Natur der Sache schließen wir an die Theorie des Rechtsphilosophen *Radbruch* an. Nach *Radbruch* entsteht die Rechtsidee aus dem Zweck, der rechtlich geregelt werden soll, aus dem Prinzip der formalen Gerechtigkeit und aus dem Prinzip der Rechtssicherheit (Radbruch [Rechtsphilosophie] 114). Mit Rechtsidee ist diejenige Idee gemeint, die dem

Handelnden eine ideale Norm für den in Frage stehenden Bereich als Leitstern der Gesetzgebung und der individuellen Entscheidung und Handlung vorgibt.

4.2.2   Sachgerechtigkeit

Das entscheidende Merkmal der Wirtschaft unter Bedingungen der Marktwirtschaft ist der freie Tausch. Was ist daher als Ethik des Tauschs zu bezeichnen? Was sagt die Wirtschaftsethik über die Ethik des Tausches oder die Tauschgerechtigkeit aus? Das **Prinzip der Sachgerechtigkeit** und der **Natur der Sache** des Wirtschaftens kann in der Anwendung auf den Tauschverkehr und das System der Preisbildung weiter **konkretisiert** werden zu dem Prinzip, dass im Markt der Sachgerechtigkeit des Preissystems zu folgen und im Tauschverkehr jedem dasjenige zu geben ist, was ihm nach den unverzerrten Regeln des Preissystems zusteht.

Aus diesem Prinzip wird bereits sehr schnell deutlich, dass Korruption in Form von Schmiergeld von der Wirtschaftsethik strikt abgelehnt werden muss, weil alle Formen von Schmiergeld und Korruption nicht den Regeln der Preisbildung entsprechen, sondern das Preissystem des Marktes verzerren. Das **Prinzip der Tauschgerechtigkeit** stellt nur einen besonderen Fall des allgemeinen Gerechtigkeitsprinzips dar, jedem das Seine und sein Recht in den menschlichen Interaktionszusammenhängen zu geben. Zur Tauschgerechtigkeit gehört daher auch die faire Gestaltung von Preisen, und die Korruption scheidet schon deshalb als hinzunehmende Praxis aus, weil sie die Preisgerechtigkeit verletzt: Es gelten in einem korrupten Unternehmen oder bei einer korrupten Behörde nicht mehr die selben Preise für alle, sondern diejenigen, die bestechen, verschaffen sich Sonderpreise oder Sonderkonditionen.

Die Sachgerechtigkeit des Tauschverkehrs oder die Tauschgerechtigkeit wird von der Wirtschaftsethik durch vier **Kriterien** umschrieben:

1. Der faktisch zustande kommende **Preis** muss an den geltenden Preis, und das heißt in der Marktwirtschaft an den Marktpreis anschließen.

2. Die **Tauschsache** muss sachgerecht und nicht nur ein Scheingut sein. Es darf nicht Täuscheweizen statt Weizen verkauft werden. Oder angewandt auf das Problem der Finanzberatung: Einem Finanzkunden darf nicht zur Umschuldung geraten werden, bei welcher die Provisionen die Ersparnis durch Zinssenkung überschreiten; einem Entwicklungsland dürfen für die Zwecke der Landesverteidigung nicht ungeeignete Waffen aufgeredet werden.

3. Der Tausch muss wechselseitig, also für beide Tauschpartner **vorteilhaft** sein. Es darf bei keinem der Tauschpartner ein Vermögensverlust auftreten.

4. Im Tausch sollte ein gerechter **Interessensausgleich** zustande kommen. Nicht alle besonderen Vorteile des Tausches sollten nur bei einer Seite angehäuft werden.

Diese wirtschaftsethischen Forderungen gehen über die **Forderungen des Wirt-**

schaftsrechts hinaus, indem sie noch weitere **Fairness-Gesichtspunkte** geltend machen. Wo das Recht sagt, alles, was die Vertragsparteien frei beschließen, ist geltendes Vertragsrecht, sagt die Ethik, dass beide Seiten sich bemühen sollten, noch über die bloße formale Rechtmäßigkeit hinaus Gesichtspunkte eines fairen Interessensausgleichs zwischen sich zu berücksichtigen.

5   Schaffen von Vertrauen als Anliegen der Wirtschaft

Der Wirtschaftsethik kommt eine zentrale Bedeutung für den Aufbau von Vertrauen zu. **Vertrauen** geht davon aus, dass der Geschäftspartner die richtige Intention auf den Sinn der Geschäftsbeziehung mitbringt und dass er sich an die Regeln und Vereinbarungen halten wird. Die Geschäftspartner müssen die Intention haben, ihr Wissen oder ihr Expertentum sachgemäß einzusetzen. Dies gilt vor allem für den Fachmann, da der Fachmann mehr Kenntnisse über den möglichen Missbrauch seines eigenen Wissens besitzt als der Laie.

Diese Erwartung des Vertrauens, dass sich der Geschäftspartner an die Regeln und Vereinbarungen halten wird, kann nicht allein durch die Freisetzung des **Selbstinteresses** aller Beteiligten gesichert werden.

5.1   Ethik als Korrektiv von Ökonomieversagen

Das Modell eines **ethikfreien Marktes,** in welchem die Marktteilnehmer ohne Berücksichtigung der Ethik zu einem Optimum durch die Verfolgung des bloßen Selbstinteresses geführt werden, ist nur unter drei sehr restriktiven Bedingungen gültig:

Die **unsichtbare Hand** führt bei vollständig egoistischen Motiven zu einem volkswirtschaftlichen **Optimum,** wenn

- die Zahl der Anbieter und Nachfrager sehr hoch ist,
- alle Anpassungen ohne Kosten und Zeitverlust vorgenommen werden können und
- die vertraglichen Vereinbarungen ohne Kosten, d. h. ohne Transaktionskosten, eingehalten bzw. durchgesetzt werden können.

Nur wenn diese Bedingungen erfüllt sind, werden egoistische Bestrebungen durch die unsichtbare Hand des Marktes in sozial vorteilhafte Marktergebnisse verwandelt: **Nur unter diesen theoretischen Bedingungen würden Ethik und ethisches Verhalten im Markt überflüssig, weil sich gesellschaftliche Koordination und das Gemeinwohl auch ohne die Zumutung von Ethik herstellen.**

Die Bedingungen vollständiger Konkurrenz und kostenfreier Vertragsdurchsetzung sind jedoch **Idealbedingungen,** die in der Wirklichkeit der Marktwirtschaft nicht erfüllt sind. Der Markt ist nicht ein idealer Mechanismus, der stets zum Gleichgewicht führt, sondern er ist ein Interaktionszusammenhang handelnder und sich verständigender Individuen: **In den Austauschzusammenhängen realer Märkte bleibt Ethik des Wirtschaftens nötig.**

Man kann sich der Pflicht der verantwortlichen Entscheidung durch Hinweis auf den Automatismus des Marktes nicht entledigen. Die wirtschaftliche Bedeutung der Ethik im Markt zeigt sich an der Wirkung, die das Vertrauen zueinander und die Zuverlässigkeit der Handelspartner für eine Senkung der Kosten von Vertragsabschlüssen besitzen.

> Zuverlässigkeit und Vertrauen der Handelspartner zueinander bewirken eine **Senkung der Kosten des wirtschaftlichen Austauschs.** Unsicherheit und Unbestimmtheit in vertraglichen Einigungen können entweder durch Vertrauen akzeptiert oder durch rechtliche Kontrolle und Sanktionen zu hohen Kosten teilweise reduziert werden. Vertrauen senkt **Transaktionskosten,** weil sich die Vertragsparteien schneller einigen werden und weniger kontrollieren müssen.

Da ethische Haltungen **Transaktionskosten** senken,

- erhöhen sie die Leistungsfähigkeit des Marktes,
- reduzieren sie die Wahrscheinlichkeit von Marktversagen,
- und verringern sie den Anreiz und die Nötigung, zu staatlicher Zwangskoordination überzugehen.

Ethik ist ein **Korrektiv gegen Marktversagen,** weil sie die Kosten von Sanktion und Kontrolle senkt (Arrow [Externalities]). Da staatliche Kontrolle durch Rechtsorgane kostspielig ist, reduziert Ethik auch die Kosten von Staatshandeln und verringert die Wahrscheinlichkeit von **Staatsversagen** im Staatssektor.

Es gibt daher ein eindeutiges volkswirtschaftliches Argument für ethisches Verhalten. Aber das volkswirtschaftliche Argument ist nicht zwingend auf der individuellen privatwirtschaftlichen Ebene, ist nicht überzeugend für denjenigen, der unmittelbar seinem Interesse folgt, für den nutzenmaximierenden **homo oeconomicus.**

> Das volkswirtschaftliche Argument für ethisches Verhalten besitzt Überzeugungskraft *nur* für denjenigen, der das **allgemeine Interesse,** den Gesamtnutzen oder eben Moralität, auch zu seinem persönlichen Anliegen macht.

Dezentralisierte, herrschaftsfreie Koordination erreicht ihr Optimum nur dort, wo nicht nur das besondere, sondern auch das allgemeine Interesse in die Maximen der Handelnden aufgenommen wird, wo das Allgemeine mit zum Motiv des individuellen (Wirtschafts-)Handelns wird. Geschieht dies nicht, so sind entweder Wohlfahrtsverluste durch hohe Transaktionskosten der Kontrolle und Durchsetzung oder aber bei prohibitiv hohen Transaktionskosten Marktversagen und daher Zwang die Folge.

5.2   Ethik als Zusicherung

5.2.1   Drei Optionen des Handelns

Auf die Einsicht in den Zusammenhang von Ethik und Ökonomie, von ethischem Verhalten wie Regelbefolgung, Vertrauen, Zuverlässigkeit, Treu und Glauben einerseits und der Reduktion von Transaktionskosten andererseits, kann der Einzelne mit **drei Optionen** für sein Handeln antworten:

Fall 1: Der Handelnde kann **unbedingt moralisch** handeln. Er macht dann die Einsicht in den ökonomischen Gesamtnutzen von ethischem Verhalten auch zum *Motiv* seines *eigenen* Handelns. Er macht das allgemeine Interesse zu seinem Interesse, d. h. er handelt unabhängig vom Verhalten der anderen moralisch. So bemüht sich z. B. ein Mitarbeiter einer Firma unabhängig davon, was die anderen leisten seine volle Leistung zu erbringen, ein Unternehmer unabhängig von der weit verbreiteten Form von unlauterem Wettbewerb oder Korruption fair zu bleiben und ohne Bestechung zu arbeiten.

Fall 2: Der Einzelne kann **bedingt moralisch** handeln. Er ist bereit, sich an ethische Regeln zu halten, wenn die anderen es auch tun, er bricht aber selbst die Regeln, wenn er das Gefühl hat, allein «der Dumme zu sein». Der Mitarbeiter erbringt seine volle Leistung nur, wenn alle anderen es auch tun.

Fall 3: Der Einzelne kann die Einsicht haben, dass für alle ein besserer Zustand erreicht wird, wenn sich alle an die Regeln halten, findet aber die beste Situation diejenige, in der sich **alle anderen, nur nicht er selbst** an die Regeln halten. Der Mitarbeiter weiß, dass alle die volle Leistung für das Überleben des Unternehmens erbringen müssen, macht für sich selbst aber doch lieber eine Ausnahme.

Das unmoralische Individuum des Falles 3 interpretiert die Situation spieltheoretisch als **Gefangenen-Dilemma**, als Dilemma eines Nutzen maximierenden Gefangenen unter anderen Gefangenen: Wenn sich alle an die ethischen Regeln halten, wird der für alle zusammen beste Zustand verwirklicht. Jeder Einzelne kann sich aber noch besserstellen, wenn er die Regeln nicht einhält, aber alle anderen sich an sie halten. Das Dilemma dieses einzelnen so Handelnden ist jedoch, dass er nicht sicher sein kann, ob nicht auch die anderen mit der Verletzung der Regeln reagieren, wenn er selbst sie nicht einhält, und dann jener selbst und alle anderen noch schlechter gestellt würden als bei allgemeiner Regelbefolgung. In der kleinen, überschaubaren Gruppe ist dieses Problem des Gefangenen-Dilemmas nicht so bedeutsam, weil jedes Gruppenmitglied das Verhalten des anderen kontrollieren und auf die Einhaltung der Gegenseitigkeit pochen kann.

In größeren Gruppen, in denen diese **Transparenz** nicht mehr gegeben ist, stößt die Durchsetzung allgemeiner Regelbefolgung auf erhebliche Schwierigkeiten. Der Einzelne kann sein Verhalten nicht mehr unmittelbar an dasjenige aller anderen anpassen und läuft daher Gefahr, dass er allein sich an die Regeln hält, während die anderen «auf seine Kosten» die Regeln brechen.

5.2.2 Schwarzfahrer-Problem

In der modernen Verkehrsgesellschaft ergibt sich in moralischer Hinsicht ein **Schwarzfahrer-Problem:** Individuen wollen die Vorteile eines moralischen Zustandes in Anspruch nehmen, ohne sich selbst an dessen Kosten zu beteiligen. Dieses Schwarzfahrer-Problem nimmt mit der Anzahl der Mitglieder einer Gruppe und der abnehmenden Transparenz des Verhaltens zu. Es entsteht ein «**Dilemma der großen Zahl**» (J. Buchanan [Large Numbers]). Durch die Vergrößerung des Marktes, des Verkehrs und der Gruppen, auf die sich das Individuum bezieht, wird Kontrolle von Angesicht zu Angesicht und informeller Druck zur Einhaltung der Regeln in kleinen Gruppen, die in Gesellschaftsformationen vor der Marktgesellschaft soziale Konformität erzwungen haben, unmöglich.

> Wer das Allgemeine, die verallgemeinerungsfähige moralische Regel oder den **Imperativ des Sittlichen** nur zur Regel des moralischen Handelns der anderen, nicht aber zu seiner Regel und zum Motiv seines Handelns macht und daher bei Intransparenz des Geschehens und Verbergbarkeit seines Handelns die Moralität der anderen zu seinem eigenen Vorteil ausnützt, handelt u. U. ökonomisch kurzfristig vorteilhaft, nicht aber moralisch und in langfristiger ökonomischer Perspektive vorteilhaft. Dieses kurzfristig ökonomische Verhalten führt zu keiner spieltheoretisch stabilen Situation und in langfristiger Sicht auch zu ökonomischen Verlusten.

Der Fall 3 der Handlungsoptionen ist eine typische Dilemma-Situation, in der man nicht bleiben kann. Das Gefangenen-Dilemma beschreibt eine Situation, in der sich alle besserstellen, wenn sich **alle** an die Regeln halten, in der aber jeder Einzelne ein Interesse hat, derjenige zu sein, der allein die Regeln brechen kann. Die Regel wird also zusammenbrechen, wenn ihre Einhaltung nicht von außen durch Kontrolle und Sanktion erzwungen wird oder von den Einzelnen aus ethischen Gründen gewollt wird. Fall 3 muss entweder in die ethischen Optionen von Fall 1 oder 2 oder in ein äußeres Zwangssystem überführt werden.

5.2.3 Isolationsparadox

Betrachten wir die Option von Fall 2. Fall 2 ist eine typische Zwischensituation, die für das Verhalten der meisten Menschen hohe Plausibilität besitzt. Man handelt moralisch, wenn es die anderen tun, man hört auf, moralisch zu handeln, wenn man das Gefühl hat, der einzig Moralische zu sein.

> Die Ethik ist ein Mittel, die Situation des Gefangenen-Dilemmas, das einen Fall von Ökonomieversagen darstellt, in die Situation von Vertrauen oder **Zusicherung** zu überführen.

Die allgemeine Geltung ethischer Regeln in einer Gesellschaft würde das von *A. Sen* so genannte **Isolationsparadox** von Fall 2 in eine Situation relativer Sicherheit überführen. Das Isolationsparadox besagt, dass sich in der Isolation und unter Unsicherheit über das Verhalten anderer das Individuum nicht an die Regel halten wird, weil es fürchtet, übervorteilt zu werden, obgleich es grundsätzlich bereit ist, den Verallgemeinerungsgrundsatz auf sich selbst anzuwenden (Koslowski [Prinzipien] 34 ff.).

Doch auch Fall 2 ist nicht stabil, weil die Zusicherung, dass sich alle anderen oder wenigstens die meisten von ihnen an die Regel halten, immer nur im Großen und Ganzen und mit Einschränkungen gegeben ist. *Sen* nimmt zwar an, dass allgemein anerkannte moralische Werte den Fall 3 des Gefangenen-Dilemmas in den Fall 2 der Zusicherung, des **Assurance Game**, verwandeln, weil der Einzelne bei Geltung dieser Werte nicht mehr unter Unsicherheit über die Moralität der Präferenzen der anderen handelt (Sen [Ungleichheit] 109 f.). Diese Annahme ist jedoch eine *petitio principii*, die dem Einzelnen nicht weiterhilft. Sie besagt ja nur, dass, wenn ethisches Verhalten allgemein ist, d. h. «Werte» anerkannt sind, die Individuen weitere Anreize haben, ethisch zu handeln. Ob die Werte allgemein anerkannt sind und ob das Individuum die soziale Wirklichkeit so wahrnimmt, ist aber gerade das, was für Fall 2 des Isolationsparadoxes in Frage steht:

Wie ist es erreichbar, dass moralische «Werte» allgemein anerkannt sind, die anderen also ethisch handeln und der Einzelne ebenfalls die Regel zu seinem Motiv macht?

Das **Unsicherheitsmoment** ist hier nicht zu beseitigen, die Zusicherung immer nur eine relative. Fall 2 ist deshalb zwar stabiler als Fall 3, weil in Fall 2 die Individuen zumindest partiell moralisch sind, Fall 2 kann aber nicht die Zusicherung des moralischen Verhaltens der anderen leisten und garantieren, dass das Vertrauen in die Regelbefolgung beim Handelnden begründet ist.

Für Fall 2, für die Situation des Isolationsparadoxes, entstehen daher zwei Fragen:

1. Wie lange wird das Individuum bereit sein wird, an der moralischen Regel festzuhalten, auch wenn die meisten anderen sie brechen oder es unsicher über das tatsächliche Verhalten der anderen ist?

2. Wie kann die Unsicherheit über das Verhalten der anderen reduziert werden?

Diese Fragen sind von der Ethik allein nicht zu lösen. Ihre Beantwortung innerhalb der Ethik führt immer wieder in den Zirkel des Beweisgrundes, die *petitio principii*, dass die Ethik vom Einzelnen akzeptiert werden und allgemeine Anerkennung finden wird, wenn sie bereits allgemeine Anerkennung hat, dass das Isolationsparadox des Akzeptierens der Ethik überwunden werden kann, wenn die Ethik bereits allgemeine Gültigkeit hat.

Fall 2 zeigt, dass das Gefangenen-Dilemma und das Isolationsparadox durch die Ethik nur überwunden werden können, wenn die Individuen die moralische Regel frei und **ohne Berücksichtigung** des Verhaltens der anderen anerkennen und zu ihrem Motiv machen. Da die Unsicherheit über das Verhalten der anderen nicht zu beseitigen ist, kann die ethische Regel nur dann aus sich heraus Anerkennung finden, wenn sie **unabhängig** vom Verhalten der anderen anerkannt wird. Eben dieses ist die Forderung von **Kants kategorischem Imperativ und anderen Formen der deontologischen Ethik:**

> Die ethische **Maxime** muss aus bloßer Achtung für das Gesetz ohne empirische Nutzenerwägungen ergriffen werden. Sobald die Maxime des Handelns, die als allgemeine gelten können soll, aus Überlegungen über die Folgen des eigenen Handelns und der Bedingungen des Handelns anderer gewählt wird, ist sie nach Kant nicht mehr sittlich «rein» und auch nicht mehr, was für unseren Zusammenhang bedeutsamer ist, unter Gewissheit gewählt.

Man gerät dann ins endlose leere Reflektieren, was wohl die anderen tun werden, welche Wirkungen die Handlung unter den und den Randbedingungen haben wird und wird sich auf diese Weise schließlich überhaupt nicht mehr entscheiden oder von der Gefordertheit der sittlichen Maxime überzeugen können.

> Formen der **deontologischen Ethik** (von griech. to deon = die Pflicht, das Gesollte) fordern im Gegensatz zur **konsequentialistischen Ethik,** dass eine Handlung durch ihre Übereinstimmung mit einer Pflicht oder einem unbedingt Gesolltem, nicht jedoch durch ihre Konsequenzen in der empirischen Welt als gut und zu wählen bestimmt wird.

Für die **Sittlichkeit der deonotologischen Ethik** wie derjenigen Kants ist das Verhalten der anderen für die Wahl der handlungsleitenden Maxime ohne Belang. Das sittliche Subjekt handelt selbst dort nach der Regel des kategorischen Imperativs, wo die Folgen unangenehm sind und sich die anderen nicht an sie halten, sondern ihren eigensüchtigen Zielen nachgehen. Für denjenigen, der ohne Beachtung der Folgen der Regel des Richtigen folgt, gilt daher das Isolationsparadox nicht.

Wenn man das Ergebnis unserer Fallunterscheidungen der Ethik zusammenfasst, zeigt sich, dass Fall 3 des Gefangenen-Dilemmas und Fall 2 des Isolationsparadoxes nicht stabil sind, Fall 1 der reinen Moralität ohne Berücksichtigung des Verhaltens der anderen aber unwahrscheinlich ist und moralischen Heroismus verlangt. Eine der Ethik immanente Begründung von Sittlichkeit «aus reiner Achtung vor dem Gesetz» ist zwar möglich, die Anreize des Einzelnen, eine «reine» Ethik für sich zu übernehmen, sind jedoch vergleichsweise gering. In Analogie zum Marktversagen wird es sehr wahrscheinlich sein, dass es hier zu «**Ethikversagen**» kommen wird.

5.3   Religion als Korrektiv von Ethikversagen

Ethikversagen erfordert ein Korrektiv. Auch *Kant* hat das Problem des Ethikversagens durchaus gesehen. Wenn das sittliche Individuum dem kategorischen Imperativ, alle anderen aber der Regel der eigenen Glückseligkeit folgen, wird das Zusammenstimmen von Sittlichkeit und Glückseligkeit bei diesem Individuum erheblich gestört sein. Die Antwort auf das Problem der fehlenden Übereinstimmung von Glück und Glückswürdigkeit in der Wirklichkeit des Alltags sah *Kant* in der **Postulatenlehre**. Die Postulate der praktischen Vernunft,

- Gott,
- Freiheit und
- Unsterblichkeit der Seele,

stellen das Vertrauen in den Sinn ethischen Handelns, in das Zusammenstimmen von Glück und Sittlichkeit wieder her. Die Voraussetzung dafür, dass das Individuum bereit sein wird, zur Verwirklichung des Zustandes allgemeiner Regelbefolgung beizutragen, auch wenn es über die Präferenzen der anderen bezüglich ihrer Handlungsalternativen nicht sicher ist, liegt in dem religiösen Glauben an den **transzendenten Ausgleich von Sittlichkeit und Glückseligkeit für die unsterbliche Seele**. Durch die Postulate, die diesen Ausgleich glaubhaft machen, wird es für das Individuum sinnvoll, den Zustand, in dem nur es sittlich handelt, dem Zustand, in dem keiner sittlich handelt, vorzuziehen.

> Der **religiöse Glaube** kann Ethikversagen in Vertrauen in den Sinn von Ethik, die empirische Unsicherheit des Isolationsparadoxes in die Glaubensüberzeugungen des Sinns von Sittlichkeit überführen.

Zusicherung und Vertrauen in den Sinn sittlichen Handelns sind meist nicht aus der Ethik allein, sondern nur durch das Hinzutreten der religiösen Begründung von Sittlichkeit zu gewinnen. Die Religion leistet – bei *Kant* in der postulatorischen Form, bei *Plato* in der Form der Idee des Guten und des Mythos vom Totengericht über die Seele – die Versicherung des Subjekts, dass Sittlichkeit und Glück langfristig konvergieren. Sie ermöglicht Handeln unter Sicherheit in der Ethik auch dort, wo das Individuum aufgrund der Unsicherheit über das Verhalten der anderen in einem Isolations- und Gefangenen-Dilemma steht.

5.4   Der Aufbau von Vertrauen in Geschäftsbeziehungen

5.4.1   Grundlagen

Das **Recht** erzeugt in besonderer Weise Vertrauen, weil es, wie *Niklas Luhmann* geschrieben hat, «enttäuschungsfeste Verhaltenserwartungen» schafft, die, wo sie enttäuscht wurden, vor Gericht justitiabel sind. Die rechtliche Sanktion sichert die Vertragspartner dahingehend ab, dass das Vertrauen und die Erwartungen in einen anderen Menschen, sich in bestimmter Weise zu verhalten, also etwa einen Vertrag einzuhalten, auch erfüllt werden.

Im Zivilrecht geht es freilich nicht nur um diese allgemeine Eigenschaft des Vertragsrechts, sondern auch um das im Zivilrecht zentrale **Prinzip von Treu und Glauben**. Verträge sind nach § 157 BGB so auszulegen, wie es Treu und Glauben mit Rücksicht auf das, was Verkehrssitte ist, erfordern. Nach § 242 BGB ist der Schuldner verpflichtet, die Leistung so zu erbringen, wie es Treu und Glauben mit Rücksicht auf die Verkehrssitte verlangen. Der Standardkommentar zum BGB führt weiter aus, was unter Treu und Glauben zu verstehen ist: «Treue bedeutet ... eine auf Zuverlässigkeit, Aufrichtigkeit und Rücksichtnahme beruhende äußere und innere Haltung gegenüber einem anderen; Glauben das Vertrauen auf eine solche Haltung» (Palandt-Heinrichs [Kommentar] § 242 Rdn. 3). Die zwei Vorschriften von Treue und Glauben dienen dem Schutz des Vertrauens, d.h. der Sicherstellung, dass die berechtigten Erwartungen beider Parteien in den Vertrag auch eintreten.

Die unterschiedlichen Formen der Regeln und Sanktionen des Ökonomischen, des Ethischen und des Rechtlichen entsprechen einander. Es genügt nicht, nur ökonomisch effizient und gewinnmaximierend zu handeln, man muss vielmehr auch den ethischen und rechtlichen Normen entsprechen. Es genügt aber auch nicht, nur ein guter Mensch und moralisch hochstehend zu sein, man muss auch effizient und ökonomisch wirtschaften. Es kommt darauf an, **clever und moralisch** zu sein. Die Verletzung der ökonomischen Spielregeln wird durch finanzielle Verluste sanktioniert, die Verletzung von ethischen, moralischen und kulturellen Regeln wird bestraft durch das schlechte Gewissen und den schlechten Ruf, den man sich bei seinen Kunden und Kollegen durch Unkorrektheit einhandelt. Und die Gesetzesübertretung wird schließlich mit den Strafen des Strafrechts geahndet.

Das Recht und die Ethik wollen das **Vertrauen,** d.h. die aus dem Vertrag folgenden und durch den Vertrag berechtigten Erwartungen beider Parteien schützen, dass der Vertrag auch erfüllt wird.

Dieses Vertrauenschaffen der Wirtschaftsethik ist vor allem Aufgabe der Wirtschaft selbst, d.h. der Produzenten und ihrer Berufs-, Fach- und Industrieverbände. Insbesondere den **Berufs- und Fachverbänden** kommt hierbei eine zentrale Rolle zu.

Das Ethos, d. h. die normativen Wertorientierungen, und die Ethik, das, was Menschen für richtig halten und von sich selbst und anderen erwarten, wird in besonderer Weise durch die Zugehörigkeit zu einem Beruf und die Zugehörigkeit zu einer Nation bestimmt. Gerade im Leben des erwachsenen Menschen sind der Beruf und der Austausch mit den Berufsgenossen wohl die wichtigste normenbildende und verhaltensprägende Institution. Den **Berufsverbänden** kommt daher zentrale Bedeutung zu

1. bei der Erzeugung und Überwachung des Berufsethos,

2. bei der Beurteilung der für den betreffenden Beruf geltenden Wissensbestände und Regeln für das, was den Stand der Kunst definiert,

3. für die Vorbereitung, Beratung und Begleitung des Rechtsschöpfungsprozesses, der die für das Berufsfeld und die Wirtschaftsbranche geltenden Rechtsnormen erarbeitet und festlegt. Große Teile der Ethik sind nichts anderes als Berufs- und Standesethik, das heißt Wissen und Einübung in das, was zur angemessenen und ethisch richtigen Ausübung eines Berufes gehört.

Aus dieser Beschreibung folgt bereits, dass **Berufs- und Fachverbände** zugleich **ambivalent** sind. Weil sie eine solch zentrale Rolle in der Festlegung des *Knowing that*, des Fach- und Sachwissens, und des *Know how*, des Wissens, wie man etwas macht, spielen, können sie auch stets zu wettbewerbsbeschränkenden Zünften oder Berufskartellen entarten. Berufsverbände und Industrievereinigungen haben stets diese Doppelgesichtigkeit, dass sie das unverzichtbare Ethos ihres Berufs erzeugen und zugleich in Gefahr sind, ihre zentrale Stellung zur Schwächung des Wettbewerbs zugunsten ihrer Mitglieder zu missbrauchen.

Eine **freie Wirtschaft** ist nicht ohne Vertrauen der Tauschpartner im Markt möglich (vgl. zum Folgenden auch Koslowski [Prinzipien] und [Kapitalismus]). Alle wirtschaftlichen Tauschhandlungen, alle Transaktionen zwischen Produzent und Zulieferer, Arbeitgeber und Arbeitnehmer, enthalten ein Moment von Unbestimmtheit und Unsicherheit über die Vertragsleistungen. Dieses Moment der Undefiniertheit und Unkontrollierbarkeit tritt als Nebenwirkung eines Vertragsgeschäfts auf, eine Nebenwirkung, die sich nicht vollständig mit wirtschaftlichen oder rechtlichen Mitteln internalisieren lässt – auch bei hohen Kosten für Überwachung oder privatwirtschaftliche Versicherung nicht. Das Moment der Unsicherheit ist in freien, privatwirtschaftlich organisierten Wirtschaftsordnungen größer als in **Zentralverwaltungswirtschaften,** weil jene der freien vertraglichen Einigung Raum lassen, während die Zentralverwaltungswirtschaft von vornherein auf Kontrolle und Überwachung setzt, die zwar die Unsicherheit reduziert, aber dafür umso größere Probleme des Zwanges, der Arbeitsmotivation und der Kontrolle der Beitragsleistungen in kollektivierten Betrieben schafft.

Die Verfolgung des bloßen Eigeninteresses durch alle Wirtschaftenden führt nicht zu optimaler Effizienz, weil bei Geltung bloßen Eigeninteresses Vertrauen in die Einhaltung der Verträge und in die Aufrichtigkeit der Vertragspartner nicht begründet ist und daher auch nicht vorhanden sein wird. Fehlendes Vertrauen in die Regelbefolgung des anderen und fehlende Bereitschaft auf beiden Seiten, sich auch dann an die Regel zu halten, wenn durch eine Regelverletzung kurzfristige Vorteile erzielt werden könnten, verursachen Kosten, die von der Produktionsseite her ökonomisch nicht notwendig sind, Kosten der Überwachung und Sanktionierung der Vertragserfüllung durch das Recht.

Es existieren über das Problem der Kosten von Rechtsdurchsetzung hinaus auch Situationen, in denen die Ergänzung der ökonomischen Steuerung nach Eigeninteresse und vertraglicher Einigung durch rechtliche Regelungen gar nicht möglich ist, weil im Falle eines Vertragsbruchs der Beweis der Vertragsverletzung nicht oder nur sehr schwer erbracht werden kann. Einige solche **Fälle von Ökonomieversagen**, des Versagens der Steuerung der Marktwirtschaft durch bloßes Selbstinteresse, sollen hier genannt werden:

5.4.2   Fälle von Ökonomieversagen

5.4.2.1   Ungleiches Wissen

Wenn einer der Vertragspartner ein überlegenes Wissen über die Tauschsache aufweist, ist der andere gezwungen, ihm zu vertrauen und zu glauben, dass der Wissende sein Wissen «gewissenhaft» einsetzt und den Unwissenden nicht übervorteilt. Der Arzt darf sein überlegenes Wissen nicht dazu missbrauchen, dem Patienten zu einer Operation zu raten, von der er weiß, dass sie unnötig ist. Der Geologe muss seine Forschungsergebnisse, seinen Bodenschätzefund, vertragsgemäß an den Auftraggeber weiterleiten und darf ihn nicht zu seinem eigenen Vorteil ausnutzen. Der Fleischproduzent darf nicht sein Wissen verwenden, um Zusätze in das Produkt zu geben, die wohlschmeckend, aber gesundheitsschädlich sind, usw.

Die Weitergabe und Anwendung von Wissen, auch von wirtschaftlich relevantem Wissen, ist ein ethisches Problem, weil von außen durch einen Beobachter oder ein Gericht nicht zweifelsfrei zu erkunden und zu beweisen ist, ob ein Handelnder entweder das Wissen bei seinem Handeln nicht besessen oder bewusst falsch und schädlich angewendet hat. Dass das Wissen dem Wissen gemäß angewendet wird, kann nur durch ein Selbstverhältnis des Wissenden zu sich selbst, nur durch Eigenverantwortung und Gewissenhaftigkeit, nicht aber durch ein Fremdverhältnis und äußere Kontrolle sichergestellt werden. Die Außensteuerung oder -kontrolle der gewissenhaften Anwendung von Wissen vermag nur grobe Fahrlässigkeit in der Wissensverwendung zu erfassen und zu ahnden, nicht aber den effizienten Einsatz von Wissen im Wirtschaftsalltag sicherzustellen. Die richtige Verwendung und Weitergabe von Wissen ist immer ein ethisches Phänomen (vgl. Matthews [Morality] 294).

5.4.2.2   Monopol des Handelnden in der Verwendung seines guten Willens

Jeder Handelnde hat ein Monopol in bezug auf die Kenntnis seiner eigenen Leistungsfähigkeit und vor allem Leistungsbereitschaft, ein Monopol an seinem guten Willen. Ob er die Ressource seines Handelns, seiner Fähigkeiten und seines guten Willens optimal und vertragsgemäß einsetzt, ist ökonomisch und rechtlich von außen nicht im letzten zu entscheiden. Dieses Monopol in der Verwendung der eigenen Person wird besonders in langfristigen Verträgen oder Verträgen, die mit dem impliziten Willen zur Wiederholung der Vertragsbeziehungen abgeschlossen werden, sichtbar.

5.4.2.3   Vertrauen in längerfristigen Geschäftsbeziehungen

Die **Wiederholung von Geschäftsbeziehungen,** *repeat business*, ist weiter verbreitet als die einmalige Geschäftsbeziehung und volkswirtschaftlich effizienter als das Verfahren, jede Transaktion von neuem über den Markt und den Preiswettbewerb abzuschließen. Wiederholung von Geschäftsbeziehungen führt zu *economies of scale* in den Vertragsnebenkosten (Transaktionskosten), die proportional mit der Wiederholung der vertraglich vereinbarten Leistungen sinken.

Der implizite Vertrag der wiederholten Geschäftsbeziehungen weist jedoch eine Schwierigkeit auf. Er verstärkt die Möglichkeiten der Vertragspartner, aus ihrer **Quasi-Monopolposition** als eingeführter Geschäftspartner Vorteil zu ziehen und überhöhte Preise aufgrund ihrer besonderen Stellung gegenüber dem Vertragspartner durchzusetzen. Das Ausnutzen der relativen, kurzfristigen Monopolstellung in langfristigen Verträgen ohne Berücksichtigung von Fairness-Kriterien wird die ökonomisch effiziente Einrichtung dauerhafter Geschäftsbeziehungen erschweren und gesamtwirtschaftlich zu einer suboptimalen Allokation von Ressourcen führen, weil Transaktionskosten der Marktsuche und des unnötig häufigen Vertragsabschlusses für jede Transaktion entstehen. Ein Vertragspartner, der jeden kurzfristigen Vorteil aus einer langfristigen Geschäftsbeziehung und seiner daraus erwachsenden monopolartigen Stellung zieht, stellt den langfristigen wirtschaftlichen Vorteil der Wiederholung von Geschäftsbeziehungen in Frage.

Die monopolartige Stellung der Vertragspartner füreinander bei wiederholten Geschäftsbeziehungen gilt auch für **dauerhafte Arbeitsverhältnisse zwischen Arbeitgeber und Arbeitnehmer.** Beide Seiten haben eine monopol- oder oligopolartige Stellung zueinander, da sie nicht ohne Kosten und kurzfristig über den Arbeitsmarkt durch andere Arbeitgeber bzw. Arbeitnehmer ersetzt werden können. Größere Firmen mit angestellten und gehaltsempfangenden Arbeitskräften sind überhaupt nur möglich, wenn der Arbeitsvertrag ein ethisches Vertrauensverhältnis zwischen Arbeitgeber und Arbeitnehmer begründet. Andernfalls wäre es notwendig, alle Arbeitskräfte für jede Transaktion über den Arbeitsmarkt neu einzustellen. Der «interne Arbeitsmarkt» (vgl. Williamson [Firms]) der Unternehmung müsste vollständig durch den äußeren Markt ersetzt werden. Die Skalenerträge durch Wiederholung von Transaktionen ohne Wiederholung des Vertrages für die

jeweilige Transaktion würden ausgeschlossen, die daraus resultierenden Effizienz-
gewinne verloren gehen.

5.4.2.4   Senkung der Kosten wirtschaftlicher Transaktionen

Ohne die gesellschaftliche Geltung und Zumutung eines **Vertrauensverhältnisses**
zwischen Arbeitgeber und Arbeitnehmer ist die einzige Möglichkeit, **längerfristige
Arbeitsverträge** ohne kostspielige Vertragsverhandlungen für jede Transaktion abzuschließen, diejenige, nur Familienangehörige einzustellen. Nepotismus ist dann
eine rationale, obgleich gesamtwirtschaftlich ineffiziente Option, wenn die einzigen
Arbeitskräfte, denen man glaubt, trauen zu können, die Mitglieder der eigenen
Familie sind. *Marshall* war daher der Meinung, dass die moderne Firma mit angestellten Gehaltsempfängern erst möglich wurde nach einer Verbesserung der Wirt-
schafts- und Arbeitsethik (der «*commercial morality*») (Marshall [Principles]
303 f.).

Unsicherheit und Unbestimmtheit in vertraglichen Einigungen können entweder
durch Vertrauen akzeptiert oder durch rechtliche Kontrolle und Sanktionen zu
hohen Kosten teilweise reduziert werden. **Vertrauen senkt Transaktionskosten,**
weil sich die Vertragsparteien schneller einigen werden und weniger kontrollieren
müssen (vgl. Albach [Vertrauen] 2 ff.). Die freiwillige ethische Befolgung und Einhaltung von Regeln dort, wo diese nicht bzw. nur zu sehr hohen Kosten über-
wachbar sind, senken die Kosten wirtschaftlicher Transaktionen und damit die
gesamtwirtschaftlichen Kosten, ohne die wirtschaftlichen Erträge der Vertragspartner zu verringern. Eine lebendige Wirtschaftsethik und ein geltendes Ethos der
wirtschaftlichen Zuverlässigkeit erhöhen die Wohlfahrt einer Volkswirtschaft.

Die Gegenposition hierzu vertritt *Axelrod*: «Die Individuen müssen nicht rational
sein: der Evolutionsprozess erlaubt es den erfolgreichen Strategien, sich zu entwickeln, selbst wenn die Spieler nicht wissen, warum und wie das geschieht. Die
Spieler müssen auch keine Nachrichten oder verbindliche Verpflichtungen austau-
schen: sie benötigen keine Worte, weil ihre Taten für sie sprechen. Genausowenig
ist es erforderlich, Vertrauen unter den Spielern anzunehmen: Gegenseitigkeit kann
ausreichen, um Defektion (= Nicht-Kooperation) unproduktiv zu machen. Altruis-
mus ist unnötig: erfolgreiche Strategien können sogar bei einem Egoisten Kooperation auslösen. Schließlich wird auch keine zentrale Herrschaftsinstanz benötigt:
gegenseitige Kooperation kann sich selbsttragend überwachen.» (Axelrod [Evolu-
tion] 156 f.). Gegen eine solche «**mechanische**» **Theorie der Kooperation** ist einzu-
wenden, dass schon die Wahrnehmung einer Situation von Interaktion intentional
und sprachlich vermittelt ist: Der andere wirkt nicht mechanisch, sondern über sein
Wahrgenommenwerden auf das Ich ein. Eine Minimalform von Kooperation mag
sich bei beiderseitiger Übernahme der *Tit for tat*-Strategie («Wie du mir, so ich
dir»-Strategie) entwickeln, darin ist *Axelrod* zuzustimmen. Diese Situation ist
jedoch nicht das Optimum, sondern nur das soziale Minimum der Kooperation
und des wechselseitigen Vertrauens.

Vertrauen, Zuverlässigkeit, Treu und Glauben setzen ethische Einstellungen der Wirtschaftenden voraus, die über das Modell bloßer Nutzenmaximierung hinausgehen. Die Bedeutung des Vertrauens in der Ermöglichung einer freien, auf vertraglichen Vereinbarungen beruhenden Wirtschaft für die Senkung der Kosten von Verträgen und Tauschhandlungen zeigt, dass die Wirtschaft ein zentrales Interesse daran hat, dass die Konsumenten den Produzenten vertrauen können und umgekehrt. Die Lieferanten und Anbieter müssen natürlich auch darauf vertrauen, dass ihre Kunden und Konsumenten ihre Rechnungen bezahlen. Insofern muss auch der Konsument Vertrauen schaffen.

Vertrauen ist vielleicht nicht der Anfang von allem, es ist jedoch mit Sicherheit der Anfang von vielem. In einer durch hohe Komplexität, durch für den Einzelnen geringe Durchschaubarkeit der Herstellungsprozesse und durch wissenschaftliches Expertentum geprägten Wirtschaft sind die Menschen noch mehr als in weniger entwickelten Wirtschaften darauf angewiesen, dass sie ihren Vertragspartnern vertrauen können bei den Angaben, die diese über ihr Angebot machen. Die Wirtschaft muss dieses Vertrauen ständig durch Treu und Glauben, durch Etikettenrichtigkeit und zutreffende Auszeichnung ihrer Güter rechtfertigen und schaffen.

Vertrauen wird durch vertrauensbildende Maßnahmen und vertrauensbildendes Handeln zwischen beiden, zwischen Verbrauchern und Produzenten, hergestellt. Die moderne Gesellschaft ist wie keine Gesellschaft zuvor auf **Vertrauen in den Experten** angewiesen.

In keiner Gesellschaft zuvor hatte der Satz «Crede experto», «Glaube dem Fachmann», eine solche Wichtigkeit, weil in keiner Gesellschaft vorher es dem Einzelnen so wenig möglich war, über die Güter, mit denen er umgeht, das für ihre vollständige Beurteilung nötige Wissen zu erwerben. Weil dies so ist und der Konsument weiß, dass er gar nicht umhin kann, dem Experten zu trauen, ist er andererseits auch so misstrauisch. Es ist eine rationale Strategie, in einem Lebenszusammenhang, der auf Vertrauen unabdingbar angewiesen ist, dieses Vertrauen zu gewähren, es aber sofort und massiv zu entziehen, wenn es auch nur einmal verletzt wurde. Für den Konsumenten und den Bezieher von Zulieferleistungen gilt heute mehr denn je das alte Sprichwort: «Trau, schau wem».

Die Zulieferer und die Produzenten müssen durch ihr Handeln Vertrauen schaffen, und sie müssen sich bei ihrem Tun daran erinnern, dass sowohl sie selbst nach dem Prinzip «Trau, schau wem» handeln und ihre Zulieferer und Kunden beurteilen, als auch sie selbst von jenen so beurteilt und behandelt werden. Es ist eine rationale Strategie zu vertrauen, aber zu schauen, wem man vertraut, und es ist ebenfalls rational, nicht mehr zu vertrauen, wenn Vertrauen verletzt wurde. Da Vertrauen in einer Weise auch eine **Vorleistung des Vertrauenden** an den, dem er vertraut, darstellt, ist es der Empfindlichkeit unterworfen, die jede Vorleistung auszeichnet.

6 Problemzonen von Unternehmensentscheidungen

Die oben entwickelten Prinzipien, das Prinzip der Rechtsidee, dass die rechtliche Verpflichtung aus der Natur der Sache entsteht, und das ethische Prinzip der Sach- und Tauschgerechtigkeit, sollen nun auf drei **Problemzonen** angewandt werden, denen das Unternehmen häufig gegenübersteht:

1. Insider-Handel,
2. Korruption und
3. Waffenexport.

6.1 Insider-Handel

Das Problem des Insider-Handels an der Börse muss nach dem Kriterium des **Zwecks** der Institution «Kapitalmarkt», nach dem Kriterium der **formalen Gerechtigkeit** oder des gleichen Rechts aller Teilnehmer des Kapitalmarktes und nach dem Kriterium der **Rechtssicherheit** beurteilt werden.

Der **Zweck der Institution** des Kapitalmarkts innerhalb der Wirtschaftsordnung ist folgender: Der Kapitalmarkt übernimmt zwei Aufgaben, in denen er dem Kredit- markt gleicht. Wie Letzterer dient der Kapitalmarkt als ein Transferprozess, in dem Ersparnisse in Investitionen gelenkt werden, und in welchem Investitionen unter- schiedlicher Zeithorizonte transformiert werden in Investitionen langfristiger Eigentumstitel oder Aktien.

Die **Aufgabe der Spekulation** im Markt für Aktien ist es, die Unsicherheit der Marktteilnehmer zu reduzieren, eine Aufgabe, die nicht mit anderen Instrumenten erfüllt werden kann. Das Risiko des Ertrags und des Bankrotts einer Firma kann annähernd durch den Markt errechnet werden, die Unsicherheit jedoch über die Dauer der zukünftigen Investitionsperioden, die Zeitspannen, in der die Investoren ihre Investition halten wollen, kann nicht mit Hilfe eines Wahrscheinlichkeits- kalküls errechnet werden (zur Unterscheidung von Risiko und Unsicherheit vgl. Knight [Risk]). Über diese Unsicherheit kann nur «spekuliert» werden.

Die beiden Bestandteile der Spekulation sollten daher unterschieden werden. Die Spekulation teilt sich auf in die **reine Spekulation** über den Pfad der Entwicklung der Wertpapierpreise, der sich unter Unsicherheit und Zufall vollzieht und unab- hängig von den Erträgen ist, und jener Teil, der **wirkliche langfristige Investitionen** in Unternehmensanteile ist und Risiko als Eigentümer und Partner trägt. Obgleich diese beiden Bestandteile der Spekulation analytisch klar unterschieden werden sollten, ist es im tatsächlichen Kapitalmarktverhalten jedoch so, dass die Speku- lanten nur spekulieren können, wenn sie auch in Unternehmensanteile investieren, also Investoren sind.

Die Kapitalmarktspekulation ist **ethisch zulässig** und **ökonomisch sinnvoll**, da sie eine objektive Funktion in der Wirtschaft erfüllt: Sie reduziert die Unsicherheit über die Marktfähigkeit von Unternehmensanteilen an der Börse. Gewinne aus Spekulation sind daher Zahlungen für jene Dienstleistung, die der Öffentlichkeit an der Börse durch die Spekulation zur Verfügung gestellt wird, und sie ist gerechtfertigt durch die ökonomische Wertschöpfung, welche die Spekulation schafft.

6.1.1 Insider-Handel als Pseudo-Spekulation

Das Problem des Insider-Handels an der Börse ist nun ein solcher Fall, in welchem keine wirkliche Unsicherheit gegeben ist, da die Tatsachen der Insider-Information schon bekannt sind. Nehmen wir ein Beispiel, wie es der bekannte Film «Wall Street» darstellt. Wenn der Börsenmakler und Anteilseigner Geko seinem Makler und Angestellten Brown einen Tipp gibt, Aktien der Firma ABC zu kaufen, weil die Firma AEB die Firma ABC übernehmen will und ihm daher seine neuerworbenen Aktien bald zu einem höheren Preis abkaufen wird, ist das Wissen über die Zukunft schon da und wird nicht vom Makler Brown erst produziert. Die Unsicherheit über die Zukunft kann in dieser Situation also durch weniger kostspielige Mittel, nämlich durch die Veröffentlichung der Insider-Information gegenüber dem Börsenpublikum, erreicht werden. Der Insider produziert kein wirkliches Gut und leistet den Teilnehmern des Kapitalmarktes keinen Dienst, der nicht durch die einfache Publikation der Insider-Tatsachen durch das betroffene Unternehmen ebenfalls erreicht werden könnte. Die Spekulation der Insider ist eine Art von Pseudo-Spekulation, weil der spekulierende Insider keine Unsicherheit trägt, sondern nur eine **Pseudo-Unsicherheit** über die an sich schon bekannten Tatsachen seiner Insider-Information reduziert.

Der **Insider** trägt freilich immer noch ein **gewisses Risiko**, weil der Take-over vielleicht am Ende doch nicht stattfindet, obgleich der Insider so informiert wurde. Auch können die Auswirkungen der Empfehlung eines Wirtschaftsjournalisten für eine bestimmte Aktie weit weniger stark ausgefallen sein, als er es vielleicht antizipiert hat, und daher seine Insider-Spekulationen nicht aufgehen. Das Risiko des Insiders ist jedoch immer sehr viel niedriger als das der anderen Spekulierenden, die im selben Markt handeln.

Gewinne aus berufsmäßiger Spekulation sind die Belohnung für die **wertschöpfende Tätigkeit der Absorption von Unsicherheit**. Wo die Bemühungen des Spekulanten nicht wertschöpfend sind, weil er nur Pseudo-Unsicherheit trägt, besitzt die Spekulation nicht die Legitimation, Gewinn zu machen, zu «verdienen». Der Insider-Spekulant absorbiert nur Pseudo-Unsicherheit und ist daher nicht berechtigt, den Gewinn einzubehalten, der aus seinem Insider-Handel entsteht. In Analogie zum Glücksspiel kann der Insider-Spekulant einem Spieler verglichen werden, der mit gezinkten Karten spielt, die das Zufalls- und Unsicherheitselement reduzieren. Ebenso verringert der Insider-Spekulant das Unsicherheits- und Zufallselement nur für sich, nicht aber für die anderen Mitspieler. Der Insider-Spekulant spielt das Spiel mit geringerer Unsicherheit als seine Mitspieler, und der Gewinn, den er aus dem Mit-gezinkten-Karten-Spielen zieht, entspricht nicht seiner wirtschaftlichen Leistung und seinem wertschöpfenden Beitrag.

6.1.2   Arbitrage, Spekulation, Agiotage

Die pseudo-produktive Wirkung von Insider-Handel-Spekulation ist weder Arbitrage noch wirkliche Spekulation, sondern Agiotage.

Arbitrage ist die wertschöpfende Tätigkeit, Gewinn durch den Ausgleich von Preisunterschieden im Raum zu machen.

Der Arbitrageur erzeugt dadurch Gewinn, dass er die Preisunterschiede zwischen verschiedenen Orten zum selben Zeitpunkt verringert. Wenn das Zinsniveau für Kredite in Zürich niedrig und in Rom zum selben Zeitpunkt hoch ist, ist es gewinnträchtige Arbitrage, Geld zu niedrigen Zinsen in Zürich zu leihen und zu hohen Zinsen in Rom auszuleihen. Der Arbitrageur reduziert die Unterschiede zwischen Preisen an verschiedenen Orten und gleicht das Preisniveau zwischen zwei Orten dadurch aus, dass er ein Überangebot an einem Handelsplatz beseitigt und eine Angebotsknappheit – in unserem Fall eine Angebotsknappheit an Krediten – an einem anderen Ort reduziert. Arbitrage schafft Wohlfahrtswirkungen durch den Ausgleich von Preisen zwischen verschiedenen Märkten zu einem Zeitpunkt, Spekulation schafft den Ausgleich von Preisen am selben Marktplatz zwischen verschiedenen Zeitpunkten.

Spekulation ist deshalb Arbitrage zwischen verschiedenen Punkten im Zeitablauf, nicht zwischen verschiedenen Punkten im Raum.

Beide, Arbitrage und Spekulation, leisten den Dienst für die Wirtschaft, Preisdifferentiale auszugleichen.

Von der Arbitrage und der Spekulation muss die Agiotage unterschieden werden.

Agiotage bezeichnet jene Tätigkeit der Gewinnerzielung, die Gewinn dadurch erreicht, dass sie einen reinen Aufschlag, ein Agio, auf ein gegebenes Gut oder eine gegebene Dienstleistung vollzieht, ohne irgendeine Wertschöpfung hinzuzufügen.

Der Preisunterschied zwischen gekauften Anteilen und verkauften Anteilen ist hier nur ein Zuschlag oder ein Agio, der vom Agiotageur erhoben wird. Der **Insider** ist ein Agiotageur, der, obgleich er zum Zeitpunkt t kauft und zum Zeitpunkt t+1 verkauft, keinerlei Wert den gehandelten Gütern hinzufügt, in unserem Fall den Anteilen, da die Information, auf die er seinen Profit gründet, zum Zeitpunkt t schon vorhanden war. Der Unterschied zwischen der Arbitrage im Raum und der Spekulation als Arbitrage in der Zeit als wertschöpfenden wirtschaftlichen Tätigkeiten auf der einen Seite und Agiotage als reinem Zuschlag ohne Wertschöpfung auf der anderen Seite erlaubt es, Insider-Handel als bloße Agiotage zu klassifizieren und es von anderen wertschöpfenden Tätigkeiten an der Börse wie der Arbitrage im Raum und der Spekulation im Zeitablauf zu unterscheiden.

6.1.3   Insider-Handel und das treuhänderische Verhältnis

Insider-Spekulation als bloße Agiotage, also das Wiederverkaufen desselben Gutes, ohne es zu veredeln und ohne einen produktiven Beitrag für die Gemeinschaft durch das Wiederverkaufen zu leisten, verletzt die Natur der Sache des spekulativen Handels. Dieser Sachverhalt trifft sogar in jenen Situationen zu, in denen der Insider-Handel **einer dritten Partei nützlich** ist. Es ist z. B. der Fall eines Unternehmens denkbar, das einen Take-over plant. Das Management oder einer der Anteilseigner kann nun einem Insider-Händler einen Tipp geben, die Aktien dieses Unternehmens, das in der nächsten Zukunft übernommen werden soll, zu kaufen. Der Insider wird einen Extragewinn aus diesem Tipp machen, das informierende Unternehmen kann das Aufkaufen der Anteile der anderen Firma über einen größeren Zeitraum erstrecken und daher die Anteile später von dem Insider-Händler und anderen wahrscheinlich zu einem niedrigeren Preis erwerben, weil seine Nachfrage nach den Aktien des Übernahmekandidaten zeitlich gestreckt wird. Auf diese Weise wird der Insider-Händler durch den Informanten der übernehmenden Firma in deren eigenem Interesse informiert und veranlasst, die Unternehmensanteile der zu übernehmenden Firma zu kaufen und später mit einem Insider-Gewinn zu verkaufen. Auch leistet der Insider-Händler in diesem Beispiel der Volkswirtschaft einen gewissen Dienst, indem er der Firma, die den Take-over plant, den Erwerb des Übernahmekandidaten erleichtert.

Dieser Dienst könnte jedoch ebensogut dadurch erzielt werden, dass das erwerbende Unternehmen die Anteile selbst kauft oder dass der Treuhänder die Anteile für sich kauft unter dem Vertrag, dass er für das Unternehmen handelt. Das Unternehmen, das einen Take-over plant, ist nicht gezwungen, das Mittel der Information eines Insider-Händlers zu benutzen und dadurch ein ethisch fragwürdiges Mittel für ein Ziel anzuwenden, das auch durch ethisch und rechtlich zulässige Mittel erreicht werden kann.

Die Existenz von Fällen, in denen der Insider-Handel im Interesse einer dritten Partei, des informierenden Managers oder Anteilseigners, also ein «opferloses Vergehen» (victimless crime) ist, widerlegt nicht die These, dass **Insider-Handel bloße Agiotage,** nicht aber produktive Spekulation ist. Das informierende Unternehmen verfügt über das Wissen, aufgrund dessen der Insider-Handel getätigt wird, und es könnte dieses Wissen verbreiten, oder, wenn diese Verbreitung sein eigenes Geschäft schädigt, es zurückhalten und selbst dadurch handeln, dass es die Anteile in der Zeit selbst kauft (Das *Zweite Finanzmarktförderungsgesetz* vom 26. Juli 1994, § 21, verpflichtet alle Unternehmen, die an der Börse notiert sind, Erwerbungen oder Verkäufe von Anteilen anderer Unternehmen, die 5%, 10%, 25%, 50% oder 75% des Unternehmenskapitals des anderen Unternehmens überschreiten, zu melden. Das Bundesaufsichtsamt kann jedoch ein Unternehmen von dieser Pflicht ausnehmen, wenn ihre Erfüllung der Pflicht einen erheblichen Schaden dem Unternehmen zufügen könnte (§ 25 Nr. 4)).

Das Beispiel des Insider-Handels, in welchem ein Insider Anteile auf seine private Rechnung im Interesse einer dritten Partei erwirbt, zeigt, dass der Insider-Handel nicht allein deshalb als unethisch bezeichnet werden kann, weil er eine **treuhänderische Beziehung** verletzt. In vielen Fällen ist dies in der Tat so, und es ist dann Insider-Handel unethisch aufgrund der Tatsache, dass es eine Verletzung der treuhänderischen Pflichten darstellt. In einigen Fällen ist es jedoch gerade so, dass die Person, die die Treuhänder-Beziehung begründet hat, die Insider-Information an einen anderen weitergibt, der in des ersteren privaten Interesse handeln soll.

Um es noch einmal zu wiederholen: Weder der Vorteil des Insider-Händlers noch der Vorteil des Auftraggebers noch die geringe allokative Wirkung des Insider-Handels für die Preisbildung im Aktienmarkt können eine Rechtfertigung für Insider-Handel leisten, wenn dessen unethischer Charakter sich der Tatsache verdankt, dass der Insider-Handel die **Natur der Sache der Spekulation im Aktienmarkt verletzt,** wenn die Insider-Spekulation nicht der Reduktion wirklicher Unsicherheit dient. Da die Insider-Information schon existiert, reduziert Insider-Handel nicht wirklich Unsicherheit. Da alle Anteilseigner das gleiche Recht auf die Information über ihr Unternehmen besitzen, darf das Management keine Information über Firmenübernahme nur an ausgewählte Dritte für deren Bereicherung weiter geben. Selbst der einzelne Anteilseigner darf Insider-Wissen nicht an ausgewählte Personen weiter geben, weil er, wenn er so handeln würde, das Recht der anderen Anteilseigner auf dieses Wissen verletzen würde. Das **Prinzip der Rechtsgleichheit** aller Anteilseigner fordert, dass entweder alle Anteilseigner die Insider-Information kennen und sie weiter geben können, oder aber, dass keiner von ihnen sie weitergibt. Wenn alle Anteilseigner sie weiter geben, hört die Information natürlich auf, Insider-Information zu sein.

Von ökonomischer Seite wurde immer wieder die Schwierigkeit, ein **Gesetz gegen Insider-Handel** zu implementieren und durchzusetzen, geltend gemacht. Offenbar sind diese Schwierigkeiten jedoch geringer als angenommen. Sie stellen freilich, selbst wenn sie zutreffend wären, kein Rechtsargument gegen ein Verbot dar. Für die Durchsetzbarkeit des Gesetzes in Deutschland spricht, dass im ersten Vierteljahr 1995, also dem ersten Vierteljahr nach Inkrafttreten der gesetzlichen Bestimmungen gegen Insider-Handel, an der Frankfurter Börse etwa 200 Meldungen nach § 15 Wertpapierhandelsgesetz (WpHG) eingegangen sind. Nach dem Bundesaufsichtsamt sollen es sogar durchschnittlich 100 Meldungen im Monat sein, während es früher im Jahresdurchschnitt etwa 2 bis 3 Mitteilungen waren (so Schwarze [Ad hoc-Publizität] 100).

Man wird annehmen müssen, dass die «compliance» mit dem Gesetz auch deshalb höher ist, als bei den an sich sehr hohen Anreizen zur Umgehung des Insider-Verbotes zu erwarten ist, weil die Abschreckungswirkung des Gesetzes vor allem auf den Tippgeber wirkt. Die Androhung von Gefängnisstrafen für die Weitergabe von Insider-Informationen und Tipps an die Verwerter von Insider-Informationen bewirkt, dass es sich Personen, die über Insider-Wissen verfügen, sehr genau überlegen werden, ob sie das **Risiko einer Weitergabe einer Insider-Information** auf sich nehmen, wenn der Ertrag aus der Verwertung dieses Wissens vor allem beim Tippnehmer anfällt. Es ist einleuchtend, dass deshalb das rechtliche Verbot vor allem beim Tippgeber wirksam wird. Für unser Thema des richtigen Entscheidens ergibt sich eindeutig, dass es besser ist, keine Insider-Tipps weiterzugeben und dass Insider-Trading eigentlich keine «Grau-, sondern eine eindeutige Zone» ist.

6.2 Korruption

Insider-Handel ist als eine Form der Korruption von jenen anzusehen, die an der Börse und in den Finanzinstitutionen und -märkten tätig sind. Wie im Falle des allgemeinen Phänomens der Korruption verletzen sie ihre Vertrauensstellung und missbrauchen ihnen vertraulich mitgeteilte Tatsachen für die persönliche Bereicherung. Selbst dort, wo der Börsen- oder Finanzmakler vom Anteilseigner dazu autorisiert wurde, das Insider-Wissen zu nutzen, liegt insofern Korruption vor, als der Makler seine Vertrauensstellung gegenüber den anderen Aktionären der tippgebenden Firma und gegenüber den Regeln der Börse verletzt. Das Phänomen des Ausnützens der Kenntnis vertraulicher Tatsachen kann geradezu als ein allgemeines Kennzeichen von **Korruption** und als Grundlage einer allgemeinen Theorie der Korruption gelten.

Der Beamte, der für den Straßen- und Brückenbau in einer Stadt verantwortlich ist, darf sein Insider-Wissen über die Baupolitik der Stadt nicht dazu nutzen, um rechtzeitig den Grund und Boden, der für die Brücken notwendig ist, zu niedrigen Kosten zu kaufen, um ihn zu einem höheren Preis an die Stadt zu verkaufen.

Der Architekt, der ein Haus für einen Kunden baut, sollte nicht zur gleichen Zeit als Vermittler der Bauaufträge an die Baufirmen handeln und von ihnen für diese Vermittlungsdienste Provisionen zusätzlich zum Architektenhonorar erhalten. Er missbraucht dann seine Berufsstellung als neutraler Ratgeber seines Bauherrn, sein Insider-Wissen als Architekt des Bauherrn, und seinen Architekten-Bauherrn-Vertrag, um Insider-Handel mit der Baufirma zu machen. Er missbraucht die treuhänderische Beziehung zwischen sich und seinem Bauherrn, um Geschäfte auf Provisionsbasis mit den Firmen zu machen, im Verhältnis zu denen er doch ein unparteilicher Ratgeber und Makler für den Bauherrn sein sollte. Es ist offensichtlich, dass er in einem solchen Fall zweimal für dieselbe Dienstleistung bezahlt wird, was nur akzeptabel wäre, wenn er sein Architektenhonorar um den Betrag, den ihm die Baufirma als Provision bezahlt, verringerte.

Der Missbrauch von Insider-Wissen oder von vertraulich mitgeteilten Tatsachen liegt den meisten subtilen Formen der Korruption im privaten und öffentlichen Sektor zugrunde. Es kann geradezu als das wesentliche Element einer allgemeinen Theorie der Korruption angesehen werden.

> **Korruption** ist der Missbrauch von Amtsgewalt oder einer Vertrauensstellung, um Entscheidungen zu fällen, die gegen die Absicht und die Regeln des Amtes oder Auftraggebers sind, um persönliche Gewinne zu machen oder einer dritten Partei unerlaubte Vorteile zu verschaffen.

Die Vorteilsnahme durch den Amtsinhaber selbst oder durch eine dritte Partei, geschehe sie in Firmen der Privatwirtschaft oder im öffentlichen Sektor, gründet stets auf einem besonderen **Insider-Wissen,** das nur die betreffende Person besitzt und das **in einer nicht-sachgemäßen Weise benutzt** wird, um Insider-Gewinne zu machen. Die brutalen Formen der Korruption werden in demokratischen Rechtsstaaten mehr und mehr unrealisierbar für die Amtsinhaber, weil die Kontrolle des Rechts und der demokratischen Öffentlichkeit sie im allgemeinen schnell abstellt. Ein Richter kann nicht brutal zugunsten der Reichen und Mächtigen und zulasten der Witwen und Waisen entscheiden, wie dies die biblischen Propheten noch beklagten. Er kann jedoch sein Insider-Wissen nützen, um eine Partei vorzuinformieren. Ein Premierminister kann heute nicht mehr seine unfähige Frau zum Minister in seinem Kabinett machen, wie in kommunistischen Regimes. Aber er kann sein Insider-Wissen nutzen, um seinen Freunden Tipps zu geben. Die Nutzung von Insider-Wissen etwa durch Mitglieder des Zentralbankrates eines Landes kann Milliarden von Dollars wert sein. Wenn die Zentralbank der USA den Zinssatz um ein Prozent heraufsetzt, bewirkt dies, dass der Dow Jones-Index um mehrere Punkte nach unten geht. Und derjenige, der dieses Wissen 24 Stunden früher als alle anderen besäße, könnte sicherlich Millionen Dollar Gewinn machen.

Gewinne, die aus Korruption und dem Missbrauch des durch die Amtsstellung des Betroffenen gegebene Insider-Informationen gemacht werden, verstoßen gegen das Wirtschaftsrecht und die Wirtschaftsethik aus drei Gründen: Korruption und der Missbrauch von Insider-Wissen verletzen das **Prinzip der Rechtsgleichheit,** das **Prinzip der wirtschaftlichen Effizienz** und das **Prinzip des demokratischen Rechts** aller Bürger auf den gleichen und unverzerrten Zugang zur politischen und administrativen Macht und ihren Ämtern wie auch das demokratische Recht, dass private und öffentliche Amtsinhaber für ihre Handlungen, die sie in ihrem Amt vornehmen, zur Verantwortung gezogen werden können.

Durch Korruption erlangen diejenigen, die bestechen, einen Vorteil gegenüber den anderen, der durch die Regeln einer Ausschreibung eines staatlichen Bauvorhabens oder einer staatlichen oder privatwirtschaftlichen Stelle nicht gedeckt ist, sondern vielmehr ausgeschlossen werden soll. Alle Formen der Korruption und des Insider-Wissens haben nicht nur die Tatsache gemeinsam, dass sie die Vertrauensstellung und die principal-agent-Beziehung, die Beziehung zwischen Treugeber und Treuhandnehmer, verletzen. Sie bilden vielmehr auch **perverse Anreize,** die eigene Aufmerksamkeit und Leistungskraft auf gerade die Tätigkeiten zu lenken, die nicht im Interesse des Gemeinwohls oder des Wohls des den Einzelnen beschäftigenden Unternehmens sind. Die Theorie der «perverse incentives» hat dies nachgewiesen. Für den Unternehmer und Manager ergibt sich daraus die klare Notwendigkeit, alle Formen von Korruption, seien sie im Inland oder Ausland, zu bekämpfen, weil sie langfristig nicht im Interesse des Unternehmens sind. Selbst dort, wo eine Firma durch Schmiergeldzahlungen an einen ausländischen Mittelsmann Aufträge heranziehen kann, sind die Rückwirkungen dieser Schmiergeldpraxis auf die interne Wirtschaftsethik und die Geschäftspraktiken der Mitarbeiter so negativ, dass es besser ist, auf sie zu verzichten. Die Akzeptanz von «offshore corruption», von korrupten Praktiken im Ausland, verdirbt die Sitten auch zuhause. Damit ist nicht notwendig gesagt, dass die «offshore corruption» notwendig vom Recht der Industrieländer verboten werden sollte. Seit kurzem wird «offshore corruption» in den meisten Industrieländern stafrechtlich in der gleichen Weise wie Korruption im Inland verfolgt. Wenn ein Unternehmen im Ausland Schmiergelder bezahlt, um sich den dortigen Gepflogenheiten anzupassen, die es im Inland nie übernehmen würde und die es selbst strikt ablehnt, bricht es nicht inländisches Recht, fördert aber im internationalen Austausch einen Usus, den es selbst ablehnt.

Nicht immer ist die **Grenze zwischen zulässiger Provisionszahlung und Schmiergeld** klar zu ziehen. Stellen Sie sich etwa vor, dass Sie mit Ihrem Unternehmen in einen neuen Markt gehen, in dem Sie bisher nicht tätig waren und in dem Ihre Firma über keinerlei Geschäftsverbindungen verfügt. Ihre Firma schickt Sie als Manager in ein lateinamerikanisches Land, in dem Sie den Vertrieb ihrer Produkte organisieren sollen. Herr X von einer Zulieferfirma nennt Ihnen den Namen von Herrn Y in Nuevo Berlin, der Ihnen die nötigen Türen öffnen könne. Herr Y stellt sich als äußerst kooperativ dar und ist bereit, Sie mit den wichtigen Leuten im Wirtschaftsministerium und mit den Vertretern der Firmen, die als Kunden für Sie in Frage kommen, bekanntzumachen. Außerdem stellt er sich als Dolmetscher zur Verfügung. Bei den Verhandlungen über den ersten Vertrag, den Sie unterzeichnen wollen, stellt sich nun heraus, dass er für seine Vermittlungs- und Übersetzungsdienste ein Honorar von 20% der über mehrere Millionen Dollar gehenden Vertragssumme erwartet. Seine Dienste waren für Sie und Ihre Firma von größtem Nutzen und haben in erheblichem Maße Geld gespart. Trotzdem erscheint Ihnen der Betrag zu hoch. Transparency International, eine Gesellschaft, die sich die Bekämpfung der Korruption in der Welt zum Ziel gesetzt hat, empfiehlt hier, stets die Frage zu stellen, ob die Provisionszahlungen und Sonderleistungen publizierbar sind. Die Grenzziehung zwischen Provision und Geschenk einerseits und Schmiergeld andererseits liegt im Allgemeinen dort, wo bei der Provision und dem Geschenk die Veröffentlichung oder zumindest das Bekanntmachen an betroffene Dritte allen Beteiligten unbedenklich erscheint, während das Publikmachen bei Schmiergeld nicht möglich ist.

6.3   Waffenexport

Korruption und die Ausnutzung von Insider-Wissen geschehen oft dort, wo der eine **Vertragspartner den Markt noch nicht kennt** oder wo die Feststellung eines allgemeingültigen Marktpreises schwierig ist. Dies fängt schon mit dem jedem Touristen bekannten Phänomen an, dass es kaum ein Land gibt, in dem die Taxifahrer am Flughafen nicht korrupt in dem Sinn sind, dass sie den ahnungslosen, des Marktpreises für Taxifahrten nicht kundigen Neuankömmling erst einmal gehörig über das Ohr hauen und dieser sich kaum zu wehren vermag, weil er die Marktpreise nicht kennt. Der andere Grund für die Erleichterung korrupter Praktiken in diesem Fall ist es, dass das Recht, als Taxi am Flughafen Fahrgäste zu erwarten, von einem Monopolisten oder einer Mafia am Flughafen kontrolliert werden kann, indem diese Mafia alle ihr nicht genehmen Taxis zwingt, wegzufahren, während sie niemals in der Lage ist, alle Zubringerfahrten zum Flughafen zu kontrollieren. Dies führt etwa in Moskau dazu, dass die Fahrt zum Flughafen Moskau ein Drittel von dem kostet, was die Fahrt vom Flughafen kostet, und dass der Taxifahrer, der zum Flughafen fährt, jedesmal schon einige Kilometer vor der Ankunft am Flughafen sich das Geld geben lässt, um als Privatzubringer am Flughafen zu erscheinen.

Ein Kenner des Problems der offshore-Korruption hat darauf hingewiesen, dass **Waffenexporte** aus denselben Gründen leicht ein **Opfer der Korruption** werden. Die Schwierigkeiten liegen in der Natur des Waffengeschäftes: Zum einen ist es sehr schwierig, einen Marktpreis für ein Jagdflugzeug zu bestimmen, das nur von drei Nachfragern, etwa den Verteidigungsministerien dreier Länder, nachgefragt wird und das technische Höchstleistungen erfordert, die ebenfalls schwer zu bewerten sind. Zum zweiten sind Waffenexporte auch deshalb sehr beliebt als Exporte in Drittländer, vor allem Länder der Dritten Welt, weil sich bei solchen Exporten Schmiergelder leicht im Anschaffungspreis verbergen lassen. Diese Vereinfachung von Korruption durch die Natur der Sache Waffenexport gilt sowohl für die Käufer- wie für die Verkäuferseite. Der Diktator eines Landes wird Schmiergeldzahlungen an ihn oder seine Familienmitglieder bei der Lieferung von Automobilen, die überall den selben Marktpreis haben, weniger leicht verbergen können, als bei der Lieferung von Rüstungsgütern der Hochtechnologie, für die niemand in seinem Land den Marktpreis kennen kann. Dies soll nicht bedeuten, dass alle Waffenexporte mit Korruption behaftet sind, sondern es zeigt nur, dass die Gelegenheit zur Korruption bei Gütern, die nicht durch andere Güter vertretbar sind und damit keinen Vergleichspreis haben, häufiger auftritt.

Problematisch ist auch die Umlenkung der Nachfrage korrupter Regierungen durch diese Tatsache. Da sie erwarten, bei Rüstungsgütern leichter Provisionen oder gar Schmiergelder erhalten und verbergen zu können, werden sie überproportional viele Rüstungsgüter nachfragen als andere vielleicht dringender benötigte Güter. Diese Art der Rüstungs-/Schmiergeld-Spirale wird wiederum zu einem **Überkonsum an Waffen** und dieser wiederum zu einer weiteren Verschlechterung der wirtschaftlichen Entwicklung beitragen (vgl. zum Problem der aus Waffenlieferungen entstehenden Abhängigkeit von Ländern der Dritten Welt auch Catrina [Arms Transfers]).

Waffenexporte sind wirtschaftsethisch dann nicht zu beanstanden, wenn sie dem Zweck der Landesverteidigung auf seiten des Abnehmers der Waffen dienen. Solange es Unfrieden und Bedrohung durch den Nachbarn in der Welt gibt, wird es auch Waffen geben müssen. Auch wird man sagen müssen, dass der Lieferant von Waffen nicht im letzten die **Verantwortung für die Benutzung der Waffen** übernehmen kann. Bereits Thomas von Aquin hat die Frage diskutiert, ob der Verkäufer einem Kunden ein Messer verkaufen darf, von dem er nicht weiß, ob dieser es entweder für einen ethisch nicht zulässigen Selbstmord oder einen ethisch nicht zulässigen Mord oder lediglich zum Gemüseschneiden oder zu sonst einer legitimen Verwendung nutzen wird. Thomas von Aquin sagt, dass der Verkäufer die Verwendung des Gutes zum Guten oder Bösen nicht zu verantworten hat mit Ausnahme von solchen Situationen, in denen er weiß oder annehmen *muss*, dass der Käufer die Ware zum Bösen verwenden wird. Wenn dem Messerverkäufer etwa ein volltrunkener aggressiver Haudegen ins Geschäft kommt, von dem erkennbar ist, dass er gerade ein anderes Messer zerbrochen hat bei dem Versuch, jemand zu verletzen, hat der Messerhändler oder Produzent die Pflicht, ihm das gewünschte Messer nicht zu verkaufen.

Dieser Grundsatz, der aus dem ethischen **Prinzip der Handlung mit doppelter Wirkung** (vgl. zu diesem Prinzip Koslowski [Prinzipien]) folgt, liegt auch dem Recht des Waffenexportes, etwa dem deutschen Kriegswaffenkontrollgesetz oder dem schweizerischen Bundesgesetz über das Kriegsmaterial (vgl. Pottmeyer [Kriegswaffenkontrollgesetz]), zugrunde. Die Gesetze zu den Rüstungsexportkontrollen der Industrieländer gehen von dem Grundsatz aus, dass der Export von Kriegswaffen zulässig ist, solange der Verkäufer erwarten kann, dass der Käufer diese Waffen nicht zu Zwecken der kriegerischen Aggression und der Verstärkung von Spannungen benutzt. Erst dort, wo der Käufer wissen kann und erkennen muss, dass der Käufer die Waffen zum Schlechteren verwenden wird, muss er von dem Verkauf absehen. Art. 11 Abs. 2 des Bundesgesetzes über das Kriegsmaterial vom 30. Juni 1972 stellt für die Schweiz fest:

«Es werden keine Ausfuhrbewilligungen erteilt

a) nach Gebieten, in denen ein bewaffneter Konflikt herrscht, ein solcher auszubrechen droht oder sonstwie gefährliche Spannungen bestehen;

b) wenn Grund zur Annahme besteht, dass Kriegsmateriallieferungen in ein bestimmtes Land die von der Schweiz im internationalen Zusammenleben verfolgten Bestrebungen, insbesondere zur Achtung der Menschenwürde, sowie im Bereich der humanitären Hilfe oder Entwicklungshilfe, beeinträchtigen».

Der Konsensus von Rechtswissenschaft und Wirtschaftsethik in dieser Frage, auch zwischen den verschiedenen Ländern, ist erstaunlich. Schwierigkeiten bereitet natürlich die Ausführungspraxis der Gesetze. So wird besonders an den sehr strengen schweizerischen Rechtsbestimmungen zum Waffenexport kritisiert, dass die strengen Rechtsvorschriften durch die Verlagerung schweizerischer Rüstungsunternehmen ins Ausland oder durch die Vergabe von Lizenzen schweizerischer Unternehmen an ausländische Produzenten häufig umgangen werden (vgl. Oeter [Waffenhandel] 209).

Wirtschaftsethisch relevant ist die **langfristige Geschäftspolitik von Waffenproduzenten,** und hier kann auch die Wirtschaftsethik für die Strategie und Geschäftspolitik der Rüstungsunternehmen unmittelbar relevant werden, indem sie die Unternehmen rechtzeitig darauf hinweist, ihre Produkt- und Geschäftspolitik an langfristigen und ethisch zu begrüßenden Entwicklungen zu orientieren, während jede ethisch zweifelhafte Produkt- und Exportpolitik die Gefahr von Verlusten mit sich bringt: Der Produzent von Waffen sollte die Pflicht haben, sich am Zweck der Sicherung der Verteidigung eines Landes und seines Friedens zu orientieren, nicht jedoch an Angriffswaffen. Natürlich sind Verteidigungs- und Angriffswaffen im Einzelnen nicht immer leicht zu trennen, weil eine effiziente Verteidigung nur möglich ist, wenn die Möglichkeit zu wirksamer Gewaltanwendung gegeben ist.

Heute stehen statt des Eroberungskrieges ethnisch-religiöse und terroristische Konfliktlagen bis zur Anarchie im Mittelpunkt der Aufgaben der Streitkräfte. Hinzu kommen die Bewältigung elendsbedingter Flüchtlings- und Migrationswellen und Konflikte, die Verteidigung gegen die Androhung ökotoxischen Verhaltens und die nichtmilitärischen Zusatzfunktionen der Streitkräfte, die in zunehmendem Maße die Aufgaben der Streitkräfte bestimmen. Diese **Veränderungen in den Aufgaben der Streitkräfte** sind von den Waffenexporteuren zu beachten. Die Rüstungsindustrie wird Waffen und Rüstungsmaterial herstellen müssen, die weniger dem klassischen Krieg und der Verteidigung gegen einen Angriff oder gar diesem selbst dienen, als vielmehr der Katastrophenintervention, der Umweltüberwachung, der Nord-Süd-Infrastrukturhilfe und der Prävention von Migrationen sowie des Schutzes gegen terroristische Angriffe (vgl. von Müller [Sicherheitspolitik] 951).

Bei den Waffenexporten bereitet es rüstungspolitisch und wirtschaftsethisch Sorgen, dass die Waffenimporte einiger Länder zunehmen und die Rüstungskontrollvorschriften unterlaufen werden, weil zunehmend Industrie- und industrielle Schwellenländer Waffen exportieren wollen. Hier besteht wie auch in anderen Branchen der Industrie die Gefahr, dass der internationale Konkurrenzdruck zu einer **Absenkung der Rüstungskontrollbeschränkungen und der wirtschaftsethischen Selbstkontrolle** führt. Da neue Industrien und neue Industrieländer häufig das Gefühl haben, dass die hohen Standards bezüglich Umweltverträglichkeit oder in unserem Fall der Kontrolle des Missbrauchs von Waffen von den mächtigeren und fortgeschritteneren Konkurrenten erfunden wurden, um sie aus dem Business zu halten, fühlen sie sich frei, die Standards abzusenken, um in den Markt hineinzukommen und ihre Industrien voranzubringen. Es ist Aufgabe der internationalen Rechtsgemeinschaft, gegenüber solchen Absenkungen der Grenzmoral deutlich zu machen, dass die Kontrolle von Waffenexporten einen hohen rechtlichen und ethischen Rang besitzt und weder von einzelnen Staaten unterlaufen, noch von einzelnen Firmen abgesenkt werden dürfen.

7   Notwendigkeit der Herausbildung eines Weltwirtschaftsethos

Die hier behandelten Beispiele des Insider-Wissens und Insider-Handels, der Korruption und des Waffenhandels sind Zonen, in denen die normativen Voraussetzungen der Regelungen dieser Wirtschaftsbereiche nicht immer eindeutig sind. Grauzonen treten hier insofern auf, als unterschiedliche Rechtsauffassungen aufeinanderstoßen. Das Problem des Aufeinanderstoßens unterschiedlicher Rechtsauffassungen wird hier besonders sichtbar.

Bis 1995 war Insider-Handel in Deutschland nicht Strafrechtstatbestand. In der Schweiz wurde der Strafrechtstatbestand früher eingeführt, aber auch dort hielt man lange Zeit Insider-Handel für eine Übung von Cleverness.

Korruption in Form von Schmiergeldern wird in einigen Ländern nicht als solche angesehen, sondern das Schmiergeld für eine Art von Gebühr oder Provision gehalten, das eben schlechtbezahlten Beamten zugeführt wird und die Dinge beschleunigt.

Auch der Waffenexport ist selbstverständlich von politischen Vorgaben abhängig, die starken Schwankungen unterliegen. Hier wird das politische Interesse des Staates an seiner eigenen Verteidigungspolitik leicht vorrangig, da sich alle Staaten, die über Kriegswaffenkontrollgesetze verfügen, das Recht vorbehalten, durch ihre Regierungen zu entscheiden, was Krisenregionen sind, in die Kriegswaffen geliefert werden, und was solche sind, in die dieses zu unterbleiben hat. Diese konstitutiven Entscheidungen über Waffenexporte sind nicht auf der Ebene der Unternehmen zu verantworten.

Die **Globalisierung** stellt dieses Nebeneinander und partielle In-Konflikt-Geraten von unterschiedlichen Wirtschaftskulturen in Frage, da in einer internationalisierten und globalisierten Wirtschaft die nationalen Volkswirtschaften so sehr vom internationalen Austausch abhängen, dass die Verfolgung einer neutralen und individuellen Politik erschwert wird.

Mit der Globalisierung werden nicht alle Souveränitäts- und Vorbehaltsrechte der Einzelstaaten hinfällig. Im Gegenteil: es ist daran festzuhalten, dass nationaler Eigensinn auch im Recht sein kann gegen internationale Tendenzen und häufig Fehlentwicklungen zumindest verlangsamen kann. Nicht zu bestreiten ist jedoch, dass die Globalisierung der Wirtschaft die Häufigkeit und Intensität der Zusammenstöße verschiedener Rechtsauffassungen, Rechtskulturen und Wirtschaftsethiken verstärkt und damit die Frage aufwirft, welche Praktiken im globalen Wirtschaftsrecht und Wirtschaftsethos zulässig und wünschenswert sind.

Was werden die Grundelemente eines neuen **Ethos der Wirtschaft** sein, das der gesamten Weltwirtschaft gemeinsam ist? Die Globalisierung nicht nur des Handels, sondern auch der Produktion der Güter bewirkt einen verstärkten Austausch zwischen den Kulturen, weil sich diese nicht erst im Handel von bereits produzierten Gütern, sondern bereits in der Produktion dieser Güter in den Firmen selbst begegnen. Das Großunternehmen der Gegenwart ist eine «ökumenische» Firma, die Mitarbeiter aus der ganzen Welt beschäftigt. Diese ökumenische Firma erfordert es, dass sich ihre Mitarbeiter einem Minimum an gemeinsamen ethischen Normen verpflichtet fühlen, damit sie sich in einem ihnen gemeinsamen kulturellen Rahmen des Unternehmens bewegen.

> Die Globalisierung der Wirtschaft verlangt damit die Ausbildung eines «**Weltwirtschaftsethos**».

Wenn man die Frage stellt, welches die Bestandteile eines solchen künftigen Weltethos der Wirtschaft sein werden, so scheinen es vorzüglich **vier Bestandteile** zu sein, die den Wirtschaftenden in der ganzen Welt gemeinsam sein sollten: erstens die Anerkennung einer Ethik des Vertrages, zweitens die Ethik des Respekts für die Sachregeln und die Sachgerechtigkeit des Wirtschaftens, drittens die Bereitschaft und Gewohnheit, Preisgerechtigkeit walten zu lassen, und viertens der Wille, Professionalität als Wert anzuerkennen und als Verpflichtung des Handelns im Rahmen des eigenen Berufes zur Geltung zu bringen.

Bei der Analyse dieses sich herausbildenden **Weltwirtschaftsethos** kann es nicht allein darum gehen, **Bedingungen des Diskurses zwischen den Wirtschaftskulturen** anzugeben, also nur die formalen Bedingungen des Dialoges und der Steigerung der Gesprächsbereitschaft zwischen den Kulturen zu klären. Die meisten philosophischen und kulturwissenschaftlichen Ansätze der Gegenwart, die das Problem des Gespräches mit anderen Kulturen untersuchen wie etwa der Ansatz des «herrschaftsfreien Diskurses» von *Jürgen Habermas*, die Transzendentalpragmatik *Karl-Otto Apels* oder der Konstruktivismus der Erlanger Schule von *Paul Lorenzen* und anderen, aber auch *Hans Küngs* «Projekt Weltethos» bleiben zu sehr bei den formalen Bedingungen des ethischen und interkulturellen Dialoges stehen. Sie stellen die Frage, unter welchen Bedingungen der Dialog zwischen Angehörigen verschiedener Kulturen gelingen kann. Im Fall des Problems «Weltwirtschaftsethos» kann das nicht mehr genügen, weil wir es bei einem integrierten Weltmarkt bereits mit *einem* Diskurs zu tun haben. Wir haben es gar nicht mehr mit dem Aufeinanderstoßen in sich geschlossener Kulturen zu tun, die dann erst einmal einen Dialog beginnen, sondern wir sind schon in einem Diskurs, in einem Weltmarkt. Wir müssen daher die Frage stellen, welches konkrete, materiale Ethos der Weltmarkt von allen Teilnehmern erfordert.

Eine freie Weltwirtschaft beruht auf freien Verträgen. Die komparativen Vorteile des Welthandels sind nicht zu realisieren, wenn nicht die Erwartung begründet ist, dass die vereinbarten **Vertragsleistungen auch vertragsgemäß erbracht** werden. Wenn die Transaktionskosten für die Einhaltung von Verträgen im Weltmaßstab zu groß werden, führt das zu einer Atrophie des internationalen Austauschs, zu einem Schwinden der Vitalität und Lebendigkeit der Weltwirtschaft. *Pacta sunt servanda* ist eine der ersten Grundsätze des Weltwirtschaftsethos.

Eine Markt- und Wirtschaftsordnung beruht auf **Regeln**. Eine Ordnung ist nichts anderes als ein Set, eine Menge von Regeln. Regeln des Rechts und der Ethik haben die Funktion, Erwartungskonstanz zu schaffen. Sie begründen die Erwartung, dass sich auch die anderen an sie halten werden und machen dadurch das Verhalten der anderen berechenbar. Wo diese Regeln nicht eingehalten werden oder jeder glaubt, das Recht zu haben, sich über Regeln hinwegzusetzen, ist keine Erwartungskonstanz in bezug auf das Handeln der Wirtschaftssubjekte und der Geschäftspartner möglich. Die Komplexität und die Risiken des Wirtschaftshandelns werden dann zu groß. Rückzug vom ökonomischen Handeln, aber auch die fehlende Bereitschaft, größere und längerfristige Projekte mit höheren Risiken anzugehen, sind die Folge.

Dies ist etwa in Ländern mit allgemeiner Regellosigkeit zu beobachten, in denen sich die Erwartung bei vielen Wirtschaftssubjekten herausgebildet hat, dass die Regeln und Verträge ohnehin nicht eingehalten werden. Diese Erwartungen führen wiederum zu einer starken Verkürzung des Zeithorizontes des unternehmerischen Planens, Handelns und Investierens, die erhebliche Reichtumseinbußen zur Folge haben. Ohne dass nicht zumindest bestimmte Verhaltensweisen und Nebenbedingungen als konstant angesehen werden können und berechenbar werden, gibt es keinen Markt. Wo alles unsicher ist, vermag das Wirtschaftshandeln nicht mehr, Unsicherheit durch den Entdeckungsprozess des Marktes zu reduzieren.

Die Bereitschaft und Gewohnheit, **Preisgerechtigkeit** im Verhältnis von zu liefernder Ware und zu zahlendem Preis zu üben, muss auch für das Weltwirtschaftsethos im Austausch zwischen den verschiedenen Ländern der Welt gelten. Preisgerechtigkeit ist nicht nur eine Forderung für den persönlichen Austausch oder den Austausch innerhalb einer Nation oder Kultur, sondern auch für den Austausch zwischen Geschäftspartnern verschiedener Kulturen. Das Verhältnis zwischen Preis und in Anspruch genommener Leistung muss einigermaßen gerecht sein.

Als letztes Element eines Weltwirtschaftsethos ist die Anerkennung des Ethos des eigenen Berufs, des Berufsethos, und die **Anerkennung des Wertes der Professio-**

nalität zu nennen. Die Einwilligung in die Verpflichtung, im eigenen Handeln den Regeln der Professionalität zu folgen, ist eine zentrale ethische Forderung, die nur durch das frei bejahte Berufsethos, nicht aber durch das Recht oder die Politik gesichert werden können. In allen Situationen, in denen das Individuum sich nicht beobachtet fühlt oder glaubt, keine Sanktionen gewärtigen zu müssen, würde es sich ja, wenn es den Antrieb, professionell, also dem «state of the art» gemäß zu handeln, nicht aus sich selbst hat, persönliche Vorteile durch Regelverletzung oder durch Absenkung der professionellen Standards zuschanzen.

Um ein Beispiel zu geben: Ein chinesischer Philosoph erzählte bei einer Tagung über das Wirtschaftsethos in China und Europa, wie er in Europa versucht habe, ein Objektiv für seine Kamera zu kaufen. Er sagte, er sei mit seiner schlechten chinesischen Kamera in einen Fotoladen gegangen und habe sich ein Objektiv ausgesucht. Der Verkäufer riet ihm nun ab, das Objektiv zu kaufen, weil es von der Qualität her nicht zu seiner Kamera passe. Die Objektive des Ladens seien einfach der Kamera nicht angemessen, sie seien sozusagen zu gut dafür und hülfen ihm nicht. Das Bemerkenswerte war, dass der chinesische Gelehrte sagte, dass dies ein Ethos gewesen sei, das es in China noch nicht gäbe. Er war beeindruckt, dass dem Verkäufer der Wert seiner Professionalität, also der Wert, seinem Berufsethos und seiner Berufsehre als Fotohändler zu entsprechen, über die Absatzchance ging.

Professionalität, die Verpflichtung auf ein Berufsethos, ist etwas, das sich nicht von selber versteht, sondern des Willens und der Einübung bedarf. Das Ethos der Professionaliät gehört zu dem Weltwirtschaftsethos eines zusammenwachsenden Weltmarktes, zu jenem Weltwirtschaftsethos, das notwendig ist, wenn die zunehmende Bedeutung des Weltmarktes für alle von Vorteil sein soll.

Literaturhinweise

Albach, Horst: [Vertrauen] in der ökonomischen Theorie. In: Zeitschrift für die gesamte Staatswissenschaft (136) 1980, S. 2–11.

Albach, Horst (Hrsg.): Unternehmensethik. Konzepte – Grenzen – Perspektiven. In: ZfB-Ergänzungsheft 1/92. Wiesbaden 1992.

Alchian, Armen A. und *H. Demsetz:* Production, Information Costs, and [Economic Organization]. In: Economic Forces at Work. Hrsg. von Armen A. Alchian. Indianapolis 1977, S. 73–110.

Arrow, Kenneth J.: Public and Private Values. In: Human Values and Economic Policy. Hrsg. von Sidney Hook. New York 1967.

Arrow, Kenneth J.: Political and Economic Evolution of Social Effects and Externalities. In: Frontiers of Quantitative Economics. Hrsg. von Michael D. Intriligator. Amsterdam 1971, S. 3–25.

Axelrod, Robert: Die [Evolution] der Kooperation. München 1987. Original: The Evolution of Cooperation. New York 1984.

Banfield, Edward C.: The Moral Basis of a Backward Society. Gencoe, Ill. 1958.

Baumol, William J.: Business Responsibility and Economic Behavior. In: Altruism, Morality, and Economic Theory. Hrsg. von Edmund S. Phelps. New York 1975, S. 45–56.

Biervert, Bernd und *M. Held* (Hrsg.): Ethische Grundlagen der ökonomischen Theorie. Frankfurt a. M. 1989.

Blickle, Gerhard: Kommunikationsethik im Management. Argumentationsintegrität als personal- und organisationspsychologisches Leitkonzept. Stuttgart 1994.

Boulding, Kenneth E.: Ökonomie als eine Moralwissenschaft. In: Seminar: Politische Ökonomie. Zur Kritik der herrschenden Nationalökonomie. Hrsg. von Winnfried Vogt. 2. Aufl., Frankfurt a. M. 1977.

Brady, F. Neil: Ethical Managing. Rules and Results. New York, London 1990.

Briefs, Götz: Grenzmoral in der pluralistischen Gesellschaft. In: Wirtschaftsfragen in der freien Welt. Hrsg. von Erwin von Beckerath, Fritz W. Meyer und Alfred Müller-Armack. Frankfurt a. M. 1957, S. 97–108.

Buchanan, James M.: Ethical Rules, Expected Values, and Large Numbers. In: Ethics. (76) 1965, S. 1–13.

Buchanan, James M.: Economics and Its Scientific Neighbors. In: The Structure of Economic Science: Essays on Methodology. Hrsg. von Sherman R. Krupp. Englewood Cliffs. N. J. 1966, S. 166–183.

Buchanan, James M.: Markets, States, and the Extent of Morals. In: American Economic Review (68) 1978, S. 364–368.

Catrina, Christian: [Arms Transfers] and Dependence. New York 1988.

Churchman, Charles W.: Prediction and Optimal Decision. Philosophical Issues of a Science of Values. Englewood Cliffs 1961.

De George, Richard T.: Business Ethics. 3. Aufl., New York, London 1990.

Donaldson, Thomas: Corporations and Morality. Englewood Cliffs, N. J. 1982.

Etzioni, Amitai: The Moral Dimension. Toward a New Economics. London, New York 1988.

Forum für Philosophie Bad Homburg (Hrsg.): Markt und Moral. Die Diskussion um die Unternehmensethik. Bern, Stuttgart, Wien 1994.

Fürst, R.: Wert und Ethik in der Betriebswirtschaftslehre. In: Zeitschrift für Betriebswirtschaft (36) 1966, S. 473–476.

Gäfgen, Gerard: Wechselwirkungen zwischen Wirtschaftswissenschaft und Ethik. In: Neuere Entwicklungen in der Wirtschaftsethik und Wirtschaftsphilosophie. Hrsg. von Peter Koslowski. Berlin, New York, Tokio 1992, S. 47–71.

Hax, Herbert: Unternehmensethik – Ordnungselement der Marktwirtschaft? In: Schmalenbachs Zeitschrift für betriebswirtschaftliche Forschung (45) 1993, S. 769–779.

Hayek, Friedrich A. von: Drei Vorlesungen über Demokratie, Gerechtigkeit und Sozialismus. In: Vorträge und Aufsätze 63. Hrsg. vom Walter Eucken Institut. Tübingen 1977.

Höffner, Joseph: Statik und Dynamik in der scholastischen Wirtschaftsethik. Köln 1955.

Homann, Karl und *Franz Blome-Drees:* Wirtschafts- und Unternehmensethik. Göttingen 1992.

Hopt, Klaus J.: Europäisches und deutsches [Insiderrecht]. In: Zeitschrift für Unternehmens- und Gesellschaftsrecht (20) 1991, S. 17–73.

Kalveram, Wilhelm: Ethik und Ethos. Wirtschaftspraxis und Wirtschaftstheorie. In: Zeitschrift für Betriebswirtschaft (21) 1951, S. 317–321.

Kantorowicz, Herrmann: Der Begriff des Rechts. Kleine Vandenhoeck-Reihe 152/153. Göttingen o. J.

Keynes, John M.: A Treatise on Probability. London 1921.

Knight, Frank H.: [Risk] Uncertainty, and Profit. New York 1921.

Knight, Frank H.: Abstract Economics as Absolute Ethics. In: Ethics (76) 1966, S. 163–177.

Knight, Frank H.: The Ethics of Competition and Other Essays. New York 1969.

Korff, Wilhelm: Ethische Entscheidungskonflikte: Zum Problem der Güterabwägung. In: Handbuch der christlichen Ethik, Band 3. Freiburg, Gütersloh 1982, S. 78–92.

Koslowski, Peter: Gesellschaft und Staat. Ein unvermeidlicher Dualismus. Stuttgart 1982.

Koslowski, Peter: Ethik des [Kapitalismus]. Tübingen 1982, 6. Auflage 1998.

Koslowski, Peter: Markt- *und* Demokratieversagen? Grenzen individualistischer gesellschaftlicher Entscheidungssysteme. In: Politische Vierteljahresschrift (24) 1983, S. 166–187.

Koslowski, Peter: Die [postmoderne Kultur]. Gesellschaftlich-kulturelle Bedingungen der technischen Entwicklung. München 1987, 2. Auflage 1988.

Koslowski, Peter: [Prinzipien] der Ethischen Ökonomie. Grundlegung der Wirtschaftsethik und der auf die Ökonomie bezogenen Ethik. Tübingen 1988. 2. Auflage 1994.

Koslowski, Peter: Wirtschaft als Kultur. Wirtschaftskultur und Wirtschaftsethik in der Postmoderne. Wien 1989.

Koslowski, Peter: Gesellschaftliche Koordination. Eine ontologische und kulturwissenschaftliche Theorie der Marktwirtschaft. Tübingen 1991.

Koslowski, Peter: Ethische Ökonomie und Theologie bei Thomas von Aquin. In: Die Ordnung der Wirtschaft. Studien zur Praktischen Philosophie und Politischen Ökonomie. Hrsg. von Peter Koslowski. Tübingen 1994, S. 64–88.

Koslowski, Peter: Die Ordnung der Wirtschaft. Studien zur Praktischen Philosophie und Politischen Ökonomie. Tübingen 1994.

Koslowski, Peter: The Ethics of Banking. On the Ethical Economy of the Credit and Capital Market, of Speculation, and Insider Trading. In: The Ethical Dimension of Financial Institutions and Markets. Hrsg. von Antonio Argandoña. Berlin, New York, Tokio 1995, S. 180–232.

Koslowski, Peter (Hrsg.): The Theory of Ethical Economy in the Historical School. Berlin, New York, Tokio 1995, 2. Auflage 1997.

Koslowski, Peter: Ethik der Banken und der Börse. Tübingen 1997.

Koslowski, Peter und *Yunquan Chen* (Hrsg.): Sozialistische Marktwirtschaft – Soziale Marktwirtschaft. Theorie und Ethik der Wirtschaftsordnung in China und Deutschland. Heidelberg 1996.

Koslowski, Peter, Annette Kleinfeld und *Manfred Pöpperl* (Hrsg.): Ethik und Wirtschaft. Stuttgart 1994.

Kreikebaum, Hartmut: Grundlagen der Unternehmensethik. Stuttgart 1996.

Kromphardt, Jürgen: Konzeptionen und Analysen des Kapitalismus. Göttingen 1980.

Krupinski, Guido: Führungsethik für die Wirtschaftspraxis. Wiesbaden 1993.

Lattmann, Charles: Ethik und Unternehmensführung. Heidelberg 1988.

Lenk, Hans und *Matthias Maring* (Hrsg.): Wirtschaft und Ethik. Stuttgart 1992.

Löffelholz, Josef: Wirtschaftsethik. In: Handwörterbuch der Betriebswirtschaft. Hrsg. von Erwin Grochla und Waldemar Wittmann. 3. Auflage Bd. I/3. Stuttgart 1976, Sp. 4547–4552.

Löhr, Albert: Unternehmensethik und Betriebswirtschaftslehre. Stuttgart 1991.

Luckmann, Thomas: Über die Funktion der [Religion]. In: Die religiöse Dimension der Gesellschaft. Religion und ihre Theorien. Hrsg. von Peter Koslowski. Tübingen 1985, S. 26–41.

Marshak, Jacob: Economic Planning and the Cost of Thinking. In: Economic Information, Decision and Prediction. Vol. II. Hrsg. von Jacob Marshak. Dordrecht 1974, S. 193–199.

Marshall, Alfred: [Principles] of Economics (1890). 8. Aufl., London 1961.

Marx, August: Die Wirtschaft als Kulturfunktion. In: Zeitschrift für Betriebswirtschaft (23) 1953, S. 551–558.

Marx, August: Ethische Probleme in der Betriebswirtschaftslehre. In: Gegenwartsprobleme der Betriebswirtschaft. Hrsg. von Friedrich Henzel. Baden-Baden, Frankfurt a. M. 1955, S. 41–54.

Marx, August: Wirtschaftsethik: eine Vorlesung von 1957, hrsg. von Thomas Bartscher, Mannheim 2003.

Matthews, R. C. O.: [Morality], Competition, and Efficiency. In: The Manchester School of Economics and Social Studies 1981, S. 289–309.

Mises, Ludwig von: Human Action. A Treatise on Economics. New Haven 1949.

Moore, George E.: Principia Ethica. Cambridge 1903. Deutsch: [Principia] Ethica. Stuttgart 1970.

Moore, Jennifer: What is Really Unethical About [Insider Trading]. In: Journal of Business Ethics (9) 1990, S. 171–182.

Müller, Albrecht C. von: [Sicherheitspolitik]. In: Lexikon der Wirtschaftsethik. Hrsg. von Georges Enderle u. a. Freiburg 1993, Sp. 951–959.

Nell-Breuning, Oswald von: Grundzüge der Börsenmoral. Freiburg i. B. 1928.

Nell-Breuning, Oswald von: Kapitalismus – kritisch betrachtet. Freiburg 1974.

Neugebauer, Udo: Unternehmensethik in der Betriebswirtschaftslehre. Stuttgart 1994.

Nicklisch, Heinrich: Kultur im Betriebe. In: Zeitschrift für Handelswissenschaft und Handelspraxis (17) 1924, 1, S. 3–5.

Nozick, Robert: Anarchie, Staat, Utopia. München 1975.

Oeter, Stefan: Neutralität und [Waffenhandel]. Berlin, New York, Tokyo 1992.

Osterloh, Margit: Unternehmensethik und Unternehmenskultur. In: Unternehmensethik. Hrsg. von Horst Steinmann und Albert Löhr. 2. Aufl., Stuttgart 1991, S. 153–171.

Palandt, Otto und *Helmut Heinrichs:* [Kommentar] zum Bürgerlichen Gesetzbuch. 55. Aufl., München 1996.

Passow, Richard: [Kapitalismus]. Eine begrifflich-terminologische Studie. Jena 1927.

Pesch, Heinrich: Ethik und Volkswirtschaftslehre. Freiburg 1918.

Peters, Tomas J. und *Robert H. Waterman* jun.: Auf der Suche nach Spitzenleistungen. Was man von den bestgeführten US-Unternehmen lernen kann. Landsberg/Lech 1986.

Pies, Ingo und *Franz Blome-Drees:* Was leistet die Unternehmensethik? In: Schmalenbachs Zeitschrift für betriebswirtschaftliche Forschung (45) 1993, S. 748–768.

Polanyi, Karl: Primitive, Archaic, and Modern [Economies]. Boston 1971.

Pottmeyer, Klaus: [Kriegswaffenkontrollgesetz] (KWKG). Kommentar. 2. Aufl., Köln 1994.

Radbruch, Gustav: [Rechtsphilosophie]. 8. Aufl., Stuttgart 1973.

Regan, Tom (Hrsg.): Just Business. New Introductory Essays in Business Ethics. Philadelphia 1983.

Retzmann, Thomas: Wirtschaftsethik und Wirtschaftspädagogik. Köln 1994.

Rich, Arthur: Wirtschaftsethik. Grundlagen in theologischer Perspektive. 2. Aufl., Gütersloh 1985 (2 Bde.).

Röpke, Wilhelm: Civitas Humana. Grundfragen der Gesellschafts- und Wirtschaftsreform. Erlenbach–Zürich 1949.

Rothschild, Kurt W.: Ethik und Wirtschaftstheorie. Tübingen 1992.

Sahlins, Marshall D.: Exchange-value and the Diplomacy of Primitive Trade. In: Essays in Economic Anthropology. Dedicated to the Memory of Karl Polanyi. Seattle 1965.

Salin, Edgar: Politische Ökonomie. Tübingen 1967.

Sauermann, Heinz (Hrsg.): Bargaining Behavior. Tübingen 1978.

Scheler, Max: Der Formalismus in der Ethik und die materiale Wertethik. 5. Aufl., Bern 1966.

Schelling, Thomas C.: Choice and Consequence. Cambridge/Mass. 1984.

Schlegelmilch, Bodo B.: Die Kodifizierung ethischer Grundsätze in europäischen Unternehmen – eine empirische Untersuchung. In: Die Betriebswirtschaft (50) 1990, S. 365–374.

Schmid, Niklaus: Schweizerisches [Insiderstrafrecht]. Ein Kommentar zu Art. 161 des Strafgesetzbuches: Ausnützen der Kenntnis vertraulicher Tatsachen. Bern 1988.

Schmoller, Gustav: Über einige Grundfragen des Rechts und der Volkswirtschaft, Jahrbücher für Nationalökonomie und Statistik (23) 1874, S. 258–272.

Schneider, Dieter: Unternehmensethik und Gewinnprinzip in der Betriebswirtschaftslehre. In: Schmalenbachs Zeitschrift für betriebswirtschaftliche Forschung (42) 1990, S. 869–891.

Schwarze, Hans-Joachim: [Ad-hoc-Publizität] und die Problematik der Notierungsaussetzung. In: Insiderrecht und Ad-hoc-Publizität. Hrsg. von Jörg Baetge. Düsseldorf 1995, S. 97–105.

Sen, Amartya: Isolation, Assurance, and the Social Rate of Discount. In: Quarterly Journal of Economies (81) 1967, S. 112–124.

Sen, Amartya: Ökonomische Ungleichheit. Frankfurt und New York 1975.

Shackle, George L. S.: Imagination and the Nature of Choice. Edinburgh 1979.

Simon, Herbert A.: Rationality as Process and as Product of Thought. In: American Economic Review (68) 1978, S. 1–15.

Spaemann, Robert: Nebenwirkungen als moralisches Problem. In: Robert Spaemann: Kritik der politischen Utopie. Stuttgart 1977, S. 167–182.

Spranger, Eduard: Die Wirtschaft unter kulturphilosophischem Aspekt. In: Eduard Spranger: Kulturphilosophie und Kulturkritik. Hrsg. von H. Wenke. Tübingen 1969.

Staehle, Wolfgang H.: Plädoyer für die Einbeziehung normativer Aussagen in die Betriebswirtschaftslehre. In: Schmalenbachs Zeitschrift für betriebswirtschaftliche Forschung (25) 1973, S. 184–197.

Steinmann, Horst und *Albert Löhr:* Grundlagen der Unternehmensethik. 2. Aufl., Stuttgart 1994.

Ulrich, Peter: Transformation der ökonomischen Vernunft. Fortschrittsperspektiven der modernen Industriegesellschaft. 2. Aufl., Bern, Stuttgart 1987.

Velasquez, Manuel G.: Business Ethics: Concepts and Cases. Englewood Cliffs, N. J. 1992.

Weber, Max: Wirtschaft und Gesellschaft. 5. Aufl., Tübingen 1972.

Weber, Max: Gesammelte Aufsätze zur Wissenschaftslehre. 5. Aufl., Tübingen 1982.

Weber, Max: Die Wirtschaftsethik der Weltreligionen. 8. Aufl., Tübingen 1986.

Williamson, Oliver E.: [Firms] and Markets. In: Modern Economic Thought. Hrsg. von Sidney Weintraub. Philadelphia 1977.

Williamson, Oliver E.: The Modern Corporation: Origins, Evolution, Attributes. In: Journal of Economic Literature (19) 1981, S. 1537–1570.

Zürn, Peter: Ethik im Management. Frankfurt 1989.

Stichwortverzeichnis für Band 1 bis 3 der ABWL

Hinweis: Dieser Band enthält ein vollständiges Stichwortverzeichnis für alle drei Bände der Allgemeinen Betriebswirtschaftslehre. Seitenhinweise beziehen sich stets auf Band 1. Verweise auf die Bände 2 und 3 erfolgen durch die römischen Ziffern II bzw. III. Hinweise auf eine ausführliche Behandlung des jeweiligen Stichworts sind fett gedruckt. Die Stichwörter werden alphabetisch nach ihrer invertierten Form (z. B. «Bereich, zulässiger» unter dem Buchstaben «B») und nicht nach der mechanischen Wortfolge (z. B. «zulässiger Bereich» unter dem Buchstaben «Z») eingeordnet.

Grundwissen der Ökonomik BWL

Herausgegeben von F. X. Bea, Tübingen, B. Friedl, Kiel, u. M. Schweitzer, Tübingen

Ahlert
Distributionspolitik
4. A. 2004. ca. € 19,90
(UTB 1364)

Bea/Dichtl/Schweitzer
Allgemeine BWL
Band 1: Grundfragen
9. A. 2004. ca. € 19,90
(UTB 1081)

Bea/Dichtl/Schweitzer
Allgemeine BWL
Band 2: Führung
8. A. 2001. € 22,90
(UTB 1082)

Bea/Dichtl/Schweitzer
Allgemeine BWL
Band 3: Leistungsprozeß
8. A. 2002. € 21,90
(UTB 1083)

Bea/Göbel
Organisation
2. A. 2002. € 27,90
(UTB 2077)

Bea/Haas
Strategisches Management
3. A. 2001. € 24,90
(UTB 1458)

Bea/Scheurer
Projektmanagement
2004. ca. € 19,90
(UTB 2388)

Böcker/Helm
Marketing
7. A. 2003. € 25,90
(UTB 919)

Brockhoff
Produktpolitik
4. A. 1999. € 23,90
(UTB 1079)

Büschgen/Börner
Bankbetriebslehre
4. A. 2003. € 24,90
(UTB 917)

Coello Arias
Espanol para economistas
2002. m. 2 Audio-CD. € 34,90
(UTB 2352)

Drukarczyk
Finanzierung
9. A. 2003. € 27,90
(UTB 1229)

Friedl
Controlling
2002. € 28,90
(UTB 2117)

Göbel
Neue Institutionenökonomik
2002. € 21,90
(UTB 2235)

Göpfrich
Wirtschaftsinformatik II
5. A. 1998. € 14,90
(UTB 803)
In Verbindung mit

Göpfrich
Arbeitsbuch Wirtschafts-
informatik II
3. A. 1988. € 3,90
(UTB 1283)

Hammann/Erichson
Marktforschung
5. A. 2000. € 27,90
(UTB 805)

Hansen/Neumann
Wirtschaftsinformatik I
8. A. 2001. € 24,90
(UTB 802)

LUCIUS
&
LUCIUS

Stuttgart

Grundwissen der Ökonomik BWL

Herausgegeben von F. X. Bea, Tübingen, B. Friedl, Kiel, u. M. Schweitzer, Tübingen

In Verbindung mit
Hansen/Neumann
**Arbeitsbuch
Wirtschaftsinformatik**
6. A. 2002. € 19,90
(UTB 1281)

Heinhold
Kosten- und Erfolgsrechnung
3. Aufl. 2004. € 22,90
(UTB 1974)

Helm/Gierl
Marketing Arbeitsbuch
3. A. 2002. € 14,90
(UTB 1801)

Heyd
**Internationale
Rechnungslegung**
2003. € 39,90
(UTB 2451)

Klimecki/Gmür
Personalmanagement
2. A. 2001. € 24,90
(UTB 2025)

Kuhnle
Bilanzen
2004. € 22,90
(UTB 2119)

Kuß/Tomczak
Käuferverhalten
3. A. 2004. € 19,90
(UTB 1604)

Meyer
**Operations Research
Systemforschung**
4. A. 1996. € 15,90
(UTB 1231)

Perlitz
Internationales Management

4. A. 2000. € 29,90
(UTB 1560)

Scherrer
Kostenrechnung
3. A. 1999. € 28,90
(UTB 1160)

Schmalen
Preispolitik
2. A. 1995. € 15,90
(UTB 1123)

Schünemann
Wirtschaftsprivatrecht
4. A. 2002. 29,90
(UTB 1584)

Schweiger/Schrattenecker
Werbung
5. A. 2001. € 18,90
(UTB 1370)

Schwarz/Gebicke
Wörterbuch Wirtschaft
Deutsch-Russisch/Russisch-Deutsch
2004. € 17,90
(UTB 2624)

Troßmann
Investition
1998. € 25,90
(UTB 2013)

Troßmann/Werkmeister
Arbeitsbuch Investition
2001. € 16,90
(UTB 2205)

Wagner
**Betriebswirtschaftliche
Umweltökonomie**
1997. € 26,90
(UTB GR 8131)

 *Stuttgart*

wisu-texte

Die Lehrbuchreihe für den Wirtschaftsstudenten

Betriebswirtschaft

Koppelmann
Marketing
Einführung in die Entscheidungsprobleme des Ab-
satzes und der Beschaffung
7. Aufl.
2002. X/215 S., kt.
19,90 €/34,90 sFr
(ISBN 3-8282-4669-9)

Sieben/Schildbach
**Betriebswirtschaftliche
Entscheidungstheorie**
4. Aufl.
1994. 248 S., kt.
19,90 €/34,90 sFr
(ISBN 3-8282-4656-7)

v.Wysocki/Wohlgemuth
**Konzernrechnungs-
legung**
4. Aufl.
1996. 416 S., kt.
34,90 €/60,40 sFr
(ISBN 3-8282- 4659-1)

Grob
**Fallstudien zur
Betriebswirtschaftslehre**
1993. 384 S., kt.
28,00 €/49,- sFr
(ISBN 3-8282 4651-6)

Kloock/Kuhner
**Bilanz- und Erfolgs-
rechnung**
4. Aufl. 2005
in Vorbereitung

Kloock/Sieben/
Schildbach/Homburg
**Kosten- und
Leistungsrechnung**

8. Aufl.
1999. 352 S., kt.
34,00 €/58,90 sFr
(ISBN 3-8282- 4664-8)

Volkswirtschaft Finanzwissenschaft

Görgens/Ruckriegel/Seitz
Europäische Geldpolitik
4. Aufl.
2004. ca. 520 S., kt.
ca. 34,90 €/60,40 sFr
UTB ISBN 3-8252-8285-6

Hoyer/Rettig/Rothe
**Grundlagen der mikro-
ökonomischen Theorie**
3. Aufl.
1993. 348 S., kt.
21,00 €/36,90 sFr
(ISBN 3-8282 4655-9)

Kirsch
**Neue Politische
Ökonomie**
5. neubearb. u. erw. Aufl.
2004. XVIII/446 S., kt.
32,90 €/57,10 sFr
(UTB ISBN 3-8252-8272-4)

Rettig/Böckmann/
Voggenreiter
**Makroökonomische
Theorie**
7. Aufl.
1999. 344 S., kt.
29,90 €/52,20 sFr
(ISBN 3-8282- 4663-X)

Koch/Czogalla
**Grundlagen der
Wirtschaftspolitik**
2., vollständig überarb. A.
2004. XV/447 S., kt.
26,90 € / 47,10 sFr
(UTB ISBN 3-8252-8265-1)

Streit
**Theorie der
Wirtschaftspolitik**
5. Aufl.
2000. 464 S., kt.
34,90 €/60,40 sFr
(ISBN 3-8282- 4657-5)

Wagner/Jahn
**Neue Arbeitsmarkt-
theorien**
2. Aufl. in Vorbereitung
2004. ca. 440 S.
ca. 29,90 €/52,20 sFr
(ISBN 3-8282- 8258-9)

Zerche/Gründger
Sozialpolitik
Einführung in die öko-
nomische Theorie der
Sozialpolitik
2. Aufl.
1996. 172 S., kt.
21,00 €/36,90 sFr
(ISBN 3-8282- 4661-3)

Rechtswissenschaft

Weimar/Schimikowski
**Bürgerliches Recht
(I-III)**
4. Aufl.
1991. 344 S., kt.
19,90 €/34,90 sFr
(ISBN 3-8282- 4660-5)

Diederichsen
**Grundkurs im BGB in
Fällen und Fragen**
4. Aufl.
1997. 112 S., kt.
12,00 €/21,90 sFr
(ISBN 3-8282 4650-8)

 *Stuttgart*

Dieter Cansier

Finanzwissenschaftliche Steuerlehre

2004. XIV/248 S., kt. € 19,90 / sFr 34,90
ISBN 3-8282-0282-9. UTB 2563 (ISBN 3-8252-2563-1

Dieses Lehrbuch bietet eine integrative Einführung in die Steuertheorie und Steuerpolitik. Die Steuerlehre wird in diesem Buch als volkswirtschaftliche Disziplin verstanden. Die Normen der Gerechtigkeit, der ökonomischen Effizienz und der gesamtwirtschaftlichen Stabilität liefern den systematischen Zugang zu den zentralen Steuerfragen. Steuern sollen vor allem gerecht sein. Deshalb wird diese Leitidee in den Vordergrund gestellt. Steuern sollten außerdem effizient sein. In dieser Hinsicht weist das Steuerrecht manche Defizite auf, und es besteht deutlicher Reformbedarf. Indem die Darstellung strikt auf den Grundnormen aufbaut, bietet sie den Studierenden eine hilfreiche konzeptionelle Grundlage zum Verständnis sowohl der Theorie als auch des Steuerrechts und der aktuellen Steuerpolitik sowie der zahlreichen Einzelsteuerregelungen und ihrer Vernetzungen.

Juergen B. Donges / Andreas Freytag

Allgemeine Wirtschaftspolitik

2., überarbeitete und erweiterte Auflage
2004. XXII/401 S., m. 46 Abb. u. 2 Tab. . € 19,90
ISBN 3-8282-0271-3. UTB 2191 (ISBN 3-8252-2191-1)

Dieses Lehrbuch behandelt aktualitätsbezogen die Möglichkeiten und Probleme wirtschaftspolitischer Entscheidungsträger, angesichts fortschreitender Globalisierung wichtige gesamtwirtschaftliche Ziele erreichen zu können. Anhand zahlreicher Beispiele wird ein ganzheitlicher Ansatz in sechs Hauptkapiteln dargestellt:

· Ziele und Methoden der Wirtschaftspolitik
· Wirtschaftspolitische Bewertungskriterien als normative Grundlage
· Marktversagen als Rechtfertigung für staatliche Einflussnahme
· Staatliche Einflussnahme auf Märkten im Lichte der positiven Theorie
· Konsistenz in der Umsetzung wirtschaftspolitischer Maßnahmen
· Europäische Integration und nationale Wirtschaftspolitik.

Die Neuauflage wurde durchgehend aktualisiert und in Teilen ergänzt. Wiederholungsfragen, umfassendere Register und ausführliche Literaturhinweise verstärken den Nutzen für die Leser.

Das Lehrbuch richtet sich primär an Studierende wirtschaftswissenschaftlicher Fächer im Hauptstudium, bietet aber auch Interessierten in Wirtschaft und Politik einen Überblick über Grundfragen der Wirtschaftspolitik.

 *Stuttgart*

Fred Harms und Marc Drüner

Pharmamarketing

Innovationsmanagement im 21. Jh.

Forum Marketing & Management (Bd. 4)

(hrsg. von Karlheinz Wöhler, Claudia Fantapié Altobelli und Cornelia Zanger)

2003. XXV/390 S., mit 106 Abbildungen und

49 Tabellen, gb. € 42,- / sFr 72,50. ISBN 3-8282-0203-9

In den nächsten Jahren wird sich das Marketing pharmazeutischer Produkte grundlegend verändern. Mit den sich verschärfenden Randbedingungen erfordert der Verkauf innovativer Medikamente ein Umdenken bei der Vermarktung. In Zukunft wird vor allem für den forschenden Pharmazeuten die Positionierung innovativer Konzepte über mehrwertsteigernde Zusatzleistungen zum entscheidenden Erfolgsfaktor. Duale Beziehungen zwischen Pharmaunternehmen und Arzt oder Apotheker sind überholt. Das vorliegenden Buch liefert die Grundlagen und zeigt Wege eines zukunftsorientierten Pharma-Marketing auf.

Ingo Balderjahn

Nachhaltiges Marketing-Management

Möglichkeiten einer umwelt- und sozialverträglichen Unternehmenspolitik

Forum Marketing & Management (Bd. 5)
(hrsg. von Karlheinz Wöhler, Claudia Fantapié Altobelli und Cornelia Zanger)
2003. XI/243 S., geb. € 29,- / sFr 51,-. ISBN 3-8282-0188-1

Das gesellschafts- und wirtschaftspolitische Leitbild nachhaltigen Wirtschaftens findet zunehmend Eingang in die politische Diskussion, wissenschaftliche Forschung und in die Wirtschaftspraxis. Neben der Umweltverträglichkeit werden nun verstärkt Fragen der Sozialverträglichkeit wirtschaftlichen Handelns politisch diskutiert, wissenschaftlich bearbeitet und praktisch umgesetzt. Das gesellschaftspolitische Leitbild der Nachhaltigkeit liefert den einzelnen politischen, sozialen und wirtschaftlichen Akteuren eine Vision von einer zukunftsfähigen Wirtschaft. Das vorliegende Buch setzt hier an und liefert einen gut strukturierten Überblick darüber, welche Optionen markt- und kundenorientierte Unternehmen haben, ökonomisch, ökologisch und sozial erfolgreich zu handeln.
Das Buch richtet sich an Studenten von Universitäten und Fachhochschulen sowie Wissenschaftler, Politiker und Praktiker, die einen schnellen und übersichtlichen Einstieg in das Thema wünschen.

 *Stuttgart*